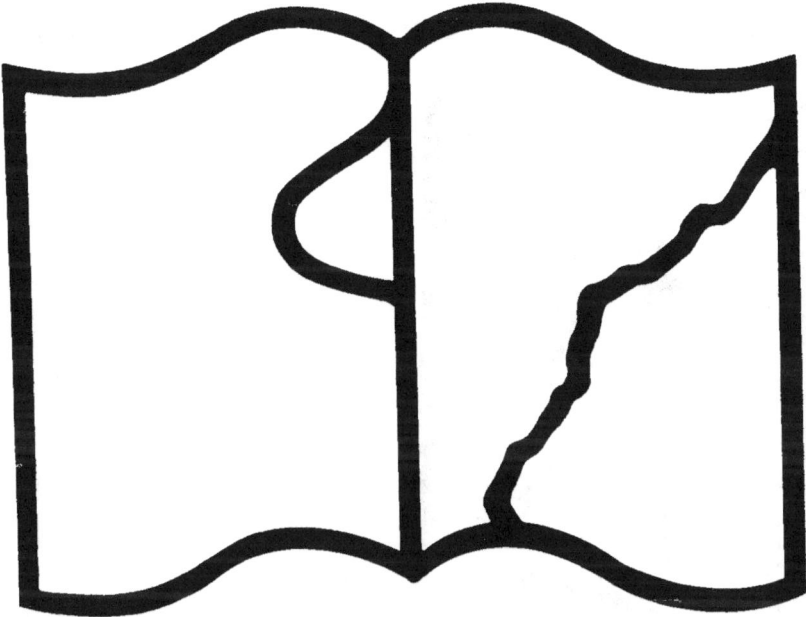

Texte détérioré — reliure défectueuse

NF Z 43-120-11

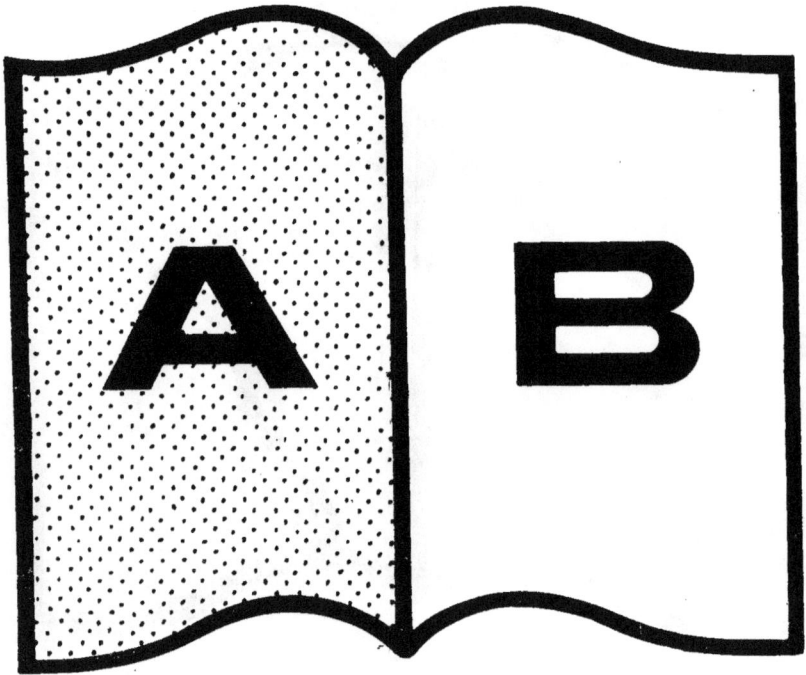

Contraste insuffisant

NF Z 43-120-14

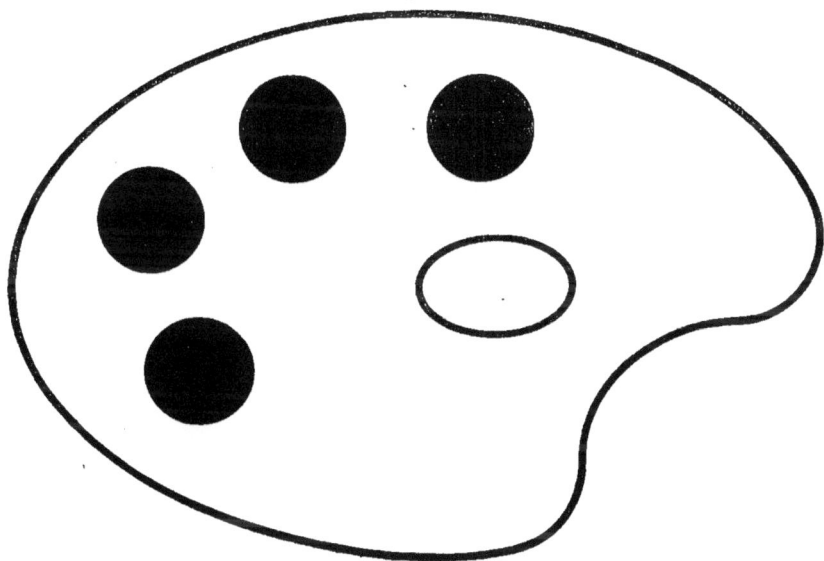

Original en couleur
NF Z 43-120-8

27285

ENCYCLOPÉDIE-RORET.

IMPRIMEUR-LITHOGRAPHE.

AVIS.

Le mérite des ouvrages de l'*Encyclopédie-Roret* leur a valu les honneurs de la traduction, de l'imitation et de la contrefaçon. Pour distinguer ce volume, il portera la signature de l'Editeur.

L'ON TROUVE A LA LIBRAIRIE ENCYCLOPÉDIQUE DE RORET,

Rue Hautefeuille, 12,

TRAITÉ

THÉORIQUE ET PRATIQUE

DE LA

LITHOGRAPHIE,

PAR M. G. ENGELMANN,

Un volume in-4 (1839) orné de 50 Planches.

PRIX : 25 FR.

MANUELS-RORET.

NOUVEAU MANUEL COMPLET

DE

L'IMPRIMEUR

LITHOGRAPHE

Par M. L.-R. BRÉGEAUT.

Nouvelle édition très-augmentée,

Par M. KNECHT,

ANCIEN LITHOGRAPHE, CHEVALIER DE PLUSIEURS ORDRES ;

Et M. Jules DESPORTES,

PROFESSEUR DE LITHOGRAPHIE A L'INSTITUT NATIONAL DES SOURDS-MUETS, DIRECTEUR DU JOURNAL LE LITHOGRAPHE, ETC.

OUVRAGE ORNÉ D'UN ATLAS

RENFERMANT DES FIGURES COLORIÉES ET AUTRES.

PARIS,

LIBRAIRIE ENCYCLOPÉDIQUE DE RORET,

Rue Hautefeuille, 12.

1850

AVIS DE L'ÉDITEUR

POUR CETTE NOUVELLE ÉDITION.

L'auteur de ce *Manuel* venait de mourir au moment où la troisième édition touchait à son terme. En l'état de progrès où se trouve la Lithographie, l'ouvrage de feu Brégeaut n'était plus à la hauteur de l'art qu'il décrit ; son livre, d'ailleurs, se tait sur plusieurs procédés nouveaux, et à l'égard de quelques questions importantes qu'il traite, on peut lui reprocher un trop grand laconisme.

Aussi nous félicitons-nous d'avoir obtenu le concours de deux lithographes distingués, l'un par ses travaux et ses rapports intimes avec l'inventeur de la Lithographie, l'autre par ses remarquables publications sur cet art : tous deux par une longue et honorable expérience.

MM. Knecht et Jules Desportes ne se sont pas bornés à écrire de simples notes, sous forme d'appendice. Sous le titre : *Deuxième division,* ils ont traité à part tous les procédés, toutes les ressources d'un art qu'ils connaissent si bien. Rarement en désaccord avec Brégeaut, ils partent cependant d'un point de vue différent, ils développent avec un soin scrupuleux et sous une forme nouvelle les moindres détails. Quant aux procédés dont la lithographie s'est récemment enrichie, ils les ont traités en praticiens consommés et avec tous les développements dont ces procédés sont susceptibles. Les lecteurs jugeront si les auteurs ont rempli le but qu'ils se sont proposé.

Lithographie. 1

AVIS DE L'ÉDITEUR

POUR CETTE NOUVELLE ÉDITION.

L'auteur de ce *Manuel* venait de mourir au moment où la troisième édition touchait à son terme. En l'état de progrès où se trouve la Lithographie, l'ouvrage de feu Brégeaut n'était plus à la hauteur de l'art qu'il décrit; son livre, d'ailleurs, se tait sur plusieurs procédés nouveaux, et à l'égard de quelques questions importantes qu'il traite, on peut lui reprocher un trop grand laconisme.

Aussi nous félicitons-nous d'avoir obtenu le concours de deux lithographes distingués, l'un par ses travaux et ses rapports intimes avec l'inventeur de la Lithographie, l'autre par ses remarquables publications sur cet art : tous deux par une longue et honorable expérience.

MM. Knecht et Jules Desportes ne se sont pas bornés à écrire de simples notes, sous forme d'appendice. Sous le titre : *Deuxième division*, ils ont traité à part tous les procédés; toutes les ressources d'un art qu'ils connaissent si bien. Rarement en désaccord avec Brégeaut, ils partent cependant d'un point de vue différent, ils développent avec un soin scrupuleux et sous une forme nouvelle les moindres détails. Quant aux procédés dont la lithographie s'est récemment enrichie, ils les ont traités en praticiens consommés et avec tous les développements dont ces procédés sont susceptibles. Les lecteurs jugeront si les auteurs ont rempli le but qu'ils se sont proposé.

Lithographie. 1

AVIS DE L'ÉDITEUR

Pour la précédente édition.

———

Les deux premières éditions de cet ouvrage, dont il ne reste pas un seul exemplaire, ont obtenu un si grand succès que, pour satisfaire aux nombreuses demandes qui nous sont faites chaque jour, nous nous empressons d'en publier une troisième que l'auteur a revue avec soin, considérablement augmentée et enrichie de notes que les principaux artistes et imprimeurs lithographes ont bien voulu lui fournir.

Cette troisième édition entièrement à la hauteur de l'art, que l'on peut considérer comme arrivé à son dernier degré de perfectionnement, recevra, nous n'en doutons pas, un accueil favorable de la part du public, si juste appréciateur des productions utiles aux arts, à l'industrie et au commerce.

AVANT-PROPOS

De la précédente édition.

———

Au moment où ce Manuel parut, on avait publié sur la Lithographie plusieurs ouvrages, sous différents titres, parmi lesquels nous citerons une Notice faite par un habitant de Dijon, en 1818; cette brochure est peu importante et paraît être l'œuvre d'un amateur des arts : on ne saurait cependant refuser à cette production le mérite d'être venue la première au secours des artistes. En 1819, parut un mémoire de M. Raucourt, ancien élève de l'Ecole polytechnique; cet excellent ouvrage est encore fort utile, malgré les progrès faits dans cet art, depuis l'époque de sa publication.

Une instruction pratique fut donnée la même année, par l'estimable inventeur, M. Senefelder; elle contient toutes les observations chimiques qui ont rapport à cette découverte, les détails relatifs à tous les procédés, dont il est également l'inventeur; enfin, une application générale et raisonnée des moyens d'apporter à cet art ingénieux une foule d'améliorations.

En 1822, M. Engelmann donna un *Manuel du Dessinateur*, suivi d'un Traité de l'emploi du tampon; ce Manuel est fort intéressant, mais peut-être ne contient-il pas assez de renseignements sur les rapports directs qui existent entre le dessin et l'impression et qui forment une partie essentielle des connaissances nécessaires aux artistes qui veulent obtenir des résultats satisfaisants, s'occuper eux-mêmes de l'étude de cet art en le raisonnant, et contribuer ainsi plus efficacement aux progrès dont il est susceptible.

Enfin, en 1825, M. Houbloup, praticien distingué, a publié une *Théorie lithographique* que nous avons été des premiers à lire et dans laquelle nous avons reconnu, avec plaisir, que notre opinion était souvent la même.

Depuis la mise en vente de notre seconde édition, plusieurs notices sur la lithographie ont été publiées sur diverses spécialités de cet art intéressant, et parmi elles, nous avons remarqué celles de MM. Langlumé et Chevalier sur la manière d'enlever, au moyen d'un procédé chimique, tout ou partie d'un dessin, sans en altérer le reste, et de faire ainsi, sans donner un nouveau grain à la pierre, tous les changements désirables.

Nous nous sommes occupés de cette recherche, dès l'année 1829, et nous donnerons des détails circonstanciés sur nos propres expériences.

En 1832, MM. Knecht et Roissy publièrent, en employant les moyens lithographiques, un petit « *Manuel « du Lithographe* ou abrégé des meilleurs procédés pour « dessiner, graver et imprimer sur la pierre. »

Ce recueil, destiné sans doute à l'usage particulier des ouvriers de l'établissement que ces deux Messieurs exploitaient alors ensemble, contient des indications utiles mais trop incomplètes, les auteurs se sont tracé un cadre étroit qu'ils n'ont pas voulu dépasser, car le talent et l'expérience n'ont pu leur manquer.

L'ouvrage de MM. Knecht et Roissy est orné de deux spécimen en gravure sur pierre, dont l'un, qui est une carte générale de la Turquie d'Europe, est d'une exécution remarquable.

Enfin, en 1833, M. Tudot vient de publier une « Descrip- « tion de tous les moyens de dessiner sur la pierre avec « l'étude des causes qui peuvent empêcher la réussite de « l'impression des dessins. »

Cette description, dont nous aimons à reconnaître le mérite, convient beaucoup plus aux artistes qui ont étudié la chimie, qu'à la plupart des jeunes dessinateurs et surtout aux imprimeurs lithographes qui sont presque sans exception plus forts en pratique qu'en théorie.

M. Tudot, qui, aux talents d'un artiste, joint des connaissances en chimie, parle continuellement le langage de la science, et si nous pensons que MM. Knecht et Roissy ont mis trop de simplicité, et qu'ils auraient dû donner plus d'extension à leur cadre, nous croyons aussi que l'ouvrage de M. Tudot est un peu savant.

Pour prouver tout le cas que nous faisons du livre de M. Tudot, nonobstant les observations qui précèdent, nous indiquerons avec plaisir quelques-uns des procédés nouveaux qui nous ont paru mériter une sérieuse attention.

Aujourd'hui, en donnant une troisième édition de notre *Manuel Théorique et pratique*, nous ferons nos efforts pour satisfaire les besoins vivement sentis par toutes les personnes qui exercent la Lithographie, en réunissant, autant qu'il nous sera possible, dans un seul volume d'un format si commode, toutes les observations que nous avons été à même de faire pendant plusieurs années d'une pratique en grand, faite dans ses détails les plus minutieux, puisque ayant été chef d'une des premières Lithographies, puis enfin, breveté imprimeur à Paris, nous avons exécuté par nos mains tous les travaux relatifs à ce genre d'impression, à partir du grainage et polissage des pierres, du broyage de l'encre à imprimer, et du tirage des épreuves comme ouvrier, jusqu'à la fabrication des vernis, des encres et crayons de tous genres pour le dessin, et aux expériences qui s'y rattachent.

Nous ferons aussi connaître les nouveaux procédés découverts par nos collègues, en y joignant nos réflexions personnelles ; notre intention étant d'augmenter ainsi les ressources que doivent présenter les ouvrages purement théoriques et pratiques, aux personnes qui se destinent à l'industrie, ou qui cherchent à lui donner un nouvel essor, en perfectionnant ses principes théoriques et la construction des machines qui servent à son exploitation.

Comme l'invention de la Lithographie n'est pas entièrement due au hasard, ainsi que le pensent encore une infinité de personnes dont quelques-unes ont embrassé la profession de Lithographe, nous croyons devoir donner ici une note historique, afin d'éviter qu'une partie de la

1.

reconnaissance que nous devons à l'inventeur d'une découverte qui intéresse à la fois les arts, le commerce et l'industrie, ne s'écarte pas de son véritable et légitime objet par suite du silence des apôtres de l'art.

M. Aloys Senefelder, doué d'un esprit inventif, persévérant par caractère, était surtout animé par le désir si naturel à l'homme de devenir indépendant.

Pendant sa jeunesse, il s'occupait de l'art dramatique, et une pièce qu'il fit imprimer lui donna l'occasion d'observer le travail des ouvriers de l'imprimerie et d'acquérir ainsi toutes les connaissances relatives à cet art.

Il éprouva bientôt l'envie d'imprimer ses ouvrages lui-même, mais la médiocrité de sa fortune ne lui permettant pas d'acquérir le droit qui lui était nécessaire pour mettre ce projet à exécution, il s'attacha dès ce moment à chercher un moyen moins coûteux, qui lui donnât l'occasion d'obtenir le privilége qui lui manquait.

Il réussit assez bien à graver à l'eau forte ses ouvrages sur le cuivre, et à les imprimer par le procédé ordinaire; il avait imaginé une espèce de stéréotypage sur la cire à cacheter et sur le bois, mais l'exécution en grand exigeant des capitaux plus considérables que ceux dont il pouvait disposer, il eut recours au projet qu'il avait formé de s'associer avec un de ses amis qui possédait une imprimerie en taille-douce, et de continuer à graver lui-même avec ses moyens particuliers et sans le secours des outils dont se servent les graveurs.

Les difficultés qu'il eut à vaincre lui firent chercher à composer une encre chimique, qui est presque la même que celle dont on se sert aujourd'hui pour dessiner et pour écrire sur pierre, sauf quelques modifications ou additions.

Une découverte conduit naturellement à une autre; éprouvant trop de peine à repolir les planches de cuivre qui avaient été employées à ses premiers essais et qu'il voulait faire servir encore, il en attribua la cause à la rudesse de sa pierre à débrutir, et songea à s'en procurer de meilleures; il se souvint que sur les bancs de sable de l'Isar, il avait vu des pierres qui y ressemblaient et paraissaient supérieures pour cet usage; aussitôt il entreprit le voyage; mais son désappointement fut grand, quand il reconnut que ces pierres étaient calcaires; il résolut cependant d'en tirer parti, après avoir essayé si elles étaient plus faciles à débrutir et à polir que le métal.

Comme ces pierres sont bien moins chères que le cuivre, il se décida à s'en servir pour ses nouveaux essais en gravure à l'eau forte: il donna la préférence à celles connues à Munich sous le nom de pierres de Solenhofen et qu'on employait pour carreler les appartements.

La première fois qu'il en fit usage il était sans doute loin de penser qu'elles joueraient par la suite, un aussi grand rôle dans l'art d'imprimer.

M, Senefelder apprit seul et successivement à tracer sur la pierre les caractères d'écriture, la musique, les lettres moulées, etc.

Enfin, un jour, la chose la plus simple et la plus indifférente, à laquelle il n'attachait aucune importance, lui fit découvrir la Lithographie.

Il venait de dégrossir une pierre pour continuer ses essais d'écriture, lorsque sa mère vint lui dire d'écrire le linge qu'elle allait donner à laver; ne trouvant pas de papier sous sa main, et voulant congédier la blanchisseuse qui s'impatientait, il prit le parti d'écrire le mémoire sur sa pierre en se servant de l'encre chimique, dans l'intention de le transcrire ensuite sur le papier, aussitôt qu'on lui en aurait apporté.

Lorsqu'il voulut effacer ce qu'il venait d'écrire, il lui vint dans l'idée de voir ce que deviendraient ces lettres tracées avec son encre, composée de cire, de savon et de noir de fumée, en passant sur la pierre une préparation d'eau-forte, et d'essayer en même temps s'il ne serait pas possible d'encrer ces caractères de la manière usitée pour la gravure sur bois et la typographie, au moment de commencer l'impression.

L'acide dont il se servait pour cette opération était

étendu de 9$\sqrt{10^e}$ d'eau, force calculée sur les précédents essais faits par lui en gravure sur pierre.

Cette préparation trop forte, qu'il laissa séjourner pendant plusieurs minutes à l'instar des graveurs, donna à son écriture un relief de l'épaisseur d'un carte à jouer; et les parties légères, telles que les déliés, étaient endommagées.

Il lui resta alors à trouver les moyens d'encrer cette planche sans le secours des outils ordinaires ; pour y parvenir, il se servit d'un petit tampon de crin recouvert d'une peau fine ; ce tampon ayant l'inconvénient de mal distribuer l'encre et de la faire prendre aussi dans les interlignes, il en forma un autre au moyen d'une petite planche unie, recouverte d'un drap très-fin à une épaisseur d'un pouce; ce tampon remplit parfaitement son but.

Cette opération terminée il obtint facilement des épreuves sans exercer une pression aussi considérable que celle nécessitée par ses premiers essais de lithographie en creux.

Il appliqua ce nouveau procédé à l'exécution des planches de musique, et forma dès lors (en 1796) une imprimerie en ce genre, conjointement avec M. Gleissner, musicien de la cour de Bavière.

On exécuta dans cet établissement divers travaux avec un succès inégal, tant en musique qu'en adresses et cartes de visites.

Enfin ce fut en 1799 que M. Senefelder, toujours occupé d'augmenter l'importance de ses nombreuses découvertes, inventa la Lithographie proprement dite, celle qui existe et que nous cultivons maintenant.

Il serait trop long de citer ici les recherches infinies et les expériences que cet homme infatigable a été obligé de faire pendant plusieurs années pour arriver à ce résultat presque miraculeux, qui, tout en reposant sur des bases simples et naturelles, est resté ignoré pendant une longue suite de siècles, et le serait probablement encore sans les efforts répétés du génie inventif et l'ardeur peu commune du créateur de la Lithographie.

Cet art, connu en France seulement depuis 1814, existait à Munich en 1800, à Vienne en 1802, à Rome et à Londres en 1807. Toutefois, ce fut dans le cours de cette dernière année que MM. André d'Offenbach essayèrent son importation en France ; mais à cette époque, les procédés relatifs à cet art étaient peu familiers à ceux-là même qui cherchaient à le propager : aussi les essais qui furent faits à Paris n'offrirent-ils que des résultats peu satisfaisants. Le gouvernement refusa de donner une approbation qui lui semblait peu méritée, et la Lithographie fut ainsi repoussée du pays dans lequel sa prospérité est aujourd'hui plus assurée que partout ailleurs.

Parmi les hommes qui se font un devoir d'être utiles à leurs pays, et de concourir aux progrès des lumières, M. de Lasteyrie fut le premier à comprendre toute l'importance d'un art que des essais malheureux avaient fait mal accueillir de ses concitoyens ; le premier, il entrevit les différentes applications auxquelles on pourrait le soumettre, et il entreprit à ses frais plusieurs voyages en Allemagne, dans le seul but de recueillir lui-même, tous les renseignements nécessaires à la naturalisation de la Lithographie en France ; il poussa le zèle jusqu'à s'astreindre aux travaux d'un simple ouvrier ; il sacrifia des sommes considérables pour perfectionner cette ingénieuse invention, et, en quelques mois de soins pénibles et assidus, il parvint aux plus heureux résultats.

A peine fondé en France, son établissement devint le rendez-vous de nos artistes célèbres ; et ses presses ne tardèrent pas à multiplier les spirituelles et gracieuses compositions des Vernet, Bourgeois, Michalon, Isabey, Villeneuve, Thiénon, etc.

M. de Lasteyrie inventa à cette époque un procédé autographique, espèce de papirographie, au moyen duquel on pouvait reproduire toute espèce de caractères d'écriture et de dessins à l'encre en les traçant avec une encre chimique, à l'aide d'une plume ordinaire, sur un papier couvert d'une préparation colorée.

Le premier résultat de cette ingénieuse découverte fut

l'impression des lettres autographes et inédites de Henri IV et d'un portrait de ce monarque, dessiné par notre célèbre Gérard.

Le gouvernement ne tarda pas à reconnaître les importants services de M. de Lasteyrie, et lorsqu'il présenta le premier exemplaire de l'ouvrage ci-dessus à S. E. le ministre de l'intérieur, il en reçut deux brevets d'honneur et l'offre d'un privilége exclusif pour toute la France, pendant quinze années.

M. de Lasteyrie refusa généreusement une faveur qui lui assurait une immense fortune rien que par la concession du privilége dans chaque ville de France, disant au ministre « qu'il fallait que l'exercice d'un art nouveau fut « libre, que sans cela les progrès seraient lents et diffi- « ciles, et qu'il ne voulait pas priver sa patrie des im- « menses bienfaits que produirait la concurrence. »

Des ouvrages d'économie rurale, d'histoire naturelle, d'anatomie, etc., d'un mérite supérieur, ont été publiés par les soins et aux frais de M. Lasteyrie, dont le bonheur est d'être utile à ses concitoyens.

En 1816, M. Engelmann, qui avait un établissement à Mulhausen, en transporta les éléments à Paris, et s'attacha à publier des collections assez intéressantes. Il est juste de le considérer comme ayant puissamment contribué aux progrès de la Lithographie en France : sa réputation d'excellent imprimeur lithographe est le fruit de sa persévérance et de ses longs travaux ; les beaux et importants ouvrages sortis de ses presses en sont les preuves incontestables.

C'est dans son établissement et dans celui de M. de Lasteyrie que se formèrent les meilleurs dessinateurs, écrivains et imprimeurs.

M. Engelmann qui a des connaissances en chimie et une longue expérience est maintenant le doyen des imprimeurs-lithographes, il est parfaitement secondé dans les vastes opérations de sa maison par M. Thierry, son beau-frère, qui depuis bien des années consacre tout son temps à l'art lithographique, qui lui doit plus d'une amélioration·

A dater de 1818, le gouvernement autorisa la formation de beaucoup d'établissement lithographiques : les principales villes de province eurent leur Lithographie, et jouirent ainsi, quoiqu'imparfaitement encore, des bienfaits de cette nouvelle ressource industrielle.

Il faut le dire aussi, c'est alors que les abus commencèrent à surgir de tous côtés : chacun se crut appelé à exercer de prime-abord un état qui exige des connaissances préalables. La Lithographie ne devint entre les mains de quelques hommes avides qu'un simple objet de spéculation ; ses progrès s'arrêtèrent, son crédit commença à diminuer, et peut-être aurions-nous vu se perdre une des plus belles inventions du siècle, sans les efforts de ceux qui avaient déjà tant fait pour elle aux premiers temps de son importation.

En effet, il ne suffit point à la prospérité d'un établissement lithographique que celui qui est chargé de le diriger soit personnellement doué de zèle et de nombreuses connaissances pratiques, il faut encore qu'il apporte le soin le plus attentif dans le choix de ceux à qui il confie l'exécution des différents travaux.

Ce serait une erreur de croire que les fonctions de l'ouvrier lithographe se bornent à un service purement mécanique. N'a-t-il pas besoin d'instruction ou d'intelligence pour se diriger dans toutes les parties de son travail? N'a-t-il pas besoin que son goût ait été formé par la réflexion, par l'habitude, et que quelques notions de dessin aient donné de la justesse à son coup-d'œil?

De plus, celui qui se destine à la carrière d'imprimeur-lithographe doit être jeune, robuste, propre et soigneux. Si une seule de ces qualités lui manque, il doit à l'instant même renoncer à son projet : il ne sera jamais bon lithographe.

Ce qui ne lui est pas moins nécessaire, c'est la tempérance, qui, tout en conservant ses forces, lui laisse toujours le libre exercice de ses facultés intellectuelles.

Il faudrait donc, dans l'intérêt de l'art, donner un prompt remède au mal infini qui résulte de la négligence ou de l'indifférence apportée dans le choix des ouvriers. Il faudrait (aujourd'hui qu'un grand nombre d'individus témoignent le désir d'adopter la carrière lithographique) les soumettre, avant leur admission dans les ateliers, à une espèce d'examen, qui aurait pour but de reconnaître l'éducation qu'ils ont reçue, leur degré d'intelligence, la force physique dont ils sont susceptibles, le genre de vie qu'ils ont mené jusque-là.

Ce nouvel ordre de choses, en protégeant les intérêts des arts et des artistes, tournerait au profit de ceux-là même qu'il tend à réformer.

Mais, pour remédier aux abus qui résultent du passage des ouvriers d'un atelier dans un autre, il serait nécessaire que chacun de ces ouvriers fût muni de son livret; que nul d'entre eux ne pût être admis dans les imprimeries que sur une mention motivée qui y serait inscrite par le maître lithographe de chez lequel l'ouvrier serait sorti.

On maintiendrait ainsi parmi les ouvriers une espèce de discipline dont les heureux effets ne tarderaient pas à se faire sentir. D'ailleurs, la présence habituelle des maîtres imprimeurs dans l'intérieur de leurs établissements, leurs conseils donnés à propos, les applications d'une théorie usuelle qu'ils peuvent faire, devraient aussi contribuer à la bonne conduite des ouvriers, servir leurs propres intérêts en même temps que leur réputation, et hâter les progrès de l'art utile auquel ils se sont consacrés.

EXTRAITS

DES LOIS ET ORDONNANCES

SUR LA PRESSE, EN CE QUI CONCERNE PLUS SPÉCIALEMENT
LES IMPRIMEURS LITHOGRAPHES.

LOI

Relative à la Liberté de la Presse.

LOUIS, par la grâce de Dieu, etc.

Du 21 octobre 1814.

TITRE II.

De la Police de la Presse.

ART. 11. Nul ne sera imprimeur ni libraire s'il n'est breveté par le roi et assermenté.

ART. 12. Le brevet pourra être retiré à tout imprimeur ou libraire qui aura été convaincu, par un jugement, de contravention aux lois et réglements.

ART. 13. Les imprimeries clandestines seront détruites, et les possesseurs et dépositaires punis d'une amende de 10,000 fr. et d'un emprisonnement de six mois.

Sera réputée *clandestine* toute imprimerie non déclarée à la direction générale de la librairie, et pour laquelle il n'aura pas été obtenu de permission.

ART. 14. Nul imprimeur ne pourra imprimer un écrit avant d'avoir déclaré qu'il se propose de l'imprimer, ni le mettre en vente ou le publier, de quelque manière que ce soit, avant d'avoir déposé le nombre prescrit d'exemplaires, savoir : à Paris, au secrétariat de la direction générale, et dans les départements, au secrétariat de la préfecture.

ART. 15. Il y a lieu à saisie et séquestre d'un ouvrage :

1° Si l'imprimeur ne représente pas les récépissés de la déclaration et du dépôt, ordonnés en l'article précédent;

2° Si chaque exemplaire ne porte pas le vrai nom et la vraie demeure de l'imprimeur;

3° Si l'ouvrage est déféré aux tribunaux pour son contenu.

ART. 16. Le défaut de déclaration avant l'impression, et le défaut de dépôt avant la publication, constatés comme il est dit en

Lithographie. 2

l'article précédent, seront punis chacun d'une amende de 1,000 fr. pour la première fois, et de 2,000 fr. pour la seconde.

Art. 17. Le défaut d'indication, de la part de l'imprimeur, de son nom et de sa demeure, sera puni d'une amende de 3,000 fr. L'indication d'un faux nom et d'une fausse demeure est punie d'une amende de 6 000 fr., sans préjudice de l'emprisonnement prononcé par le Code pénal.

Art. 18. Les exemplaires saisis pour simple contravention à la présente loi, seront restitués après le paiement des amendes.

Art. 19. Tout libraire chez qui il sera trouvé, ou qui sera convaincu d'avoir mis en vente ou distribué un ouvrage sans nom d'imprimeur, sera condamné à une amende de 2,000 fr., à moins qu'il ne prouve qu'il ait été imprimé avant la promulgation de la présente loi. L'amende sera réduite à 1,000 francs, si le libraire fait connaître l'imprimeur.

Art. 20. Les contraventions seront constatées par procès-verbaux des inspecteurs de la librairie, et des commissaires de police.

Art. 21. Le ministère public poursuivra d'office les contrevenants pardevant les tribunaux de police correctionnelle, sur la dénonciation du directeur général de la librairie, et la remise d'une copie des procès-verbaux.

ORDONNANCE DU ROI

Contenant des mesures relatives à l'Impression, au Dépôt et à la Publication des ouvrages.

Au château des Tuileries, le 24 octobre 1814.

LOUIS, par la grâce de Dieu, roi de France et de Navarre, etc.
Sur le rapport de notre amé et féal chevalier le chancelier de France ;

Notre conseil-d'État entendu, nous avons ordonné et ordonnons ce qui suit :

Art. 1er. Les brevets d'imprimeur et de libraire, délivrés jusqu'à ce jour, sont confirmés ; les conditions auxquelles il en sera délivré à l'avenir, seront déterminées par un nouveau réglement [1].

Art. 2. Chaque imprimeur sera tenu, conformément aux réglements, d'avoir un livre coté et paraphé par le maire de la ville où il réside, où il inscrira, par ordre de dates et avec une série de numéros, le titre littéral de tous les ouvrages qu'il se propose d'imprimer, le nombre des feuilles, des volumes et des exemplai-

---

[1] Ce réglement n'a point été fait.

res, et le format de l'édition. Ce livre sera représenté, à toute réquisition, aux inspecteurs de la librairie et aux commissaires de police, et visé par eux s'ils le jugent convenable.

La déclaration prescrite par l'art. 14 de la loi du 21 octobre 1814, sera conforme à l'inscription portée au livre.

ART. 3. Les dispositions dudit article s'appliquent aux estampes et aux planches gravées accompagnées d'un texte.

ART. 4. Le nombre d'exemplaires qui doivent être déposés, ainsi qu'il est dit au même article, reste fixé à cinq [1], lesquels seront répartis ainsi qu'il suit : Un pour notre Bibliothèque, un pour notre amé et féal chevalier le chancelier de France, un pour notre ministre secrétaire d'État au département de l'intérieur, un pour le directeur général de la librairie, et le cinquième pour le censeur qui aura été ou qui sera chargé d'examiner l'ouvrage [2].

. . . .

ART. 7. En exécution de l'article 20 de la même loi, les commissaires de police rechercheront et constateront d'office toutes les contraventions; et ils seront tenus aussi de déférer à toutes les réquisitions qui leur seront adressées à cet effet par les préfets, sous-préfets et maires, et par les inspecteurs de la librairie. Ils enverront dans les vingt-quatre heures tous les procès-verbaux qu'ils auront dressés, à Paris, au directeur-général de la librairie; et dans les départements, aux préfets, qui les feront passer sur-le-champ au directeur général, seul chargé par l'article 21 de dénoncer les contrevenants aux tribunaux.

ART. 8. Le nombre d'épreuves des estampes et planches gravées, sans texte, qui doivent être déposées dans notre Bibliothèque, reste fixé à deux, dont une avant la lettre ou en couleur, s'il en a été tiré ou imprimé de cette espèce.

Il sera déposé en outre trois épreuves, dont une pour notre amé et féal chevalier le chancelier de France, une pour notre ministre secrétaire d'État au département de l'intérieur, et la troisième pour le directeur général de la librairie.

ART. 9. Le dépôt ordonné en l'article précédent sera fait à Paris, au secrétariat de la direction générale, et dans les départements, au secrétariat de la préfecture. Le récépissé détaillé, qui en sera délivré à l'auteur, formera son titre de propriété, conformément aux dispositions de la loi du 19 juillet 1793.

ART. 10. Toute estampe ou planche gravée, publiée ou mise en vente avant le dépôt de cinq épreuves, constaté par le récépissé, sera saisie par les inspecteurs de la librairie et les commissaires de police, qui en dresseront procès-verbal.

[1] On ne dépose plus maintenant que deux exemplaires.

[2] Depuis la suppression de la censure cet exemplaire ne doit plus être déposé.

ART. 11. Il est défendu de publier aucune estampe et gravure diffamatoire ou contraire aux bonnes mœurs, sous les peines prononcées par le Code pénal.

ART. 12. Conformément aux dispositions de l'art. 12 de l'arrêt du conseil du 16 avril 1785, et à l'art. 3 du décret du 14 octobre 1811, il est défendu à tous auteurs et éditeurs de journaux, affiches et feuilles périodiques, tant à Paris que dans les départements, sous peine de déchéance de l'autorisation qu'ils auraient obtenue, d'annoncer aucun ouvrage imprimé ou gravé, si ce n'est après qu'il aura été annoncé par le journal de la librairie.

ORDONNANCE DU ROI

Relative aux Impressions lithographiques.

Au château des Tuileries, 8 octobre 1817.

LOUIS, par la grâce de Dieu, etc., etc.

L'art de la lithographie a reçu, depuis une époque très-récente, de nombreuses applications qui l'assimilent entièrement à l'impression en caractères mobiles et à celle en taille douce ; et il s'est formé, pour la pratique de cet art, des établissements de la même nature que les imprimeries ordinaires, sur lesquelles il a été statué par la loi du 21 octobre 1814.

A CES CAUSES, voulant prévenir les inconvénients qui résulteraient de l'usage clandestin des presses lithographiques.

Vu les articles 11, 13 et 14 de la loi du 21 octobre 1814,

NOUS AVONS ORDONNÉ ET ORDONNONS ce qui suit :

ART. 1er. Nul ne sera imprimeur-lithgoraphe, s'il n'est breveté et assermenté.

ART. 2. Toutes les impressions lithographiques seront soumises à la déclaration et au dépôt avant la déclaration, comme tous les ouvrages d'imprimerie.

LOI

Sur la répression des Crimes et Délits commis par la voie de la Presse, ou par tout autre moyen de publication.

A Paris, le 17 mai 1819.

LOUIS, par la grâce de Dieu, etc.

CHAPITRE PREMIER.

De la provocation publique aux Crimes et Délits.

ART. 1er. Quiconque, soit par des discours, des cris ou des menaces proférés dans des lieux ou réunions publics, soit par des écrits, des imprimés, des dessins, gravures, des peintures ou emblêmes vendus ou distribués, mis en vente, ou exposés dans des lieux ou réunions publics, soit par des placards et affiches exposés aux regards du public, aura provoqué l'auteur ou les auteurs de toute action qualifiée crime ou délit, à la commettre, sera réputé complice et puni comme tel.

Art. 2. Quiconque aura, par l'un des moyens énoncés en l'art. 1er, provoqué à commettre un ou plusieurs crimes, sans que ladite provocation ait été suivie d'aucun effet, sera puni d'un emprisonnement qui ne pourra être moindre de trois mois, ni excéder cinq années, et d'une amende qui ne pourra être au-dessous de 50 fr., ni excéder 6,000 fr.

Art. 3. Quiconque aura, par l'un des mêmes moyens, provoqué à commettre un ou plusieurs délits, sans que ladite provocation ait été suivie d'aucun effet, sera puni d'un emprisonnement de trois jours à deux années, et d'une amende de 30 francs à 4,000 francs, ou de l'une de ces deux peines seulement selon les circonstances, sauf les cas dans lesquels la loi prononcerait une peine moins grave contre l'auteur même du délit, laquelle sera alors appliquée au provocateur.

Art. 4. Sera réputée provocation au crime, et punie des peines portées par l'article 2. toute attaque formelle par l'un des moyens énoncés en l'article 1er, soit contre l'inviolabilité de la personne du roi, soit contre l'ordre de successibilité au trône, soit contre l'autorité constitutionnelle du roi et des chambres.

Art. 5. Seront réputés provocation ou délit et punis des peines portées par l'article 3 :

1° Tous cris séditieux publiquement proférés, autres que ceux qui rentreraient dans la disposition de l'article 4 ;

2° L'enlèvement ou la dégradation des signes publics de l'autorité royale, opérés par haine ou mépris de cette autorité ;

3° Le port public de tous signes extérieurs de ralliement non autorisés par le roi ou par des règlements de police ;

4° L'attaque formelle, par l'un des moyens énoncés en l'art. 1er, des droits garantis par les art. 5 et 9 de la Charte constitutionnelle.

Art. 6. La provocation, par l'un des mêmes moyens, à la désobéissance aux lois, sera également punie des peines portées en l'art. 3.

Art. 7. Il n'est point dérogé aux lois qui punissent la provocation et la complicité résultant de tous actes autres que les faits de publication prévus par la présente loi.

2.

CHAPITRE II.

Des outrages à la moralité publique et religieuse, ou aux bonnes mœurs.

ART. 8. Tout outrage à la morale publique et religieuse, ou aux bonnes mœurs, par l'un des moyens énoncés en l'art. 1er, sera puni d'un emprisonnement d'un mois à un an, et d'une amende de 16 francs à 500 francs.

CHAPITRE III.

Des offenses publiques envers la personne du roi.

ART. 9. Quiconque, par l'un des moyens énoncés en l'art. 1er de la présente loi, se sera rendu coupable d'offenses envers la personne du roi, sera puni d'un emprisonnement qui ne pourra être moins de six mois, ni excéder cinq années, et d'une amende qui ne pourra être au-dessous de 500 francs, ni excéder 10,000 francs.

Le coupable pourra, en outre, être interdit de tout ou partie des droits mentionnés en l'article 42 du Code pénal, pendant un temps égal à celui de l'emprisonnement auquel il aura été condamné; ce temps courra à compter du jour où le coupable aura subi sa peine.

LOI

Relative à la Répression et à la poursuite des Délits commis par la voie de la Presse ou par tout autre moyen de publication.

Du 26 mars 1822.

LOUIS, par la grâce de Dieu, etc.

TITRE PREMIER.

De la répression.

ART. 1er. Quiconque, par l'un des moyens énoncés en l'article 1er de la loi du 17 mai 1819, aura outragé ou tourné en dérision la religion de l'État, sera puni d'un emprisonnement de trois mois à cinq ans, et d'une amende de 300 francs à 6,000 francs.

Les mêmes peines seront prononcées contre quiconque aura outragé ou tourné en dérision toute autre religion dont l'établissement est légalement reconnu en France.

ART. 2. Toute attaque, par l'un des mêmes moyens, contre la dignité royale, l'ordre de successibilité au trône, les droits que le roi tient de sa naissance, ceux en vertu desquels il a donné la Charte, son autorité constitutionnelle, l'inviolabilité de sa personne, les droits ou l'autorité des chambres, sera punie d'un emprisonnement de trois mois à cinq ans, et d'une amende de 300 francs à 6,000 francs.

ART. 3. L'attaque, par l'un de ces moyens, des droits garantis par les articles 5 et 9 de la charte constitutionnelle, sera punie d'un emprisonnement d'un mois à trois ans, et d'une amende de 100 francs à 4,000 francs [1].

ART. 4. Quiconque, par l'un des mêmes moyens, aura excité à la haine ou au mépris du gouvernement du roi, sera puni d'un emprisonnement d'un mois à quatre ans, et d'une amende de 150 francs à 5,000 francs.

La présente disposition ne peut pas porter atteinte au droit de discussion et de censure des actes des ministres.

Loi du 26 mai 1819.

ART. 26. Tout arrêt de condamnation contre les auteurs ou complices des crimes et délits commis par voie de publication ordonnera la suppression ou la destruction des objets saisis, ou de tous ceux qui pourront l'être ultérieurement, en tout ou en partie, suivant qu'il y aura lieu pour l'effet de la condamnation.

L'impression ou l'affiche de l'arrêt pourront être ordonnées aux frais du condamné.

Ces arrêts seront rendus publics dans la même forme que les jugements portant déclaration d'absence.

ART. 27. Quiconque, après que la condamnation d'un écrit, de dessins ou gravures, sera réputée connue par la publication dans les formes prescrites par l'article précédent, les réimprimera, vendra ou distribuera, subira le *maximum* de la peine qu'aurait pu encourir l'auteur.

Loi du 31 mars 1820.

ART. 5. Tout propriétaire ou éditeur responsable qui aurait fait imprimer et distribuer une feuille ou une livraison d'un journal ou écrit périodique sans l'avoir communiquée au censeur avant l'impression, ou qui aurait inséré dans une desdites feuilles ou livraisons un article non communiqué ou non approuvé, sera

---

1 ART. 5 de la Charte. — Chacun professe sa religion avec une égale liberté, et obtient pour son culte la même protection.

ART. 9. — Toutes les propriétés sont inviolables, sans aucune exception de celles qu'on appelle *nationales*, la loi ne mettant aucune différence entre elles.

puni correctionnellement d'un emprisonnement d'un mois à six mois, et d'une amende de 200 francs à 1,200 francs, sans préjudice des poursuites auxquelles pourrait donner lieu le contenu de ces feuilles, livraisons et articles.

ART. 8. Nul dessin imprimé, gravé ou lithographié, ne pourra être publié, exposé, distribué ou mis en vente, sans l'autorisation préalable du Gouvernement.

Ceux qui contreviendraient à cette disposition seront punis des peines portées en l'art. 5 de la présente loi.

Ordonnance du 1er avril 1820.

TITRE III.

Des Dessins, Estampes et Gravures.

ART. 12. L'autorisation préalable exigée par l'art. 8 de la loi du 31 mars 1820, pour la publication, exposition, distribution ou mise en vente de tout dessin ou estampe, gravé ou lithographié, qui, à l'avenir, sera déposé conformément à l'article 8 de notre ordonnance du 25 octobre 1814, sera accordée, s'il y a lieu, en même temps que le récépissé mentionné en l'article 9 de ladite ordonnance. Toute autorisation accordée sera insérée au journal de la librairie.

Loi du 25 mars 1822.

ART. 12. Toute publication, vente ou mise en vente, exposition, distribution sans l'autorisation préalable du gouvernement, de dessins gravés ou lithographiés, sera, pour ce seul fait, punie d'un emprisonnement de trois jours à six mois, et d'une amende de 10 fr. à 500 francs, sans préjudice des poursuites a auxquelles pourrait donner lieu le sujet du dessin.

ORDONNANCE DU ROI.

Du 1er mai 1822.

ART. 1er. Dans le cas prévu par l'article 12 de la loi du 25 mars 1822, l'autorisation du gouvernement sera délivrée à Paris, au bureau de la librairie, et dans les départements, au secrétariat de la préfecture, en exécution de la loi du 21 octobre 1814, et de notre ordonnance du 24 du même mois. Cette autorisation contiendra la désignation sommaire du dessin gravé ou lithographié, et du titre qui lui aura été donné.

Elle sera inscrite sur une épreuve qui demeurera au pouvoir de l'auteur ou de l'éditeur, et qu'il sera tenu de représenter à toute réquisition.

L'auteur ou l'éditeur, en recevant l'autorisation, déposera au bureau de la librairie, ou au secrétariat de la préfecture, une épreuve destinée à servir de pièce de comparaison; il certifiera, par une déclaration inscrite sur cette épreuve, sa conformité avec le reste de l'édition pour laquelle l'autorisation lui sera accordée.

ART. 2. A l'égard des dessins gravés ou lithographiés qui ont paru avant la présente ordonnance, il est accordé un délai d'un mois pour se pourvoir de la même autorisation.

ART. 3. Notre ministre secrétaire d'état au département de l'intérieur et chargé de l'exécution de la présente ordonnance.

Code pénal.

ART. 287. Toute exposition ou distribution de chansons, pamphlets, figures ou images contraires aux bonnes mœurs, sera punie d'une amende de 16 francs à 500 francs, d'un emprisonnement d'un mois à un an, et de la confiscation des planches et des exemplaires imprimés ou gravés de chansons, figures, ou autres objets du délit.

288. La peine d'emprisonnement et l'amende prononcées par l'article précédent, seront réduites à des peines de simple police :

1° A l'égard des crieurs, vendeurs ou distributeurs qui auront fait connaître la personne qui leur a remis l'objet du délit ;

2° A l'égard de quiconque aura fait connaître l'imprimeur ou le graveur ;

3° A l'égard même de l'imprimeur ou du graveur qui auront fait connaître l'auteur ou la personne qui les aura chargés de l'impression ou de la gravure.

289. Dans tous les cas exprimés en la présente section, et où l'auteur sera connu, il subira le *maximum* de la peine attachée à l'espèce du délit.

Dispositions particulières.

290. Tout individu qui, sans y avoir été autorisé par la police, fera le métier de crieur ou afficheur d'écrits imprimés, dessins ou gravures, même munis des noms d'auteur, imprimeur, dessinateur ou graveur, sera puni d'un emprisonnement de six jours à deux mois.

463. Dans tous les cas où la peine d'emprisonnement est portée par le présent Code, si le préjudice causé n'excède pas vingt-cinq francs, et si les circonstances paraissent atténuantes, les tribunaux sont autorisés à réduire l'emprisonnement, même au-dessous de six jours, et l'amende, même au-dessous de seize francs. Ils pourront aussi prononcer séparément l'une ou l'autre de ces

peines, sans qu'en aucun cas elle puisse être au-dessous des peines de simple police.

LOI

Sur les Crimes, Délits et Contraventions de la Presse et des autres moyens de publication.

Au palais des Tuileries, le 9 Septembre 1835.

TITRE III.

Des Dessins, Gravures, Lithographies et Emblèmes.

ART. 20. Aucun dessin, aucunes gravures, lithographies, médailles et estampes, aucun emblème, de quelque nature et espèce qu'ils soient, ne pourront être publiés, exposés ou mis en vente sans l'autorisation préalable du ministre de l'intérieur, à Paris, et des préfets dans les départements.

En cas de contravention, les dessins, gravures, lithographies, médailles, estampes ou emblèmes pourront être confisqués, et le publicateur sera condamné, par les tribunaux correctionnels, à un emprisonnement d'un mois à un an, et à une amende de cent francs à mille francs, sans préjudice des poursuites auxquelles pourraient donner lieu la publication, l'exposition et la mise en vente desdits objets.

ORDONNANCE DU ROI

Concernant l'exécution des diverses dispositions de la loi du 9 septembre 1835 relatives à la publication des Dessins, Gravures, Lithographies, Estampes ou Emblèmes.

Au palais des Tuileries, le 9 Septembre 1835.

Vu la loi du 9 septembre 1835, portant qu'aucun dessin, aucunes gravures, lithographies, médailles et estampes, aucun emblème, de quelque nature et espèce qu'ils soient, ne pourront être publiés, exposés ou mis en vente sans l'autorisation préalable du ministre de l'intérieur, à Paris, et du préfet dans les départements.

Voulant pourvoir à l'exécution de cet article de manière à assurer la répression de toute contravention ;

Sur le rapport de notre ministre secrétaire d'État au département de l'intérieur,

NOUS AVONS ORDONNÉ ET ORDONNONS ce qui suit :

ART. 1er. L'autorisation préalable exigée par l'article 19 de la loi du 9 septembre 1835 contiendra la désignation sommaire du dessin, de la gravure, lithographie, estampe ou de l'emblème qu'on voudra publier, et le titre qui lui aura été donné. L'auteur ou l'éditeur sera tenu de la représenter à toute réquisition.

Lorsqu'il s'agira de gravure, lithographie, estampe ou emblème se multipliant par le tirage, l'auteur ou l'éditeur, en recevant l'autorisation, déposera au ministère de l'intérieur ou au secrétariat de la préfecture, une épreuve destinée à servir de pièce de comparaison. Il certifiera la conformité de cette épreuve avec celles qu'il se proposera de publier.

ART. 2. L'autorisation dont tout dessinateur, graveur ou autre individu est obligé de se pourvoir, d'après l'arrêté du 26 mars 1804, et l'ordonnance du 24 mars 1832, pour faire frapper dans les ateliers du gouvernement les médailles de sa composition, tiendra lieu de celle qui lui est imposée par la loi du 9 septembre 1835 pour la publication, exposition ou mise en vente de ces mêmes médailles, dont un exemplaire devra préalablement être déposé au ministère de l'intérieur.

ART. 3. Les autorisations délivrées à Paris et dans les départements seront insérées, chaque semaine, par ordre alphabétique et de matières, dans le Journal général de la librairie.

ART. 4. Notre ministre secrétaire d'État au département de l'intérieur est chargé de l'exécution de la présente ordonnance.

MANUEL

THÉORIQUE ET PRATIQUE

DU DESSINATEUR

ET DE

L'IMPRIMEUR LITHOGRAPHE.

PREMIÈRE DIVISION.

CHAPITRE PREMIER.

*Des Pierres lithographiques, de leurs différentes quali-
tés, de la manière de procéder à leur grainage et
polissage.*

SECTION PREMIÈRE.

Les pierres lithographiques sont formées de terre calcaire et
d'acide carbonique ; comme presque tous les acides et sels neutres
ont une affinité bien plus considérable avec la pierre calcaire, que
l'acide carbonique qui s'y trouve contenu, il en résulte que, du
moment qu'un autre acide se trouve en contact avec la pierre,
l'acide carbonique s'évapore, et la pierre, qui s'en trouve déga-
gée, devient soluble au point qu'elle serait bientôt endommagée
par le séjour d'un acide plus ou moins concentré sur sa superficie, si on n'avait pas la précaution de proportionner la force de
la mixtion acidulée à la dureté naturelle de la pierre, et au
genre de travail qui se trouve dessus ou qui doit y être
exécuté.

Les corps gras peuvent seuls préserver la pierre calcaire des
ravages des acides étendus d'eau, et c'est à cette combinaison naturelle que l'on doit l'existence de la lithographie.

Cette espèce de pierre n'est pas aussi rare que beaucoup de
personnes le pensent ; la difficulté n'existe réellement que dans
le bon choix qu'il en faut faire.

Toutes les fois qu'une pierre est en partie soluble aux acides,

Lithographie. 3

qu'elle prend l'eau avec facilité, et que, par conséquent, elle s'imbibe aisément de substances grasses, qu'elle est dure, sans trou ni fissure, elle peut être employée pour la lithographie. Celles qui sont vraiment propres à cet usage se reconnaissent aux qualités suivantes : la pâte fine, homogène, d'une couleur blanche et uniforme, légèrement teintée de jaune, ayant quelque ressemblance avec les pierres du Levant, servant à repasser les rasoirs.

Les pierres qui, au lieu d'être blanchâtres, sont d'un beau gris perle, doivent être préférées parce qu'elles sont plus dures ; que le grain qu'on leur donne avant de les livrer aux dessinateurs, résiste bien plus long-temps à l'impression ; et qu'ainsi les dessins exécutés sur ces dernières donnent un plus grand nombre de belles épreuves. Malgré l'abondance des pierres calcaires propres à l'art lithographique, toutes celles qui ont été découvertes en France depuis 1814, sont bien loin d'égaler en qualité les pierres que l'on tire de la belle carrière de Solenhofen, près Pappenheim, en Bavière. Ces pierres semblent avoir été créées exprès pour la lithographie ; et c'est une particularité bien singulière que là où cet art fut découvert, se trouve principalement la matière principale sans laquelle on ne pourrait jamais atteindre à la perfection, perfection que l'on a obtenue, et qu' de brillants essais et des résultats très-satisfaisants laissaient entrevoir depuis long-temps.

Avant l'invention de la lithographie, ces pierres étaient embarquées sur le Danube, et expédiées à Constantinople, où elles servaient à daller les mosquées ; elles se vendaient et elles se vendent encore à très-bas prix dans le pays. La facilité de leur exploitation les rend d'une valeur presque nulle ; et sans les frais de transport, qui sont exorbitants, attendu qu'il ne peut se faire en partie que par terre, les droits de douane et une foule d'autres frais, jamais les pierres françaises ne pourraient soutenir la concurrence. De toutes les pierres françaises, celles qui proviennent de la carrière de Belley, près de Lyon, sont les seules qui par leur dureté, leurs dimensions et la qualité de leur pâte, approchent un peu de celles de Munich ; elles leur sont peut-être préférables pour les dessins à l'encre : lorsqu'elles sont préparées avec soin, elles donnent un plus grand nombre d'épreuves ; mais les dessins au crayon, faits sur ces pierres françaises, viennent ordinairement mal, les épreuves en sont pâles, sans effet ; pendant le tirage le dessin se graisse facilement ; les demi-teintes s'alourdissent, les parties fortes s'empâtent, et le tout finit souvent par ne plus faire qu'un voile graisseux, connu des imprimeurs sous le nom d'estompe. D'ailleurs ces pierres sont toujours couvertes de fissures, qui les rendent cassantes, qui ont l'inconvénient grave de marquer au tirage, et d'interrompre ainsi l'harmonie du dessin.

Les pierres de Châtellerault, celles de Châteauroux, qui d'abord avaient donné de grandes espérances, sont généralement cassantes et remplies de défauts, au point qu'il est difficile d'en obtenir de passables dans un format de dix ou douze pouces carrés.

Cependant, comme la superficie de la terre est couverte en beaucoup d'endroits d'une grande quantité de matières calcaires mêlées d'acides carboniques, il n'est pas douteux que, par la suite, on découvrira des carrières susceptibles de fournir des pierres lithographiques d'une aussi bonne qualité que celles tirées jusqu'à présent de Solenhofen ; ces découvertes suivront probablement les progrès de cet art, car chez l'homme, l'industrie est fille de la nécessité.

Les premières couches qui se trouvent au commencement de l'exploitation de ces carrières, sont ordinairement formées d'une pâte molle et jaunâtre qui s'écrase aussi facilement que la craie ; chacune de ces couches se compose d'un certain nombre de feuilles minces qu'il est souvent facile de séparer, mais non sans les briser ; lorsqu'elles ne se brisent pas à la séparation, c'est un indice certain que l'on approche des couches qui forment l'objet des travaux de l'exploitation.

Ainsi les personnes qui se livrent à la recherche de ces pierres, ne doivent pas compter sur les couches superficielles, qui ne sont absolument bonnes à rien, et ne considérer leur opération comme certaine que lorsqu'elles ont atteint des masses qui réunissent la dureté aux qualités indispensables que nous avons citées.

Au surplus, il serait à désirer que MM. les Ingénieurs des ponts et chaussées qui sont répandus dans les départements, consentissent à concourir avec les personnes qui s'occupent spécialement de minéralogie, à recueillir avec soin des échantillons des différentes pierres calcaires qui par leur aspect, leur dureté et la finesse de leur pâte, sembleraient propres à la lithographie.

En 1827 nous avons entrepris deux voyages dans ce but : et en ce moment même, nous avons l'espérance d'être bientôt en mesure d'indiquer une nouvelle ressource en ce genre, qui pourra contribuer à affranchir la patrie du tribut qu'elle paie encore à l'étranger.

M. Julia Fontenelle, savant distingué, remarqua pendant le cours de ses excursions minéralogiques dans le midi de la France, un banc placé devant la porte d'une maison de campagne située dans les montagnes de la Clape ; ce banc, qui est consacré au repos des paysans, est construit au moyen d'une pierre lithographique du grain le plus fin, extraite non loin de là ; M. Julia Fontenelle engagea M. Baratier, dessinateur lithographe, à en faire l'essai ; mais ce dernier étant obligé de partir de suite pour Paris, l'expérience en fut différée.

M. Julia Fontenelle, persuadé qu'il peut être utile en donnant
suite à cette première découverte, a l'intention de faire venir de
ces pierres à Paris, afin de leur faire subir toutes les épreuves nécessaires pour constater leurs bonnes qualités : il a trouvé des
pierres d'une semblable nature dans la Corbière près de la Castel.

En 1828, nous avons reconnu en Savoie et aux environs de
Turin, des pierres calcaires qui réuuissaient plusieurs des qualités nécessaires; et nous ne doutons pas un instant que si nous
avions fait un plus long séjour dans ce pays nous serions parvenus à en découvrir de parfaitement propres à l'usage de la lithographie.

SECTION II.

Grainage des pierres pour les dessins au crayon.

Cette opération, qui a subi de grandes améliorations depuis quelques années, est fort importante ; elle a été long-temps négligée
par suite de l'insouciance ou de l'incapacité des ouvriers chargés
de ce travail, qui en général ne paraissent pas se douter qu'ils
sont appelés, du moins en ce qui les concerne, à contribuer aux
progrès d'un art difficile ; rarement d'ailleurs or- les voit appliquer
le raisonnement à la pratique, ils se contentent volontiers de suivre
une invariable routine.

Une bon graineur de pierres est donc une chose assez rare, et
malheureusement, fort souvent mal appréciée.

Avant de procéder au grainage des pierres, on doit s'assurer si
elles sont parfaitement planes, sans cavités ; et dans le cas où
elles ne le seraient pas, ou qu'elles contiendraient quelques défauts, il faut les débrutir avec du grès et de l'eau. Pour user et
aplanir, il faut frotter deux pierres d'une même dimension l'une
sur l'autre en tournant également, et en passant avec soin sur les
angles ; il faut continuer ce travail jusqu'à ce que ces deux pierres
présentent une surface bien unie ; ce dont on peut facilement
s'assurer au moyen d'une règle de cuivre ou de fer, parfaitement
droite, que l'on pose du côté qui doit servir d'équerre, et en différents sens, sur la surface destinée à recevoir le dessin ; si l'on
ne distingue aucun jour entre la pierre et la règle, c'est que cette
première est parfaitement plane ; dans le cas contraire il faut continuer le débrutissage, en ayant soin de l'opérer avec des pierres
qui réunissent les mêmes défauts; car du moment qu'une pierre
est reconnue assez bien redressée pour être livrée au grainage,
elle doit être mise à part, jusqu'à ce qu'elle soit soumise à ce nouveau travail.

Le grainage des pierres se fait comme le débrutissage, si ce
n'est, toutefois, qu'au lieu du grès on emploie un sablon jaune,
fort en usage chez les marbriers, et qu'il faut purger de ses par-

ties brillantes, en le passant à travers un tamis de laiton très-fin : les nos 100 et 120 sont bons pour cet usage. Ces petites pierres cailouteuses qui sont ordinairement plus grosses et bien plus dures que le sablon, font des raies aux pierres, inconvénient qu'il faut éviter.

On répand du sablon sur l'une des pierres que l'on a mise à plat, ou l'humecte avec un peu d'eau ; on pose la seconde pierre dessus, on la frotte légèrement sur l'autre en tournant et en ayant toujours soin de passer sur les angles, pour ne point creuser le centre ; et l'on continue jusqu'au moment où le sable commence à s'écraser, ce que l'on reconnait à la disposition des pierres à se coller ensemble.

On répète l'opération de la même manière jusqu'à ce que l'on ait obtenu un grain régulier, et d'une grosseur proportionnée à la finesse du travail que l'on doit exécuter sur la pierre, en ayant soin de mettre, chaque fois que l'on renouvelle le sablon, la pierre de dessus dessous l'autre, alternativement, afin d'avoir plus aisément un grain parfait.

On peut, dans certains cas, terminer le grainage au moyen d'une molette de verre et du sable : ce mode de procéder s'exécute à sec en tournant la molette et la passant également partout, à moins que l'on n'ait l'intention d'obtenir des grains de différentes grosseurs sur la même pierre, soit pour un portrait, soit pour les différents plans d'un paysage ; dans le cas surtout où l'on voudrait arriver à donner aux premiers plans la vigueur des tailles gravées, au moyen d'un gros grain ; et la transparence aérienne des ciels au pointillé, à l'aide d'un grain fin.

M. Jobard, imprimeur lithographe, breveté à Bruxelles, connu par une foule de perfectionnements ou d'inventions utiles, est le premier qui ait imaginé de donner ce qu'on appelle le dernier grain aux pierres, en substituant à l'eau dont on se sert pour humecter la couche de sable également distribué sur la pierre, au moyen du tamis, une colle d'amidon très-claire, mise çà et là en petite quantité.

Ce procédé a l'avantage de maintenir le sable sur toute la surface de la pierre d'une manière plus égale, en l'empêchant de s'écarter brusquement dès le premier tour que l'on fait faire à la pierre de dessus sur celle de dessous.

Le grainage terminé, il est nécessaire de laver les deux pierres à grande eau, avec une brosse propre, dite passe-partout, afin de faire sortir des interstices du grain l'amidon qui pourrait s'y fixer sans cette précaution, et devenir un corps opposant, nuisible à l'exécution du dessin. Sur l'invitation de M. de Lasteyrie, nous avons essayé ce mode de grainage, dont le principal avantage nous a paru être une très-grande régularité dans le grain.

3.

SECTION III.

Polissage des pierres pour les dessins à l'encre, à la pointe sèche et les écritures.

On opère pour le polissage des pierres, de la même manière que pour leur grainage ; mais on a soin de réduire le sablon le plus fin possible ; et lorsque les pierres paraissent parfaitement unies, et qu'il est difficile d'apercevoir les interstices du grain, on les lave avec grand soin pour éviter qu'il ne reste aucun grain de sable, et l'on achève le polissage avec une pierre-ponce tendre, aplanie pour cet usage, et que l'on doit choisir d'une teinte blanchâtre.

On parvient aussi à leur donner un poli semblable à celui du marbre en employant de la pierre ponce pilée et tamisée très-fin, ou du charbon de bois de chêne également réduit en poudre, ce qui est aussi bon et moins dispendieux que l'émeri que l'on emploie ordinairement dans la manufacture de Saint-Gobin pour le polissage des glaces.

Toutes les fois qu'un dessin ou une planche d'écriture a fourni le nombre d'épreuves dont on a besoin, et qu'on veut donner une nouvelle destination à la pierre, on efface le premier travail en traitant la pierre comme il est dit ci-dessus.

Il est bien important d'effacer avec le grès, de manière à ce que le dessin ou les caractères ne reparaissent plus du tout, car sans cette précaution, l'ancien travail reviendrait avec le nouveau, lors du tirage, et l'on devine quels seraient les inconvénients d'une pareille confusion.

On ne saurait trop recommander ce soin aux ouvriers graineurs, qui bien souvent, par légèreté ou paresse, négligent d'apporter à cet effaçage toute l'attention qu'il réclame, quelquefois il arrive des accidens graves pendant le tirage des épreuves, dont il est presque impossible de se rendre compte, et qui n'ont pas d'autre cause que l'incapacité ou la mauvaise volonté de cette classe d'ouvriers, de la formation desquels on ne s'occupe peut-être pas assez.

Il est probable qu'en exerçant sur eux une surveillance suffisante et en guidant leur intelligence par des conseils, on parviendra à réprimer ce dangereux abus.

CHAPITRE II.

Encre lithographique pour dessiner et pour écrire.

Ce n'est pas seulement pour l'écriture que l'encre lithographique fait sentir toute son utilité; cette utilité s'étend encore jusqu'aux dessins au crayon, au trait et à l'aqua-teinte ; par elle, les traits déliés acquièrent plus de netteté et de vigueur, les détails sont rendus avec plus d'exactitude, et les effets sont plus frappants d'illusion et de vérité.

Aussi ne saurait-on apporter trop de soin à la composition de l'encre lithographique. Les préparations qui nous ont semblé réunir les plus grands avantages s'obtiennent de la manière suivante :

Matières.

Suif de mouton épuré.	2	parties.
Cire blanche pure.	2	»
Gomme laque.	2	»
Savon marbré ordinaire.	2	»
Noir de fumée non calciné. . . .	»	1[6

Manipulation.

On fait fondre le suif et la cire dans un vase de cuivre non étamé ou de fonte, que l'on fait chauffer sur un bon feu de charbon de bois; lorsque ces deux substances sont entièrement liquéfiées, on y met le feu pendant une demi-minute, on y jette ensuite les deux onces de savon, que l'on a eu soin de couper d'avance par petits morceaux, afin d'en faciliter la dissolution ; on agite ce mélange avec une spatule en fer, et ce n'est que lorsque le dernier morceau est fondu, qu'on en jette un nouveau.

Tout le savon étant ainsi bien fondu avec les deux autres matières, on y met une seconde fois le feu, et on le laisse brûler jusqu'à ce que le volume soit réduit à ce qu'il était avant l'addition du savon, mais pas davantage.

On jette ensuite avec beaucoup de précaution la gomme laque, morceau à morceau, dans le vase, toujours en remuant doucement avec la spatule, et l'on éteint la flamme si on a pu la conserver allumée jusqu'à ce moment.

On ajoute le noir de fumée, que l'on écrase préalablement; on remue toutes ces substances ensemble, jusqu'à ce qu'elles soient parfaitement mêlées.

Ce résidu bien concentré par une ébullition de quelques minutes, doit être coulé de suite dans un moule, ou simplement sur un morceau de marbre savonné et comprimé avec un autre morceau semblable ; on coupe cette encre en bâtons, avant l'entier refroidissement, au moyen d'une règle et d'un couteau.

Il faut éviter de pousser la calcination des matières qui composent cette encre au point de les carboniser ; il suffit qu'elles soient cassantes après le refroidissement, et que les morceaux ne puissent pas se rejoindre par la pression.

Dans le cas où on aurait de la peine à se rendre maître de la flamme et à l'éteindre entièrement en apposant le couvercle, il faudrait retirer le vase de dessus le feu, et le laisser refroidir un instant.

Deuxième composition [1].

Savon de suif bien sec.	30	parties.
Mastic en larmes bien nettoyé.	30	»
Soude pulvérisée.	30	»
Gomme laque rouge.	150	»
Noir de fumée.	12	»

Manipulation.

On fait fondre le savon, ainsi qu'il est dit précédemment ; on jette le mastic peu à peu, en remuant toujours avec la spatule, pour qu'il fonde et ne s'agglomère pas ; on ajoute ensuite la soude pulvérisée, puis la gomme laque, en continuant de remuer ; une fois toutes ces matières bien amalgamées, on met le noir de fumée de la manière précitée. Après une concentration d'une minute, on jette le tout sur le marbre, et on coupe les bâtons d'encre pendant que le résidu est encore chaud, plus tard cela deviendrait impossible.

Troisième composition.

Cire vierge.	12	parties.
Graisse de bœuf fondue.	4	»
Savon.	5	»
Noir de fumée non calciné.	1	1|2

Quatrième compostion.

Cire blanche.	8	parties.
Suif épuré.	2	»

[1] Cette composition nous paraît encore préférable à la première.

Savon de suif.	4 parties.
Mastic en larmes.	2 »
Térébenthine de Venise..	1 »
Noir de fumée.	2 »

Ces manipulations s'opèrent comme celle de la seconde composition, seulement l'addition de la térébentine se fait lorsque les autres matières sont fondues.

Cinquième composition.

Cette composition est excellente pour l'emploi au pinceau, et convient mieux aux dessinateurs qui peuvent rarement, comme les écrivains, se servir de la plume d'acier.

Cire jaune ordinaire [1].	8 parties.
Savon blanc d'huile d'olive.	20 »
Suif de mouton fondue au bain-marie et dégagé des parties filamenteuses.	6 »
Gomme laque jaune.	10 »
Noir de fumée non calciné.	4 »

On fait fondre le savon, la cire, le suif; on ajoute la gomme laque, morceau par morceau, en remuant toujours; quand le tout est fondu, on met doucement le noir, et lorsqu'il est parfaitement amalgamé avec les autres matières, on couvre la casserole afin de concentrer la chaleur pendant deux minutes au plus; ensuite on coule le tout sur un morceau de marbre poli, comme il est précédemment indiqué.

Imperfection de l'encre et moyens d'y remédier.

L'encre est-elle insoluble?

Ajoutez du savon, et faites refondre sans enflammer les matières.

Est-elle molle et gluante?

Calcinez davantage.

Enfin est-elle très-peu soluble et pas assez noire?

Si après sa dissolution dans l'eau elle devient visqueuse, cela provient du trop peu de cuisson : continuez la calcination.

---

[1] La cire blanche que l'on vend dans le commerce, contenant presque toujours des corps gras ou étrangers, quelques lithographes ont donné la préférence à la cire jaune, ordinairement pure de tout mélange, au surplus, il est facile de reconnaître la falsification de la cire en la faisant fondre dans de l'eau clarifiée que l'on fait bouillir, les matières grasses se dégagent et viennent les premières à la surface, avant que l'eau ait pris son bouillon; quant aux autres parties mélangées et qui sont des farineux, elles se séparent du corps principal, forment une espèce de colle qui ne peut plus se joindre à la cire.

Il faut que les bâtons d'encre soient homogènes, sans bulles d'air ; pour éviter cet inconvénient, il faut opérer une forte pression immédiatement après le coulage de l'encre sur le marbre.

Pour délayer l'encre, on doit choisir une eau de fontaine douce, et donner la préférence à celle qui dissout le savon, sans en laisser distinguer les parcelles : l'eau distillée est excellente pour cette dissolution.

CHAPITRE III.

De la fabrication des crayons lithographiques.

La fabrication des crayons demande un soin extrême : c'est d'elle que dépend principalement le succès des travaux de l'artiste ; aussi ne doit-on rien négliger pour atteindre la perfection. La société d'encouragement a proposé et accordé, à diverses époques, des prix pour le perfectionnement des crayons. Jamais nous n'avons concouru, malgré que nous ayons été plus d'une fois à même de le faire avec avantage, tant pour cette fabrication que pour d'autres améliorations théoriques et pratiques, considérant toujours comme fort peu de chose de petites découvertes communiquées par nous à nos ouvriers et à nos confrères, au fur et à mesure qu'elles étaient faites, dans le but d'être réellement utiles au progrès de l'art.

Cependant nous sommes loin de dédaigner le suffrage de cette honorable société, qui est une des plus belles institutions des temps modernes ; mais nous avons toujours pensé qu'on ne devait se présenter devant cet aréopage que pour des innovations importantes, pour des améliorations réelles ; et, nous le disons à regret, bien des futilités, connues de la majeure partie des praticiens, ont été données et récompensées comme des résultats nouvellement obtenus. L'Amérique ne porte pas le nom de celui qui l'a découverte au prix de son sang, et peu s'en est fallu qu'un imposteur ne soit parvenu à enlever au célèbre Aloys Senefelder, le mérite de l'invention plus qu'heureuse de l'art lithographique.

Nous aimons néanmoins à reconnaître que ces prix ont été quelquefois la récompense juste et méritée des efforts de nos artistes, de divers praticiens et de plusieurs chimistes distingués.

Voulant tenir la promesse que nous avons faite, nous donnerons dans ce chapitre la composition des crayons de M. Lemercier, publiée par la société d'encouragement : M. Lemercier a mérité le prix proposé par elle au dernier concours, pour la fabrication de l'encre lithographique.

Lo manipulation des matières dont nous allons donner le détail, se fait comme celle de la première composition d'encre, en ajoutant seulement, à la fin de l'opération et un peu avant le coulage des crayons dans le moule (*pl.* 1, *fig.* 1,). quelques morceaux de cire vierge.

Première composition.

Savon marbré ordinaire.	45 parties
Suif épuré.	60 »
Cire vierge.	75 »
Gomme laque.	30 »
Noir de fumée dégraissé.	15 »

A défaut d'un moule pour le coulage des matières, on peut se servir d'un petit sac en toile, garni dans l'intérieur d'un papier savonné.

Avant l'entier refroidissement, on retire cette pâte du sac pour la découper en crayons d'une ligne carrée d'épaisseur sur 15 à 18 lignes de longueur au plus.

Comme ce résidu doit avoir un degré de cuisson de plus que l'encre, on a soin de tenir les matières qui le composent, plus long-temps sur le feu sans les enflammer.

Deuxième composition.

Savon de suif.	150 parties.
Cire blanche sans suif.	150 »
Noir de fumée.	30 »

Manipulation.

Il faut couper le savon par morceaux très-minces, long-temps avant d'en faire usage, et l'exposer au soleil pendant plusieurs jours, afin d'en opérer la dessication. Dans le cas où la saison ne permettrait pas de l'obtenir ainsi, il suffirait d'exposer le savon sur un poêle de faïence chauffé à une chaleur ordinaire, en ayant soin de le remuer souvent.

Lorsque ces parties de savon sont suffisamment sèches pour se briser entre les doigts au lieu de s'amollir, on les serre dans une boîte sans les exposer à l'humidité.

Si on le préfère, on peut sécher le savon à l'étuve, après l'avoir coupé par rubans très-minces et étendu sur du papier ; de cette manière il se réduit facilement en poudre et devient plus aisé à mettre en fusion.

On jette le savon ainsi préparé dans une casserole de cuivre non étamée et garnie d'un couvercle en tôle, avec poignée en fer, semblable à celle de la pl. 1, fig. 2.

On met cette casserole sur un feu vif, de charbon de bois ; lorsque le savon est bien fondu, on y met la cire peu à peu, en remuant avec une spatule.

On ajoute ensuite progressivement et de la même manière, le noir de fumée, que l'on amalgame bien avec les autres composants.

Enfin, on concentre pendant un moment en couvrant hermétiquement ; et on coule les crayons dans le moule sans laisser enflammer la pâte, qu'il ne faut pas calciner.

Ce crayon est excellent pour les parties vigoureuses, pour les retouches et les dessins destinés au commerce, et qui doivent tirer un grand nombre d'épreuves.

Troisième composition.

Savon de Marseille.	200 parties.
Cire blanche sans suif.	200 »
Gomme laque rouge.	20 »
Noir de fumée.	15 »

Manipulation.

Elle se fait entièrement comme la précédente si ce n'est qu'on ajoute la gomme laque avant le noir de fumée, et qu'on la fait fondre avec un soin particulier.

Il faut enflammer ces matières réunies jusqu'à trois fois, en les laissant allumées une minute chaque fois.

Dans le cas où deux fois paraîtraient suffisantes pour opérer la calcination, et qu'à la superficie de ce résidu il se formerait une espèce de croûte, il ne faudrait pas mettre le feu une troisième fois, et avoir soin d'enlever ces matières brûlées afin d'en dégager le surplus de la composition.

Les crayons ainsi fabriqués sont propres à l'exécution des teintes légères, tant pour la figure que pour les ciels clairs et transparents.

En appuyant plus fort en dessinant sur la pierre, on peut obtenir également des effets vigoureux et purs.

Il faut généralement éviter avec le plus grand soin que ces produits chimiques soient exposés aux influences de l'air froid, chaud ou humide, une température sèche et naturelle étant un sûr moyen pour leur parfaite conservation.

Avant que de terminer ce chapitre, nous donnerons encore quelques compositions de crayons, malgré que nous soyons bien convaincus que celles qui précèdent sont suffisantes pour arriver à des résultats qui ne laissent rien à désirer.

Quatrième composition.

Cire jaune.	12 parties.
Graisse de mouton.	5 »
Savon blanc.	5 »
Gomme laque.	2 »
Noir de fumée.	2 »

Cinquième composition.

Savon marbré.	50 parties.
Cire blanche.	30 »
Gomme laque.	10 »
Noir d'essence.	8 »

Sixième composition.

Cire vierge sans suif.	20 parties.
Suif épuré.	50 »
Gomme laque rouge.	6 »
Vermillon.	5 »
Noir de fumée.	3 »

La manipulation de cette dernière composition est la seule qui diffère des autres ; on fait fondre successivement la cire, le suif et le vermillon, et l'on remue ces trois substances jusqu'à ce qu'elles soient dissoutes ; aussitôt que le vermillon se forme en écume, on ajoute la gomme laque, qui doit être préalablement pulvérisée, puis enfin le noir de fumée, dont on opère le mélange en agitant le tout au moyen d'une spatule ; ensuite on verse ces matières pour les découper en crayons, si on n'a pas de moule semblable à celui déjà indiqué.

Les râclures, les bouts de crayons lithographiques, doivent être conservés soigneusement, car, étant refondus ensemble au bain-marie, on en obtient un crayon sec très-propre à l'exécution des demi-teintes.

Composition de crayons donnée par M. Lemercier.

Matières.

Cire jaune.	32 parties.
Suif très-épuré	4 »
Savon blanc de Marseille.	24 »

Lithographie. 4

Sel de nitre.   1   »
Noir calciné et tamisé.   7   »

Le nitre est dissous dans sept fois son poids d'eau.

Fabrication.

On commence par faire fondre dans la casserole la cire, le suif ; puis ensuite on jette le savon, coupé en petits morceaux très-minces : il faut en mettre peu à la fois, car l'eau contenue dans le savon nouveau causerait une tuméfaction qui ferait répandre une partie des matières, qui s'élèveraient rapidement vers le haut des parois intérieures de la casserole. On doit remuer sans cesse avec la spatule, afin de faciliter la fusion ; lorsqu'elle est complète, on continue d'agiter doucement, ce qui égalise la chaleur dans toutes les parties de la masse : en allant vivement, on diminue cette chaleur, en allant doucement on la laisse augmenter. Lorsqu'une fumée blanchâtre succède à la fumée grise qui se dégage pendant la fusion du savon, on retire la casserole du feu, puis on commence à verser la dissolution de nitre, que l'on doit mettre sur le feu un peu d'avance, afin de l'avoir bouillante au moment de s'en servir ; on a une cuiller à café pour prendre de la dissolution dans la petite casserole qui la contient ; on commence par en laisser tomber quelques gouttes sur la matière, il s'opère une tuméfaction : on continue ainsi à verser goutte à goutte, puis progressivement on augmente, jusqu'à ce que le tout soit versé. Il est très-important de prendre cette précaution pour faire entrer la dissolution dans la masse, car si on mettait tout à la fois, cela produirait une explosion qui enverrait la matière de tous côtés.

La dissolution versée, la tuméfaction vient quelquefois jusqu'aux bords de la casserole, suivant le degré de chaleur où était la matière lorsqu'on a fait cette addition d'eau nitrée : plus il est élevé, plus le gonflement est grand et mieux la dissolution s'incorpore. On remet ensuite la casserole sur le feu, et avec la spatule on bat la mousse qui s'est formée, pour la faire diminuer ; la chaleur agissant à son tour, la matière redescend à son premier niveau ; on laisse chauffer le produit jusqu'à ce que, en approchant l'extrémité d'un fer que l'on a fait rougir au feu, la matière s'enflamme. Quand elle a pris feu, on ôte la casserole de dessus le réchaud et on laisse brûler pendant une minute ; alors on la couvre avec son couvercle, pour éteindre la flamme et empêcher que la température ne s'élève trop. Immédiatement après, on lève le couvercle et on laisse la fumée se dégager ; puis, en agitant la masse avec la spatule, le feu reprend ; s'il ne reprend pas, il suffit d'approcher de nouveau le fer rouge. Supposant par once ou 31 grammes chacune des parties des proportions précédemment indiquées, on laisse brûler encore pendant deux minutes, et on éteint la flamme ; si à la surface du produit il restait encore une espèce d'écume, il faudrait encore faire brûler pendant une minute ; mais quand le mélange a été bien fait et la chaleur bien soutenue, trois minutes sont suffisantes, et la pâte du crayon est moins cassante que lorsqu'on l'a laissé brûler trop long-temps. Quand on opère sur une quantité moins forte que celle précitée, on doit réduire proportionnellement la durée de cette combustion, et surtout étouffer le feu plus souvent, pour éviter une trop grande élévation de la température, qui, en ne permettant pas d'éteindre la flamme, carboniserait une grande partie du produit. Ayant éteint et découvert, on laisse refroidir pendant quelques secondes, et alors on ajoute le noir, en le faisant tomber peu à peu, et le délayant avec la spatule jusqu'à ce qu'il n'y ait plus de grumeaux. Le noir étant bien mêlé, on remet la casserole sur le feu, et lorsque la pâte est ramenée à l'état liquide, on la laisse cuire 15 minutes environ.

C'est ici qu'il faut de l'habitude, pour augmenter ou diminuer la durée de la cuisson suivant l'activité du feu, car la différence d'un feu lent à un feu vif pendant toute l'opération, nécessite un changement à ces données. Deux ou trois minutes avant la fin de la cuisson, on met fondre les bavures qui restent chaque fois que l'on coule des crayons. Un fait singulier c'est que cette ancienne pâte ajoutée à la matière qui cuit, lui donne une qualité moins cassante que celle qu'elle a lorsqu'on n'y a pas fait cette addition : peut-être les bavures prennent-elles de l'humidité après avoir subi la cuisson nécessaire [1], et alors la répandant dans les matières presque cuites, leur donne cette élasticité que le crayon acquiert presque toujours avec le temps, et qui lui manque lorsqu'il est récemment fait.

Quand cette addition est faite en agitant toujours, et qu'on a parfaitement mêlé cette ancienne pâte avec la nouvelle, on retire la casserole et on agite la masse, tout en la laissant un peu refroidir ; alors on la coule dans le moule.

[1] Nous avons fait cette observation il y a plus de dix ans pour la première fois : des crayons secs et durs, au moment de leur fabrication, peuvent devenir par l'action de l'air atmosphérique excessivement mous ; cela arrive même quelquefois à ceux qui sont contenus dans un bocal bien bouché et déposé dans un endroit sec, il n'est donc pas étonnant qu'il en soit ainsi à l'égard des bavures qu'on laisse ordinairement à même la casserole d'une fabrication à l'autre. Des crayons qui seraient enfermés avant leur entier refroidissement, acquéreraient la même élasticité.

CHAPITRE IV.

De l'Autographie.

Nous laisserons parler le respectable auteur de cet ingénieux procédé, M. de Lasteyrie, qui s'exprime ainsi, à la page 212 du tome cinquième de son journal des Connaissances Usuelles :

« L'autographie ne se borne pas seulement au transport des écritures et des dessins faits avec de l'encre autographique.... elle est susceptible d'opérer le transport d'une feuille imprimée en caractères typographiques, avec une telle conformité et exactitude, qu'il est impossible à des yeux qui ne sont pas bien exercés d'apercevoir quelque différence entre un imprimé typographique et celui qui résulte de l'autographie.... Ce genre peut être utile lorsqu'il s'agit d'allier des caractères orientaux, dont on est dépourvu, avec des mots, des phrases ou des lignes composées en caractères typographiques. Nous avons exécuté ainsi plusieurs morceaux où la langue française ou latine se trouvaient entremêlées avec des mots ou des phrases en chinois ou en arabe. Nous avons pareillement exécuté une carte topographique dont tous les détails étaient rendus en lithographie, tandis que les noms des lieux étaient d'abord produits par la typographie, et en second lieu par l'autographie. On commence dans cette opération, par faire composer, disposer et distribuer sur une planche typographique, les mots, les phrases, les lignes, tels qu'ils doivent l'être. On imprime avec cette planche sur un papier autographique ; et l'on écrit ensuite les mots en langues orientales dans les espaces laissés afin de recevoir ces mots.... On transporte le tout sur une pierre qu'on prépare, et dont on fait le tirage à la manière ordinaire. On suit le même procédé pour les cartes de géographie. Après avoir imprimé sur un papier autographique les noms, on exécute à l'encre les autres parties de la carte ; l'on transporte sur pierre. Nous avons aussi exécuté des cartes tracées immédiatement sur pierre, mais sans noms....; et après avoir fait tirer les noms sur papier blanc, on a tiré sur ce même papier la carte faite sur pierre. On peut multiplier les cartes ou les dessins au trait et peu compliqués, gravés sur cuivre. Pour cela on enduit d'encre autographique, délayée à une consistance convenable, la planche en cuivre, en procédant par la méthode ordinaire. On emploie au lieu d'encre autographique, une composition faite avec une once de cire, une once de suif, trois onces d'encre, propre au tirage des épreuves en lithographie. On fait chauffer le tout, et on le mélange. On ajoute un peu d'huile d'olive si la composition n'est pas assez liquide pour être étendue sur la planche : celle-ci doit être chauffée à l'ordinaire. Après avoir fait le tirage en taille-douce, sur une feuille de papier autographique, on opère immédiatement le transport sur pierre, après avoir frotté celle-ci avec une éponge imbibée de térébenthine. Il est nécessaire de donner trois ou quatre coups de presse et même plus, en augmentant chaque fois la pression (on suivra d'ailleurs les autres procédés qui sont indiqués à la section 2 du transport sur pierre). Il est bon d'attendre vingt-quatre heures avant de préparer la pierre, afin qu'elle soit mieux pénétrée par l'encre de transport; ensuite on gomme la pierre, on la lave et on fait le tirage. Ce procédé, qui n'a pas encore été usité dans les lithographies, mérite cependant l'attention des artistes, car il donne le moyen de reproduire et de multiplier à l'infini des cartes de géographie, et quelques genres de gravures qui pourraient être livrées dans le commerce au quart de leur valeur actuelle. En effet, toutes celles qui sont faites au trait, ou celles dont les ombres sont largement exécutées, sont susceptibles de reproduire de bonnes épreuves au moyen de l'autographie. L'opération devient très-difficile lorsqu'il s'agit de transporter des gravures en taille-douce, dont les traits fins, délicats et très-rapprochés, ne prennent pas toujours sur la pierre, ou s'écrasent ou se confondent par l'effet de la presssion.... Il faut beaucoup d'habileté et d'adresse pour obtenir des épreuves, et cette partie de l'art demande à être perfectionnée. Nous sommes parvenus cependant à transporter sur une pierre une gravure bien finie, qui avait été tirée sur un papier ordinaire à demi collé. Après avoir poli une pierre à sec avec la pierre ponce, l'avoir fait chauffer et l'avoir frottée avec l'essence de térébenthine, nous y avons appliqué la gravure.... Mais celle-ci avait été auparavant trempée dans l'eau, ensuite recouverte de térébenthine sur le revers puis repassée dans l'eau pour enlever la térébenthine superflue, enfin ressuyée avec du papier non collé. C'est dans cet état que la gravure, appliquée sur la pierre encore humide de térébenthine, a été soumise à la pression et nous a donné d'assez bonnes épreuves, n'ayant reçu de préparation qu'après avoir reposé pendant vingt-quatre heures : les difficultés croissent en raison de la dimension plus grande des gravures que l'on veut transporter sur pierre.

On a aussi fait des essais pour transporter de vieilles gravures, mais on n'a réussi jusqu'ici qu'imparfaitement; ce serait rendre un grand service à l'art si l'on trouvait le moyen de reproduire les anciennes gravures au moyen de l'autographie. La chose présente de très-grandes difficultés ; nous la croyons cependant possible d'après quelques essais que nous avons faits en ce genre. Il nous suffira donc de donner ici quelques indications.

4.

L'encre des anciennes gravures étant parvenue à un état complet de siccité, il s'agit de lui donner du corps et de l'onctuosité. On peut à cet effet imbiber fortement une gravure avec de l'eau dans laquelle on a dissous de la soude ou même du sel ammoniac, ou du sel d'oseille. On étendra cette gravure sur une planche en bois, et on y répandra de l'essence de térébenthine, en tamponnant avec le doigt ou la paume de la main, afin que l'essence s'imprégne bien dans les traits de la gravure. On applique la gravure sur une pierre, on la soumet à la pression, et on l'enlève en la mouillant avec de l'eau. Si la gravure était trop mouillée, avant de poser sur la pierre on la fera essuyer entre des papiers non collés. On encrera ensuite avec le rouleau, ou mieux avec l'encre de reprise (dont nous indiquons la composition). On se sert pour cela d'un tampon en laine recouvert en cuir mince et non tanné.

Le procédé de l'autographie présente de grands avantages dans différentes circonstances et pour différents genres de travaux, surtout lorsqu'il s'agit d'économie et de célérité.... Non-seulement il est propre à la circulation de tous les écrits qui demandent une publication instantanée, tels que les avis relatifs au commerce ou à quelque intérêt privé ou public, aux mémoires ou aux écrits scientifiques littéraires, etc., que l'on ne destine qu'à un petit nombre de personnes, chacun pouvant avoir une presse, et exécuter soi-même, ou avec le secours de ses employés ou de ses domestiques. On peut produire par ce moyen, et d'une manière très-économique, des cartes de géographie, les figures de géométrie et tout genre de dessin à la plume. Les auteurs qui ont quelque connaissance du dessin peuvent exécuter eux-mêmes leurs ouvrages sur papier autographique, sans avoir recours aux artistes; car il faut un certain apprentissage pour écrire et même dessiner à l'encre sur une pierre.

De l'encre et du papier autographiques, de leur fabrication et de leur usage.

Si la lithographie est appelée à rendre de grands services aux arts et aux sciences, c'est surtout par le procédé autographique qui présente tous les avantages d'une exécution prompte et peu coûteuse; toutes les fois qu'un travail ne devra être imprimé qu'à un petit nombre d'exemplaires, l'autographie méritera la préférence sur tous les genres d'impression.

Cet ingénieux procédé est aujourd'hui très-perfectionné, et l'usage n'en a jamais été si répandu; une foule d'écrits scientifiques, de comptes-rendus, de mémoires et d'exposés mis sous les yeux des magistrats, sont autographiés; le commerce l'emploie aussi pour les circulaires; il n'est pas jusqu'aux principaux théâtres de

Paris qui n'aient des contre-marques ou des numéros de soitie exécutés de cette manière.

La plupart des ministères et des administrations publiques ont des expéditionnaires et des imprimeurs autographes ; quelques préfets en ont reconnu les avantages, et par la suite chaque préfecture, chaque mairie importante aura son atelier autographique, tant le besoin de communiquer la pensée par un moyen plus prompt que l'impression ordinaire, s'est fait vivement sentir de nos jours.

Encre autographique. Première composition.

Gomme laque.	8	parties.
Cire	1	»
Suif	7	»
Mastic	4	»
Savon.	5	»
Noir de fumée	1	»

Deuxième composition de l'encre.

Savon de suif épuré.	100	parties.
Cire vierge.	108	»
Suif.	50	»
Mastic en larmes.	50	»
Noir de fumée non calciné. . .	30	»

Manipulation.

Elle se fait absolument comme celle de l'encre (*Deuxième composition, Chap. II*) ; seulement on concentre moins les matières, et la flamme ne doit y être mise que pendant un instant, ces deux encres devant conserver davantage de leurs parties graisseuses.

Troisième compositon. Encre autographique liquide.

Suif de mouton épuré	8	onces.
Cire jaune	4	»
Savon ordinaire.	»	1½
Gomme laque jaune.	5	»
Mastic en larmes.	4	»
Térébenthine	»	1½
Noir de fumée non calciné.	1	»

Manipulation.

On fait fondre le suif, le savon, la gomme laque, le mastic, et

quand toutes ces matières sont en fusion, on ajoute la térébenthine, dont on opère le mélange en remuant avec la spatule, ensuite on ajoute le noir que l'on met peu à peu et toujours en agitant la masse afin que l'amalgame soit parfait; puis on met deux
livres d'eau clarifiée et on fait cuire le tout sur un feu doux pendant une bonne heure et demie.

S'il arrivait que la liqueur fut trop épaisse après la cuisson i^l
suffirait d'ajouter un peu d'eau chaude.

Cette encre doit être coulante et d'un emploi presque aussi facile
que l'encre ordinaire.

M. Gardon, lithographe, demeurant à Paris, passage Dauphine,
n° 7, avec lequel nous avons eu quelques rapports, ayant bien
voulu nous fournir des notes sur le procédé autographique dont il
s'occupe exclusivement depuis plus de cinq années, nous croyons
être vraiment utile en leur donnant une place dans notre Manuel.

M. Gardon a fait de nombreux essais avant que d'arriver aux
perfectionnements réels qu'il a apportés à cette partie intéressante
de la lithographie, nous ne le suivrons pas dans ses expériences,
mais nous transcrirons presque textuellement les communications
qu'il nous a faites et qui contiennent les heureux résultats obtenus
en dernier lieu.

L'encre autographique de M. Gardon, dont nous avons fait un
fréquent usage, est d'un emploi aussi facile que l'encre ordinaire,
elle peut se conserver sans la moindre altération pendant plus d'une
année en ayant toutefois le soin de la renfermer dans un flacon
bouché à l'émeri, déposé dans un endroit plus frais que chaud;
elle peut en outre résister à une acidulation très-forte, M. Gardon
assure qu'il a employé sans altérer en rien l'écriture tracée avec
son encre, une préparation acide marquant de 8 à 10 degrés au-
dessus de zéro.

Composition de l'encre GARDON.

Cire vierge.	5	parties.
Suif de mouton épuré.	5	1/2
Savon blanc très-sec.	6	»
Gomme laque blonde.	5	1/2
Mastic en larmes.	4	1/2
Térébenthine de Venise, une cuille-		
rée à café.	»	»

Manipulation.

« Si on considère le nombre de chaque partie comme autant
d'onces on obtiendra environ une livre d'encre; ainsi, pour cette
quantité on prend une marmite en fonte de la contenance
de deux ou trois litres, parfaitement propre, on la place sur un

feu vif de charbon de bois en évitant qu'il s'établisse un fort courant d'air qui nuirait à l'égalité de la chaleur et ferait languir la cuisson. Ensuite on met fondre les matières dans l'ordre ci-après :

« Le suif, aussitôt qu'il est en fusion complète, on y ajoute la cire vierge quand elle est fondue, on y met le savon en un seul morceau pour éviter de répandre les matières, ce qui arrive souvent par le contact des parties aqueuses renfermées dans le savon, avec les corps gras déjà en ébullition. Par ce moyen au contraire, le savon doit se dissoudre sans accident, l'humidité qu'il contient pouvant s'évaporer graduellement.

« Il faut avoir soin de remuer avec une spatule pendant la fonte du suif et de la cire.

« Lorsque le savon est bien fondu et qu'on n'aperçoit plus de bulles ni d'écume à la surface, on recouvre hermétiquement la marmite, on remplit de nouveau le fourneau avec du charbon, on laisse chauffer le tout pendant un quart d'heure environ, et après ce temps, on découvre brusquement la marmite ; si les matières se trouvent assez chaudes, une flamme bleuâtre, semblable à celle du punch, en couvre la surface : on laisse encore la marmite sur le feu une minute seulement, puis on la retire pour la mettre à terre, on remue avec une cuiller en fer, ou la spatule, comme on agite le punch pour le faire brûler, pendant quatre minutes, ensuite on recouvre la marmite pour la découvrir avec promptitude quelques secondes après ; le feu doit reprendre, dans le cas contraire, on met le couvercle sur la marmite pour empêcher le refroidissement, puis on allume une bande de papier roulé que l'on présente à la surface en retirant le couvercle, le feu étant repris on le laisse agir pendant quatre ou cinq minutes, on éteint le feu en replaçant le couvercle.

« Pendant cette dernière opération, la composition se couvre d'une nuance violette foncée ; de petits globules se forment sur toute la surface des matières ; lorsque la flamme devient plus noirâtre, on doit recouvrir la marmite en appuyant sur le couvercle jusqu'au moment où la flamme est bien éteinte, ce qui demande ordinairement deux ou trois minutes : sans cette dernière précaution, la force de la vapeur soulève le couvercle, l'air s'introduit dans la marmite et le feu s'y remet aussitôt, ce qu'il faut soigneusement éviter, car cette nouvelle flamme carboniserait les matières grasses et leur ôterait l'adhérence sympathique qui est leur qualité essentielle et sans laquelle il ne peut exister de bonne encre autographique [1].

[1] Quelques personnes ont la manie d'écumer l'encre, mais cela est inutile et ne peut que nuire à la bonté de cette composition, d'ailleurs le feu fait justice de ce qui est impur.

« On laisse reposer sans remettre sur le fourneau jusqu'à ce que la vapeur ait presqu'entièrement disparu et qu'il n'y ait plus de danger que les matières s'enflamment d'elles-mêmes.

« Pendant ce repos on tient le fourneau en bon état sans cependant entretenir le feu aussi ardent que pour les premières opérations, on y remet la marmite couverte, au bout de dix minutes on la découvre pour jeter la gomme-laque par petites pincées en ayant soin de remuer en tournant avec la spatule jusqu'à ce qu'elle soit entièrement fondue, on opère de même pour le mastic en larmes et quand il est bien dissous, on continue à remuer pendant quelques instants afin d'obtenir un mélange parfait.

« On recouvre la marmite pour faire cuire le tout ensemble sur un feu doux jusqu'au moment où la fumée devient plus épaisse et l'odeur ayant plus de force, prend à la gorge d'une manière assez désagréable ; alors on verse la térébenthine de Venise, en remuant avec la spatule, on recouvre de nouveau la marmite puis on la laisse pendant un quart d'heure sur un feu doux mais égal. La composition devenant plus épaisse, on retire la marmite de dessus le feu pour laisser l'encre refroidir jusqu'à ce que la fumée se soit presque totalement évaporée, ensuite on la coule sur une pierre lithographique ou qui mieux est, sur une planche polie en ayant soin de la frotter également partout avec du savon noir ou autre.

« Une fois l'encre refroidie on la coupe par morceaux de la dimension que l'on veut ; elle doit être flexible sous les doigts, si elle était cassante elle ne vaudrait rien car il y aurait carbonisation et elle ne pourrait subir une préparation fortement acidulée ni fournir un nombre suffisant d'épreuves. »

M. Gardon qui, depuis cinq années ainsi que nous l'avons dit, s'est principalement occupé de la fabrication des encres, pense avec raison que la calcination de ce produit chimique, comme l'entendent certaines personnes, est une erreur grave, qui, pendant long temps, a dû retarder les progrès du procédé autographique, au moyen duquel on n'obtenait pas toujours de bonnes épreuves.

En moins de deux années, M. Gardon a fabriqué tant pour Paris que pour la province plus de cent cinquante livres de l'encre autographique dont la recette précède.

M. Gardon qui dessine et écrit lui-même sur la pierre, aime beaucoup l'art qu'il exerce, et son but en nous faisant quelques communications, en les discutant avec nous, dans deux récentes entrevues, a été de contribuer autant qu'il est en son pouvoir, a la propagation des connaissances utiles aux personnes qui cultivent ou qui voudraient cultiver la lithographie.

Manière de délayer l'encre autographique GARDON.

Peu de personnes connaissent la véritable manière de délayer l'encre autographique, et nous pensons qu'il n'est pas sans intérêt d'entrer à ce sujet dans quelques détails qui pourront guider les écrivains autographes pour cette opération importante.

Pour obtenir un verre d'encre on fait fondre 2 onces d'encre dans un verre et demi d'eau de pluie ou de rivière, que l'on met dans une petite casserolle de fer-blanc , on fait bouillir le tout sur un feu doux jusqu'à ce que l'encre soit fondue et jusqu'au moment ou l'ébullition a opéré un tiers de réduction, alors, l'encre a la force convenable pour les travaux ordinaires, mais si on veut tracer des caractères ombrés ou une écriture anglaise fine et déliée on arrivera à de meilleurs résultats, on aura plus de netteté et de franchise dans les traits et les pleins seront mieux découpés, en faisant réduire l'encre délayée à la moitié de son volume total, c'est-à-dire trois quarts de verre pour un verre et demi.

SECTION I.

Papier autographe.

Ce papier peut être employé pour les dessins au trait et les écritures. Nous allons en donner les compositions les plus simples, dont les résultats sont immanquables.

Matières.

Amidon	120 parties.	
Gomme arabique pulvérisée. . .	40	»
Alun.	10	»
Graines d'Avignon concassées . .	18	•

Manipulation.

On fait un empois léger avec l'amidon en y mettant la quantité d'eau nécessaire pour qu'il ait peu de consistance.

Quelques heures avant de commencer cette opération, on fait dissoudre la gomme dans un verre d'eau de fontaine.

L'alun doit être également fondu, mais séparément.

On précipite ces deux substances l'une après l'autre dans l'empois, et en agitant le tout de manière à en opérer le mélange parfait.

On écrase la graine d'Avignon dans un mortier ou entre deux pierres, on la jette dans un verre d'eau que l'on fait bouillir et réduire aux deux tiers. Cette ébullition produit une teinture jaunâtre, que l'on mêle avec les matières précédentes pour les colorer, et composer avec elles la préparation de transport, qu'il faut appliquer à chaud, au moyen d'un pinceau dit queue de morue, sur un côté de feuille d'un papier sans colle, soit vélin, soit à vergeures.

On étend chacune de ces feuilles sur une corde, afin de les faire sécher.

Ensuite on passe ce papier au cylindre, sans le mettre en contact avec aucun corps gras. A défaut de cylindre, on peut se contenter de le passer sous la pression du râteau de la presse, en le posant à plat sur une pierre lithographique polie un peu plus grande que le format du papier.

Ce travail terminé, le papier autographe doit être couvert d'un peu de sandaraque et légèrement frotté avec une patte de lièvre, jusqu'au moment où la préparation jaune pâlit un peu, mais également partout.

Dans cet état, le papier peut être employé de suite à recevoir un dessin au trait ou des caractères d'écriture quels qu'ils soient, en mettant tous les soins que la propreté indique, et en se servant, pour écrire ou dessiner, d'une plume d'oie ou de corbeau qui n'ait point encore servi à d'autre usage, enfin en employant l'encre autographique bien noire sans être pâteuse, ce qu'on obtient en la délayant dans une eau douce et claire.

Lorsque le travail fait sur ce papier est terminé, il faut en opérer le transport sur une pierre de Munich, polie et médiocrement dure; ce que nous indiquerons bientôt, section deuxième de ce chapitre.

Autre composition de Papier autographique dite *Allemande.*

Amidon.	2 onces.
Plâtre de vieux bustes passé et tamisé	
très-fin.	5 »
Gomme-gutte.	» 1/2 gros.

On manipule ces substances comme pour la première composition, et on applique de la même manière sur un papier semblable.

Préparation autographique donnée par Senefelder.

On met une demi-once de gomme adragant dans un verre, on y jette de l'eau de pluie ou de fontaine, en suffisante quantité pour que le verre soit presque plein.; on laisse cette dissolution s'opérer pendant quatre ou cinq jours ; au bout de ce temps, la gomme adragant et l'eau forment ensemble une espèce de colle semblable à l'amidon ; on remue bien ce mélange, on le passe dans un linge afin d'en extraire les saletés : cela fini, on ajoute une once de colle forte de Paris, cuite et de bonne qualité, puis une demi-once de gomme-gutte dissoute dans de l'eau ; ensuite on prend

    4 onces de craie française.

    1/2 once de gypse éteint et sec.

    1 once d'amidon cru.

Ces matières doivent être pulvérisées et passées ensemble dans un tamis très-fin, et broyées avec une partie de l'eau gommée dont le surplus doit y être ajouté après ; il suffit alors de mettre la quantité d'eau suffisante pour donner à cette composition la même consistance que celle nécessaire aux compositions qui précèdent, celle d'une huile légère ou d'une eau fortement sucrée.

Cette préparation peut être appliquée sur un papier collé bien mince et non lissé, en ayant soin de l'étendre légèrement et également partout de la même manière que les précédentes, sans qu'il soit nécessaire de couvrir la surface du papier avec de la sandaraque pour écrire dessus.

Composition bonne à appliquer sur un papier collé très-mince.

Gomme adragant.	4 grammes.
Colle de Flandre	4 »
Blanc d'Espagne	8 »
Amidon	4 »

Manipulation.

On fait dissoudre la gomme adragant dans une pinte d'eau, vingt-quatre heures d'avance.

Ensuite on met fondre sur le feu la colle de Flandre à la manière ordinaire ; on forme de l'empois avec l'amidon, et après avoir mélangé à chaud ces trois matières, on y ajoute le blanc d'Espagne réduit en poudre, en agitant de sorte à opérer un amalgame parfait.

On applique cet encollage au moyen d'une éponge fine ou d'un pinceau dit queue de morue, sur un papier collé très-fin.

Papier transpositeur pour les dessins au crayon ou Papyrographie.

Composition.

Colle de peau de lapin.	2 parties.
Colle forte pulvérisée.	» 1|4
Colle de Flandre Jolens	» 1|4
Ebullition de graines d'Avignon .	» 1|8

Manipulation.

On fait fondre, dans une quantité d'eau suffisante pour former une liqueur gélatineuse d'une consistance huileuse, les colles fortes de Flandre ; on ajoute ensuite la colle de peau de lapin ; et, lorsqu'elle est entièrement fondue, on y met la teinture de graine

Lithographie. 5

d'Avignon, ou une infusion de quelques morceaux de bois de l'Inde.

On applique cette composition sur le papier à l'aide de la queue de morue, comme pour le papier autographe ; seulement, lorsque cette première couche est sèche, on en appose une seconde ; on lisse le papier, et l'on peut ensuite dessiner avec un crayon de la deuxième composition (chapitre III).

SECTION II.

Du transport sur pierre.

On choisit, pour opérer le transport d'un dessin au trait ou d'une planche d'écriture, une pierre de Munich un peu tendre, d'une couleur blanchâtre, polie avec soin, parfaitement sèche et propre, et toujours d'une dimension supérieure de un ou deux pouces sur toutes les faces, au travail que l'on veut transporter.

On porte cette pierre sur le chariot de la presse, on ajuste la hauteur et la longueur de la pression, comme s'il s'agissait de tirer une épreuve, en employant une pression assez faible.

On apprête quelques feuilles de papier pour servir de maculatures ; on met de l'eau claire dans une sébile, et quand tout est ainsi préparé pour cette opération qui n'est pas difficile, mais qui demande une précision et un soin extrêmes, on pose l'autographie sur du papier propre, ayant soin de tenir le travail en dessous ; on mouille le papier autographe du côté blanc avec une éponge fine, sans traîner, de peur d'érailler le papier ou d'opérer quelques frottements.

Dans cet état, on pose le papier autographe sur la pierre précédemment placée sur la presse, le côté blanc en dessus, de sorte que le dessin ou l'écriture se trouve positivement en contact avec la pierre.

On pose ensuite sur le papier autographe une des feuilles à maculer, on abat le châssis[1] par dessus, on abaisse le porte-râteau ; on met le pied droit sur la pédale, et l'on fait marcher le chariot, soit en levant le levier, soit en tirant à soi les branches du moulinet, suivant la construction de la presse.

Cette première pression tirée, on défait le collier, on relève le porte-râteau, ensuite le châssis. puis la feuille maculature ; et si le papier autographe est parfaitement étendu, on met une nouvelle maculature, on ajoute un point de pression, et l'on fait parcourir au chariot trois fois la distance déterminée d'avance sans changer la maculature ni lever le châssis : alors le transport doit être parfaitement effectué.

[1] *Voyez* le Chap. X, *de la Presse lithographique.*

On décolle doucement le papier en l'imbibant avec une éponge mouillée ; on laisse sécher la pierre avant de l'aciduler, opération qui forme l'objet du chapitre IX de cet ouvrage.

Le transport des dessins au crayon s'opère de la même manière, si ce n'est seulement que la pierre doit être grainée au lieu d'être polie.

SECTION III.

Des étuves pour sécher les pierres destinées aux transports autographiques.

Parmi les difficultés qu'on éprouve pour opérer des transports parfaits sur la pierre, on compte en première ligne celles que fait naître l'imperfection du papier à transport ou la mauvaise qualité de l'encre à autographier, mais le froid et surtout l'humidité sont deux ennemis pour le moins aussi dangereux.

Pour dresser une pierre lithographique, il faut, ainsi que nous l'avons dit, employer le sable et l'eau ; pour la polir, afin qu'elle puisse recevoir un transport, on se sert de pierre-ponce et d'eau.

Dans la première opération, le sable ouvre les pores de la pierre calcaire, naturellement spongieuse, et facilite l'infiltration de l'eau, qui pénètre jusqu'à une certaine profondeur ; dans la seconde, la pierre ponce agissant concurremment avec une nouvelle quantité d'eau, détruit le grain, referme les pores de la pierre, et est bien loin de diminuer la masse d'humidité dont elle est comme saturée.

L'action de l'air atmosphérique peut, suivant son état de sécheresse, d'âpreté, de froid ou d'humidité, diminuer ou augmenter le volume d'eau contenu dans la pierre, et par une journée d'été il faut encore, avec le secours du soleil, un certain laps de temps pour sécher une pierre qui vient d'être appropriée à l'usage du transport ; en hiver, la chose devient presque impossible ; on a donc dû chercher des moyens plus efficaces pour arriver à ce but.

Dès les premiers temps, M. de Lasteyrie avait pensé que pour faire un transport autographique et faciliter le décalque des caractères ou du dessin, il était urgent de présenter la surface de la pierre devant un feu clair, produit par des copeaux ou des rognures de papier.

Nous avons opéré par ce moyen, avec succès, pendant plusieurs années ; cependant, nous reconnaissions depuis longtemps que ce mode de chauffer ou sécher la pierre laissait encore beaucoup à désirer, puisqu'il n'est pas possible d'arriver ainsi à lui donner une chaleur égale sur toute sa surface ; mais notre maison s'occupant principalement de l'impression de tous les genres de dessins, des écritures à la plume, au pinceau, et l'autographie n'étant pour nous qu'un faible accessoire, il appartenait à un autre de rechercher un procédé meilleur, et de faire les dépenses d'un appareil spécial.

M. Gardon, que nous avons déjà eu l'occasion de citer avec distinction, s'occupant presque exclusivement de l'autographie, a imaginé un casier en bois, de 6 pieds de haut, 6 pieds de large et 2 pieds de profondeur, composé de rayons et de compartiments perpendiculaires, placé à une extrémité d'un de ses ateliers, au milieu d'une construction en briques, fermant de portes à coulisses, au bas duquel et au centre se trouve pratiqué un foyer ou fourneau, communiquant sa chaleur dans toute l'étendue du casier, au moyen de bouches calorifères. Quand une pierre est demeurée pendant un quart-d'heure dans ce casier, elle peut être choisie pour faire un transport autographique.

Par la nature des travaux exécutés dans son établissement, M. Gardon emploie chaque jour quatre-vingts ou cent pierres pour les transports; s'étant aperçu que pendant les temps froids et humides l'opération du décalque sur la pierre était douteuse, même sur celles poncées trois ou quatre jours d'avance, et qui paraissaient parfaitement sèches, il se détermina à faire construire l'étuve que nous venons de décrire.

Cet appareil a encore d'autres avantages, il échauffe à peu de frais l'atelier où se trouvent les imprimeurs, car, pour entretenir une chaleur douce et égale, il suffit de renouveler le combustible deux fois par jour, et afin de faire connaître tout le parti que l'on peut en tirer, nous rendons compte d'une expérience faite par M. Gardon, dont nous reproduisons textuellement la note communiquée :

« L'étuve peut ranimer les corps gras qui sont sur la pierre, qui « menacent de déménager ou qui refusent de prendre le noir du « rouleau, par suite de fatigue pendant le tirage, ou d'une acidu- « lation trop forte. Vingt fois j'ai été à même de réparer par ce « moyen des pierres laissées en mauvais état par défaut de soins « ou de savoir faire de la part des ouvriers. La pierre, mise au « repos dans l'étuve pendant une demi-heure, les corps gras se « trouvaient rappelés, et l'encrage au rouleau en devenait fa- « cile.

« Il m'est arrivé, dit M. Gardon, qu'une page d'autographie « très-fine sur laquelle on avait mis de la sandaraque en profu- « sion, refusa de se coller sur la pierre à la première pression. Je « relevai le châssis aussitôt, et aucune trace de transport n'appa- « raissait sur la pierre ; je la plaçai dans l'étuve pendant un quart- « d'heure, au bout de ce temps, je la retirai et je découvris des ca-

« ractères faiblement indiqués ; je l'acidulai aussitôt, et me mis à
« l'encrer : au premier coup de rouleau, toute la page ressortit
« plus pure que d'habitude; enfin, je soumis la page d'autographie
« à un nouveau décalque qui s'effectua avec un plein succès. Ainsi,
« grâce à l'étuve, j'ai obtenu deux transports d'une seule page
« d'autographie. »

Quelques personnes ont pensé remplacer l'étuve en jetant de l'eau
chaude sur la pierre; ce moyen ne vaut rien, il sèche en apparence,
mais il ne sert qu'à rappeler l'humidité de l'intérieur sans l'anéan-
tir ; car, de cette manière, telle autographie qui s'est bien transportée, qui a subi une bonne préparation et qui a été bien encrée,
se dépouille au bout de dix épreuves, ne vient que par partie, et
disparaît presque totalement dans les endroits les plus poreux de la
pierre.

Papier autographe, composition GARDON.

Nous recommandons cette composition, qu'une expérience personnelle de trois années nous a fait reconnaître comme excellente.

La première condition du papier autographe est de permettre à
l'écrivain un travail pur et délicat, de transmettre ce travail à la
pierre dans tout son entier et avec la même pureté ; d'être perméable à l'eau seulement, du côté opposé à la composition , sans
que jamais on puisse remarquer de ce côté aucune espèce de suin-
tement.

Après avoir cherché longtemps une composition qui pût remplir
ces diverses conditions, M. Gardon s'est avisé de faire détremper du
tapioca d'Amérique, qui par sa nature est très-glutineux et excessivement compacte (il peut être remplacé par la fécule de pommes
de terre, qui produit le même effet.) Après l'avoir laissé détremper
pendant l'espace de 6 heures environ, on le met bouillir pour en obtenir la parfaite dissolution, puis on passe le tout dans un fort linge,
et ensuite on y verse la gomme-gutte dissoute dans de l'eau tiède.

Proportions.

1/2 livre de tapioca ;
  1 once et 1/2 de gomme-gutte.

Cette composition, qui a l'avantage précieux de se conserver
pendant un mois sans tourner, s'applique sur un papier mince
collé, au moyen d'une éponge fine ou d'un pinceau queue de
morue.

Lorsque la composition est sèche, il faut lisser le papier en le
passant sous la pression du râteau.

C'était une chose fort intéressante que de trouver un procédé
pour multiplier les planches lithographiées ou gravées, en faisant

5.

les frais d'une seule composition et en employant le transport ; de nombreuses expériences avaient été faites avec des succès divers, ainsi que nous l'avons dit, mais jamais on n'était arrivé à un résultat aussi satisfaisant avant l'emploi des nouveaux moyens que nous indiquerons en terminant ce chapitre.

Le papier autographe était depuis long-temps perfectionné et laissait peu à désirer ; on avait généralement adopté la roulette pour opérer le décalque des dessins ; cependant, quelques lithographes obtenaient le transport tout simplement avec la presse, en faisant subir au travail un certain nombre de pressions ; mais, ce qui manquait jusqu'alors et qui empêchait souvent d'arriver à tirer de bonnes épreuves, c'était l'absence d'une composition d'encrage réunissant toutes les qualités nécessaires.

Pour opérer le transport d'un dessin ou d'une page d'écriture, on encrait sa planche avec le noir d'impression ordinaire, en donnant au travail une teinte vigoureuse, puis on tirait une épreuve sur une feuille de papier légèrement aluné, ou sur du papier autographe, ensuite on transportait l'épreuve sur une pierre, soit avec la roulette, soit à la presse.

Le décalque fait, on laissait sécher la pierre que l'on encrait ensuite, après lui avoir fait subir une légère acidulation.

On obtenait souvent un résultat fort imparfait, et ces transports ne donnaient qu'un assez petit nombre d'épreuves.

Aujourd'hui, le transport d'une épreuve gravée ou lithographiée n'a plus rien de fictif, c'est une opération simple qui n'exige que du soin, et dont le succès est certain, en employant l'encre dont nous allons faire connaître la composition.

ENCRE POUR TRANSPORTER.

Matières.

Cire jaune ordinaire.	. . . .	3 parties.
Suif de mouton épuré.	. . . . . .	1
Vernis faible d'huile de lin.	. . . . .	1
Noir de fumée calciné.	. . . . . .	1

Manipulation.

On fait fondre la cire, on ajoute le suif, et quand il est fondu, on le mêle parfaitement avec la cire, au moyen d'une spatule ; ensuite on met le vernis, et aussitôt que ces trois matières sont bien amalgamées, on y joint le noir par petites parties, toujours en remuant; on concentre la chaleur en couvrant le vase de fonte dans lequel se trouve la composition ; au bout de quelques secondes, on le retire de dessus le feu, afin d'éviter que les matières ne s'enflamment, et avant leur entier refroidissement, on les broie avec une molette.

Cette composition doit servir à l'encrage de la planche dont on désire transporter une épreuve, elle donne au dessin un ton moins vigoureux que l'encre ordinaire ; mais en chargeant la pierre avec soin à deux reprises, et en passant le rouleau lentement, sans le laisser couler, le travail doit être parfaitement garni d'encre dans toutes ses parties, sans en excepter les plus légères.

L'épreuve qui doit servir au transport peut être tirée sur une feuille du papier autographe de la composition de M. Gardon, que nous venons d'indiquer, ou si on le préfère, sur une feuille de papier de Chine, que l'on a préalablement épluché et collé du côté de l'endroit seulement.

Pour coller le papier de Chine destiné à cet usage, on emploie la colle de pâte ordinaire, à laquelle on ajoute une très-petite quantité d'eau, afin de pouvoir la battre et la passer plus facilement dans un linge propre, solide, mais peu serré ; on applique cet encollage sur l'endroit du papier, au moyen d'un morceau d'éponge fine ou d'une queue de morue assez douce, de manière à ce que la surface du papier en soit entièrement, mais légèrement couverte, et lorsque cette première couche est bien sèche, on en applique une seconde avec le même soin.

L'épreuve tirée sur l'un de ces deux papiers, du côté de l'encollage, on la pose dans un vase large, rempli d'eau de sorte qu'elle surnage et que l'eau ne touche absolument que le côté du papier opposé à celui où se trouve le travail, ce dernier devant en être totalement exempt , sous peine de faire manquer l'opération.

On prend alors une pierre de la dimension convenable, grainée si c'est un dessin au crayon que l'on veut transporter, et polie si c'est une page d'écriture ou un dessin au trait ou à l'encre ; dans l'un ou l'autre cas, il faut que cette pierre soit parfaitement sèche, ou si on peut la mettre dans une étuve pendant quelques minutes avant le transport, on sera encore plus certain qu'elle ne contiendra point d'humidité, condition essentielle pour opérer un bon transport.

Si on emploie la presse pour cette opération, on ajuste sa pierre dans le chariot, on règle la course de ce dernier, on met le châssis en rapport avec l'épaisseur de la pierre ; enfin on prépare tout comme pour tirer une épreuve du même format que l'objet que l'on veut transporter, en donnant toutefois à la pression une puissance ordinaire ; ensuite on prend avec précaution l'épreuve par les deux angles, du même côté ; on la retire du vase sans permettre à l'eau de submerger aucune partie du côté du travail ; on laisse égoutter l'épreuve, puis on la pose doucement sur la pierre, sans la traîner ni la frotter, et sans qu'elle fasse un seul pli ; enfin, on la couvre

de plusieurs feuilles de papier de soie, qui doivent servir de maculature, et on lui fait subir deux ou trois pressions lentement, mais
sans s'arrêter en route, et en changeant pour chacune d'elles les
feuilles de papier de soie, qu'il faut toujours choisir sans pli.

Alors le transport doit être terminé. On imbibe le papier de transport au moyen d'une éponge, mais sans frotter, pour enlever le papier, ou bien on met la pierre dans un baquet d'eau propre, pour
qu'il s'en détache de lui-même ; ensuite on laisse sécher la pierre
assez long-temps pour que l'eau en soit évaporée, puis on prend
de l'eau fortement gommée, passée dans un linge et ne contenant
aucun corps étranger ; on en couvre toute la surface de la pierre ,
que l'on met à plat afin que toutes les parties en restent couvertes
également. Au bout de vingt-quatre heures au moins, on enlève la
gomme, en mettant la pierre dans l'eau un instant , afin de frotter
le moins possible, et on opère l'encrage de la planche en employant
encore l'encre de transport, jusqu'à ce que toutes les parties en
aient été bien garnies et fortifiées ; on laisse sécher pendant une
heure, après quoi on fait subir à la pierre une légère acidulation,
marquant un degré au plus, et contenant de la gomme en suffisante quantité pour la maintenir et la faire sécher sur toute la
surface.

On peut ensuite livrer cette planche à l'impression, par les moyens
ordinairement employés en lithographie.

Quand on se sert de la roulette pour opérer le transport sur la
pierre, le reste de l'opération ne diffère en rien de ce que nous venons de décrire.

Cette roulette dont nous avons parlé depuis long-temps dans nos
précédentes éditions, et dont nous donnons encore la figure dans
celle-ci, doit être en cuivre, avoir un pouce 1/2 de diamètre sur
une épaisseur ou surface roulante à peu près égale ; elle doit être
garnie d'une petite housse de casimir sans couture apparente, en
forme de rentraiture, et parfaitement adaptée, en sorte qu'elle ne
puisse pas varier ni plisser.

On se sert de cette roulette, qui est montée comme un gallet, au
moment où l'épreuve que l'on veut transporter vient d'être posée
sur la pierre, en la passant également partout et de proche en
proche , un assez grand nombre de fois pour obtenir un décalque
complet.

Quand on a une bonne presse et un râteau parfaitement juste, le
décalque est plus facile et plus promptement fait qu'avec une roulette; cependant, ce dernier moyen est encore préféré par plusieurs
lithographes.

Les presses sans râteau, mais à double cylindre en fer, dans le
genre de celles de M. Mantoux, dont nous aurons occasion de parler, nous semblent excellentes pour faire toute espèce de transport,

et surtout celui qui a pour objet de multiplier les planches à l'infini.

Dans tout ce qui précède, nous avons pu nous répéter un peu, mais, dans un Manuel théorique et pratique, on ne doit s'attacher qu'à une excessive clarté ; il faut conduire le lecteur comme par la main ; il faut, pour ainsi dire, le faire assister aux opérations dont on lui fournit l'exacte description, afin qu'au besoin il opère lui-même avec fruit.

MM. Reiner frères, artistes lithographes distingués, nous ont donné la composition d'encrage que nous venons d'indiquer ; elle nous paraît être une des meilleures de ce genre, et produit le même résultat que la composition d'encre grasse que nous donnons à l'article IV du chapitre V de ce Manuel, en retranchant toutefois l'essence de térébenthine.

CHAPITRE V.

De la fabrication des vernis propres à l'impression lithographique.

Les vernis sont appelés à exercer une influence importante dans l'art lithographique, et si une opération est souvent négligée par quelques imprimeurs, c'est précisément cette intéressante fabrication. Nous traiterons donc ce sujet le mieux qu'il nous sera possible, en n'omettant aucun des détails relatifs à la manipulation et au choix des huiles.

Nous donnerons les moyens d'éviter les accidents presque inséparables de ces opérations, dans l'exécution desquelles il est facile de se brûler dangereusement, de perdre la vue, etc. Enfin, comme nous nous sommes utilement occupé de perfectionner la fabrication des vernis, nous espérons être utile en offrant à nos lecteurs le fruit de notre travail et de nos recherches.

Une expérience que nous avons faite en 1829, nous a donné l'idée que l'on pourrait employer avec succès la résine dans la fabrication des vernis, afin de les empêcher de graisser, et de donner aux épreuves plus de brillant et de transparence.

Plusieurs lithographes ont aujourd'hui apporté ce perfectionnement dans cette fabrication, mais nous sommes persuadé que cette idée nous est venue avant qu'ils n'y aient songé.

Comme nous pensons qu'il n'est pas sans intérêt pour nos lecteurs de connaître l'historique de cette amélioration, nous allons entrer dans quelques détails.

En 1829, M. Deschamps, français établi depuis long-temps à Philadelphie, et dont le frère dirigeait, à Paris, la raffinerie de sucre du faubourg Saint-Denis, vint en France pour se procurer un certain nombre d'objets nécessaires à l'industrie qu'il exerce en Amérique, mais principalement pour connaître la fabrication des vernis pour la typographie, ayant formé, dans son établissement de Philadelphie, une imprimerie pour la publication d'un journal.

M. Deschamps, comme la majeure partie des imprimeurs du Nouveau-Monde, achetait aux marchands anglais et à un prix exorbitant, les encres d'impression dont il avait besoin, ne pouvant pas s'en procurer d'une aussi bonne qualité dans les fabriques américaines.

Son but en venant à Paris était de s'affranchir du tribut qu'il payait aux Anglais, en fabriquant ses encres lui-même, et ensuite de former une fabrique où les Américains trouveraient ces produits à un prix raisonnable et d'une meilleure qualité, car si tout le monde sait que les Anglais fabriquent aussi bien que nous tout ce qui a rapport à l'art typographique, personne n'ignore que les choses fabriquées pour composer les pacotilles, ou expédier à l'étranger, sont peut-être plus négligées en Angleterre qu'en France.

Pour connaître la composition des noirs, M. Deschamps s'adressa à des fabricants de Paris, qui lui fournirent d'utiles renseignements, mais il ne fut pas aussi heureux près des personnes qui s'occupent de fabriquer les vernis et les encres typographiques : toutes lui offrirent de la marchandise, mais pas une seule ne voulut consentir à lui donner le moindre éclaircissement sur les manipulations.

M. Deschamps prit alors le parti de s'adresser aux principaux imprimeurs, qui lui répondirent qu'ils ne s'occupaient pas eux-mêmes de la fabrication de leurs encres ; qu'ils les achetaient toutes faites, et qu'à Paris, c'était une industrie à part : ils l'engagèrent donc à s'entendre avec leurs fournisseurs, auxquels il eut vainement recours, car il ne put rien en obtenir.

M. Deschamps était en France depuis deux mois, quand il fut trouver M. de Lasteyrie, auquel il raconta ses mésaventures, en lui demandant quelques conseils.

Nous dirigions alors la lithographie de Marlet et compagnie ; M. de Lasteyrie nous envoya M. Deschamps, en nous le recommandant d'une manière toute particulière, en qualité de compatriote et d'industriel.

M. Deschamps nous fit part de l'objet de ses recherches, des nombreux dégoûts dont il avait été abreuvé, ainsi que du vif désir qu'il éprouvait de ne pas retourner dans sa patrie adoptive sans emporter quelques indications précises.

Tout en accueillant bien M. Deschamps, nous lui fîmes sentir que la typographie ne rentrait pas dans nos connaissances acquises, que nous ne nous en étions jamais occupé que pour notre plaisir, mais que cependant nous ferions tout notre possible pour lui être agréable.

M. Deschamps nous montra un échantillon de vernis fabriqué à Paris ; nous l'examinâmes, et nous reconnûmes qu'il devait se composer d'huile de noix et d'une certaine quantité de matière résineuse nécessaire pour donner la ténacité, le brillant, et maintenir la pureté dans l'impression des caractères typographiques.

Nous convînmes avec M. Deschamps de choisir le premier beau jour pour aller hors barrière, faire des essais.

Ce jour arriva : nous étant munis des ustensiles nécessaires à la fabrication des vernis, nous achetâmes dix livres d'huile de noix, claire et rance, d'un beau jaune, deux livres de résine blonde commune.

Arrivés sur le terrain, nous traitâmes l'huile comme il est indiqué à l'article II ci-après, en la dégraissant avec des tranches de pain, mais en ne laissant acquérir à l'huile que la densité indispensable pour faire un vernis faible. Vers la fin de l'opération, nous mîmes le feu à la surface pendant trois minutes ; après l'avoir éteint, en mettant le couvercle de la marmite, nous la découvrîmes de nouveau, et, après cinq minutes de refroidissement, nous ajoutâmes, doucement et en agitant avec une cuiller en fer, une livre de résine que nous avions fait fondre séparément dans une petite marmite de fonte.

Après avoir fait cette addition de résine, nous continuâmes à remuer en tournant, pendant quelques minutes, afin d'opérer un mélange parfait, ensuite nous laissâmes le vernis refroidir entièrement avant que de le recouvrir.

Le lendemain, M. Deschamps fit broyer un peu de noir avec ce vernis, et se rendit chez M. Firmin Didot, sans lui dire d'où sortait le vernis, afin de ne donner lieu à aucune prévention, il le pria de faire tirer quelques essais de différents genres de caractères, pour reconnaître si cette encre, dont on lui offrait une assez grande quantité à un prix modéré, était d'une bonne qualité, et s'il pourrait sans inconvénient en faire une provision qu'il emporterait à Philadelphie.

M. Didot, véritable artiste, accueillit M. Deschamps avec son obligeance ordinaire, et fit faire devant lui des essais qui eurent le plus brillant résultat.

M. Deschamps revint tout joyeux nous faire part de nos succès, et nous montra les spécimen qu'il emporta avec lui, ainsi que notre procédé de fabrication.

Cette expérience nous conduisit tout naturellement à penser

qu'une partie de résine ajoutée à nos vernis lithographiques ne pourrait que les améliorer et remédier à diverses imperfections. Nous fîmes quelques essais pour trouver la proportion nécessaire, et aujourd'hui nous donnons le résultat de nos nouvelles observations.

ARTICLE PREMIER.

Des huiles.

Deux sortes d'huiles ont été reconnues bonnes pour la fabrication des vernis lithographiques, l'huile de noix et l'huile de lin : cette dernière a, depuis long-temps, obtenu la préférence.

L'huile de lin est celle dont se servent aujourd'hui presque tous les lithographes ; mais, que l'on emploie l'une ou l'autre, il faut toujours les choisir très-vieilles, d'un beau jaune et parfaitement claires.

Cette huile, qui joue déjà un grand rôle dans les arts et métiers est encore celle avec laquelle on obtiendra toujours les meilleurs vernis pour la lithographie.

Les marchands de couleurs vendent des huiles brûlées une ou plusieurs fois, auxquelles ils donnent le nom de *vernis*, quoiqu'elles n'aient pas en général assez de consistance.

Ces huiles ainsi traitées sont appelées par les chimistes huiles lithargiées, et par les artistes, huiles dégraissées : elles ont subi par cette manipulation un commencement de décomposition, sont plus oxigénées et retiennent de la litharge (deutoxide de plomb).

ART II.

Manipulation des vernis.

On met dans une marmite en fonte ou en fer, contenant vingt-cinq litres (*pl.* I *fig.* 3), quinze à vingt livres d'huile de lin réunissant les qualités ci-dessus énoncées ; on couvre hermétiquement cette marmite avec son couvercle de même matière (*pl.* I, *fig.* 4); on la pose ensuite sur un trépied en fer : on allume dessous un feu de bois suffisant pour échauffer l'huile progressivement et sans précipitation. Aussitôt qu'elle commence à bouillir, on coupe un pain rassis de quatre ou six livres (dans la proportion de quatre livres de pain pour quinze livres d'huile) par tranches très-minces ; on jette ces tranches dans l'huile, trois ou quatre à la fois, afin d'opérer le dégraissage.

A mesure que ces tranches de pain sont rôties sans être brûlées, on les retire avec une écumoire en fer (*pl.* I. *fig.* 5), on leur en substitue de nouvelles : ainsi de suite, jusqu'à ce que le pain soit entièrement consommé.

Aussitôt que cette opération est terminée, le dégraissage de l'huile est fini ; on recouvre la marmite, et on augmente la vivacité du feu de manière à obtenir en peu de temps une forte concentration.

De dix minutes en dix minutes, on découvre la marmite pour voir si le feu prend naturellement ; s'il ne prend pas, on essaie de l'y mettre au moyen d'une cuiller en fer que l'on fait rougir et que l'on présente ainsi à la superficie de l'huile (*pl.* I, *fig.* 5). Si le feu ne prend pas encore, c'est que l'huile n'est point assez chaude ; il faut augmenter la concentration en couvrant la marmite, et en ajoutant du bois dessous ; puis l'on emploie de nouveau le moyen de la cuiller rougie.

Si, pendant l'opération, on s'aperçoit que le feu s'attache aux parois de la marmite, il faut la couvrir hermétiquement, afin d'étouffer la flamme, empêcher l'air extérieur d'agir, et descendre la marmite dans un trou fait à cet effet.

S'il arrivait que l'on ne mît pas assez de vivacité à retirer la marmite de dessus le feu, et que l'on négligeât de la couvrir parfaitement, il y aurait explosion, le couvercle sauterait en l'air, et cet accident pourrait entraîner la perte totale de l'huile dégraissée.

Un quart d'heure après que la marmite est retirée du feu, on la découvre ; on prend une globule d'huile brûlée avec la cuiller, on la verse dans une coquille ou une petite assiette, suivant ce que l'on a sous la main, et, au bout de quelques instants, le refroidissement de ce globule exposé à l'air se trouvant opéré, on est à même de reconnaître la consistance du vernis.

Si ce vernis est destiné à l'impression des dessins au trait et des écritures, il doit être suffisamment dense, et sa manipulation est terminée : c'est ce que l'on peut appeler vernis n° 1, dont nous aurons plus tard l'occasion de faire connaître les différentes propriétés. Si ce vernis est, au contraire, destiné à l'impression des dessins au crayon, il faut lui donner plus de densité ; pour y parvenir, il faut chercher à y mettre de nouveau le feu, et l'activer en remuant avec la cuiller.

Dans le cas où la flamme ne reprendrait pas de suite, il faudrait remettre la marmite sur le trépied, et provoquer l'inflammation par un feu ardent. Aussitôt qu'on l'a obtenue, on redescend la marmite, et on fait brûler l'huile jusqu'au moment où les parois commencent à s'échauffer, on pose alors le couvercle, et quand on juge que la flamme doit être éteinte, on découvre encore ; on prend un nouveau globule qui, après le refroidissement, doit donner le vernis n° 2.

Pour que ce vernis soit bon, il faut qu'en le faisant filer au bout du doigt, les filamens, arrivés à une longueur de deux ou trois pouces, se rompent d'eux-mêmes, et soient enlevés par l'air comme un corps sec et léger, et qu'en le serrant entre les extrémités des

Lithographie.   6

doigts, il s'en détache, en claquant, par fils d'un jaune brun transparent.

Cinq minutes après que l'on est parvenu à éteindre la dernière flamme et que la marmite a été découverte, on ajoute, pour le vernis n° 1 destiné à l'impression des dessins à l'encre, des écritures et de la gravure sur pierre, sur la quantité de vingt-cinq litres d'huile, une livre de résine blonde ordinaire, que l'on a eu soin de faire fondre séparément sans la faire cuire, vers la fin de la fabrication du vernis. Cette addition doit être faite lentement et en remuant toujours avec la cuiller en fer, et ainsi que nous l'avons dit précédemment, on doit continuer de remuer pendant quelques minutes, après que la résine a été versée, afin que le mélange soit parfait.

Pour le vernis n° 2, on mettra, dans la quantité d'huile précitée, trois livres de résine fondue.

Les vernis fabriqués pour être employés pendant les chaleurs de l'été, doivent être beaucoup plus denses que ceux destinés pour les autres saisons, la température de l'été contribuant puissamment à les mettre en fusion : dans ce cas, c'est l'expérience qui guide, et il suffit de faire brûler une fois de plus pendant quelques minutes, et d'ajouter une partie de résine, en sus du poids ci-dessus fixé, qui ne doit pas être dépassé pendant neuf mois de l'année en France, où les plus grandes chaleurs ne durent ordinairement que pendant les mois de juin, juillet et août.

Il y a différentes manières de dégraisser les vernis lithographiques : on emploie souvent des ognons, des pommes de terre, du son dans un sac de forte toile ; mais l'expérience nous a prouvé que le pain était supérieur aux autres substances pour cette opération.

Plusieurs lithographes emploient encore les ognons rouges, on pourrait, avec plus d'avantages, se servir de l'ail indiqué par Tingry, dans son traité des vernis, comme rendant l'huile plus siccative ; mais cette qualité lui est suffisamment donnée par l'addition de quelques parties de résine ; au surplus, on obtient un résultat aussi satisfaisant en n'employant, ou en n'adoptant pas l'ail ou les ognons ; le choix de l'huile et l'attention apportée à sa manipulation sont les seules conditions pour faire de bons vernis.

CHAPITRE VI.

*Des Noirs de fumée, et de leur emploi dans la fabri-
cation des Encres d'impression et de conservation.*

ARTICLE PREMIER.

Des Noirs de fumée,

Les noirs de charbon, ceux que l'on connaît sous les noms de noir d'ivoire, noir d'Allemagne, et dont les résidus s'obtiennent en faisant brûler des os dans un vase clos, des résines grossières, etc., sont généralement lourds, compactes et pulvérulens.

Tous les efforts du broyeur le plus vigoureux ne peuvent suffire pour en opérer l'amalgame parfait avec le vernis d'huile ; ces noirs restent toujours en grains, et s'agglomèrent sous la molette, au lieu de se fondre et de former un seul corps avec le vernis.

Il est donc presque impossible de faire usage de ces noirs dans l'art lithographique : ils ne pourraient donner des épreuves pures, et se refuseraient à une distribution proportionnée à chaque genre de dessin, auxquels ils s'attacheraient inégalement ; de plus, par leur dureté naturelle, ils auraient peu d'adhérence avec le papier qui, par conséquent, en laisserait lui-même une partie sur la pierre, ce qui occasionnerait des accidents irréparables, sans donner un seul résultat avantageux.

Le noir de fumée provenant de la combustion des résines choisies, convient parfaitement à l'impression lithographique.

Il est ordinairement d'un assez beau noir, doux, léger et floconneux ; il s'écrase facilement et se broie très-bien.

Ce noir se trouve tout fabriqué chez les marchands de noir, mais il est encore imparfait ; il faut, pour en faire un bon usage, le calciner dans un creuset ou dans une marmite bien couverte, et de la même forme que celle servant au vernis, mais moins grande, et pouvant contenir deux livres de noir sans être foulé.

On pousse le feu jusqu'à ce que la marmite soit rouge, et lorsqu'il n'en sort plus ni vapeur ni fumée, on retire le noir, qui se trouve alors totalement dégagé de ses parties graisseuses et dessicatives, dont l'action serait nuisible à la pureté du dessin pendant le cours de l'impression. On obtient de très-beau noir en brûlant ensemble de l'huile ou de la cire ; ce noir est doux, très-fin, et n'a besoin que d'une légère calcination pour être dégagé de ses parties grasses,

Le noir obtenu par la carbonisation des noyaux de pêches et du bois de la vigne, a un beau reflet bleuâtre, mais à la calcination il tombe facilement en cendres, et n'est peut-être pas entièrement exempt d'acide végétal.

Il existe un autre noir, qui provient de la fumée de l'essence de térébenthine brûlée : ce noir est le plus parfait que l'on puisse employer pour l'impression des dessins au crayon, et il est à regretter que le prix en soit si élevé, qu'il ne pourra jamais être exclusivement adopté pour un art qui semble appelé, par sa nature comme par sa destination, à présenter tous les genres d'économie. Toutefois on peut facilement faire de ce noir soi-même, sans la construction d'un appareil dispendieux.

Nous en citerons un, dont l'invention simple et ingénieuse est due à un savant qui a bien voulu s'occuper d'améliorations relatives à l'art lithographique.

Cet appareil consiste : 1° en un petit vase en fer, de la forme d'une écuelle, et qui contient un litre environ (*planche I, figure 6*) ; 2° d'une plaque en fer plat, de forme circulaire, destinée à servir de couvercle, même *planche* (*fig*. 7) ; 3° d'une longue mèche de coton dont on laisse pendre l'extrémité inférieure au fond du vase, en passant la partie supérieure dans un liége, revêtu de fer-blanc à sa surface, en sorte que cette mèche surnage comme celle d'une veilleuse, *fig*. 8 ; 4° et enfin d'un cylindre creux, en carton mince collé, de deux pieds de haut sur dix-huit pouces de circonférence, fermé à la partie supérieure d'un rond de carton, le tout bien hermétiquement joint ensemble (*figure* 9 de la *planche I*).

On met dans le vase ci-dessus désigné une livre et demie de térébenthine ; on place la mèche, on l'allume ; et lorsque la flamme paraît prendre avec trop de violence, on met le couvercle sur le vase en laissant un peu d'air, afin de diminuer la force de la flamme, et augmenter ainsi la fumée qui doit produire le noir.

Dans cet état, on couvre le tout avec un cylindre, de manière à ce que la fumée ne s'échappe pas extérieurement, et le noir qu'elle dépose en sortant du vase va s'attacher aux parois du cylindre.

La térébenthine entièrement consumée, on recueille le noir qu'elle a produit, en frappant légèrement sur les parois extérieures du cylindre pour l'en détacher sans l'écraser : au bout de quelques instants on enlève le cylindre, et l'on ramasse les flocons de noir qui se trouvent sur la table qui a servi à supporter l'appareil.

On peut soumettre ce noir à la calcination par le procédé indiqué plus haut, pour le noir provenant des résines choisies.

ART. II.

Composition de l'Encre d'impression pour les Dessins au crayon.

On ne saurait apporter trop de soins dans le broyage des matières qui composent cette encre ; car c'est par leur amalgame parfait que l'on obtient, lors du tirage, des épreuves pures ; et de cette opération dépend le résultat de toutes celles qui précèdent l'impression d'un dessin.

Composition allemande.

Noir de fumée calciné. . . .	3 onces.	»
Cire et suif par égale partie fondus ensemble et brûlés pendant quatre minutes. .	2 gros.	»
Bleu d'indigo pulvérisé et tamisé.	1 gros.	1|2

On broie le bleu seul, avec un peu de vernis nº 2 ; on ajoute la mixtion de cire et de suif dont on opère bien le mélange ; ensuite on met du noir de fumée peu à peu, avec la quantité de vernis que l'on juge nécessaire pour donner la densité convenable.

Composition française.

Elle est la plus généralement adoptée par les imprimeurs lithographes français, et malgré qu'elle présente plus de simplicité dans sa préparation, elle est fort bonne ; nous avons obtenu des résultats très-satisfaisants, par son emploi continuel ; des dessins d'une exécution soignée ont fourni des tirages de plusieurs milliers de bonnes épreuves.

Cette couleur d'impression se fait en broyant une quantité suffisante de noir de fumée calciné avec le vernis nº 2, auxquels on ajoute une partie d'indigo en poudre, broyé séparément dans la proportion d'un gros pour deux onces de noir.

On ne parvient à l'amalgame parfait de ces substances qu'en opérant le broyage par petites quantités, et en n'ajoutant de nouveau du noir que lorsque le dernier mis ne fait plus qu'un seul et même corps avec elles.

On continuera de broyer jusqu'au moment où l'encre d'impression aura acquis assez de densité pour se couper difficilement avec le couteau à broyer.

Pour que cette encre soit parfaite, il faut qu'elle soit très-brillante, que l'on ne remarque pas un seul point terne, et que, dans les endroits coupés avec le couteau, elle brille autant qu'à la superficie.

Pour réussir à donner une encre d'impression qui ait toutes ces qualités, il faut avoir un broyeur vigoureux et intelligent ; sa molette doit étendre le noir et le vernis sur toute la surface de la pierre à broyer, y passer dans tous les sens, afin d'opérer un mélange qui ne laisse rien à désirer. On doit préférer les molettes en verre ou en marbre à toutes les autres.

Nous avons reconnu que l'addition d'un peu de suif de mouton fondu au bain-marie, donnait à l'encre plus de douceur, et modifiait un peu ses dispositions siccatives ; elle diminue aussi la dureté naturelle du bleu indigo que l'on ajoute, et dont le propre n'est pas de manquer de sécheresse.

Si on ne mettait pas de bleu dans l'encre, le suif donnerait un ton roux qui nuirait singulièrement à la fraîcheur des épreuves.

Ces deux substances paraissent faites pour être employées ensemble avec succès, mais toujours dans des proportions minimes relativement à la quantité du noir et du vernis.

Lors de la publication des premières éditions de notre Manuel, nous donnions la préférence à la composition française, dans laquelle il n'entrait pas de suif ; mais l'expérience nous a prouvé depuis qu'il peut être utile en l'employant principalement pour l'impression des dessins qui doivent fournir un long tirage.

ART. III.

L'encre d'impression pour les écritures ou les dessins au trait, peut être faite simplement avec le noir de fumée broyé avec le vernis n° **1,** en observant toujours le même soin dans l'amalgame des substances.

ART. IV.

De l'encre grasse ou de conservation.

La propriété de cette encre est d'empêcher les traits du dessin de sécher, et d'en faciliter ainsi la conservation pendant un laps de temps considérable, sans avoir aucune altération à craindre.

Composition.

Suif de mouton épuré.	1	partie.
Cire vierge.	2	»
Savon ordinaire.	1	»
Encre d'impression.	2	»
Essence de térébenthine.	»	1,5

On fera fondre ces matières dans une casserole semblable à celle qui est employée à la fabrication des crayons : dans ce cas, on la mettra sur un feu doux, pour éviter l'inflammation des substances ; on versera ensuite cette mixtion dans un pot, que l'on aura soin de tenir couvert jusqu'au moment où l'on voudra s'en servir de la manière indiquée au chapitre XIII.

CHAPITRE VII.

Des papiers employés pour l'impression des différents genres de Dessins lithographiés, de leur mouillage, des papiers de Chine, et de leur préparation.

ARTICLE PREMIER.

Le papier réunissant les qualités nécessaires à l'impression des dessins au crayon, est jusqu'à présent sorti de la belle fabrique des Vosges, appartenant à MM. Desgranges frères, et de celle de M. Mongolfier d'Annonay.

Ces papiers sont généralement sans colle et sans alun, d'une pâte blanche et unie, sans sécheresse et sans aspérité, graviers ou boutons ; leur grain est fin et régulier, et par conséquent très-propre à s'identifier avec la pierre par la pression pour en détacher l'encre d'impression lors du tirage de chaque épreuve, objet dont nous démontrerons l'importance dans le chapitre XI, qui traitera spécialement de l'impression lithographique.

On ne saurait trop encourager la bonne fabrication des papiers français, qui ont été longtemps inférieurs à ceux que les Anglais fabriquent pour l'impression de la gravure et de la lithographie. Cependant il est juste de dire que, depuis quelques années, de très-grandes améliorations ont été apportées dans les fabriques françaises, et qu'il est probable que nos concurrents en industrie ne conserveront pas longtemps la supériorité qu'ils ont sur nous en ce genre, si l'importation du chiffon est protégée, et si son exportation hors de France est soumise à un tarif élevé ; si enfin l'autorité continue à donner une impulsion salutaire au progrès de cette utile industrie, comme elle n'a cessé de le faire depuis quelques années, en accordant aux fabricants français des récompenses et des mentions honorables, lors des expositions publiques de l'industrie nationale.

C'est pour parvenir à de semblables résultats qu'a été fondée la Société d'encouragement, l'une des plus nobles et des plus utiles institutions dont la France puisse s'enorgueillir.

Cette Société, qui compte dans son sein des hommes distingués par leur rang, leur caractère et leurs profondes connaissances dans tous les genres d'industrie, et surtout par l'esprit de justice et de bienveillance qui les anime, est un sûr garant des progrès sensibles que les arts et l'industrie ne peuvent manquer de faire en France d'ici à quelques années.

Heureux le pays qui possède de pareilles institutions ! heureux le gouvernement qui sait, en les protégeant, leur faciliter des applications utiles !

Il est donc permis d'espérer que les encouragements accordés à toutes les branches de l'industrie hâteront le perfectionnement si désirable du papier, et que, sous ce rapport. comme sous plusieurs autres, nous n'aurons rien à envier à nos rivaux d'outre-mer.

Pour reconnaître si les papiers employés pour l'impression contiennent de la colle ou de l'alun, il suffit d'un peu d'habitude : leur sécheresse au toucher, leur disposition à s'attacher aux doigts après avoir mouillé un des angles de la feuille en le passant sur la langue, leur peu de transparence, la difficulté que la salive ou l'eau éprouvent à les imbiber, sont autant d'indices certains de la présence de la colle et de l'alun, qui sont également nuisibles à l'impression des dessins au crayon.

Si la fabrication des papiers est perfectionnée en France et en Angleterre, elle est encore dans l'enfance de l'art pour les contrées méridionales de l'Europe.

La matière première que l'on y emploie est d'une assez mauvaise qualité. Le linge de fil n'étant pas d'un usage général et habituel, on se sert presque exclusivement du chiffon de coton qui n'a pas à beaucoup près le moelleux de celui qui se compose de chanvre ou de lin.

Les mauvaises méthodes suivies dans les opérations préparatoires telles que le triage et l'assortiment des chiffons suivant leur couleur et leur qualité, qui sont en France l'objet de soins tout particuliers, le blanchiment de ces chiffons obtenu au moyen d'une eau de chaux brute, au lieu des procédés chimiques perfectionnés, adoptés depuis longtemps dans nos manufactures, sont des obstacles insurmontables à l'amélioration des papiers fabriqués dans toute l'Italie et une partie de la Suisse, notamment à Lugano et aux environs du lac de Como, près de Milan.

L'état stationnaire des arts utiles dans ce pays d'ilotes où l'intérêt personnel et l'avarice ont remplacé l'esprit national, menace de durer encore plusieurs générations.

L'industrie y est presque nulle, les ouvriers végètent plutôt qu'ils ne vivent, et sont à l'entière discrétion de quelques marchands capitalistes, beaucoup plus *Arabes* que les Bédouins.

Les beaux arts y sont languissants, et les artistes, à l'exception de quelques-uns d'entr'eux qui ont de la fortune, ou qui sont sous le patronage des anciennes familles nobles, sont très-malheureux, et ne jouissent d'aucune espèce de considération.

Ayant été à même de faire de nombreux essais et des tirages sur les papiers fabriqués en Italie, nous croyons utile de donner ici le résultat des observations que nous avons faites.

Ainsi que nous venons de le dire, les chiffons de coton ne peuvent remplacer que très-imparfaitement les chiffons de fil, et par leur emploi on n'obtient jamais qu'un papier d'une pâte plucheuse, d'une adhérence moins franche, et en opérant le blanchiment de cette pâte au moyen de la chaux ordinaire, on ajoute encore à sa sécheresse naturelle.

Nous avons remarqué que les dessins au crayon les mieux venus au tirage des essais, pouvaient à peine donner de 50 à 100 épreuves fraîches, comme le dessin ; que ce papier, d'une nature dure et sèche, prend difficilement l'eau au mouillage ; que les aspérités qui forment son grain ne peuvent s'écraser par une pression ordinaire ; que par conséquent une partie de l'encre d'impression demeure attachée au dessin lors du tirage de chaque épreuve, y reste fixée, en augmentant progressivement et d'une manière insensible le volume du relief.

Ce papier, tout en refusant de prendre la totalité de l'encre, dépose par la pression les molécules de chaux détrempée qu'il contient ; ces molécules se combinent avec l'encre d'impression, l'eau du mouillage de la pierre, et finissent par former un alcali qui, s'identifiant avec le crayon originaire, forme un corps intermédiaire entre le rouleau chargé d'encre, destiné à l'encrage, et le dessin, au point de paralyser les attractions chimiques qui forment toute la lithographie ; enfin, dans cet état, les blancs de la pierre se salissent, les effets vigoureux prennent un ton grisâtre, terne, et les demi-teintes deviennent lourdes ; ainsi se trouvent anéanties la transparence du dessin, ses oppositions de perspective et sa fraîcheur.

Vainement on prétendrait remédier à ces accidents, ou les éviter en donnant à la pierre une nouvelle acidulation ; en enlevant le dessin à l'essence, il pourrait se rétablir un peu, mais il retomberait bientôt dans un état pire encore.

En faisant subir à ce papier d'abondants mouillages, en le séchant en partie, en intercalant les feuilles séchées, nous sommes bien parvenus à enlever une portion de la chaux qui se trouve à la surface de chaque feuille en ne laissant au papier que l'humidité suffisante au tirage lithographique, mais la chaux qui fait corps

avec la pâte ne saurait être expulsée, elle demeure toujours en suffisante quantité pour nuire aux planches dessinées, puisqu'il est
vrai qu'on ne peut laver et frotter le papier comme un linge, et
qu'il n'est pas sans exemple que la chaux ayant servi à blanchir les
toiles en fabrique résiste souvent à trois ou quatre lessives.

L'acide muriatique en petite proportion dans l'eau destinée au
mouillage du papier, peut opérer la chute de la chaux, mais encore
faut-il faire le mouillage feuille à feuille, sécher et mouiller une
seconde fois à la manière ordinaire indiquée au § 1er de l'article 3
du présent Chapitre ; ce moyen n'est pas sans inconvénient, puisqu'en imprimant, chaque épreuve tirée sur le papier trempé ainsi,
donne au dessin une petite mais continuelle acidulation.

On parviendrait à vaincre ce dernier obstacle, en établissant une
presse à pompe pneumatique, dont l'objet serait de faire disparaître
entièrement l'acide muriatique, mais cet expédient ne saurait donner au papier l'adhérence et le moelleux qui lui manquent, seulement il en deviendrait plus facile à rompre.

C'est donc par le choix et le triage du chiffon, son nettoyage par
le coulage préparatoire, le changement de mode pour blanchir la
pâte que les fabricants suisses et italiens arriveront à fabriquer
des papiers d'une meilleure qualité pour l'impression de la lithographie.

ART. II.

Papiers pour l'impression des dessins à l'encre et des écritures.

Tous les papiers vélins, à vergeures, collés ou sans colle, peuvent
être employés avec succès au tirage des dessins à l'encre et des
écritures ; on ne doit en excepter que les papiers peints, cylindrés
et savonneux, dont l'emploi est difficile et nuisible.

Les papiers d'Annonay, d'Angoulême et d'Auvergne, sont les meilleurs pour ce genre d'impression.

Les papiers de Normandie, dont le blanc naturel n'est pas très-
beau, parce qu'ils sont fabriqués assez ordinairement avec ce qu'on
appelle *chiffons verts* [1], sont peu propres à la lithographie ; cependant, quoique l'emploi de ces papiers ne soit pas encore applicable à
ce genre d'impression, ils ont éprouvé de grandes améliorations depuis deux ou trois ans, et il n'est pas douteux qu'ils parviendront,
avec le temps, au degré de perfection atteint par les fabriques du
même genre.

Au surplus, ce serait une injustice de penser que la négligence

---

[1] On donne ce nom à la pâte faite avec des chiffons qui ne soient pas
suffisamment pourris.

apportée par les fabricants est la cause des retards qu'éprouvent les progrès de cette branche d'industrie, dans une des provinces françaises dont on peut citer la majeure partie des habitants comme intelligents et spirituels ; la qualité des eaux exerce une influence très-grande sur cette espèce de fabrication en Normandie, où l'irrigation est abondante ; les eaux sont souvent peu claires, et en général, les moyens employés pour les clarifier nuisent au blanc de la pâte quand ils ne diminuent pas son adhérence et ses bonnes qualités relativement à l'impression.

ART. III.

Du mouillage des papiers.

Le mouillage du papier doit être fait, autant que possible, douze ou quinze heures au moins avant qu'il ne soit livré à l'impression ; et, comme cette opération diffère pour les papiers collés et pour les papiers sans colle, nous diviserons cet article en deux paragraphes.

§ Ier.

Mouillage des papiers sans colle.

Après avoir coupé le papier suivant le format du dessin, soit en demi-feuille, quart ou huitième de feuille, on procède au mouillage de la manière suivante :

On emplit aux deux tiers un baquet, d'une forme ovale, d'une eau claire et limpide.

On pose le papier sur une table placée à peu de distance du baquet ; et sur douze à quinze feuilles du format adopté, on en mouille une en la trempant dans l'eau et en la tenant par chacun des angles supérieurs. Quand la feuille est grande, on prend le centre de ces deux angles, aussitôt qu'ils sont passés dans l'eau, avec les dents, sans serrer beaucoup, en saisissant les deux angles inférieurs avec les mains, et l'on parvient ainsi à mouiller la feuille sans la rompre ou l'endommager. On pose ensuite cette feuille avec précaution, en la tenant par un des angles supérieurs et un des angles inférieurs diamétralement opposés, sur le premier tas de douze ou quinze feuilles sèches, on recouvre ensuite cette feuille mouillée avec un pareil nombre de feuilles sèches, on en mouille une autre que l'on pose de même ; ainsi de suite, jusqu'à ce que toutes les feuilles destinées au tirage soient réunies dans un seul tas.

Cette opération terminée, on recouvre le tas de papier avec un ais en bois ; on le laisse ainsi s'imbiber lentement et de lui-même pendant quelques heures, ensuite on le porte sur la presse dite *à satiner* (*voy.* pl. I) ; on le serre fortement, et, au bout de quatre à cinq heures, il est suffisamment fait et bon pour le tirage.

Si on pressait le papier avant que l'eau eût pu pénétrer également partout, il en résulterait que toutes les feuilles mouillées et celles environnantes seraient plissées au point de ne pouvoir servir, et que les autres seraient inégalement mouillées.

Lorsqu'on retire le papier de dessous la presse, on le divise en deux portions égales, et l'on retourne la partie supérieure, en sorte qu'elle se trouve au centre en réunissant de nouveau ces deux portions.

Le papier peut être alors employé au tirage des dessins au crayon ; il a acquis par le mouillage, l'égouttage et la pression, toute l'intensité et l'adhérence nécessaires.

§ II.

Mouillage des papiers collés.

Le mouillage des papiers collés s'opère de la même manière que celui des papiers sans colle, si ce n'est toutefois la différence du nombre de feuilles.

S'il s'agit d'un petit format comme celui du papier à lettre, connu sous le nom de *papier coquille, poulet, écu, poulet-d'écu, cornet*, etc., il suffit d'en faire le mouillage en trempant à la fois un cahier de six feuilles que l'on pose sur un cahier sec, et que l'on recouvre de même, en ayant soin seulement de laiser égoutter le cahier mouillé avant que de le poser.

Pour les papiers d'un grand format, on en mouille deux feuilles sur huit ou dix, suivant qu'ils sont plus ou moins collés.

Pour le reste de cette opération, on suit de point en point les instructions portées au § Iᵉʳ.

ART. IV.

De la fabrication du papier de Chine, de son emploi et de sa préparation.

Nous empruntons à notre vénérable et ancien patron, M. de Lasteyrie, les détails relatifs à cette intéressante fabrication.

Les Chinois et les Japonais fabriquent des papiers de diverses qualités, qui, en général, diffèrent beaucoup de ceux que nous avons l'habitude de faire en Europe. Il y en a cependant dont la qualité et l'aspect ont beaucoup d'analogie avec les nôtres.

Ils ont su employer, à la confection de ce produit inestimable, plusieurs plantes dont nous n'avons pas encore appris à faire usage.

Mais le manque de chiffons dont on se sert exclusivement en Europe, et la cherté où est parvenu le papier, ont fait penser qu'il serait facile de remplacer ce vide par l'emploi des plantes dont les Chinois font usage, ou par d'autres plantes analogues, indigènes à nos climats. C'est d'après ces motifs que la Société d'encouragement de Paris a proposé un prix pour la fabrication du papier avec l'écorce de mûrier.

M. Prechtl, directeur de l'institut polytechnique de Vienne, après avoir tenté une suite d'expériences avec l'écorce de tilleul, est parvenu à fabriquer, avec cette écorce, un papier qui imite parfaitement celui de la Chine. Il a adressé à la Société d'encouragement, le mémoire qu'il a publié à ce sujet ; cette Société a fait traduire et insérer dans un bulletin, les détails propres à guider nos fabricants dans ce genre d'industrie, et M. Mérimé, l'un de ses membres, y a ajouté des notes où l'on trouve des renseignements utiles sur cette matière. On y indique en même temps, d'après Kœmpfer, les procédés des Japonais, qui sont, à peu de chose près, les mêmes que ceux des Chinois. Les papiers, tels que les fabriquent ces deux peuples, peuvent trouver une foule d'applications dans nos arts, et par conséquent former un objet de commerce parmi nous. La couleur d'un gris tendre et flatteur à la vue, la finesse, la douceur et l'homogénéité de la pâte, l'ont fait rechercher dans ces derniers temps, pour les gravures en lithographie et en taille-douce.

Il serait donc important que notre industrie se portât vers ce genre de produits. Les détails dont nous venons de parler en pourront faciliter les moyens d'exécution.

Suivant Kœmpfer, le papier se fabrique, au Japon, avec l'écorce du morus papyrifera. Chaque année, au mois de décembre, on coupe les jeunes pousses d'un an ; on les réunit en paquets de trois pieds de long environ, qu'on lie fortement ensemble, et qu'on place debout dans une grande chaudière remplie d'eau bouillante, mêlée de cendres ; ils doivent y rester jusqu'à ce que l'écorce, en se retirant, laisse à nu un demi-pouce de bois ; ensuite on les retire, on les met refroidir et on les fend pour détacher l'écorce ; le bois est jeté comme inutile. C'est cette écorce séchée qui forme la matière première du papier. Avant de l'employer, on lui fait subir une autre préparation, qui consiste à la nettoyer et la trier, afin de ne conserver que la partie pourvue de toutes les qualités requises. Pour cet effet, on la met tremper dans de l'eau pendant trois ou quatre heures ; quand elle est ramollie, on racle, avec un couteau émoussé, l'épiderme et la majeure partie de la couche corticale verte qui est au-dessous. L'écorce, ainsi nettoyée et triée, est plongée dans une lessive de cendres filtrées. Aussitôt qu'elle commence à bouillir, on remue continuellement avec un bambou, et on ajoute de temps en temps de la nouvelle lessive, pour remplacer celle qui s'est évaporée. On continue l'ébullition jusqu'à ce que la matière soit tellement

Lithographie. 7

ramollie, qu'en la pressant entre les doigts, elle forme une espèce de bourre ou d'amas de fibres.

L'écorce ayant été réduite en pâte par une longue et vive ébullition, on procède à l'opération du lavage, qui est d'une grande importance pour la réussite du procédé.

En effet, si ce lavage ne dure pas assez longtemps, le papier, tout en prenant de la force et du corps, restera de qualité inférieure.

Si, au contraire, l'opération est trop prolongée, le papier, quoique alors plus blanc, sera sujet à boire l'encre et peu propre à l'écriture et au lavis.

On conçoit donc combien il faut apporter de soin dans cette partie du procédé pour éviter les deux extrêmes.

Pour laver l'écorce, on la met dans une espèce de vase ou récipient à claire-voie, dans lequel on fait passer un courant d'eau.

On la remue continuellement avec les mains jusqu'à ce qu'elle soit entièrement délayée et réduite en fibres très-douces et menues.

Quand on veut faire du papier fin, on répète le lavage, et, au lieu d'un vase, on se sert d'une toile qui empêche les parties ténues de l'écorce de passer à travers et les divise davantage, à mesure qu'on augmente l'agitation. Il faut en même temps ôter les nœuds et les bourres qui auraient pu échapper au premier lavage.

Le lavage terminé, l'écorce est étendue sur une table unie et épaisse, et battue par deux ou trois ouvriers armés de bâtons de bois très-dur jusqu'à ce qu'elle soit réduite au degré de ténuité convenable. Elle devient semblable à du papier mâché, et susceptible de se délayer facilement dans l'eau. La pâte ainsi obtenue est jetée dans une petite cuve, et mêlée avec une eau de riz épaisse et une infusion mucilagineuse de la racine oréni. On opère le mélange de ces substances au moyen d'un petit bambou très-propre, et on continue de remuer jusqu'à ce qu'on ait obtenu une masse homogène et douce, d'une certaine consistance. Il vaut mieux employer une cuve de petite dimension parce que le mélange s'y fait plus complètement. On verse ensuite la pâte dans une cuve semblable à celle en usage dans nos papeteries, et d'où on tire les feuilles, une à une, avec une forme dont le trait large est fait en petites baguettes de bambou, au lieu de fil de laiton. A mesure que les feuilles sont faites et détachées de la forme, on les empile sur une table couverte d'une double natte de jonc. Celle de dessous est la plus grossière, la seconde, d'un tissu moins serré, est composée de brins plus fins, pour laisser facilement passer l'eau. On met en outre entre chaque feuille une petite lame de bambou qui déborde et sert à soulever les feuilles l'une après l'autre ; elle remplace le feutre employé dans nos papeteries. Chaque tas est couvert d'une planche mince, de la forme et de la dimension des feuilles, et chargé de poids légers, de crainte que les feuilles encore fraîches et humides, étant trop fortement comprimées, ne se collent ensemble ou ne crèvent; puis on augmente le poids afin d'exprimer l'eau surabondante. Le lendemain, les feuilles sont enlevées au moyen de petites lames de bambou, et collées sur des planches longues et unies, en appuyant avec la paume de la main. Elles y adhèrent aisément à cause de la légère humidité qu'elles conservent encore; on les expose en cet état au soleil, et quand elles sont entièrement sèches, on les lève de dessus les planches, on les ébarbe et on les met en tas. Dans la saison froide, on emploie un autre procédé pour sécher le papier.

Il consiste à appliquer les feuilles au moyen d'une brosse de colleur, sur un mur dont les deux grandes faces sont très-unies et très-blanches.....

A une extrémité est un poële dont la flamme circule dans toute l'étendue des vides de ce mur et l'échauffe. On distingue, sur les feuilles de papier séchées de cette manière, la face qui adhérait au mur de celle qui a reçu les impressions des poils de la brosse. C'est sur la première comme la plus lisse, que les Chinois écrivent avec le pinceau et y tracent des caractères excessivement déliés. On n'emploie pas, comme chez nous, le verso de la feuille ni pour l'impression ni pour l'écriture; le peu d'épaisseur et la transparence du papier s'y opposeraient. Il nous reste à parler des divers ingrédiens dont on fait usage dans la fabrication du papier. L'eau de riz, employée dans la préparation de la pâte, a une certaine viscosité qui donne de la consistance et une blancheur éclatante au papier. On la prépare en jetant des grains de riz, préalablement humectés dans un pot de terre non vernissé et rempli d'eau : on les remue, puis on les met dans un linge et on en exprime l'eau, on la renouvelle de temps en temps, jusqu'à ce que le riz soit épuisé. L'infusion de la racine oréni se fait de la manière suivante : on met macérer dans l'eau froide la racine pilée ou coupée en petits morceaux : après y avoir séjourné pendant une nuit, elle a acquis la viscosité suffisante pour être mêlée avec la pâte. Les proportions de cette infusion varient selon les saisons. Les ouvriers japonais prétendent que tout l'art des papetiers consiste à bien doser le mélange.

Pendant les grandes chaleurs, le mélange d'oréni est trop fluide, c'est pourquoi on en emploie davantage en été qu'en hiver. En général, si l'on en met trop le papier devient plus mince qu'il ne faut pour l'usage; si au contraire, la proportion est trop faible, il devient épais et inégal. On voit donc combien il importe de régler les proportions afin de donner au papier les qualités requises. Après avoir donné les détails des procédés suivis au Japon pour faire le papier, Kœmpfer décrit les végétaux qu'on emploie dans cette fabrication.

Les caractères du mûrier à papier, morus papyrifera, étant suffisamment connus, nous nous dispenserons de les rappeler ici : il nous suffira de dire que les Japonais le cultivent de boutures comme les osiers.

Ces boutures, de deux pieds de long, retranchées de l'arbre, sont plantées, le dixième mois de l'année, à une petite distance les unes des autres ; elles poussent des rejets qui deviennent propres à être coupés vers la fin de l'année, et dont la longueur est ordinairement de trois à quatre pieds. Ce sont les fibres fines et soyeuses de ces rejets qui forment la matière première du papier.

La plante appelée oréni par les Japonais est une malvacée, ainsi désignée par Kœmpfer : *Alcœa, radice viscosa, flore ephemero magno punico*. Sa racine, blanche, grasse, charnue et fibreuse, contient un suc mucilagineux transparent, qui, mêlé avec la pâte du papier, sert à lui donner la consistance nécessaire. Ses feuilles, dentelées, épaisses, rudes au toucher et d'un vert foncé, ont des nervures fortement prononcées et contiennent aussi une substance visqueuse. Les fleurs sont d'un rouge pourpre ; les graines petites, raboteuses et d'un brun foncé.

Nous terminerons cette notice en faisant connaître les tentatives faites par M. Prechtl pour obtenir de plusieurs végétaux du papier à l'imitation de celui de la Chine. Ces essais ont été répétés en grand dans une fabrique de papier près de Vienne.

L'auteur, après avoir détaché l'écorce du tilleul et de jeunes pins et de sapins, l'a placée dans une fosse creusée en terre et murée, dont le fond était garni d'une couche de chaux. Sur cette couche il a étendu un lit d'écorce surmonté d'une autre couche de chaux, et ainsi alternativement, jusqu'à ce que la fosse ait été remplie.

Alors il y a versé de l'eau et a recouvert le tout de planches chargées de poids, pour bien comprimer la matière. Cette espèce de rouissage ou macération a duré quinze jours, au bout desquels on a retiré l'écorce de la fosse et on l'a battue à grands coups de maillet jusqu'à ce que l'écorce verte en fût entièrement séparée et qu'il ne soit plus resté que les fibres blanches et déliées.

Après avoir été exposées au soleil pour être blanchies et bouillies dans l'eau pour les débarrasser de la substance gommeuse qu'elles retiennent, ces fibres ont été soumises à des lavages répétés pour les purger de la chaux ; ensuite on les a fait bouillir dans de l'eau mêlée de cendres, et on les a rincées à l'eau claire. La matière obtenue a été arrosée d'une eau de riz ou autre substance mucilagineuse et triturée dans un mortier avec un pilon de bois.

Cette opération l'a convertie en une pâte délayée, composée de filamens d'une extrême ténuité. C'est dans cette pâte, étendue d'eau, que l'auteur a puisé avec une petite forme de vélin. Les feuilles retirées de la cuve ont été appliquées sur des feutres composés d'une étoffe de laine très-fine ; mais, après avoir été pressées, il fut impossible de les détacher. On n'y réussit qu'avec quelques feuilles plus épaisses, qui conservèrent néanmoins une surface raboteuse et l'empreinte des filamens du feutre. Ce mauvais succès ayant persuadé à l'auteur que la méthode usitée en Europe, de relever les feuilles à l'aide du feutre était inapplicable au papier de la Chine, il y renonça et se borna, après avoir puisé avec la forme, à l'appliquer sur la surface, enduite d'une couche de chaux, d'une étuve ou poële chauffé au degré convenable, où la feuille adhéra aussitôt. Il put l'enlever ensuite facilement après le séchage.

Les feuilles ayant été mises en tas, furent comprimées au moyen d'une forte presse à vis. Le papier ainsi fabriqué ressemble parfaitement à celui de la Chine. Il en avait la douceur et la finesse, et il n'est pas douteux que, plus épais, il eût pu servir également des deux côtés, soit pour l'écriture, soit pour l'impression. Comme il se trouvait déjà collé en pâte, on n'eut pas besoin d'un collage ultérieur. M. Prechtl, après avoir donné ces détails, examine comparativement le papier d'Europe et celui de la Chine. Les chiffons de lin étant inconnus dans ce dernier pays, parce qu'on n'y fait pas usage de toile, ils sont remplacés par des chiffons de coton ; mais le papier de coton, couvert de duvet, est peu propre à l'écriture chinoise, qui, se faisant au pinceau, exige une surface très-lisse. Les écorces de différents végétaux sont, sous ce rapport, bien préférables, puisqu'elles donnent un papier fin, lisse et pourtant solide. On ne peut l'obtenir qu'avec des matières dont les fibres sont très-déliées. On a vu que, pour parvenir à cette extrême division des fibres, les Chinois emploient non-seulement des moyens mécaniques, mais encore des agents chimiques. Les vieux chiffons de toile, souvent blanchis et lessivés, sont sans doute préférables comme abrégeant l'opération ; mais il ne paraît pas démontré qu'on puisse se passer entièrement des agents chimiques, et se borner aux opérations mécaniques, comme on l'a fait de nos jours par l'emploi du cylindre. Quoique cette machine soit d'une grande utilité, et qu'elle réduise les filamens en brins très-courts, elle n'est pas en état cependant de les diviser sur leur longueur, de manière à les rendre très-déliés, à moins que le chiffon ne soit très-usé, ou que le cylindre ne tourne avec une grande vitesse, comme cela arrive dans les papeteries anglaises, où la grande agitation de l'eau produit l'extrême division.

D'après cette observation et plusieurs expériences faites en grand, l'auteur pense qu'il est impossible de fabriquer, au moyen du cylindre, du papier d'écorce aussi fin que celui de Chine. Sous ce rapport, le pilon paraît avoir un avantage décidé, en ce qu'il broie les fibres sans les déchirer, ce qui permet d'obtenir une division

7.

plus égale. Ainsi, pour faire du papier très-fin, à l'imitation de celui de Chine, M. Prechtl propose, après que les matières auront été traitées par les agents chimiques, de les soumettre d'abord à une trituration par le cylindre, et ensuite d'achever l'opération par le pilon. Il pense qu'anciennement on fabriquait le papier en Europe comme on le fait aujourd'hui en Chine, et que les chiffons étaient d'abord traités par la chaux et soumis à la fermentation putride. On ne peut disconvenir, comme le prouvent des ouvrages imprimés il y a plusieurs siècles, que ce papier ne fût de très-bonne qualité.

M. Prechtl ne paraît pas avoir considéré que les Chinois ne traitent par la chaux que le bambou ; en effet, les fibres ligneuses du bambou sont tellement collées ensemble que, si cette cohésion n'était préalablement détruite par l'action de la chaux, la trituration mécanique ne produirait qu'une bouillie, qui, déposée sur les formes, et ensuite sur les feutres, n'aurait aucune consistance. Il n'en est pas de même des filamens du lin, du chanvre, de l'ortie et du liber du mûrier, ils sont tellement déliés et naturellement divisés, que l'action du maillet ou du cylindre, en les triturant, leur conserve assez de longueur pour qu'ils se feutrent sur la forme et donnent lieu à une étoffe qui est suffisamment solide lorsqu'elle est séchée et pressée. Dans les premiers essais du papier de paille, le résultat de la trituration mécanique ne donna qu'un papier très-peu résistant. On l'obtient maintenant plus fort, en opérant la division des fibres par le moyen de la chaux.

Le papier est d'autant plus fort qu'il est composé de fibres plus ténues et plus longues. Les papiers anglais se coupent promptement dans les plis, parce que la pâte est composée de filamens très-courts. Dans les fabriques où l'on passe les chiffons à la chaux, cette opération a pour objet d'arrêter l'effet de la fermentation. Lorsque quelque accident force de suspendre ou de ralentir la trituration, le chiffon qui est suffisamment macéré serait bientôt converti en terreau, s'il restait sur le pourissoir.

On le passe alors dans un lait de chaux, et on peut ensuite le conserver indéfiniment. Il est assez probable qu'en soumettant le chanvre ou le lin écrus à l'action de la chaux, on détruirait une partie du gluten qui rend le papier transparent, qu'ensuite, à l'aide du chlore, on obtiendrait une pâte très-blanche. Quant aux écorces semblables à celles du tilleul, elles ne peuvent pas plus que le bambou et la paille être triturées mécaniquement.

Il est indispensable qu'une opération chimique en divise les fibres au dernier point de ténuité, et les dégage de la matière glutineuse qui les assemble et les rend cassantes.

Ce papier, dont le prix est fort élevé, que l'on se procure difficilement, et en petites quantités, est à présent suffisamment remplacé par les papiers du même aspect et de la même teinte, que l'on fabrique en France, en Allemagne et en Angleterre.

Ce papier, par sa finesse, son adhérence, sa teinte, d'un jaune gris sale, est très-utile pour mettre de l'harmonie dans les effets vigoureux des dessins, pour tempérer la lourdeur des ciels trop couverts, pour adoucir les duretés qui résultent souvent de l'absence d'une partie des demi-teintes enlevées, soit à la préparation acidulée, soit pendant le cours du tirage, par le défaut de soin de l'ouvrier imprimeur, ou par le manque de fermeté dans le travail du dessinateur, qui, ayant mollement attaqué la pierre, n'a pu donner à son dessin la solidité indispensable pour résister aux efforts répétés des attractions chimiques.

On est convenu d'appeler ce papier, *papier de Chine*; et sans nous attacher à lui disputer la validité de cette qualification, nous nous contenterons d'indiquer les avantages que son emploi présente. L'idée d'une semblable imitation est ingénieuse, elle a donné à l'Europe les moyens de se passer du secours des fabriques de l'Asie, en créant une nouvelle ressource à son important commerce.

Pour remplir les conditions d'une utilité parfaite, le papier de Chine doit être fin, d'une couleur jaune-gris, plutôt blanc que jaune, d'une surface unie, sans boutons, et couvert, le moins possible, d'inégalités plucheuses.

Ce papier a un verso et un recto : le recto se distingue par une nuance plus égale, et l'envers par une plus grande quantité de parties plucheuses et filamenteuses, par de petites lignes courbes, creuses ou saillantes.

Afin de fixer ce papier d'une manière solide sur le papier blanc qui doit, en lui servant de doublure, former les marges qui lui donnent de la grâce et ajoutent à l'effet du dessin, on le revêt du côté de l'envers d'une légère couche d'empois blanc, passé dans un linge fin, et appliqué également sur toute la surface, avec une queue de morue.

Ce collage terminé, on fait sécher ces feuilles sur des cordes, en évitant soigneusement que le recto du papier en reçoive la moindre atteinte ; car ce côté étant destiné à être appliqué sur le dessin, l'autre côté recouvert ensuite d'une feuille de papier blanc, sans colle, mouillé comme il est dit au § 1er de l'article 3 du présent chapitre, on conçoit facilement que, si cette espèce d'encollage était sur le recto du papier de Chine, il se collerait sur la pierre dessinée, au point qu'on ne pourrait l'en retirer qu'en le déchirant.

Lorsque le papier de Chine est parfaitement sec, on coupe les feuilles sur le format du dessin, en laissant deux lignes carrées de plus parce que ce papier se retire un peu en l'humectant, ainsi que nous allons l'indiquer.

Les feuilles ainsi divisées, on en prend chaque partie, et, à l'aide d'une pointe d'acier formée d'une aiguille aplatie à son extrémité inférieure et aiguisée en biseau, on enlève légèrement, et sans percer le papier, tous les corps étrangers qui peuvent s'y être attachés pendant le cours de la fabrication, et qui nuiraient singulièrement à l'effet des dessins, surtout des portraits, à la ressemblance desquels ils ne pourraient manquer d'être contraires.

Le papier de Chine ainsi préparé, collé, débité, épluché, doit être placé par carrés entre les feuilles du papier mouillé et pressé, dont il est parlé au § Ier de l'article précédent.

Au bout d'une heure, il peut être employé au tirage sans inconvénient.

ART. V.

Du papier de chenevotte, provenant du rouissage des chanvres et des lins.

M. Laforest, propriétaire-agriculteur, est l'inventeur d'une machine simple, d'une exécution facile et peu coûteuse, dont l'objet est d'opérer, avec un grand nombre d'avantages importants, le rouissage à sec des chanvres et des lins.

Cette machine est connue sous le nom de *broie mécanique :* elle a été adoptée par les Sociétés d'encouragement et d'agriculture, comme étant préférable à toutes celles faites précédemment, en ce qu'elle opère le rouissage à sec sans entraîner la rupture des filamens, qu'elle dégage cependant parfaitement des substances résineuses et glutineuses qu'ils contiennent. Au moyen de ce rouissage, on préserve les habitants des campagnes d'une foule de maladies qui pouvaient naître de la corruption des eaux stagnantes dans lesquelles on faisait le rouissage : ces eaux, en exhalant leur odeur méphitique, corrompaient l'air et devenaient un breuvage dangereux pour les animaux. Ainsi M. Laforest est parvenu à construire une machine qui réunit les avantages de l'économie rurale aux moyens de contribuer à la conservation de la santé publique sous les rapports sanitaires.

Non content de ce premier pas vers des améliorations agricoles, M. Laforest s'est occupé d'utiliser la chenevotte provenant du rouissage ; et sans l'aide des machines qui servent à la fabrication du papier, il est arrivé à en donner un qui, suivant toute apparence, pourra remplacer avec succès et économie le papier de Chine qui forme l'objet de l'article précédent, et devenir, par suite des améliorations inséparables d'une fabrication en grand, une concurrence pour tous les papiers qui sont employés pour la lithographie.

Le papier de chenevotte est d'une pâte fine susceptible d'un beau blanc ; son grain est régulier ; il est moelleux et doux ; il a toute l'adhérence nécessaire à l'impression des dessins au crayon ; enfin tout fait présumer que ce papier pourra devenir par la suite une concurrence pour les papiers d'Annonay et d'Angoulême, surtout lorsque la broie mécanique sera généralement adoptée en France.

Nous avons fait les premiers essais de ce papier, sur les échantillons soumis à Son Excellence le ministre de l'intérieur et aux Sociétés d'encouragement et d'agriculture, et nous sommes à même plus que personne d'affirmer que ce papier est excellent.

On est également parvenu à faire d'excellent papier avec de la paille ; M. de Lasteyrie nous a diverses fois montré des échantillons qui réunissaient toutes les qualités, et cette découverte ingénieuse est tellement surprenante, qu'elle tient du prodige, et que beaucoup de personnes refusent d'y croire.

Si on réussit à donner ce papier au même prix que celui sortant des autres manufactures, cette intéressante invention contribuera à la prospérité du commerce français, en devenant une branche d'industrie nouvelle, et dans tous les cas, elle fera beaucoup d'honneur à ses auteurs, au siècle et au pays qui l'ont vu naître ; c'est dans cette persuasion que nous formons des vœux ardents pour que cette découverte soit encouragée, tant par les sociétés savantes que par notre administration, qui ne peut que gagner en réputation et en grandeur, en protégeant tout ce qui est d'une utilité publique.

ART. VI.

Moyens chimiques pour reconnaître la présence des acides et de tous corps nuisibles à la lithographie, employés pour la fabrication du papier.

On reconnaît la présence des acides et des alcalis dans un papier, en laissant tomber, sur ce papier légèrement humecté, une goutte de sirop de violettes. La couleur bleue du sirop sera changée en vert, si le papier contient un alcali ; ou en rouge, s'il contient un acide, pourvu d'ailleurs que l'alcali ou l'acide soient solubles dans l'eau.

Pour reconnaître l'alun, il est nécessaire de faire macérer une demi-feuille du papier dans l'eau distillée chaude, de filtrer ensuite cette eau, et de l'essayer par l'ammoniaque liquide.

Si la liqueur filtrée est acide et si l'ammoniaque y forme un précipité blanc, gélatineux, on peut en conclure que le papier est aluné.

Quand on veut savoir si le papier est collé à l'amidon, (colle végétale), rien ne sera plus facile à reconnaître : il suffit d'y étendre une dissolution aqueuse d'iode, qui produit dans ce cas une tache bleue très-formée sur le papier.

Le procédé est un peu plus compliqué s'il s'agit de gélatine (colle animale); il faut alors essayer le décoctum du papier dans l'eau distillée chaude, par une solution de noix de galle, ou bien saupoudrer de chaux une petite bande de papier, l'introduire dans un petit tube de verre scellé par un bout, et chauffer ce tube modérément, après avoir introduit, dans la partie supérieure, une bandelette de papier de tournesol rouge légèrement humecté. Si la couleur rouge devient bleue, on a la preuve que la gélatine a servi au collage du papier.

Enfin si la craie est incorporée à la pâte d'un papier, il fait effervescence avec les acides, et si l'on recueille l'acide après son action, l'oxalate d'ammoniaque ou celui de potasse (sel d'oseille) y forment un précipité blanc [1].

CHAPITRE VIII.

Du Dessin au crayon.

ARTICLE PREMIER.

Du Dessin sur la pierre au crayon, à l'Encre, au Grattoir, ou à la Pointe sèche; des effets et usage du Tampon ou Lavis lithographique, de l'Aqua-tinte.

De tous les arts, la lithographie est peut-être celui qui réclame le plus de soins; il exige surtout une propreté excessive, et c'est dans l'exécution du dessin au crayon que cette nécessité se fait sentir avec plus de force encore.

La plus petite parcelle graisseuse échappée des cheveux, l'application du doigt, suffisent pour former autant de taches noires lors de l'impression, quoiqu'elles restent invisibles jusqu'au moment du tirage.

Une bulle de salive lancée en parlant ou en éternuant, fait une tache blanche, bien qu'elle ait été recouverte par le crayon.

Les petits morceaux qui tombent en taillant les crayons, par leur

---

[1] Toutes ces expériences ont été constatées par M. Levol, essayeur à la Monnaie et élève de M. Darcet.

chute et leur séjour sur le dessin, font aussi des taches noires qu'on a de la peine à détruire lors de l'impression.

Pour obvier à tous ces accidents fâcheux, il faut donc que le dessinateur prenne beaucoup de précautions, qu'il maintienne sa pierre propre en la couvrant, chaque fois qu'il cesse de travailler, avec un papier fin, et en évitant tout frottement.

Au moment de commencer son dessin, l'artiste devra examiner si le grain donné à la pierre est bien en harmonie avec le genre de travail qu'il doit exécuter ; si cette pierre est d'un format suffisamment grand pour qu'il règne, autour du dessin et dans tous les sens, une marge de un ou deux pouces ; et enfin il devra, avant de rien commencer, passer sur la surface un pinceau de blaireau, afin de s'assurer qu'il n'y a point de poussière sur la pierre.

Ce blaireau servira également à retirer les morceaux de crayon qui viendraient à tomber par hasard sur la pierre ou sur le travail commencé ; mais le frottement du pinceau doit être extrêmement léger, afin de ne donner aucune adhérence aux corps étrangers que l'on veut retirer ; car ce contact formerait des taches ou des lignes noires qui détruiraient l'harmonie du dessin.

Quelques peintres emploient le chevalet pour dessiner sur la pierre, qu'ils posent comme une toile destinée à peindre, mais en donnant toutefois plus de pente qu'il n'en faut ordinairement pour ce dernier genre de travail, et se servent de l'appuie-main.

D'autres artistes garnissent les bords de la pierre avec de petites bandes de carton qui y sont fixées au moyen d'un peu de colle à bouche ; ils posent la pierre sur une table carrée et solide, en élevant la partie supérieure avec un tasseau posé sur la table, de manière à donner à la pierre une pente égale à celle d'un pupitre légèrement incliné.

Ensuite, pour appuyer l'avant-bras, ils prennent une petite planche de 5 à 6 pouces de large sur une longueur excédant celle de la surface de la pierre, et dont les extrémités sont posées sur les bandes de carton, en sorte que la chaleur du corps ne puisse pas se communiquer à la pierre et opérer la fusion du crayon.

Cette manière est la plus généralement adoptée ; cependant, il y a des dessinateurs qui préfèrent mettre la pierre à plat sur la table, et employer la planche dont les extrémités sont soutenues par deux tasseaux de 18 pouces à 2 pieds de longueur, et d'une épaisseur suffisante pour excéder celle de la pierre de 2 lignes au moins et de 3 lignes au plus. Ce moyen est celui employé par la majeure partie des dessinateurs de topographie et les écrivains lithographes.

Enfin différents artistes ont fait construire des pupitres exprès, où la pierre se trouve renfermée comme dans un cadre dont les bords servent à soutenir les planchettes qui tiennent lieu d'appuie-main.

La pierre étant dans cet état, on peut commencer l'esquisse ou le décalque à la sanguine avec beaucoup de légèreté, pour éviter qu'elle ne fasse corps avec la pierre, et n'empêche ainsi le crayon de déposer sa partie grasse, en s'interposant entre lui et la pierre.

Lorsque cette première opération est terminée, il faut poursuivre l'exécution du dessin avec le crayon lithographique, en le taillant très-fin, et en employant, suivant les besoins, le n° 1 et le n° 2.

La pierre doit être attaquée avec fermeté, et l'on doit maintenir son grainé préparatoire par des hachures hardies et soutenues.

On peut employer l'encre lithographique au pinceau avec succès, pour les parties qui doivent être totalement noires ; dans les premiers plans de paysages, dans certaines parties des costumes ; pour les contours qui nécessitent une indication prononcée, comme dans les ornements, les machines, l'architecture, etc., etc.; mais il faut se garder d'en abuser, et de l'employer pour les contours des figures, dans lesquelles on ne doit s'en servir que pour le point noir des yeux, ce qui en augmente la vivacité et la lumière.

On emploie le grattoir pour obtenir des blancs vifs, des effets de lumière brillants ; pour détacher les nuages d'un ciel trop chargé, pour représenter avec plus de vérité, por exemple, le passage du soleil à l'horizon, les effets de lune et les levers ; pour rendre le brillant et les nuances des draperies qui demandent des oppositions tranchantes, suivant les effets calculés du jour.

Enfin, il faut que le dessinateur se garde bien de se laisser influencer dans son travail par le ton lumineux de la pierre ; il faut qu'il dessine non pour la pierre, mais pour l'impression ; car, sans cela, il serait lui-même surpris de la différence qui existerait entre l'effet de son dessin sur la pierre et celui qu'il obtiendrait sur le papier, dont le blanc cru et éclatant ne tend pas à fondre les parties des dessins, et demande un travail parfaitement achevé. Pour arriver à ce résultat, il faut couvrir les demi-teintes avec soin et fermeté, en mettant tout en rapport, et en revenant plusieurs fois sur les mêmes objets.

Le dessinateur doit éviter, autant que possible, de souffler sur la pierre et de laisser sa respiration agir sur le crayon, que cette humidité tiède décompose en dissolvant le savon qu'il contient, graisse la pierre, donne des taches et des nuances à l'impression.

Pour ne pas échauffer la pierre il faut se garder de travailler à la chaleur d'un poële, et se servir, pour appuyer la main, ainsi que nous venons de l'indiquer, dont on fait porter les extrémités sur deux tasseaux plus épais que la pierre, en sorte que la courbure de la planche ne puisse la toucher en cédant au poids du corps.

Les porte-crayons dont on se sert ordinairement pour dessiner se font en liége, en sureau ou en papier : nous recommandons surtout l'usage de ces derniers à cause de leur légèreté. On peut les faire

soi-même au moyen d'un bout de tringle en fer de la même grosseur que les crayons, et que l'on emploie comme un moule à cartouches, en roulant autour, deux ou trois fois, des morceaux de
papier collé, de six pouces de haut sur un pouce de large.

Lorsqu'il arrive qu'une tache grasse ou toute autre est faite au
dessin pendant son exécution, on peut y remédier en faisant de suite
un nouveau grain avec du sablon tamisé dont il est question au
chapitre Ier (*Grainage des pierres*), en frottant légèrement et en
tournant avec une petite molette ou un bouchon de caraffe dont la
partie supérieure est taillée en tablette. Ce grain ainsi refait à plusieurs reprises, on lave la place avec de l'eau propre, en évitant
autant que possible d'en jeter sur les autres parties du dessin ;
on laisse sécher la pierre, et on dessine de nouveau la place enlevée [1].

Moyens pour obtenir des détails en clair sur une partie foncée, indiquée par MM. DORSCHWILLER et TUDOT.

Ces moyens nous ont paru bien plus ingénieux qu'utiles, et nous
sommes certain qu'en les employant on n'obtiendra jamais des
dessins purs et d'une grande fraîcheur, car, en lithographie, plus un
dessin est tourmenté, moins il donne de bonnes épreuves en grand
nombre.

Cependant, nous rendons justice à leurs auteurs, à qui la découverte de ces moyens a dû coûter plus d'un essai, et nous croyons
être agréables à nos lecteurs en donnant les détails suivants, que
nous empruntons à M. Tudot.

Ayant à enlever du crayon ou une partie foncée, on prend un
morceau de papier végétal, on l'applique sur le dessin, et avec une
pointe en buis on trace sur ce papier les contours que l'on veut enlever en appuyant assez pour le faire adhérer au crayon. La pression
y ayant fait adhérer le papier, il suffit de l'enlever pour emporter la
partie du crayon qui s'y est attachée, et la transparence du papier
permettant de tracer plusieurs fois à peu près dans le même contour, il ne faut que reporter à chaque fois une place blanche de ce
papier sur ce contour pour arriver à enlever complétement le
crayon.

Dans la manière ordinaire, on peut en un instant exécuter des
détails en clair qu'il faudrait un temps fort long pour réserver, et
que le grattoir ne donne qu'avec de la sécheresse. Le principal mérite de ce procédé est de ne pas détruire le sommet des aspérités du
grain et d'éviter le frottement que la flanelle exige pour enlever le
crayon auquel elle adhère : on doit donc, autant que possible, se

[1] Voir les nouveaux procédés indiqués au chap. XV.

Lithographie.   8

rapprocher de ce moyen d'enlevage qui, en attachant le papier au crayon, en enlève une partie sans avoir besoin de s'aider du frottement. Quelques artistes, pour ajouter à l'avantage du papier végétal, ont essayé de l'enduire d'une substance poisseuse, ce papier manquant déjà de transparence et la perdant entièrement par cette addition, l'on n'a plus eu que la ressource des points de repères pour tracer de nouveau sur un même contour ; ce qui a encore augmenté la difficulté d'opérer avec précision.

Autre moyen indiqué par M. Tudot, qui consiste à faire des crayons avec de la cire, à laquelle on fait une très-petite addition de térébenthine de Venise, pour la rendre plus poisseuse. On dessine avec ce crayon en le faisant adhérer à la partie de crayon lithographique qu'on veut enlever de dessus la pierre ; et, agissant dans le même esprit qu'avec le papier végétal, on arrive au même résultat, avec cette différence qu'on a pu voir plus distinctement ce que l'on faisait. Dans l'un et l'autre moyens, il ne faut pas chercher à enlever le crayon d'une seule fois, en appuyant fortement, parce que, au lieu de s'attacher davantage au corps avec lequel on appuie, le crayon ne fait que pénétrer plus profondément dans les pores de la pierre, et on ne peut plus le reprendre. Sur du crayon graisseux, la seule pression nécessaire pour y faire adhérer le papier ou la cire, et le manque de flexibilité de la pointe ou du crayon avec lequel on appuie suffisent pour faire pénétrer dans les pores de la pierre le crayon lithographique au point où l'on ne peut le reprendre.

Moyens pour faire des changements dans les dessins lithographiés.

On commence par enlever avec l'essence de térébenthine l'encre ou le crayon sur la place où l'on veut faire des changements, on y applique ensuite un peu de vinaigre avec un pinceau ; on enlève l'acide avec une éponge mouillée, et lorsque la place est sèche, la retouche se fait avec la même facilité que sur une pierre neuve. Ce moyen, employé sous les yeux de la commission nommée par la Société d'encouragement, a parfaitement réussi ; il est prompt et convient surtout aux corrections de l'écriture.

Dès le commencement de l'année 1829, M. Maximin Montilard, ancien pharmacien à Paris, nous prêta son assistance pour découvrir un procédé qui permît de faire des retouches et même des changements importants dans les dessins lithographiés, sans altérer en rien le grain de la pierre, ni les parties conservées du dessin. Après bien des recherches, beaucoup d'essais qui laissaient toujours à désirer, nous parvînmes enfin à obtenir ce que nous cherchions en employant la potasse caustique concentrée, et en procédant ainsi qu'il suit : après avoir encré le dessin comme pour tirer une épreuve, nous l'enlevions entièrement à l'essence, puis nous procédions à un nouvel encrage avec l'encre de conservation, au moyen d'une éponge fine parfaitement sèche et propre que nous avions soin d'imbiber de potasse caustique, nous enlevions les parties du dessin que nous voulions changer ou refaire. Cette opération terminée, la pierre était lavée avec de l'eau claire, et aussitôt qu'elle était sèche on opérait les changements désirés en dessinant comme sur une pierre sortant des mains du graineur. Sept changements furent successivement faits sur la même planche, tous réussirent à merveille, et le dessin n'en fournit pas moins un tirage considérable. Chaque fois qu'un changement a été fait, il est indispensable de faire subir à toutes les parties de la pierre une légère acidulation avant que d'en commencer un nouveau tirage.

La préparation ordinaire, étendue d'eau dans la proportion d'un tiers, peut être employée avec succès dans cette circonstance. (Voir pour d'autres procédés d'effaçage le chap. XV.)

ARTICLE II.

Du dessin à l'encre et des écritures.

On prend, pour dessiner à l'encre ou pour écrire, une pierre polie et poncée, comme il est dit à l'art. 2 du chap. Ier.

Dans le cas où l'on penserait que cette pierre contient quelques parties humides, soit par la disposition atmosphérique ou par son exposition à l'air, soit enfin par l'état du lieu d'où elle sort, et dans le cas encore où l'on craindrait que les traits de l'écriture ou du dessin ne fussent susceptibles de s'élargir par l'avidité de la pierre à s'imbiber d'encre, on mettrait sur cette pierre, avant de commencer le dessin, la préparation suivante :

1° Mixtion d'eau de savon blanchie à la transparence de l'opale, en suffisante quantité pour en mouiller la pierre d'une extrémité à l'autre ;

2° Une petite quantité d'essence de térébenthine distillée.

Pour mettre cette préparation sur la pierre, on opère ainsi qu'il suit :

On place la pierre au-dessus d'un petit baquet ovale, en l'inclinant au moyen d'un tasseau de bois, de manière à faciliter l'écoulement de l'eau.

Dans cette position, on verse l'eau de savon, en sorte qu'aucune partie de la pierre ne reste sans être mouillée.

Ensuite on passe sur la pierre, en laissant aussi couler une semblable quantité d'eau claire et limpide ; on fait sécher la pierre, et lorsqu'on aperçoit qu'elle ne conserve plus de trace du mouillage, on répand de l'essence distillée sur toute la surface en frottant très-légèrement avec un petit linge fin et propre, ou une éponge fine.

Autre Mixtion pour parer au même inconvénient.

Essence de térébenthine.	1	partie.
Huile de lin clarifiée	»	1/15

On mêle ces deux substances en les agitant fortement dans une petite bouteille ; ensuite on en imbibe un linge propre, et assez neuf pour qu'il ne dépose pas de pluches sur la pierre que l'on frotte également partout avec cette simple préparation.

On peut ne se servir que de la térébenthine ; cela ne graisse pas autant la pierre, et n'exige pas ensuite une acidulation aussi forte.

Pour dessiner ou pour écrire, on se sert d'une plume fabriquée avec l'acier de ressort laminé et détrempé aux acides, ou bien assez souvent d'un pinceau de martre, semblable à ceux qui servent à peindre la miniature. Lorsque l'on emploie le pinceau, il n'est point nécessaire de faire subir à la pierre aucune des préparations précédentes ; on l'emploie polie, mais dans son état naturel.

Pour faire fondre l'encre lithographique, ainsi que l'encre autographique, il suffit de mettre un peu d'eau de fontaine clarifiée dans un godet, de tremper l'extrémité du bâton d'encre en appuyant un peu, et en tournant lentement pour obtenir en peu de temps une encre noire, coulante et parfaitement délayée.

On décalque ou on esquisse, soit avec la sanguine, soit avec la mine de plomb.

Le plus de facilité que l'on trouve à se servir du pinceau ou de la plume, est ce qui doit déterminer à adopter l'un ou l'autre de préférence.

Quant à la manière de tailler les plumes et de les avoir bonnes, c'est une chose que la routine et l'attention peuvent seules donner. On emploie, pour tailler les plumes, de petits ciseaux pointus en acier fondu, pareils aux ciseaux droits dont se servent les brodeuses.

On peut, pour user les becs lorsque la différence d'égalité est petite, se servir d'une lime d'horloger ou d'une pierre du Levant (pierre à rasoirs).

Au surplus, comme notre désir est de mettre les artistes à même de se passer de secours des tiers, relativement à la fabrication et au choix des différents instruments inventés exprès pour la lithographie, ou adaptés à son usage et qui sont indispensables, nous emprunterons à ce sujet quelques moyens donnés par M. Senefelder, que nous avons employés avec succès, et nous ferons mention, s'il y a lieu, des modifications que nous avons cru devoir y apporter, dans l'article VI qui termine ce chapitre, sous le titre : *Des Instruments et Outils nécessaires au Dessinateur Lithographe.*

ART. III.

§ 1er.

De l'emploi du Tampon ou Lavis lithographique, et de ses avantages.

C'est M. Engelmann qui, le premier, apporta ce perfectionnement à l'art lithographique ; et lors des essais satisfaisans qu'on en fit, on aurait pu raisonnablement penser que cette découverte apporterait à la lithographie de grands changements, et que ce genre de travail serait presque généralement adopté.

Mais, depuis long-temps, les artistes refusent d'employer ce moyen, qui joint au désagrément d'une foule de soins minutieux une série d'accidents presque inévitables.

Les épreuves des dessins mis à l'effet par ce procédé n'ont jamais le brillant de celles des dessins au crayon ; elles conservent toujours la pesanteur que leur impose inévitablement l'emploi du tampon, même par une main habile.

Nous allons cependant donner un aperçu de la méthode suivie dans l'emploi du tampon.

La pierre destinée à recevoir ce genre de travail est préparée comme pour le crayon ; le décalque fait, on trempe un pinceau dans une dissolution de gomme arabique, à laquelle on ajoute un peu de vermillon pour faire reconnaître les endroits qui en sont couverts, et on en étend sur les clairs que l'on veut réserver. On fait la même chose sur les marges du dessin.

Lorsque cette gomme est sèche, on détrempe de l'encre lithographique avec de la térébenthine de Venise, sur un morceau de pierre lithographique, à l'aide d'un tampon fabriqué avec de la peau de mouton blanche que l'on remplit de coton, en laissant le côté de la chair à l'extérieur.

Ce tampon présentant une surface bien unie, on le trempe dans l'encre délayée, on l'essaie sur une autre pierre qui ne sera employée qu'à ce seul usage. Quand le tampon ne retiendra plus que l'encre nécessaire au ton que l'on veut donner au dessin, on commencera à tamponner les teintes du fond, et on finira par les autres qui doivent être plus légères.

Lorsqu'elles seront sèches, on passera une seconde couche de gomme sur ces teintes, et on renforcera les autres en les tamponnant de nouveau, jusqu'à ce qu'on ait atteint le ton que doivent avoir

8.

les teintes préparatoires. Aussitôt qu'elles sont sèches, on lave toute la pierre, afin d'en ôter la gomme ; on la laisse sécher parfaitement, et l'on dessine par-dessus les teintes tamponnées.

Le véritable but atteint par cette découverte n'est pas la perfection ; mais c'est un moyen de mettre les grands dessins à l'effet en bien moins de temps qu'au crayon, puisque l'on peut tamponner dans une matinée des teintes préparatoires qui demanderaient plusieurs journées de travail au crayon.

§ II.

Du lavis sur la pierre, suivant M. Tudot.

Plusieurs artistes n'ayant pu s'astreindre à la patience nécessaire pour faire des tons fins et unis sur la pierre, avec le crayon, par la manière ordinaire, ont cherché à laver. Mais de nombreux essais ont prouvé qu'il n'était pas possible d'atteindre ce but.

Les pierres à lithographier sont trop poreuses, elles absorbent trop promptement les liquides ; ne permettent pas d'étendre une teinte, et bien moins encore de la modifier. La composition de l'encre présente aussi de grandes difficultés ; il ne faut pas qu'elle soit savonneuse, autrement le plus ou le moins de fluidité la fait pénétrer inégalement et toujours trop profondément dans la pierre; et si elle est oléagineuse, elle a presque les mêmes inconvénients.

La saponification étant le meilleur moyen de diviser les matières grasses, et de les rendre solubles dans l'eau, on voit que cette composition présente de grandes difficultés. Cependant, après de nombreux essais, j'ai vu qu'il était deux moyens avec lesquels on pourrait réussir.

Le premier, par l'emploi d'un savon de résine, attendu que cette substance paraît n'être que divisée jusqu'à un certain point et non complètement saponifiée par l'alcali ; et d'ailleurs parce qu'elle reste à la superficie de la pierre, sans pénétrer intimement dans ses pores. Alors on peut, en fondant ce savon dans une quantité convenable de stéarine et de cire, lui donner la propriété de recevoir l'encre d'imprimerie suffisamment pour que le travail, si fin qu'il puisse être, prenne l'encre sans s'empâter. Le second, par l'emploi des savons acides : il y a, dans le Dictionnaire Encyclopédique ancien, un article très-intéressant sur ce sujet; l'emploi de ces savons, dont la fabrication est si simple, en écartant la potasse ou la soude de la composition de l'encre, permettrait de la rendre très-liquide et faciliterait l'exécution des teintes claires. L'huile saponifiée par l'acide sulfurique, acquérant une certaine consistance qu'elle conserve même après qu'elle a été entièrement séparée de l'acide qui la tenait à l'état de savon, ce savon d'huile pourrait être mêlé en petite proportion au savon acide de cire ; et si l'acide sulfurique et la matière saponifiée sont l'un et l'autre dans un état réciproque de saturation parfaite, ces savons donnent une encre avec laquelle on pourrait laver sur la pierre, si les difficultés relatives à celles-ci étaient aplanies. Peut-être les pierres factices seront-elles aptes à recevoir l'encre en laissant évaporer, sans l'absorber, l'eau et le liquide dans lequel l'encre est délayée.

Quelques artistes ont obtenu de bons résultats en lavant avec une encre composée d'essence de térébenthine, dans laquelle ils avaient délayé du crayon. D'autres ont ébauché le dessin au crayon, en l'exécutant par méplats ; puis ensuite avec un pinceau et de l'eau, ils ont converti en encre les teintes formées au crayon. On s'est servi encore de crayon délayé dans l'essence de lavande pour faire une teinte générale sur toute la pierre : on modifiait cette teinte avec la flanelle, puis avec le crayon, par la matière ordinaire, on traçait le dessin, on massait les ombres, ensuite, avec un grattoir émoussé, on dessinait les demi-teintes claires, et avec un grattoir coupant, on enlevait les lumières vives ; enfin, avec l'encre, on accusait fortement les vigueurs. J'ai déjà fait remarquer que, suivant que le crayon pénétrait plus ou moins dans la pierre, il en résultait des variations ; on conçoit que si une différence dans le degré de force où on appuie, suffit pour causer une inégalité dans la manière dont l'encre d'imprimerie adhère au dessin, on doit attendre des variations bien plus grandes, d'une pénétration dépendante du plus ou moins de fluidité de l'encre. On rencontre quelquefois chez les imprimeurs des encres composées pour l'écriture, et avec lesquelles on peut faire des dessins au lavis, mais en employant le procédé suivant, qui est dû à un artiste du plus grand mérite, l'auteur de la Conversation anglaise, lithographie exécutée par le moyen dont il s'agit. Ce procédé consiste à laver d'abord, puis à modifier les teintes foncées au premier coup sur la pierre, en les usant avec un chiffon de flanelle. C'est une ingénieuse application sur l'encre, d'un moyen que plusieurs imprimeurs avaient préparé pour le crayon. L'auteur l'ayant communiqué à plusieurs artistes, chacun en a fait usage à sa manière. Je vais indiquer celle qui m'a paru la meilleure. On a dans un petit godet de l'encre très-épaisse, avec cela de l'eau, une assiette et plusieurs pinceaux. Les pierres calco-argileuses ayant la propriété de ne pas absorber promptement l'eau, doivent être préférées ; les plus belles sont d'une couleur jaunâtre. Le grain donné à la pierre doit être très-fin ; l'encre préparée et la pierre choisie, on commence par mouiller toute sa surface avec de l'eau très pure, et lorsque la pierre est encore humectée, on étend avec un large pinceau, sur toute la partie où doit être le dessin, une teinte d'encre très-claire, après l'avoir délayée dans l'assiette au moment de l'appliquer. Cette teinte générale etant posée, on la laisse sécher; ensuite on fait le décalque du dessin; et, lorsqu'il est fait, on masse l'ensemble aussi juste de ton que possible. Quand l'ensemble est terminé, on modifie, avec le chiffon de flanelle, les teintes que l'on n'a pas pu réussir à donner. Comme il est plus aisé d'éclaircir les teintes que de les rendre plus foncées, on ne devra pas craindre, en lavant, de les mettre très-vigoureuses. Pour éclaircir une teinte, on prend un morceau de flanelle fine, pliée et doublée plusieurs fois, assez pour atténuer le degré de force de la pression par laquelle on fait entrer la flanelle dans les intervalles du grain; étant ainsi pliée, on pose cette flanelle sur la partie qu'on veut éclaircir, et avec le pouce ou l'index on appuie fortement en faisant glisser la flanelle, de manière à enlever par ce frottement l'encre à laquelle elle s'est attachée par la pression. Il faut avoir l'adresse de ne pas étendre sur la partie voisine le noir qu'on enlève à celle sur laquelle on frotte, lors même qu'on voudrait colorer davantage les parties environnantes; car les dernières teintes, ainsi ajoutées, tiennent rarement bien, et il vaut mieux, si on doit augmenter l'intensité d'un ton, appliquer une nouvelle teinte à l'encre par le moyen d'un pinceau. Lorsqu'on a fait adhérer à la flanelle une portion de l'encre qui était fixée sur la pierre, on doit changer de place la partie ainsi salie, pour que celle avec laquelle on doit appuyer de nouveau prenne mieux l'encre; car plus la flanelle est propre, et plus aisément elle s'attache à l'encre. En continuant ainsi, on parvient à donner de l'uniformité aux teintes. Au lieu de flanelle, quelques artistes emploient des brosses à peindre, coupées à la longueur de trois ou quatre lignes; il faut que ces brosses soient neuves; on en a un assez grand nombre pour en changer chaque fois qu'elles sont salies; ensuite on les lave toutes dans l'essence de térébenthine pour les nettoyer.

On emploie des patrons en cartes, pour couvrir les parties que l'on craint de salir, et on brosse plus ou moins fort, suivant qu'on veut éclaircir. Ainsi que pour la flanelle, plus les brosses sont propres, et mieux on éclaircit les teintes; la brosse agit plus efficacement sur les parties claires; la flanelle suffit pour user les tons foncés. Avec l'un ou l'autre de ces moyens, lorsqu'on a obtenu une ébauche convenable, on continue l'exécution du dessin, en reprenant l'encre et les pinceaux pour faire les détails; s'ils se détachent en vigueur sur un fond clair, on les fait à l'encre et pendant que la touche d'encre est encore humide, on peut avec un petit chiffon de toile enlever l'encre en quelques parties et les modeler. Les détails faits avec une touche d'encre épaisse se modifient aisément; si ces détails se détachent en clair sur un fond vigoureux, on ne prend que de l'eau dans le pinceau; on silhouette la partie qu'on veut enlever en clair, et aussitôt que l'encre est amollie, on l'enlève avec un morceau de toile, en s'y prenant de la même manière qu'avec la flanelle. Enfin on termine en enlevant avec le grattoir des lumières vives que la teinte générale n'a pas permis de conserver.

Tel est, avec l'encre, le moyen qui réussit le plus souvent; il a permis de faire des dessins très-remarquables ; mais il faut qu'il soit employé par des artistes d'une adresse extraordinaire. Ce moyen ne laissant que la facilité de dégrader un ton, sans permettre de l'effacer entièrement, et d'en refaire un autre à la place; il faut donc une franchise d'exécution et une précision qu'on n'acquiert pas aisément; ensuite chaque touche laisse sur son profil une nuance foncée qui découpe cette teinte sur celle où elle est posée, et ne permet pas de fondre l'une avec l'autre; en sorte qu'on ne peut pas modeler à volonté. Il est encore difficile de faire de grandes parties sans taches; et si quelques dessins au lavis paraissent complets, c'est que les artistes auxquels ils sont dus ont eu le talent de composer des effets où les grandes difficultés ne se rencontrent pas ; et, pour les accidents inévitables, ils ont su en tirer adroitement parti. Ainsi on voit que les moyens d'exécution pour faire des dessins au lavis sont encore incomplets, et que les chances de succès sont très-incertaines. Les caractères suivants aideront à reconnaitre, dans les lithographies exécutées à l'encre et au crayon avec le moyen de la flanelle, les parties préparées à l'encre et celles qui le sont au crayon ; il suffit d'examiner la sillhouette de chaque teinte, le bord est dur et découpé ; au contraire celles au crayon manquent de fermeté sur les contours.

Après avoir indiqué les moyens employés avec le plus de succès pour dessiner au lavis sur la pierre, nous citerons le nom d'un de nos artistes distingués qui, le premier en ce genre, a obtenu des résultats satisfaisants en frayant une route nouvelle.

De nombreuses et gracieuses compositions se sont échappées de son crayon et de ses pinceaux ; dire qu'il est encore permis de le placer en première ligne, pour ce procédé d'exécution, c'est nommer M. Devéria.

ART. IV.

De la Pointe sèche ou Gravure sur Pierre.

Ce nouveau genre de lithographie est une concurrence pour la gravure dite à l'eau forte, sur cuivre et sur acier; il présente un peu d'économie de temps, et devient moins coûteux ; les pierres lithographiques ne pouvant se laminer à la pression, donnent un nombre considérable d'épreuves également bonnes.

Les cartes géographiques, la musique, les armoiries, sont très-bien rendues à l'aide de ce procédé, surtout en petit; l'architecture, les machines, les lettres, lorsqu'on veut obtenir un long tirage, peuvent encore être exécutées à la pointe sèche.

Pour préparer une pierre à ce genre de travail, il suffit de la prendre polie, sans taches, tendre, et d'appliquer sur sa surface, au moyen d'une éponge très-fine, de la gomme arabique légère délayée dans de l'eau, avec du noir de fumée bien amalgamé, ou de la sanguine pilée, pour donner une couleur à la pierre, à laquelle on a fait préalablement subir une préparation d'acide nitrique étendu d'eau, et réduit à la force de deux degrés au-dessus de zéro.

Cette pierre ainsi disposée, et la gomme une fois parfaitement sèche, on opère le décalque sur la pierre avec une couleur différente à la préparation gommeuse, et l'on repasse ensuite sur tous les traits décalqués avec une ou plusieurs pointes d'acier, les unes aiguisées en biseau, les autres pointues, etc., dans le genre des burins et échoppes à gravures.

On ne gratte point la pierre, on doit seulement la découvrir, en sorte que le travail se détache en blanc.

Pour encrer ces planches avant de les livrer à l'impression, on se sert d'un morceau d'éponge fine, imbibé d'huile de lin ou d'essence de térébenthine, et frotté dans le noir broyé avec le vernis n° 1. On barbouille toute la pierre avec ce petit tampon, en frappant légèrement sur les traits du dessin; ensuite on encre avec un rouleau neuf, garni de noir, mais sans essence. On continue cette opération jusqu'à ce que tous les traits soient parfaitement encrés et la gomme bien enlevée; ensuite on épure les traits avec un rouleau mou.

Pour l'impression de ces planches, on se sert de maculatures en flanelle, ou de plusieurs feuilles de papier de soie, que l'on change de temps en temps, ce qui est préférable. Dans le cours du tirage, on doit éviter avec grand soin l'emploi de la gomme et des acides, qui détruisent également ce genre de gravure.

M. Roux aîné, dessinateur, a fait construire une machine à l'aide de laquelle on peut obtenir des lignes d'une finesse extrême, qui rivalisent avec celles des ciels exécutés sur les meilleures gravures; cet artiste a aussi imaginé plusieurs petits instruments, et il est parvenu à faire, dans ce genre de travail, des dessins qui surpassent en pureté et en beauté, tout ce qui a paru jusqu'à ce jour en gravure lithographique.

Tous les essais faits par M. Roux, ont eu lieu sous nos yeux, et les épreuves de ces diverses planches, dont plusieurs font partie de son ouvrage des Antiquités de Pompéi, sont sorties de nos presses; ainsi nous pouvons, mieux que personne, affirmer qu'il est maintenant permis d'espérer que ce nouveau genre de lithographie contribuera puissamment à rendre cet art plus utile encore.

§ II.

Procédé d'effaçage pour parvenir à la correction des dessins en gravure sur pierre, donnée par la Société d'Encouragement.

L'acide acétique enlève bien les traits superficiels, mais il pénètre mal dans le fond des tailles profondes, et enlève difficilement la portion du dessin sur laquelle il agit. L'acide nitrique efface bien, mais il donne à la pierre un grain particulier. Son action doit être prolongée quelque temps. L'acide sulfurique attaque fortement la pierre, la recouvre d'une couche mince de sulfate de chaux sur laquelle on grave mal ensuite. L'acide hydrochlorique efface avec une plus grande facilité ; les traits les plus fins disparaissent, et la pierre ne change pas de grain dans le point attaqué ; l'action de cet acide demande à être bien dirigée pour ne pas attaquer la pierre. Mais l'acide phosphorique enlève parfaitement le dessin; son action est modérée, facile à borner aux points où il est nécessaire de la produire, et le grain de la pierre n'est pas changé. C'est cet acide que MM. Knecht et Girardet avaient indiqué, et dont ils ont fait usage dans la correction de la Flore du Brésil ; il est nécessaire que la pierre soit mise préalablement à l'encre grasse avant d'enlever à l'essence le dessin qui est tracé, et détruire ensuite par le moyen de l'acide, les traits à remplacer. On ménage ainsi les parties environnantes, et on ne risque pas de fatiguer la planche. La potasse ne produit pas facilement un effet sur la pierre incisée, elle n'attaque que très-peu le fond des tailles, son usage aurait d'ailleurs l'inconvénient d'être long.

§ III.

Pour compléter autant que possible les instructions relatives à la manière de graver sur la pierre, nous donnons ici un extrait de l'article lithographique publié dans l'Impartial du 24 octobre 1833, dont l'auteur, M. Olivier de Roissy, ancien associé et successeur de M. Knecht, a bien voulu nous communiquer la note originale.

Bien que les procédés qu'il indique aient beaucoup de rapports avec ceux que nous venons de décrire, et ne diffèrent à peu près que dans les moyens d'encrage, nous les donnerons textuellement, afin de constater l'exactitude des détails fournis par nous, et de faire connaître en même temps l'importance des résultats obtenus par MM. Knecht et Roissy, à l'aide d'une longue expérience pratique.

Gravure sur pierre.

« La gravure sur pierre ressemble, pour le travail de l'artiste, à la gravure à l'eau forte sur cuivre et sur acier. Pour graver de cette manière, on acidule une pierre poncée, avec de l'eau, de l'acide nitrique ou hydrochlorique et de la gomme arabique. L'un ou l'autre de ces acides doit être à environ deux degrés pour ne pas corroder la pierre. Quand la surface est sèche, on lave légèrement la pierre, et on la colore avec de la sanguine ou du noir de fumée que l'on frotte fortement avec un morceau de laine jusqu'à ce que la couleur ne salisse plus les mains.

« On peut alors commencer à graver avec des pointes ou des échoppes d'acier trempé, emmanchées dans du bois ou du jonc. Il faut avoir soin d'attaquer légèrement la pierre en la creusant le moins possible, surtout dans les traits larges ; les traits fins, tracés franchement, doivent entamer également la pierre dans toute leur étendue. On peut effacer les faux traits en les grattant d'une manière bien égale, avec un grattoir, ou mieux avec un petit morceau de pierre ponce, et les parties de la pierre ainsi découvertes, sont acidulées de nouveau avec un mélange d'eau, d'acide et de gomme, dans lequel on met un peu de sanguine, afin de pouvoir graver de nouveau sur la partie effacée.

« La gravure étant terminée, l'imprimeur verse dessus de l'huile de lin qu'il étend partout avec un chiffon. Après avoir laissé séjourner l'huile pendant un quart-d'heure, il essuie la pierre et la noircit en totalité avec une brosse garnie d'encre d'impression ordinaire, délayée avec de l'essence de térébenthine et un peu de gomme. Il met ensuite la pierre dans l'eau ; alors les parties non gravées s'imbibent de ce liquide ; la gomme, interposée entre la pierre et l'encre, emporte celle-ci en se dissolvant, et il ne reste d'encre que dans les tailles où la pierre étant découverte par la gravure, rien ne s'oppose à ce qu'elle y pénètre, et, y trouvant le gras de l'huile de lin, elle s'y fixe chimiquement.

« Les retouches sur des pierre déjà encrées ou même qui ont été tirées, demandent beaucoup de précautions. Les parties que l'on veut supprimer doivent être grattées légèrement, ou la profondeur des tailles diminuée avec de la pierre-ponce en poudre sur un chiffon ; mais avant de faire cette opération, on doit d'abord encrer toute la pierre avec une encre d'impression particulière, *dite encre grasse* ou de *conservation*, afin que les parties qui environnent l'endroit à retoucher puissent résister à l'acide.

« On acidule ensuite toute la partie qui a été grattée, avec un mélange d'eau, d'acide phosphorique et de gomme. Il est utile de colorer cette composition avec de la sanguine, afin de distinguer les nouveaux traits en les regravant, et, à cause de sa transparence, de pouvoir les faire se rapporter à l'ancien travail conservé.

« Pour l'impression de la gravure sur pierre, nous avons déjà dit qu'on se servait de brosses ; ces brosses doivent être douces et molles, afin de ne pas rayer la pierre et de n'en pas fatiguer les tailles. L'encre d'impression adhère dans les tailles, non-seulement par le principe chimique, base de la lithographie, puisque ces tailles ont été graissées par l'huile de lin qui y a séjourné, mais, de plus, elle y adhère mécaniquement, comme sur les planches en taille douce. En essuyant la pierre, quand elle est encrée, avec un tampon de drap, on ne frotte qu'au niveau de sa surface, et on passe par-dessus l'encre d'impression qui garnit le fond des tailles. La double cause d'adhérence de l'encre à la pierre, empêchant qu'aucuns traits, même les plus déliés, ne puissent disparaître, donne lieu à une parfaite identité dans les épreuves, et rend l'impression des pierres gravées, l'une des plus faciles en lithographie.

La *Flore du Brésil*, ouvrage composé de 1,800 planches, gravées sur pierre et tirées chacune à 3,000 exemplaires, a été imprimée dans nos ateliers dans l'espace de trois ans : nous nous sommes servis d'ouvriers pour la plupart entièrement étrangers à la lithographie, surtout à la gravure sur pierre, et cependant il ne leur a fallu que peu de temps pour devenir de bons imprimeurs.

« Un fait remarquable dans l'impression de cet ouvrage, c'est que les pierres du titre général et des titres particuliers de chaque livraison, toutes très-chargées d'ornements et d'un travail très-fin, ont fourni chacune 40 à 50,000 épreuves, et que, jusqu'à la dernière, elles ont présenté la même perfection et une complète identité, résultat qu'on ne pourrait obtenir par aucun autre procédé. »

OLIVIER DE ROISSY,
Imprimeur-lithographe, rue Richer, 7.

Nous avons vu imprimer plusieurs des planches de l'ouvrage, la Flore du Brésil, notamment celles des titres, dont parle M. de Roissy, et ce, par deux de nos élèves, Buffet et d'Harlingue, qui sont aujourd'hui de bons imprimeurs lithographes ; et nous pouvons affirmer, qu'en effet, les dernières épreuves étaient aussi belles que les premières.

Nous observerons cependant, relativement à l'emploi de la brosse pour l'encrage, que ce moyen demande une longue habitude de la part de l'ouvrier, qui n'arrive pas facilement à tirer des épreuves pures, tandis que l'encrage par le tampon de flanelle, terminé par le passage du rouleau, ou celui opéré par ce dernier instrument seul, en le choisissant un peu mou et garni de plusieurs flanelles, est bien plus simple, et par cette raison, nous semble préférable, lorsque le genre du travail le rend suffisant [1].

---

[1] Le rouleau peut suffire à l'encrage lorsque le dessin est exécuté avec une pointe sèche, et qu'il n'existe pas de traits larges ou profonds.

ART. V.

De l'aqua-tinte lithographique.

La première idée de l'aqua-tinte est due à l'estimable auteur de la lithographie ; mais ses procédés avaient bien plus de rapports avec l'aqua-tinte gravée, que l'invention nouvelle que nous allons faire connaître, et ne remplissaient pas aussi parfaitement le but proposé.

En 1819, M. Engelmann avait déjà découvert le moyen d'imiter en partie ce genre de gravure ; il donna à son procédé le nom d'*aqua-tinte* ou *lavis lithographique*, ce lavis fut bientôt imité par d'autres artistes, et l'usage s'en répandit rapidement ; on s'en lassa peu de temps après, et, ainsi que nous l'avons dit dans l'article III de ce chapitre, si l'usage du tampon est peu fréquent maintenant, il faut en attribuer la cause à la multiplicité des opérations qu'il exige, aux accidents qu'il peut occasionner, et plus encore à la médiocrité des avantages qu'il présente, avantages parmi lesquels il n'est vraiment permis de compter que l'économie du temps, puisque les épreuves ont toujours quelques degrés d'imperfection. Ces considérations, et la nécessité de donner à la lithographie un genre qui approchât de l'aqua-tinte gravée, inimitable au crayon, firent faire des recherches à toutes les personnes qui s'occupent d'améliorations lithographiques, notamment à quelques imprimeurs lithographes, qui réunissent aux avantages d'une bonne éducation l'expérience des opérations de tous les jours, et sont plus à même que d'autres d'apporter les perfectionnements sans nombre que les heureux résultats de la lithographie, jusqu'à présent, donnent droit d'espérer.

M. Knecht, notre ami, qui depuis un grand nombre d'années dirigeait l'imprimerie lithographique connue à Paris sous le nom de Senefelder et compagnie, et qui depuis est devenu propriétaire de cet établissement, est le premier qui ait découvert le moyen d'imiter l'aqua-tinte ; et comme les specimen qu'il a fournis dans un petit ouvrage qu'il a publié, et dont l'édition est épuisée, nous ont paru atteindre le but, autant que cela est possible à des premiers essais, nous croyons être utile à nos lecteurs en publiant ici tous les détails relatifs à cet ingénieux procédé.

Cette découverte est trop récente, et l'usage en est encore trop peu répandu, pour que quelques perfectionnements aient été possibles [1]. Ainsi nous nous contenterons de suivre l'inventeur lui-

---

[1] Nous ne connaissons rien de supérieur aux essais faits par M. Knecht, même depuis les expériences de M. Tudot.

même dans les indications qu'il donne à ce sujet. Son ouvrage offre :

1° La manière d'obtenir les teintes plates de différentes valeurs ;

2° De faire l'esquisse au pinceau en plusieurs tons ;

3° Celle d'obtenir un effet de clair sur un fond obscur naturel ;

4° Celle d'obtenir un effet obscur sur un fond clair naturel ;

5° Celle de faire un effet en clair sur un fond obscur, découpé sur un autre fond ;

6° Celle de faire un effet obscur sur un fond obscur ;

7° Celle d'augmenter ou de diminuer à volonté l'effet d'un dessin, soit en clair, soit en obscur.

§ Ier.

Des teintes plates.

Pour faire rapidement des teintes, le tampon est sans doute le meilleur moyen, en ce qu'il produit un grain plus serré et plus égal, que l'on ne pourrait obtenir qu'avec beaucoup de peine de toute autre manière. Nous avons trouvé que les tampons composés de gélatine sont préférables à ceux que l'on fait avec de la peau ; il est urgent cependant de les préserver de l'humidité.

On frotte l'encre à lavis sur une palette de marbre ou de verre dépoli, comme pour les dessins au tampon, en y mêlant une goutte d'essence de lavande, et on la broie encore davantage par le tampon, jusqu'à ce qu'elle forme un velours très-uni sur le marbre.

Il faut avoir soin d'en garnir le tampon également ; ce qui se fait bien en le tournant pour que l'encre se divise aux extrémités.

On frappe alors la pierre destinée au dessin, perpendiculairement, à petits coups redoublés, jusqu'à ce que l'on ait obtenu la teinte que l'on désire.

Il est bon de renouveler souvent l'encre sur le tampon, de ne jamais se servir de celle de la veille, et d'essayer, chaque fois que l'on aura rechargé, le tampon sur une petite pierre, afin d'examiner si la teinte est convenable.

Nous recommandons aux dessinateurs de se faire une échelle des différentes teintes avec de l'encre de la Chine, et de s'en servir comme modèle, pour celles que l'on donne avec le tampon.

§ II.

De la couverte.

Passons maintenant au moyen qu'il faut employer pour empêcher la pierre d'être attaquée par les corps gras, qui se trouvent sur le tampon. Les endroits que l'on veut conserver blancs, ainsi que ceux que l'on aura déjà assez teintés, doivent être préservés par une matière opposante à l'encre de lavis. Il n'y a rien de meilleur que la gomme arabique dissoute dans l'eau, et colorée par du vermillon ou toute autre couleur différente de celle de la pierre, pour reconnaître facilement les endroits où on l'aura employée.

Nous nommerons *couverte* cette mixtion de gomme et de couleur.

Rien n'est si simple que de réserver des clairs, puisqu'il ne s'agit que de peindre les endroits que l'on veut réserver avec cette couverte ; et lorsqu'elle est bien sèche, on tamponne le reste, ensuite on lave la pierre avec de l'eau propre et une éponge fine : elle doit se trouver intacte partout où la couverte a été mise.

Quand on a donné par le tampon la première teinte, on passe la couverte aux endroits où on veut conserver cette première teinte. Après l'avoir laissée suffisamment sécher, on tamponne le reste pour obtenir la seconde ; on couvre une partie, on tamponne le reste, pour avoir la troisième, et ainsi de suite pour les autres.

Il est nécessaire d'observer que l'on fait rarement plus que quatre ou cinq teintes ; que la couverte doit être mise assez épaisse pour que le tampon ne puisse l'enlever ni la traverser ; enfin, on doit la laisser sécher parfaitement avant de tamponner.

§ III.

Des ombres au pinceau.

Pour obtenir des ombres, il faut opérer tout différemment. Si, par exemple, on ne voulait qu'un seul trait au pinceau, on sent bien qu'il serait extrêmement difficile, pour ne pas dire impossible, de passer la couverte sur toute la pierre, en exceptant ce trait.

On emploie donc le moyen suivant :

On délaie une couleur quelconque (la meilleure est un mélange de noir de fumée, de blanc de céruse, avec un peu d'essence de térébenthine), en y ajoutant autant de térébenthine de Venise qu'il en faut pour lui donner la consistance d'une huile épaisse ; on peindra avec cette couleur tout ce que l'on voudra teinter. La surabondance d'essence rend cette mixtion trop coulante, elle devient impraticable sans la quantité nécessaire ; il est donc convenable d'avoir de l'essence dans un petit vase, et d'y tremper de temps en temps le pinceau pour ramollir le mélange indiqué.

Nous recommandons d'observer que chaque trait que le pinceau donne sur la pierre soit bien noir et épais. Aussitôt que les traits sont secs, on passe indistinctement la couverte sur toute la pierre ; elle s'y fixe partout, à l'exception des endroits peints.

Lorsque la couverte est suffisamment sèche, on verse sur la pierre quelques gouttes d'essence pure ; elle se répand sur toutes les parties peintes en noir ; on les frotte avec un putois jusqu'à ce que tout le noir soit enlevé ; ensuite on essuie avec un linge fin, propre et sec, jusqu'à ce que la couleur noire soit entièrement disparue. On laisse évaporer l'essence dont la pierre est imbibée, ce qui se reconnaît à la teinte naturelle que la pierre doit reprendre.

De cette manière, la pierre se trouve à nu dans tous les endroits qui ont été peints ; on leur donne alors avec le tampon la teinte que l'on veut, en opérant comme nous l'avons dit dans le § II.

Nous appellerons cette composition *couleur résineuse*. Elle peint la pierre sans s'attacher ; et puisque la couverte n'est adhérente que sur les endroits où la pierre se trouve à nu, l'essence de térébenthine détruit la couleur résineuse, et l'enlève avec les parties de couverte qui se trouvent dessus.

En tamponnant, l'encre à lavis pénètre et se fixe sur la pierre, l'eau enlève la gomme ; de sorte que par cette combinaison on obtient tous les travaux et toutes les teintes que l'on a d'abord peintes au pinceau.

§ IV.

De l'effet en clair sur un fond obscur.

On commence par peindre les contours, les coups de force, avec la couleur résineuse ; ensuite on entoure la vignette avec de la couverte. Après avoir également réservé les grands clairs, on ôte la couleur résineuse, et on donne par le tampon les teintes convenables, en forçant toujours de plus en plus le fond ; on enlève la couverte avec de l'eau, et la planche est achevée.

§ V.

De l'effet obscur sur un fond clair.

On peint tout ce qui se découpe en ombre, avec de la couleur résineuse ; on pose la couverte indistinctement sur la planche, on enlève ensuite la couleur résineuse avec de l'essence, et on commence à donner la première teinte avec le tampon ; on la couvre, et, en suivant cette marche, on arrive jusqu'au plus foncé. Après avoir enlevé la couverte, on donne les fermetés et les coups de force avec un pinceau et de l'encre à lavis, délayée avec un peu d'essence de lavande. On observe ici que le dessinateur ferait bien d'exécuter deux ou trois planches à la fois, car il est indispensable de bien laisser sécher la couverte, ainsi que la couleur résineuse. Comme cela occasionne toujours une perte de temps, on peut s'occuper d'une seconde planche, tandis que la première sèche.

9.

§ VI.

De l'effet obscur sur un fond obscur.

L'opération est pareille aux précédentes pour le commencement ; mais elle change ensuite. Quand le dessin est terminé, on passe la couverte, qu'on a soin de laisser sécher ; ensuite on verse de l'esprit-de-vin sur un peu de coton, et on cherche à enlever la couleur résineuse. On doit nettoyer avec du coton sec, et renouveler deux à trois fois l'esprit-de-vin, car les parties aqueuses qu'il contient pourraient endommager la couverte, et on serait obligé de la racommoder avant de tamponner.

On conçoit facilement que ce procédé offre un champ vaste aux dessinateurs ; ils peuvent par ce moyen changer à volonté leurs dessins, pour diminuer la force d'une partie. On frappe fort avec un tampon dur et sans encre, alors on enlève presque tout ce qu'on y avait mis auparavant. La couleur résineuse emporte bien une partie des premières teintes ; mais il reste toujours un corps gras sur la pierre, qui n'est enlevé que par l'acidulation que la planche doit subir.

§ VII.

De la manière de reteinter ou donner une nouvelle teinte au dessin.

Quand un dessin est achevé, et que l'on veut y repasser une teinte, soit en général, soit en partie, on couvre les endroits que l'on veut réserver, et on passe le tampon sur le reste.

Composition de l'encre pour l'aqua-tinte.

Cire vierge.	1 partie.	
Savon blanc.	1	»
Huile de lin.	1	»
Gomme laque.	2	»
Noir de fumée.	2	»

Composition de la couverte.

Dissolution de gomme arabique dans de l'eau fortement teinté de vermillon.

Autre composition.

Argent en coquille, délayé avec de la gomme arabique et de l'eau. Cette composition sert pour réserver les teintes données ; elle est plus visible, et couvre mieux que le vermillon.

Objets nécessaires pour l'exécution.

1° Un petit flacon d'essence de térébenthine distillée ;
2° *Idem* d'esprit de vin ;
3° *Idem* de térébenthine de Venise ;
4° *Idem* d'essence de lavande ;
5° Une petite boîte de noir de fumée ;
6° *Idem* de blanc de céruse ;
7° Des pinceaux de différentes espèces ;
8° Des tampons en peau fine ou en gélatine.

ART. VI.

De la lithographie en couleur.

On est parvenu, depuis longtemps, à donner des épreuves coloriées en employant autant de pierres lithographiques qu'il y a de
teintes différentes ; M. de Lasteyrie est le premier qui en ait eu
l'idée ; dès l'année 1818, les essais qu'il fit furent satisfaisants et
semblaient faire pressentir qu'on arriverait facilement à entrer en
concurrence avec l'impression en taille-douce de ce genre, aussitôt
qu'on aurait découvert le moyen de tirer des épreuves avec une
seule pierre, en distribuant localement les couleurs.

Depuis cette époque, bien des essais ont été faits ; un prix a été
proposé par la Société d'encouragement pour ce perfectionnement,
mais les résultats présentés au concours de 1832 ne remplissaient
pas à beaucoup près, le but indiqué. Ce procédé nouveau consiste à
appliquer des couleurs à l'huile mêlées avec du vernis et un peu
d'essence de citron, et à tirer une épreuve par la pression ordinaire,
puis à charger de nouveau, pour obtenir une autre épreuve, ainsi
de suite. L'application de ces couleurs peut être faite en employant
pour chacune d'elle un petit rouleau à poignée perpendiculaire,
monté comme une roulette, ou des petits pinceaux coupés.

On doit préalablement couvrir toute la partie dessinée d'une légère couche de vernis d'encrage absolument incolore, avec un rouleau spécialement destiné à cet usage.

Les épreuves tirées de cette manière sont imparfaites et ne peuvent servir qu'au moyen de retouches, malgré le soin qu'on apporte
à l'encrage, qui ne saurait avoir lieu rapidement.

ART. VII.

Des instruments et outils nécessaires au dessinateur litho-graphe.

§ Ier.

Des plumes en acier.

Un des instruments les plus utiles au dessinateur lithographe est, sans contredit, la plume en acier qui sert à écrire et à dessiner sur la pierre.

Quelque simple que soit au fond la manière de confectionner ces plumes, elle exige cependant beaucoup d'attention et d'a-dresse.

C'est de la bonté de la taille que dépend en grande partie la beauté des écritures ou des dessins que l'on exécute de cette manière ; le plus habile artiste ne peut, à l'aide d'encre chimique, rien produire d'achevé, si sa plume n'est pas bien taillée et à sa main.

Il est donc urgent d'apprendre à confectionner et tailler ces plu-mes soi-même, parce qu'indépendamment de la grande dépense que leur achat occasionnerait en les prenant toutes faites, on risquerait souvent à perdre son argent, car il est si difficile d'en trouver de propres à son usage de cette manière, que cela n'arrive presque ja-mais, malgré que ce soit ordinairement des lithographes qui s'oc-cupent de leur fabrication.

On peut cependant se servir pour les travaux d'une exécution grossière, des plumes métalliques qui se trouvent dans les princi-paux magasins de papeterie ; mais il serait impossible d'en faire usage pour les écritures et les dessins d'une finesse ordinaire, à plus forte raison pour les choses extrêmement délicates.

On confectionne les plumes spécialement destinées à la lithogra-phie, de la manière suivante :

On prend un ressort de montre d'une largeur d'une ligne et demie à deux lignes environ ; on en enlève la graisse en le frottant à l'aide d'un peu de sablon ou d'un morceau de pierre-ponce tendre, en-suite on le pose dans un vase plat de verre, de faïence ou de porce-laine ; on verse dessus de l'eau forte coupée avec une égale partie d'eau de fontaine, le tout en suffisante quantité pour couvrir entiè-rement le ressort ; l'acide commence aussitôt à agir, et on le laisse mordre ainsi, jusqu'à ce que ce ressort ait perdu au moins les trois quarts de son épaisseur, et soit devenu aussi souple qu'une bande semblable de papier à écrire de moyenne qualité.

Pendant l'action du corrosif, on doit de temps en temps retirer le ressort et le sécher en l'essuyant, soit avec du papier brouillard, soit avec un linge fin, propre et serré ; ce qui sert à rendre l'action du corrosif plus violente et plus uniforme.

Lorsque le ressort n'a plus que l'épaisseur convenable, on le retire de l'eau forte ; on l'essuie fortement pour en retirer totalement l'acide ; enfin, on le ponce à sec jusqu'à ce qu'il soit propre et brillant ; on le coupe ensuite en morceaux de dix-huit à vingt lignes de longueur.

Il est nécessaire de prendre chacun de ces morceaux séparément pour leur donner une forme demi-circulaire, en sorte qu'ils ressemblent assez au tube d'une plume ordinaire qui serait pourfendue, en deux parties égales dans toute sa longueur, ou, si l'on veut, à une petite rigole métallique.

Pour parvenir à leur donner cette forme, on se sert d'un petit marteau d'horloger, dont la panne est plate, quoiqu'ayant le tranchant soigneusement arrondi de manière à ne pouvoir couper.

On pose un morceau de ressort sur une bande de carton de pâte, qui elle-même est supportée par une pierre lithographique polie, et on parvient à donner cette forme creuse à l'acier détrempé en frappant dessus par petits coups donnés lentement et d'aplomb, avec la panne du marteau, successivement sur toute la longueur du morceau de ressort.

Lorsque le ressort est ainsi façonné, on prend une paire de petits ciseaux d'acier fondu, ayant les deux pointes également fines, et on commence la taille de la plume ainsi qu'il suit :

On fait une fente droite d'environ une ligne de longueur, au centre d'une des extrémités du morceau d'acier ; ensuite on coupe avec précaution une partie des côtés de chacun de ces becs formés par la fente, afin de leur donner l'aspect et la figure d'une plume taillée pour une écriture excessivement fine.

Pendant cette opération de la coupe de la plume, il arrive souvent qu'en rétrécissant les becs, ils se recourbent ; il faut alors les redresser soigneusement au moyen du marteau et de l'enclume composée de la bande de carton et d'une pierre polie.

Le plus difficile de tout ce qui précède est de tailler les deux becs d'une égale finesse et d'une longueur parfaitement semblable, et de faire la fente sans empêcher les becs de se toucher à leur extrémité inférieure, sans cependant les faire chevaucher l'un sur l'autre, ce qui serait un inconvénient très-grave.

Une plume bien taillée doit avoir ses deux pointes très-égales, se toucher entièrement vers le bout ; ses extrémités inférieures doivent poser en même temps sur la pierre, en suivant l'inclinaison naturelle de la main ; on peut parvenir à ce résultat au moyen des soins apportés à la coupe, qui seule peut y conduire ; néanmoins on peut se faciliter l'opération en employant en dernier lieu, si besoin est, la pierre dite du Levant, que nous avons indiquée.

§ II.

Des pinceaux.

Ainsi que nous l'avons dit, les pinceaux de martre brune, que l'on emploie pour peindre la miniature, sont bons pour la lithographie; la seule difficulté existe dans le choix qu'il en faut faire, et nous allons donner, autant qu'il nous sera possible, les moyens sûrs d'y parvenir.

Pour être convenable à cet usage, un pinceau doit être très-mince, former une seule pointe fine, ce qu'on reconnaît en mouillant les poils dans sa bouche, en les réunissant et en appliquant l'extrémité du pinceau sur un de ses ongles, sans appuyer fortement; de cette manière, si les poils ne se séparent point pour former deux becs, il est bien certain que le pinceau est bon.

§ III.

Des pointes.

Elles servent à exécuter le genre de travail connu sous les noms de pointe sèche, gratté ou gravure sur pierre.

Ces pointes doivent être, autant que possible, d'un acier fin, trempé un peu sec, comme celui des burins à graver sur cuivre; il est indispensable d'avoir des pointes de différentes formes pour exécuter tous les genres de taille, et donner à ses traits la largeur nécessaire; celles dont on se sert habituellement sont pointues comme des aiguilles, aplaties par le bas, et aiguisées en biseau double ou simple; enfin, on varie leur forme suivant le besoin [1].

§ IV.

Machine à dessiner ou pantographe.

Pour transporter exactement et en sens inverse les dessins sur la pierre, ce qu'il faut quelquefois absolument, surtout pour les plans et les cartes géographiques, on se sert d'un pantographe, en ayant soin que la pierre soit renversée et assurée dans sa hauteur.

La pointe qui dessine est alors tout-à-fait en sens inverse de celle dont on se sert à la main, et en copiant par le bas les lignes de l'original, il se forme en haut de la pierre une copie fidèle mais opposée et en sens inverse.

M. le comte de Lasteyrie, notre ancien patron, est propriétaire

---

[1] Voyez, à la fin du volume, le prix courant du fabricant Bancelin.

d'une excellente machine de ce genre, mais bien perfectionnée par un habile mécanicien bavarois. M. de Lasteyrie n'en fait aucun usage à présent, et elle deviendrait une précieuse acquisition pour un artiste, et même pour le dépôt de la Guerre, où on exécute un nombre infini de cartes.

ART. VIII.

De l'imitation de la gravure sur bois.

On choisit une pierre dure, sans tache, bien polie ; on la couvre à l'exception des marges que l'on a soin de déterminer d'avance, en traçant un cadre au tire-ligne, d'une couche égale d'encre lithographique peu épaisse, mais assez noire pour donner à la surface de la pierre une teinte uniforme. On décalque son dessin sur cette couche, au moyen d'un crayon rouge connu sous le nom de sanguine, dont on se sert encore en cette occasion pour arrêter l'esquisse de son dessin, que l'on termine en enlevant les traits et les tailles au moyen des burins, des pointes et des grattoirs dont les graveurs se servent habituellement, en sorte que le dessin se détache en blanc sur un fond noir, lors du tirage des épreuves. Pour produire ce résultat, on doit entamer légèrement sa pierre, comme nous l'avons dit pour le travail à la pointe sèche, de manière à ce qu'elle soit mise à nu, et qu'il ne reste dans les traits, aucune trace de la couche d'encre.

Lorsque le dessin est terminé, on procède à son acidulation en étendant, sur toute la pierre, une mixtion semblable à celle indiquée à la fin du chapitre IX, à laquelle il convient d'ajouter de l'eau de fontaine dans la proportion d'un tiers.

Nous avons exécuté, par ce moyen, un grand nombre de jolis dessins. Les arabesques, les vignettes, l'ornement et les différents titres et frontispices en caractères d'écriture peuvent être exécutés avec succès par ce procédé.

Nos premiers effets en ce genre ont été deux vignettes imitant la gravure anglaise sur bois, destinées à servir d'enveloppes à des épingles noires fabriquées en France. Ces deux vignettes ont donné un tirage de plus de 50,000 épreuves, sans que les planches aient éprouvé la moindre altération.

On peut exécuter ce travail par un autre procédé, qui consiste à former les traits du dessin, au moyen d'une couleur gommée et foncée, mais du genre de celles que l'on nomme transparentes ; l'encre de la Chine peut être employée avec succès. Les couleurs qui ont du corps sont susceptibles de s'imprégner d'huile. Lorsque le dessin est sec, on couvre les parties qui doivent former le fond, avec de l'huile de lin qu'on laisse pendant 6 à 8 minutes, afin qu'elle pénètre bien la pierre ; on frotte ensuite avec un linge pour enlever l'huile qui pourrait se trouver en trop sur la surface ; on verse de l'eau sur la pierre ; on enlève les traits du dessin. On prépare la pierre à l'eau forte, et on fait le tirage.

Ainsi tous les traits du dessin restent blancs sur un fond noir. On peut faire de cette manière toutes sortes de dessins, ornements, attributs, écritures, écussons, en blanc sur un fond noir, ou de couleur quelconque.

ART. IX.

Dessin estompé ou croquis lithographique.

Cette manière de dessiner a été mise en usage vers 1829 : MM. Devéria et Marlet sont les premiers artistes français qui en aient fait usage, et M. Motte, imprimeur lithographe à Paris, ainsi que M. Jobard, de Bruxelles, en ont eu la première idée.

Ce procédé consiste à esquisser et masser un dessin au crayon sur une pierre grainée ; quand on a fini, on prend un morceau de flanelle neuve, que l'on ploie plusieurs fois pour en faire une espèce de petit tampon, au moyen duquel on frotte toute la surface couverte de crayon, de manière à porter le crayon sur les sommités du grain de la pierre, et jusqu'à ce qu'on ait obtenu une teinte égale et harmonisée.

Ensuite on termine son dessin en modelant avec le crayon, en enlevant les blancs vifs qui rendent les effets de lumière, au moyen d'un grattoir, en attaquant franchement la pierre ; puis on donne, avec le pinceau, les touches d'encre qui doivent former les effets vigoureux ou déterminer les contours fortement sentis.

Il est bon d'employer pour ce travail un crayon gras semblable à celui de la composition n° **1.**

Cette manière est assez ingénieuse, mais les dessins qu'on exécute ainsi sont ordinairement mous, sans effet, et ressemblent assez à une planche usée, ayant fourni un nombre infini d'épreuves. Nous doutons, en conséquence, que l'on en tire jamais un grand parti, malgré l'économie de temps et l'extrême facilité qu'elle présente.

ART. X.

LITHOGRAPHIE ET TYPOGRAPHIE RÉUNIES.

Extrait du 330ᵉ Bulletin de la Société d'encouragement.

« C'est à la confection d'un vernis facile à préparer et peu coûteux, qui s'applique avec facilité sur le dessin lithographique et qui adhère tellement à la pierre, qu'il peut supporter l'action d'un acide assez fort pour la creuser profondément, sans qu'il s'en détache, même dans les plus petits détails, que le concurrent a dû le succès qu'il a obtenu.

« Voici le procédé qu'il a suivi pour sa préparation : on fait fondre dans un vase neuf en terre vernissée en dedans,

Cire vierge.	2 onces.
Poix noire.	1|2 »
Poix de Bourgogne.	1|2 »

« On y ajoute peu à peu deux onces de poix grecque, ou spalt réduit en poudre fine.

« On laisse cuire le tout jusqu'à ce que le mélange soit bien fait; on retire alors le vase du feu; on le laisse un peu refroidir, et on verse la matière dans l'eau tiède, afin de la manier facilement; on en fait de petites boules que l'on dissout, au fur et à mesure du besoin, dans de l'essence de lavande, en quantité suffisante pour obtenir un vernis du degré de consistance convenable.

« Sur un dessin fait à l'encre lithographique ordinaire, ce vernis sert à encrer, après avoir acidulé et gommé comme pour l'impression; mais on peut en faire usage pour exécuter entièrement le dessin, surtout si on veut, en quelques parties, couvrir la pierre pour faire un travail en blanc avec la pointe.

« Ce vernis s'emploie plus facilement au pinceau qu'à la plume; on doit chercher le degré de consistance où il ne coule que convenablement.

« Par l'un ou l'autre de ces moyens, quand le dessin est terminé, on borde la pierre avec de la cire, comme pour une eau forte, et on verse dessus de l'eau, à la hauteur de quelques lignes, puis de l'acide nitrique étendu d'eau, en quantité suffisante pour que l'action ne soit pas trop vive. Au bout de cinq minutes, la liqueur ayant été retirée et la pierre lavée, on la laisse sécher et on passe sur le dessin un rouleau imprégné de vernis. Pour en appliquer une nouvelle couche, on se sert de ce rouleau comme à la manière ordinaire; quand les traits du dessin sont bien garnis, et après que la pierre a été bordée de nouveau, on acidule une seconde fois pendant trois à quatre minutes, on lave comme la première fois.

« Par cette seconde application, le vernis qui adhère fortement aux traits, forme un relief assez considérable pour que l'on puisse tirer des épreuves à sec.

« Ainsi on peut dessiner sur la pierre une carte géographique ou tout autre objet; tracer des lettres sur papier autographique et faire le report sur pierre, puis donner ensuite aux traits une saillie qui permettra de mouler le tout et de le clicher avec la plus grande facilité.

« On ne peut pas obtenir par ce procédé des dessins aussi déliés, aussi fins que sur le bois; mais on peut également imprimer à sec, sans mouiller la pierre, et si on ne veut pas clicher, on n'a pas besoin d'aciduler aussi long-temps ni de creuser beaucoup.

Lithographie. 10

« Nous observerons que cette manière n'est pas nouvelle, car Aloys Senefelder s'est servi d'un moyen semblable pour dessiner et imprimer de la musique, avant que d'avoir inventé la lithographie proprement dite.

CHAPITRE IX.

De l'Acidulation des pierres dessinées.

ARTICLE PREMIER.

De cette préparation en général.

La préparation aux acides est de toutes les opérations lithographiques celle qui a le plus d'importance, et à laquelle on donnait originairement le moins de soins.

Tous les essais faits jusqu'à ce jour ont suffisamment prouvé que l'acide nitrique est préférable à tous les autres, sans en excepter l'acide muriatique, dont se servent encore quelques imprimeurs lithographes.

Le vinaigre, les acides de tartre de pommes et d'oseille pourraient au besoin servir à l'acidulation des planches lithographiées, mais le bon marché a fait jusqu'à présent donner la préférence à l'acide de salpêtre ou eau forte, proprement dite, et à l'acide muriatique.

Ce dernier a la propriété de ménager davantage les demi-teintes ; mais il attaque la pierre moins franchement que l'acide nitrique, auquel on a toujours la faculté d'ôter de sa force en augmentant la quantité d'eau, et en la réduisant, au besoin, à un degré au-dessus de zéro.

L'acide sulfurique, l'huile de vitriol étendus d'une grande partie d'eau peuvent également atteindre le but de cette opération, si toutefois une action faible est suffisante, car autrement, pour des effets plus forts, ces acides ont la propriété de changer la pierre calcaire en plâtre, en dissolvant sa superficie.

Ils ne pénètrent pas dans la pierre d'une manière égale, ils l'attaquent çà et là, suivant qu'elle contient plus ou moins de parties tendres, en bouillonnant avec force pendant quelques minutes, en sorte que l'on serait tenté de croire ensuite, à leur état passif, qu'ils ont cessé d'agir, tandis au contraire que leurs ravages continuent, ce dont on peut facilement acquérir la certitude en versant cette même préparation sur une portion de pierre qui n'en aurait pas encore été couverte, car alors le bouillonnement recommence avec autant de force que la première fois qu'on en a fait usage.

La gomme peut, en certain cas, être considérée comme un moyen de préparation, et pendant les chaleurs de l'été, il faut surtout éviter d'en laisser aigrir la dissolution quand elle doit servir à couvrir la surface d'une pierre dessinée sitôt après l'acidulation terminée, car autrement on risquerait de donner au dessin une préparation beaucoup trop forte, puisque la gomme, dans cet état, devient un acide assez actif pour préparer les demi-teintes, sans le concours ou l'addition de l'acide nitrique ou tout autre.

La gomme a une autre destination en lithographie ; dissoute dans l'eau elle devient un vernis conservateur, elle empêche l'action des émanations aériformes, la poussière, les corps gras qui peuvent accidentellement se trouver en contact, d'agir sur les substances qui composent le tracé ou dessin lithographique ; elle retarde par là leur prompte dessiccation et ne permet pas leur avarie ; en un mot, la gomme est, dans cet art, un auxiliaire extrêmement utile, que l'on ne pourrait remplacer, avec peut-être moins d'avantages, que par le suc d'ognons conservés dans l'eau-de-vie, pour en éviter la corruption, usage qui, dit-on, est répandu en Allemagne.

La gomme arabique doit nécessairement présenter de l'économie, outre que son emploi n'exige aucune préparation difficile ou embarrassante.

Lorsqu'on emploie l'acide muriatique pour l'acidulation lithographique (cet acide est maintenant connu sous la dénomination d'acide hydrochlorique), il faut le choisir pur ; dans ce cas, il doit être incolore ; celui du commerce qui est jaune, ne l'est pas, il est sali par des substances étrangères ; on peut reconnaître si cet acide contient de l'huile de vitriol, en en versant une goutte dans un verre d'eau contenant un peu de muriate de baryte ; si cette eau devient louche ou laiteuse, c'est une preuve de la présence d'une partie d'acide sulfurique.

L'acide nitrique doit aussi être incolore et pur ; il serait bon de constater la force réelle de ces acides avant que d'en faire usage.

L'acidulation a pour but : 1° de décaper la pierre en enlevant les parties graisseuses imperceptibles, qui pourraient l'empêcher de se mouiller partout où le dessin n'existe pas ;

2° De dégager les interstices du grain ;

3° Et de rendre le crayon et l'encre insolubles à l'eau, en leur enlevant par l'acide l'alcali qu'ils contiennent.

On emploie cette préparation pour les dessins au crayon, à la force de deux degrés au-dessus de zéro.

Pour les dessins à l'encre et les écritures, à celle de trois degrés, en se réglant toutefois sur la qualité de la pierre qui, lorsqu'elle est dure, peut supporter une acidulation plus forte que lorsqu'elle est tendre. Le genre du dessin doit également guider; un dessin peu couvert, ou fait mollement, exige une préparation plus légère que le dessin vigoureux fait avec franchise et fermeté, pour ainsi dire d'un seul coup.

Il est aussi essentiel que l'imprimeur connaisse la qualité du crayon qui a servi à dessiner; en sorte que l'artiste doit, autant que possible, employer de préférence celui de l'imprimeur chargé du tirage de ses dessins.

Au surplus, pour ne laisser aucun doute sur la force de la préparation, qui doit avoir une légère saveur de jus de citron, on peut se servir du pèse-sels et acides ordinaire.

Lorsqu'il s'agit de préparer un dessin précieux, dont les demi-teintes sont légères, on peut ajouter, dans un demi-litre d'eau acidulée à trois degrés un demi-litre d'une dissolution de gomme arabique; on opère le mélange de ces deux mixtions en les agitant ensemble.

Dans ce cas on pourrait trouver de grands avantages à employer pour les préparations, l'eau distillée au lieu de l'eau ordinaire, sa grande pureté donne plus de facilité pour arriver à un terme égal, nécessaire à ces mixtions acidulées.

ART. II.

De la manière d'aciduler les pierres dessinées, par mixtion.

Pour aciduler une pierre, on la place sur la table (*pl.* II, *fig.* 1), en élevant l'éxtrémité de cette pierre du côté droit de la personne qui prépare, au moyen d'un tasseau de quatre à cinq pouces carrés, afin de faciliter ainsi l'écoulement de l'eau acidulée, en empêchant son séjour sur une ou plusieurs parties du dessin.

La pierre ainsi disposée, on verse par-dessus la préparation acidulée, au moyen d'un pot à eau, en ayant soin de la submerger entièrement; on laisse à cette eau seconde le temps d'agir, sans laisser sécher; on continue cette opération jusqu'à ce que l'eau jetée sur la pierre s'étende également en nappe, et sans dérivation.

L'acidulation ne doit durer qu'une ou deux minutes.

On doit toujours placer au bas les parties vigoureuses et solides des dessins; par exemple, les premiers plans d'un paysage, les costumes des portraits, parce que, comme on verse d'abord sur les parties légères, l'acide, qui coule avec rapidité, les attaque avec moins de force, au lieu qu'il s'attache au contraire aux parties vigoureuses qui se trouvent placées dans l'endroit où la pierre a moins de pente, et sur lequel l'écoulement de l'acide se fait plus lentement.

Lorsque les bords de la pierre ont été salis, soit en apposant les mains, soit en essayant le crayon ou l'encre, il faut les nettoyer avec un morceau de pierre ponce trempé dans la préparation.

Aussitôt que cette acidulation est terminée, on passe un peu d'eau pure sur toute la surface du dessin, afin de le purger entièrement de l'acide ; et quand l'eau est disparue, on met sur toute la pierre une légère dissolution de gomme arabique dans de l'eau, à laquelle on peut ajouter un vingtième de sucre candi, pour éviter que la gomme ne se gerce en séchant, et forme ainsi des taches sur le dessin.

Il faut, autant que possible, laisser sécher la gomme sur le dessin, et en remettre soigneusement sur toutes les parties d'où elle pourrait se retirer en séchant.

Dans le cas cependant où il y aurait urgence, on peut procéder au tirage une heure après la préparation.

Pour l'acidulation des dessins à l'encre et des écritures, on emploie, ainsi que nous l'avons dit, l'acide à trois degrés, en passant plusieurs fois cette préparation, dans le cas où la pierre aurait été préalablement revêtue d'une mixtion d'huile, d'eau de savon ou d'essence de térébenthine.

Pour les autographies et les écritures au pinceau, deux degrés suffisent, même avec la préparation à l'essence pure.

On aura soin de laver ces planches de la même manière que celles au crayon ; on les gommera, mais on devra les encrer avec le rouleau avant que la gomme soit sèche, sans cela le travail à l'encre prendrait moins facilement le noir d'impression.

De l'acidulation appliquée au pinceau sur la pierre.

Quelques imprimeurs lithographes continuent à aciduler les pierres suivant l'ancienne méthode que nous avons décrite dans l'article précédent, mais le plus grand nombre préfèrent avec raison la préparation appliquée au pinceau dit blaireau ; nous donnerons ici les meilleures recettes pour composer cette dernière, en terminant par la nôtre, qui peut être employée avec succès pour les dessins à l'encre et au crayon.

ART. III.

Première composition.

Vin blanc Chablis ordinaire. . . .	16 onces.
Gomme blonde du Sénégal en poudre.	6 »
Acide hydrochlorique.	5 gros.
(Ou acide nitrique.	4 »)

10.

Deuxième composition en usage à Madrid.

Eau distillée. . . . .   16 onces.
Gomme arabique.   4   »
Acide nitrique. . . . .   5 gros.

Troisième composition (chimique).

On met dans une terrine propre trois livres d'acide hydrochlorique pur ; on y ajoute un peu de poudre de marbre blanc pour sa-
turer l'acide, lorsque la saturation est opérée et qu'il y a un excès
de marbre ; on filtre le produit résultant de la combinaison de l'a-
cide hydrochlorique avec l'oxide de calcium (hydrochlorate de
chaux) ; lorsque la filtration est terminée, on lave le filtre à plusieurs reprises, avec trois livres d'eau ; aussitôt que le lavage est
opéré, on fait dissoudre dans le liquide obtenu, qui contient la
solution première et les eaux du lavage, 12 onces de gomme
arabique blanche, séparée de toutes substances étrangères ; la dissolution étant opérée, on y ajoute acide hydrochlorique pur, trois
onces ; on mêle avec soin, et on met le tout dans des bouteilles
propres.

Cette acidulation s'applique au pinceau comme les deux précédentes.

Quatrième composition.

Eau clarifiée. . . . .   2 livres.
Gomme blonde en poudre tamisée.   12 onces.
Acide nitrique incolore à 36 degrés.   7 gros.
Sucre candi. . . . .   1 once.

Cette dernière composition, fort simple, est habituellement employée par nous ; on l'applique au pinceau, et on doit la laisser sécher entièrement avant que de procéder au tirage des essais.

CHAPITRE X.

De la Presse lithographique et des ustensiles qui y ont rapport.

ARTICLE PREMIER.

§ Ier.

De la presse lithographique.

Depuis l'importation de la lithographie en France, on a fait un grand nombre de presses sur différents modèles, et il ne s'est pas écoulé une année sans que quelques changements ou améliorations utiles aient été apportés dans leur construction.

La presse à levier (*Pl.* I), presse dite *à tiroir*, est la première que l'on ait mise en usage à Paris ; elle est excellente pour l'impression des écritures et des petits dessins destinés au commerce, attendu qu'elle offre plus de célérité que les autres presses ; mais elle ne donne pas une pression aussi égale, et par conséquent convient moins au tirage des ouvrages soignés.

La presse à tiroir, dite *à moulinet*, est celle dont on se sert plus généralement aujourd'hui dans les imprimeries ; la pression qu'elle donne est égale ; elle peut être augmentée de vitesse ou ralentie à volonté, suivant le genre de dessin que l'on tire.

On peut, sans trop se fatiguer, faire sur cette espèce de presse le tirage des dessins d'un grand format.

Comme jusqu'à présent on n'a pas réussi à en faire de meilleure, d'une construction plus facile et plus simple, nous en donnerons la figure en détaillant les différentes pièces qui forment l'ensemble de cette machine (*Pl.* I).

Description de la presse.

1° **Chariot** : c'est un parquet destiné à recevoir la pierre dessinée, à laquelle on fait un lit au moyen de deux ou trois cartons de pâte coupés de la longueur de l'intérieur du chariot.

2° **Pierre** posée sur les cartons.

3° **Cales** et coins en bois pour empêcher la pierre de se déranger.

4° Charnières tenant le châssis avec le chariot, et servant à le hausser et le baisser suivant l'épaisseur de la pierre.

5° Il faut qu'une presse soit garnie de deux châssis, un petit et un grand, suivant la dimension des dessins.

6° Peau de veau garnissant le châssis. Cette peau doit être égale, mince, sans parties creuses, le côté de la chair en dessus; il faut qu'elle soit fortement tendue, au moyen des vis et écrous à oreilles qui se trouvent à sa partie supérieure.

7° L'extrémité inférieure de cette peau est fixée au châssis au moyen d'une plate-bande garnie de ses boulons à écrous en fer.

8° Vis servant à hausser et baisser le châssis, et à le mettre en rapport avec les charnières.

9° Râteau : il doit être ajusté en double biseau. Chaque presse doit être garnie de dix-huit râteaux, depuis six pouces jusqu'à quinze ou vingt pouces de longueur, en augmentant de demi-pouce en demi-pouce. Les meilleurs se font en poirier choisi et de droit fil.

10° Porte-râteau.

11° Boulon garni de son écrou servant d'essieu pour prendre l'inclinaison de la presse.

12° Régulateur pour élever ou abaisser le porte-râteau suivant l'épaisseur des pierres.

13° Collier recevant le bout du porte-râteau, auquel le mouvement est donné par une charnière.

14° Traverses en bois garnies de leurs vis, points-d'arrêts servant à fixer le départ et l'arrivée du chariot.

15° Crans recevant les traverses qui règlent la course du chariot.

16° Tablette pour poser les sébiles à eau, et les éponges à gommer et dégommer la pierre.

17° Poulies où passent les cordes des contre-poids faisant revenir le chariot au point de départ.

18° Contre-poids de rappel du chariot.

19° Sangle en cuir fixée au chariot par une bride et une tringle en fer, et à l'arbre au moyen d'une plaque à crampons et à vis.

20° Arbre.

21° Taquets dans lesquels l'arbre tourne.

22° Moulinet dont on tire les branches devant soi pour faire marcher le chariot en roulant la sangle autour de l'arbre.

23° Boulon de la barre ou levier de pression.

24° Levier ou barre de pression.

25° Bride en fer qui fait monter et descendre le collier.

26° Crémaillère en fer avec sa cheville servant à augmenter et à diminuer la pression. Son extrémité inférieure est fixée après la pédale au moyen d'une cheville forée aux deux bouts, et attachée avec des vis en dessous de la pédale.

27° Pédale : elle tient aux patins de la presse par un gros boulon garni de son écrou. C'est au bout de la pédale, vers le centre de la presse, que l'ouvrier imprimeur met son pied droit pour tirer la pression.

28° Contre-poids servant à faire remonter la barre de pression.

29° Poulies de ce contre-poids.

30° Patins de la presse.

Le chariot de la presse roule sur un cylindre en bois dur ; un axe en fer est fixé au centre de chacune de ses extrémités, et porte sur un coussinet en cuivre enchâssé dans les montants intérieurs de la presse, au centre et perpendiculairement sous le râteau.

Il est essentiel que le cylindre soit bien rond, car de lui dépend l'égalité de la pression.

Pour mettre nos lecteurs à même de juger des améliorations apportées dans la construction des presses, nous donnerons également la figure d'une presse perfectionnée dite *d'engrenage* et *à manivelle*, de l'invention de M. Cloué, menuisier-mécanicien, breveté, qui depuis dix ans s'occupe de tous les moyens de perfectionner ce genre de mécanique, dont l'avantage doit consister surtout à simplifier et diminuer, autant que possible, la fatigue qu'occasionne l'impression lithographique à ceux qui se livrent à l'exercice de cette pénible profession. (Voy. *Pl.* I.)

La presse de M. Cloué est sans pédale, et, par ce moyen, les jambes de l'imprimeur sont dispensées de contribuer au travail de la pression qui se donne au moyen d'un petit levier à pompe (*fig.* A). Cette machine se compose de deux régulateurs, l'un placé au-dessous de la culasse du porte-râteau (*fig.* B) ; l'autre sous l'agrafe, qui remplace le collier (*fig.* C).

Le moulinet est remplacé par une manivelle D, que l'on tourne devant soi de gauche à droite, et par une roue d'engrenage E. L'axe de la manivelle est à pompe, de sorte qu'en le poussant sur la presse on engrène, et qu'une fois la pression faite, on peut désengréner en tirant la manivelle à soi. Le chariot se rend seul à son point de départ au moyen d'un contre-poids.

Cette presse, qui n'est point rude, donne une forte pression ; elle est excellente pour le tirage des grands dessins soignés, ainsi que pour celui des essais lors de la mise en train.

§ II.

Presse perfectionnée par Brisset, mécanicien à Paris, rue des Martyrs, 12.

DESCRIPTION :

Fig. 1, 2, 3. *Corps de la presse* formé par quatre traverses en bois, dont deux de haut (*a*), et deux de bas (*b*), soutenue par quatre pieds cintrés (*c*), placés aux angles et par deux autres pieds droits, dont l'un (*d*) est placé sur le devant et l'autre (*d*) sur le derrière de la presse vers le milieu de ces deux côtés ; le tout assemblé par d'autres traverses (*e*), à tenons, à mortaises et maintenue par sept boulons d'écartement (1).

Fig. 4. *Derrière du porte-râteau* (*f*), avec son moufle en fer (2), composé d'un écrou à oreille (3), traversée d'une tige taraudée (4), qui forme charnière (5), avec sa partie inférieure, dont l'extrémité coudée (6) s'entaille et s'adapte par trois boulons (7), sur le pied du derrière de la presse. Ce moufle, qui remplace les anciennes jumelles, permet de verser la pression à volonté, facilement et sans quitter le devant de la presse.

Fig. 5. *Régulateur* formé par la base de l'écrou, à oreille du moufle, entaillée en grainage et dans lequel un cliqueteau (8) est maintenu par un ressort (9), de manière à éviter que la pression, une fois donnée, ne se dérange, soit par le mouvement de la presse, soit pour toute autre cause.

Fig. 6. *Branche en fer* coudée (10), portant un mantonnet à sa partie inférieure, et fixée sur le devant du porte-râteau. Ce mantonnet s'agrafe, en tombant, dans la bride à charnière, en faisant céder le ressort (11) qui y est adapté, et qui la maintient toujours debout et collée contre la presse. Cette charnière à bride (12) ne dépasse pas l'épaisseur de la pierre ; elle est combinée pour ne jamais gêner l'encrage.

Fig. 7. *Jumelles en fer* placées sur le pied droit du devant de la presse, et formant coulisse, dans lesquelles monte et descend, par l'effet de la barre de pression (14) la bride à charnière (12), disposée pour agrafer le mantonnet du porte-râteau. Les jumelles, compris l'épaisseur de la barre de pression, ont une saillie de 18 lignes seulement, et celles des anciennes presses saillissaient de plus de 4 pouces du corps de la presse.

La barre de pression en fer (14) a été prolongée au-delà de son pivot et de son pied de pression également en fer, pour ajouter à son extrémité (15) un contre-poids propre à enlever la pédale et la bride à charnière pour désagrafer le mantonnet et remplacer les poulies et le contre-poids à corde.

Fig. 8. *Contre-poids* (16) non apparent à l'extérieur, ajusté au-dessous de la presse dans le but d'élever la pédale et la charnière comme celui décrit dans la figure précédente, et adopté de préférence, par suite de son établissement peu dispendieux, du poids moins lourd qu'il nécessite, et de ses résultats invariables.

Même fig. (8). *Arbre en fer* à tourillons élégis de gorge, tournant sur deux coussinets en cuivre, placés intérieurement dans deux poupées en fer (16). Au milieu de cet arbre est ajoutée une bobine (18) également en fer, sur laquelle s'enveloppe la sangle qui, lorsque la pression est faite, se déroule d'elle-même par l'effet d'un débraillement, sans imprimer au moulinet ce même mouvement de déroulement.

Fig. 9, *Détail en grand de la bobine* (19), dont l'embraillement (20) est produit par l'abaissement de la pédale qui, lorsqu'on donne la pression, force la partie inférieure du levier (21) contre un ressort (22) placé au bas du pied de la presse, et destiné à repousser le levier aussitôt la pression faite, de manière à produire le mouvement contraire, c'est-à-dire le débraillement.

Fig. 10. *Poupées en fer* (18) fixées sur chacun des pieds cintrés de la tête de la presse, et renfermant les coussinets en cuivre (23), sur lesquels tournent les tourillons de l'arbre, lesquels tourillons, par la combinaison d'un réservoir (24), placé au-dessous des coussinets, baignent continuellement dans l'huile. Les poupées remplacent avec avantage les pieds en bois des anciennes presses, qui étaient moins justes, plus dispendieux et sujets à de continuelles réparations.

Fig. 11. *Vases en cuivre* fixés au-dessus des poupées, combinés de manière à alimenter d'huile le réservoir dans lequel baignent les tourillons.

Fig. 12. *Coussinets* en fer aciéré et à réservoir (25) renfermés dans une boîte en fer (26), et calculés de manière à ce que les tourillons du cylindre baignent toujours dans l'huile, de même que les tourillons de l'arbre.

Fig. 13. *Bascule* en fer portant deux fourchettes (27) destinées à recevoir les boulons du châssis, et s'adaptant au moyen de deux pivots (28) qu'on entaille et qu'on fixe à chacun des deux angles de la tête du chariot. Les deux tourillons (29) de cette bascule sont élégis et à repos, de manière à éviter que le châssis ne traîne sur la presse pendant le cours de la pression.

Fig. 14. *Crémaillère* de course composée de deux tringles (30) en fer plat, à trous égaux et correspondant entre eux. Ces deux tringles fixées, avec un intervalle d'un pouce environ entre elles, sur les traverses d'écartement de la presse, servent de passage à un conducteur ajusté au-dessous du chariot dont, par ce moyen, la course se détermine avec une broche en fer (31) qu'on place à volonté dans les trous de ladite crémaillère.

Fig. 15. *Console* en fer placée au bout, à gauche de la presse, portant une poulie de rappel (32) et une vis de graduation (33), déterminant le départ du chariot, et le recevant à son retour.

Cette presse, dont nous avons examiné tous les détails avec la plus scrupuleuse attention, nous paraît être la plus parfaite qui ait été construite jusqu'à ce jour ; elle réunit aux avantages d'une dimension commode, des formes élégantes, solides, et surtout une extrême précision dans les pièces mécaniques ; la suppression des jumelles est un perfectionnement heureux, et la création des réservoirs d'huile est fort ingénieuse : presque tous les lithographes de Paris ont signé un certificat d'approbation pour ce modèle, dont nous donnons un dessin dans la *pl.* 11, comme un moyen de fixer l'attention des imprimeurs lithographes, et de les engager à utiliser les talents de M. Brisset, qui, dans son genre, est un véritable artiste.

ART. II.

Des ustensiles nécessaires à l'impression.

Outre la presse à imprimer, nous donnerons ici la description et la figure des objets accessoires qui sont indispensables à l'imprimerie lithographique.

§ Ier.

Table servant à poser la pierre sur laquelle on roule le rouleau pour le garnir d'encre, afin d'en charger le dessin, *pl.* II, *fig.* 2. Dans l'intérieur de cette table est une armoire servant à renfermer les pots contenant : 1° le noir broyé avec le vernis ; 2° le vernis nécessaire pour rendre cette encre plus adhérente suivant les circonstances ; 3° le flacon d'essence de térébenthine distillée ; 4° un autre flacon d'acide nitrique ; 5° et une fiole de gomme arabique dissoute dans de l'eau et passée au tamis.

Le tiroir de cette table doit contenir : 1° une pointe en acier ; 2° un petit pinceau placé dans une plume ; 3° un tampon en lisière de drap de laine, pour nettoyer avec l'acide les carres de la pierre dessinée lorsqu'elles prennent l'encre d'impression ; 4° enfin les poignées en cuir servant à rouler les rouleaux, tant sur la table au noir que sur le dessin pour le charger d'encre d'impression.

§ II.

Rouleaux cylindriques servant à l'impression.

La *fig.* 10 de la *pl.* I représente ces rouleaux dont la bonne qualité est extrêmement importante pour l'impression lithographique : ce sont de petits cylindres en bois lourd, parfaitement ronds, aux extrémités desquels se trouvent deux poignées en bois également arrondies, et se terminant en forme de cônes. C'est à ces poignées que l'on adapte les poignées ou tuyaux en cuir représentés *fig.* 9 de la *pl.* I.

Ces cylindres sont revêtus d'une flanelle recouverte d'un fourreau en peau de veau, dont le côté de la chair est en dehors.

Pour que les rouleaux soient propres à l'impression lithographique, le cuir doit être choisi d'un grain fin et égal ; la couture doit être faite en dedans, bien aplatie et marquant le moins possible.

Avant que de livrer ces rouleaux à l'impression, on leur fait subir la préparation suivante :

On choisit un morceau de papier ponce bien propre, d'une surface plane et parfaitement sec ; on frotte également sur toute l'étendue du rouleau, afin d'en faire disparaître les parties plucheuses ; ensuite on roule ce cylindre dans un peu de vernis, afin de l'empêcher de prendre l'eau avec laquelle on mouille la pierre dessinée. Pendant le cours du travail, on gratte de temps en temps le cuir de ce cylindre avec un couteau à broyer, afin d'en enlever les inégalités sans le couper. On continue cette opération pendant plusieurs heures dans de l'encre d'impression, et l'on n'emploie ce rouleau pour commencer que sur des ouvrages peu soignés, notamment les écritures : au bout de quelques jours, on peut s'en servir pour l'impression des dessins.

On doit avoir le soin de gratter son rouleau aussitôt que l'on cesse de s'en servir, afin de ne point le rendre dur et galeux en laissant l'encre d'impression sécher dessus, conjointement avec l'eau qu'il a pu prendre pendant le tirage. L'orsqu'il est gratté, on le fait sécher sur la planche indiquée à la même figure 10, *pl.* Ire.

§ III.

La figure 6 représente le grattoir qui sert à enlever l'encre d'impression de dessus la pierre au noir, aussitôt qu'on juge son renouvellement nécessaire pendant le tirage, ou lorsque l'on commence celui d'un nouvelle planche.

CHAPITRE XI.

De l'Impression lithographique et des soins qu'elle exige.

Considérations générales.

L'impression ou tirage des planches lithographiées est, sans contredit, la partie la plus difficile de toutes celles qui composent l'en-

Lithographie. 11

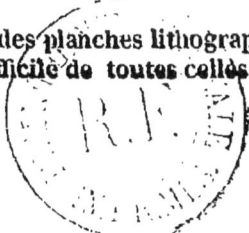

semble de cet art, comme elle est peut-être aussi la moins perfectionnée, ou, si on aime mieux, celle qui est encore la plus susceptible de l'être. Elle nécessite, de la part de l'ouvrier imprimeur, une
série de qualités qui suffisent, lorsqu'elles sont réunies dans un seul
individu, pour en faire un véritable artiste.

Nous avons indiqué, dans l'avant-propos qui se trouve en tête de
cet ouvrage, celles qui sont impérieusement nécessaires ; et, malgré
que ces qualités ne soient pas nombreuses, elles sont si rarement
toutes le partage des hommes qui exercent des professions pénibles,
que, depuis plus de quinze années que la lithographie prospère en
France avec des succès toujours croissants, on ne peut raisonnablement citer qu'une vingtaine d'ouvriers qui les possèdent ; et, s'il
fallait défalquer de ce nombre ceux auxquels on ne saurait reconnaître cette tempérance si nécessaire à l'application du raisonnement à la partie mécanique et aux phénomènes continuels que la
lithographie enfante, pour ainsi dire chaque jour, il serait encore
réduit d'un tiers.

Ce résumé semblera peut-être incroyable à ceux-là même qui
connaissent et apprécient le mieux les faiblesses humaines, et qui
savent combien les ouvriers sont généralement peu portés à acquérir les moyens théoriques si utiles à la pratique, dont ils sont la
base ; cependant, disons-nous, il est exact et ne peut être justement
contesté.

Il existe assurément beaucoup d'ouvriers d'un talent ordinaire,
qui joignent à la bonne volonté les avantages réels d'une conduite
sage et régulière ; mais, soit qu'il leur manque la force physique,
soit qu'ils aient commencé à suivre cette carrière un peu trop tard,
c'est-à-dire dans un âge où l'on est moins docile aux conseils, ou
qu'ils n'aient pas été assez heureux pour être bien guidés dans le
commencement de leur apprentissage, soit enfin que leur première
éducation ait été négligée totalement, il est sûr qu'arrivés à un certain degré de capacité, ils sont restés et demeureront station-
naires.

Pourquoi, dira-t-on, n'arriveraient-ils pas comme d'autres ? Pourquoi ? Rien n'est plus facile à résoudre que cette question. C'est
qu'étant lithographes par routine, ne devant leur savoir-faire qu'à
la longue habitude de recommencer chaque jour les mêmes opérations, sans chercher à s'en rendre compte, ils réussissent toujours
lorsqu'il n'arrive aucun accident grave au travail qui leur est confié, ou quand le tirage en est facile, tant par le genre de dessin que
par la hardiesse avec laquelle il est fait, l'excellente qualité de la
pierre, etc., etc. Mais aussitôt qu'une difficulté survient, ils ne peuvent s'en tirer et détruisent par imprévoyance ou entêtement jusqu'aux moyens naturels qui resteraient à employer pour la sur-
monter.

De cet état de choses est né le besoin de donner aux praticiens un Manuel théorique et pratique, simple, clair et concis, dégagé de tout ce que la science peut avoir d'aride et d'inaccessible pour les ouvriers, qui sont souvent privés des connaissances élémentaires.

Nous nous estimerons heureux si nous parvenons à atteindre ce but, en publiant nos réflexions en même temps que les résultats de nos nombreux travaux.

Il serait à désirer, pour la prospérité de la lithographie, et même dans l'intérêt des personnes qui en font leur profession, qu'un de nos savants chimistes consentît à suivre, pendant l'espace de plusieurs mois, et consécutivement (ainsi que l'a déjà fait un de nos savants distingués, M. Chevalier), les opérations pratiques d'une imprimerie lithographique; qu'il s'attachât principalement à expliquer les divers accidents dont les causes sont encore inconnues, et qu'il indiquât les moyens sûrs d'y remédier ou de les éviter, seule marche à suivre pour arriver à des perfectionnements possibles, mais dont l'exécution est au-dessus des facultés communes aux industriels.

La chimie a, de nos jours, rendu les plus grands services à l'agriculture, aux sciences, aux arts et métiers, et au commerce en général, et la lithographie, qui lui doit son existence, n'attend que d'elle et du temps les lumières qui manquent encore à ses propagateurs pour la conduire à son apogée.

ARTICLE PREMIER.

Du tirage des dessins au crayon.

Lorsqu'un dessin a été acidulé et couvert d'une dissolution de gomme arabique, ainsi qu'il est dit au chapitre IX de cet ouvrage, et que quelques heures se sont écoulées depuis cette première opération, on peut procéder au tirage des épreuves d'essais, ce qui doit être fait ainsi qu'il suit :

On porte la pierre sur le chariot de la presse, en plaçant le dessin devant soi; on la fixe au moyen de cales et de coins, en sorte que la pression ne puisse la déranger ; on a surtout soin de s'assurer si elle est d'aplomb.

On détermine la longueur de la course que le chariot doit parcourir, afin que le râteau puisse passer sur toute la surface du dessin ; ce que l'on fait en plaçant à la distance nécessaire les traverses d'arrêt, indiquées sous le n° 14 des pièces composant la presse dite *à moulinet*.

On ajuste le râteau; on s'assure s'il est suffisamment grand pour dépasser le dessin d'une ligne de chaque côté, et si le biseau est également aigu et uniforme, sans lignes et sans défauts.

On dispose le châssis, soit grand, soit petit, suivant le format du dessin que l'on doit tirer ; on a soin d'observer que le cuir soit tendu également partout, et qu'il approche de la surface de la pierre à une distance de deux lignes, sans la toucher à aucun endroit.

Enfin, on fixe la force de la pression en abaissant le porte-râteau n°10, en sorte que le râteau pose sur le bord de la pierre, sans toucher au dessin ; on met le collier n° 13 au bout du porte-râteau ; on pose le pied sur la pédale n° 27 ; et, suivant la pression nécessaire, on ajoute ou on diminue, soit par le régulateur, n°12, qui se trouve sous la culasse du porte-râteau, soit au moyen de la crémaillère, n° 26, qui est placée à l'extrémité de la barre ou levier de pression, décrit au n° 24 de la figure précitée.

La pierre ainsi disposée, on prend, à l'aide d'un couteau à broyer, de l'encre d'impression, à laquelle on mêle un peu de vernis n° 2, si on juge que cela soit nécessaire pour augmenter son attraction avec le crayon lithographique qui a servi à dessiner. On broie ces deux substances avec le couteau sur la pierre ou palette au noir, afin de les bien amalgamer ; ensuite on les étend au moyen du même couteau sur le rouleau destiné à charger le dessin ; on roule ce cylindre, ainsi garni d'encre, sur la palette, jusqu'à ce qu'il soit également étendu sur toute la surface, ce que l'on reconnaît par la régularité de l'aspect du grain qu'il présente sans cotonner.

Toutes les dispositions préparatoires ainsi faites, on enlève la gomme qui couvre la pierre dessinée, au moyen d'une éponge fine propre et trempée d'une eau claire et pure.

La gomme parfaitement détrempée et enlevée, on prend le flacon à l'essence, on en répand sur le dessin qui est encore mouillé ; on prend une autre éponge fine, exclusivement réservée à cet usage, on passe ainsi l'essence de térébenthine sur toutes les parties du dessin, sans frotter et sans en laisser.

Cette opération enlève tout le crayon, et ne laisse à la pierre que des traces légères et graisseuses peu apparentes.

La pierre étant dans cet état, on jette dessus quelques gouttes d'eau avec les doigts, on passe sur toute sa surface, et même sur les marges blanches, l'éponge fine destinée au mouillage de la pierre pendant le tirage. Cette éponge doit être très-propre, peu mouillée, et on doit éviter qu'il s'y trouve, soit de l'acide, de l'essence ou toute autre substance, qui serait, à coup sûr, toujours nuisible au dessin.

On prend alors le rouleau, auquel on fait faire deux ou trois tours sur la palette au noir ; on le passe sur le dessin lentement et également en différents sens, sans le laisser couler ; on appuie dessus sans serrer les poignées.

On voit le dessin reparaître peu à peu ; et, sans attendre que la pierre soit sèche, on la mouille de nouveau en passant l'éponge partout, on roule le rouleau sur la palette pour le regarnir d'encre, et l'on recommence à charger le dessin jusqu'à ce qu'il ait toute la vigueur nécessaire, c'est-à-dire jusqu'à ce qu'il soit absolument ce qu'il était avant l'enlèvement à l'essence de térébenthine.

Alors on prend un carré de papier mouillé, destiné au tirage ; on le pose sur le dessin, en sorte que ce dernier soit placé au centre ; on recouvre ce carré de papier avec une autre feuille collée et non mouillée, que l'on nomme *maculature*, et que l'on a soin de choisir sans bouton et sans défaut d'égalité. Cette maculature ne se renouvelle que lorsqu'elle devient défectueuse, et plus elle a servi de fois meilleure elle est.

On abaisse le châssis sans déranger le papier et la maculature ; on abat le porte-râteau, on met le collier pour donner la pression, on pose le pied droit sur la pédale, on tire à soi les branches du moulinet, sans arrêter, jusqu'à la fin de la course fixée pour le chariot ; ensuite on ôte le pied de dessus la pédale, on décroche le collier, on redresse le porte-râteau, on relève le châssis, on enlève la maculature, en ayant soin de mettre toujours le même côté sur le cuir, afin de ne pas graisser les épreuves.

Enfin, on enlève l'épreuve légèrement, en la prenant par les angles opposés au châssis, et lorsqu'elle est détachée de dessus le dessin, on mouille la pierre comme pour recharger le dessin.

On examine l'épreuve attentivement, pour reconnaître ce qui peut y manquer, tant en vigueur qu'en pureté, et l'on recommence à charger le dessin, pour obtenir une seconde épreuve.

On force les endroits qui ne prennent pas suffisamment l'encre en passant lentement le rouleau à plusieurs reprises, et on nettoie les parties lourdes ou pâteuses en le passant avec vitesse.

On harmonise ensuite le dessin, en chargeant dans tous les sens, sans appuyer autant, on distribue l'encre suivant l'intention de l'artiste, c'est-à-dire que si, par exemple, il s'agit d'un paysage, il faut forcer les premiers plans, afin de rendre l'effet de perspective, et donner au ciel sa transparence ; il faut épurer autant que possible les blancs réservés pour les effets de la lumière ou de l'eau ; enfin, faire ressortir avec intelligence les oppositions, les transitions et l'harmonie naturelle.

Si, au contraire, c'est un portrait que l'on a à imprimer, la tâche de l'imprimeur devient plus difficile ; elle exige plus de soins et de précautions, car un point de trop ou un de moins peut totalement changer l'effet d'une figure et en diminuer la ressemblance.

Il faut donc, dans ce cas surtout, éviter la lourdeur des ombres ou l'enlèvement des demi-teintes, s'attacher à conserver au dessin sa pureté et le point blanc de la pierre, qui est formé par les interstices de son grain, dans lesquels la graisse de l'encre d'impression ne doit jamais pénétrer.

Donner aux vêtements le ton, la couleur, le brillant ou la transparence qui leur convient, suivant qu'ils sont de drap, de velours, de soie ou d'étoffes légères.

Rendre la vivacité des yeux en conservant le point de lumière dans toute sa pureté, pousser les cheveux au ton, suivant leur couleur blonde ou brune.

Enfin, éviter les moindres nuances ou taches en tenant le rouleau propre, en nettoyant soigneusement les carres de la pierre, en n'y laissant jamais de noir, en employant une encre d'impression parfaitement broyée, et plutôt forte que trop adhérente, en choisissant le papier sans tache de rouille ou de couleur, et toujours d'un beau blanc.

Les dessins avec fond, tels que les intérieurs, etc., demandent surtout une attention excessive, car souvent en mouillant la pierre, notamment pendant les chaleurs de l'été, il se forme des nuances plus claires que l'on a bien de la peine à harmoniser avec le rouleau. Or, si l'eau pure produit cet effet, que n'a-t-on point à craindre des acides ou des corps gras ?

Quels que soient le genre, l'importance et la dimension d'un dessin, on doit obtenir des résultats satisfaisants dès la troisième ou quatrième épreuve : aussi, lorsque ce tirage d'essais est terminé, on charge la pierre d'encre d'impression, plus légèrement que pour tirer une épreuve, mais toujours en distribuant le noir avec intelligence, et on la couvre de gomme dissoute dans de l'eau ; on la laisse ainsi jusqu'au moment où le tirage doit commencer.

Dans le cas où il y aurait urgence de commencer le tirage de suite, on pourrait le faire, mais sans se hâter, afin de ne point fatiguer le dessin. Cependant il est toujours préférable d'attendre au lendemain, parce que le séjour de la gomme pendant un certain temps, à la suite du tirage des essais, contribue beaucoup à conserver la fraîcheur du dessin et la pureté des interstices du grain de la pierre.

Le tirage des épreuves se fait comme celui des essais, et l'attention de l'imprimeur doit se porter à s'écarter le moins possible du modèle, qui doit être choisi parmi les épreuves d'essais.

ARTICLE II.

Tirage des Dessins à l'encre et des Écritures.

L'impression de ce genre est beaucoup moins difficile que celle des dessins au crayon : aussi est-elle généralement négligée, au point que les choses les mieux faites sont souvent mal imprimées.

Cependant c'est erreur préjudiciable à la lithographie que de regarder cette partie comme indifférente ; car cet art peut rendre des services aussi importants par ce procédé que par celui du crayon.

Son application au commerce, à l'architecture, aux machines, aux sciences mathématiques, est aujourd'hui d'une utilité reconnue. Il serait donc à désirer que l'on s'attachât davantage à former des ouvriers spécialement pour ce genre ; que l'on exigeât d'eux la même habileté, le même goût, qu'ils acquièrent ordinairement dans l'impression au crayon.

Pour parvenir à cette amélioration, il faudrait que les imprimeurs lithographes cessassent d'entrer en concurrence avec l'impression en caractères ; qu'ils soutinssent leurs prix de tirage, dans une proportion plus en rapport avec ceux de la gravure ; en sorte que les ouvriers lithographes pussent espérer de gagner des journées raisonnables, en se livrant exclusivement au tirage du dessin à l'encre, qui serait dès-lors plus soigné, puisqu'il serait plus considéré.

Pour imprimer les ouvrages à l'encre, on emploie une couleur d'impression plus adhérente, que l'on obtient facilement en ajoutant un peu de vernis n° 1, au noir broyé avec le vernis n° 2.

Le tirage de ce genre peut se faire sur des papiers collés aussi bien que sur des papiers sans colle, ainsi que nous l'avons expliqué au chapitre VII.

La même propreté est indispensable pour tout ce qui est lithographie : aucun art ne demande plus de soins et de précautions.

CHAPITRE XII.

Des accidents qui peuvent survenir pendant l'impression, et des moyens d'y remédier.

Comme la lithographie est de tous les arts celui qui présente plus de difficultés dans son exécution, surtout en ce qui a rapport à l'impression, les accidents sont fréquents et nombreux : une longue habitude, une propreté minutieuse, une application attentive, et de tous les instants, un jugement sain et du goût, sont pour l'imprimeur les seuls moyens d'éviter les écueils dont la lithographie est environnée.

Parmi ces inconvénients, nous citerons les principaux ; nous ferons connaître leurs causes, ainsi que la manière de les éviter ou d'y remédier, en communiquant à nos lecteurs les résultats de notre expérience. Notre désir est de faciliter, autant qu'il est en notre pouvoir, le perfectionnement d'une invention aussi ingénieuse qu'utile.

Pour être mieux entendu des personnes auxquelles cet art est déjà familier, et pour habituer les autres à l'usage des termes techniques, nous les emploierons de préférence, en indiquant leur signification.

Les avaries sont connues sous les noms de *bavochages, empâtements, estompe, taches d'eau, de graisse, d'acide, de gomme ou de salive, raies de râteaux, de maculatures et de châssis, pâleur du dessin d'abord vigoureux.*

ARTICLE PREMIER.

Des Bavochages.

On appelle ainsi le noir d'impression qui s'étend sur l'épreuve au-delà des traits du dessin ou de son cadre, ce qui est produit, soit par une pression trop forte, soit par les plis de la maculature, par l'allongement du papier, ou bien parce que le cuir du châssis n'est pas suffisamment tendu, ou parce qu'enfin le dessin est trop chargé, l'encre d'impression pas assez broyée ou trop adhérente.

Il suffit donc, pour parer à cet accident, de tendre le cuir du châssis, de changer la maculature, ou de diminuer la pression si elle est reconnue trop forte. Si l'encre d'impression n'est pas assez dure, ou si elle n'est pas suffisamment broyée, il faut la changer, gratter le rouleau et la palette au noir, mouiller le dessin, l'enlever à l'essence de térébenthine sans en laisser. C'est ce qu'on appelle enlever à blanc, encrer de nouveau la pierre avec l'encre fraîche, tirer une épreuve pâle, et ne pousser au ton que très-doucement.

Dans le cas où ces moyens seraient insuffisants, ce qui n'est pas probable, il faudrait encrer une seule fois le dessin après l'épreuve tirée, et le couvrir de la dissolution de gomme arabique jusqu'au lendemain.

ARTICLE II.

Empâtements.

On appelle de ce nom les parties du dessin qui prennent avec trop de facilité l'encre d'impression, et ne forment plus que des placards noirs et compactes.

Les empâtements sont ordinairement [causés : 1° par une acidulation trop faible ; 2° par le peu de densité de l'encre d'impression ; 3° par l'emploi d'un rouleau dont la peau, étant trop neuve, est encore plucheuse ; 4° par le contact d'un corps gras avec la pierre, pendant l'exécution du dessin ou de l'impression ; 5° soit enfin, faute d'avoir mouillé la pierre également partout, avant de passer le rouleau dessus pour charger le dessin.

Lorsque les empâtements résultent d'une préparation trop faible, il suffit d'enlever le dessin à l'essence de térébenthine, de l'encrer avec l'encre grasse, dite de *de conservation* (voyez chapitre XIII), sans trop le monter de ton ; de porter ensuite la pierre sur la table à préparer, et de lui faire subir une acidulation d'un degré, de la laver ensuite avec de l'eau claire, et de la laisser sous la gomme pendant quelques heures.

On peut ensuite procéder au tirage comme pour une planche neuve.

Dans le second cas, il faut changer l'encre d'impression, et en prendre une beaucoup moins grasse, avec laquelle on encre lentement, après avoir enlevé le dessin à blanc, au moyen d'une mixtion composée de dix parties d'essence, d'une d'huile d'olive, et de dix parties de la dissolution de gomme arabique.

Si le rouleau est trop neuf, il suffit d'en prendre un autre plus dur, et de nettoyer en chargeant, ce qui est très-facile quand on a l'habitude de manier le rouleau.

Si les empâtements sont causés par le contact d'un corps gras pendant l'exécution du dessin, il devient plus difficile d'y remédier. Cependant, on peut piquer la partie empâtée avec une pointe aiguë, en faisant un grain artificiel à la pierre, et en acidulant ensuite avec une préparation de trois degrés, appliquée avec un petit pinceau. On gomme toute la surface de la pierre, on laisse entièrement sécher cette gomme, et lorsque l'on reprend la planche pour en faire le tirage, on la dégomme, on l'enlève à l'essence en mettant quelques gouttes d'eau gommée sur les parties piquées, et on charge la pierre.

S'il arrivait que les empâtements reparussent, il faudrait alors mettre la planche entière à l'encre de conservation, la gommer, et, lorsqu'elle est sèche, effacer la partie empâtée au moyen d'un sable fin tamisé, que l'on frotte, soit avec une petite molette de pierre lithographique, soit avec une molette de verre. Lorsque l'empâtement et le dessin sont entièrement disparus, on refait le grain avec le sable et la molette, on lave la place en évitant que la gomme ne passe dessus, et lorsqu'elle est sèche, on trace de nouveau la partie du dessin enlevée, on l'acidule, on y passe la gomme, et enfin on procède à l'impression comme il est dit précédemment [1].

1 Voir les autres procédés d'effaçage, chapitre XV.

Lorsque les empâtements ne proviennent que de l'oubli de mouiller la pierre partout, on les fait disparaître en mouillant de nouveau et en passant le rouleau plus vite sur ces endroits que sur le reste du dessin ; et s'ils ne cèdent pas de suite, au bout de deux ou trois épreuves, ils ne paraissent plus.

Il faut soigneusement éviter de laisser sécher le dessin, car, pour le désempâter avec le rouleau, on le fatigue ou on le graisse beaucoup.

ARTICLE III.

Estompe.

On nomme ainsi un voile graisseux qui s'attache à toute la surface du dessin, et que l'on distingue à peine lorsqu'il commence, mais qui finit par s'identifier avec la pierre elle-même, si on ne s'y oppose pas assez promptement.

L'estompe salit les clairs en diminuant leur vivacité, alourdit les demi-teintes, en leur donnant un ton roussâtre, confond les plans ensemble, en jetant de la monotonie sur les parties vigoureuses, et en rendant nuls les effets de lumière.

Cet accident provient ordinairement : 1° de ce que le vernis contenu dans l'encre d'impression est mal dégraissé ou pas assez cuit ; 2° de ce que cette encre est mal broyée ; 3° des crayons lithographiques dont la pâte savonneuse n'est pas assez concentrée et brûlée ; 4° de la qualité de la pierre, si elle est française ; 5° de trop mouiller la pierre ; 6° de l'inhabileté de l'ouvrier graineur qui n'a pas suffisamment effacé l'ancien dessin avant de donner le grain pour en recevoir un nouveau ; 7° et enfin, de l'incapacité de l'imprimeur ou de la malpropreté de ses éponges, et du peu de soin qu'il a de tenir les carres de la pierre propres et sans noir.

On doit donc, dans les deux premiers cas, changer l'encre, gratter le rouleau et la palette ; prendre un rouleau qui charge moins. Dans les autres cas, il faut de plus soumettre le dessin à une acidulation de deux degrés au plus, suivant que cette estompe est plus ou moins considérable, et que le dessin est vigoureux ou léger, mais toujours après avoir parfaitement distribué avec le rouleau l'encre d'impression que l'on vient de renouveler.

Il faut ensuite gommer le dessin, changer la maculature si elle est grasse, laver les éponges, changer l'eau de la sébile, nettoyer les carres de la pierre avec un tampon de drap, trempé dans l'acide pur, les gommer ; s'assurer si le châssis est bien ajusté, s'il ne porte pas trop près sur le dessin, et enfin, s'il est gras, le changer.

Après toutes ces précautions, si l'estompe n'est point encore détruite, on pourra, bien certainement, en imputer la faute au graineur ou à l'imprimeur.

ART. IV.

Taches d'eau.

Les taches d'eau n'ont ordinairement lieu que sur les fonds unis, tels que ceux des intérieurs, des portraits, etc.; elles sont fréquentes, lorsque l'impression se fait pendant les chaleurs de l'été. Elles proviennent : 1° de ce que l'eau avec laquelle on mouille le dessin n'est point fraîche, ou qu'elle contient, soit un peu d'alun, de salpêtre ou tout autre sel ou acide ; 2° de la manière de mouiller en jetant l'eau avec les doigts couverts de sueur ; 3° de ce qu'on a laissé l'eau séjourner à la même place, et en négligeant de l'étendre aussitôt avec l'éponge fine qui sert au mouillage.

Pour éviter cet accident, on doit : 1° changer l'eau souvent, surtout pendant les chaleurs ; 2° jeter l'eau sur l'éponge ou les carres de la pierre, et non sur le dessin ; 3° et enfin, le mouiller aussitôt après que l'épreuve a été tirée, afin d'éviter trop de sécheresse et d'âpreté.

Ces taches sont excessivement difficiles à détruire. Les retouches au crayon ne donnent jamais une parfaite harmonie aux demi-teintes, qui sont seules exposées à ces avaries.

ART. V.

Taches de graisse.

Ces taches sont les plus dangereuses, et, pour les détruire, il n'existe que le moyen indiqué à l'article 2 de ce chapitre : c'est d'effacer la partie tachée, de donner un nouveau grain à la molette, et de refaire le dessin.

(Voyez chap. XV, des retouches.)

ART. VI.

Taches de gomme.

Les pierres d'une nature tendre sont plus susceptibles que les autres de ces sortes de taches ; mais rien n'est plus facile à l'imprimeur soigneux que de les éviter.

Chaque fois que l'on quitte le tirage d'un dessin pour plus d'un jour, on doit mettre la planche à l'encre de conservation, et la gommer légèrement.

La gomme, pour être bonne, doit être blonde ou blanche, et bien transparente. On la fait dissoudre d'avance dans de l'eau pure et claire, à l'épaisseur d'une huile légère ; on la passe dans un linge fin, puis on ajoute à cette dissolution un trentième de sucre candi, pour l'empêcher de se lever en éclats par la dessiccation ; ce qui ne peut avoir lieu sans attaquer en partie le dessin, quelquefois même enlever la superficie de la pierre, et rendre ainsi le travail du rouleau insuffisant, et les retouches au crayon impraticables. Lorsque, par négligence, on n'a pas mis un dessin à l'encre de conservation, et qu'il reste pendant un temps considérable dans cet état, il arrive ordinairement qu'il devient très-difficile de l'enlever à l'essence et d'en faire un nouveau tirage. Dans ce cas, il y a un moyen aussi simple qu'infaillible d'y parvenir, et nous allons l'indiquer comme nous ayant parfaitement réussi sur des planches qui avaient épuisé toutes les ressources ordinaires. Ce moyen est d'enlever le dessin à l'aide d'une mixtion composée d'une partie d'eau de fontaine, d'une partie d'essence, et d'un dixième d'huile de lin, bien amalgamés ensemble ; on jette cette mixtion sur le dessin mouillé, et on l'enlève en frottant légèrement avec une éponge fine ; ensuite on encre, et on obtient une bonne épreuve après en avoir tiré deux ou trois.

ART. VII.

Taches d'acides ou de sels.

Ces taches doivent leur existence à la maladresse de l'imprimeur, qui néglige d'éloigner du chariot de la presse, ou de la tablette à éponge, les vases contenant les préparations acidulées, auxquelles il est parfois forcé d'avoir recours pendant le tirage ; ce qui ne saurait être fait avec trop de sagesse et de modération, puisqu'après les matières grasses, la lithographie ne peut avoir d'auxiliaires plus dangereux que les acides.

Un peu d'attention pourra donc suffire pour prévenir cet inconvénient, auquel on ne peut remédier que par des retouches souvent infructueuses, et toujours très-contraires à la pureté du dessin.

ART. VIII.

Taches de salive.

Ces taches sont presque toujours causées par le défaut de soins du dessinateur, ou des personnes qui l'approchent pendant son travail.

Puisque ces taches sont formées par des bulles de salive, il doit être très-facile de les éviter. Cependant elles sont communes, et, sans l'extrême facilité qu'on a de les faire disparaître, elles deviendraient le fléau de la lithographie.

Lors du tirage de la première épreuve, le crayon apposé sur ces bulles n'ayant point pénétré dans la pierre à cause de la présence de ce corps intermédiaire, s'attache au papier, et laisse voir sur le dessin des petites taches blanches et de forme circulaire. Pour remédier à cet accident, on laisse la pierre un instant sans la mouiller, et aussitôt que le dessin paraît dégagé de son humidité, on retouche avec un crayon n° 1 toutes les taches blanches ; on attend un instant pour donner au crayon le temps de prendre ; ensuite on encre lentement et avec précaution deux ou trois fois. On tire une autre épreuve, et si les retouches faites ne tiennent pas encore, on les recommence, et les taches ne reviennent plus.

ART. IX.

Lignes de râteau, de maculature et de châssis.

Ces lignes, quelles qu'elles soient, ne peuvent être attribuées qu'à la négligence de l'imprimeur ; car, avant de commencer son tirage son devoir est : 1° d'ajuster soigneusement le râteau, de s'assurer s'il est uni, de le polir avec de la peau de chien ; 2° d'examiner si le cuir du châssis contient quelques petites pierres, provenant ordinairement des papiers mal fabriqués que l'on emploie trop souvent pour le tirage, et, s'il y en a, de les enlever ; 3° enfin, de choisir sa maculature sans bouton et sans défaut.

Sans cet examen préalable, il suffit de tirer une seule épreuve avec des lignes, pour n'en obtenir de bonnes qu'après dix, vingt ou trente mauvaises, ce qui fait perdre un temps considérable, fatigue le dessin, et consomme inutilement un papier souvent très-cher.

ART. X.

De la pâleur d'un dessin d'abord vigoureux.

Cet accident est souvent le fruit d'une acidulation très-forte : les vigueurs et les demi-teintes, si elles ont résisté, sont alors brûlées, et ne contiennent plus un corps gras suffisant pour sympathiser avec l'encre d'impression. Souvent aussi cette pâleur est causée par l'emploi fait sans mesure, autant que sans discernement, d'urine mêlée dans l'eau destinée au mouillage du dessin, ou du vinaigre fréquemment employé, pour éviter l'estompe qui pourrait paraître.

Dans l'un ou l'autre de ces cas, deux moyens se présentent, et il faut les employer sans retard.

Le premier est d'enlever le dessin avec une mixtion composée de trente parties d'essence de térébenthine distillée, et deux d'huile d'olive, bien amalgamées ensemble.

On enlève le dessin à blanc, on l'encre avec un noir un peu plus adhérent que celui avec lequel on doit faire le tirage; on tire une épreuve, et si le dessin reprend sa première vigueur en conservant sa pureté, on peut continuer l'impression.

Dans le cas contraire, on a recours au second moyen, qui est d'enlever le dessin à l'essence pure, de le mettre à l'encre de conservation, en le montant de ton le plus possible, de le gommer lorsqu'il est sec, et de le laisser ainsi pendant plusieurs jours.

CHAPITRE XIII.

De la conservation des dessins pendant un temps considérable.

Il était bien important de trouver un moyen de conserver pendant un long espace de temps les planches lithographiques, sans qu'elles éprouvassent la moindre altération ; car, à défaut de cette facilité, on était forcé de faire de suite le tirage à un grand nombre d'épreuves, ce qui forçait ainsi à des déboursés considérables en papier et en impression, et ne mettait pas la lithographie à même de balancer les avantages de la gravure, dont les cuivres se conservent pendant un temps infini, pourvu qu'on ait le soin de les mettre dans un lieu inaccessible à l'humidité.

Cet inconvénient a été vivement senti par les imprimeurs lithographes, notamment pour les planches qui font partie des ouvrages de librairie ; et chacun d'eux s'est occupé, dans son intérêt personnel, comme dans l'intérêt général, de faire des essais, et de composer des encres dont la dessiccation fût difficile.

La composition que nous avons indiquée art. 4 du chapitre VI de cet ouvrage, nous semble réunir toutes les qualités nécessaires pour la parfaite conservation des dessins ; mais comme on ne saurait trop multiplier les moyens de donner des garanties aux personnes qui encouragent les arts en les utilisant, nous allons présenter encore une nouvelle composition d'encre dont nous avons fait usage avec succès.

Suif épuré.	1 once.
Savon de Marseille.	3 »
Cire vierge pure.	4 »

On fera fondre ces substances l'une après l'autre, en commençant par le savon et le suif, en les mettant dans un vase de terre placé sur un feu de charbon de bois. Il ne faut pas pousser la concentration au point d'enflammer ces matières, il suffit qu'elles soient parfaitement fondues et amalgamées.

On ajoute à ce résidu une once de noir de fumée provenant des résines choisies mais non calcinées. On remue le tout en tournant avec une spatule afin d'en opérer le mélange.

Cette encre, refroidie, doit avoir la consistance de la cire molle.

Il faut couvrir le vase, afin d'empêcher la poussière d'y pénétrer.

Lorsqu'on veut se servir de cette encre, on en prend une petite partie avec le couteau à broyer ; on l'étale sur le coin de la palette au noir exclusivement destinée à cet usage ; on verse dessus quelques gouttes d'essence de térébenthine que l'on broie avec l'encre ; ensuite on l'applique avec le couteau sur le rouleau qui ne sert qu'à cette opération, et qui doit être excellent. On le roule sur la palette jusqu'à ce que l'encre de conservation soit bien étendue, et que la peau du rouleau en soit également garnie.

Manière de mettre les dessins à l'encre de conservation.

Lorsqu'on termine le tirage d'une planche, soit pour le reprendre deux ou trois jours plus tard, ou long-temps après, on doit mettre le dessin à l'encre de conservation.

Pour cela on a soin d'épurer le dessin avec le rouleau, et de le dégager de l'estompe, s'il y en a. On le mouille avec l'éponge, on enlève à blanc avec l'essence de térébenthine ; ensuite on le charge avec le rouleau garni d'encre de conservation, en le montant de ton, autant que la couleur roussâtre de cette encre le permet.

On laisse la pierre posée à plat pendant deux ou trois heures ; puis on la couvre d'une légère couche de dissolution de gomme et de sucre candi, très-claire et à la consistance de l'eau fortement sucrée.

Lorsque cette gomme est bien sèche, on transporte la pierre dans un lieu frais sans humidité, tel qu'une cave bien saine, en évitant tout contact avec les murs, surtout près des tuyaux de descente des fosses d'aisance ; car les dessins lithographiés ne craignent rien tant que le nitrate de potasse, dont la présence se fait ordinairement remarquer dans ces constructions.

Malgré qu'une longue expérience ait prouvé qu'il est d'une impérieuse indispensabilité de mettre les planches lithographiées à l'encre de conservation chaque fois que l'on en cesse le tirage pour ne pas le reprendre immédiatement, on rencontre encore des ouvriers qui, par oubli ou paresse, négligent de le faire ; il est donc utile d'indiquer les moyens de remédier à la dessiccation, qui ne peut manquer d'être la suite de cette négligence.

Le premier de ces moyens a été employé par nous avec succès en bien des circonstances, parmi lesquelles nous nous contenterons de citer la principale.

Au mois de mai 1827, M. le chevalier Lemasson, ancien ingénieur du département de la Seine-Inférieure, s'était adressé à différents lithographes de Paris pour faire exécuter chez lui, rue du Regard, le tirage d'un grand dessin lithographié représentant une vue du pont de Saumur, qui après le tirage d'un certain nombre d'épreuves, n'avait point été mis à l'encre de conservation, et était demeuré pendant près de deux ans dans un atelier situé au midi, sous les combles.

Les efforts de plusieurs imprimeurs dont l'un jouit aujourd'hui d'une célébrité bien acquise, furent vains : pas un d'eux n'arriva à détacher l'encre d'impression qui s'était comme identifiée à la pierre, et l'abandonnèrent en disant que ce dessin était bon à recommencer.

Comme ce travail était considérable et dispendieux, M. Lemasson, après quelques jours de réflexions, nous pria de passer chez lui pour lui rendre, disait-il, un véritable service d'ami.

Nous nous rendîmes à son invitation pressante, et nous trouvâmes ce vieillard vénérable dans une véritable désolation, car ce dessin était son ouvrage, et ses forces ne lui permettaient que bien difficilement de le recommencer.

Nous examinâmes la planche et nous reconnûmes facilement qu'elle avait souffert plus d'une opération, car si l'encre d'impression avait résisté à des efforts multipliés, les teintes légères avaient pris une mauvaise couleur terne, et paraissaient altérées.

Les choses dans cet état, nous composâmes la mixtion suivante :

Essence de térébenthine. . . . . . . 3 parties
Huile d'olive nouvelle. 2   »
Gomme arabique fondue dans de l'eau
  clarifiée à la densité d'une eau fortement sucrée. 1   »

Ces trois substances réunies dans une bouteille, mêlées avec soin par l'agitation, formèrent une espèce de lait.

Après avoir fait les dispositions ordinaires pour commencer à imprimer, apprêté l'encre, etc., nous mouillâmes la pierre avec l'éponge, beaucoup plus fortement qu'on ne fait pour l'encrage ordinaire, puis agitant notre mixtion, nous en répandîmes un tiers sur le dessin, que nous étendîmes en frottant au moyen d'une éponge fine sur toutes les parties de la pierre couvertes de travail, en ajoutant de temps en temps quelques gouttes d'eau propre destinée au mouillage.

A ce premier essai, les contours dessinés à l'encre commencèrent un peu à s'enlever par petites parties ; mais c'était fort peu de chose.

Nous mouillâmes une seconde fois la pierre, après avoir enlevé, toujours avec l'éponge à ce destinée, tout ce qui se trouvait de noir détaché et de mixtion, puis ensuite nous versâmes la deuxième partie de notre lait chimique, en frottant toujours de la même manière.

Cette fois, le dessin s'enleva avec plus de facilité, et il ne resta que quelques lignes et les gros traits du cadre, qui ne résistèrent pas au reste de la mixtion.

Nous mîmes alors le dessin à l'encre de conservation ordinaire, après avoir bien lavé et essuyé la pierre avec un linge propre.

L'encrage se fit assez difficilement, cependant au bout de trois fois tout était repris.

Nous laissâmes ainsi la planche jusqu'au lendemain sans la gommer, et nous commençâmes le tirage en encrant sur l'encre de conservation pendant les cinq premières épreuves, ensuite nous enlevâmes à l'essence et nous fîmes un beau tirage de 300 épreuves, après lequel la pierre était plus belle que jamais.

Dans une circonstance pareille, on peut employer aussi avec succès, au lieu de la mixtion qui précède, une once d'eau gommée mêlée à huit grammes d'huile de vers.

CHAPITRE XIV.

Du Transport des gravures et des épreuves lithographiques sur pierre.

Depuis l'invention de la lithographie on s'est occupé, sans le moindre succès, du transport des vieilles gravures sur pierre.

Cette découverte serait d'une importance inappréciable, puisqu'elle donnerait le moyen d'obtenir, sans un travail long et dispendieux, les *fac-simile* d'anciennes gravures d'un grand prix ; mais, parmi ceux qui ont fait des essais pour y parvenir, on compte plus d'hommes zélés que de savants chimistes, et nous ne croyons pas à la possibilité d'opérer cette espèce de prodige.

La dessiccation et l'évaporation totale des corps gras qui entrent dans la composition de l'encre d'impression employée pour la taille-douce sont, suivant nous, des obstacles invincibles ; car par quel

12.

moyen pourrait-on redonner de l'adhérence aux traits du dessin, qui ne forment plus qu'un corps sec identifié avec le papier dont il est presque inséparable?

On a essayé de détremper quelques vieilles gravures dans l'essence de térébenthine distillée, de les appliquer ainsi sur les pierres lithographiques grainées, chauffées à l'étuve ; de leur faire subir une pression lente et proportionnée en les passant sous le râteau de la presse, ou de faire passer par-dessus une roulette en cuivre recouverte de flanelle : mais ces moyens n'ont donné pour résultat que quelques contours inégalement transportés, sans pureté, n'ayant pas la force nécessaire pour subir une acidulation d'un demi-degré, et s'enlevant avec le rouleau dès le premier moment, pour ne plus reparaître.

Nous laisserons donc ces recherches pénibles, et peut-être à jamais infructueuses, aux savants chimistes dont notre siècle s'honore. Elles sont plutôt du domaine de la science que proportionnées aux forces de l'industrie ; mais s'il n'a pas été permis aux lithographes de multiplier les planches par le transport des vieilles épreuves, ils sont au moins parvenus à ce but à l'égard des épreuves nouvellement tirées.

Nous donnerons ici les détails d'un procédé qui a été couronné d'un succès satisfaisant, toutes les fois qu'il a été mis en usage avec les précautions et le soin que les transports exigent.

Lorsqu'un dessin doit tirer un grand nombre d'épreuves en peu de temps, et que le travail d'une presse est insuffisant pour satisfaire les besoins du commerce et atteindre le but des spéculations, on a recours au transport d'une ou plusieurs épreuves, et on l'effectue de la manière suivante :

On dispose une pierre de Munich grainée pour recevoir un dessin au crayon; on a soin de la choisir d'une dureté moyenne, et, autant que possible, d'une teinte jaune; on passe dessus une légère couche d'essence de térébenthine ; on la met ensuite chauffer devant un feu doux pendant assez de temps pour qu'elle soit tiède partout également, et quand cette pierre est ainsi préparée, au moment où la planche vient d'être encrée pour la première fois, et que le premier essai en est tiré, on recharge le dessin en le poussant au ton vigoureux qu'il doit avoir ; on en tire une épreuve sur un papier mince, blanc, vélin et recouvert d'alun. Si cette épreuve est satisfaisante, on la jette de suite dans un baquet d'eau de fontaine en la laissant surnager, et ayant soin de placer le dessin en dessus.

On obtient un résultat plus certain en tirant l'épreuve sur une feuille de papier autographe ordinaire et en mêlant de l'encre autographique fondue au bain-marie, dans la proportion d'un dixième à l'encre d'impression qui doit servir à l'encrage de l'épreuve que l'on veut contre épreuver.

On reprend ensuite cette épreuve qu'on laisse égoutter une minute au plus, on la pose sur la pierre sans la traîner ni la frotter;
mais en l'étendant de sorte que le dessin porte partout sur la pierre,
et sans que l'épreuve fasse un seul pli.

Dans cet état, on prend une roulette en cuivre ou en fonte re-
recouverte en drap fin, de la forme indiquée *pl.* 1, *fig.* 8.

On passe cette roulette sur toute l'étendue du dessin, en appuyant
légèrement de proche en proche, à partir d'une de ses extrémités,
sans laisser aucune distance entre chacun de ses passages. Après
avoir ainsi appliqué parfaitement l'épreuve sur la pierre, on enlève
doucement le papier en le soulevant par les deux angles placés du
côté du jour; et dans le cas où quelques parties du dessin ne seraient pas transportées, on pourrait réappliquer l'épreuve et passer
de nouveau la roulette sur ces endroits.

Nous pensons que le transport au moyen du râteau est plus sûr
et plus égal, mais il faut se garder de donner une pression trop
forte qui pourrait doubler les traits ou nuire à leur pureté.

Les presses en fer à doubles cylindres, dont se sert exclusivement
M. Mantoux, lithographe à Paris, nous semblent plus propres
qu'aucunes de celles qui existent, même celles récemment perfectionnées par M. Brisset, pour la contre épreuve des dessins lithographiés et des gravures sur cuivre ou sur acier.

Dans ces presses qui sont très-belles, et peut-être pas assez connues, le râteau en bois est remplacé par un gros cylindre en fer, et
le châssis de cuir par une double flanelle.

Il est facile de concevoir que ces presses peuvent donner une
pression égale partout, leur marche régulière est réglée par une
manivelle et d'exellents engrenages.

On enlève enfin le papier; on laisse la pierre ainsi pendant plusieurs heures, ou même jusqu'au lendemain matin.

Enfin, on acidule la pierre avec une préparation d'un degré et
demi à deux degrés au plus; on la couvre de gomme; et avant que
cette dissolution soit sèche, on procède au tirage des essais comme
pour un autre dessin : seulement l'impression n'en peut être con-
tinuée immédiatement après, et il faut encore employer la gomme
au moins pendant quelques heures.

Ce procédé est applicable aux épreuves des gravures sur cuivre
et aux écritures [1].

---

[1] Voir la page 3o et suivantes, pour des procédés de transport qui
suivant nous méritent la préférence.

CHAPITRE XV.

Des Retouches.

ARTICLE PREMIER.

Des Retouches aux dessins au crayon.

Quand, par un accident quelconque ou par suite d'un long tirage, un dessin commence à se fatiguer, que l'absence des demi-teintes lui ôte son harmonie, il est bon de s'occuper sans retard de faire des retouches.

Pour disposer un dessin à les recevoir, on le met à l'encre de conservation, sans rechercher à le rendre trop vigoureux ; on le laisse sécher pendant quelques heures, afin de donner à cette encre le temps de pénétrer et de s'affermir.

Lorsque la gomme a séjourné long-temps sur le dessin, il devient difficile de l'expulser des interstices du grain de la pierre; et comme il faut absolument qu'il n'en reste pas si on veut que les retouches soient fructueuses, on parvient à l'enlever entièrement en se servant d'un petit morceau d'éponge fine imbibée d'acide acétique, avec lequel on frotte toute la surface du dessin. Cette opération terminée, on lave la pierre avec de l'eau pure ; et quand elle est sèche, on peut faire les retouches en employant le crayon dont la composition figure sous le n° 2, au chapitre III.

Afin de remettre le dessin dans son état primitif, autant que possible, on consulte une des premières épreuves que l'on place devant soi pour retoucher.

Les retouches terminées, on les laisse sécher jusqu'au lendemain, ensuite on acidule légèrement, puis on gomme la pierre, et on la laisse reposer jusqu'au moment de reprendre le tirage.

Dans le cas où le dessin serait trop graissé, il faudrait le charger et lui faire subir une acidulation faible avant que de le mettre à l'encre de conservation et d'opérer les retouches.

ART. II.

Des retouches au moyen de l'encre de reprise.

Lorsque les traits du dessin à l'encre, à la plume ou au pinceau, d'une planche de caractères d'écriture faits directement sur la pierre ou transportés par le procédé autographique, ne sont point suffisamment indiqués, n'ont qu'un faible relief et manquent d'adhérence, soit qu'un tirage plus ou moins long les ait altérés, soit enfin que ces traits se trouvent dans cet état au moment du transport ou après le tirage des essais, on pourra les ranimer en employant le moyen suivant :

Après avoir encré le dessin, on couvre toute la surface de la pierre avec de l'eau fortement gommée, en ayant bien soin de n'en pas excepter la moindre partie, et lorsque cette espèce de vernis est bien sec, on prend un petit morceau d'éponge fine parfaitement propre, ne contenant pas d'eau, d'acide ou de gomme, on le trempe dans l'encre de reprise nommée par les Allemands, qui les premiers en ont fait usage, *annéme farbe.*

Cette encre se compose ainsi qu'il suit :

Savon blanc	10 grammes.
Suif.	10 »
Huile de lin.	10 »
Cire jaune.	15 »
Noir de fumée.	8 »

Ces substances sont fondues et mêlées ensemble de la manière indiquée précédemment pour la fabrication des encres, en ayant soin toutefois de n'y point mettre le feu.

On passe sur les parties faibles du dessin l'éponge imbibée d'encre, en frottant légèrement afin de ne point attaquer la gomme qui couvre les parties blanches de la pierre, et avec lesquelles il faut éviter soigneusement de mettre l'encre en contact, car cette dernière, par les substances qui la composent, est d'une très-grande ténacité et d'une adhérence facile.

Ensuite on lave la pierre avec une éponge ou un linge propre, pour la dégommer et procéder ensuite à son nouvel encrage.

Dans le cas où par malheur la pierre se trouverait tachée avec l'encre de reprise, il faudrait avant que d'enlever la gomme ôter les taches en frappant doucement avec le bout du doigt que l'on trempe dans de l'eau gommée et que l'on essuie pour le tremper encore lorsque par ce choc attractif on est parvenu à détacher une partie du noir ; on continue de la même manière jusqu'à ce qu'il soit entièrement disparu.

ART. III

Retouches et changements dans les dessins par un procédé détruisant l'effet de la première acidulation et pouvant servir à l'effaçage.

Ainsi que nous l'avons dit, pour arriver à faire tenir les retouches,

il faut expulser des pores de la pierre la gomme et l'acide qui s'y
sont logés par suite des opérations de l'acidulation et du tirage.

L'emploi de l'acide acétique que nous avons indiqué depuis long-
temps, réussit constamment, mais il ne nous semble pas préférable
au nouveau moyen dont nous donnons aujourd'hui la double et ingénieuse application.

Eau clarifiée. . . . . 3 livres.
Potasse à la chaux. 1   »

Ces deux substances bien mêlées ensemble composent une liqueur qu'il faut mettre dans des flacons bouchés à l'émeri, jusqu'au
moment de s'en servir.

§ Ier.

Retouches.

Après avoir mis le dessin à l'encre grasse, on répand sur toute la
surface la préparation qui précède et on la laisse agir pendant
quatre minutes au plus si le dessin est léger, et six minutes s'il est
vigoureux; ensuite on lave la pierre à grande eau, on la laisse sécher et on fait les retouches.

Vingt-quatre heures après que ce dernier travail est terminé, on
fait subir au dessin une acidulation d'un degré au moins et de deux
degrés au plus, puis on le couvre ensuite d'une forte dissolution de
gomme que l'on laisse sécher, aussitôt après on peut commencer
le tirage en prenant un noir d'une densité moyenne.

§ II.

*Du procédé d'effaçage pour changer une ou plusieurs parties
d'un dessin.*

On dispose exactement la pierre comme pour faire des retouches; quand elle est sèche, on verse avec précaution la solution
précitée sur l'endroit que l'on veut enlever, on la laisse agir pendant 4 ou 5 heures, après quoi on lave la pierre, et quand elle est
sèche, on dessine sur les parties devenues blanches, sans que le
grain en ait souffert en aucune manière, et lorsque le dessin est
fini, on acidule comme après les retouches.

CHAPITRE XVI.

Du Satinage ou redressement des épreuves.

Le satinage des épreuves est indispensable toutes les fois qu'il s'agit d'un dessin soigné; mais, pour ne pas nuire à la beauté de ces épreuves, le satinage ne doit avoir lieu que trois à quatre jours après leur tirage, temps nécessaire pour que l'encre d'impression soit assez sèche, et ne se décharge pas sur les cartons du satineur.

Ainsi les épreuves qui doivent être satinées, ont besoin d'être étendues sur des cartons à mesure qu'elles sont imprimées.

Quant aux épreuves des planches d'écriture ou des dessins qui ne demandent pas tous ces soins, il suffit de les étendre entre des cartons de pâte non lissés, pendant qu'elles sont encore humides, de charger ces cartons avec des poids ou des pierres, et de les laisser ainsi pendant l'espace de dix à douze heures. Au bout de ce temps, on les retire parfaitement redressées, et en état d'être livrées.

Les presses à satiner que l'on serre à force d'homme, tant au moyen d'un moulinet, que d'une barre en fer, sont bien préférables aux presses hydrauliques, qui ont l'inconvénient d'exercer une pression trop considérable, et d'opérer ainsi une forte décharge de l'encre d'impression sur les cartons lissés, en diminuant d'autant l'effet vigoureux des épreuves lithographiées qui en sont plus ou moins chargées.

L'encre d'impression que l'on emploie pour la lithographie étant composée avec un vernis d'huile de lin, dans la fabrication duquel il n'entre pas toujours des corps propres à faciliter la dessiccation, on conçoit aisément que les épreuves doivent perdre beaucoup de leur vigueur par l'opération du satinage, qui souvent suit le tirage à deux ou trois jours près; il est donc urgent d'éviter de choisir, pour l'effectuer, une presse mise en mouvement par les procédés hydrauliques et de la vapeur, qui sont si utilement applicables à d'autres objets.

CHAPITRE XVII.

Des dessins lithographiés à la manière noire, suivant
M. Tudot.

Nous avons déjà eu l'occasion [de citer plusieurs fois d'une manière fort honorable, dans le cours de cet ouvrage, divers procédés
dont l'invention et le perfectionnement sont dus à M. Tudot, nous
lui emprunterons encore quelque chose dans les détails qu'il
donne sur celui de la manière noire, dont quelques essais nous
ont démontré l'utilité en laissant entrevoir la possibilité de diverses améliorations.

Nous pensons, comme M. Tudot, que l'impression des dessins à
la manière noire ne peut être confiée qu'aux meilleurs ouvriers;
mais nous croyons aussi que peut-être l'on pourrait, avec économie, remplacer le papier de Chine en adoptant un fond de couleur
au moyen d'une teinte de vernis; nous allons donner des détails
sur ce procédé qui est connu depuis long-temps, dont nous avons
fait un fréquent usage pour adoucir la crudité des dessins exécutés par des artistes peu exercés dans l'art de dessiner sur la pierre,
ou pour cacher l'absence des demi-teintes, lors de l'impression
des dessins usés par un long tirage.

Lorsque des épreuves sont lourdes ou trop vigoureuses, ou que
le travail de l'artiste n'est point assez terminé, on donne un fond
au vernis d'huile de lin plus ou moins jaune, suivant son degré de
cuisson. Moins un vernis est cuit et plus il est incolore, la concentration et l'inflammation des huiles étant un moyen sûr de leur
donner une teinte plus foncée.

L'application de ce fond sur les épreuves se fait de la manière
suivante : On prend une pierre lithographique blanche et polie,
d'une dimension plus grande que celle du dessin de l'épreuve, en
sorte qu'il y ait une marge de deux pouces sur chaque côté; on
choisit un rouleau de peau blanche ou au moins un rouleau neuf,
dont la peau roulée d'avance pendant plusieurs jours dans un
vernis fort, et grattée avec soin, ne jette plus aucune partie plucheuse; au surplus, ce rouleau doit être exclusivement réservé
pour ce genre de travail.

On place la pierre dans le chariot de la presse; on ajuste la
largeur et la longueur de la pression, en choisissant un râteau
d'une dimension convenable et en déterminant l'espace que le

chariot doit parcourir, absolument comme lorsqu'il s'agit de tirer une épreuve.

On prend une seconde pierre blanche sur laquelle on étend sa teinte de vernis que l'on peut colorer si on veut, mais que l'on doit employer seule, s'il s'agit d'imiter le papier de Chine ; on charge le rouleau en le tournant sur cette espèce de palette, au moyen des poignées en cuir que nous avons décrites.

On charge la pierre qui est disposée sur la presse, en passant dessus toute la surface le rouleau ainsi garni de vernis, de manière à lui donner une teinte jaune égale.

Pour ne pas salir les marges de l'épreuve, on a des cadres de papier collé très-fort, que l'on fait en enlevant d'un carré de papier plus grand que la pierre, la grandeur juste du fond que l'on veut obtenir.

A chaque fois que l'on fait un fond, on met un de ces cadres sur la pierre qui est dans le chariot de la presse, en sorte qu'il s'interpose entre la pierre et l'épreuve que l'on pose ensuite, de sorte que toute la partie du dessin ou du papier qui doit recevoir un fond de couleur soit en contact direct et régulier avec la pierre couverte de la couche de vernis ; alors on met une maculature, on abaisse le châssis, on donne la pression, on fait marcher le chariot en amenant à soi les branches du moulinet, comme pour imprimer, enfin on enlève l'épreuve, on examine si le fond est bien d'équerre et s'il est du ton que l'on désire, afin de rectifier la pose ou la coupe du cadre de papier, ou bien modifier la couleur du vernis, etc.

Ce n'est pas seulement le papier de Chine que l'on peut imiter ainsi à peu de frais (car une fois la teinte adoptée et la mise en train terminée, ce travail est purement mécanique et peut être fait d'une manière très-convenable par un apprenti propre et intelligent), mais c'est l'effet du clair de lune que l'on obtient en ajoutant dans son vernis une petite quantité de blanc et de vert, en mettant un peu de rouge, on colore les blancs d'un dessin qui représente un incendie pendant la nuit, et on ajoute singulièrement à son effet pittoresque.

Maintenant nous donnerons un résumé analytique des principales opérations indiquées par M. Tudot, que nous ne pensons pas devoir suivre dans l'immensité des détails qu'il a publiés sur ce genre de lithographie.

« La manière noire consiste à couvrir de crayon la surface de « la pierre, puis à diminuer la quantité de crayon formant un ton « noir, pour en obtenir une dégradation jusqu'à la teinte la plus « claire. »

C'est le contraire du dessin lithographié avec le crayon comme on l'emploie habituellement, on va du clair au noir, montant successivement de ton les diverses parties du travail, jusqu'à leur entière mise à l'effet, par la manière noire ; on obtient du clair sur le noir, en enlevant progressivement le crayon engagé dans l'espace existant entre les grains de la pierre.

Le corps gras qui couvre les sommités du grain étant enlevé, la pierre se trouve à nu et les points blancs que l'on a découverts commencent la dégradation des teintes, forment les aspérités qui reçoivent le crayon dans la manière ordinaire, et composent le travail qui vient en noir à l'impression ; mais dans la manière noire, elles donnent le point blanc sur l'épreuve.

On emploie plusieurs moyens pour enlever le crayon fixé dans le grain de la pierre, tels que les grattoirs, les pointes en bois, en os ou en ivoire, et la flanelle.

Nous avons dit au chapitre VIII, page 67, que la flanelle pouvait être employée pour frotter la teinte préparatoire de crayon des parties foncées, et la transporter ainsi sur les parties claires ; on retire de cette manière une portion du crayon en diminuant la puissance attractive, et on obtient un travail moins transparent, mais plus léger.

Le crayon que l'on emploie pour dessiner à la manière noire doit être gras, comme celui dont nous indiquons la composition au chapitre III, page 11, afin qu'il donne plus d'adhérence à l'encre d'impression, et qu'ayant moins de tenacité que les crayons secs et résineux, il se prête plus facilement à l'enlèvement par le frottement de la flanelle, et convient parfaitement à l'exécution des teintes claires ; pour les parties foncées, mais transparentes, il est préférable d'employer le crayon dont nous donnons la composition sous le n° 2, au chapitre précité.

On peut, ainsi que le dit M. Knecht dans son traité de l'aqua-tinta lithographique, établir une échelle de teintes progressives du clair au noir, non pas comme lui, sur une pierre avec de l'encre et des tampons, mais en choisissant dans les deux sortes de crayons que nous citons différents degrés de cuisson, qui donneront nécessairement des noirs gradués.

On conçoit que pour faire ce choix de crayons il faut en fabriquer exprès, et mettre à part chacun des coulages faits dans le moule, en ayant soin de les numéroter à mesure, afin de ne pas les confondre plus tard.

Pour exécuter un dessin à la manière noire, on fait son décalque sur la pierre, on trace tous les contours avec l'encre dont on se sert pour écrire au pinceau, et dont nous donnons la composition au chap. II, page 8 ; ces contours doivent être légers et très-fins, car il faut ensuite, pendant le travail, les diviser à la pointe sèche afin de les mettre en harmonie avec les autres parties du dessin qu'ils découperaient et produiraient un bien mauvais effet.

On peut réduire les teintes du crayon à quatre principales, qui composeront l'échelle de gradation.

Chaque crayon doit être mis dans un porte-crayon séparé et numéroté, afin qu'il ne puisse y avoir confusion pendant l'exécution du dessin.

On commence par garnir avec du crayon tendre toutes les parties claires du dessin, en appuyant fort peu, comme on fait ordinairement pour un grainé léger et transparent.

Les interstices du grain de la pierre étant remplis de crayon, on détermine le contour de cette teinte; puis on commence à enlever à la flanelle, que l'on choisit très-fine.

On doit prendre garde de toucher les blancs de la pierre avec la flanelle qui a servi à enlever du crayon, et ne l'employer qu'une fois pour cette dernière opération.

On répète l'enlevage à plusieurs reprises jusqu'à ce que l'on ait diminué l'épaisseur du crayon et obtenu la teinte que l'on désire.

Pour opérer cet enlevage d'une manière satisfaisante, il faut le commencer en appuyant très-peu avec de la flanelle pour ne pas forcer par un choc trop violent le crayon, à pénétrer très-avant dans les pores de la pierre; en le terminant, au contraire, il faut appuyer davantage pour retirer le crayon du fond du grain où il s'est logé.

Lorsque les premières teintes sont terminées, on peut passer à celles qui doivent être faites avec le second numéro du crayon, il faut toujours faire glisser la flanelle du côté des parties foncées qui avoisinent la teinte que l'on donne.

Pour ne pas salir les teintes claires, on peut employer des patrons de papier fort et collé, que l'on découpe à volonté.

Les détails qui doivent se détacher en vigueur sur la première teinte, s'obtiennent en revenant avec un crayon ferme; on remplit le grain et on diminue l'intensité du noir comme précédemment.

Les détails qui doivent se détacher en clair peuvent s'obtenir en employant le moyen dont on se sert pour enlever les lumières sur les dessins à l'aquarelle; on prend un pinceau et de l'eau; on silhouette les détails, et quand le crayon est un peu amolli par l'eau, on l'enlève en appuyant légèrement avec un linge fin et sec. Enfin, on termine le dessin avec l'encre et le pinceau, le crayon n° 2, 3 ou 4, suivant comme on veut obtenir plus ou moins de vigueur, puis on donne les coups de grattoir où ils sont nécessaires aux effets de lumière.

On peut donner plusieurs teintes au crayon sur une teinte primitive, afin d'arriver à un ton d'une transparence excessive, mais on rend par là l'impression presque impraticable.

Le grain de la pierre est une chose importante pour l'exécution de ce travail, il doit être fin, régulier, et offrir au crayon des aspérités saillantes, on peut l'obtenir remplissant toutes ces conditions en opérant le grainage avec le sable jaune de Montrouge, tamisé au tissu de laiton n° 100, et en choisissant au préalable deux pierres bien planes et d'une égale dureté.

La préparation acidulée, dont nous avons donné la composition pour les dessins au crayon, peut être employée avec succès sur les planches dessinées à la manière noire.

M. Tudot a imaginé une espèce de brosse ou pinceau, composé d'un certain nombre de fils d'acier, que les commerçants désignent sous le nom de corde de Nuremberg, dont chaque brin est coupé à la longueur de deux pouces, ployé au centre, en sorte que les deux pointes se touchent, on réunit quelques-uns de ces bouts de fil métallique pour en former un faisceau que l'on emmanche dans un petit tube cylindrique de laiton ou de fer-blanc d'une longueur de 5 à 6 pouces, et d'un diamètre proportionné à la grosseur que l'on veut donner à cet instrument, que M. Tudot a nommé égrainoir ; il doit être flexible comme les petits pinceaux de laiton en usage chez les doreurs sur métaux, mais bien différents pour la forme de l'instrument que nous décrivons et que nous nommerons brosse à dégrader les teintes.

Pour ne toucher au besoin qu'une petite partie du dessin, on aiguise cette brosse sur une pierre du Levant, de manière à lui donner la forme conique des pinceaux dont les peintres se servent pour filer.

L'artiste doit fabriquer lui-même la brosse à dégrader, et, pour y parvenir, peu d'outils lui sont nécessaires, il suffit d'avoir un petit marteau à pane pleine et plate, dans le genre de ceux qui sont propres à la fabrication des plumes d'acier dont se servent les écrivains lithographes, une pince de treillageur, des ciseaux d'acier fondu, une pierre grise à aiguiser et une pierre du Levant ; pour faire les tubes de laiton ou de fer-blanc, on a quelques bandes de ces deux métaux, plusieurs mandrins en fer rond de différentes grosseurs sur une longueur de 7 à 8 pouces; des rognures de tringles sont excellentes pour remplacer ces derniers.

Les mandrins servent à donner la courbure au métal adopté pour les tubes, en les martelant dessus.

Le crayon que l'on emploie pour dessiner à la manière noire lorsqu'on doit se servir de la brosse à dégrader, doit être sec et cassant, contenir plus de noir et moins de savon que pour le moyen à la flanelle, et par ce procédé une seule qualité de crayon suffit.

Au lieu de donner plusieurs teintes de crayon, on couvre généralement tout le grain de la pierre en une seule fois, dans toute l'étendue du cadre que l'on a préalablement tracé ; le crayon doit être distribué par de larges hachures placées près les unes des autres, et croisées ; on doit éviter de beaucoup appuyer sur les premières, dont les traces ne pourraient disparaître ensuite.

L'espace que doit occuper le dessin étant ainsi également teinté partout, on prend un morceau de bois dur, plat à l'une de ses extrémités, et arrondi à l'autre, assez semblable à un ébauchoir de modeleur, on met la partie plate sur la marge de la pierre, en penchant cet instrument sur la teinte préparatoire ; on passe ainsi en appuyant avec force d'un bout à l'autre du travail, en ayant soin de le dépasser d'un pouce au moins ; cette opération doit être faite de proche en proche, sur toute la partie noircie.

On pourrait remplacer avec avantage cet ébauchoir par un galet de Gayac, monté sur un pivot à poignée, dans le genre de la roulette à transporter, dont nous donnons la figure sous le n° 8 de la planche première : bien entendu que le galet doit être moins large des deux tiers.

On conçoit parfaitement que la couche de crayon doit être très-légère, sans quoi l'ébauchoir ou la roulette, qui doivent enlever le crayon des sommités du grain, et le conduire dans les interstices, le reporteraient sur les marges de la pierre qu'il salirait et nuirait à la propreté du travail.

Si après cette opération il existait quelques points blancs, on pourrait les boucher à l'aide d'un crayon taillé très-fin, que l'on appuierait légèrement.

On procède ensuite à la dégradation de la teinte en se servant de la brosse métallique, dont nous avons donné la description; on la place entre les doigts à peu près comme les peintres tiennent leurs pinceaux, en passant cette brosse dans le même sens qu'ils s'en servent ; on éclaircit légèrement la teinte, en la poussant perpendiculairement, elle pénètre dans les cavités du grain où elle subdivise le crayon qui s'y trouve, et en retient une partie entre ses fils.

On doit avoir soin de nettoyer cette brosse à l'aide d'un chiffon de toile un peu rude, autant de fois que cela est nécessaire, afin de ne pas reporter les parcelles de crayon sur les nouveaux endroits que l'on veut éclaircir.

Lorsque les fils d'acier commencent à s'émousser, on peut les aiguiser sur la pierre du Levant, légèrement frottée d'huile avec un linge fin, ensorte que les fils n'en puissent retenir, car ils ne manqueraient pas d'en mettre sur le dessin, ce qui causerait la perte du travail.

Après avoir obtenu la dégradation des teintes, il arrive fort souvent que des points qui ne peuvent être atteints par la brosse, demeurent plus foncés; comme l'harmonie est indispensable, il faut les attaquer au moyen d'un morceau de l'acier dont on fait des

13.

plumes, auquel on donne la même courbure, et que l'on taille en cure-dent pointu.

On termine le dessin en employant à la manière ordinaire le crayon, l'encre et le grattoir.

Le procédé de la manière noire convient surtout pour rendre les ombres vigoureuses et les grands effets de lumière, son exécution est minutieuse et difficile, il faut à l'artiste beaucoup de soin et de patience, son invention est plus ingénieuse que réellement utile, et pour notre compte personnel nous pensons que les artistes ne s'empresseront pas de l'adopter, et même que peu d'entre eux se détermineront à en faire de simples essais.

CONCLUSION.

Telles sont les observations que plusieurs années d'expérience nous ont permis de soumettre au jugement du public. Sans doute il eût été facile de les présenter d'une manière plus piquante pour les gens du monde, mais nous n'avons prétendu nous adresser qu'aux personnes qui cultivent l'art de la lithographie, et nous avons pensé que dans un ouvrage rempli de détails purement techniques, on devait préférer l'ordre et la clarté à l'élégance et à la rapidité du style.

Les services que la lithographie a déjà rendus aux arts, aux sciences et au commerce, prouvent assez l'importance de son invention et son utilité. Son rang est maintenant marqué parmi les arts industriels : elle tient le milieu entre les belles gravures et les gravures moyennes. Elle présente, entre autres avantages, une grande célérité et une économie immense dans l'exécution ; elle est la reproduction parfaite des dessins de nos grands maîtres ; elle réunit dans les mêmes mains les moyens de créer et de reproduire. Avec elle, le dessinateur se passe du graveur ; il multiplie lui-même à l'infini ses études d'après nature, ou les objets d'art, aussi bien que les créations de son génie.

Avant l'invention de la lithographie et des perfectionnements survenus par suite de son importation en France, on publiait une foule d'ouvrages scientifiques dont la nature et l'objet exigeaient que des figures accompagnassent le texte, et cependant la plupart en étaient dépourvus. Le prix élevé de la gravure, la lenteur de son exécution, étaient et seraient encore des obstacles invincibles ; il appartenait à la lithographie de remplir cette espèce de vide, et de faciliter l'étude

des sciences en présentant aux yeux les figures à l'appui des descriptions, en rendant ces dernières plus claires, plus concises, et en
donnant aux démonstrations plus de force et d'énergie.

Le commerce n'avait d'autre moyen, pour la publication de ses
actes et de ses transactions, que l'impression en caractères, moins
propre que la lithographie à ce genre d'opérations, puisqu'il lui est
impossible, malgré les progrès étonnants de la typographie, d'imiter
aussi parfaitement l'écriture d'un commis, de donner le *fac-simile*
d'une signature, etc., etc. La lithographie sera toujours plus élégante, plus expéditive et souvent moins coûteuse.

En empruntant à nos confrères les lithographes et aux personnes
qui ont écrit sur cet art ingénieux, la description de divers procédés qui nous ont paru devoir intéresser nos lecteurs, nous avons eu
pour but d'augmenter les moyens de leur publication, de les popu-
lariser pour ainsi dire, et de rendre à leurs inventeurs un service
égal à l'intérêt que nous trouvons nous-mêmes à justifier le titre de
notre livre en l'enrichissant de toutes les connaissances utiles en ce
genre.

Citer un nouveau procédé, en nommer l'inventeur, c'est faire
l'éloge de l'un et de l'autre.

MANUEL

DE

L'IMPRIMEUR LITHOGRAPHE.

DEUXIÈME DIVISION.

NOTICE HISTORIQUE SUR ALOYS SENEFELDER

Sur la découverte de la Lithographie et sur la
marche et les progrès de cet art.

Soit qu'ils aient été poussés par le désir de paraître
plus piquants, soit que les renseignements leur aient
manqué, la plupart des auteurs qui ont écrit sur la Lithographie ont donné sur sa découverte une version différente ; ils ne sont restés d'accord que sur la fameuse note
de la blanchisseuse, peut-être seulement à cause de l'ori-
ginalité.

Pour nous qui avons vécu longtemps dans l'intimité de
l'homme illustre à qui est due la découverte de cet art,
qui avons été constamment liés d'une étroite amitié avec
les principaux membres de sa famille, nous croyons qu'il
est de notre devoir, devoir du reste dicté par une profonde
reconnaissance, de rétablir les faits dans toute leur nudité

en les dépouillant du prestige de la fable et du merveilleux.

ALOYS SENEFELDER naquit à Prague en 1771. A quinze ans il fut envoyé à l'Université d'Ingolstadt pour étudier le droit, car son père qui était artiste dramatique au théâtre de la cour à Munich, était loin de vouloir destiner ses enfants [1] au théâtre, tandis que ceux-ci avaient un goût très-prononcé pour cette profession. Aussi, dès que la mort de son père lui eut laissé la liberté de faire le choix de sa carrière, Aloys abandonna-t-il ses études de droit et se livra-t-il avec un grand enthousiasme à la composition dramatique qu'il avait déjà essayée pendant qu'il suivait ses cours.

Le succès qu'obtint une petite pièce de circonstance (*le Connaisseur des femmes*) et dans laquelle il joua, lui fit croire que la fortune lui souriait dans cette carrière, et dès ce moment il fut tout à la fois auteur et acteur. En conséquence, ne pouvant comme il espérait, trouver d'emploi au théâtre de la cour à Munich, il parcourut les villes de Nurenberg, Bamberg, Augsbourg et Ratisbonne avec une troupe de comédiens nomades.

Au lieu du plaisir et de la gloire qu'il cherchait, il ne recueillit dans ce genre de vie que dégoût et privations. Désabusé sur ses illusions théâtrales, Aloys résolut de se consacrer tout entier à la littérature. Pour se faire connaître il chercha à faire imprimer les quelques ouvrages qu'il avait fait représenter; mais à cette époque, comme aujourd'hui, la difficulté était grande pour un auteur sans renom, sans protection et surtout sans fortune. Cependant il trouva un libraire qui lui promit une certaine somme de ses œuvres, dans le cas seulement où l'impression serait achevée dans un délai déterminé. Pour hâter le travail, Senefelder s'installait à l'imprimerie des journées entières, il s'y rendait utile en travaillant lui-même à la casse, à la presse; mais malgré tout ce zèle et cette

[1] Ces enfants étaient au nombre de six, savoir : Théobald, Georges, Clément et deux filles; Aloys était l'aîné de la famille.

activité, le labeur ne fut terminé que quinze jours trop tard et il perdit ainsi le fruit de ses soins et de ses veilles, car ce qu'il reçut du libraire fut à peine suffisant pour couvrir ses déboursés.

« Si j'avais, se disait-il, après cette déception et dans ses moments d'angoisse, « une petite presse à moi, je ne serais plus exposé à de pareils retards et à des dépenses aussi considérables ; je ne compterais que sur moi et je serais sûr d'arriver. » Ce raisonnement fut pour lui un trait de lumière, et malgré qu'il sentit qu'entre la première pensée d'un projet et la mise à l'œuvre, il existe un abîme immense, Aloys ne s'en effraya pas et les difficultés qu'il entrevit furent peut-être un aiguillon de plus : c'est l'histoire de tous les inventeurs. Quant aux ressources pécuniaires dont il disposait, elles étaient nulles. Cette dernière circonstance, désastreuse dans tout autre cas, fut une des causes premières de la Lithographie. En effet, si Senefelder eut eu les fonds nécessaires pour se procurer une presse et des caractères typographiques, il se fût borné pour reproduire ses écrits aux moyens connus d'impression.

Il faut encore reconnaître ici la main de la providence qui plaça cet homme remarquable dans une position aussi précaire et au milieu des pierres qui devaient bientôt devenir l'instrument de sa gloire.

Les premières tentatives que fit Senefelder, pour trouver un mode économique d'impression, consistèrent à frapper dans une pâte molle, des mots, des lignes entières en se servant de caractères d'imprimerie. Il coulait ensuite dans cette sorte de matrice de la cire à cacheter ; cette planche avait l'inconvénient de se briser sous la moindre pression.

Abandonnant bientôt ce système qui ne pouvait lui donner aucun résultat satisfaisant, bien qu'il eut sans s'en douter inventé la stéréotypie, Senefelder s'exerça à écrire à rebours sur une planche de cuivre qu'il couvrait du vernis des graveurs et qu'il faisait mordre comme font les graveurs en taille douce. Il reconnut bientôt que, par ce moyen, il ne pourrait jamais atteindre le but qu'il s'était proposé, et que ces exercices si souvent répétés useraient infailliblement sa planche de cuivre qu'il lui serait difficile de remplacer. Aussi songea-t-il à lui substituer une autre matière, au moins pour ses essais.

Il se servit ensuite de planches d'étain sur lesquelles il gravait; mais l'acidulation avait très-peu d'action sur ce métal; d'un autre côté, les effaçages répétés que Senefelder était obligé de faire, usaient promptement la pierre ponce dont il se servait; et tel était l'état de dénuement du pauvre Aloys, que cette dépense lui était très-onéreuse. Dans un de ses moments de cruelle pénurie, il se rappela avoir vu sur les bords de l'Isar de petites pierres blanches qui pourraient peut-être remplacer la pierre ponce; il en recueillit quelques-unes dont l'usage lui donna pleine satisfaction; c'étaient des fragments de pierres de Kenlheim, c'est-à-dire des pierres plates dans le genre des dalles de liais.

La couleur blanche de ces pierres, le poli qu'elles prirent dans le travail de polissage auquel il les employait, lui suggérèrent la pensée de les utiliser pour ses exercices d'écriture et de gravure à rebours, sans prévoir d'abord qu'il fut possible de s'en servir un jour pour l'impression; bien même qu'il eut la certitude de pouvoir se procurer de ces pierres de 0,5 à 0,15 d'épaisseur, à un prix excessivement modique.

Mais un peu plus tard, ces pierres remplacèrent entièment les planches de métal et il fut amené ainsi à la découverte de l'art merveilleux qui nous occupe. Senefelder s'était composé un vernis de graveur dont la cire, le savon et l'essence de térébenthine formaient la base; il étendait ce vernis sur sa pierre polie comme il le faisait sur le cuivre, il enlevait le vernis avec une pointe et faisait mordre à l'eau forte; puis il tirait des épreuves sur une presse en taille-douce avec une encre composée d'huile de lin, de noir de Francfort (noir de résine) et d'une très-petite dose de crème de tartre; il essuyait avec une eau rendue alcaline par la potasse et un peu de sel de cuisine.

Les épreuves ainsi obtenues étaient loin d'être des plus satisfaisantes tant à cause de l'incertitude de ses procédés que de son inhabileté à imprimer et surtout de l'excessive porosité des pierres, qui trop incomplétement polies, prenaient facilement le noir d'impression.

Telle fut la première période de la Lithographie, c'est-à-dire de l'impression lithographique (der Steindruck) de 1791 à 1796, période pendant laquelle Aloys se consuma dans des essais improductifs et dans des privations continuelles.

Enfin, un jour, c'était en juillet 1796, Senefelder fut chargé par sa mère de prendre note du linge que la blanchisseuse allait emporter. Dans son désordre d'artiste, ne trouvant pas sous la main un morceau de papier, il prit à la hâte une de ses pierres polies sur laquelle il écrivit avec son vernis la note qui lui était demandée, se promettant de la transcrire sur papier dès qu'il aurait le loisir de s'en procurer.

Pour un homme comme Senefelder, la moindre circonstance était un sujet d'observation; avant de détruire ce qu'il avait écrit sur la pierre, il voulut voir ce que deviendrait cette écriture sous l'action de l'acide et sous le tampon noirci d'encre d'impression.

A dater de ce jour, la Lithographie en relief était inventée et Senefelder abandonna en quelque sorte son impression mécanique pour l'impression purement chimique (chemischein steindruckerei).

Nous ne suivrons pas de nouveau le pauvre inventeur dans tous ses essais, dans ses tâtonnements et dans toutes ses déceptions; cet état dura deux années consécutives, puis il trouva un ami et une famille auprès de M. Gleissner, compositeur de musique. C'est avec M. Gleissner que la Lithographie passa de l'état d'essai à l'application : l'inventeur et son associé imprimèrent de la musique sur des presses construites grossièrement, tantôt suivant le système des imprimeurs en taille-douce, tantôt d'après le mode de la typographie; des carrés de planches recouverts en drap, sous forme de tampon, servaient à l'en-

Lithographie.   14

crage, et l'on s'étonne aujourd'hui qu'ils aient pu avec des instruments si imparfaits et si informes, obtenir des épreuves pures et un tirage soutenu, remarque que l'on ne manque pas de faire quand on jette un coup-d'œil sur les épreuves de l'époque.

Les premiers ouvrages sérieux sortis des presses lithographiques furent douze airs avec accompagnement de piano et deux duos de flûte. L'exécution de ces ouvrages leur valut d'autres travaux qui nécessitèrent le développement du matériel. Senefelder construisit, en conséquence, une presse d'une dimension plus grande que la première qui, en raison de la nullité de sa valeur, elle avait coûté six florins (environ 12 fr.), fut détruite. Mais qu'elle dut être l'anxiété d'Aloys lorsqu'il vit que la nouvelle machine ne donnait que des épreuves maculées ou charbonnées; il chercha longtemps la cause de cet inconvénient, qui provenait de ce que dans la première presse le cylindre supérieur étant fendu, la feuille de papier en commençant l'épreuve se trouvait saisie par la fente et entraînée sans glissement. Dans la nouvelle presse, au contraire, le cylindre était régulier, de sorte que la pierre et le papier glissant en même temps éprouvaient une sorte de frottement qui rendait presque toujours l'épreuve horriblement maculée.

MM. Falter et Steiner encouragèrent aussi puissamment Senefelder en lui confiant divers travaux et en l'aidant de leurs conseils et de leurs bourses. Senefelder ne pouvant plus suffire à leurs travaux, ni pour la célérité, ni pour la perfection de certains caractères d'écriture, dut s'adresser à un calligraphe de talent qui lui traçait sur papier les caractères. La nécessité rend industrieux et c'est à cette circonstance et au besoin qu'Aloys avait de reporter sur pierre le travail du calligraphe, que nous devons l'invention de l'*Autographie*, ingénieuse découverte, trop peu appréciée et qui seule ferait la gloire de l'homme illustre dont nous retraçons l'histoire. Il est à remarquer encore que de 1796 jusqu'en 1799, date de la découverte de l'Autographie, Senefelder ne voyait dans son invention qu'un

moyen de remplacer avec quelques modifications l'impression typographique, tandis que dès ce moment la Lithographie lui parut un art nouveau qui venait prendre rang
à côté des deux moyens de reproduction déjà connus.

Il est à remarquer aussi que personne n'a sérieusement
osé contester la découverte de la Lithographie à Senefelder, c'est que personne avant lui n'avait songé que l'on
pût tirer parti de l'affinité des pierres calcaires avec les
corps gras, de la combinaison des acides, de la gomme
arabique et de l'eau, que l'on pût obtenir de cette affinité
et de cette combinaison des résultats si admirables et qui
sont aujourd'hui un moyen nouveau de reproduction des
œuvres de la pensée des chefs-d'œuvre de la peinture,
et une source intarissable de prospérité pour l'industrie.
On peut dire enfin que dès 1799, le dessin au crayon, à la
plume, le travail à la pointe, l'autographie, le transport
des épreuves fraîches, même celui des vieilles impressions
étaient déjà connus et que ces procédés ne différaient de
ceux dont on fait usage aujourd'hui, que par quelques légères nuances dans la manipulation.

En 1800, une description des procédés dont nous venons
de donner la nomenclature fut déposée au *patent-office*,
à Londres, par M. Philippe André, nouvel associé de Senefelder ; en 1801, M. Frédéric André, son frère, demandait
à Paris un brevet d'importation qu'il obtint le 11 février 1802 ; enfin, c'est à leur troisième frère Antoine,
qu'est dû le vaste projet d'association pour l'exploitation
de la Lithographie en France, en Angleterre et en Allemagne, projet qui ne reçut qu'un commencement d'exécution, car Senefelder n'était pas l'homme qu'il fallait pour
diriger un établissement. Le travail de l'atelier, les études
et les recherches poussées jusqu'à un certain point, étaient
de son ressort ; mais le perfectionnement ou le développement de l'art et surtout la direction des ouvriers, étaient
au-dessus de ses forces. Tout était désordre dans un atelier sous sa direction, il ne savait ni gouverner, ni compter,
et personne n'était plus naïvement étonné que cet homme,
si distingué sous d'autres rapports, lorsqu'on lui démon-

trait à la fin du mois qu'il avait dépensé plus qu'il n'avait eu de gain.

La famille Gleissner, assez nombreuse, et ses deux frères Georges et Théobald, s'attachèrent à Senefelder par un intérêt sordide et leur envie lui suscita des tribulations sans nombre qui paralysèrent presque toujours ses projets et mirent souvent son avenir en question.

Il serait hors de propos de rappeler ici tout ce que Senefelder nous a raconté lui-même de sa famille ; nous nous contenterons de dire que son frère Georges, après avoir travaillé pendant dix ans dans divers établissements, après avoir parcouru diverses contrées de l'Europe, colportant les procédés de son frère, est allé mourir en Amérique ; que Théobald, excellent ouvrier, surtout pour les impressions en couleurs, vint à Paris avec Aloys en 1821, et qu'aujourd'hui il vit obscurément à Munich ; que Clément enfin, homme d'une douceur par excellence, est encore maintenant à Munich un des meilleurs écrivains et dessinateurs à la plume.

Revenons à l'inventeur. En 1801, conduit à Londres par M. Philippe André, il y fut tenu en charte privée pendant sept mois que M. Philippe employa à parcourir la France, puis il retourna dans le sein de sa famille et de celle de Gleissner qui ne le quittèrent plus jusqu'en 1816, même pendant ses fréquents voyages à Vienne, à Augsbourg, Francfort, Offenbach et Munich où, successivement et avec divers associés, il créa des établissements lithographiques ; travaillant partout et sans relâche au perfectionnement de son invention ; cherchant à en faire de nouvelles applications, tantôt pour les étoffes, tantôt pour les papiers peints, soit avec les encres grasses, soit avec les mordants en usage dans l'impression sur toile. On est donc en droit de s'étonner, aujourd'hui, que cinquante ans se sont écoulés, qu'il y ait des personnes qui osent donner comme nouveau l'impression des étoffes par les procédés lithographiques, décrits depuis si longtemps et depuis longtemps abandonnés.

Durant les nombreuses pérégrinations de Senefelder et

les guerres d'Allemagne, qui furent sans doute un obstacle à son voyage en France, le comte de Lasteyrie et G. Engelmann visitaient Munich, s'y exerçaient sur l'art nouveau; ils en étudiaient les ressources et rapportaient dans notre patrie les connaissances pratiques et le matériel nécessaires à une exploitation sérieuse. Déjà, à la fin de 1815, le comte de Lasteyrie ouvrait un atelier à Paris, tandis que G. Engelmann élevait le sien à Mulhausen.

L'année suivante on comptait à Paris, avec le premier établissement, ceux de Constans, de Villain et celui d'Engelmann qui y était venu s'établir.

Pour suivre l'ordre chronologique des faits, nous devons en rapporter un ici qui vient rappeler une circonstance passée inaperçue. André avait obtenu un brevet d'importation en 1802, il avait ouvert à Paris un établissement pour lequel il dépensa une somme considérable. Fatigué de la froideur du public pour le nouvel art et peut-être aussi de l'imperfection des procédés, il avait abandonné cette entreprise avec une partie de son matériel. Cependant, la Société d'encouragement toujours juste rémunératrice, n'avait pas oublié André et lui avait décerné, en 1816, une médaille d'argent rappelant l'importation qu'il avait faite en France des procédés lithographiques. C'est à cette occasion et pour tirer un parti quelconque du matériel lithographique laissé par André, que M. Knecht vint pour la première fois à Paris.

Nous voyons plus tard M. Knecht accompagner Senefelder vers la fin de 1818, lorsqu'il vint avec sa famille pour publier la traduction de son ouvrage sur la lithographie, déjà imprimé à Munich à frais communs avec M. André. La plus grande partie de cette traduction fut l'œuvre de M. Knecht, qui imprima aussi lui-même les planches de cet ouvrage remarquable, planches dont quelques-unes furent exécutées par Senefelder lui-même, qui, n'étant pas dans l'intention de fonder un établissement, avait fabriqué à peu de frais une mauvaise presse à bascule. MM. Treuttel et Wurtz, éditeurs de cet ouvrage, accueillirent avec beaucoup de bienveillance et favorisèrent de

14.

tout leur pouvoir Senefelder, auquel ils offrirent même une association pour la fabrication des pierres artificielles.

Le petit atelier que Senefelder avait rue Servandoni était fréquemment visité par les hommes notables de l'époque : le comte Siméon, alors ministre de l'intérieur ; le comte de Lasteyrie, Chaptal, d'Hauterive, lord Spencer, lord Essex. Des ambassadeurs, des savants ne dédaignèrent pas de descendre dans les plus petits détails de la lithographie, dont l'inventeur ne faisait aucun mystère, tandis qu'ailleurs on les cachait avec tant de soins. Aussi dès ce moment les artistes purent-ils se rendre compte des effets de l'acidulation, des résultats du tirage, et donner d'utiles conseils aux ouvriers.

Senefelder resta deux ans à Paris, s'occupant spécialement de la construction et de la vente de ses presses portatives, de la substitution de la pierre par le zinc, de cartons lithographiques, et d'une presse mécanique, qui sont restés à l'état de projet.

Il travaillait à la seconde partie de son *Traité de l'art Lithographique*, lorsque les journaux, dont la lecture faisait ses délices, appelèrent son attention sur des questions tout-à-fait étrangères à son invention, entre autres la découverte d'un bleu solide pour l'impression des étoffes, celle d'un moyen pour diriger les ballons contre les vents, invention pour laquelle le gouvernement anglais proposait un prix d'un million.

Avec son imagination ardente, Senefelder s'empara de ces questions ; il fit enlever aussitôt ses presses, donna congé aux 5 ou 6 ouvriers qu'il occupait, et se mit à faire des essais avec une ardeur incroyable pour trouver le bleu solide. Vingt jours après il écrivait à M. Obercamp, à Jouy, pour lui demander de faire dans sa manufacture des essais de son bleu bon teint, qu'il disait avoir inventé. M. Obercamp, en voyage, ne pût répondre de suite, et le bleu en resta là.

Puis vint le tour des ballons. Aloys, toujours mobile dans ses projets, avait transformé ses ateliers en véritable laboratoire; il s'était procuré tous les ouvrages qui avaient abordé la matière et qui pouvaient l'aider dans ses recherches. Bientôt on vit flotter dans cet atelier (autrefois un des salons de l'hôtel Roquelaure) une demi-douzaine de petits ballons, auxquels étaient suspendus par des fils de soie de très-petites nacelles.

Auprès de cette flottille, Senefelder, armé d'un énorme soufflet, s'évertuait à démontrer qu'en faisant monter le ballon au-dessus de la région des vents, et en établissant entre ce ballon et sa nacelle un équilibre convenable, on pourrait à l'aide de voiles naviguer dans les airs comme sur l'eau. Il n'avait pas pensé, lorsqu'il raisonnait ainsi, que le poids des cordes ou des chaînes qu'il représentait par des fils serait un obstacle infranchissable. Cette seule observation, faite par un des spectateurs de ses expériences, suffit pour lui faire sentir la folie de ses projets, et il reprit ses travaux lithographiques, un moment interrompus. Ce trait, entre mille que nous pourrions citer, donne la mesure de la versatilité des projets de Senefelder.

Peu de temps après Aloys quitta Paris pour ne plus y revenir. Après avoir fondé à Vienne un nouvel établissement, dans lequel il donna encore la preuve d'incapacité de gestion, il se retira à Munich, où il vécut paisiblement et assez honorablement d'une pension que lui fit le roi de Bavière, et il mourut dans cette ville le 26 février 1834, à l'âge de 63 ans, d'une courte maladie, de douleur peut-être d'avoir perdu la vue, dont il fut privé environ un mois et demi avant sa mort.

Senefelder ne regretta jamais ni le temps ni l'argent qu'il gaspilla toujours pour des essais sans but : l'argent surtout avait pour lui si peu de valeur qu'il le dépensait sans en comprendre la conséquence ; cette disposition d'esprit avait l'avantage de le laisser dans une sécurité complète sur son avenir et de favoriser l'élan de son imagination, qui toujours féconde, toujours active, se livrait sans entraves à ses goûts artistiques. Dans les derniers temps de sa vie la peinture était devenue sa passion domi-

nante, et telle était l'organisation de cet homme véritablement extraordinaire, que sans études préalables,
n'ayant pour guide que son goût, il exécuta un petit tableau dont le faire ne manque ni de mérite ni d'origi-
nalité. Ce tableau unique est aujourd'hui la propriété de
M. Knecht.

Plus heureux que Faust, que Guttenberg, que tant d'autres hommes de génie, Senefelder fut accueilli, fut encou-
ragé; il obtint même des honneurs pendant sa vie. S'il eut
eu des habitudes d'ordre et d'économie il eut laissé une
brillante fortune. Sans compter la ridicule récompense de
25 florins que lui accorda l'Académie des sciences de Munich en 1798, il obtint de la même Académie une médaille
d'or. Le roi de Bavière, qui honorait les arts, combla Senefelder de faveurs, lui fit mouler son buste pour le placer à
côté de ceux des artistes dont s'honore ses Etats; il lui
accorda une honorable pension pendant les dernières années de sa vie, et enfin après sa mort lui fit élever un mau-
solée. Soit hasard, soit par un ingénieux rapprochement,
le marbrier chargé de l'érection de ce monument s'est servi
de pierres de Kehlheim !...

On vient d'exhumer les restes de Senefelder pour les
placer dans le Panthéon de l'Athènes moderne. Une grande
statue de l'inventeur de la Lithographie est en voie d'exécution. Une rue de la capitale de Bavière recevra son nom.

On nous marque qu'un amateur phrénologiste peu délicat a dérobé le crâne de Senefelder au moment de l'ex-
humation.

Les souverains d'Autriche, de Saxe, de Russie et d'Angleterre ont envoyé à Senefelder des bagues et des médailles pour honorer en lui l'homme de génie.

Mais, moins juste à son égard que ne le fut le roi de
Bavière, le jury de l'exposition de l'industrie en France
décerna en 1823 une *médaille d'argent* à l'inventeur de la
Lithographie, tandis qu'il avait accordé, en 1819, une *médaille d'or* à MM. Haussmann frères, de Colmar, pour
avoir fait l'application de cet art dans l'impression des
toiles peintes.

Aloys avait épousé en 1810 une jeune fille de 16 ans, qui mourut en couches en lui donnant un fils [1]. Il se maria ensuite avec la nièce d'un compositeur allemand distingué. Les soins assidus et l'ordre extraordinaire de cette femme le mirent dès ce moment à l'abri du besoin.

Qu'un étranger, pénétré d'admiration pour son génie, vint visiter Senefelder, il le trouvait dans son atelier, les mains calleuses et gercées par le maniement de la presse et des pierres, barbouillé de noir de la tête aux pieds : et s'il lui disait : Comment avez-vous donc fait cette merveilleuse découverte? *En écrivant le mémoire de ma blanchisseuse,* répondait-il avec bonhomie.

A l'autopsie de son corps on trouva dans le cerveau deux petites pierres, chacune de la grosseur d'une noisette, recouvertes d'une pellicule blanchâtre. Ces pierres, qu'on nomme à Munich *fenensteine,* ont été déposées à la Société polytechnique. On sait que cette maladie est extrêmement rare ; elle explique les fréquents accès de mal de tête dont Senefelder était affligé.

Aloys était un de ces hommes remarquables doué d'immenses facultés : il savait beaucoup parce qu'il apprenait avec une facilité et une rapidité étonnantes. Pendant son premier séjour à Paris, il se livra à l'étude de la langue française avec une telle ardeur et une telle aptitude qu'au

---

[1] Ce fils n'avait pas vingt ans lorsque son père mourut ; manquant d'éducation, sans guide, sans ressources, avec un bon cœur mais un caractère insouciant, il ne possédait pour toute fortune que le nom de son père et un assez joli talent pour dessiner les portraits sur pierre.

Henri Senefelder abandonna Munich et séjourna quelques années à Vienne et à Berlin, où il se maria. Il s'établit plus tard à Hambourg, où il perdit, dans le terrible incendie de 1843, tout ce qu'il possédait, et il retourna à Munich avec sa femme et deux enfants dans le plus triste état. S. M. le roi de Bavière lui fit don d'une somme de 3,000 florins pour établir une imprimerie lithographique. On acheta des presses et des pierres ; mais avant que cet établissement pût être en activité, Henri tomba malade en même temps que sa femme lui donnait un troisième enfant.

Enfin, le 30 décembre 1846, il termina sa triste carrière à l'âge de 35 ans, laissant trois pauvres petits orphelins sans ressources.

bout d'un mois il lisait les journaux français, ce qui fut
pour lui une de ses distractions les plus attrayantes.

A une des conceptions les mieux organisées, à un esprit
inventif extraordinaire, Senefelder joignait une mobilité
de caractère et une inconstance d'enfant. Aussitôt qu'il
avait atteint le but de ses recherches, il en abandonnait à
d'autres l'exploitation, car un travail uniforme et soutenu devenait un supplice pour lui. Sensible autant que
généreux, il était crédule à l'excès, et il eut souvent à
déplorer le choix qu'il avait fait d'hommes qui avaient su
capter sa confiance, s'approprier son argent et surtout
le secret de ses procédés. En société il éprouvait une gêne
visible ; cette contrainte, ou pour mieux dire cette timi-
dité naturelle, paralysait l'essor de son imagination ardente et souvent originale : il n'était heureux qu'entouré
de sa famille et de ses amis intimes, ou travaillant dans
son laboratoire ; là particulièrement il oubliait tout. Il
n'est donc pas étonnant qu'avec de telles dispositions
Senefelder se soit peu occupé de son avenir et de l'éducation de son fils.

L'expérience nous a rendus sans doute plus habiles, et
nous marchons aujourd'hui sans tâtonnements ; mais nous
n'avons rien ou presque rien changé aux procédés que
nous a légués Senefelder ; nous n'en avons pas même de
nouveaux qu'il n'eût indiqués ou prévus. Nous n'en voulons
pour preuve que la lettre suivante, écrite à M. Knecht.
Le fac-simile de cette lettre a été publié dans le *Lithographe* :

« Munich, 6 août 1828.

« Mon cher ami,
« Je suis encore dans l'indécision si je continuerai mon ouvrage
« sur la Lithographie. Je ne sais si cette publication sera imprimée
« en caractères ou autographiée [1]. Mon bénéfice a été tellement
« minime pour la première partie, que je crois que ce dernier
« moyen m'offrirait un avantage en ce que je pourrais élever le
« prix de chaque exemplaire, quoique en en vendant moins.

[1] Nous avons cru pouvoir traduire *in manuscript* par le mot autographie, mot que nous ne trouvons pas dans l'ouvrage de Senefelder, et qui
est cependant ici la seule acception que nous puissions lui donner.

« Donnez-moi là-dessus votre amical avis.

« Les expériences que j'ai faites depuis mon départ de Paris me
« donnent la certitude que je suis en mesure de produire un ou-
« vrage qui satisfera les désirs des lithographes, puisque j'y ai
« établi les bases et règles positives pour atteindre la perfection
« dans tous les genres.

« J'enrichirai cette partie de mon ouvrage d'une foule d'inven-
« tions nouvelles qui sont toutes du domaine de l'impression. Par
« exemple : une composition excellente de pierres artificielles,
« l'impression mosaïque (invention inestimable), une nouvelle mé-
« thode de stéréotypie, une presse mécanique accélérée dont j'ai
« déjà obtenu des résultats, et sur laquelle l'encrage se fait mécani-
« quement. Un ouvrier peu habile pourra toujours produire plu-
« sieurs milliers d'exemplaires par jour. Les corrections des pierres
« m'embarrassent maintenant si peu, que je suis certain qu'à l'a-
« venir on pourra, comme le font les graveurs sur cuivre, achever
« une planche peu à peu et faire des changements après diverses
« épreuves. J'espère, par ces découvertes, avoir porté la Lithogra-
« phie au plus haut degré de perfection. Je pense trouver facile-
« ment 100 souscripteurs en leur laissant tous ces procédés pour
« *cinq louis d'or.* Qu'en dites-vous ? etc., etc.

« ALOYS SENEFELDER. »

Ce n'est pas seulement entre les mains de l'inventeur
que la Lithographie a fait des progrès. Nous allons esquisser en quelques mots les phases de sa marche et de
son développement, et signaler les hommes qui ont le
plus puissamment concouru à ces progrès et à ce développement.

Au nombre de ces hommes vient se placer honorablement le nom du baron d'*Aretin,* qui ne craignit pas, presque dès le début de Senefelder, de s'intéresser à son entreprise. Par ses soins eut lieu la première publication
sérieuse sortie des presses lithographiques. Cette publication, connue sous le titre de : *OEuvres lithographiques
de Strixner et Piloty,* valut à Senefelder l'honneur insi-
gne de voir mouler son buste.

A côté, nous voyons M. *Manlich,* directeur de la galerie
des tableaux de Munich, créer un établissement lithographique dans le but de perfectionner l'art, et nous pouvons
dire qu'il réussit dans son noble but. C'est à cet habile

artiste que nous devons l'impression à *teintes plates* pour rehausser les dessins.

A l'histoire de la Lithographie est lié le nom de M. *Mitterer*, professeur à l'école gratuite de dessin de Munich. Chargé de diriger l'atelier lithographique qui avait été créé dans cette école, M. Mitterer s'acquitta de cette tache avec un zèle et un talent remarquables. Entre ses mains, l'art nouveau fit de rapides progrès ; l'exécution des dessins, au crayon surtout, reçut de lui un tel développement, que l'on est presque tenté de croire que cette importante application de l'art est due à son génie. C'est à cet artiste distingué, du reste, que l'on doit *la presse à moulinet* (1805), qui vint remplacer fort à propos la presse dite à *gibet*, généralement adoptée alors.

L'art fit aussi un pas de plus dans les ateliers du baron *de Cotta*, de Stuttgard. Dans ses ateliers, dirigés avec talent par M. *Rapp*, la gravure sur pierre, qui semble avoir été depuis la méthode de prédilection des Allemands, fut particulièrement perfectionnée. De Cotta publia en 1810 le premier Traité qui ait été écrit sur la Lithographie ; il prouva par ce livre qu'il était à la hauteur de l'art, et que la Lithographie méritait toute l'attention qu'elle avait déjà obtenue des artistes.

M. *Dallarmé* introduit la découverte de Senefelder en Italie, où, hélas ! ses succès ont été très-bornés.

M. le colonel *Lomet*, qui avait étudié la Lithographie en Allemagne, étant de retour à Paris en 1808, offrit à qui voulut les renseignements précieux qu'il avait recueillis ; mais il rencontra beaucoup d'indifférents. Cependant M. *Gillet-Laumont* avait, sur ses indications, publié dans les *Annales des arts et manufactures* une notice très-consciencieuse des procédés alors connus.

Deux ans plus tard, M. *Marcel de Serres*, envoyé en Allemagne pour étudier l'état des arts et de l'industrie, renvoyait en France, avec des épreuves à l'appui, un long mémoire sur le nouvel art qui avait tout particulièrement fixé son attention. Ce mémoire, qui ne fut publié qu'en 1814, est remarquable par l'esprit d'observation qui le caractérise, et la manière lucide dont les procédés sont décrits.

Comme toutes les choses nouvelles, la Lithographie excita en France le plus noble enthousiasme : les amateurs de gravures et les artistes surtout furent en grand émoi. Ceux-ci s'empressèrent de payer un tribut d'hommage à l'art nouveau. *Regnault, Carles Vernet, Isabey, Aubry-le-Comte,* baron *Athalin, Mongin, Jacob, Granger, Robert,* etc., prêtèrent à l'envie le concours de leurs talents. Ce fut de bon ton de manier le crayon lithographique, et on chanta sur la scène le nouvel art. Il y eut une presse lithographique aux Tuileries, où la duchesse de Berry dessinait souvent et avec talent ; M. Villain donna leçon de lithographie au château, et le duc de Bordeaux, quoique bien jeune alors, ne dédaignait pas de s'essayer à l'impression. Le duc d'Orléans, lui-même, fit plusieurs dessins sur la pierre d'une manière fort originale, notamment sur le voyage de Gulliver.

Il est vrai qu'à cette époque on faisait un dessin à peu de frais : les pierres n'étaient ni choisies, ni grenées comme aujourd'hui ; le travail inachevé qu'on y confiait était encore altéré par une acidulation exagérée, et le tirage ne répondait pas toujours à l'attente de l'artiste. Aussi l'enthousiasme dura-t-il peu : les artistes, découragés par ces résultats, désertèrent trop tôt la lice, et quelques années s'écoulèrent sans progrès sensibles.

Toutefois le calme fut de courte durée, bientôt on vit sortir des presses de Noël les beaux dessins d'Aubry-le-Comte ; Engelmann inventa le *lavis lithographique* en 1819 ; ce fut une bonne fortune, car ce procédé, accueilli avec faveur, réchauffa un peu le zèle des artistes, il leur fit entrevoir la possibilité de faire des demi-teintes, égales et soutenues, d'obtenir des reflets de lumière et des tons vaporeux, encore inconnus. Cependant le succès de cette méthode fut de courte durée ; on chercha à produire avec le crayon seul les mêmes résultats du procédé d'Engelmann et l'on y réussit, du moins en partie.

Dans le même temps, *Legros-d'Anisy* s'occupait de

transporter sur pierre les épreuves de taille-douce et prenait un brevet pour le décalque des lithographies sur la poterie.

Un atelier lithographique avait été créé à l'Ecole des ponts-et-chaussées, et la direction avait été donnée à un des élèves, *M. Raucourt*. Aidé des notes qu'il avait reçues d'Allemagne et du mémoire de Marcel de Serres, M. Raucourt fut bientôt, non seulement à la hauteur de l'art, mais il conçut la généreuse pensée de publier les procédés lithographiques, jusqu'alors tenus secrets. L'ouvrage de M. le colonel Raucourt, publié en 1819, en même temps que le *Traité* de Senefelder était sous presse, fut accueilli comme il devait l'être, et ce livre, quoique écrit dans un temps où la lithographie n'avait pas le dégré de perfection qu'elle a atteint depuis, n'en est pas moins aujourd'hui un ouvrage très-remarquable, écrit avec méthode, avec clarté et surtout avec conscience. Raucourt est mort en 1841 dans un âge très-peu avancé.

Pour la première fois, la Lithographie se montra à l'exposition de 1819 : elle y fut traitée en petite fille; le comte de Lasteyrie et G. Engelmann obtinrent une mention honorable. Depuis elle a figuré avec distinction dans toutes les expositions, et les récompenses honorifiques ne lui ont pas manqué. En 1820, ses produits eurent place au Salon et il faudrait un gros volume pour signaler tous les ouvrages remarquables qui y ont été admis depuis.

Comme une des principales causes de son développement, nous ne devons pas oublier ici le précieux patronage de la Société d'Encouragement qui, par les concours qu'elle a proposés, et par les honorables et riches récompenses qu'elle a distribuées, a puissamment contribué au perfectionnement de cet art qu'elle a accueilli dès son apparition.

La Lithographie a marché à pas de géant, chaque année a été marquée par un succès ou par une amélioration. Le dessin au crayon, que l'artiste avait autrefois de la peine à reconnaître dans l'épreuve qu'on lui apportait, est aujourd'hui rendu avec les finesses les plus légères et les teintes les plus vaporeuses; les imitations de lavis, d'aqua-tinta, de manière noire, tous les genres enfin, viennent avec netteté ; la pierre rend tout ce qu'elle a reçu.

L'impression en couleur qui a débuté avec tant d'éclat sous les doigts d'Engelmann, est aujourd'hui une des branches importantes de l'art.

La question des transports de vieilles impressions que plusieurs praticiens ont abordé avec succès, semble toucher à sa solution.

Enfin, l'impression à plusieurs teintes a reçu aussi, depuis quelque temps, un immense développement.

Telle est la marche progressive qu'a suivie la Lithographie jusqu'à nos jours. Quand on se reporte à son origine, combien elle nous paraît peu de chose! Combien alors elle était obscure et modeste! Aujourd'hui ce n'est plus cette invention qui s'essayait en tâtonnant; rien ne l'effraie, elle fait beaucoup, elle fait vite, elle fait bien, et aller au-delà lui est encore possible.

Considérée sous le rapport de l'art, la Lithographie a un avantage immense sur la gravure en taille douce : d'abord parce qu'elle exige moins d'études et qu'elle est infiniment plus économique, tout en soutenant avec avantage la comparaison de ses produits.

Si on la compare avec les différents genres d'impression on verra qu'elle peut imiter à peu près tous les genres et que ses productions ne peuvent être imitées avec la même facilité, puisqu'elle seule donne les moyens d'obtenir des gravures autographes.

Comme industrie, l'invention de Senefelder occupe une place importante en France; le nombre d'artistes, d'ouvriers imprimeurs, papetiers, mécaniciens qu'elle emploie, et les capitaux qu'elle met en circulation sont immenses. Cependant, commercialement parlant, la Lithographie ne donne pas toujours à ceux qui l'exercent l'existence honorable qu'ils sont en droit d'en attendre. Cela tient à la concurrence ruineuse qui existe aujourd'hui, concurrence qui est la conséquence de la profusion aveugle avec laquelle les brevets de lithographes ont été délivrés depuis quelques années. On nous fait espérer une ordonnance pour régler le mode d'admission et d'exercice; espérons.

MANUEL

THÉORIQUE ET PRATIQUE

DU DESSINATEUR

ET DE

L'IMPRIMEUR LITHOGRAPHE.

DEUXIÈME PARTIE.

PREMIÈRE PARTIE.

CHAPITRE PREMIER.

THÉORIE DE LA LITHOGRAPHIE.

Pour donner sur la lithographie une théorie exacte, il faudrait que les auteurs de ce livre eussent en chimie des connaissances approfondies. Il faudrait aussi que leur ouvrage fût particulièrement destiné à des lecteurs versés dans cette science. Aussi nous bornerons-nous à donner sur ce sujet quelques simples notions ; mais toutes fondées sur la pratique.

Or, comme tous les procédés lithographiques sont la conséquence d'effets d'affinités, nous en déduisons que ces conséquences découlent naturellement :

1° De la facilité avec laquelle l'eau imbibe les pierres calcaires et généralement tous les corps poreux, sans cependant contracter avec eux une adhésion bien intime ;

2° De la pénétration ou seulement de la forte adhérence que les

15.

corps gras ou résineux exercent sur les pierres calcaires, adhérence telle que le plus souvent on ne peut enlever les uns, sans attaquer la substance des autres ;

3° De l'affinité des corps gras ou résineux pour les substances de même nature et leur répulsion pour l'eau ou tous les corps mouillés.

Il résulte de ces principes qui sont la base de la lithographie :

1° Qu'un trait gras ou résineux, tracé sur la pierre, y adhère si fortement que si l'on veut le faire disparaître, il faut employer ou des moyens mécaniques pour l'en séparer, ou des agents chimiques doués d'une action considérable ;

2° Que toutes les parties de la pierre non recouvertes de matières grasses ou résineuses reçoivent seules et conservent jusqu'à son évaporation l'eau qui y adhère ;

3° Qu'enfin, si l'on passe sur cette pierre un rouleau enduit d'une couleur grasse ou résineuse, cette couleur s'attachera aux traits graisseux ou résineux et sera repoussée par les parties mouillées.

On a dû chercher en conséquence des substances grasses et résineuses susceptibles d'être employées sous la forme d'encres ou de crayon, de pénétrer la pierre, et d'y adhérer de manière à résister aux lavages successifs. Le savon, la cire et certaines résines combinées dans de certaines proportions remplissent ce but.

On a cherché aussi à rendre la pierre plus susceptible de s'imbiber d'eau en augmentant sa porosité. Les acides produisent cet effet, de plus ils nettoient la pierre des souillures que le contact des mains, celui des instruments et de la poussière même ont pu déposer sur la surface ; enfin, ils donnent aux traits graisseux et par conséquent aux parties qu'ils recouvrent un relief sans lequel on n'obtiendrait que des épreuves sans vigueur.

La gomme qui est un des agents les plus indispensables de la lithographie, se combine, disent les chimistes, avec la pierre et forme avec elle un *savon calcaire*. Pour nous, qui planons moins haut, nous voyons cette substance se combiner en effet avec la pierre, s'introduire dans ses pores, y maintenir une sorte d'humidité et augmenter la force répulsive des parties non dessinées.

A l'appui de cette assertion viennent les expériences suivantes :

Prenez une pierre bien propre, bien polie ; humectez-la d'eau et passez dessus un rouleau chargé d'encre d'impression, elle ne prendra pas le noir aussi long-temps qu'elle restera mouillée ; mais laissez sécher quelques places et aussitôt l'encre s'y attachera.

Faites sécher la pierre complètement, posez y seulement les doigts ou tracez des lignes avec un morceau de savon, de suif, de cire, de beurre, avec une goutte d'huile ou de lait ; humectez ensuite la pierre et les endroits tracés avec ces diverses subtances grasses prendront plus ou moins l'encre d'impression.

Maintenant dessinez sur une pierre lithographique, avec un corps gras quelconque, humectez la pierre avec de l'eau et tirez des exemplaires. Peu à peu les traits s'élargiront et s'empâteront, enfin il se formera des taches partout où la pierre séchera.

Faites un nouveau dessin sur la pierre et passez-y de l'acide nitrique ou muriatique très-étendu d'eau ; vous tirerez plus longtemps que la première fois et les contours du dessin seront plus nets. Cependant il sera difficile d'obtenir plus de 20 à 25 épreuves passables sans faire des taches et sans gâter le dessin.

Recommencez encore, et cette fois, au lieu d'acide, passez une dissolution de gomme arabique dans de l'eau et vous pourrez imprimer cent, deux cents épreuves, sans trop de difficultés, seulement les traits manqueront de netteté.

Mais que sur ce dessin vous passiez de l'acide étendu d'eau et de la gomme arabique ensuite, ou bien un mélange d'acide et de gomme, vous obtiendrez des résultats constants de pureté, de solidité et d'une continuité sans bornes, si vous procédez au tirage sans vous écarter des règles que nous nous proposons de vous indiquer.

Que l'on opère en sens inverse, c'est-à-dire la gomme d'abord et l'acide après, le noir d'impression se fixera bientôt sur la pierre à moins de recouvrir de gomme.

Quelle action jouent donc ici l'acide et la gomme ? nous n'osons opposer pour preuves que l'expérience que nous a donnée la pratique, tandis que Engelmann, dans *son traité de lithographie*, donne une théorie toute nouvelle, fondée sur des expériences fort intéressantes. Il pense que les acides gras, insolubles dans l'eau, se combinent par la préparation et agissent chimiquement sur le carbonate de chaux (la pierre). Il pense aussi que la gomme forme sur la pierre une couche très-mince, il est vrai, mais qui résiste néanmoins pendant toute la durée du tirage.

Au résumé, *la théorie* de la lithographie, fondée sur les affinités et sur l'opposition de l'eau et de la graisse, peut se réduire en ces mots de M. Jobard : «Tracez sur une pierre, à l'aide d'un corps gras ou bitumineux, un dessin quelconque, décapez avec un mélange d'acide et de gomme, humectez votre planche avec une éponge, et, pendant qu'elle est imprégnée d'humidité, passez sur le tout un rouleau enduit d'encre d'imprimerie, il s'établira bien vite une adhérence entre le corps gras du rouleau et le corps gras du dessin, tandis que l'humidité qui couvre le reste de la planche s'opposera à l'adhérence du noir gras du rouleau, sur le fond de la pierre. »

CHAPITRE II.

DES PIERRES LITHOGRAPHIQUES.

Analyse, origine, extraction et fabrication.

Les pierres lithographiques sont calcaires [1], d'un grain serré, fin, dur, et très-compact. On en trouve sur presque toute la surface du globe en blocs irréguliers ; mais en Allemagne, en France et dans quelques parties de l'Italie elles se présentent en couches horizontales variant d'épaisseur, de nuances, de dureté et surtout de qualité.

Jusqu'à présent, les meilleures pierres proviennent des carrières de Bavière ; les villages de Pappenheim, Soln, Hofen et autrefois Kehlheim [2], aux environs de Munich, en font un grand commerce.

On trouve en France une assez grande quantité de ces pierres, mais elles ne sont pas toutes parfaitement homogènes et jusqu'à présent on n'en a pas exploité qui puissent, dans tous les cas, remplacer les pierres d'Allemagne : cependant les pierres de Châteauroux, du Vigan, de Bellay sont très-estimées pour certains travaux.

Il ne sera pas sans intérêt pour nos lecteurs de connaître le mode d'extraction et de fabrication des pierres.

En creusant le sol dans les contrées de la Bavière que nous venons de désigner, on trouve à environ deux mètres de profondeur les premières couches qui d'ordinaire ne sont propres à aucun usage ; viennent ensuite des lits dont on fait des carreaux pour daller les appartements et couvrir les toits : carreaux qui sont l'objet

[1] L'analyse chimique dés pierres calcaires de Bavière a donné pour résultat :

Carbonate de chaux.	98
Silice, alumine et oxide de fer.	2

[2] Nous avons déjà dit que la première pierre dont se servit Senefelder provenait de Kehlheim , et que le monument que lui a fait ériger le roi de Bavière était en pierres de ces carrières abandonnées depuis vingt ans. Le principal commerce de ces pierres se fait aujourd'hui à Pappenheim et à Solnhoven.

d'une très-grande exportation. Les premières pierres sont généralement blanches tendres et spongieuses. Peu à peu les couches
deviennent plus dures quoique alternées de temps en temps par des
lits de 0,02 c. d'épaisseur remplis d'incrustations de végétaux, de
coquillages et d'autres pétrifications qui les rendent impropres à
la lithographie ; puis enfin, se découvrent les couches homogènes,
réservées pour la lithographie ; ces couches vont jusqu'au granit
primitif. On les exploite de la manière suivante.

Les blocs retirés de la carrière et composés de plusieurs couc
parfaitement parallèles, sont divisés au moyen de petits coin   en
bois ou en fer ; puis les couches elles-mêmes sont taillées en tables
rectangulaires de diverses grandeurs, suivant les imperfect
que chacune d'elles présente.

La division en tables ou formats exige beaucoup plus d'adresse
que de force, et comme il peut arriver qu'on ait besoin de façonner
une pierre cassée, nous allons faire connaître la manière d'opérer
du tailleur de pierres Bavarois.

Il trace, sur chaque face de la pierre, deux lignes correspon-
dantes indiquant le format, il place la pierre de manière que la
partie qui doit être conservée soit appuyée, tandis que celle qu'il
veut retrancher se trouve en saillie isolée, soit en la posant en
dehors d'un établi, soit seulement sur les genoux, lorsque la
pierre est de petite taille. Il frappe ensuite avec la panne d'un petit
marteau [1] des coups secs, à environ un centimètre de distance
l'un de l'autre, en allant et revenant deux ou trois fois sur la
même ligne. La force du coup est proportionnée à l'épaisseur de la
pierre. Ces coups font chaque fois de petites fentes verticales, circulaires et imperceptibles à l'œil ; mais bientôt après la pierre
change de son et se divise dans la ligne tracée.

Au lieu d'un marteau pour l'emploi duquel il faut une certaine
adresse, on peut se servir d'un ciseau à froid, mais peu tranchant.
Avec l'un ou l'autre instrument on doit agir sans hésitation ; en
se servant du ciseau à froid, on doit frapper avec un maillet en
bois.

On dresse et égalise avec le ciseau les carrés de la pierre et le
milieu de la tranche s'égalise avec un marteau à dents que les tail-
leurs de pierre nomment boucharde.

Les tables sont divisées par formats uniformes correspondant
aux formats de papiers ou aux fractions de formats.

Bien qu'il soit fait déjà dans les carrières un choix, ce choix est

[1] Ce petit marteau est en acier trempé à panne déliée et légèrement
arrondie. Le manche est en bois flexible, il a environ 0,50 de longueur,
et au lieu d'être emmanché perpendiculairement, il l'est obliquement et
ouvre avec la panne un angle d'environ 25 degrés.

très-peu scrupuleux, on serait donc dans l'erreur de penser qu'on puisse se servir, pour tous les usages, de ces pierres sans examen. Il faut les classer suivant leur degré de perfection en trois catégories, savoir :

1° Pierres destinées pour les ouvrages au crayon. Ce sont les plus parfaites. On choisira celles dont le grain paraît le plus compact, d'une teinte uniforme, sans veines, et exemptes de toutes les imperfections dont nous parlerons dans un moment ;

2° Pierres pour la gravure. On choisira les plus dures ; les teintes ou nuances ne sont pas un obstacle. Les pierres d'un gris ardoise sont les meilleures ;

3° Pierres pour les dessins à la plume, les écritures, les transports soignés. Ce sont les pierres qui, soit blanches, soit grises, approchent le plus de la perfection.

Pour reconnaître la qualité d'une pierre, il suffit de passer sur sa surface une éponge mouillée ; l'absorption immédiate de l'eau par la pierre est une preuve irrécusable de peu de dureté. Les pierres dures, au contraire, conservent pendant quelques instants l'humidité. C'est dans ce moment qu'apparaissent les diverses imperfections des pierres dont nous allons donner la nomenclature, savoir :

Veines cristallisées ou *fissures.* Il y en a de différentes natures ; nous ne conseillons à personne de se servir, pour la gravure, des pierres qui ont ce défaut, surtout pour un tirage long et suivi. Bien souvent l'encre d'impression pénètre dans la fissure et marque sur l'épreuve. En enlevant à l'essence, comme cela se pratique pendant le tirage, l'encre s'y fixe davantage.

Il nous est même arrivé souvent de voir se séparer en deux la pierre à l'endroit de la fissure par l'humidité qu'elle avait peu à peu absorbé.

Il en est de même des *veines terreuses* ou *herborisées,* provenant d'infiltrations.

Les *points blancs,* vulgairement appelés *vermicelle,* sont formés de petits trous remplis d'une matière crayeuse blanche. Nous considérons ces imperfections comme très-graves, attendu qu'elles n'existent pas seulement à la surface de la pierre ; mais on en découvre toujours d'autres aux grenages subséquents.

Les *veines colorées* dénotent généralement le peu d'homogénéité des pierres. Celles qui étant blanches sont veinées de rose ou d'orangé, doivent être rejetées pour les travaux de quelque importance.

Les *tigrures* n'ont pas d'autre inconvénient à nos yeux, lorsque d'ailleurs la pierre est dure, que de gêner l'artiste.

Enfin les *taches ferrugineuses,* fréquentes dans les pierres de l'Ain et de l'Indre, ne sont une imperfection réelle que lorsque ces taches forment une espèce d'auréole autour d'un centre blanc, c'est-à-dire crayeux. Ces mêmes pierres ont quelquefois des *points noirs* de la même nature.

Doivent être considérées comme défectueuses les pierres composées de plusieurs lits, surtout lorsque ces lits n'ont qu'une épaisseur de 1 ou 2 millimètres, et qu'ils sont près de la surface. On les distingue facilement en regardant la tranche.

Une des imperfections notables que nous devons encore signaler, c'est l'inégalité d'épaisseur. On conçoit qu'il doit être fort difficile d'obtenir de bons résultats sur une pierre, qui, d'un côté, ou même d'un seul angle, a plusieurs millimètres de moins en épaisseur. Nous donnerons, vers la fin de ce chapitre, le moyen de réparer ce défaut.

Dressage, grenage et polissage.

Sur le lieu même de leur extraction les pierres reçoivent un premier dressage, qui consiste à les frotter l'une sur l'autre, face à face, avec de l'eau, du sable ou du grès. On a cherché plusieurs fois à remplacer cette opération par un moyen mécanique; mais soit que les appareils aient été construits sur une échelle insuffisante, soit que le système fût défectueux, ces moyens ont été abandonnés.

Mais cette première préparation est trop incomplète pour que le lithographe puisse se servir de ces pierres : il faut donc, selon le genre de travail auquel on les destine, les *grener* ou les *polir ;* mais dans tous les cas, avant l'une ou l'autre opération, il faut les dresser.

Une machine à dresser a été confectionnée pour compte de M. Knecht par feu l'ingénieur Neuber; elle a fonctionnée avec succès.

Pour les dresser on prend deux pierres de même dimension : on pose l'une à plat sur la *table à grainer.* (*Pl. 4, fig. 1.*) On met dessus une petite poignée de grès pilé ou de sable de carrière, humecté d'une certaine quantité d'eau; on place par-dessus la seconde pierre, de manière que les surfaces destinées au travail soient en contact. On imprime à la pierre supérieure, en la tenant par les angles diamétralement opposés, tantôt un mouvement de va et vient, tantôt un mouvement de rotation en passant également et alternativement sur les bords et sur le milieu de la pierre. Lorsqu'il s'est formé une espèce de boue qui empêche le mouvement, on renouvelle l'eau et le sable plusieurs fois, jusqu'à ce que la pierre soit dressée, ce dont on a la preuve en posant dans différents sens l'équerre d'une règle en fer ou en cuivre, et en s'assurant qu'il n'existe pas de jour entre la pierre et la règle.

Il faut faire attention, en faisant tourner la pierre supérieure, de ne pas dépasser les bords de celle qui est dessous, car on s'exposerait à rendre celle-ci convexe, tandis que l'autre serait concave. On évite ce danger en changeant quelquefois les pierres, et en mettant dessous celle qui était dessus, *et vice versâ*.

Lorsque la pierre est dressée, il ne s'agit plus que de lui donner le grain ou le poli.

Pour la grainer, on la saupoudre de sable plus fin, passé au travers d'un tamis en toile métallique du n° 80 ou 100, selon le genre de dessin ; et après l'avoir humecté, on continue l'opération comme pour le dressage, mais en décrivant des cercles les plus petits possibles. Pour obtenir un grain convenable, il convient de se servir, pour celle de dessus, d'une pierre de plus petite dimension, parce qu'il est plus facile de la diriger. Il est impossible de déterminer le temps nécessaire pour grainer une pierre : cela dépend de sa dureté et de la qualité du sable ; mais nous devons faire observer que les deux pierres mises en contact doivent être de la même nature. Ainsi on n'obtiendrait rien de bon d'une pierre blanche grainée par une pierre grise.

Quand on suppose le travail terminé, on enlève avec précaution la petite pierre, en évitant de traîner ses angles sur l'inférieure, on les lave avec de l'eau propre et on les pose verticalement contre le mur pour les laisser sécher. Ce n'est que lorsqu'elles sont complètement sèches, qu'on peut juger si le grain est bon. Cependant d'habiles graineurs le reconnaissent en lavant quelques petites places, et soufflant dessus pour en écarter l'humidité.

Si la pierre doit être postérieurement polie, on use autant que possible le dernier sable ; c'est-à-dire que l'on continue à frotter les pierres, nonobstant la boue qui se forme entre elles, en faisant de fréquentes additions d'eau. Le polissage se fait avec la pierre ponce, que l'on choisit légère et d'un grain serré. On use cette pierre ponce sur la tranche de la pierre pour l'aplanir d'un côté ; puis, on mouille la pierre lithographique et on la frotte en allant et en venant assez longtemps, ayant soin de la tremper fréquemment dans un vase d'eau, afin de la dégager des petits fragments qui s'en détachent, ou des grains de sable qui s'y seraient attachés. Il va sans dire, qu'avant de commencer le ponçage, il faut avoir complètement débarrassé la pierre de tout vestige de sable.

Nous avons oublié de dire que lorsque pendant le dressage ou le grenage d'une pierre, on est obligé de suspendre le travail, on ne doit pas les laisser l'une sur l'autre. Elles peuvent tellement adhérer ensemble, qu'on les casserait si l'on cherchait à les séparer violemment. Lorsque cet accident arrive, il faut mettre les deux pierres de champ, chercher à introduire une lame de couteau entre elles, et laisser infiltrer goutte à goutte de l'eau qui finit par les décoller ou bien attendre qu'elles soient complétement sèches.

Les opérations du dressage, du grenage et du ponçage sont très-importantes, soit qu'on traite des pierres neuves, soit celles qui ont déjà servi. On peut toutefois se contenter de poncer, sans les grainer, celles qui n'ont reçu qu'un léger travail à la plume, sans grattage ni lignes grises. Bien que dans un grand nombre de cas ce simple effaçage puisse suffire, nous appelons d'une manière toute particulière l'attention des chefs d'établissement sur cette première mise à l'œuvre de la lithographie. La moindre négligence du graineur peut avoir de graves inconvénients. Que ceux qui croient qu'il suffit de faire disparaître l'apparence des traits, se désabusent. Si ce n'est immédiatement, si ce n'est pas sous la même forme qu'il se montre, il n'est souvent que trop vrai que l'influence du corps gras se fait sentir pendant le cours du tirage. Le défaut de solidité, plusieurs genres d'empâtements ne doivent être attribués qu'à cette cause : trop heureux l'imprimeur qui ne voit pas reparaître, après quelques épreuves, un précédent dessin, des lettres, des lignes entières, etc.

On ne saurait donc apporter trop de surveillance sur le travail de certains graineurs, qui, pour s'épargner un peu de fatigue, exposent les imprimeurs à des pertes considérables, pertes irréparables, puisque ce n'est qu'après avoir dépensé un temps précieux sur un ouvrage qu'on s'aperçoit des tristes effets d'une négligence toujours condamnable.

Doublage et bris de pierre.

L'inégalité, comme l'insuffisance d'épaisseur des pierres, sont un obstacle très-grand pour l'impression, sans compter que la rupture en est souvent la conséquence. Pour obvier à cet obstacle et à ce danger, on double les pierres minces, c'est-à-dire on les superpose à une autre pierre, en les liant ensemble avec du plâtre. Quant aux pierres inégales, on les revêt d'un lit, également de plâtre, pour rétablir le parallélisme.

Le doublage des pierres est chose facile. Pour doublure on prend une pierre de même dimension ; on affecte ordinairement à cet usage des pierres de mauvaise qualité. On la pose à plat, sur la table à grener ou sur le plancher, le côté dressé en dessous. On gâche dans un vase quelconque du plâtre tamisé ; lorsqu'il a assez de consistance pour ne pas couler, on l'étend sur la pierre doublure aussi uniformément que possible, et sans perdre de temps on pose sur ce lit la pierre dessinée, qu'on a eu la précaution de mouiller avec une éponge, pour la disposer à recevoir le plâtre. Pour bien asseoir les deux pierres, on donne à la supérieure un petit mouvement circulaire et de va-et-vient qui chasse l'excédant du plâtre dont la couche entre les pierres ne doit avoir qu'une épaisseur de deux millimètres environ. Tandis que le plâtre con-

Lithographie. **16**

serve encore un peu de fluidité, on enlève les bavures, soit avec une petite truelle, soit avec la main ; on lave la tranche des pierres avec une éponge, et une demi-heure après on peut mettre sous presse. Les pierres dressées des deux côtés, ne présentant pas suffisamment d'aspérités au plâtre, se collent fort mal.

Si pendant le tirage les pierres venaient à se dédoubler, il faudrait recommencer l'opération.

Pour séparer deux pierres ainsi doublées, il suffit ordinairement de glisser entre elles la lame d'un couteau ou la pointe de la clef d'une presse.

La trop grande dimension d'une pierre ne permet pas toujours de la doubler, ce qui augmenterait son épaisseur et son poids outre mesure ; on se sert, dans ce cas, du moyen suivant, particulièrement applicable aux pierres dont le parallélisme est défectueux.

On étend sur un plan horizontal quelconque, ordinairement sur une pierre dressée, une feuille de papier collé et fort. Il est bien de couvrir ce papier d'une couche de colle de pâte, afin que le plâtre y adhère plus facilement. On met sur ce papier, comme on le fait sur les pierres doublures dont nous avons parlé, un lit de plâtre assez serré ; l'épaisseur de ce lit est proportionnée à celle de la pierre, ou à la différence qui existe dans son parallélisme. On égalise autant que possible le plâtre, on pose dessus la pierre dont on a mouillé le dessous et avant que le plâtre ait pris consistance, on en régularise l'épaisseur, en s'aidant d'une petite règle ou d'un compas. Quand un des angles est trop élevé, on le met en rapport avec les autres, soit par une pression de la main, soit par de légers coups de poing sur cet angle ; mais il faut se hâter et apporter dans ce travail du goût et du jugement.

Dès que le plâtre commence à durcir, on ébarbe l'excédant avec un fort couteau. Le papier sur lequel on l'a étendu lui sert de soutien et l'empêche de salir la presse.

On emploie bien un autre moyen pour régulariser l'inégalité des pierres ; mais ce moyen est long et n'est praticable que pour de légères différences.

Voici comment on procède : on glisse sous l'angle, ou le côté défectueux, une pincée de fort papier équivalant à la différence qui existe. On compte le nombre de feuilles, on renverse la pierre sans dessus dessous ; on la divise au crayon à partir du point où commence la cessation du parallélisme en autant de parties qu'il y a de feuilles. Cette division indique la dimension que doit avoir chaque feuille, que l'on colle au fur et à mesure sur la pierre, en commençant par la plus courte. (*Pl.* 4, *fig.* 2.) On laisse sécher, et l'on coupe ensuite, avec un instrument tranchant, le papier qui déborde. Ce moyen, on le voit, est long, et l'on n'est pas toujours certain de combler exactement la différence.

Lorsqu'une pierre dessinée ou écrite est cassée par un accident quelconque, on peut en continuer le tirage et réparer en quelque sorte cet accident, si la rupture n'a pas occasionné sur la surface des éclats susceptibles d'endommager le dessin. On s'empresse de gommer la pierre, d'en renverser avec précaution les deux ou trois fragments sur une autre pierre un peu plus grande et parfaitement plane. On rapproche toujours avec précaution ces fragments, et de de manière à laisser le moins de vide possible dans la fracture. A l'aide d'une bonne ficelle, de petits coins de bois, on maintient les fragments dans cette position, et après les avoir mouillés on procède comme pour le doublage des pierres, seulement on maintient dans la position renversée la pierre cassée. Lorsqu'on juge que le plâtre a pris une parfaite consistance, on peut remettre la pierre en presse comme une pierre doublée et enlever la ficelle. Au lieu de ficelle, le fil de fer cuit est d'un excellent usage lorsqu'il est employé par une main exercée au maniement de la pince. Inutile de dire qu'on ne dédouble la pierre brisée que pour renoncer à la composition.

Lorsqu'on s'aperçoit en imprimant que la pierre est fêlée, il ne faut pas attendre pour la doubler qu'elle soit complètement divisée.

CHAPITRE III.

DES PRESSES LITHOGRAPHIQUES.

Nous aurions certes un gros volume à écrire et au moins une centaine de planches à faire dessiner si nous voulions donner une description exacte de toutes les presses plus ou moins bonnes dont on s'est servi depuis la presse *à gibet* de Senefelder, jusqu'à la presse *à moulinet* employée presque généralement aujourd'hui.

Eh bien, pas un lithographe ne nous démentira, si nous avançons que malgré tous les perfectionnements qu'on a apportés dans cet instrument si important de la lithographie, nous n'avons pas encore un seul système de presse, qui ne laisse beaucoup à désirer. Cela vient de ce que, jusqu'à présent, on a voulu que la même presse servît aux grands et petits formats, ce qui est évidemment une anomalie ; cela vient encore de ce que les constructeurs de presses n'étaient pas assez lithographes, quand c'étaient des mécaniciens, ou pas assez mécaniciens lorsque c'étaient des lithographes qui s'occupaient de construction.

Quand nous disons que la lithographie n'a pas une bonne presse, nous n'exceptons pas même la presse à moulinet, si généralement adoptée, parce qu'elle est d'un trop grand volume, comparativement au travail qu'elle exécute, et qu'il faut à l'imprimeur, même avec celles qui sont le mieux construites, une somme de force considérable pour la manœuvrer. L'emploi de cette force perdue au préjudice de l'encrage, fait de l'ouvrier un véritable manœuvre.

Lorsque cet art était encore dans l'enfance, lorsqu'on ne l'accueillait qu'avec une sorte de défiance et que le mécanisme de la presse laissait tellement à désirer, qu'on n'était pas sûr de la réussite des épreuves, la description générale des divers systèmes eût peut-être servi à faire naître quelque heureuse idée, quelque ingénieuse combinaison ; mais aujourd'hui, qu'on a épuisé tous les systèmes pour revenir au point de départ, c'est-à-dire aux presses de Mitterer, que nous appelons en France *presse à tiroir* ou *à moulinet,* que les allemands nomment *Sternpresse* (presse à étoile), il nous suffira de passer rapidement sur la nomenclature de tout ce qui a été fait, renvoyant pour les détails à l'exellent ouvrage de G. Engelmann.

Nous avons vu que les premiers essais furent imprimés avec des presses en taille douce, ensuite avec une presse typographique. A cette époque, Senefelder obtenait sur ses pierres 2 et jusqu'à 3 millimètres de relief, ce qui facilitait beaucoup l'impression. Un peu plus tard, il construisit la presse à branches, appelée en Allemagne presse à potence *Galgenpresse,* à cause de l'aspect de l'appareil. Cette presse est encore en usage dans quelques contrées de l'Allemagne, où on la préfère, pour la célérité de la manœuvre et la modicité d'acquisition.

Depuis l'invention de la presse Mitterer, on pourrait compter par centaines le nombre de modifications que l'on a apporté au système de la pression. Nous nous contenterons de citer les principaux inventeurs ou constructeurs ; ce sont MM. Engelmann et Grimpré, Cloué, François et Benoit, Brisset, Quinet, Roussin, De la Morinière, Bouyonnet en France ; Trentsenski, Schlicht, Naumann en Allemagne; Strakers en Angleterre.

Nous ne parlons ici que pour mémoire des presses dites portatives ; ces instruments n'étant qu'à l'usage des bureaux. Celles de Senefelder ont eu sans contredit beaucoup de succès et sont restées presque le type de tout ce qui a été fait depuis.

L'important pour nous, dans cet ouvrage, c'est de mettre à même nos lecteurs de pouvoir faire le choix d'une presse et de la maintenir ensuite dans un bon état de conservation.

Sur le premier point, on doit s'attacher à la solidité de la machine, afin qu'elle puisse fournir un travail continu, sans se déranger, et donner une pression suffisante dans tous les genres de tirage. La presse doit occuper le moins de place possible, tout en conservant des dispositions faciles, pour que l'ouvrier ait ses mouvements libres et qu'il n'ait pas besoin d'une grande somme de force pour s'en servir.

On s'assurera que le cylindre et le chariot sont parfaitement dressés et tournés, d'un bois très-sec et éprouvé, incapable de se fendre, et d'occasionner ainsi la rupture des pierres.

L'ouvrier auquel on confie une presse, est obligé d'en prendre un soin tout particulier, tant pour en assurer la durée, que pour la propreté du tirage. Pour cela, éviter en dégommant la pierre de répandre sur le chariot, ni eau, ni essence, ni acide, ni gomme; éviter également d'y poncer à sec les pierres après les avoir calées; tendre convenablement le cuir du châssis, le tenir graissé et propre ainsi que la presse en général; huiler ou suifer toutes les parties sur lesquelles s'exerce un frottement quelconque; ne faire pendant le tirage aucun mouvement brusque capable de briser quelques parties de la presse; ne pas se servir d'un grand châssis pour une petite pierre, ni d'un râteau la débordant; lorsque la pierre a des écornures en arrondir les angles; ne pas laisser choir le râteau à la fin de la course, ce qui cause souvent la déchirure du cuir, éviter encore d'abaisser et de relever trop brusquement le porte-râteau, le châssis et surtout la pédale après la pression, ce qui occasionne un mouvement rapide de retrait au râteau qui éraille souvent le cuir, vivement refoulé, et fait des plis sur les bords de la feuille. En un mot, avoir soin d'une presse, comme d'un meuble précieux qu'on ne saurait ni réparer, ni remplacer.

M. Bregeaut a expliqué suffisamment dans la première partie de ce livre la manière de disposer d'une presse, nous n'y reviendrons pas.

Maintenant quelques mots sur les presses mécaniques qui font aujourd'hui un point de controverse parmi les lithographes.

Des presses et du tirage mécaniques.

Le tirage mécanique était le rêve favori de Senefelder. Il en fit des essais à Munich, à Vienne et à Paris de 1820 à 1822. Nous nous rappelons encore fort bien d'un appareil qui ressemblait assez bien à ceux dont se servent les fabricants de chocolats, disposé avec des cylindres coniques. Dans la machine de Senefelder, les rouleaux mouilleurs, encreurs et presseurs étaient fixes; une table circulaire portant 8 pierres d'égale épaisseur, tournait dessous et faisait passer successivement ces pierres sous la mouillure, l'encrage et la pression. Deux personnes étaient chargées de poser et de relever

16.

les feuilles. Un homme robuste mettait en mouvement la machine[1].

Il y a quelques années, *le Lithographe* [2] publia une lettre de Senefelder écrite en 1828 dans laquelle le célèbre inventeur écrivait à M. Knecht qu'il avait enfin trouvé un système de presse accélérée qu'il cherchait depuis long-temps. Nous ne savons quel a été le succès de cette presse.

En 1835 M. Villeroy prit un brevet pour une presse mécanique avec cylindre en pierre. Cette presse resta à l'état de modèle et le brevet tomba dans le domaine public. Nous ne parlerons pas des presses accélérées de MM. François et Benoit, Engelmann, Thuvien, etc. On a fait ailleurs de nombreuses descriptions de ces presses qui malgré leurs dispositions fort ingénieuses n'ont pas eu beaucoup de succès.

Abordons de suite les presses mécaniques proprement dites. Le nombre en est considérable; mais dans ce déluge d'inventions, nous aurons de la peine à en trouver quelques unes qui, des mains de l'inventeur, aient passé à l'état pratique. Aussi nous contenterons-nous d'insérer ici le martyrologe des inventeurs des presses mécaniques; non pas que nous en fassions ainsi la critique, car chacune de ces presses renfermait peut-être un élément de succès; mais c'est qu'en s'adressant à une industrie peu riche, financièrement parlant, on a bien peu de chance de réussite. Nous citerons donc parmi ceux dont l'œuvre a eu le plus de retentissement, MM. Delabarrussias, Rigo, Nicolle, Kocher, Salomon, Quinet, Abadie, Kuhn, Thez, Chevalier, Vaté, Leclercq et Perrot.

Dans l'article papier de sûreté à la fin de ce volume, nous rendons compte de l'essai malheureux que nous avons fait à nos dépens pour l'impression de ce papier avec des encres non grasses des presses de M. Perrot, auquel certes on ne peut pas contester le titre d'habile ingénieur. Ici nous pourrons émettre notre opinion sur les mêmes presses employées aux procédés ordinaires de la lithographie. Cette opinion du reste si elle était suspectée de partia-

[1] M. Abadie de Tarbes a pris un brevet pour une presse d'un système analogue.

[2] Nous aurons plusieurs fois à citer cet ouvrage dans lequel nous n'avons pas hésité à puiser bon nombre de procédés et une foule de renseignements précieux. Qu'ils nous soit donc permis de dire ici, pour ne plus y revenir, que cette publication qu'on regrette de voir suspendue, se soit arrêtée trop tôt au gré des lithographes. Elle a publié, néanmoins, d'excellents articles sous la direction de M. Jules Desportes.

La collection des six volumes parus se trouve chez l'auteur, rue Saint-Jacques, 150.

lité, serait corroborée nous n'en doutons pas par MM. Thierry frères, qui ont eu pendant une année entière ces presses à leur disposition et qui ont dû renoncer à leur emploi.

Nous avons fait connaître la théorie de l'impression lithographique qui consiste dans l'emploi des corps gras repoussés par l'humidité ; or la difficulté dans l'impression par des moyens mécaniques, est toute entière dans la répulsion bien distincte à établir entre les encres grasses et l'eau.

Dans le tirage par les presses ordinaires, l'ouvrier est là, il surveille tous les temps, toutes les opérations nécessaires pour l'accomplissement de l'impression d'une épreuve ; il est rare que la mise en train d'une pierre ne présente pas quelques difficultés; l'ouvrier qui les voit, les apprécie et sait les vaincre ; tantôt il appuie son rouleau plus à droite pour charger davantage, tantôt c'est à gauche qu'il faut rouler légèrement pour dégager un partie du dessin, pour prévenir un empâtement ; il modifie sa mouillure et l'encrage de mille manières suivant le besoin. La machine au contraire est aveugle, ses bras d'acier ne se prêtent qu'à un seul et même mouvement. Si le conducteur qui la surveille s'aperçoit de ses écarts, plusieurs feuilles de papier sont déjà gâtées avant qu'on ait pu l'arrêter. Et puis que d'autres accidents n'arrivent-ils pas pendant le tirage qui obligent de suspendre momentanément le travail; une retouche, un grattage, un petit trou quelconque dans la pierre reçoit plus d'eau que la partie plane, le rouleau sécheur n'atteint pas ces cavités et une tache se produit ; cette tache gagne tellement vite, que bientôt elle exige une retouche nouvelle, et une nouvelle suspension. Une feuille s'échappe-t-elle, c'est encore une nouvelle demi-heure de perdue pour la dégager des rouleaux encreurs et remettre le tout en état.

Le mouillage du papier souffre de ces interruptions ; trop sèches et inégalement mouillées, les feuilles se plissent; trop humides s'il ne se déchire pas, le papier laisse trop d'humidité sur la pierre dont il faut alors diminuer la mouillure.

Pendant tous ces arrêts, la vapeur marche, les hommes se croisent les bras et les frais généraux courent.

Lorsque l'encre est distribuée convenablement sur ses nombreux rouleaux et que le commencement du tirage a lieu dès le matin, tout semble être au mieux ; mais lorsque la température s'élève, l'encre devient trop liquide, on augmente l'humidité, alors la pierre s'empâte si l'on ne renouvelle l'encre ce qui est une véritable perte de temps. Le même inconvénient, mais en sens inverse, a lieu en hiver, à moins qu'on n'ait soin d'entretenir une température égale et tempérée dans l'atelier.

La pression par les cylindres en fer, qu'ils soient garnis de feutre ou de flanelle, n'ayant point l'élasticité convenable, il faut un surcroit considérable de pression, ce qui occasionne ordinairement un peu d'écrasement des traits fortements prononcés.

Ce que nous disons de la presse Perrot, est également applicable en termes généraux, aux presses Leclercq, qui fonctionnent depuis plusieurs années ; mais non pas encore avec toute la perfection désirable.

Nous ne prétendons pas dire, néanmoins, qu'on doive exclure les presses mécaniques, qu'elles sont impuissantes à rendre des services dans certaines occasions ; mais ces occasions sont trop bornées en lithographie, où les tirages à grand nombre sont rares.

Prenons un exemple pour mieux développer notre pensée sur le prix de revient d'une commande. Supposons la demande d'un million d'étiquettes donnée à un petit établissement au prix de 10 fr. le mille tout compris ; supposons qu'une feuille de coquille à 8 fr. puisse contenir 8 étiquettes à la feuille, et que le lithographe ne soit tenu d'en livrer que 20,000 par semaine, soit cinq rames à 40 fr., total, 200 fr.; ce tirage de cinq rames c'est le travail d'un bon ouvrier.

Voici le devis de la dépense : tirage et transports, à 8 fr., 40 fr. découpage des étiquettes, 5 fr. Encres et papier de Chine pour report, 5 fr., 40 fr. Total 90 fr., bénéfice (frais généraux non compris), 110 fr.

Pour une presse mécanique c'est l'affaire d'une journée, il est vrai ; mais que l'on compte les frais des ouvriers chargés de faire les reports et de surveiller le travail, le charbon pour la vapeur, le traitement du mécanicien, du chauffeur, l'entretien et l'amortissement du capital de la machine, le coût, enfin, du local considérable qu'elle exige, on aura bientôt atteint un chiffre supérieur à 40 fr., et l'on aura exposé une ou plusieurs pierres, dépensé une quantité énorme d'encre, etc., etc. Ajoutons qu'il y a peu de lithographes qui puissent affecter un capital suffisant à l'acquisition d'une presse de ce genre, d'une machine à vapeur et se charger d'un local assez considérable pour recevoir tout cet attirail.

La différence du prix de revient, quelque minime qu'elle soit en faveur de la machine, suffirait, sans doute, pour compenser ses désavantages, si l'on avait seulement 5 rames d'étiquettes par jour à *ce prix* ; mais forcé d'attirer à lui la clientèle, le propriétaire de la machine baisse ses prix, et de rabais en rabais, il les réduit tellement qu'ils sont tout au plus suffisants pour couvrir ses frais généraux. D'ailleurs le travail de la presse à bras sera toujours préférable, quelle que soit la perfection apportée aux machines.

La presse Kocher, celle de Knecht et Neuber sont à cylindre de pierre sur lequel on grave, on écrit et on reporte. Ce système qui a bien aussi ses défauts est beaucoup plus expéditif que tous les autres. Aussi, un cylindre en pierre de 0,60 c. de circonférence tourne de **15** à **20** fois (selon le genre de travail) par minute, ce qui fait de **900** à **1200** épreuves par heure, soit **24** rames à une journée de **10** heures, c'est-à-dire près du double des presses typo-graphiques.

Mais quelle lithographie résisterait pendant **10** heures consécu-tives, à un pareil frottement qui s'exerce par le rouleau mouilleur, par l'encreur, qui, au contraire de ce qui a lieu dans l'encrage or-dinaire, n'opère ici que par simple contact, et enfin par le rouleau qui donne la pression [1].

Puis vient la difficulté de se procurer et de tourner les cylindres, leur poids énorme, qui pour une simple machine de petite dimen-tion, en rend déjà l'usage fort embarrassant.

Comme nous agissions sur relief dans l'impression du papier de sûreté, nous avions une difficulté de moins à vaincre, le mouillage; l'encreur n'avait donc qu'à toucher la superficie du cylindre pour y déposer une très-légère couche d'encre usuelle et à agir sans in-terruption, car nos dessins microscopiques couvraient sans aucune marge, toute la surface du cylindre de petites étoiles très-rappro-chées entre elles. Dans l'espèce, la pierre plus dure que le cuivre, que le fer et même l'acier avait un autre avantage sur ces métaux, par la résistance qu'elle opposait à l'action du tannin et du sulfate de fer.

Nous démontrerons dans l'article *relief*, pourquoi le tirage de ce genre de lithographie avec les encres grasses n'offre pas les mêmes chances de succès qu'avec les encres non grasses.

Quoique notre article sur l'impression mécanique ressemble à une critique du système, nous n'avons ni la prétention de jeter un défi à l'avenir, ni de blâmer le passé. Nous soutenons au contraire, qu'il y a un grand pas de fait ; qu'on trouvera sans doute, plus tard, un moteur plus commode et moins dispendieux que la vapeur, des appareils moins coûteux, moins volumineux, et qu'on pourra mettre à la portée des plus modestes établissements. Peut-être rem-placera-t-on le mouillage par une vapeur légère qui viendrait se condenser sur la pierre ; peut-être disposera-t-on un appareil en-creur, armé de plusieurs rouleaux garnis d'encres de différents degré de densité, les uns pour charger, les autres pour épurer.

Nous verrions avec plaisir les mécaniciens diriger leurs recher-ches sur le tirage en creux ou gravure. Dans ce système, l'action mécanique l'emporte sur l'affinité chimique; l'encre préparée pour ce genre de tirage est très-liquide ; le corps gras y est mitigé par des additions de gomme ou de mélasse ; elle s'emploie parfaitement à la brosse ou au tampon et le trop-plein, ou ce qui s'attache sur

---

[1] Dans la presse Kocher et celle de Leclercq la pression se fait par frottement à l'aide d'une forte règle ou râteau.

les blancs de la pierre, s'enlève facilement d'un coup de tampon garni de drap ou d'un seul coup de rouleau *non chargé*. Il faut à la gravure beaucoup de pression et de foulage, conditions qui accompagnent toujours les presses mécaniques. En somme, tout semble réuni pour ce mode de lithographie, même l'adoption du système employé pour l'impression des étoffes, au moyen de cylindres gravés qui plongent dans un encrier rempli de couleur, reviennent donner leur empreinte après avoir été débarrassés de l'excédant de couleur, par une règle flexible en acier. D'ailleurs, l'immense quantité d'épreuves qu'on peut obtenir de la gravure sur pierre, donnera toujours un avantage incontestable sur le cuivre.

Dans une autre publication, nous avons émis le vœu de voir appliquer un mécanisme à la table au noir, pour faire le rouleau, besogne au moins aussi longue que l'encrage quand elle n'est pas faite par un apprenti. Nous sommes heureux de dire que M. Salomon a appliqué ce système à une nouvelle presse de son invention, dont l'avenir nous démontrera peut-être le mérite.

CHAPITRE IV.

RECETTES.

Encres et crayons pour dessiner et écrire, vernis, encres d'impression.

Dans un ouvrage comme celui-ci, il est très-important de faire connaître tous les détails de fabrication des objets ou préparations qui concourent à l'exécution des procédés lithographiques. Quoiqu'il soit facile aujourd'hui de se procurer chez des fournisseurs spéciaux, les encres, crayons et toutes les substances nécessaires, il est indispensable dans certains cas que le lithographe sache fabriquer lui-même pour leur faire subir, suivant ses besoins, des modifications, pour apprécier la bonne qualité de ce qu'il achète, ou bien enfin pour bien se rendre compte de ses résultats.

Nous le répétons, l'art a fait de trop notables progrès depuis la première publication de l'ouvrage de M. Brégeaut, pour que nous hésitions à donner *in extenso* toutes nos recettes sans crainte de faire double emploi.

Avant de passer outre, disons quelques mots des substances qu'on emploie fréquemment dans les recettes qui vont suivre; ces quelques mots seront en quelque sorte une théorie et une appréciation de ces substances.

Le *savon* joue un rôle très-important. On sait qu'il est composé de soude ou de potasse et d'huile, quelquefois de graisse. La soude seule enlève le corps gras sur la pierre sans pourtant le détruire complètement comme cela a lieu sur les métaux. Il est donc positif que le mélange résultant de la composition du savon, fait pour ainsi dire ouvrir les pores de la pierre pour mieux y faire pénétrer la partie huileuse.

Pour l'usage de la lithographie, le savon blanc est bien préférable comme étant plus pur et débarassé de tout corps étranger.

Si l'on trace sur une pierre tiède un trait avec un morceau de savon, un second trait avec de l'huile, un troisième avec du suif, un quatrième avec de la cire, d'autres traits enfin avec du mastic en larmes, de la gomme laque, de la poix grecque, de la poix noire, etc., on reconnaîtra bientôt que le tracé avec le savon est le plus net et le plus durable ; que le suif et l'huile s'élargissent, et que la trace des autres substances marque à peine, en disparaissant aussitôt que l'on humecte la pierre.

Le savon est également utile pour délayer les encres. Il se change en corps gras lorsque l'acidulation vient neutraliser l'alcali qu'il contient.

Le mastic donne de la fluidité aux encres ; la gomme laque, solidité et élasticité aux crayons. La cire est celle de toutes les substances employées dans la fabrication des encres et des crayons qui résiste le mieux à l'acidulation, en préservant les traits de se briser. Les résines ont pour but de durcir promptement les encres.

En se rendant ainsi compte des propriétés des substances mises en œuvre, on pourra modifier leur emploi selon les circonstances.

Encre autographique.

Nous n'avons pas voulu distraire la recette de cette encre du chapitre AUTOGRAPHIE, parce que nous tenions à faire un tout complet d'une des divisions les plus importantes de la lithographie.

Crayons lithographiques.

La fabrication des crayons lithographiques a toujours été et sera probablement encore long-temps une opération si importante, qu'on ne doit pas négliger de s'entourer des renseignements et des détails les plus minutieux.

Nous avons vu dans la théorie de la lithographie, que cet art reposait tout entier sur le système des affinités d'une part, affinités que l'on établissait par les corps gras, composant les crayons et encres à dessiner et les encres d'impression ; d'autre part par les effets de répulsion obtenus de l'humidité. Or, partant de ce système, ce fut dans la recherche des substances grasses les plus propres à obtenir ce résultat, ce fut à leurs combinaisons que tendirent les efforts de Senefelder lorsqu'il eut deviné la lithographie. Il appela sa première composition, *encre chimique ;* plus tard lorsqu'elle eut subi par lui ou par ses imitateurs différentes modifications, l'encre chimique changea de nom selon son usage, on la nomma *encre lithographique, encre autographique* quand elle était destinée à être employée liquide, et *crayons lithographiques* dès que son emploi était à l'état solide. Il est vrai que ces diverses modifications eurent des proportions différentes ; parlons d'abord de la dernière.

Le point important dans le crayon lithographique, c'est le rapport convenable de la partie grasse avec la partie colorante. Un crayon trop gras trompe l'artiste, son dessin paraissant peu coloré l'engage à forcer les tons. A l'impression le dessin devient plus noir qu'il n'y comptait ; lourd, empâté, et il n'est pas rare de le perdre complètement au bout de quelques épreuves, si le tirage n'est pas confié à des mains habiles. Le crayon, au contraire, trop chargé de matière colorante, s'emploie avec la plus grande facilité, il trace fort bien sur la pierre, mais au tirage le dessin devient pâle et sans effet, les demi-teintes disparaissent et il est extrêmement difficile d'obtenir de bons résultats.

On comprendra, par les motifs qui précédent, que les proportions des deux éléments (corps gras et corps colorant) sont nécessaires, mais il ne suffirait pas de prendre au hasard une substance grasse quelconque et de se contenter de la colorer, il faut faire un choix raisonné. L'inventeur de la lithographie employa successivement et isolément la cire, le savon, le suif; du simple il passa au composé en associant la cire et le savon qu'il colora avec du noir de fumée. C'est ainsi qu'il fabriqua ses premiers crayons, et depuis on en a fait de fort bons de cette manière.

A mesure que l'art sortait de l'enfance, les artistes devinrent plus exigeants; les crayons ne leur semblèrent plus comporter les conditions désirables et répondre convenablement à l'essor que la lithographie avait reçu d'eux. On joignit aux premiers éléments des résines, des gommes résines, des sels, etc., etc., et l'on est parvenu aujourd'hui, sinon à la perfection, du moins à rendre les crayons mieux appropriés aux besoins de l'art.

Un rapide coup-d'œil sur les propriétés et les effets des substances employées nous semble nécessaire.

La *cire* qui semble résumer en elle seule toutes les conditions, résiste très-bien aux acides, mais pénètre très-mal la pierre, sa trace ne prend pas assez l'encrage.

Le *savon* au contraire s'introduit fort avant dans les pores de la pierre avec laquelle il se combine et forme, selon Engelmann, un *savon calcaire*. Cette substance résiste peu à l'action de l'acide, et les traits qu'elle forme s'élargissent à l'humidité et à la chaleur ; ceux du suif produisent les mêmes effets à la chaleur seulement : il en résulte que les dessins exécutés avec des crayons où ces deux substances dominent, s'alourdissent et s'estompent facilement.

Les *gommes-résines* et *les résines* résistent fort bien à l'acidulation, donnent de la dureté au crayon, leur trait conserve bien sa forme, mais il a peu d'attraction avec l'encre d'impression.

C'est donc à la combinaison de ces diverses substances qu'il faut s'attacher pour composer un tout réunissant les conditions d'une exécution facile au point de vue du dessin, mais encore sous le rapport de l'impression.

Le crayon, disons-nous, doit être une composition parfaitement graisseuse, dure sans être friable, se prêtant au moulage, facile à tailler, conservant convenablement sa pointe, propre à tracer les traits les plus déliés comme à donner les ombres les plus nourries, capable enfin de résister à l'acidulation dont il sera parlé, et pouvant supporter un long tirage.

A-t-on bien rempli ces conditions avec les diverses compositions que nous connaissons ? Nous n'osons l'affirmer ; et devant les résultats obtenus nous serions tentés de croire, contrairement à notre opinion personnelle, que ce n'est ni dans les proportions, ni dans le choix des éléments que gît la question. En effet, nous avons vu quelques lithographes faire du crayon avec du savon coloré, d'autres avec de la cire, quelques-uns prétendre qu'il ne pouvait y avoir de bons crayons que coulés dans un moule de telle forme, et soutenir que hors leurs quantités données, la durée et le degré de chaleur, on ne faisait rien qui vaille. Sur certains points nous sommes d'accord : nous admettons, par exemple, qu'avec des quantités données, il faille un mode particulier de procéder, une cuisson déterminée ; mais nous ne voudrions pas affirmer que la recette, que nous allons donner, soit la seule bonne, nous avons trop de concurrents capables pour oser prétendre que notre opinion doive prévaloir. Toutefois, nous ne craignons pas d'en faire l'aveu, nous nous sommes éclairés des connaissances de nos praticiens les plus distingués.

Ceci posé, voici notre recette :

Lithographie.   17

Cire jaune [1]	1,000 grammes.
Savon blanc de Marseille. .	750 »
Suif.	125 »
Gomme laque.	50 »
Térébenthine de Venise. . .	50 »
Nitrate de potasse.	30 »
Eau distillée ou de pluie. . .	200 »
Noir de fumée.	200 »

On peut opérer avec des quantités moindres ; mais le résultat est toujours plus certain sur une échelle plus étendue, on évite les dangers de la carbonisation.

On se sert ordinairement d'un vase de cuivre non étamé, mais mieux de fonte. Pour une simple opération de crayons, tous les genres de fourneaux sont bons ; mais si l'on veut en faire une fabrication suivie, il convient de se procurer un fourneau disposé de manière à recevoir entièrement le vase et à le chauffer tout à l'entour. On comprendra facilement, et surtout par l'expérience, que le calorique agissant ainsi de toutes parts, il y a économie de temps et de combustible. Il faut néanmoins, en donnant la préférence à tel ou tel fourneau, conserver la faculté de retirer à volonté le vase pendant l'opération.

Il est essentiel que le vase dont on se sert ait un couvercle, une anse ou un manche, pour pouvoir le retirer et le remettre au feu

---

[1] La plupart des recettes indiquent la cire blanche pour la fabrication des encres et crayons lithographiques. Nous préférons la cire jaune comme étant d'un prix moins élevé et remplissant le même but. La bonne cire jaune est sèche, cassante et ne s'attache pas aux doigts ni même aux dents quand on la mâche, et ne laisse aucun goût de suif dans la bouche.

Il faut prendre du *savon blanc* de Marseille sans odeur. Le savon marbré contient du sulfate de fer. Lorsqu'on veut se servir du savon pour les préparations lithographiques, on le divise quelques jours à l'avance en rubans ou légers copeaux que l'on fait sécher, en été à l'air libre, étendus sur des feuilles de papier, et en hiver auprès du feu ou dans une étuve, jusqu'à ce qu'il soit parfaitement sec. Cette première opération a pour but d'en faciliter la fusion, d'en faire évaporer l'eau qu'il contient et d'obtenir en même temps le poids exact.

Lorsqu'on veut avoir du *suif* pur, il convient de le préparer soi-même en faisant fondre au bain-marie de la graisse de mouton.

La *gomme-laque* est une espèce de résine dure, rouge, transparente, qui découle de certains arbres des Indes orientales. Il y en a de *brune et de blonde* ; on doit donner la préférence à cette dernière, comme étant la plus pure.

La *térébenthine* est une espèce de résine claire et transparente que l'on

avec facilité. Il faut aussi que ce vase puisse contenir une quantité au moins double de celle qu'on se propose de fondre ; cette capacité est indispensable pour empêcher que la matière s'extravase par l'ébullition. Quant à la forme, évitez qu'elle soit beaucoup évasée, parce qu'on a de la peine à éteindre la matière une fois enflammée, et on l'expose par conséquent à la carbonisation.

On fait fondre ensemble les trois quarts de la cire et tout le suif, on couvre le vase et on élève la chaleur au point qu'à l'approche d'une allumette ou d'un fer rougi la matière s'enflamme, on retire du feu ; on commence alors d'ajouter par petites parties le savon, en remuant constamment avec une cuillère de fer, dont par prudence on aura garni le manche avec du bois. Lorsque la flamme s'éteint d'elle-même, on remet le vase sur le feu et l'on continue l'immixtion du savon.

On commence ensuite à introduire le nitrate de potasse, que l'on aura fait dissoudre avec de l'eau distillée dans un vase à part. On en laisse tomber d'abord une seule goutte (il est bien entendu qu'il la faut bouillante). Tout le monde connaît l'effet que produit l'eau, même bouillante, dans les corps gras en fusion ; il se fait une agitation qui serait dangereuse si la quantité d'eau était considérable ; mais l'agitation cesse dès que l'eau est évaporée, l'on continue ainsi goutte à goutte en agitant toujours avec la cuillère pour bien opérer le mélange.

Immédiatement après on introduit morceau à morceau la gomme

extrait du pin maritime. La térébenthine commune donne, par la distillation, l'huile essentielle de térébenthine; la partie solide est la colophane; enfin lorsqu'on la purifie, elle fournit une matière noire résineuse dont on fait la poix.

Le *nitrate de potasse*, plus généralement connu dans le commerce sous le nom de *sel de nitre*, est un sel blanc cristallisé en prisme, d'une saveur fraîche et piquante; il est soluble dans l'eau et beaucoup plus à chaud qu'à froid. G. Engelmann, qui le premier s'est servi du nitrate de potasse dans les crayons, nous dit : « Cette substance donne aux crayons une « certaine somme de dureté. Comme on le met dans la matière lorsqu'elle « est parvenue à une haute température, ce sel se décompose et cède sa « potasse aux acides gras pour achever de les saponifier; tandis que l'acide « nitrique se décomposant, a abandonné une partie de son oxigène aux « corps gras, a contribué ainsi à les faire passer à l'état d'acide et les a « rendus plus facilement saponifiables. De plus, une partie de l'eau qu'on « introduit par ce mélange dans le mélange après la première et la plus « forte flamme, y reste combinée et donne aux crayons une élasticité « qu'ils n'auraient pas sans ce mélange. »

Le *noir de fumée* employé pour colorer les crayons et les encres doit être de première qualité. Il faut le broyer avec soin et le passer au tamis de soie.

laque, qui ordinairement fait boursouffler la masse si la chaleur est trop considérable. On apaise le boursoufflement en ajoutant le reste de savon que l'on met concurremment avec la gomme laque ; on termine par l'addition de la térébenthine. En ce moment on augmente la chaleur pour enflammer une seconde fois la composition ; cette fois on ne fait brûler que pendant une minute.

La combinaison intime de toutes les substances n'a lieu que par l'action soutenue du feu, et à la condition de remuer constamment la composition.

La gomme laque est très-difficile à fondre. Cette substance commence par disparaître dans la masse, mais bientôt après elle revient à la superficie sous forme de croûte spongieuse, qui ne cède et ne fond qu'à l'aide d'une haute température. On doit avoir soin de ramasser autour du vase le cercle qui s'y attache, et qui finirait par s'y carboniser et par altérer la pureté de la pâte.

Enfin, avant d'ajouter le noir de fumée, nous conseillons de s'assurer si le mélange est complet : pour cela on en verse une petite cuillerée sur une pierre ou sur une assiette, et lorsqu'elle est refroidie on examine par la cassure si la pâte est bien homogène. Si au contraire elle était grumeleuse, ce serait la preuve que la gomme laque n'est pas complètement amalgamée. On continuerait donc à faire chauffer. Si elle est sèche et cassante, c'est une preuve que les matières sont trop brûlées, et dans ce cas on peut ajouter un peu de cire.

Nous avons négligé de dire que lorsqu'on met le feu aux matières on peut empêcher que la flamme ne s'élève par trop haut, en remuant dans le fond du vase, ou le couvrant si cela ne suffit pas, et à la rigueur en jetant sur le couvercle un torchon mouillé. C'est par excès de cuisson que l'on perd l'opération. Dans ce cas le crayon devient sec, cassant, et ne pénètre que faiblement dans la pierre. Il est difficile d'y remédier, quoique à la rigueur on puisse introduire de la cire nouvelle ou du suif. Il vaut mieux recommencer sur nouveaux frais.

On incorpore le noir de fumée en diminuant le feu. De toutes les matières le mélange du noir de fumée est le plus important, en ce sens qu'il est le plus difficile. En effet, ayant lieu lorsque toutes les autres sont déjà concentrées, il arrive, si l'on opère sans précaution, qu'il ne se mêle pas toujours entièrement et forme des grumeaux.

Si l'on a eu soin de conserver les petits bouts de crayons, les petits éclats que l'on fait en les taillant, les cassures, etc., il ne faut pas négliger de les faire fondre dans ce moment ; car non-seulement c'est une économie, mais encore cela ajoute un degré de qualité aux crayons. Enfin, lorsque l'on juge que le noir de fumée est parfaitement mêlé, on procède au moulage.

La fabrication du crayon subit quelque modification lorsqu'ils sont destinés à l'exécution du *lavis*. Nous ferons connaître ces modifications lorsqu'il sera question de cette manière de dessiner.

La plupart des lithographes coulent immédiatement leurs crayons. Nous avons remarqué qu'en remettant cette opération au lendemain, ou mieux encore à quelques jours, les produits étaient meilleurs ; la composition acquiert par la refonte beaucoup plus d'homogénéité, le noir de fumée surtout trouve là un moyen de se lier plus intimement avec les autres substances, par la raison que la composition n'atteint son degré de fluidité que peu à peu. Dans tous les cas on ne fait refondre que sur un feu modéré, et si l'opépération a été bien conduite, les crayons y gagnent en dureté.

Le moule à crayons *pl.* III, *fig.* 3, se compose de deux pièces de cuivre jumelles *a a*, jointes par une charnière *b* faisant corps avec elles. Ces deux jumelles sont sillonnées d'un certain nombre de rigoles, correspondant entre elles et formant par leur réunion autant de tubes de la grosseur du crayon. Cet appareil est fixé sur deux pièces de bois ; l'inférieure est armée d'une boule à vis *c*, et la supérieure est terminée par une poignée.

Lorsque l'on veut mouler des crayons, on fixe à l'aide de deux petites chevilles à crochet, une petite tringle de bois. Ces tringles sont destinées à retenir la matière lorsqu'on la verse dans le moule, elles doivent avoir assez de jeu pour en laisser échapper le trop plein lorsque l'on presse les jumelles.

Dès que la composition est arrivée au degré convenable de coction ou de fusion, si l'on a ajourné le moulage ainsi que nous l'avons conseillé, on en verse avec la cuiller sur le moule ouvert une quantité suffisante pour l'emplir. Aussitôt on abaisse la jumelle supérieure qui se trouve ainsi traversée par le boulon *c*. On presse avec la main, et l'on visse l'écrou *d* jusqu'à ce que les deux jumelles se joignent. Les quelques secondes qui se sont écoulées pendant cette opération ont suffit pour le refroidissement de la matière, ce qui permet de retirer les tasseaux et d'enlever avec un couteau des deux côtés du moule les ébarbures du crayon. On desserre l'écrou et l'on retire les crayons tant qu'ils sont encore chauds, mais avec quelque précaution, car ils sont très-cassants dans ce moment. Les ébarbures et les autres débris sont rejetés dans la marmite et refondus.

Quelquefois le crayon adhère fortement au moule, c'est une preuve que la cuisson n'a pas été suffisante et qu'il faut la continuer.

A défaut de moule, on se pourvoit d'un petit châssis de bois ou de métal, de 20 cent. de longueur sur 0,15 de large, et de 5 millim. d'épaisseur. On place ce cadre sur une pierre bien poncée et graissée avec un peu de suif. On l'emplit de composition, on l'égalise

17.

avec une spatule, et aussitôt qu'elle est prise on retire le châssis. Enfin, avant que la pâte soit refroidie, on la divise en crayons en la coupant avec un couteau à lame bien tranchante et affilée, qu'on fera chauffer de temps en temps pour avoir moins de difficultés à couper.

Les crayons ainsi taillés, quoique carrés, sont aussi bons que les crayons moulés : la forme ne change rien à leur qualité.

Les crayons qui sont moulés les premiers sont plus tendres, on les désigne par le n° 1; tandis que ceux qui sont faits en dernier, portent le n° 2. Ceux-ci sont plus durs, cela se comprend, la composition ayant resté plus long-temps sur le feu, elle y a subi une plus grande concentration.

Pour être bon, le crayon doit être d'une pâte bien homogène, sèche et brillante; conserver sa pointe en le taillant, se détacher par petits éclats, et ces fragments ne se coller jamais à la lame du canif. Sur la pierre il trace un trait noir et bien nourri; la main, en crayonnant, n'éprouve aucune résistance, et le dessin sur pierre a un coloris frais et brillant. Les crayons, au contraire, qui sont poisseux entre les doigts, ceux dont la pointe n'a pas de fermeté et ploie en appuyant sur la pierre, avec lesquels la main éprouve en crayonnant une espèce de tiraillement, et dont le trait bistre, loin de garnir le dessin par des hachures, ne laisse sur la pierre qu'une teinte pâle et uniforme, ces crayons présentent les caractères d'une mauvaise qualité et doivent être rejetés.

Bien qu'on puisse affirmer aujourd'hui que la fabrication des crayons laisse peu à désirer, nous faisons néanmoins des vœux pour qu'on puisse en faire au même degré de qualité, par des procédés plus économiques et moins sujets aux éventualités de la manutention. Nous voudrions que la réussite ne dépendît plus ni du degré de chaleur, ni de la durée de la cuisson; que le choix et la quantité des substances fussent seuls importants. Et certes, puisque l'on connaît la fabrication des savons et que l'on sait qu'avec les sels acides on peut durcir les matières grasses, ne pourrait-on pas, partant de ces principes, faire des crayons en solidifiant de l'huile, de la cire et des graisses? Nous voudrions enfin, qu'en faisant des crayons, on fût certain de réussir et que la recette fût infaillible, même en des mains inexpérimentées.

Encre lithographique pour dessiner et pour écrire sur pierre.

Il y a une très-grande analogie dans la composition et dans la manipulation du crayon et de l'encre lithographiques; nous nous étendrons donc moins sur les détails : bien qu'il y ait plusieurs recettes dans la première partie de ce livre, nous n'hésitons pas à en donner une qui nous a toujours complétement réussi.

Cire jaune.	400 grammes.
Suif.	300 »
Gomme laque	500 »
Mastic en larmes [1].	100 »
Savon blanc id.	400 »
Térébenthine de Venise.	50 »
Huile d'olives.	50 »
Noir de fumée.	100 »

On commence par faire fondre le suif et l'huile dans lesquels on introduit le noir de fumée que l'on choisira comme pour le crayon de première qualité. Le noir de fumée ne doit être mis qu'au fur et à mesure qu'il s'incorpore dans le corps gras. Les quantités que nous venons de déterminer forment une masse de la consistance du beurre : on la retire du vase, on la brise avec la molette pour rendre l'amalgame plus parfait, et diviser encore davantage les molécules du noir, et on la conserve sous forme de boule ou de pain, jusqu'au moment de l'emploi que nous allons indiquer.

Alors on fait fondre la cire, la moitié du savon, le mastic, et la gomme laque de la même manière que nous venons d'indiquer à l'article crayon.

Comme il y a moins de savon, la flamme sera plus vive et l'on fera bien de prendre des précautions pour la maîtriser. Pour cela, on devra, aussitôt que la matière sera enflammée, retirer le vase du feu et opérer le mélange par de petites pincées jetées successivement dès que la précédente est fondue. Lorsque la totalité sera ainsi introduite et dissoute, on éteindra la flamme et on mettra aussi peu à peu la dernière moitié du savon qui aidera à diminuer l'intensité du feu.

Lorsque la matière est un peu refroidie on y verse la térébenthine et l'on remet le vase sur le feu.

Pour séparer les parties carbonisées ou incomplétement fondues, on passe la matière à travers un filtre composé d'un morceau de calicot clair tendu sur un autre vase. On obtient ainsi un mélange parfaitement pur.

On met sur le feu ce second vase, et aussitôt que la matière commence à s'échauffer suffisamment, on y introduit le pain de noir que l'on remue avec une spatule jusqu'à ce qu'il soit parfaitement délayé.

On laisse refroidir un peu la matière et on la verse ensuite sur une plaque de métal ou sur une pierre polie et graissée au suif,

[1] Le *mastic* est une sorte de gomme-résine qui découle d'un arbrisseau appelé *lentisque*. Le mastic nous vient principalement de l'île de Chio ; il est nécessaire de le trier, avec soin, pour en retirer les petites pierres et les feuilles qu'il contient presque toujours.

pour la diviser en bâtons comme nous l'avons indiqué pour les crayons.

On peut essayer de suite si l'encre se délaie facilement. Pour cela on frotte un bâton à sec dans une soucoupe et on y verse quelques gouttes d'eau. Si l'opération a été bien conduite, l'encre doit se délayer, rester liquide pendant long-temps, pénétrer profondément dans la pierre et résister à une acidulation énergique.

L'encre doit être cassante et brillante à la cassure, très-compacte, sans pores visibles, un peu poisseuse au toucher. Avec toutes ces conditions apparentes, elle peut néanmoins être défectueuse ; ce qui, dans ce cas, serait une exception. Ce n'est donc que d'après les résultats que l'on peut déterminer, d'une manière précise, ses bonnes ou mauvaises qualités ; il faut qu'elle coule avec facilité de la plume et qu'après avoir séché quelques heures sur la pierre, elle ne s'efface pas au moindre frottement.

Si l'on compare les différentes recettes d'encres, on est frappé de la dissemblance des proportions et l'on doit s'étonner par conséquent de l'identité des résultats.

Nous nous garderons bien de faire la critique de cette sorte de contradiction et de la faire ressortir par des exemples, elle ne servirait qu'à jeter de la confusion dans ce livre : nous nous contenterons de faire remarquer le rôle que chaque substance joue dans les recettes d'encres.

Le savon est indispensable pour la délayer : mais une trop grande quantité la rend visqueuse et l'épaissit bientôt.

La cire, le suif et l'huile, sont les substances qui donnent du corps et de la solidité ; la cire surtout, résiste beaucoup à l'acide.

Les résines donnent de la fluidité et leur résistance aux acides est très-grande.

Quant au noir de fumée, l'excès serait un grand défaut, puisque la matière colorante n'a d'autre but que de faciliter le travail de l'artiste.

Il peut arriver que l'encre contienne une trop faible quantité d'alcali, ce qui est un obstacle pour la délayer. Dans ce cas on se sert, pour délayer, d'une eau alcaline ou eau de savon : la potasse est ce qu'il y a de mieux, parce qu'elle attire l'humidité et qu'elle sèche difficilement.

On fait une eau alcaline en faisant bouillir pendant cinq minutes, dans un litre d'eau de rivière ou de pluie, 30 grammes de potassse d'Amérique. Après refroidissement on décante et l'on conserve pour l'usage.

Encre pour le lavis lithographique.

(Procédé Engelmann.)

Cire.	8 parties.
Suif.	3 »
Savon.	6 »
Gomme laque.	6 »
Noir de fumée.	3 »

Après avoir fondu ces substances par le même procédé que pour l'encre lithographique, on y ajoute huit parties d'encre ordinaire d'impression et on la coule en gros bâtons.

Le procédé d'Engelmann est décrit dans la première partie de ce Manuel, pag 65.

Encre pour aqua-tinta.

(Procédé de M. Jobard.)

Cire.	1 partie.
Saindoux	2 »
Spermacéti.	3 »
Savon.	1 »

Faites fondre le tout et cuire assez long-temps pour lui donner la consistance intermédiaire entre la cire vierge et le suif; on y mêle, avec la molette, le plus de noir calciné possible. Il doit être en excès plutôt qu'en quantité suffisante; sans cela, le travail deviendrait roux, et à l'impression il viendrait plus noir qu'on ne le voudrait.

Vernis d'impression.

La confection du vernis d'impression est une des choses les plus difficiles, les plus dangereuses, les plus désagréables et en même temps des plus importantes de la lithographie; car sans bon vernis, pas de bonne encre et par conséquent point de bonnes épreuves. Aussi recommandons-nous à ceux qui s'occupent de la partie artistique de la lithographie, de surveiller eux-mêmes cette fabrication ou de ne tirer leurs vernis que d'une maison sûre et consciencieuse.

Pour ne pas incommoder les voisins par l'odeur infecte qui s'échappe de l'huile en ignition, pour ne pas risquer de perdre la cuisson, le vernis doit se fabriquer dans un local éloigné des habitations, mais à l'abri du vent et de la pluie.

Nous avons fait beaucoup de vernis pendant notre carrière

lithographique, et certes, à cet égard, nous pouvons donner les renseignements suffisants ; mais nous avons remarqué que la manutention est à peu près la même chez tous les lithographes.

Voici là nomenclature des objets nécessaires pour la fabrication des vernis :

1° Une marmite en fonte avec son couvercle, fermant avec facilité et le plus hermétiquement possible. Sa capacité devra être à peu près le double de la quantité d'huile qu'on se propose d'employer ;

2° Une cuillière en fer à grand manche terminée par une poignée en bois ;

3° Un baquet à moitié plein d'eau ;

4° Un trépied solide pour supporter, ou une crémallière, pour suspendre la marmite sur le feu ;

5° Un morceau de gros calicot neuf, et de la toile ou des torchons imprégnés d'eau ;

6° Du pain, du biscuit de mer ou des oignons.

On se sert pour faire le vernis de plusieurs sortes d'huiles, notamment d'huile de noix et d'huile de lin. Celle-ci est préférable, plus généralement employée.

L'huile de lin doit être pure, limpide, d'un beau jaune, claire et vieille (de 18 à 30 mois). L'huile trop nouvelle contient trop de parties mucilagineuses, elle se boursoufle, s'enflamme avec rapidité et déborde à l'instant, ce qui rend l'opération plus difficile. L'huile trop vieille se dégraisse moins bien.

Lorsque tout est préparé, on chauffe rapidement l'huile jusqu'à ce qu'elle commence à écumer, alors on y jette quelques tranches de pain, un peu de biscuit ou de l'oignon. L'addition de ces substances n'est pas autrement expliquée que par l'usage. En les supprimant, ce qui n'aurait peut-être aucun inconvénient, on mécontenterait singulièrement les ouvriers qui mangent les tranches de pain en les arrosant de quelques rasades de vin ou de bière. Lorsque les premières tranches ont pris une belle couleur brune, on les retire pour les remplacer par de nouvelles, jusqu'à concurrence de 1 kilog. de pain pour 1 kilog. d'huile.

On augmente alors l'intensité du feu et on la pousse jusqu'à ce qu'une fumée blanche s'échappe de la marmite. A ce moment, on approche de la surface de l'huile un petit tison enflammé, une allumette faite d'un morceau de papier pour tenter d'y communiquer la flamme ; si cela a lieu, on retire immédiatement tout le bois qui est sous la marmite, la chaleur de l'huile est suffisante pour entretenir la combustion, d'ailleurs il reste toujours de la braise. On laisse alors brûler, en remuant avec la cuillière comme si c'était un punch, l'huile de dessus lorsqu'on veut donner plus d'activité, en prenant au contraire le liquide du fond pour tempérer la flamme.

Le talent de l'opérateur est de maintenir dans un juste-milieu le degré de flamme, et d'éviter l'inconvénient de la laisser éteindre et le danger de l'augmenter par un excès de calorique. Dans le premier cas, il suffit de mettre un peu de bois et de provoquer de nouveau la flamme. Le second cas mérite toute l'attention possible.

Dès que de petite, bleuâtre et rampante, la flamme s'élève en gerbe avec une teinte rouge, qu'elle embrasse toute la surface du liquide, il faut immédiatement arrêter les progrès par les moyens suivants, que l'on emploiera dans l'ordre que nous indiquons :

1° Retrait de tout le combustible et de toute la braise, s'il est possible ;

2° Versez peu à peu de l'huile froide, qu'on aura mise en réserve pour cet usage ;

3° Mettez, avec précaution de ne pas vous brûler, le couvercle de la marmite ;

4° Enlevez, avec un fort bâton passé dans l'anse, la marmite, et déposez-la sans secousse dans le baquet d'eau ; il est plus que probable que l'extravasion s'arrêtera de suite ;

5° Enfin, si malgré tous ces expédients et malgré le couvercle, l'huile enflammée se répandait au dehors, il faudrait avoir recours à la toile humide doublée en plusieurs plis, ce qui intercepterait l'air et éteindrait évidemment la flamme. On jetterait en même temps, pour ne pas propager l'incendie et éviter de cruelles brûlures, de la terre sèche autour de la marmite et même par dessus la toile, s'il le fallait.

Eh bien ! avec tous ces moyens, toutes ces précautions, il n'est pas sans exemple de ne pouvoir se rendre maître du feu, et de trouver carbonisée toute l'huile. Il faut donc pendant tout le cours de l'opération agir avec prudence, sans précipitation, et ne jamais perdre le sang-froid en présence des accidents.

Comme on se sert en lithographie de vernis de trois degrés de force, on procède de la manière suivante pour les obtenir par la même cuisson :

Lorsque l'huile aura brûlé à petit feu pendant 25 à 30 minutes, on plonge dans la marmite une petite baguette que l'on retire aussitôt, et dont on laisse tomber quelques gouttes d'huile dans l'eau ou sur une assiette. Aussitôt leur refroidissement on en prend une goutte entre les doigts, et l'on reconnaît avec un peu d'habitude si elle a atteint un degré de viscosité suffisant. Dans ce cas, on en retire une certaine quantité avec la cuillière pour la passer au travers du calicot et la conserver dans des pots de terre vernissés. Ce vernis se désigne par le n° 1, ou vernis faible.

Vingt ou trente minutes après, on essaie le vernis n° 2 de la même manière. Celui-ci doit tirer entre les doigts des fils de 2 centimètres.

Il en est de même du vernis fort qui donne des fils de 3 à 4 centimètres, lorsqu'après un pareil nombre de minutes on l'essaie comme les deux numéros précédents.

Tous ces vernis fournissent des fils beaucoup plus longs, lorsque le lendemain ils se sont refroidis naturellement.

Les vernis forts se conservent beaucoup mieux sans peau à la surface, si on a la précaution de les couvrir de quelques centimètres d'eau, qu'on a soin de renouveler de quinzaine en quinzaine.

Pour être employé au tirage des couleurs, précaution à peu près inutile, on pourra mettre le vernis faible dans une bouteille de verre blanc, on y ajoutera un peu de plomb de chasse et de l'eau. Après l'avoir bien agitée, on exposera cette bouteille au soleil. Peu à peu le plomb descendra au fond et l'eau montera au-dessus. Tous les deux ou trois jours on renouvellera l'eau, on secouera la bouteille, et au bout d'un mois on aura du vernis très-clair, presque blanc et d'une grande pureté.

La seconde méthode de faire le vernis, beaucoup plus longue ; mais bien moins dangereuse, consiste à faire cuire l'huile à un feu doux comme un pot au feu, et sans y laisser prendre la flamme.

Pour arriver à un bon résultat, on y met un peu plus de pain et d'ognons, mais on étouffe la flamme aussitôt qu'elle commence à se déclarer, en retirant le feu et posant le couvercle. Au bout d'un quart-d'heure de refroidissement, on découvre le vase, on ranime le feu et l'on continue l'opération, qui par ce système ne dure pas moins de 24 heures.

L'action du feu par cette méthode étant beaucoup moins intense, nous nous sommes servis souvent des marmites en terre dont on se sert pour le ménage, sur laquelle nous placions le couvercle en laissant un peu de jour.

Si dans cette opération on dépense un peu plus de combustible, on le gagne en sécurité et en rendement de vernis, qui est naturellement plus propre ; mais, nous l'avouons, il faut avoir du courage pour passer jusqu'à trente heures, sans se reposer, devant le feu, et dans l'atmosphère d'une odeur fort désagréable.

Mordant pour l'impression de la dorure.

L'impression des bronzes et celle des feuilles d'or exigent un vernis d'une adhérence beaucoup plus grande : cette adhérence s'augmente par la combinaison des substances suivantes :

Cire jaune.	200 grammes
Térébenthine de Venise.	200 »
Vernis faible.	500 »
Vernis copal.	Quantité indéterminée.

On fait fondre dans un vase de terre ou de fonte la cire jaune; lorsqu'elle est entièrement fondue on verse peu à peu la térébenthine, dont on suspend l'ingestion lorsque le pétillement qui a lieu dans ce mélange devient trop fort, ou lorsqu'il se fait un boursouflement; on ajoute ensuite par petites parties le vernis.

L'ensemble de cette composition, qui forme un vernis d'une assez grande consistance, est broyé avec du jaune de chrôme plus ou moins foncé, et même avec du blanc d'argent, lorsque le mordant est destiné au tirage des impressions dorées par les *bronzes*. Dans quelques cas, lorsque surtout on veut donner une solidité plus grande à la dorure, ou ajoute un peu de vernis copal. Ce mordant se conserve assez long-temps *sans* l'addition du blanc d'argent.

Encre d'impression.

On attache généralement la plus grande importance à la préparation des encres à écrire et des crayons lithographiques, tandis qu'on s'applique peu à la perfection des encres d'impression. Cependant, qu'on ne se le dissimule pas, l'impression est une des parties les plus difficiles de la lithographie, et il est impossible d'y réussir si l'on n'a des encres de bonne qualité. Notre assertion s'explique par la théorie même de l'art.

En effet, l'encre est employée à recharger les traits du dessin sur la pierre à mesure qu'on en tire des épreuves. Ainsi chargés, ces traits deviennent saillants par l'encre même qui les recouvre, tandis que la pierre nue à l'entour présente une infinité de pores ouverts, dans lesquels la pression du tirage tend à refouler l'encre.

Si cette encre est trop déliée, quoique parfaitement broyée, elle est chassée par la pression au-delà du trait tracé par l'artiste; si elle pénètre dans les pores de la pierre à la place de l'eau qui les occupait, elle s'en trouvera bientôt chassée dès que la pression ne s'oppose plus à la répulsion de ces deux corps l'un par l'autre. Mais si le vernis et le noir de fumée ne sont pas entièrement liés, si leurs molécules divisées pénètrent isolément dans les pores de la pierre, elles peuvent y être retenues par leur propre poids ou par la compression, de telle sorte que la répulsion chimique ne pourra la vaincre; de là l'altération du trait du dessin et souvent même sa perte : ceci constitue l'*empâtement*.

Or, pour donner à l'encre cette tendance de cohésion entre toutes ses parties, cette élasticité si désirable, on la compose de l'huile épaissie que nous avons appelée vernis et que l'on colore avec le noir de fumée, qui lui donne en même temps le degré de compactilité nécessaire.

Pour être bonne, l'encre doit être en rapport par son degré de force à la nature du travail auquel elle est destinée. Plus le vernis est faible, plus l'encre a de tendance à prendre sur les traits, mais aussi plus le danger d'*empâter* est grand et plus les épreuves sont lourdes.

Il arrive le contraire avec de l'encre faite avec du vernis très-fort. Son emploi est fatigant, et dépouille insensiblement le dessin au point d'en faire perdre les demi-teintes si le travail est au crayon, et les déliés, si c'est à l'encre.

Trop de noir de fumée nuit également à la réussite et à la rapidité du tirage. Les épreuves, il est vrai, sont belles et se conservent long-temps noires ; mais l'excès de noir produit le même effet que le vernis fort.

Déterminer la quantité exacte de noir de fumée et de vernis pour faire de l'encre est chose impossible ; nous ne pouvons donner que des à peu près.

Pour obtenir une bonne encre de dessin, il faut y faire entrer le plus de noir possible.

On reconnaît qu'une encre est bien broyée, lorsqu'en la coupant avec un couteau elle reluit à l'instant même, comme fait l'acier poli sur lequel on passe l'haleine.

Comme l'opération du broiement est fort longue, on peut l'abréger en faisant chauffer le vernis dans un poêlon, afin de le rendre plus liquide, puis on y introduit le noir de fumée. On doit pouvoir mélanger parties égales de noir et de vernis, sauf les modifications exigées par les influences de la température ou par un vernis très-fort. Dans ces deux cas il ne faut qu'un tiers de noir.

Plus la qualité de noir est supérieure, plus il est nécessaire de le réduire en poudre avant de l'introduire dans le poêlon. On forme d'abord une pâte, dont on retire ensuite de petits fragments de la grosseur d'une noisette, que l'on broie avec soin sur une pierre destinée à cet usage, avec une bonne molette en marbre. Pour broyer avec succès, il faut tenir la molette inclinée en avant et lui imprimer un mouvement rapide de va-et-vient. Lorsque la quantité de noir indiquée est bien étendue, on la relève avec un couteau à palette, et l'on recommence la même opération cinq à six fois de suite, au moins.

Quoique nous ayons démontré que l'excès de noir est nuisible, nous recommandons d'en introduire le plus possible, parce qu'il ne se présente jamais de cas où l'encre soit employée sans addition de vernis.

L'impression lithographique exige des encres de deux natures : l'une pour les ouvrages au crayon, et l'autre pour les travaux à l'encre. La première se compose de vernis fort et de noir d'une qualité supérieure; la seconde de vernis faible et de noir moins beau.

L'encre qui se prépare avec le vernis moyen est moins difficile à broyer.

Quant à l'encre pour la gravure, il faut la broyer avec moins de noir, mais la passer tout aussi long-temps sous la molette. On se sert de vernis faible à moins d'avoir des traits larges à imprimer : dans ce cas, on peut y mêler un peu d'encre dure ou moyenne. En Allemagne, on fait un mélange de cire et d'essence de térébenthine, dont on mêle un peu, de temps à autre, à l'encre.

Comme l'encre faible est destinée à pénétrer dans les traits de la gravure, on conçoit qu'elle doit être plus visqueuse que liquide. Si elle contenait trop de gomme elle dégarnirait le travail. La gomme dont on fait souvent usage, dans ce genre d'impression, s'empare du noir de fumée, prépare peu à peu les traits qui finissent par ne plus prendre le corps gras.

Si cependant l'encre est trop grasse, si elle contient trop de vernis, la pierre se salit çà et là, les traits ne se nettoient pas facilement, et au lieu d'avoir un dessin pur, ce ne serait au contraire qu'une production lourde et empâtée. Nous reviendrons sur cette encre à l'impression de la gravure.

Encres de report.

Nous avons vu que la théorie de la lithographie reposait toute entière sur le contact des corps gras avec la pierre; que ce contact était produit tantôt par un crayon, tantôt par une encre liquide, quelquefois par le décalque d'une écriture tracée avec une encre particulière sur un papier préparé.

Partant de ce principe, on a pensé qu'une épreuve fraîche, tirée sur un papier qui permettrait facilement à l'encre de se détacher, pourrait, dans des conditions données, laisser son empreinte sur la pierre et créer ainsi une planche nouvelle. Ce raisonnement était juste, et la pratique a répondu à la théorie. Mais en même temps on a pensé que l'encre ordinaire d'impression contenait une quantité considérable de parties colorantes; que le vernis lui-même dont elle est composée n'avait pas une action suffisamment pénétrante; que l'empreinte fournie par cette encre aurait peu de solidité; que par conséquent elle résisterait mal à l'acidulation et à un tirage soutenu.

Plusieurs lithographes se sont donc occupés de composer une encre qui tînt tout à la fois de l'encre d'impression et du crayon lithographique. La composition suivante réunit tous les éléments de succès :

Cire jaune.	1,000 grammes.
Suif de mouton.	100 »
Savon blanc.	300 »
Colophane ou résine. . . .	500 »
Vernis faible.	1,000 »
Noir de fumée calciné. . . .	Quantité suffisante.

On fait fondre ensemble dans un vase quelconque, de terre ou de fonte, la cire ou le suif; puis on ajoute le savon que l'on a eu soin de diviser en légers copeaux quelques jours d'avance, afin de le faire sécher. On procède dans cette opération comme pour la fabrication des crayons, page 167. Quand la fusion du savon est complète, on met par petites parties la résine en diminuant l'intensité du feu ; il ne faut ajouter de nouvelle résine que lorsque le boursoufflement qu'a occasionné l'immixtion de la première est apaisé. Ce n'est que lorsque l'amalgame de ces trois substances est complet que l'on verse le vernis peu à peu. On laisse ensuite cuire le tout pendant un quart-d'heure. Tant que la composition est sur le feu, il ne faut pas cesser de la remuer avec une cuillère ou une spatule de fer, afin de mieux opérer le mélange.

Pour colorer cette encre, on la broie avec du noir de fumée dont la quantité est subordonnée au degré de concrétion. Toutefois, il faut éviter que la matière colorante y domine. L'encre de report peut se conserver indéfiniment.

Autre recette.

Encre lithographique suivant la formule, page 174.	200 grammes.
Encre autographique suivant la formule indiquée page 196.	200 »
Vernis faible.	250 »

L'encre autographique est mise pour faciliter la fusion de l'encre lithographique et prévenir la carbonisation.

On met les deux encres dans un pot ; quand elles sont molles sans être bien liquides, on verse le vernis et on continue la cuisson jusqu'à ce que le tout soit liquide et qu'une bonne partie de l'eau soit évaporée. On coule sur un marbre ou mauvaise pierre lithographique. Cette composition se fige rapidement, et on la broie avec soin et en petite quantité. Ce broiement la rend assez molle pour pouvoir l'étendre sur le rouleau.

Encre pour mettre en relief les pierres [1].

On fait fondre dans un vase neuf en terre :

Cire vierge.	200 grammes.
Poix noire.	50 »
Poix de Bourgogne.	50 »
Poix grecque ou spalt en poudre fine.	200 »

On fait cuire le tout jusqu'à ce que le mélange soit complet ; on retire alors le vase du feu ; on le laisse un peu refroidir et on verse la matière dans l'eau tiède, afin de la manier plus facilement ; on en fait de petites boules, que l'on dissout au fur et à mesure du besoin dans de l'essence de lavande, en quantité suffisante pour obtenir un vernis du degré de consistance convenable.

Encre de conservation.

Lorsque le tirage d'un dessin est terminé, et que ce dessin doit être conservé, il est indispensable de mettre la pierre à l'encre de conservation, c'est-à-dire de le charger avec une encre qui puisse facilement être lavée, même à une époque très-éloignée. Nous nous sommes presque toujours servis de l'encre de *report,* page 183, qui nous a constamment rempli le but que nous nous proposions ; mais nos lecteurs nous sauront gré de leur donner une excellente composition que nous empruntons à G. Engelmann.

Cire.	100 grammes.
Asphalte.	100 »
Suif.	40 »
Noir de fumée.	20 »

On divise le tout en petits morceaux, et on y verse de l'essence de térébenthine. Au bout de quelques jours ce mélange forme un corps visqueux, de la consistance du cérat, que l'on conserve dans un pot hermétiquement bouché.

[1] Nous donnons encore une autre recette à l'article relief.

18.

CHAPITRE V.

DES PAPIERS PROPRES A L'IMPRESSION
LITHOGRAPHIQUE.

Il y a quinze ans, alors que la fabrication du papier était beaucoup moins perfectionnée, il nous eut fallu consacrer un long
article sur le choix qu'il en fallait faire pour l'usage de la lithographie. Notre tâche sera moins difficile aujourd'hui, car on est
d'accord que les papiers faits à la mécanique débarrassés des substances employées autrefois pour le blanchiement, sont presque
tous propres à la lithographie, si l'on en excepte toutefois ceux qui
contiennent des petits corps durs, quelquefois même des grains de
sable. Ces grains mis en contact avec la pierre au moment de la
pression y font de petits trous, et détériorent promptement le
dessin, le cuir du châssis et le râteau.

D'autres papiers, mais aujourd'hui ceux-ci sont fort rares, contiennent beaucoup d'alun, ce qui détruit la couche de gomme insoluble qui se trouve à la surface de la pierre et devient un obstacle
insurmontable à un bon tirage.

La présence de l'alun se reconnaît en versant sur un des coins
d'une feuille, une petite goutte de *teinture de tournesol*. Si, après
y être demeurée quelques instants la teinture rougit, il ne faut pas
hésiter à rejeter le papier.

Les papiers sont classés en deux divisions, savoir : les papiers
collés sur lesquels on peut écrire, et les papiers *sans colle* spécialement destinés à l'impression. On reconnaît ces derniers en les
touchant du bout de la langue, à laquelle ils font éprouver un sen-
timent désagréable de sécheresse, en absorbant avec avidité l'humidité dont elle est chargée. Fabriqués avec des matières plus divisées
et amenés à un degré plus convenable de fermentation, les papiers
sans colle se laissent plus facilement pénétrer par l'humidité, sont
plus moëlleux, plus souples, se moulent enfin plus complétement
sur le corps dont ils doivent prendre l'empreinte; aussi sont-ils exclusivement employés au tirage des dessins au crayon.

Il ne suffit pas de connaître la qualité des papiers, ne faut-il pas
encore pouvoir utiliser à propos le divers formats. Nous donnons
ici les plus usités dans le commerce avec leurs dimensions, qui
ne sont pas cependant exactement les mêmes dans toutes les fabriques.

	mètre	centim.
Grand monde	1 16 sur	0 85
Grand aigle.	1 05	0 70
Colombier.	0 85	0 60
Jésus.	0 70	0 54
Grand raisin.	0 62	0 47
Carré.	0 54	0 44
Coquille.	0 50	0 42
Ecu.	0 51	0 40
Couronne.	0 47	0 35
Teillère.	0 45	0 34
Pot.	0 40	0 31
Cloche.	0 39	0 30

Indépendamment de ces papiers dont le poids, le degré de blancheur, de finesse, de collage, etc., varient à l'infini, la lithographie fait une grande consommation d'autres papiers connus sous le nom de *papiers de fantaisie*, tels que papiers de couleurs, mats ou glacés, papiers porcelaine, etc. L'impression de ces dernières sortes n'est pas sans difficultés, car on ne peut humecter ceux qui sont couverts d'une couche blanche ou colorée qui ne manquerait pas, dans ce cas, de s'attacher tout ou partie sur pierre.

Mouillure des papiers et des cartes.

Employés secs, les papiers ne se prêtent qu'imparfaitement au tirage et encore faut-il une pression considérable. On obvie à cette résistance du papier en l'humectant légèrement. Cette humidité donnée à point, contribue puissamment à la beauté de l'impression, car trop peu d'humidité lui laisse une partie de sa résistance, tandis que l'excès contraire repousse l'encre. Dans l'un comme l'autre cas on n'a que des épreuves sans vigueur, et le dessin prenant à chaque encrage un surcroît d'encre dont le papier ne se débarrasse point, finit le plus souvent par s'estomper.

La mouillure des papiers sans colle s'opère ainsi : après avoir divisé le papier suivant l'usage auquel on le destine, on place une dizaine de feuilles sur un ais ou plateau en bois assez grand pour les contenir. On mouille la feuille supérieure avec une éponge en la passant légèrement sur tous les sens, sans revenir sur les parties déjà mouillées, à moins que ce soit en tamponnant. On pose ensuite une seconde dizaine et ainsi de suite ; enfin, on couvre d'une maculature et d'un second ais, que l'on charge d'une pierre ou d'un poids quelconque.

Trois ou quatre heures après, ou le lendemain matin si on a mouillé le papier le soir, ce qui vaut mieux, on *remanie*, c'est-à-dire, l'on prend les feuilles par petites pincées, on les replace les unes sur les autres, mais dans le sens contraire ou elles étaient. Cette opération a pour but de faire disparaître les ondulations que prend quelquefois le papier. On profite de cette occasion pour réhumecter les bords, s'ils paraissaient trop secs, puis on serre le tout dans la presse à satiner, ou à défaut on le charge de pierres.

Les papiers collés, ordinairement destinés à des travaux moins importants, exigent moins de précautions, et cependant, en raison même de la colle qu'ils contiennent, ils sont plus difficiles à se pénétrer d'humidité. Comme on n'a pas à craindre de les déchirer on les trempe au baquet, c'est-à-dire qu'on se procure un baquet ou mieux une caisse oblongue d'une dimension proportionnée à l'importance de l'atelier et aux formats de papier qu'on est dans l'usage d'y imprimer. On emplit ce baquet ou caisse d'eau propre, et on y plonge une dizaine de feuilles en les tenant des deux mains par les angles diamètralement opposés. Un peu d'habitude prévient l'infiltration de l'eau entre les feuilles, ce qui produirait une irrégularité dans la mouillure, car le papier ne doit pour ainsi dire que traverser le liquide. On laisse égoutter quelques secondes la pincée, on l'étend sur un ais, on la couvre d'autant de feuilles sèches et alternativement du reste du papier ; on charge d'un ais comme pour le papier sans colle.

Quand on a des cartes collées à mouiller, on en prend dans la main gauche un paquet d'environ 5 centimètres de hauteur : de la droite on appuie assez fortement sur la tranche, et en remontant cette main on les fait plonger et détendre dans l'eau, de manière que chaque feuille soit mouillée. Cela fait, on presse le paquet dans la main pour faire sortir l'excès d'eau, on répète l'opération de l'autre côté et on met entre les ais.

Le nombre de feuilles que nous avons indiquées pour la mouillure n'est qu'approximatif; ce nombre varie suivant que le papier est plus ou moins mince, plus ou moins collé et selon le genre de travail auquel on le destine. L'expérience est un bon maître en pareil cas.

Nous ferons remarquer en terminant, qu'il ne faut mouiller, surtout en été, que la quantité de papier dont l'emploi est arrêté pour le lendemain. Autrement on s'expose à le laisser *piquer*: ce qui arrive au bout de 3 ou 4 jours. Il se fait, dans ce cas, une fermentation, le papier exhale alors une odeur fétide et ne tarde pas à se couvrir, particulièrement au centre, de petites taches circulaires ordinairement jaunes, roses, quelquefois rouges ou bleu d'ardoise, etc.

On peut à la rigueur rendre au papier piqué sa blancheur primitive, en plongeant chaque feuille dans un bain de chlorure de chaux ou d'eau de javelle et en la lavant ensuite 2 à 3 *fois* à l'eau claire ; mais cette opération est longue, dispendieuse même, et le papier ainsi lavé a perdu une grande partie de sa colle.

Il n'est pas inutile de donner ici la dénomination des formats. Cette dénomination que presque tout le monde connaît est la même pour tous les papiers quelles que soient leurs dimensions.

Formats des papiers.

On appelle *in-plano* la feuille entière ;
In-folio (par abréviation *in-f°*), la feuille divisée en deux
In-quarto (abrév. *in-4°*), le quart de la feuille ;
In-six (abrév. *in-6°*), le sixième ;
Iu-octavo (abrév. *in-8°*), le huitième ;
In-douze (abrév. *in-12*), le douzième ;
In-seize (*in-16*) le seizième ;
In-dix-huit (*in-18*), le dix-huitième ;
In-vingt-quatre, in-trente-deux, etc., suivant la quantité de fractions dont on a divisé la feuille.

Encollage du papier.

Les lithographes peuvent avoir besoin dans quelques circonstances de préparer leurs épreuves pour l'enluminure. Ce moyen consiste à le coller comme on le fait en fabrique, en étendant des deux côtés de la feuille, soit avec un large pinceau, soit avec une éponge, un encollage dont nous donnons ci-après la composition , puis on les fait sécher sur des cordes, ou mieux à plat sur des couvertures de laine, et enfin on les met en presse pour les redresser.

Faites fondre, à petit feu, dans un vase de terre, neuf et réservé à cet usage, 50 grammes de colle de Flandre bien transparente, dans deux litres d'eau. Lorsque l'eau bout, on ajoute la même quantité de savon blanc divisé en petits copeaux. On fait bouillir doucement en remuant pour faciliter le mélange, Mettez-ensuite 35 grammes d'alun, et après avoir remué quelques instants retirez le liquide du feu, passez-le dans un linge et recevez-le dans un autre vase, d'une capacité plus grande, et qui contienne encore deux litres d'eau chaude. Lorsque cette préparation est froide, on la met dans des flacons que l'on conserve dans un lieu frais.

Du papier de Chine.

Le papier de Chine dont on fait aujourd'hui un très-grand usage en lithographie, sert à tempérer l'éclat trop vif du papier blanc, à fondre entre elles les demi-teintes et les ombres en même temps qu'il se prête merveilleusement au tirage.

On a cru long-temps, et un grand nombre de lithographes partagent encore cette erreur, que le papier qui nous occupe était fabriqué avec de la soie et qu'il était d'origine anglaise ou allemande. Il n'en est pas ainsi, ce papier nous vient réellement du Céleste empire où on le fabrique avec des écorces de différents arbres, notamment avec celle du bambou.

Ces écorces sont réduites en pâte déliée par une macération et une ébulition prolongées. On y ajoute une certaine dose d'une résine extraite d'un arbre nommé Hotong. Les feuilles sont faites à la forme, comme dans notre ancienne fabrication, puis étendues sur des murs enduits d'un mastic lisse et chauffés intérieurement. Ce mode d'étendage qui s'opère à l'aide d'une brosse, donne aux feuilles un *endroit* et un *envers*. L'endroit qui est le côté mis en contact avec le mur est soyeux et brillant, tandis que les soies de la brosse impriment à l'envers une multitude infinie de petites lignes creuses.

Les imitations fabriquées en France ont bien la couleur, presque le même aspect que le véritable papier de Chine, on s'y méprendrait même après l'impression ; mais pour l'imprimeur la différence est bien sensible, car ces sortes de papiers n'enlèvent pas aussi complétement l'encre de la pierre.

Le papier de Chine est toujours sans colle ; comme il est d'une grande ténuité on ne l'emploie jamais que soutenu par une doublure de fort papier vélin qui, l'encadrant, donne à l'épreuve par opposition de ton plus de vigueur et plus d'harmonie. Aussi les dessins les moins achevés, ceux qui ont perdu quelques demi-teintes à l'acidulation, gagnent-ils beaucoup à être tirés sur papier de Chine.

Le papier de Chine est fixé à sa doublure au moyen d'une colle appliquée d'avance. Pour cela on étend les feuilles entières sur une table et l'on enduit l'envers d'une légère couche de colle de pâte ou d'amidon, étendue aussi régulièrement que possible avec une brosse douce. On fait sécher sur des cordes et loin du feu. Ainsi collé, ce papier peut n'être employé que long-temps après sans que la colle perde rien de son adhérence.

Avant et surtout après l'encollage on enlève avec soin, à l'aide d'un grattoir, les parcelles filamenteuses, les grumeaux de colle, les grains de sable, les soies qui se détachent de la brosse et généralement toutes les petites taches que l'on peut apercevoir. Pour une petite déchirure ou un trou fait en collant ou en nettoyant le papier, on ne rejette pas la feuille pas même le morceau, car à moins que cette imperfection dut se rencontrer sur une partie éclairée d'un portrait, il passe inaperçu dans les ombres.

Lorsqu'on veut faire usage du papier de Chine, on le divise en autant de fractions que la feuille peut contenir de fois la dimension du cadre du dessin, car aujourd'hui on ne le dépasse pas. S'il ne s'agit que d'un petit nombre d'épreuves sur Chine, on les taille au canif sur une vitre ou une glace, mais lorsqu'il en faut un grand nombre on les rogne à la presse.

Une heure et même une demi-heure seulement avant l'impression, on intercale ces feuilles dans le papier destiné au dessin et mouillé en conséquence. L'humidité de ce papier suffit pour raviver l'adhérence de la colle qui doit fixer les deux feuilles ensemble par la pression. Les repères et la pose sur la pierre sont indiqués à l'article tirage.

Ce n'est pas seulement pour le tirage des dessins que le papier de Chine est employé en lithographie; il s'en fait une grande consommation pour les reports.

Papier factice imitant le papier de Chine.

On prend du papier pelure sans colle, le mieux est celui qu'on emploie pour les fleurs en papier. On le trempe dans une faible solution de noix de galle dans de l'eau. Lorsqu'on aura obtenu une teinte semblable à celui du papier de Chine, on l'encolle d'un côté et on s'en sert comme nous venons de le dire. Lorsque l'épreuve est sèche l'artiste en prenant un peu d'acide oxalique pourra enlever du blanc dans les yeux, le linge, etc. et imiter ainsi les planches à teinte.

Papier végétal.

Tout le monde connaît ce papier si mince, si transparent et dont le concours est si utile pour prendre le calque des dessins et les reproduire ensuite sur la pierre. Il ne faut pas confondre ce papier fabriqué avec du lin ou du chanvre, réduits en pâte sans fermentation, avec le papier huilé qu'on rencontre dans le commerce et qu'il est facile de reconnaître à l'odeur rance qu'il exhale.

DEUXIÈME PARTIE.

EXÉCUTION SUR PIERRE DES DIVERSES
MANIÈRES LITHOGRAPHIQUES.

Les divers genres d'exécution auxquels se prête la lithographie, font de cet art un champ vaste dans lequel artistes et industriels peuvent puiser, à pleines mains, une foule d'applications dont l'énuration, chaque jour plus nombreuse, peut aujourd'hui se résumer ainsi :

Par l'**Autographie** on exécute un nombre prodigieux de travaux à l'usage du commerce, des administrations, des tribunaux, des sciences et notamment les *autographes* proprement dits que nous appellerons *fac-simile* pour ne pas faire confusion avec la dénomination du procédé.

Au moyen de la **Gravure**, qui fut la première méthode de Senefelder, on reproduit tout ce que la taille-douce a fait jusqu'à ce jour pour les ouvrages du commerce, ainsi que ces belles cartes géographiques qui ne le cèdent en rien aux plus beaux produits de la gravure sur acier.

L'art du dessin, le commerce des estampes et celui de l'imagerie, ont trouvé dans les procédés du **Crayon**, du **Lavis**, dans la **Chromographie**, d'innombrables moyens de production, une variété considérable de produits et une économie de fabrication toujours croissante.

Enfin, c'est à l'exécution des **Dessins et des écritures à l'encre** que la lithographie doit son plus rapide développement et ses plus nombreuses applications. Cette méthode, très-usitée en France surtout, embrasse l'exécution de presque tous les ouvrages relatifs aux écritures commerciales et aux vignettes, dont le nombre et la variété sont incalculables.

Ces différentes manières de lithographier seront le sujet de chapitres spéciaux. Dans une section à part nous traiterons tout ce qui concerne le tirage, excepté quelques parties que nous avons jugé à propos de ne pas distraire du procédé même, tels que ceux de l'*autographie* et de l'*impression en couleurs*.

CHAPITRE VI.

DE L'AUTOGRAPHIE.

On nomme *autographie* le procédé au moyen duquel on peut reproduire des écritures et même des dessins exécutés par des personnes étrangères à la lithographie. Ce procédé est sans contredit une des ressources les plus importantes de la découverte de Senefelder, puisque aucun autre mode de reproduction ne peut rivaliser d'économie, de célérité et de facilité d'exécution. L'autographie enfin est d'une application presque générale à la reproduction des labeurs relatifs aux sciences, aux arts et au commerce.

« Cette manière, disait Senefelder, est tout-à-fait particulière à « l'imprimerie chimique, et je suis très-porté à croire qu'elle est ce « qu'il y a de plus important dans ma découverte.» En effet, on n'a plus besoin avec cette méthode d'apprendre à écrire à rebours pour multiplier ses idées par l'impression lithographique. Les chefs de corps dans l'armée et les chefs d'administration publique peuvent multiplier leurs ordres ou leurs instructions avec le plus grand secret, et ce sera d'un grand secours dans les contrées où la typographie n'existe pas du tout, et dans celles où les caractères ont des formes bizarres et multipliées, telles que les langues orientales.

En France, où les arts graphiques abondent, on fut des premiers à sentir les avantages de l'autographie ; les administrations en firent aussitôt usage ; on établit des presses aux ministères de la guerre de la marine et des finances ; aux écoles de génie, d'artillerie ; des régiments, des préfectures, s'empressèrent d'en introduire l'usage dans leurs bureaux ; des administrations particulières, toujours avides d'économie, ont adopté ce système, et nous voyons chaque jour les presses dites autographiques que l'autorité a la faiblesse de tolérer aux particuliers, arracher aux imprimeurs le peu de travaux qu'ils se disputent déjà.

Les procédés autographiques ont été appliqués à une foule d'ouvrages, et dans un grand nombre de cas ils doivent être préférés à la lithographie elle-même. Nous ne prétendons pas cependant que l'autographie puisse lutter avec elle d'élégance et de pureté de traits ; mais elle l'emporte par la régularité soutenue de son caractère, par la promptitude d'exécution et par une économie bien marquée, lorsqu'il s'agit de l'impression d'un petit nombre d'exemplaires.

Ce mode de reproduction peut se résumer ainsi : écrire ou dessiner avec une encre particulière sur un papier préparé ; décalquer cette écriture ou ce dessin sur une pierre lithographique ou sur une plaque d'un métal convenable ; faire subir à cette pierre ou à cette plaque une préparation de quelques instants, et enfin procéder au tirage suivant les procédés lithographiques.

Le point important du procédé consiste à n'employer qu'en première qualité tout ce qui concourt à son exécution. Aussi nous attacherons-nous à donner dans ce Manuel les recettes dont l'expérience et l'opinion des praticiens ont constaté le mérite. Plusieurs autres recettes, sans doute, fournissent de bons résultats ; mais pour ne pas jeter nos lecteurs dans l'embarras du choix, nous nous bornerons à décrire les suivantes, qui ont encore l'avantage d'une grande simplicité de fabrication.

Papier autographique.

Amidon.	500 gram.
Gomme-gutte.	30
Colle de Flandre.	5
Ichtyocolle (colle de poisson).	1
Eau commune environ.	5 litres.

Concassez en petits fragments la gomme-gutte, découpez les colles pour faciliter leur fusion, faites détremper ces substances dans à peu près un demi-litre d'eau froide. Cette première opération se fait la veille du jour où doit se confectionner la préparation du papier.

Faites bouillir, le lendemain, environ quatre litres d'eau dans un vase de terre à large orifice ; dès que l'eau est en ébullition ajoutez et faites bouillir, pendant dix minutes, la gomme-gutte et les colles dont il a été question ; puis enfin videz l'amidon que vous avez réduit en bouillie très-claire dans l'eau froide. L'immixtion de cette bouillie d'amidon dans l'eau bouillante exige l'aide d'une seconde personne qui s'occupe de remuer, avec une cuillière ou spatule en bois, le liquide bouillant, pendant que vous versez lentement l'amidon. Sans le concours de cette personne on est exposé à avoir une préparation, ou si l'on aime mieux, un empois rempli de grumeaux.

Quelques minutes suffisent pour la cuisson. Loin de donner de la consistance à la préparation, sa prolongation sur le feu la ferait tourner en eau.

Lorsque la composition est complétement refroidie, vous en étendez une couche légère sur du papier mince et collé : la coquille blanche mécanique nous a parue constamment devoir être le papier préférable. Pour étendre la couche, une brosse douce convient beaucoup mieux que l'éponge dont on se sert presque généralement.

Pour les faire sécher, on étend les feuilles sur des cordes ; puis on les satine, soit en les faisant passer dans les feuilles de zinc d'une presse à glacer, soit en les posant une à une sur une pierre lithographique poncée, le côté enduit en dessous, et faisant une bonne pression.

Le papier ainsi préparé peut se conserver indéfiniment et il est parfaitement convenable pour les *reports* dont il sera parlé plus tard. N'oublions pas de dire, ici, qu'il convient, lorsqu'on fait du papier autographique, d'en préparer quelques feuilles en se servant de papier végétal. L'emploi de ces feuilles est nécessaire pour les *fac-simile* dont il sera question dans ce chapitre. Pour reconnaître le côté qui a reçu la préparation, il faut faire une remarque quelconque, car sans cette précaution, cela serait difficile. Dans un des angles de la feuille on y colle, par exemple, une petite bande de papier blanc.

Encre autographique.

Si la bonne qualité du papier est nécessaire pour obtenir de bons résultats en autographie, celle de l'encre n'est pas moins indispensable et tous les soins du lithographe doivent se porter à en perfectionner la fabrication. La composition de l'encre autographique est, à quelque différence près, la même que celle dont on se sert pour écrire sur pierre. Plusieurs lithographes font usage même de cette dernière et s'en trouvent bien disent-ils ; mais nous avons rarement eu occasion de nous féliciter de cette substitution, parce que l'encre lithographique, contenant une partie assez considérable de matière colorante solide, pénètre moins intimement dans la pierre si elle est employée en petite quantité ; tandis que si l'on charge la plume, elle s'écrase sous la pression du décalque.

Le choix des substances qui composent l'encre que nous décrivons, les quantités données et les soins que nous recommandons dans la manipulation ont pour but : 1° de rendre cette encre d'un emploi facile ; 2° d'empêcher une fluidité trop considérable, qui la ferait s'infiltrer dans la colle du papier et nuirait au décalque; 3° de lui donner une adhérence suffisante sur la pierre; 4° enfin de recevoir l'encrage avec facilité, en même temps de pouvoir résister à un long tirage.

Autre recette de papier authographique.

Mettez une couche très-mince d'empois sur du papier pelure, comme vous faites sur le papier de Chine. Lorsque le papier est entièrement sec passez-y une seconde couche du mélange suivant :

Colle de Flandre ou gélatine. . 200 grammes.
Gomme adragant. 100   »

Que l'on fait infuser pendant vingt-quatre heures dans l'eau froide (environ un litre), que l'on fait bouillir le lendemain.

On doit prendre garde de ne pas délayer la première couche en étendant la seconde. On peut colorer cette dernière couche par l'addition d'un peu de gomme-gutte, ou du jus de réglisse ou de café.

On écrit ou dessine sur ce papier lorsqu'il est satiné, sans qu'il soit besoin de le sandaraquer.

Encre autographique.

Par les mêmes motifs que nous avons déduits pour le papier au-graphique nous ne donnons qu'une seule recette d'encre; recette qui, nous croyons, doit remplir toutes les conditions désirables.

Savon blanc . . . . 300 grammes.
Cire jaune. 500   »
Gomme laque en tablettes. . . 300   »
Mastic en larmes. 200   »

La manipulation étant à peu près la même pour cette encre que pour celle du crayon et de l'encre lithographique, nos lecteurs pourront consulter ces articles, pages   et

On divise le savon en copeaux bien minces, quelques jours à l'avance; on le fait sécher à l'air libre ou dans une étuve.

On fait fondre la cire dans un vase de fonte ou de cuivre non étamé ; quand elle est entièrement fondue et que la chaleur est arrivée à un degré élevé, on met le savon morceau à morceau, observant de n'en ajouter que lorsque le précédent est complètement dissous et d'agiter l'amalgame avec une spatule de fer.

Pendant cette opération, le feu doit être très-ardent et poussé au point que la mixtion prenne feu en approchant de l'ouverture du vase un morceau de papier allumé. Lorsque la flamme s'est communiquée à la composition, on retire le vase du feu, on laisse brûler environ une minute, puis on l'éteint en mettant le couvercle.

Un instant après on ajoute peu à peu la gomme laque. Quelquefois, lorsque la chaleur est trop intense, la matière se boursoufle et se répand hors du vase, ce qui est fort dangereux. Le plus souvent on arrête cet effet en jetant dans le vase une pincée de mastic en larmes, qu'on ne met, lorsque cet accident n'a pas lieu, que lorsque la fusion des autres substances est complète et toujours par petites quantités.

Lorsque tout le mastic est fondu, on augmente le degré de chaleur, on fait cuire pendant dix minutes, puis insensiblement on diminue l'action du feu, et lorsqu'en remuant on sent que l'amalgame perd sa fluidité, on le coule sur une pierre, puis on le divise en tablettes ou en lingots avant son entier refroidissement.

On rend cette encre liquide et propre à écrire en la mêlant avec de l'eau de pluie ou de l'eau de rivière dans la proportion de huit fois environ son volume. Pour obtenir ce mélange, on fait fondre la quantité d'encre que l'on juge nécessaire, on verse ensuite un peu d'eau bouillante dans un vase, ordinairement un boursouflement immédiat a lieu ; lorsqu'il est apaisé, on renouvelle l'immixtion de l'eau en prenant garde chaque fois de n'en pas verser une quantité considérable dans la crainte de faire extravaser l'encre. Cette opération, pendant laquelle il faut toujours agiter avec une spatule pour faciliter le mélange, est fort longue, et ce n'est que lorsqu'il n'y a plus d'effervescence au moment de l'addition de l'eau que l'on peut conclure que le mélange est fait, et dans ce cas, on peut mettre plus d'eau à la fois. On fait bouillir encore quelques minutes, on enlève l'écume qui se forme, et après s'être assuré que la quantité d'eau est en proportion avec celle de l'encre, on retire le vase du feu, et le lendemain seulement on met dans les flacons ; nous disons le lendemain, pour laisser aux matières carbonisées et tenues en suspension dans le liquide, le temps de se précipiter au fond du vase.

Au bout de quelques jours il s'est formé au fond de ces flacons un dépôt ; on décante de nouveau dans d'autres flacons que l'on bouche hermétiquement et dans lesquels l'encre peut se conserver fort longtemps sans altération. Il est facile, dans tous les cas, lorsque l'encre a été bien faite, de régler le degré de densité par une nouvelle addition d'eau bouillante, ou par évaporation sur le feu. Il arrive aussi quelquefois que, quoique d'excellente qualité, l'encre semble se décomposer après quelques mois, il suffit alors de la faire bouillir, en ajoutant un peu d'eau. Il ne faut pas confondre cet état avec celui de l'encre qui, n'ayant pas eu un degré suffisant de cuisson, se conserve peu à l'état de liquide, qui s'épaissit peu de temps après de la même manière que le chocolat; il est impossible de faire usage d'une encre pareille.

Exécution des dessins et écritures autographiques.

Pour faire sur le papier autographique un travail correct et obtenir des traits déliés purs, des pleins exempts de bavures, il est nécessaire de préparer ce papier à la sandaraque.

Le dessin étant esquissé ou les lignes étant tracées, on répand sur le papier une petite quantité de sandaraque que l'on étend aussi également que possible sur toute la surface du papier avec une patte de lièvre ou de lapin. L'excès de cette substance expose aux plus fâcheux inconvénients : aussi engageons-nous les personnes qui font de l'autographie d'essuyer légèrement avec un linge le papier qui a été frotté de sandaraque. Si le tracé au crayon disparaissait par suite de cette opération de la sandaraque, il n'y aurait aucun inconvénient à le renouveler, puisque ce tracé, dans aucun cas, ne reparaît à l'encrage. Bien mieux, lorsqu'on a un travail d'une certaine étendue, dont toutes les parties ont une disposition uniforme telle que les pages d'un livre ou une série de tableaux, on fait sur une pierre, à la *pointe sèche*, une ou plusieurs pages de ce tracé, on en tire le nombre d'exemplaires dont on présume l'emploi nécessaire et on les couvre de la composition autographique, comme on le fait pour le papier blanc. On comprend la régularité qu'on obtient, surtout si l'on a eu la précaution d'indiquer sur la pierre la rentrée des alinéas, la place de la pagination, du titre courant, l'alignement des colonnes de chiffres, etc., etc.

Lorsqu'on tracera à l'encre, on doit toujours avoir pour sousmain une feuille de papier assez grande pour couvrir toute la surface du travail tracé. Sans cette précaution on est exposé de *graisser* le papier, d'enlever avec la main ou les manches la sandaraque et de voir le travail moins pur dans les parties d'où elle aurait disparu. Il est également utile de couvrir d'une feuille les lignes déjà écrites, pour les préserver de la poussière et du contact de l'air ; enfin il est bon d'assujétir le papier autographique sur une feuille forte au moyen de colle à bouche. Le papier étant ainsi beaucoup mieux tendu, le travail de la plume est plus facile.

Le choix de la plume est un point important. Une bonne plume d'oie est la seule dont on puisse faire usage avec succès. On choisira cette plume de moyenne grosseur, dure sans rides et transparente, ronde autant que possible et cédant sous la pression des doigts. Une plume dans ces conditions, à la seconde et à la troisième taille surtout, produira des linéaments fins pour les déliés, des pleins fermes et soutenus, des dégagements gracieux et bien gradués et tout ce qui constitue la calligraphie. La main ne saurait diriger avec la même facilité la plume du corbeau, ni celle de canard à cause de leur ténuité.

Il faut soigneusement éviter de faire usage pour l'autographie de plumes qui auraient servi à l'encre ordinaire, à moins qu'elles n'aient été complètement nettoyées. Avec ces plumes, l'encre autographique serait immanquablement altérée.

Il est à propos de faire remarquer que l'alcali que contient l'encre autographique, agit très-vite sur la plume qui s'émousse facilement et dont il faut par conséquent fort souvent rafraîchir la taille.

En cas d'erreur, on enlève le mot ou la ligne avec de la gomme élastique très-souple, et afin de ne pas endommager les caractères voisins, on pratique dans un morceau de papier fort, un trou de la longueur et de la hauteur du mot ou des mots de manière à ne laisser à découvert que les parties à enlever; on conçoit que de cette manière la gomme n'atteigne que cela. On met ensuite un peu de sandaraque avec le bout du doigt, on essuie avec un petit linge propre et on fait la correction.

Il faut éviter en autographie, les grattages qui peuvent enlever la préparation du papier, le contact des doigts sur le travail, l'excès de sandaraque et le frottement des feuilles écrites l'une sur l'autre.

Imposition.

Donner aux pages d'un volume leur position respective, de manière qu'elles prennent à la retiration leur ordre successif, cela s'appelle *imposer*. La lithographie, il est vrai, est rarement appelée à l'impression de volumes, cependant il est nécessaire d'avoir une notion de *l'imposition*, ne fut-ce que pour les mémoires d'une vingtaine de pages disposés en un seul cahier de 4 à 5 demi-feuilles : nous disons demi-feuilles, parce que, en lithographie, on tire rarement la feuille entière.

Si le nombre de pages à décalquer est divisible par quatre ce qui est la quantité contenue dans une demi-feuille, *recto et verso*, on écrit la moitié de ce nombre sur une ligne verticale et on continue l'inscription de l'autre moitié en remontant et en plaçant les chiffres à côté les uns des autres.

Si, au contraire, le nombre ne peut se diviser exactement par quatre, supposons quatorze, on dispose les chiffres comme pour seize, 8 sur la première colonne et 6 sur la seconde ; on trouve alors 1 et 2 sur la première partie de la feuille et l'autre sera blanche.

Exemples.

De 12 pages.	De 14 pages.	De 17 pages.

De 12 pages.

1 — 12
2 — 11 } 1re feuille.

3 — 10
4 — 9 } 2e feuille.

5 — 8
6 — 7 } 3e feuille.

De 14 pages.

1 — »
2 — » } 1re feuille.

3 — 14
4 — 13 } 2e feuille.

5 — 12
6 — 11 } 3e feuille.

7 — 10
8 — 9 } 4e feuille.

De 17 pages.

1 — »
2 — » } 1re feuille.

3 — »
4 — 17 } 2e feuille.

5 — 16
6 — 15 } 3e feuille.

7 — 14
8 — 13 } 4e feuille.

9 — 12
10 — 11 } 5e feuille.

Lorsqu'on fait un tirage dans l'ordre que nous venons d'indiquer, le haut des pages doit être du côté du châssis, et les numéros impairs de ces pages du côté du porte-râteau. Cette règle n'est variable que dans les cas d'un feuillet blanc ; alors on tire les pages 1 et 2 à l'inverse, c'est-à-dire la page 2 du côté du porte-râteau, en laissant déborder des deux côtés de la pierre le feuillet blanc, ce qui est assez incommode et presque toujours malpropre.

Décalque.

Dans la saison tempérée et lorsqu'on s'est servi d'une encre de bonne qualité, on peut sans inconvénient ne faire le décalque que le huitième jour et il n'est pas sans exemple de réussir complètement au bout d'un mois ; mais pendant l'été il est prudent de le faire le plus promptement possible pour ne pas s'exposer à perdre une partie du travail.

Le point capital pour la réussite du décalque est d'avoir des pierres complètement privées d'humidité. En hiver et dans la saison pluvieuse, il est même utile de leur communiquer un faible degré de chaleur afin qu'elles reçoivent avec plus d'avidité le corps gras (l'encre autographique), pour cela, on place la pierre poncée soit dans une étuve, soit devant le feu, mais à une certaine distance, avec attention qu'une température trop élevée pourrait occasionner la rupture des pierres. Un mode de séchage, trop peu usité et que nous conseillons néanmoins, consiste à placer la pierre sur un plan incliné dans un évier ou sur une table à poncer, et à verser dessus de l'eau bouillante ; à l'essuyer avec un linge propre et à la porter immédiatement sur la presse où tout aura été préparé pour la recevoir.

Cette opération qui communique à la pierre une douce chaleur et dégage encore de sa surface toute souillure, doit se faire aussi rapidement que nous mettons de temps à la décrire, et lorsque tout aura été préparé, pression, course du charriot, maculature, et même lorsqu'on aura humecté le papier autographique ainsi que nous allons l'expliquer.

Lorsqu'on se contente de la température de l'atmosphère, ou de faire tiédir la pierre devant le feu, il est convenable de la poncer une seconde fois, mais à sec, jusqu'à ce que l'on sente que la pierre *mord* bien : on essuie ensuite la poussière avec beaucoup de soin.

Revenons au décalque. On calque sur la presse une pierre bien poncée. on s'assure de la pression, de la précision du râteau, on fixe la longueur de la course du charriot, enfin on place à portée de la main quelques *maculatures.*

On renverse ensuite sur un ais ou tablette propre la feuille à décalquer, on la mouille légèrement derrière avec une éponge, évitant que l'eau s'infiltre du côté de l'écriture. On reconnaît que le papier est convenablement humecté, lorsqu'il s'étend sans recoquillement et que l'eau ne brille plus à la surface. Moins on donnera d'humidité au papier et plus l'autographie sera pure, mais aussi plus on court risque de ne pas obtenir un décalque complet.

On place l'autographie sur la pierre où la position des pages a pu être indiquée par un tracé au crayon, on la couvre de deux maculatures et l'on fait une première pression ; on relève le châssis ; d'un coup d'œil on s'assure que la presse a été bien disposée, on renouvelle les maculatures, on retourne le râteau, on ajoute un degré de pression et l'on donne un second et un troisième coup de presse ; on retourne la pierre, on mouille légèrement l'autographie, et l'on fait une quatrième pression ; ensuite on mouille suffisamment la feuille qui se détache avec facilité.

Si après la première pression on reconnaissait que le papier autographique n'a pas adhéré sur la pierre dans toutes ses parties, soit par insuffisance d'humidité, soit par excès de sandaraque, il faudrait se borner à cette première pression ou s'exposer au doublage des traits. Pour éviter ce danger, on doit donner une très-forte et lente pression pour la première fois.

Il arrive quelquefois, lorsqu'on n'a pas laissé une course suffisante au charriot, que le râteau s'arrêtant sur l'autographie ou immédiatement sur l'extrémité, il décolle le papier et écrase l'écriture par un mouvement de retrait au moment où la pédale est relevée. Il convient mieux de donner plus d'étendue à la course et de relever insensiblement le pied de la pédale au moment de finir, tout en continuant de tourner le moulinet.

FAC-SIMILE.

Il y a plusieurs moyens pour reproduire les *fac-simile*. Le premier consiste à placer le manuscrit sous une feuille de papier végétal préparée de la manière indiquée page 195, à les fixer ensemble, soit avec des épingles très-fines, soit avec de la colle à bouche, soit enfin, si l'on ne veut pas détériorer l'original en posant sur le papier végétal, de petites masses de plomb ou une règle en fer pour les maintenir dans la même position ; à suivre à la plume avec de l'encre autographique les traits du manuscrit le plus exactement qu'il est possible et à faire le décalque comme celui des autographies ordinaires à la différence près, qu'au lieu de mouiller le papier végétal, il suffit de l'intercaler pendant cinq minutes entre quelques feuilles de papier ordinaire très-humide.

Le second moyen de l'invention de M. Jobard est aussi très-simple, nous le reproduisons tel qu'il l'a décrit.

« Choisissez, dit-il, un carré de taffetas ciré bien uni, ou plutôt « faites-en fabriquer une pièce un peu plus forte et moins trans- « parente que celui du commerce, et tachez qu'on lui donne une « couleur laiteuse, nous dirons pourquoi.

« Faites coudre une tresse de fil autour de votre carré ; passez « un lacet dans cette tresse pour tendre également ce taffetas, au « centre d'un cadre formé d'un fil-de-fer gros comme un tuyau de « plume à écrire, *pl.* III, *fig.* 4.

« Placez ce taffetas sur le dessin à copier et suivez avec une « plume et de l'encre lithographique.

« Voilà bien le fond du procédé mais vous ne feriez rien de bon « sans les explications qui vont suivre :

« 1°. Le taffetas étant trop translucide, il s'ensuit que le trait « que vous tracez, se confondant avec le trait de dessous, vous ne « savez pas s'il a la même épaisseur ; il faut donc ternir l'envers du « taffetas avec une légère solution de lait de chaux ou d'un blanc « quelconque, qui permette d'apprécier exactement l'épaisseur et « la pureté de vos traits ;

« 2°. La plume ordinaire ne vaut absolument rien ; il faut se « servir de petites plumes lithographiques de Perry, qui permet- « tent de tracer les lignes les plus délicates avec une rare facilité ;

« 3°. Si votre encre n'est pas assez épaisse, elle s'étale et vous ne « faites que des pâtés ; il faut donc amener votre encre lithographi-

« que à la consistance d'un lait épais; vos traits, au lieu de s'épater,
« ont une tendance à se resserrer à cause de l'état un peu graisseux
« du taffetas qui ne repousse pas, néanmoins, l'encre grasse et alca-
« line que vous lui confiez ;

« 4°. Avant de dessiner, vous aurez soin de passer une couche
« d'essence de térébenthine ou d'eau de savon sur votre taffetas,
« que vous essuierez bien avec du papier joseph ou avec un linge.

« En peu de temps vous aurez acquis une habitude parfaite de ce
« procédé, et ce sera un plaisir pour vous de vous y livrer ; quand
« on fait un faux trait, rien n'est plus aisé que de l'enlever avec
« un grattoir, car il ne pénètre point dans la substance du taf-
« fetas ; il n'est que déposé sur la surface. On peut au besoin
« enlever à l'essence tout une partie du dessin ou le dessin tout
« entier.

« Votre calque terminé, renversez le taffetas sur une pierre polie
« et donnez un coup de presse, ou deux ou trois, comme vous vou-
« drez, en ayant soin de déranger la pierre à chaque coup de
« presse, pour qu'une dent du râteau ne puisse pas laisser de ligne
« blanche.

« Le taffetas adhère fortement à la pierre, ce qui empêche le
« dessin de se doubler; détachez lentement le taffetas, en le soule-
« vant d'un seul côté; quelle sera votre surprise, en le regardant à
« la lumière, de ne plus y trouver trace de votre dessin qui est
« resté tout entier sur la pierre. C'est alors que si vous voulez
« tracer un cadre ou retoucher quelque chose, vous pourrez le
« faire avec la plus grande facilité avant l'acidulation.

« Il arrive que si la préparation est un peu faible, l'empreinte du
« taffetas apparaît légèrement sur toute la pierre en y passant le
« rouleau; mais il ne faut nullement s'en effrayer, tout cela s'efface
« avec une éponge et de l'eau acidulée, sans endommager les traits
« qui sont beaucoup plus résistants que ce nuage de saleté.

« Remarquez bien que votre taffetas peut servir à une quantité
« considérable de décalques; il suffit de le nettoyer chaque fois à
« l'essence de térébenthine ; nous avons même remarqué qu'il s'a-
« méliorait en vieillissant.

« Tout ce que nous venons de détailler serait perdu, si nous ou-
« bliions une dernière précaution à prendre pour le décalque des
« grands taffetas qui marchent souvent avec le cuir et font des plis
« qui perdent tout. Nous y avons remédié de la manière suivante :
« quand votre taffetas est posé sur la pierre, il faut le saupoudrer
« de stéatite en poudre, puis y placer une maculature également
« saupoudrée et avoir soin de frotter le cuir du châssis de cette
« même matière que les bottiers emploient sous le nom de poudre
« de savon ; par ce moyen le transport se fait à merveille. »

Le troisième moyen de reproduire les fac-simile est de M. Dessaix : il a été déjà publié dans le *lithographe* auquel nous l'empruntons.

« On enduit l'écrit que l'on veut reproduire d'une préparation autographique, en ayant soin cependant de ne pas y joindre la gomme gutte pour ne pas nuire à la transparence et ne point maculer le manuscrit.

« La préparation dont je me sers avec succès est simplement de la fécule de pomme de terre, bouillie dans une quantité d'eau suffisante pour donner une consistance gélatineuse. Il est bon d'y ajouter de la colle de poisson dans la proportion d'un quart. Il est essentiel d'appliquer une seconde couche de la préparation, mais sans colle de poisson, après avoir laissé sécher la première.

« Cette dernière couche étant entièrement sèche, on satine la feuille d'un coup de presse et on la frotte de sandaraque.

« Ces opérations préalables étant terminées, il ne s'agit plus que de recouvrir, à l'aide d'une plume chargée d'encre autographique, les traits de l'écriture. Ce travail s'opère avec une grande facilité et ne demande que de l'habitude.

« Après le travail à l'encre, on humecte la feuille par derrière à la manière ordinaire et l'on procède au transport.

« Si le manuscrit a un *verso* j'obtiens à volonté le décalque de deux pages d'un seul coup de presse. » [1]

Acidulation.

Le désir que nous avons de finir dans ce chapitre l'autographie, nous fait anticiper l'acidulation que nous traiterons au chapitre XII.

Quel que soit l'un des moyens que nous venons de décrire, lorsque le décalque est fait, on attend quelque minutes pour laisser sécher la pierre, après quoi on passe d'abord sur les marges, ensuite sur toute la pierre une éponge imprégnée d'acide nitrique réduit à un degré, on gomme comme il sera dit pour la lithographie ordinaire et l'on laisse reposer dans cet état au moins pendant cinq minutes.

Dans le cas où le décalque serait incomplet, ou qu'on aurait des doutes sur la qualité de l'encre, il faudrait atténuer le degré d'acidité de la préparation et l'on pourrait s'abstenir d'aciduler les parties les plus faibles en se contentant de les couvrir de gomme.

Tirage.

Nous anticipons encore sur cet article par le même motif que

[1] Pour ce moyen, voir le chapitre XVI, à l'article Zincographie.

nous avons déduit à l'égard de l'acidulation. Nos lecteurs voudront bien consulter le chapitre XIII, article *tirage.*

Avant d'encrer, on s'assurera si la pierre ne contient aucun reste de calorique. On préparera l'encre d'impression en y ajoutant une dose de vernis faible proportionnée au genre de travail, au temps qui s'est écoulé depuis son exécution jusqu'au moment du décalque, à la qualité de l'encre employée, au degré de siccité de la pierre, enfin à l'état actuel de la température.

Le mélange de l'encre et du vernis auquel quelques ouvriers ajoutent en hiver une seule goutte d'huile, se fait sur la table au noir et avec le couteau seulement. La couleur est employée en petite quantité et renouvelée de temps en temps au moment du premier encrage du décalque. Il ne suffit pas ici d'ajouter de l'encre sur le rouleau, il faut encore que le rouleau et le marbre soient raclés.

Beaucoup d'imprimeurs ont l'habitude d'encrer la pierre et de la laver ensuite à l'essence. Nous n'approuvons pas cette précaution au moins inutile ; nous dégommons, nous lavons à l'essence, nous servant comme nous l'avons dit, d'un torchon sale d'encre ; l'écriture étant enlevée, nous mouillons la pierre et nous la frictionnons avec ce torchon jusqu'à ce que nous apercevions que les caractères prennent de la couleur, nous encrons ensuite en quelques coups de rouleau.

Ordinairement ce premier encrage alourdit beaucoup le travail, on le dégage ensuite par quelques coups légers de rouleau et par le tirage de la première épreuve que l'on fait d'habitude sur une maculature ; puis, si la pierre conserve de la lourdeur, et que cet effet ait pour cause une encre d'impression trop adhérente, on doit encrer deux ou trois fois, réaciduler, gomme, retrancher une partie de l'encre du rouleau, et procéder à l'impression.

Si au contraire, on remarquait au premier encrage que les traits sont peu colorés, que d'autres ont disparu, on aurait recours aux ressources que nous indiquerons pour des cas semblables, et si l'on n'obtenait rien il faudrait faire des retouches. En conséquence, après avoir encré la pierre aussi complétement que possible, on la laisse sécher sans gomme, l'écrivain fait les retouches, on gomme et quelques minutes après on reprend le tirage.

Les caractères *moulés,* les filets, accolades, etc., réussissent rarement bien sur le papier autographique. Dans les travaux où il en est besoin, on se contente de faire les autres écritures, et d'indiquer par des points la place que doivent occuper les lignes ou les filets ; puis après le décalque et avant l'acidulation on achève sur la pierre. Ce genre mixte est d'une grande ressource dans une infinité de cas. Nous avons oublié de dire qu'il est prudent, lorsqu'on emploie une encre autographique suffisamment insoluble à l'eau froide, de laver

Lithographie.   20

légèrement avec une éponge la pierre après le décalque et de la laisser sécher sans l'essuyer.

Retiration.

En imprimerie, on appelle retiration l'impression de la feuille au verso. Ce travail se fait généralement d'une manière peu convenable en lithographie ; les ouvriers ont la fâcheuse habitude de ne pas apporter une attention soutenue, les écrivains de ne pas tracer leurs lignes perpendiculairement, et cependant rien n'est plus facile.

Nous allons tâcher de faire comprendre la manière d'obtenir une parfaite retiration : on trace sur les deux compositions qui vont recto et verso une ligne grise, ou mieux, deux bouts de lignes correspondant au milieu du travail, commençant à la marge et se prolongeant un peu en dehors du papier ; puis encore, une troisième ligne perpendiculaire aux deux premières et fixant la hauteur des repères sur lesquels elle se guide (*pl.* III, *fig.* 5, où la feuille est indiquée par un cadre ponctué). Si ce sont des feuilles à plier en quatre, on trace une quatrième petite ligne au centre, seulement sur celle des pierres où se trouve la première page de cette feuille ; cette petite ligne sert de guide lors du pliage.

Toutes les lignes doivent être indiquées par l'autographe au moyen de points afin de ne pas avoir à chercher leur place sur la pierre, ce qui est d'autant plus difficile que l'écriture cursive a rarement une justification exacte.

Si la livraison de l'ouvrage peut être ajournée, on fera sécher le premier tirage avant de le mettre en retiration ; ou mouillera de nouveau les épreuves qu'on pourra réimprimer sans maculatures et par conséquent sans déperdition de couleur.

Dans le cas, au contraire, où le travail serait pressé, il faut en imprimant poser sur chaque épreuve, avant le garde-main, une maculature ou employer un des moyens décrits à l'article maculature au chapitre impression.

Autre recette de papier autographique.

Aujourd'hui que la fabrication du papier a atteint une très-grande perfection, nous pouvons indiquer une autre recette de papier autographique qui offre plusieurs avantages.

On applique sur du papier pelure du prix de 15 francs la rame environ, une couche très-mince de colle légère d'amidon. On passe sur cette couche, lorsqu'elle sera bien séche, une seconde couche de colle de Flandre première qualité, colorée avec un peu de gomme-gutte.

Ce papier, lorsqu'il est convenablement satiné, peut être employé sans sandaraque et les traits les plus fins s'y tracent correctement. Au décalque, les deux couches se détachent si complétement, qu'avec quelque précaution on peut se servir une seconde fois du papier et le couvrir de nouvelles couches.

L'emploi de ces deux couches de préparation dont la première (d'amidon) facilite l'enlèvement complet de la seconde, est d'une grande ressource dans l'application de l'*homéographie,* c'est-à-dire pour la reproduction identique d'un dessin, d'une carte, etc.

Dans ce cas, on enduit le dessin ou la carte des deux couches précitées avec cette différence, qu'à l'amidon on mêlera le quart de dissolution de gomme arabique et un huitième de sucre et que la colle de Flandre sera employée sans matière colorante. Nous devons faire remarquer que l'application de la seconde couche est très-difficile pour ne pas enlever une partie de la première excessivement délébile. La couche de gélatine s'applique à chaud et très-vite. Nous conseillons de mettre le liquide dans un vase peu profond et d'y passer la feuille vivement avec précaution de faire toucher partout.

Si les deux couches sont bien étendues et que le décalque soit fait avec précaution, la carte ou la gravure qui l'aura subi ne sera nullement altérée.

CHAPITRE VII.

DE LA GRAVURE.

Considérations générales.

Parmi les nombreux moyens de reproduction de la lithographie, la gravure mérite d'appeler l'attention des lithographes. Sans doute, c'est particulièrement dans la confection des cartes géographiques que l'emploi de la gravure est le plus favorable ; cependant les dessins d'architecture, de mécanique, d'histoire naturelle, travaux ordinairement remplis de détails, trouvent dans ces procédés des ressources immenses.

En Allemagne, dans quelques villes du Nord et de l'Est de la France, on excelle dans ce genre de travail, presque abandonné à Paris. Nous ne savons comment expliquer cet abandon fort blâmable, en présence des travaux remarquables qui ont été exécutés, notamment la *Flore du Brésil*, de 1,700 planches, par notre collaborateur M. Knecht, et plusieurs séries de magnifiques cartes, sorties des presses d'Engelmann, Gratio, Lemercier, etc. Toutefois, nous dirons, au risque de nous tromper, que cela tient à l'absence de bons ouvriers imprimeurs de gravure. Comparée à la taille-douce, la gravure sur pierre présente une économie d'au moins 30 pour 100; elle peut supporter un très-long tirage (nous avons des exemples de 10 et de 12,000 sans altération sensible), et les épreuves qui en proviennent conservent toujours la beauté du noir que perdent en peu de temps les exemplaires tirés sur métal.

Exécution.

L'exécution de la gravure se réduit à trois opérations. La première consiste à faire subir à la pierre une préparation qui décape suffisamment la surface; la seconde à la recouvrir d'une légère couche colorée propre à faire ressortir le trait tracé, pour que l'artiste puisse se rendre compte de son travail, et en même temps susceptible de repousser le corps gras, destiné seulement aux traits; la troisième, enfin à introduire dans les tailles une substance analogue à l'encre d'impression, et capable de résister aux lavages répétés du tirage.

Il faut pour la gravure des pierres sans taches, sans veines, sans fissures, dures et homogènes. Les pierres grises de premier choix sont préférables. Le poli doit être parfait; et on fera bien de les examiner à la loupe, qui fait quelquefois découvrir de petits trous de sable invisibles à l'œil nu. Ces trous prennent facilement le noir d'impression, et arrêtent aussi quelquefois la pointe dans sa course.

On place la pierre horizontalement sur une table, et à l'aide d'une éponge ou d'un pinceau dit queue de morue on la couvre d'une préparation, consistant en une forte dissolution de gomme arabique mêlée avec de l'acide nitrique (de trois à quatre degrés), ou bien avec de l'acide phosphorique, qu'on peut préparer de la manière suivante :

On met dans un flacon étroit un morceau de phosphore de sept à huit centimètres; on verse de l'eau, de manière qu'une partie du phosphore soit hors de l'eau. On bouche hermétiquement le flacon. Il se dégage de la partie du phosphore exposée à l'air une vapeur blanche qu'absorbe l'eau, qui devient ainsi du véritable acide phosphorique. Au bout de deux ou trois jours on retire cet acide pour le remplacer par de l'eau nouvelle. On répète l'opération tant que le phosphore n'est pas épuisé.

On laisse agir l'acide et la gomme sur la pierre pendant quelques heures, puis on la lave, mais de façon qu'elle puisse conserver encore une très-légère couche de gomme. C'est cette légère couche qui préserve la pierre du contact des substances grasses ; mais il est important que la quantité de gomme laissée soit très-minime, parce qu'autrement le graveur éprouverait trop de difficultés à atteindre la pierre avec ses instruments qui glissent sur la gomme au lieu de l'entamer.

Après l'avoir essuyée jusqu'à siccité complète, on jette sur la pierre quelques prises de sanguine en poudre, que l'on étend avec la paume de la main ou avec un petit tampon en linge fin. Cette poussière donne à la pierre une couleur sur laquelle se détachent en blanc les traits des instruments. Quelques lithographes, au lieu de sanguine, emploient le noir de fumée, qui remplit le même but. Quelle que soit la couleur étendue sur la pierre, on doit la ressuyer avec un linge.

La pierre étant ainsi apprêtée, on fait l'esquisse ou le calque de la même manière que sur les autres pierres, avec la seule différence d'employer pour le décalque du papier noirci, si la pierre est colorée avec la sanguine, et du papier rougi avec du vermillon ou préparé avec du blanc d'argent, si la pierre a été noircie. On prendra ses précautions pour ne pas entamer la couche de gomme, soit avec le crayon, soit avec la pointe à calquer, qu'il faut avoir en ivoire ou en cuivre, comme moins capable de la pénétrer.

L'application d'un corps gras sur la pierre ainsi préparée ne peut avoir aucune conséquence fâcheuse ; mais le frottement d'un corps dur, l'humidité, et surtout le contact des liquides capables de dissoudre la gomme, font de grands dégâts. Le frottement n'enlève pas le travail, mais il le remplit de traits ou de lignes aussi tenaces que le dessin lui-même. On répare néanmoins ces accidents, en les couvrant avec un petit pinceau de la préparation acidulée.

Quant à l'humidité, elle produit deux effets également nuisibles : le premier, c'est d'enlever la couche de gomme, ce qui, lors de l'encrage, est cause de taches noires ; le second, c'est d'entraîner cette gomme dans les tailles et empêcher ainsi le corps gras de s'attacher à la pierre. On obvie au premier effet, avant l'encrage, en préparant de nouveau la place mouillée ; et, au second, en repassant la pointe dans les traits atteints. Pour ce dernier accident, il vaut mieux attendre le résultat de l'épreuve dans l'espoir que le mal sera moins grand, et éviter ainsi un travail inutile.

On commence le travail par une esquisse au simple trait avec une pointe fine d'acier bien trempée. Nous conseillons de remplacer cet instrument par une pointe en diamant (pl. III, fig. 6) qui remplit toutes les conditions désirables. Elle entame facilement la pierre, ne fatigue nullement la main et fournit constamment un trait pur et régulier ; ne s'émoussant jamais, on ne perd pas de temps pour l'aiguiser.

20,

Après cette première ébauche, qui constitue à elle seule dans les écritures tous les déliés et les contours des lettres ; dans les dessins, les demi-teintes, on revient sur le trait pour l'élargir avec d'autres petits outils qui font l'office de grattoirs (*pl.* III, *fig.* 7). Les fonds pleins noirs s'exécutent assez facilement avec le grattoir ou l'onglette, mais le tirage les rend mal ; aussi doit-on les éviter.

On se sert généralement pour graver sur pierre des outils du graveur en taille-douce, tels que burins, onglette et échoppe ; mais encore on fait souvent usage d'un petit instrument de forme cylindrique, variant de 1 à 2 millimètres de diamètre et aiguisé en biseau, avec lequel on fait un grand nombre de pleins. Tous les outils doivent être en acier bien trempé ; chaque graveur les emmanche selon son goût ou sa commodité.

Le graveur doit être muni d'un pinceau en blaireau, afin de pouvoir enlever la poussière que les instruments détachent de la pierre, et s'épargner la peine de souffler, ce qui a le double inconvénient de fatiguer et de lancer quelquefois des globules de salive dont nous avons déjà signalé le danger.

Comme dans les autres méthodes d'exécution, la respiration concentrée sur un même point peut être très-nuisible ; elle empêche que la mise au gras se fasse complétement.

Nous recommandons au graveur l'usage de la loupe, qui est presque indispensable à cause de la couleur sombre de la pierre et de la ténuité des traits de la pointe.

Ce serait une grande erreur de penser qu'une gravure à traits profonds viendrait mieux et serait plus durable. C'est le contraire ; des tailles trop creuses ne viennent pas, ou bien les épreuves sont bavochées et irrégulières. Un travail léger donne un ton plus soutenu, tire moins longtemps, il est vrai, mais le trait est toujours délicat et s'obtient plus facilement sous la pression. Pouvant aussi être imprimées avec une encre plus forte, les épreuves conservent plus longtemps leur fraîcheur. Nous ne saurions donc trop recommander aux artistes qui feraient des travaux en gravure de tenir un milieu que l'expérience seule peut leur faire apprécier.

La gravure sur pierre se prête merveilleusement à l'emploi de la machine à guillocher.

Corrections et changements.

Les corrections ou changements sur la pierre incisée présentent quelques difficultés ; elles exigent surtout de la part du graveur une certaine habitude et beaucoup d'adresse.

Pour de simples retranchements, avant l'encrage, on emploie seulement la préparation acidulée, comme nous l'avons indiqué. Quant aux changements de parties de dessin ou d'écriture, il faut enlever légèrement les traits gravés soit avec un bon grattoir ou une petite pierre-ponce, si l'espace le permet ; avoir soin de ne pas faire de trous, de bien niveler la place grattée ou poncée, en l'emmenant en pente douce : cette précaution est nécessaire, non pas pour l'exécution de la gravure elle-même, mais pour l'impression. On couvre de préparation la partie effacée, on laisse environ une heure, on lave, on essuie, on frotte de sanguine ou de noir et on grave de nouveau.

Nous savons bien que beaucoup de graveurs sur pierre ne prennent pas toutes ces précautions, que néanmoins leurs corrections sont bien faites ; mais que de peines les imprimeurs ne se donnent-ils pas pour mettre une planche en train, pour faire disparaître les taches, raviver les parties faibles de la gravure, et réparer ainsi les négligences de l'artiste.

Il est un autre moyen de correction qui est d'une grande efficacité, mais seulement dans des mains exercées. Ce moyen ne s'applique que pour les pierres déjà encrées.

On dégomme avec une petite éponge l'endroit à corriger, puis avec un petit pinceau ou un morceau de chiffon trempé dans l'essence de térébenthine on enlève complétement l'encre d'impression contenue dans la gravure. Puis, lorsque la pierre est sèche et propre on étend avec un pinceau ou une éponge de l'acide phosphorique concentré, dont nous avons parlé. Il faut que cet acide, pour produire bon effet ; ne fasse qu'une bien faible effervescence sur la pierre. On repasse plusieurs fois de l'acide, suivant le plus ou moins de temps que l'encre aura séjourné dans les tailles, et aussitôt que l'on s'aperçoit que l'acide mord facilement sur les parties où était le corps gras, on met un peu de gomme. Quelques minutes après, ou mieux quelques heures, si le temps le permet, on dégomme, on colore la pierre, et on peut faire tout le travail qu'on désire sans crainte, si l'opération a été bien conduite, de voir reparaître les anciens traits.

On conçoit aisément tout l'avantage que l'on pourra tirer de cette méthode de correction. Pour une carte, par exemple, où il ne s'agit fort souvent que d'une lettre ou d'un simple trait à changer ; tandis qu'avec le système du grattage, on est très exposé à faire des trous très-nuisibles au tirage. Du reste, c'est au graveur à apprécier le moyen qui lui est le plus familier et qui remplit mieux le but.

A chaque correction terminée, le graveur fera bien de la couvrir d'un peu d'huile. Il est aussi très-utile qu'il soit à même de faire au besoin le premier encrage, quoique ce soin soit dans les attributions de l'imprimeur ; car si la pierre doit être transportée de chez le graveur à l'imprimerie, elle est exposée pendant le trajet à quelque accident dont le premier encrage la mettrait à l'abri. Cet encrage est décrit au chapitre impression de la gravure.

MACHINE A GRAVER.

La description de la machine à guillocher serait sans intérêt pour nos lecteurs, en général, en observant qu'il en existe de plusieurs systèmes, parmi lesquels il serait difficile de faire un choix. Nous nous contenterons de donner un spécimen par le dessin microscopique délébile, comme résultat de ces admirables instruments, pour l'emploi desquels il n'est pas besoin d'un long apprentissage.

En effet, pour faire usage de la machine à graver, il suffit de préparer la pierre pour la gravure ainsi qu'il est indiqué page 204, ou de la dégommer presque entièrement si la pierre est déjà écrite et acidulée. Dans ce dernier cas, nous conseillons de la saupoudrer de sanguine ou de noir comme pour la gravure, cela permet de mieux distinguer les traits.

Lorsque le travail est terminé, les soins du lithographe se bornent à déterminer la circonscription de lignes ou du moiré, si cette précaution n'a pas été prise en se servant de gomme acidulée. On fait usage du même moyen pour tous les effets en blanc, tels que fleurons, ou attributs qu'il faut avoir soin d'esquisser avant le travail de la machine. Pour cela, la gomme doit être suffisamment épaisse pour qu'elle ne coule pas au delà des points indiqués.

L'encrage se fait comme pour la gravure ordinaire, voir ce chapitre.

GRAVURE A L'EAU FORTE.

Cette méthode rarement mise en pratique diffère de la précédente, et présente beaucoup plus de difficultés, surtout pour les personnes qui ne sont pas familières avec l'exécution de la gravure sur cuivre très répandue aujourd'hui.

La pierre est préparée comme pour la gravure à la pointe ; on la lave pour enlever autant que possible toute la gomme, puis on l'expose au soleil ou devant le feu pour lui communiquer une chaleur douce et uniforme.

Dans cet intervalle on délaie, dans l'essence de lavande, du vernis de graveur que l'on peut se procurer facilement, à moins que l'on n'aime mieux se servir de la composition suivante :

Cire blanche.	50	grammes.
Mastic en larmes.	25	»
Asphalte en poudre.	20	»
Colophane épurée.	10	»
Suif.	5	»
Térébenthine.	5	»

On fait fondre ces substances sans les faire brûler, on laisse refroidir un peu, puis on en retire une certaine quantité, on la jette dans l'eau tiède pour en former des boulettes que l'on conserve à l'abri de l'air et de la poussière dans un bocal.

Lorsque ce vernis sera complètement délayé dans l'essence, on prend un petit rouleau de quelques centimètres recouvert d'une peau fine, *pl.* III, *fig.* 8.

On étend le vernis délayé sur une pierre ou plaque de zinc bien propre et un peu tiède. Puis on charge le petit rouleau jusqu'à ce qu'il soit parfaitement garni. Alors on le passe sur la pierre à graver en prenant soin d'étendre le vernis en couche uniforme. Toute l'opération de délayer le vernis, en charger le rouleau, en couvrir la pierre, doit se faire avant que l'essence de lavande soit évaporée. L'essence de térébenthine est beaucoup plus volatile que celle de lavande, bien préférable comme étant plus onctueuse; et quoique celle-ci s'évapore moins vite, l'évaporation n'a pas moins lieu et elle doit en effet avoir lieu pour laisser seul le vernis, qui alors durcit beaucoup.

La couleur de ce vernis est assez foncée pour juger l'effet de l'acide, et il deviendrait inutile de le colorer davantage pour lui donner plus de résistance ; mais une légère teinte de plus facilite l'exécution du dessin ; voici comment on procède.

On prend une couleur quelconque réduite en poudre impalpable, soit du vermillon, du blanc d'argent, du bleu Guimet, du jaune de chrôme, etc.; on la renferme dans un morceau de mousseline fine en forme de sachet. D'une main on tient ce sachet à 20 ou 25 centimètres au-dessus de la pierre vernie, tandis que de l'autre on frappe de petits coups sur cette main. Il s'échappe alors du sachet une poussière extrêmement tenue, qui vient se fixer sur le vernis avant qu'il soit complètement sec.

On pourrait à la rigueur colorer le vernis dans sa composition même, soit en y introduisant du noir de fumée ou toute autre substance colorante.

Aussitôt que le vernis sera entièrement refroidi, on fait le calque en noir, si le vernis a été coloré, et en blanc si le vernis est noir ; puis on grave soit à la pointe d'acier, soit à la pointe en diamant. Dans ce travail, pour bien réussir, il faut atteindre la pierre en enlevant le vernis, mais non pas l'entamer, sans quoi on risque de n'avoir que des traits dentelés. Il importe donc de ne faire qu'effleurer la pierre avec la pointe.

Lorsque le premier tracé est terminé, on entoure le *travail* d'un mélange composé de cire jaune et de suif (neuf parties de cire sur une de suif); cette bordure doit avoir environ un centimètre. C'est dans l'enceinte de cette bordure que l'on verse de l'acide nitrique étendu d'eau dans la proportion de 40 parties d'eau sur 1 d'acide.

On laisse agir l'acide pendant 3 ou 4 minutes, en ayant soin d'enlever avec un blaireau fin les globules qui s'échappent de la pierre. On peut renouveler l'acide une seconde et même une troisième fois si l'on désire donner plus de profondeur aux traits. On enlève la bordure de cire, on verse de l'eau propre et on laisse sécher. Puis on couvre d'encre lithographique très-épaisse les parties qu'on suppose être assez profondes. On peut aussi regraver sur le vernis le second plan ou les parties plus légères, faire mordre de nouveau à l'acide, ce qui donne plus de vigueur. On doit faire attention que les traits gagnent également en largeur, car l'acide ronge un peu en dessous.

On fera bien de tenir en dehors du dessin quelques lignes parallèles pour servir d'échelle à l'acidulation.

Ce procédé est également applicable aux pierres qui ont été gravées à la pointe. Dans ce cas voici comment on opère. On encre la pierre, on la gomme légèrement, puis on la couvre de vernis comme pour la première manière ; mais on se bornera à ce simple vernis sans le colorer, afin d'avoir la faculté d'apercevoir le travail au travers. On pourra ajouter ensuite ce que l'on voudra, soit à la main, soit à la machine, et l'on acidulera comme nous venons de le dire.

Lorsque le dessin sera achevé et la pierre complètement sèche, on passe de l'huile sur les traits, puis on enlève le vernis à l'essence de térébenthine et l'encrage se fait comme pour les pierres gravées.

Les ouvrages obtenus par ce procédé ont plus de suavité que ceux qui sont faits à la pointe et cela se conçoit, les deux modes agissant différemment sur la pierre. Vus à la loupe les traits gravés par l'acide sont nets et arrêtés, tandis que ceux obtenus par l'action de la pointe sont vagues et granuleux.

Si l'on a la précaution d'étendre d'une manière très-uniforme le vernis sur la pierre, il y un grand avantage d'employer le travail de la machine dont l'action se règle facilement au moyen du poids placé sur le diamant.

Les corrections se font absolument comme sur les autres pierres gravées. Cependant si l'on s'apercevait d'une faute avant l'encrage de la pierre, on pourrait la corriger en passant d'abord un peu d'acide, puis un peu de gomme, et enfin lorsqu'on a essuyé l'humidité de la pierre en couvrant la place d'encre lithographique. Ces précautions prises, on peut graver et creuser à l'acide sans crainte de voir reparaître au tirage les premiers traits.

CHAPITRE VIII.

GRAVURE EN RELIEF.

Il arrive fort souvent qu'en se livrant par goût ou par un hasar quelconque à exercer un art, un métier, sans connaître préalablement tout ce qui a été dit et fait dans cet art ou ce métier, on se pose de bonne foi en inventeur d'une chose qui avait déjà été publiée, quelquefois exploitée et même abandonnée.

Quoique la lithographie n'ait pas une origine fort ancienne, nous avons eu déjà souvent à combattre de soi-disant inventeurs de procédés tels que le *relief* qu'on a tenté, plusieurs de rajeunir et de donner comme neuf.

Nous l'avons dit dans la notice sur la lithographie, Senefelder ne fit pas autre chose pendant trois ans que du tirage mécanique, c'est-à-dire sur pierre en relief, et ce relief comme il l'a dit lui-même, avait la hauteur d'une ou deux cartes à jouer, et pour qui connaît les cartes communes d'Allemagne, surtout celles en usage à cette époque, pourra estimer cette hauteur à 2 millimètres.

En 1809, M. Duplat, habile graveur, prit un brevet d'invention de quinze ans pour un procédé de gravure en relief à l'aide de pierres lithographiques, dont voici la description. Comme ces gravures étaient destinées à être imprimées sur la presse typographique, il taillait la pierre de la grandeur de la gravure (c'étaient des pierres calcaires tirées des environs de Paris, on n'était pas difficile sur le choix); il couvrait la pierre polie d'une couche de vernis de graveur sur cuivre, mais au lieu de graver comme sur le métal en enlevant à la pointe le vernis sous les traits du calque, il fallait au contraire dégager les entretailles à la mode des graveurs sur bois et faire disparaître tout ce qui doit rester blanc à l'impression en ménageant le trait du dessin : travail très-difficile.

On entourait alors la pierre d'une bande de cire molle, on faisait mordre avec de l'acide nitrique réduit à 2 degrés de l'aréomètre de Baumé. Quand les parties serrées du dessin étaient suffisamment profondes, on jetait l'acide, on laissait bien sécher la pierre ; on recouvrait ces parties avec du petit vernis des graveurs, et on recommençait pour les autres parties du dessin suivant le besoin de chacune d'elles ; les grands blancs étaient creusés à l'échoppe ou au burin.

On frappait ensuite avec un balancier cette pierre gravée sur des plaques de plomb, sur lesquelles on prenait des clichés suivant la méthode d'alors.

En 1823, M. Frère de Montizon prit aussi un brevet pour *l'impression lithographique à sec*, qui n'était pas autre chose que de l'impression en *relief*.

La société d'Encouragement décerna à M. Girardet, en 1832, un prix de 2,000 fr. pour avoir réuni la lithographie à la typographie, c'était encore du relief dont il fit de nombreuses applications. Plusieurs de ses pierres furent tirées typographiquement. Il grava des rouleaux en pierre pour la fabrique d'indiennes de Jouy et plusieurs ouvrages d'art, tels que les *batailles d'Alexandre* d'après Lebrun, et *le maître d'école* d'après Richter, qui resteront toujours comme des chefs-d'œuvre du genre.

En Allemagne, beaucoup d'autres artistes avaient essayé le relief qu'on laissa tomber dans l'oubli pour ne s'occuper que de l'impression chimique.

Vers 1840 ou 1841, M. Louis Tissier, sans tenir compte de ce qui avait été fait avant lui, se posa comme inventeur d'un nouveau procédé qu'il nomma résolument *Tissierographie* !

Ses premières productions furent d'abord supérieures à celles de ses prédécesseurs, il eut le bon esprit d'employer le concours de nos meilleurs dessinateurs à la plume. Ses annonces hardies, ses réclames pleines de faits controuvés souvent blessantes pour ses concurrents jetèrent comme on dit, de la poudre aux yeux du public; mais cet échafaudage de charlatanisme ne tarda pas à crouler et M. Tissier retomba dans l'oubli.

Pour nous, qui nous honorons d'être un des compagnons de Senefelder, qui avons pratiqué avec lui, et qui depuis n'avons pas cessé de nous occuper, avec succès, de la méthode qui fait le sujet de ce chapitre, nous employons une combinaison heureuse dont nous allons donner une minutieuse description.

Lorsqu'on aura terminé sur la pierre un dessin à la plume ou qu'on procède sur un report on l'encre avec la composition ci-après, qui a beaucoup d'analogie avec le vernis des graveurs; savoir :

Cire vierge ou cire jaune. . . .	40	grammes.
Suif.	20	»
Gomme laque	20	»
Poix de Bourgogne.	10	»
Colophane.	10	»
Poix grecque.	10	»

Que l'on fait fondre à la mode des encres ordinaires ainsi que nous l'avons décrit plusieurs fois.

On prend deux tiers de cette composition et un tiers de vernis fort ou vernis copal que nous préparons nous-même en faisant fondre dans un bon pot de terre vernissé, 100 grammes de gomme copal de belle qualité, et à laquelle nous ajoutons lorsqu'elle est complètement fondue 100 grammes de vernis moyen, qu'on aura fait fortement chauffer dans un vase à part.

Ce vernis oppose une résistance beaucoup plus grande aux acides que l'encre d'impression ordinaire et même que l'encre grasse.

On encre la pierre destinée à être mise en relief à peu près de la même manière qu'on en use avec l'encre de conservation en se servant d'un bon rouleau vieux.

Le premier encrage fait, on laisse reposer la pierre jusqu'au lendemain pour le renouveler. Pour faciliter l'action du rouleau, on peut mêler à l'encre quelques gouttes d'essence de lavande ; mais si l'on avait l'imprudence d'en mettre trop et de rouler trop longtemps, loin de charger le dessin on l'enlèverait. Il faut une certaine habitude et de l'habileté pour cette opération.

Dès qu'on reconnaît que le dessin est suffisamment encré, on dépose la pierre sur des petits tasseaux dans un baquet ou une caisse en plomb, où on la fait baigner de 8 à 10 minutes dans de l'acide de 3, 4 ou 5 dégrés suivant la nature du travail et la dureté de la pierre, chassant du souffle les globules qui se forment à la superficie de la pierre. Puis on retire la pierre, on y verse de l'eau et on se rend compte du succès qu'on a obtenu.

Si le dessin est pur et qu'il ait un millimètre de relief, l'opération a réussi ; si au contraire, il y a des parties rongées, brûlées, c'est que la pierre était tendre, ou l'encre trop peu résistante ou l'acide trop fort, l'expérience sera acquise pour une seconde opération.

Un millimètre suffit et au-delà pour les parties serrées du dessin; mais il faut augmenter le relief pour les parties larges et écartées : en conséquence, la première chose à faire c'est de s'assurer que la pierre n'est pas saturée d'acide, ce que l'on reconnaît lorsqu'il ne fait plus effervescence. Il faut, dans ce cas, baigner la pierre pendant quelques heures dans de l'eau alcalisée de potasse, de soude ou de chaux ; le petit lait fait le même effet. On pourra après continuer l'opération, laver la pierre, la laisser sécher complètement, faire tiédir même, soit au soleil, soit à une douce chaleur.

Le second encrage doit se faire avec beaucoup de légèreté, d'attention et avec la précaution de ne point atteindre avec le rouleau les blancs et intervalles qu'on veut conserver, car si cela arrivait, il faudrait enlever le tout à l'essence et recommencer.

C'est en général ici où il faut déployer le plus d'adresse, car la pierre étant humide s'encre mal et sèche, l'encre s'attache avec

beaucoup d'avidité dans les intervalles qu'on a tant d'intérêt à conserver purs.

Lorsqu'on n'aura obtenu qu'un relief insuffisant et qu'à cause de
cela on ne pourra encrer pour la seconde fois sans atteindre le fond
de la pierre, on pourra employer le moyen suivant. On colore de la
gomme arabique très-épaisse avec du vermillon ; on en étend une
couche bien uniforme sur toute la pierre qu'on laisse sécher ensuite
complétement. On prend alors une petite pierre ponce fine et bien
plate, trempée dans l'huile de lin, avec laquelle on frotte la superficie
du dessin jusqu'à ce qu'on ait enlevé la gomme qui en couvre les
traits. Cela fait, on peut recharger le dessin avec le vernis, qui bar-
bouillera toute la pierre ; mais comme les parties creuses sont pro-
tégées par la gomme, l'encre s'en ira aussitôt qu'on aura plongé la
pierre dans l'eau ou à la seconde immersion dans l'acide.

On pourra encore augmenter le relief à volonté en procédant
comme nous l'avons dit pour la gravure à l'eau forte, c'est-à-dire
en couvrant de vernis les parties suffisamment en relief, et en acidulant davantage les autres. Pour les grands blancs, enfin, il reste
encore la ressource de l'enlèvement au grattoir ou à la pierre-
ponce.

Passons maintenant au tirage. Le râteau ne vaut rien, il pénètre
dans les blancs et heurte contre les parties saillantes. Il faut le remplacer par un cylindre en acier ou garnir le râteau d'une lame de
métal. Les rouleaux en usage en lithographie sont peu favorables à
ce genre d'impression ; la couture se fait sentir sur les épreuves.
Nous préférons de beaucoup les rouleaux en gélatine, comme ceux
de la typographie, et l'emploi d'une encre légère faite avec du vernis faible. L'encrage doit se faire sans pression en roulant simplement le rouleau sur la surface, autrement on n'obtiendrait pas des
épreuves égales de ton. D'ailleurs, la pierre ayant une tendance
très-considérable pour les corps gras, dans l'état de siccité où elle
est réduite, finirait par se graisser et exigerait un lavage à l'essence
et à la potasse toutes les cinquante épreuves.

Lorsqu'on a vaincu tous les obstacles et que le résultat est complétement satisfaisant, on est à se demander ce qu'on a gagné en
beauté d'exécution et en économie, s'il n'eut pas mieux valu se borner à faire et à renouveler au besoin un report et à le tirer par les
moyens ordinaires. Il est vrai, dirons-nous, qu'il y a une économie
de temps, celui du mouillage de la pierre ; qu'on peut confier ce
tirage à un ouvrier typographe qui a l'habitude du rouleau de gélatine ; qu'enfin, on pourrait distraire de la gravure sur bois certains
travaux qu'on ferait clicher sur pierre et qui pourraient ensuite être
livrés à l'imprimerie en caractères.

Nous ne prônons cependant pas notre procédé pour être applicable à
une foule de travaux ; le nombre de ces cas est peu considérable. Si

nous en avons fait une étude toute particulière, si nous nous sommes livrés à de nombreuses recherches, c'est que nous avions à lutter contre une autre difficulté, celle d'imprimer des masses considérables de papier avec une encre *non grasse,* composée de sulfate de fer et de noix de galle (encre usuelle à écrire). Un tirage mécanique devenait indispensable et nous avons dit que le mouillage était un des grands obstacles que rencontrent les mécaniciens. Or, nous avons imprimé au moyen de ce procédé une quantité considérable de papier sur des dessins microscopiques en relief, et sous ce rapport nous avons eu un résultat satisfaisant, artistement parlant, mais en bonne conscience, il faut avouer que le but qu'on se proposait d'obtenir un bon papier de sûreté par un dessin fixé extérieurement est complétement manqué, et voici pourquoi :

Si le dessin est assez délicat pour en rendre la contrefaçon et les falsifications difficiles, l'empreinte passe vite à l'air ou se perd au moindre frottement. Le public, dans ce cas, sera obligé d'avoir constamment une loupe à la main pour s'assurer si le dessin est de bon aloi. Si au contraire le dessin est visible à l'œil nu, on l'imitera facilement, on falsifiera avec plus d'audace qu'auparavant et l'on n'aura gagné au Trésor que des frais de plus.

Si nous sommes entrés dans de si longs détails sur cette question, c'est pour le cas où le relief offrirait des avantages sur la manière ordinaire, pour l'impression de certains travaux. Par exemple, si l'on voulait imprimer des fonds de mandats et d'effets de commerce à l'encre délébile, des foulards, des étoffes avec les couleurs et mordants en usage dans l'impression des indiennes, le relief deviendrait indispensable. A cet égard, nous avons fait toutes les expériences possibles et nous allons indiquer une méthode très-simple pour obtenir de bons résultats, non pas que nous entendions en recommander l'application en grand, puisque l'impression à planches de bois, les Perrotynes, la machine Kochlin, etc., ne laissent rien à désirer sous tous les rapports ; mais, pour prouver combien la lithographie peut embrasser d'industries à la fois et offrir d'applications diverses. D'ailleurs, il est bon de prendre note de la date d'un procédé, pour que plus tard quelque nouveau Tissier ne vienne pas se targuer en inventeur.

IMPRESSIONS AVEC DES ENCRES DÉLÉBILES.

Le choix fait d'un dessin, on dispose des différentes planches au moyen de repères de la manière qu'il sera dit au chapitre Chromolithographie. On met les différentes pierres en relief ; au lieu de préparer des encres grasses, on se procure les couleurs qui se vendent pour l'impression des étoffes et pour être fixées par la vapeur, soit pour coton, lin, laine ou soie. Au besoin, on trouvera dans le *Manuel de l'imprimeur d'étoffes,* de précieuses indications sur ces couleurs.

Les étoffes seront appropriées pour cet usage, c'est-à-dire rincées plusieurs fois pour les débarrasser de toute espèce d'apprêt, trempées ensuite dans une faible dissolution de sel d'étain, dans de l'eau, puis étendues, séchées et étirées.

On imprime ensuite successivement les couleurs, laissant toujours sécher la première avant de tirer la seconde, ainsi de suite et on les expose dans un endroit chaud et aéré pendant vingt-quatre heures.

Pour donner de la solidité aux couleurs, pour les rendre ce que l'on appelle *bon teint,* il faut les fixer par la vapeur.

En conséquence, on se fait faire une grande bouteille en cuivre rouge de la forme d'une bouteille de rhum. On vise sur le col de cette bouteille un long tube de même métal, percé de petits trous de distance en distance, pour laisser échapper la vapeur de l'eau contenue dans la bouteille. (*Pl.* III, *fig.* 9.)

On roule autour de ce tube que l'on ne visse à la bouteille que lorsqu'il est enroulé d'étoffe et lorsque l'eau est en ébullition, on roule, disons-nous, un morceau de flanelle faisant trois ou quatre fois le tour. Autour de cette flanelle et par conséquent du tube, on enroule également les foulards ou les étoffes imprimées conjointement avec une pièce de calicot de mêmes largeur et longueur qui lui sert de maculatures, évitant de faire des plis tout en les serrant le plus possible. On les attache aux deux bouts avec des ficelles.

La bouteille a été placée sur un fourneau ou mieux encore sur l'ouverture d'un poêle en fonte et on laisse bouillir pendant cinquante minutes. On dévisse le tube, on déroule avec précaution les étoffes, on les met sécher pendant vingt-quatre heures, puis on les rince dans une cuve d'eau saturée d'alun, enfin dans de l'eau claire.

Voici la composition d'un bleu dont la solidité est bien supérieure à celui de beaucoup d'étoffes.

On chauffe un litre d'eau à 45 degrés, à ce moment on y jette 120 grammes *prussiate de potasse* jaune réduit en poudre; 60 gram. alun de roche; 60 gram. acide tartrique; 30 gram. acide oxalique.

Lorsque toutes ces substances sont dissoutes, on introduit dans ce mélange 360 gram. dextrine et on laisse refroidir.

Ce bleu a un ton terne au premier aspect; mais aussitôt que l'étoffe aura été passée dans de l'eau légèrement acidulée par de l'acide hydrochlorique, il reprendra tout son éclat. Chaque fois qu'il aura passé à la lessive on pourra user de ce moyen pour raviver la nuance.

CHAPITRE IX.

DESSIN AU CRAYON.

Considérations générales.

De tous les genres de dessin sur pierre, celui du crayon est en apparence le plus facile, et en réalité exige les soins et les précautions les plus minutieux. On est étonné, même lorsqu'on dessine pour la première fois, de voir avec quelle facilité le crayon glisse sur la pierre et la fraîcheur du travail; mais presque toujours le désenchantement suit le premier début. De là sans doute le découragement et souvent l'abandon d'un grand nombre d'artistes, qui auraient trouvé dans cet art un vaste champ à exploiter.

Nous ne chercherons pas à faire ressortir ici les avantages de ce genre d'exécution et de ses nombreuses applications ; nous en avons suffisamment parlé dans nos considérations générales sur la lithographie. Nous nous bornerons à démontrer, autant qu'il nous sera possible, les moyens de faciliter le travail, les obstacles à éviter; mais il faut bien l'avouer, l'art de dessiner au crayon sur pierre ne s'enseigne pas, il s'acquiert sans maître, par une pratique constante et raisonnée. A cet égard ce ne sont que des principes généraux, que nous tâcherons de donner.

Choix des pierres.

Le choix de la pierre est un des points les plus importants : il faut que le grain soit en rapport avec le genre du sujet à exécuter. Un grain plat offre à la vérité plus de facilité à l'exécution ; mais le résultat est lourd et mat, puis pâteux ou estompé au tirage. D'un autre côté, sur un grain trop gros, les détails sont impossibles, parce qu'une partie des traits se trouve perdue dans les interstices du grain. Le tirage donne un dessin sec et dépouillé. Un grain serré, fin et relevé, fait ressortir les plus petits détails ; le dessin en est doux, harmonieux et transparent tout à la fois. Aussi les artistes sentiront-ils mieux que nous ne pourrions l'exprimer l'importance de ce choix. Nous ne craignons pas de l'avancer, et c'est l'opinion de plusieurs dessinateurs distingués, il serait à désirer que l'on pût rendre l'opération du grainage moins désagréable et moins incommode, afin qu'elle pût être pratiquée par les artistes eux-mêmes, qui sont seuls compétents pour le choix de leurs pierres.

Nous ne devons pas omettre ici une autre observation, qui s'adresse plus particulièrement aux débutants, c'est le choix de la nuance des pierres ; car cette nuance trompe souvent pour l'effet général du dessin. L'artiste, en effet, qui pour son coup d'essai se serait servi d'une pierre blanche de bonne qualité, aurait obtenu à quelque chose près le résultat désiré pour les épreuves, c'est-à-dire tel qu'il l'avait fait sur la pierre. Mais vienne ensuite entre ses mains une pierre grise, la nuance donne aussitôt à son dessin un ton couvert qui flatte la vue ; le dessinateur croit son dessin terminé parce qu'il ne s'aperçoit pas de la crudité de tons , il livre son travail à l'impression, qui lui révèle son illusion. La blancheur du papier fait une opposition tranchante avec le peu de travail, et en fait ressortir toute la nudité. Dans ce cas, ce n'est qu'à l'aide d'une teinte ou en tirant les épreuves sur du papier de Chine fortement coloré que l'on obtient des épreuves qui ont quelque ressemblance avec le dessin sur la pierre. Aussi recommandons-nous aux artistes qui se servent de pierres grises de forcer la couleur générale de leurs dessins et de travailler, non à l'effet sur la pierre, mais pour le résultat de l'impression. L'expérience sera le meilleur guide.

La pierre dont on aura fait choix doit toujours être assez grande pour pouvoir conserver de grandes marges. Cette précaution est plus importante qu'elle ne le paraît, car cette marge facilite l'encrage, surtout pour les petits formats. Le moins qu'on puisse réserver autour du dessin est de 3 à 4 centimètres.

Exécution.

Avant d'entrer dans les détails d'exécution, nous devons recommander aux artistes les soins de la propreté la plus recherchée. La moindre pellicule tombée de la tête, un cheveu, une parcelle de crayon lithographique, peuvent par leur séjour prolongé sur la pierre faire autant de taches dans le dessin : l'application d'un doigt en fait une très-prononcée. Tous ces accidents, presque tous imperceptibles avant le tirage, sont très-difficiles à réparer et très-sensibles dans les demi-teintes.

On peut prévenir une partie de ces taches en ayant la précaution de passer de temps en temps sur la pierre un pinceau en blaireau, dont il faut se servir avec précaution, dans la crainte que le frottement ne donne quelque adhérence aux corps étrangers ou leur fasse laisser une empreinte ; aussi ne faut-il se servir du blaireau qu'en époussetant.

En parlant ou en éternuant on lance quelquefois des bulles de salive. Lorsqu'elles tombent sur les parties de la pierre déjà dessinées, elles sont le plus souvent inoffensives ; mais sur la pierre nue elles font autant de taches blanches que l'on ne peut réparer qu'après le tirage des épreuves d'essai. Le vin, la bière, les liqueurs produisent les mêmes effets. Nous conseillons aux artistes auxquels il arriverait de répandre sur la pierre un de ces liquides, de laver aussitôt toute la pierre en y versant de l'eau de puits, propre autant que possible, en assez grande quantité et la laissant sécher sans l'essuyer d'aucune manière. Pendant l'ablution et le séchage, il faut placer la pierre presque perpendiculaire contre le mur, afin que l'eau ne séjourne pas sur le dessin.

Pour de petites gouttes de salive ou d'eau, on peut se dispenser du lavage : il suffit d'essuyer aussitôt avec un morceau de papier de soie que l'on presse légèrement sur la partie mouillée. Si ce moyen n'est pas toujours suffisant, il est très-utile dans beaucoup de cas et il atténue au moins la tache blanche, qui devient plus facile à réparer.

Il nous reste à parler de quelques petites précautions à prendre. On doit, chaque fois qu'on quitte son travail, le couvrir avec un papier fin ; éviter toute espèce de frottement ; dans la crainte de laisser échapper quelques bulles de salive, ne jamais souffler sur la pierre, mais se servir du blaireau dont nous venons de parler ; ne pas laisser séjourner sur un même point du dessin la respiration, car cette humidité dissolvant une partie du crayon donne un ton sale aux points qu'elle a atteints.

Pour éviter ce danger, nous conseillons particulièrement aux commençants de tenir à la bouche pendant qu'ils dessinent un petit morceau de bois de 5 ou 6 centimètres, au bout duquel est fixée une carte découpée en rond. Ce petit appareil, de la forme d'un parapluie ouvert, empêche la respiration d'atteindre la pierre. Cette précaution est surtout utile dans les saisons froides ou humides.

Afin d'éviter le contact des mains sur le dessin, il est utile de se servir d'un support qui soutienne les bras au-dessus de la pierre. Ce support consiste en une tablette de 20 à 25 centimètres de large sur un mètre de long, soutenue à cinq millimètres du dessus de la pierre par deux tasseaux proportionnés à l'épaisseur de cette pierre. Nous recommandons aux lithographes de profession l'emploi de la table dont nous donnons la description au chapitre XI ; son utilité est incontestable.

On conçoit que le dessin lithographique destiné à être reproduit par l impression doive être exécuté en sens inverse. Cette condition demande quelque attention de la part de l'artiste. Les personnages doivent être nécessairement gauchers ; les paysages d'après nature ainsi que les dessins qui exigent une reproduction identique nécessitent la condition d'être exécutés au rebours.

Mais la lithographie a cela de commode qu'il est possible de faire toute espèce d'esquisses, et d'employer même le calque. Quand l'artiste se borne à dessiner directement son esquisse sur la pierre, il place l'original étendu du haut en bas sur la table, devant une petite glace dressée devant lui. Le dessin vu à rebours dans la glace fatigue, il est vrai, un peu les yeux du dessinateur, mais ils ne tardent pas à s'y habituer, ou bien alors on se borne au calque.

Lorsqu'on emploie ce moyen, on procède ainsi : on lève le calque du dessin sur un papier végétal, soit avec le crayon mine de plomb, soit avec de l'encre ordinaire ; puis, en observant de retourner le papier végétal sens dessus-dessous, on le fixe sur la pierre avec du pain à cacheter ou de la colle à bouche. Nous disons qu'il faut retourner le papier végétal, parce que le dessin doit être fait sur pierre à rebours. Lorsque les pains à cacheter sont secs, on glisse entre le papier végétal et la pierre un papier frotté de sanguine. Puis on suit trait à trait les contours du dessin avec une pointe fine, mais non aiguë, que l'on appuie suffisamment pour faire laisser une empreinte rouge sur la pierre. Il n'est pas nécessaire que le papier sanguiné soit de la dimension du dessin, parce que ce papier n'étant pas fixé on peut le promener sur toute l'étendue de la pierre. Il ne faut jamais se servir du papier sanguiné vendu chez les marchands de couleurs. Ce papier est préparé avec un corps gras qui fait reproduire le décalque au tirage. Voici la manière de le préparer soi-même :

On râcle avec un couteau un morceau de sanguine sur du papier mince, on l'étend avec un petit chiffon, de manière à n'en laisser qu'une très-faible couche. Une feuille de papier ainsi préparée peut servir un très-grand nombre de fois.

On peut dans quelques cas abréger l'opération du calque et du décalque, en se contentant de dessiner le calque avec un crayon rouge, puis de renverser le papier sur la pierre et la soumettre à une bonne pression. Ce moyen, qui ne donne jamais qu'une esquisse très incomplète, ne peut être mis en pratique que pour les dessins à grands traits et d'une importance médiocre.

On évitera de faire un calque trop fort, dans la crainte que la sanguine ne fasse corps avec la pierre et ne s'interpose ainsi entre celle-ci et le crayon. Nous devons répéter qu'il est nécessaire d'épousseter la pierre avec le blaireau avant le calque, afin d'enlever le sable ou la poussière.

Le travail ainsi préparé, on commence à crayonner légèrement, sans forcer les ombres, les amenant par de petites hachures. Ces hachures, répétées à contre-biais et avec entente, forment un grainé doux et transparent. L'artiste doit bien se garder de hâter la couleur ; mais la laisser croître, pour ainsi dire, sous le crayon.

En disant que par des hachures croisées on parvenait à faire un

grainé, nous ne prétendons pas exclure tout autre moyen. Sans
doute, le grainé est fort joli pour les dessins dans lesquels il faut de
l'harmonie et de la transparence, dans les petits sujets surtout ; mais
les hachures aussi font un bel effet, exécutées par une main hardie.
Nous recommandons ce genre pour les travaux qui, par leur destination se rattachent aux études, en faisant observer aux personnes
qui en feront usage de faire leurs hachures de gauche à droite, afin
qu'au tirage elles viennent dans le véritable sens. Cette recommandation devient une condition rigoureuse pour les dessins destinés à
servir de modèles.

Ici prend naturellement place l'observation d'un fait que l'artiste
ne doit pas perdre de vue. Chaque aspérité du grain de la pierre
forme une espèce de cône, auquel adhère le crayon du côté d'où est
dirigé le trait du dessin : de là la nécessité des hachures multipliées,
pour atteindre toutes les parties du cône ; de là aussi l'obligation
d'avoir des crayons à pointe effilée qui, pénétrant plus avant dans
les interstices, donne plus de couleur au travail. On obtient une
partie de ce résultat en tournant le crayon entre les doigts, de manière que la partie non émoussée de la pointe soit mise en contact
avec la pierre.

On fera bien, pour ne pas s'interrompre à chaque instant, de
tailler d'avance une demi-douzaine de crayons. La meilleure manière de le faire, c'est de diriger le canif de la pointe vers le porte-
crayon, et de donner au cône le plus de régularité et de prolonge-
ment possible.

C'est dans les teintes unies qu'il faut surtout des pointes fines ;
car si l'on commence avec un crayon effilé et que l'on continue
avec la pointe émoussée, on n'aura que des teintes inégales et remplies de points noirs provenant des parcelles du crayon qui n'a pas
pu pénétrer dans les interstices, et qui se sont posées sur deux ou
trois aspérités, où elles font *pont*.

Les dessinateurs ne doivent pas oublier qu'en général les dessins
perdent de leur couleur au tirage, soit par la perte naturelle de
quelques parcelles de crayon qu'emporte l'acidulation ou le lavage
à l'essence, soit parce que dans le crayon même il y a des parties
colorantes sur lesquelles il ne faut pas compter, soit encore parce
que l'encrage ou la pression ne rendent pas toujours complètement
ce que comporte la pierre, soit enfin parce que le blanc du papier
donne plus de lumière que le mât de la pierre ; aussi faut-il forcer
toujours un peu en couleur.

On se sert, suivant les besoins, de crayons de divers degrés de
dureté, en observant dans cet emploi de tenir compte du genre de
travail à exécuter, de la saison, enfin de la température de l'atelier.
A ce propos nous ferons remarquer qu'une température élevée ou
humide est extrêmement défavorable au travail sur pierre ; que la

pierre par sa nature étant très-impressionnable, et le crayon se laissant facilement attaquer par l'humidité ou la chaleur, il résulte de
ces deux causes des effets fâcheux qu'il faut prévenir. Ainsi dans
les grandes chaleurs le dessin s'alourdit, parce que le crayon pénètre profondément dans la pierre, tandis qu'en hiver l'humidité ne
le laisse fixer qu'à la superficie. Exposer un dessin au soleil ou à
une haute température est par conséquent un danger, et tomber
dans un excès contraire en est pareillement un autre. Il est donc
prudent de ne dessiner qu'après avoir fait disparaître l'humidité
ou la chaleur de la pierre : même observation pour la livrer à l'imprimeur.

Il faut éviter dans l'exécution d'un dessin des crayons de diverses
maisons, même à degré pareil de dureté, non qu'ils ne puissent être
également bons, mais parce que la couleur peut être un peu différente, leur adhérence sur la pierre et leur résistance aux acides
plus ou moins identique entre eux : de là des effets contraires.

Dans l'exécution des dessins au crayon on peut, dans quelques
cas, faire usage de l'encre que l'on délaie comme l'encre de Chine,
en frottant l'extrémité du bâton d'encre dans un godet avec un peu
d'eau de pluie, de rivière ou d'eau distillée. Cette encre ne doit être
employée que parfaitement délayée et lorsqu'elle est bien noire.
Nous reviendrons sur cette encre et sur son emploi au chapitre des
Dessins à l'encre.

Ce n'est qu'avec la plus grande réserve que l'on doit se servir de
l'encre, parce qu'employée sans discernement elle donne au dessin
de la dureté, particulièrement quand ils sont petits. Il faut donc réserver ce moyen pour les grands sujets et ceux qui demandent
beaucoup de vigueur.

Dans les dessins de machines, d'architecture, on peut faire les
contours à l'encre ; dans les paysages, des traits de force aux troncs
d'arbres, aux rochers, aux terrains des premiers plans, produisent
d'excellents effets ; dans les sujets à figures on doit se contenter de
l'employer aux draperies et le point noir des yeux, ce qui leur
donne plus de vivacité ; quelquefois on en met dans la chevelure ;
mais il faut en être très-avare pour ne pas tomber dans la raideur.

L'encre s'emploie avec un pinceau de miniature ou avec la plume
d'acier.

Pour être bonne, l'encre doit être renouvelée chaque jour ; celle
de la veille coule difficilement : il vaut mieux en délayer de nouvelle que d'ajouter de l'eau pour la rendre liquide.

Il faut bien se garder d'effacer la moindre chose sur la pierre
grainée, ni crayon, ni calque, soit avec la mie de pain, la gomme
élastique ou le grattoir. La gomme enlèverait seulement la couleur
du crayon lithographique, mais le corps graisseux resterait et re-

pousserait au tirage. Le grattoir détruit le grain et met en quelque sorte l'artiste dans l'impossibilité de continuer.

Dans quelque circonstance que se présente un effaçage, il est toujours accompagné de difficultés. La plupart des moyens connus exigent beaucoup d'adresse. Aussi les artistes les plus habiles, ceux qui par une longue expérience ont appris à se rendre compte d'avance des résultats de leur crayon, font quelquefois le sacrifice d'une partie de leur travail pour le recommencer, lorsqu'un accident ou une erreur les a mis dans la nécessité d'avoir recours aux procédés ordinaires d'effaçage.

Il serait à désirer qu'il fût possible de ne pas interrompre l'exécution d'un dessin, qui perd toujours quelque chose de son harmonie. Nous avons vu des dessins abandonnés pendant plusieurs mois ne plus donner que des résultats imparfaits, malgré tous nos efforts pour faire revivre le travail : le corps gras semblait avoir été absorbé.

On ne s'est servi pendant longtemps pour dessiner sur pierre que de porte-crayons de liége, de bois de sureau ou de papier, comme étant plus légers que ceux en métal. Nous pensons que le poids de ces derniers n'est pas assez considérable pour fatiguer la main, et qu'ils ne peuvent en rien alourdir le dessin ; nous croyons au contraire que l'artiste ne doit rien changer à ses habitudes de travail, et que pour lui la pierre doit être du papier. Pour compléter néanmoins nos instructions et pour ceux qui voudraient en tenter l'essai, nous allons donner la manière de faire les porte-crayons en papier, qui ont eu tant de vogue.

On se sert d'une tringle cylindrique, soit en bois, soit en fer, de la grosseur du crayon ; on roule sur cette tringle ou mandrin un morceau de papier d'environ quinze centimètres de long, enduit de colle de pâte : lorsque le papier est sec et qu'on a retiré la tringle, on ébarbe les extrémités du tube. On peut, en les recouvrant de papiers ou de peaux de couleur, leur donner un aspect plus agréable.

Retouches et corrections.

Les retranchements et corrections aux dessins au crayon ne sont pas toujours d'une réussite complète. Pour notre part, nous conseillons de s'en abstenir autant qu'on le pourra. Cependant, comme il est des cas où on ne saurait s'en dispenser nous allons faire connaître quelques moyens mis en usage.

Nous ne parlons que pour mémoire de l'effaçage des traits au crayon de plombagine ou à la sanguine : on peut les laver à l'eau propre; mais il vaut mieux les laisser, à moins qu'ils ne fassent obstacle. Quelques artistes les effacent à la gomme élastique, ce que nous ne conseillons pas de faire; car le frottement de cette substance, tant propre soit-elle, occasionne le plus souvent des taches qui se décèlent pendant le tirage.

Si les corrections à faire avant l'acidulation sont très-considérables, nous engageons les artistes à ne pas hésiter de recommencer leur dessin.

Mais si ces corrections sont de peu d'importance, on peut essayer les moyens suivants :

1° Pour atténuer la vigueur d'une partie du dessin, on se sert de deux manières : la première en pointillant avec une aiguille ou une pointe bien fine les parties trop fortes. On tient pour cela la pointe presque perpendiculaire à la pierre que l'on cherche à entamer. Il ne faut pas craindre en employant ce système d'éclaircir un peu plus que l'ensemble du dessin semble le comporter, parce qu'au tirage l'équilibre se rétablit par l'effet du crayon qui a séjourné sur la pierre.

Si ce travail n'est pas fait avec beaucoup de soins et d'intelligence, on est exposé que le dessin n'en porte des traces.

La seconde manière, due à M. d'Orschwiller, permet, lorsqu'on a l'habitude de s'en servir, non-seulement d'atténuer les tons du dessin, mais d'enlever même des parties très-circonscrites sans altérer le grain de la pierre, et sans danger pour les parties les plus rapprochées.

Voici comment M. d'Orschwiller opère : il applique sur la pierre dessinée un morceau de papier végétal, dont la transparence permet de voir la partie à atténuer ; puis à l'aide d'une pointe en bois ou en écaille, il presse légèrement le papier sur lequel adhère le crayon. Cette pression, plus ou moins de fois répétée en ramenant les parties propres du papier, suffit pour opérer dans les tons des changements inespérés.

Loin d'arriver plus vite au résultat par une forte pression, on refoule au contraire le crayon dans les interstices du grain au lieu de le faire attacher au papier, et on rend ainsi le changement impossible.

Le troisième moyen enfin demande beaucoup d'adresse et de précautions ; il n'est guère applicable que lorsqu il s'agit d'une partie assez étendue. On enlève d'abord avec un grattoir la superficie de la pierre, c'est-à-dire le grain déjà couvert de crayon ou sali par une tache ; puis on le rétablit au moyen de sable fin tamisé et d'eau pure, en s'aidant d'une petite molette ou d'un petit bouchon de carafe, dont on aura d'avance aplani la partie inférieure. Ce grainage partiel s'opère par le frottement continu du sable interposé entre la pierre et la molette, à laquelle on imprime un léger mouvement de rotation. On lave ensuite la pierre avec soin, en évitant d'y laisser séjourner de l'eau : à cet effet on lui donne un degré d'inclinaison considérable, jusqu'à ce qu'elle soit complétement sèche.

Pour les retouches après l'acidulation, nous renvoyons le lecteur au chapitre *Des accidents d'impression*.

Nous ne terminerons pas ce chapitre sans recommander aux artistes quelques précautions pour le transport de leurs travaux. Pour éviter le frottement sur le dessin, à Paris on se sert du crochet, ce qui est très-commode et sans danger. Mais si la pierre est destinée à être envoyée dans une caisse, nous conseillons de couvrir d'abord la pierre d'une feuille de papier de soie, de placer ensuite sur les marges des bandes de fort carton qui soutiennent les ficelles, et qui isolent le dessin du contact de l'emballage. Enfin, dans le cas où l'envoi devrait être fait dans une ville où les employés de l'octroi se montrent sévères pour leur consigne, il faut adresser la caisse au bureau de la douane. De cette manière la caisse ne sera point ouverte à la barrière, elle ne le sera qu'au bureau et en présence de l'imprimeur averti, qui exigera des précautions pour retirer la pierre de son emballage.

DESSIN AUX DEUX CRAYONS.

Nous avons dit, et cela se comprend, la teinte naturelle de la pierre donne beaucoup de suavité au dessin, que le papier ne rend jamais au même degré. C'est ce motif qui a inspiré la première idée d'imprimer sur du papier de Chine, dont la teinte presque analogue à celle de la pierre, éteint l'éclat trop vif des lumières, en même temps qu'il donne plus de vigueur aux ombres.

Par imitation, et pour donner au papier la nuance la plus en harmonie avec le sujet du dessin, on a remplacé le papier de Chine par une teinte imprimée, et sur laquelle quelques artistes ont ménagé des lumières pour faire valoir leur sujet.

Cette méthode, appliquée pour la première fois en 1805 par Mannlich, semblait avoir été abandonnée, lorsqu'elle a été exhumée par Harding, célèbre artiste anglais, qui lui a donné une impulsion immense par sa remarquable collection de vues d'Italie et de Suisse.

Les artistes français n'ont pas tardé à suivre cet exemple dans une foule de publications remarquables ; et pour donner plus de piquant à ces publications, et surtout plus d'importance, quelques-uns ont ajouté : *imprimé aux deux crayons, procédé d'un tel.....*

Voici comment se résume le procédé des uns et des autres.

S'il s'agit d'une teinte uniforme, c'est-à-dire d'une pure et simple imitation de papier de Chine plus ou moins bis, plus ou moins jaune, la mission de l'artiste se borne à indiquer à l'imprimeur la teinte désirée. L'exécution de la planche est de la compétence de ce dernier. Nous renvoyons au chapitre *Impression* pour la description du procédé.

Quant aux teintes avec effet de lumières graduées, l'artiste seul qui a exécuté le dessin est compétent pour les indiquer.

On choisit une pierre grenée d'un grain plus ou moins gros, suivant le degré de transparence que l'on entend donner à la teinte : plus le grain sera relevé, plus la teinte sera légère.

On fait tirer une épreuve bonne ou mauvaise du dessin à rehausser sur du papier de Chine non collé ; et pendant que cette épreuve est encore humide on la fait décalquer, d'un coup de presse, sur la pierre à teinte.

On étend ensuite sur cette pierre, avec un rouleau à peau lisse affecté à cet usage, une couche égale dans toutes ses parties de vernis copal, auquel on a mêlé un tiers de vernis faible d'impression. Cette couche doit être assez épaisse pour couvrir complétement les interstices du grain.

Le rouleau et la table à l'encre dont on se sert pour ce vernis doivent être nettoyés et lavés à l'essence aussitôt l'encrage fait ; ces substances étant tellement siccatives qu'il ne serait plus possible d'en débarrasser le rouleau.

On laisse sécher quelques heures jusqu'à ce que le vernis ne poisse plus. On commence alors à dégager les lumières indiquées naturellement par l'empreinte du décalque que laisse voir la transparence du vernis. Ce travail peut se faire entièrement au grattoir, en n'enlevant que les sommités du grain pour les lumières faibles, en les abaissant progressivement, suivant le degré d'intensité qu'on veut leur donner, jusqu'à obtenir le mat, et enfin en creusant même de profondes entailles dans lesquelles la pression refoule le papier, ce qui produit de vifs et brillants éclats de lumière, qui donnent une grande valeur au jeu des ombres.

Le résultat de ces effets est facile à concevoir : le dessinateur travaille avec le grattoir comme s'il dessinait au crayon blanc. Légèrement atteinte, la pierre conserve dans les interstices des molécules de couleurs qui, suivant leur multiplicité ou le degré de leur profondeur, donne des demi-teintes granulées dans une infinité de proportions.

Dans certains plans, où il est nécessaire de donner à la teinte une plus grande intensité de couleur, on peut, mais ceci n'est praticable que pour de grandes masses, poncer ces parties, puis les couvrir d'une couche épaisse d'encre lithographique délayée à l'essence.

Enfin, lorsqu'on tient à avoir un plus grand nombre de tons ou une imitation de lavis, il faut faire une seconde pierre de teinte et la tirer le plus souvent avec une couleur différente de la première ;

mais bien prendre garde qu'elle soit en harmonie avec celle-ci : les effets obtenus ainsi sont incalculables. Le sujet, quoique légèrement dessiné, acquiert à l'instant une valeur double. On fait surgir par ce moyen une quantité considérable de dégradations de tons, de plans différents, des montagnes, des ciels, des eaux de diverses couleurs, une vigueur et une suavité d'ensemble qu'on ne saurait rendre par d'autres moyens.

On atteint le même but par le procédé suivant, qui ne diffère du premier que par la nature du vernis et par un moyen auxiliaire au grattoir.

Voici la composition du vernis :

Cire jaune.	100 grammes.
Suif.	50 »
Savon blanc.	50 »
Térébenthine de Venise.	50 »
Vernis moyen.	100 »

On fait fondre ces substances dans un vase de terre, de la même manière que nous avons indiquée pour les différentes préparations lithographiques ; mais sans les faire brûler. Lorsque le tout est fondu, on retire du feu et on ajoute seulement alors le vernis.

Lorsqu'on veut faire usage de cette préparation, on en prend de la grosseur d'une noisette, que l'on broie avec une matière colorante quelconque, soit jaune de chrome, soit vermillon, en ajoutant une petite quantité d'essence de térébenthine.

La pierre étant couverte de ce vernis au moyen d'un rouleau, on y fait le décalque de l'épreuve sur papier de Chine, toutefois lorsque le vernis est bien sec.

Pour obtenir les teintes graduées, on peut non-seulement se servir du grattoir, mais encore de papier verré qui en fait l'office, et dont l'emploi est aussi applicable avec le vernis copal dont nous avons parlé.

Le travail du dessinateur étant terminé, l'imprimeur enlève d'abord avec un grattoir, ensuite avec la pierre-ponce, tout ce qui est en dehors du cadre du dessin ou du papier lorsque tout le papier doit être teinté, puis il acidule d'une manière très-énergique et il gomme.

Le tirage de la teinte, qui ne doit se faire que quelques jours après celui du crayon, pour éviter la décharge du noir, ne présente pas de difficultés sérieuses.

CHAPITRE X.

LAVIS ET AQUA-TINTA LITHOGRAPHIQUES.

Considérations générales.

Le lavis lithographique a été long-temps le point de mire des artistes et des imprimeurs qui visaient à éteindre dans les demi-teintes la crudité du dessin au crayon.

Les premiers qui s'en sont occupés avec succès, sont MM. Engelmann, Knecht, Gingembre, Jobard, etc. Aujourd'hui nous avons les procédés Lemercier, d'Orchviller, Quinet, Kancké, Tudot, etc., etc. Mais avant eux et comme pour poser le premier jalon de cette méthode trop peu répandue, n'oublions pas de signaler l'inventeur de la lithographie.

En effet, Senefelder ne s'est pas contenté de léguer au monde cette admirable découverte, il n'a laissé aux lithographes qui viendraient après lui que le soin de modifier ses procédés, de les perfectionner ; mais il leur a tracé la route à suivre, il a prévu toutes les ressources de l'art, il a indiqué toutes les applications dont il était susceptible, il a tout dit, enfin, et son *Traité de l'art lithographique* restera comme un monument de son génie. Aussi, la méthode qui est le sujet de cet article ne pouvait-elle échapper à son imagination féconde : il s'en occupa long-temps, et en la traitant dans son livre sous le titre d'*Aqua-tinta lithographique* et de *manière de dessiner à l'encre de Chine*, il ajoutait qu'il était persuadé que cette *manière* de dessiner à l'encre surpasserait celle au crayon, si elle était portée par les artistes au degré de perfection qu'elle pouvait atteindre.

Beaucoup d'artistes ont compris Senefelder, un grand nombre d'essais ont été faits; mais ils devaient échouer même avec ses procédés, devant la difficulté du tirage qu'on n'est pas encore parvenu à vaincre complètement.

Procédé Senefelder.

D'après la méthode de Senefelder, la pierre doit être parfaitement grenée, bien propre, puis passée à l'eau de savon, séchée et nettoyée à l'essence de térébenthine.

On dissout dans de l'eau de pluie ou d'eau distillée l'encre litho-graphique dont la composition devra contenir une plus forte dose de savon qu'on est dans l'usage d'en mettre pour les ouvrages or-dinaires de la plume.

On esquisse le dessin au crayon de plombagine, ou bien on fait le calque à la sanguine, puis on le termine à l'encre et au pinceau, comme on le ferait sur le papier avec l'encre de Chine.

Quand le dessin est terminé, que l'encre est parfaitement sèche, on frotte doucement la surface de la pierre avec un linge ou mieux avec un morceau de flanelle. Ce frottement, qui n'a d'action que sur les aspérités du grain donne de la transparence au dessin. L'ac-tion de la flanelle ne doit pas être brusquée, on s'exposerait, dans ce cas, à refouler l'encre dans le grain au lieu de l'enlever. Il est peut-être inutile d'ajouter que bien que le frottement doive être uniforme, on peut cependant le modifier sur certaines parties du dessin qui réclament plus ou moins de lumière.

Pour faire ressortir davantage les ombres, pour leur donner plus de force et d'éclat, il faut recouvrir ces parties avec de l'encre après le frottement de la flanelle.

Comme on le voit, ce sont les interstices du grain qui fournissent la couleur au tirage et non les aspérités comme cela a lieu dans les dessins au crayon. De cette différence et de la nécessité de tirer ces ouvrages avec une encre d'impression moins compacte, vient le ton flou des épreuves au lavis ; de là aussi la nécessité de relever les effets de ces épreuves par un second tirage fait avec une teinte différente.

Senefelder recommande que l'acidulation ne soit pas trop forte ; il préfère donner plus de temps à cette opération que d'en brusquer le résultat. En conséquence il borde la pierre avec de la cire molle à la manière des graveurs en taille douce, et il la place horizontale-ment. L'acide nitrique étendu d'eau est versé sur la pierre, et s'y trouve retenu par les bords de cire. Aussitôt que les globules d'air qui se dégagent de la pierre ont acquis un certain développement et qu'ils viennent crever à la surface du liquide, on le remplace par une eau nouvelle.

Le degré de concentration de l'acide, la prolongation de son sé-jour sur la pierre sont subordonnés : 1° à la qualité de l'encre ; 2° à la nature du travail soumis à l'acidulation ; 3° à la dureté de la pierre.

La pierre étant acidulée est lavée et gommée.

Il emploie pour l'impression de l'encre très-adhérente et en pe-tite quantité. Senefelder va plus loin, il conseille d'encrer comme pour les manières en creux avec un morceau d'étoffe pour que les épreuves soient plus douces ; les épreuves en effet auraient plus de douceur, mais le nombre serait bien peu considérable.

22.

Avec ce procédé on peut faire des pierres à teintes qui auraient des tons parfaitement en harmonie avec le dessin, que nos lecteurs en tirent parti à l'occasion.

Procédé Jobard.

M. Jobard qui s'est toujours placé au premier rang dans toutes les questions, reçut en 1828 de la Société d'Encouragement, une médaille pour un procédé d'aqua-tinta dont voici la description.

Le dessin étant calqué et passé à l'encre, on couvre les blancs avec une réserve composée de moitié gomme arabique et de moitié fiel de bœuf, le tout coloré par du cinabre ; quand les touches sont sèches, on prend une pincée de laine que l'on garnit en la frottant sur une pierre ou palette pourvue d'une couche de noir dont nous donnerons la composition ci-après. La laine vue au microscope, présente tout le long de ses brins une foule de petites vrilles où griffes qui s'emparent facilement du noir gras; on donne alors un ton à la pierre en la frottant sur toute la surface et dans tous les sens avec cette laine qui cède le noir dont elle est chargée aux sommités du grain ; on a soin de la garnir souvent, ou même de l'étirer entre les doigts, ou de la carder pour renouveller ses surfaces. Après la première teinte on couvre encore, et après cinq ou six teintes le dessin est bien avancé. On peut réserver les tons noirs mats pour les faire à l'encre. On peut cependant arriver jusque-là en passant un peu fort le tampon de laine, qui entraîne alors le noir au fond des petites cavités du grain. On couvre ensuite de réserve toute la pierre, qu'on laisse sécher; on la porte dans l'eau, et une minute après on la lave avec une éponge fine : on jouit alors du plaisir de voir son dessin presque achevé.

Au sortir de cette eau, on place la pierre sous une pompe où on achève de la purger de tout atome de gomme. On laisse sécher et on commence à raccorder les tons trop tranchants, en se servant encore de la laine; on peut même recommencer à couvrir si on n'est pas content de son travail; mais quand on a l'œil un peu exercé; on arrive presque toujours juste : d'ordinaire il suffit de quelques coups de crayon et de plume pour achever le dessin.

Observations. En frottant la laine pour la charger de noir, il faut prendre garde qu'il ne s'y trouve jamais de parties grossières qui feraient des lignes sur le travail.

S'il arrivait de frotter fort et long-temps sans prendre de noir sur les teintes foncées, on conçoit qu'au lieu de faire plus noir, on enlèverait celui qui est déjà mis et l'on ferait jaune et sale.

Si l'encre était trop liquide, elle entrerait dans les interstices et ferait trop noir; si elle était trop dure elle ne coulerait pas assez.

On peut également adoucir singulièrement un dessin au crayon, en le frottant avec de la laine, qui entraîne avec elle le noir dans les interstices que le crayon n'avait pu atteindre. Il ne faut pas craindre de gâter une pierre ainsi : on a souvent fait de cette manière des ciels parfaitement dégradés.

La préparation de la pierre est la même que celle du crayon ; mais un peu moins forte. L'ébullition doit à peine se faire sentir, et il faut laisser séjourner assez long-temps l'acide avant d'y mettre la gomme qui peut aussi s'ajouter à la préparation, ce qui n'en vaut que mieux.

Procédé Hancké.

Après avoir étendu l'encre sur une palette, on la délaie avec de l'eau distillée, en la frottant avec le doigt ou en se servant d'une petite molette. Pour poser les tons on doit s'appliquer à étendre la couleur dans le même sens, et non en allant et en revenant; on ne doit prendre dans le pinceau que la quantité d'encre nécessaire pour mouiller légèrement la surface de la pierre, car si on applique l'encre en grande quantité, elle tarde trop à sécher et on n'obtient pas des tons fins et unis.

Avant de se livrer à un travail suivi, il est bon d'établir une échelle de tons, depuis les plus fins jusqu'aux plus forts, parce que le pinceau légèrement humecté, semble ne fournir aucun ton, tandis qu'il en produit en séchant.

Ces précautions prises, on commence par un ton général, bien uni et bien léger : on ne doit pas repasser sur les tons déjà mis, avant qu'ils ne soient entièrement secs.

Pour faire la teinte aussi unie que possible, on passe le pinceau dans toute la longueur de cette teinte : un second coup de pinceau s'applique ensuite, dans le même sens, à côté du premier, et ainsi de suite, évitant de revenir sur les tons avant que la teinte soit entièrement sèche. Ces précautions ne sont indispensables que pour les premiers tons ; on travaille ensuite plus librement.

Le tracé au trait se fait avec un pinceau fin, sur un décalqué à la sanguine ou à la mine de plomb, et l'on peut, lorsqu'il est sec, laver par-dessus sans crainte de l'altérer. Avec un crayon de même nature que l'encre, mais dans lequel on a remplacé le savon par de la gomme laque, on peut faire son esquisse sans qu'elle s'efface au lavis ; s'il y a quelques impuretés, on les enlève au grattoir comme dans les dessins lithographiques ordinaires.

Lorsqu'on est parvenu à l'effet désiré et que tous les tons sont bien secs, on passe légèrement sur tout le dessin et sans frotter, un linge ou un morceau de flanelle pour enlever la poussière. Le dessin étant terminé, on le prépare comme un dessin au crayon et on le laisse au moins deux heures sous la gomme avant de tirer les épreuves. On enlève à l'essence, mais avant d'encrer et principalement lorsqu'il y a des teintes fines, il est bon de frotter avec un morceau de flanelle imbibé d'huile de lin.

Pour exécuter convenablement un dessin par ce procédé, on se procure une pierre d'un grain moyen, relevé et bien fourni ; elle doit être lavée avec soin, puis frottée avec une flanelle propre pour enlever les corps étrangers qui pourraient se trouver entre les grains.

Composition de l'encre.

Cire. . . . . 25 grammes.
Saindoux. 50   »
Spermaceti. 75   »
Savon. 50   »
Noir de fumée calciné, en quantité suffisante.

On fait fondre le tout et on chauffe jusqu'à ce qu'en approchant avec une allumette, la matière prenne feu ; on la laisse brûler pendant quelques secondes, en la remuant avec une cuillière, pour bien opérer le mélange.

Procédé Knecht.

Faites préparer une pierre comme pour la gravure, qu'elle soit sans défauts, sans petits trous de sable, et d'une qualité dure et homogène. Enlevez la gomme dont elle est couverte, tracez le calque à la mine de plomb, et creusez avec un pinceau trempé dans un mélange de jus de citron et de noir de fumée, ou une autre partie colorante.

Il est bon de se faire de la couleur au jus de citron de 3 dégrés ; le travail avance plus rapidement. Le degré le plus faible sert pour les ombres très-légères, parce qu'il attaque moins la pierre.

Quand on aura donné quelques coups de pinceau, on laissera séjourner un peu pour que le mordant de citron attaque la pierre et forme de petits trous. On peut passer plusieurs fois sur la même place, ce qui augmente la valeur de ton. On peut, après le travail achevé, donner des coups de force au grattoir, à la pointe ; mais pour obtenir des traits de lumière non réservés d'avance, il faut auparavant avoir tiré quelques copies, mettre en encre grasse, puis enlever les parties claires au pinceau trempé dans un peu d'essence, laver à l'eau, et y passer un autre pinceau trempé dans de l'acide phosphorique : le corps gras ne s'attachera plus aux endroits touchés par le phosphore.

Lorsque le dessin est achevé, et qu'il s'agit d'encrer, on jette de l'eau sur la pierre, on la laisse sécher, on passe de l'huile, un quart d'heure après on l'encre comme toute autre pierre gravée. Le mordant, ayant marqué plus ou moins profondément, prend plus ou moins d'encre, et donne un lavis pareil à la manière noire. Avec un peu d'habitude, on fera des teintes charmantes.

On ne doit se servir de la brosse et du rouleau que lorsque le corps gras aura assez fortement pénétré dans la pierre : faites tirer au chiffon, et nettoyez avec un drap fin et doux.

Si le tirage est confié à un imprimeur habile, il rendra bon nombre d'épreuves. Il dépend de lui de hausser ou d'affaiblir le ton des épreuves, en se servant plus ou moins vigoureusement du morceau de drap et d'une encre convenable au dessin.

Procédé Lemercier.

Les procédés présentés récemment par M. Lemercier à la Société d'encouragement, permettent à l'artiste un travail aussi facile que celui qu'il exécuterait sur le papier avec le crayon ou l'estompe, et produisent sous sa main des effets que presque vainement on cher-cherait à obtenir au moyen du crayon lithographique. Voici en peu de mots la description de son procédé.

On exécute un dessin avec le crayon et on le saupoudre de crayon en poudre que l'on étend à sa surface par l'action d'un blaireau ; on retouche avec le crayon, l'encre ou le crayon d'estompe et l'on obtient ainsi la puissance de ton à laquelle on veut parvenir.

Le crayon d'estompe permet d'obtenir des dessins très-artistiques; mais c'est comme adjonction au crayon lithographique que ce moyen est avantageux.

M. Lemercier a fait l'application de ses moyens de lavis à l'impression de la chromolithographie, ce qui lui permet pour certains travaux de diminuer le nombre de pierres, et d'obtenir la dégrada-tion des tons, effet fort difficile à atteindre par les moyens ordi-naires.

On frotte une pierre graissée avec une tablette de crayon litho-graphique, de manière à l'en couvrir entièrement; on adoucit le ton obtenu en passant d'abord sur tous les points une brosse dure et ensuite une flanelle : l'on modèle ensuite au crayon, à l'encre et au grattoir toutes les formes.

Ce mode d'exécution est très-expéditif et quand le dessin se trouve relevé par un ou deux tirages de teintes, les effets sont d'une grande puissance de couleur.

Nous ne décrirons pas le procédé de M. Tudot, qu'il nomme *Manière noire*, la manutention est si compliquée que l'auteur lui-même l'a abandonné, d'ailleurs elle se trouve dans la première partie de ce livre ainsi que deux autres procédés, l'un d'Engelmann, l'autre de MM. Knecht et Gaillot.

En somme, ce qui constitue la difficulté et l'espèce d'abandon dans lequel la plupart sont tombés, ce sont les soins que réclame le tirage et surtout le tirage soutenu. N'a-t-il pas été, en effet, jusqu'à présent presque impossible de fixer sur la pierre, d'une manière durable, les traits les plus faibles et d'empêcher ceux qui ont une force moyenne, d'augmenter d'épreuve en épreuve jusqu'au maximum d'intensité.

CHAPITRE XI.

DESSINS ET ÉCRITURES A L'ENCRE.

Considérations générales.

L'écriture sur pierre, une des parties les plus importantes de la lithographie, trop peu appréciée, par conséquent négligée dans ses principes, offre des difficultés sérieuses qu'on ne saurait vaincre sans une étude approfondie.

Aussi s'explique-t-on mal la négligence des maîtres lithographes dans le choix de leurs élèves écrivains qu'ils prennent sans s'inquiéter si ces élèves ont le goût et l'instruction nécessaires pour faire des sujets capables. De là tant de médiocres talents qui languissent, sans avantages pour eux et sans profit pour l'art.

C'est une grande erreur de penser qu'il suffit d'avoir une *belle main* pour apprendre promptement l'art d'écrire sur la pierre, c'est une manière tout-à-fait à part. Ainsi nous avons vu des calligraphes fort habiles renoncer après un mois d'essais à l'écriture sur pierre, tandis que des jeunes gens sachant à peine former les lettres correctement, faisaient en peu de jours des progrès très-rapides. Il ne s'ensuit pas, de là, que la connaissance des belles formes de l'écriture usuelle soit inutile, bien au contraire, nous pensons que cette connaissance est indispensable et nous la mettons au nombre des conditions que nous voudrions voir exiger de tout élève-écrivain, savoir :

1° La connaissance du dessin linéaire et les premiers principes, *au moins,* du dessin de la figure et de l'ornement ;

2° La connaissance de la langue française, car il est véritablement honteux, parfois, de voir dans les travaux lithographiques les fautes aussi grossières que celles qui s'y glissent journellement ;

3° Des notions suffisamment exactes sur les caractères et signes typographiques et topographiques pour ne point les confondre dans l'application :

4° La forme raisonnée de tous les genres d'écritures usuelles et de fantaisie doit être une des études les plus suivies de l'élève-écrivain ;

5° Quant au goût, nous ne pouvons en déterminer la mesure ; nous dirons seulement que sans le goût et sans une petite bosse d'artiste (qu'on nous pardonne la plaisanterie), on ne sera jamais qu'un médiocre écrivain.

Certes, ce n'est pas se montrer trop sévère de n'exiger que les quelques conditions que nous venons d'énumérer pour une profession honorable, presque libérale et largement rétribuée. Nous disons largement rétribuée et personne ne nous démentira, car la moyenne des écrivains gagne 1,400 francs. A Paris, ceux qui ne sont pas attachés à de grands établissements, travaillent chez eux, et quelques-uns se font d'excellents revenus.

Tout ce que nous pourrions dire au sujet de l'écriture sur pierre, pourrait fournir la matière d'un manuel spécial, mais nous nous bornerons à aplanir, autant que cela se peut, dans un écrit, les difficultés que ce genre de travail présente à l'élève sans expérience, nous lui en expliquerons les causes tout en traçant une méthode que nous devons à une longue expérience.

Nous nous occuperons successivement des divers instruments à l'usage des écrivains et puis nous leur ferons comprendre que de la bonne qualité de ces instruments, de la manière de les mettre en usage, de modifier selon les circonstances, l'encre lithographique, dépend toute la réussite bien plus que dans la difficulté de donner la forme aux caractères.

Premières études.

Les personnes qui se destinent à la profession d'écrivain doivent d'abord commencer à s'exercer à tracer à rebours, sur une ardoise, les principes des écritures ronde et anglaise, c'est-à-dire à faire pendant quelque temps des

ll, des *oo,* des *n, n,* des *u, u,* des *u, uu, u ;*

puis lorsque les formes sont familières, on les répète sur du papier à écolier. Quand on a acquis sur le papier une certaine habileté, on se sert d'une pierre et l'on procède ainsi que nous allons l'expliquer au paragraphe : *Tracé et mise à l'encre.*

Avant de passer outre, nous ne devons pas omettre que, soit qu'on écrive sur l'ardoise, sur le papier ou sur la pierre, il faut tenir l'ardoise ou la pierre de manière que les lignes d'anglaise soient perpendiculaires à l'écrivain et écrire du haut en bas en allant avec la main droite sur soi.

Nous engageons les personnes qui sont dans l'intention de se livrer à cette profession, d'essayer à apprendre à écrire de la main gauche en allant de droite à gauche. Nous sommes persuadés qu'un enfant d'une douzaine d'années parviendrait facilement à acquérir assez d'habitude et de fermeté pour lithographier de la main gauche.

Aujourd'hui on se procure facilement d'excellents modèles à rebours, autrement on pourrait s'en faire avec des modèles d'écriture sur lesquels on passe un mélange d'une partie d'huile et trois parties d'essence de térébenthine. Cela rend le papier transparent et par conséquent l'écriture visible des deux côtés. Ces exemples servent à deux fins ; ils guident d'abord pour l'imitation des caractères, puis en les retournant ce sont des points de comparaison après le tirage du travail fait sur pierre.

Nous devons supposer que les personnes qui se destinent à l'écriture sur pierre ont des principes en écriture ordinaire, une belle main et de la facilité pour tout ce qui tient à la plume.

Ordinairement ces personnes s'imaginent (souvent on le leur fait accroire) qu'elles apprendront en fort peu de temps l'écriture sur pierre. On pense généralement qu'il suffit d'écrire à rebours ce que l'on sait faire à droite, on s'abuse étrangement, il n'y a pas la moindre similitude entre les deux genres d'écriture : le travail sur pierre exige une longue habitude, une grande légèreté de main et la connaissance d'une foule de petits moyens indispensables dont nous allons nous entretenir.

D'abord, il faut s'appliquer à former les caractères avec beaucoup de légèreté ; comparer souvent les essais avec le modèle pour ne pas s'écarter des bons principes ; s'habituer à tailler les plumes soi-même, se rendre bien compte de la qualité de la pierre sur laquelle on travaille, de celle de l'encre, etc., etc.

Lorsqu'on passe des exercices de l'ardoise sur le papier, il est à propos de décalquer quelques lettres pour remarquer leur inclinaison. On tirera ensuite des lignes obliques et parallèles à celle des lettres décalquées pour conserver la même pente. Il n'est pas inutile non plus de tracer, indépendamment des deux lignes indiquant la hauteur du corps de la lettre, d'autres lignes pour marquer celle des lettres montantes et des majuscules ; on n'abandonnera ces précautions que lorsqu'on sera sûr de son coup-d'œil et de sa main ; il est même prudent de les continuer dans les travaux sur la pierre dont nous allons parler.

Choix de la pierre et préparation.

Ce que nous avons à dire de la pierre, ne doit pas dépasser le cercle que nous nous sommes tracé dans ce chapitre. Nos lecteurs ont pu se fixer à cet égard dans l'article qui en traite spécialement. Nous nous bornerons à quelques indications indispensables à l'écrivain.

Les pierres les plus dures, recevant un beau poli, sont celles sur lesquelles il faut fixer son choix. Généralement parlant, les pierres de Munich réunissent un plus grand nombre de qualités ; mais comme écrivain, nous donnons la préférence aux pierres de Belley et à celles de Châteauroux, sur lesquelles le travail à la plume est facile et dont le tirage vient avec la plus grande netteté.

Parmi les pierres d'Allemagne, il faut éviter les *blanches* et les *tendres* qui ne conviennent à aucun genre de travail à la plume : on les reconnaît facilement, soit à leur couleur d'un blanc mat, à leur cassure grenue, à leur pâte poreuse ; soit en laissant tomber sur la surface quelques gouttes d'eau qu'elles absorbent presque aussitôt.

Les pierres blanches nuancées d'un jaune coloré, celles qui contiennent une grande quantité de petits points blancs appelés *vermicelles,* les pierres grises, dont une belle couleur cache un grain poussiéreux, inégal et qu'on ne parvient jamais à bien polir, doivent aussi être rejetées, qu'elle que soit leur origine.

Quant aux pierres dures, quoique teintées de diverses nuances plus ou moins prononcées, malgré les fissures, les taches ferrugineuses, les veines colorées, on peut s'en servir sans hésiter : ces imperfections ne sauraient être nuisibles qu'à l'harmonie d'un dessin au crayon.

La pierre destinée à un travail à la plume, doit être préalablement grenée, puis poncée avec soin. sans raies, ni trous, lavée avec de l'eau bien propre (l'eau de puits ne vaut rien) et préservée du contact des matières grasses.

Par un surcroît de précautions, nous engageons les écrivains à poncer un peu eux-mêmes la pierre avant de commencer leur travail, afin d'être bien certains de son état de parfaite propreté.

Après avoir essuyé l'eau du ponçage avec un torchon affecté à cet usage, on jettera sur la pierre quelques gouttes d'une eau légèrement savonneuse, c'est-à-dire une dissolution d'une très-petite quantité de savon blanc dans de l'eau distillée ou filtrée. Il suffit que l'eau soit louche ; une plus grande quantité de savon serait nuisible au travail de l'imprimeur. On étendra cette eau également sur toute la pierre avec une petite éponge ou un petit linge destiné

Lithographie. 23

à cet usage, puis on l'essuiera complétement avec un torchon bien propre.

Quelques artistes remplacent l'eau de savon par l'essence de térébenthine dont on verse quelques gouttes sur la pierre, que l'on étend aussi rapidement et aussi également possible avec un petit tampon de coton, en continant à frotter jusqu'à évaporation complète. La première préparation est préférable à notre avis.

D'autres se contentent, pour toute préparation, de passer la paume de la main sur la pierre. Ce moyen n'est pas sans inconvénient : pendant l'été, la transpiration de la main, abondante chez quelques personnes, est absorbée par la pierre ; cette transpiration contenant un principe acide, coagule l'encre à l'extrémité de la plume et apporte ainsi un obstacle à l'exécution.

Tracé et mise à l'encre.

La pierre ainsi préparée, l'écrivain peut commencer son travail. A moins d'obstacle ou de motifs particuliers il doit, pour la facilité du tirage, placer son travail au milieu de la pierre et d'équerre avec elle. En conséquence, on prend le milieu avec le compas, on tire deux lignes au crayon, l'une de ces lignes perpendiculaire à l'autre et la coupant à angle droit ; ces lignes servent de base au tracé en général, car toutes les pièces d'écritures sont soumises à cette disposition et les lignes courbes même y appuient leur point de centre.

Pour tracer ses lignes, l'écrivain se servira de préférence de règles et d'équerres en bois [1]. Pour éviter le frottement de ces instruments sur la pierre lorsque l'opération à l'encre est déjà commencée, on aura soin de coller un morceau de carton à chaque extrémité de la règle et de l'équerre et de promener ces instruments avec précaution. A lieu de coller ce carton, on peut se contenter de petits tasseaux formés de trois à quatre doubles de papier fort et que l'on fait courir sous la règle en guise de supports, c'est ce dernier moyen qui est le plus généralement employé.

On fera bien aussi de faire en carton mince quelques équerres, quelques cadres de différentes dimensions, que l'on place au bord de la pierre. Comme les tasseaux dont nous venons de parler, ils

---

[1] Les équerres et les règles en bois sont préférables à cause de leur légèreté. Dans le travail lithographique tout frottement est dangereux. Or, une équerre lourde pouvant en occasionner, il faut les écarter. L'écrivain devra s'assurer de temps en temps de la précision de ses instruments, car le meilleur bois se déjette assez souvent; il faut qu'il ait des règles et équerres de différentes dimensions.

garantissent le travail du frottement de la règle et de l'équerre. Ces cadres sont encore utiles quand on interrompt le travail : on fixe aux extrémités une feuille de papier de soie et l'on en couvre la pierre pour la garantir de la poussière. Malgré cette précaution il ne faut pas négliger d'épousseter la pierre chaque fois qu'on reprend le travail. Un blaireau fin, un plumeau dont se servent les dames pour épousseter leurs chapeaux, sont très convenables pour cet usage.

Les lignes étant tracées, on esquisse légèrement au crayon d'abord l'ensemble du travail, puis les mots, les lettres de genre, telles que gothiques, romaines, fleuronnées, majuscules d'anglaise et de ronde, etc. Quand l'artiste est d'une certaine force, ce tracé n'exige pas une très-grande précision, il suffit que la place des mots soit bien indiquée, et que les lignes de titres soient bien au milieu : pour cela on compte les lettres de chaque mot, en tenant compte dans ce nombre des espaces entre les mots, et des *i*. Lorsqu'ils ne sont pas en égal nombre dans les deux moitiés de la ligne, ils n'occupent pas le même espace qu'une lettre ordinaire.

Pour les ornements de traits dont la disposition est compliquée, pour toutes les vignettes qui exigent des soins ou qu'il faut obtenir retournées, on fera le croquis sur du papier végétal, et on décalquera sur pierre à la sanguine [1] afin que l'exécution à l'encre ne soit pas tatonnée, car bien qu'il soit possible de faire des corrections, il faut éviter tout ce qui peut les entraîner. Ceci nous rappelle de dire que lorsqu'il s'agit de faire sur une facture ou sur une adresse des traits parallèles de chaque côté, on se contente de dessiner un seul côté sur du papier végétal, on décalque successivement des deux côtés de la composition en se repérant sur la ligne du centre.

Le calque ou le tracé terminé, on procédera au travail à l'encre pour lequel nous ne saurions trop recommander de propreté, de précision et de soins en tous genres.

Les fautes, les changements à faire sur la pierre se rectifient de plusieurs manières; avant de les décrire, n'oublions pas de dire que ni le tracé au crayon, ni celui à la sanguine, ne résistent à l'acidulation et que si un trait de crayon gênait, on pourrait l'effacer

---

[1] On peut faire le calque sur pierre, soit à la sanguine, soit à la mine de plomb, soit avec toute autre substance colorante, pourvu toutefois qu'elle ne soit pas nuisible à la pierre; cependant nous donnons la préférence au calque à la sanguine.

Le calque doit être léger, pour ne pas gêner le travail à l'encre; dans la crainte aussi qu'une trop grande quantité de poussière du calque s'interposant entre la pierre et l'encre, n'empêche celle-ci d'adhérer à la pierre.

à la gomme élastique pour en substituer un second et même un troisième.

Quand la place qu'occupe la correction ne permet pas de faire usage de la pierre ponce, la plupart des écrivains font les effaçages à l'essence de térébenthine. Ce moyen qu'il faut employer avec précaution, laisse fort souvent, lorsqu'il n'est pas mis en usage avec discernement, des traces sur la pierre et la correction, et dans ce cas reparaît au tirage ; son empreinte acquiert d'autant plus d'intensité, que le nombre d'épreuves est plus considérable.

Cependant, il est certains cas où l'on peut en faire usage avec succès et économie de temps, notamment lorsque la correction comporte assez d'étendue pour permettre d'essuyer complètement la place. Dans ce cas on doit employer de l'essence rectifiée et conservée dans un flacon bouché avec soin. On entourera la place lavée d'un trait de crayon afin qu'à l'acidulation on y passe plusieurs fois l'acide.

Quelles que soient les précautions qu'on emploie, les corrections sont toujours difficiles et les résultats bien incertains. Il est bien rare qu'avec un examen un peu soutenu, on n'aperçoive pas la place où elles ont été faites ; nous n'avons donc qu'à indiquer le moyen qui, nous le croyons, doit obtenir la préférence.

Nous conseillons donc l'usage d'un grattoir en acier bien trempé, d'une résistance convenable et bien effilé. Quant à la forme nous ne prétendons pas l'imposer ; cependant les grattoirs représentés sur la planche III, *fig.* 10, réunissent les conditions désirables.

D'abord on enlève l'encre légèrement avec le grattoir, puis on atteint jusqu'à la pierre en enlevant son *épiderme* (que l'on nous pardonne l'expression). On veille à ce qu'il ne reste pas la moindre trace d'encre ; mais surtout à ne pas faire de creux sensible, ce que l'on évitera en adoucissant la pente lorsque par maladresse on en aura fait. Après le grattage on frotte légèrement avec le doigt la place effacée, pour en enlever la poussière et surtout pour la préparer un peu.

La respiration, en hiver surtout, produit sur la pierre beaucoup d'humidité, ce qui fait bien souvent le désespoir des élèves. Avec un peu d'habitude, on garantit la pierre de l'haleine en tenant la main gauche près de la bouche ou en faisant chauffer la pierre de temps en temps ; mais un moyen plus simple encore, que nous avons déjà indiqué à l'article du dessin au crayon, et qui consiste à tenir à la bouche en guise de pipe, un petit carton ou morceau de bois taillé en disque, traversé dans le centre par une côte de plume ou un bout de ficelle que l'on retient entre les dents. Ce petit rond comme on le voit, fait l'office d'un écran.

Principes d'écritures.

L'élève écrivain doit particulièrement s'attacher à l'écriture *anglaise*, la plus difficile ; mais la plus utile, parce que lorsqu'on a la main assez sûre pour bien l'exécuter, on est capable de faire correctement presque tout les autres genres.

La *ronde* aussi mérite une étude toute particulière. Cette écriture permet de s'écarter un peu des principes ; en lithographie on fait généralement pour le coup-d'œil, les pleins un peu forts, les corps de la lettre un peu larges bien assis sur la ligne, les lettres montantes perpendiculaires , avec de larges boucles, tel est le type préféré.

La *gothique*, la *fracture* et tous les caractères typographiques à moins qu'ils ne soient exécutés dans de très-petites proportions, peuvent être exécutés à la règle et au tireligne, il est même quelques écrivains qui les grisent par ce moyen, ce ne sont pas ceux qui vont moins vite.

Quoiqu'il soit possible de se procurer d'excellents modèles d'écriture dans le commerce, il n'est peut-être pas inutile dans un ouvrage spécial comme celui-ci, de donner les proportions des caractères les plus usités en lithographie ; les voici :

Anglaise. On appelle ainsi cette écriture, parce qu'elle doit une partie de son perfectionnement aux Anglais, qui, les premiers avec les Hollandais, en ont fait usage dans leurs relations commerciales. Pour en déterminer les proportions, on partage la hauteur de la lettre en dix parties, dont six donnent la largeur de l'*n* et de l'*o*. Les lettres *b*, *h*, *k*, *p*, *s*, *u*, *v*, *y*, *z*, ont la même largeur; le *c* et l'*e* peuvent la prendre aussi en terminant leur délié inférieur sous la forme d'*o*. Les lettres *a*, *d*, *g*, *q*, ont la largeur de l'*o* plus l'épaisseur de leur jambage. Les boucles supérieures de *b*, *f*, *h*, etc., et les inférieures de *g*, *j*, *y*, ont la moitié de l'*o* pour largeur.

La distance entre deux jambages arrondis, tels que de *m* à *n*, est d'un *n* et demi ; celle du jambage de *r* à son crochet est de deux tiers de *n*. Le crochet marque le milieu entre le jambage et une lettre arrondie ; mais la distance de ce crochet à un jambage arrondi à son sommet est d'un *n*.

Les lettres montantes bouclées dépassent les autres d'un corps et un tiers; celles à tige droite d'un corps seulement ; le *t* et le *p* dépassent d'un demi-corps. Les lettres à tiges inférieures bouclées descendent d'un corps et demi ; celles à tige droite un corps seulement ; les majuscules ont trois hauteurs de corps. Pour la fine, les mêmes majuscules ont quatre hauteurs de corps ; les minuscules à tige supérieure bouclée dépassent de deux corps et demi ; les inférieures de trois corps.

La pente est de deux tiers et demi pour la grosse, d'une diagonale pour la fine. (*Pl.* IV.)

La *Ronde* est une écriture française qui tire son origine des caractères gothiques du douzième siècle. On l'a appelée ronde à cause qu'elle tend toujours à la forme sphérique. Les proportions du corps de la ronde sont de six parties ou pleins, la largeur des lettres *a, d, g, h, o, p, q, y, z*, est égale à la hauteur. Pour le *b, c, e, k, n, r, u, v*, on prend cinq parties seulement ; *x* et *w* en ont huit. Les tiges supérieures dépassent les autres lettres d'un corps et quart ; les inférieures d'un corps et tiers ; le *d* dépasse d'un corps, et le *t* d'un demi-corps ; les tiges droites de *f, p, q*, dépassent d'un corps ; le point de l'*i* se place à la même hauteur que le *t*.

Les distances entre les lettres suivent à peu près la même règle que les caractères romains ; la distance entre deux jambages de *n* trois pleins ; entre une ligne droite et une courbe deux pleins, et seulement un plein entre deux courbes.

Les majuscules ont deux corps et demi de hauteur ; la largeur varie et n'a de règle bien précise que le bon goût. La partie ronde prend aussi des proportions qui ne sont pas toujours déterminées : ainsi, par exemple, les minuscules à tiges supérieures peuvent avoir un corps et demi, les inférieures deux corps, les droites inférieures un corps et demi, et les majuscules trois corps.

Les chiffres pour la grosse ronde ont deux corps de hauteur, qu'on divise en trois parties : les deux premières sont pour la hauteur des chiffres sans tige, comme 0, 1, 2, et le corps des autres chiffres ; la troisième est occupée par la partie supérieure des chiffres 3, 4, 5, 6, 8 ; la partie inférieure de 7 et de 9 dépasse d'un corps. Les chiffres dans les petits caractères peuvent prendre une hauteur égale, c'est-à-dire deux corps (*Pl.* IV).

Italienne. Lorsqu'elle est exécutée avec talent, cette écriture est pleine de grâce et d'élégance. Dans ce genre d'écriture les minuscules ont le plein tantôt dans le haut, tantôt dans le bas des jambages. Les majuscules ont ces mêmes pleins à la place qu'occupent les déliés dans l'anglaise. La largeur des lettres minuscules et des distances entre elles sont celles de l'anglaise, avec la différence que les pleins ont plus de maigreur. Les lettres à tige supérieure bouclée dépassent les autres de deux corps ; celles à tige supérieure droite d'un corps et demi. Les lettres à tige inférieure bouclée descendent jusqu'à la longueur de trois corps ; celles à tiges droites de deux corps. Dans l'écriture fine les supérieures bouclées ont trois corps, les droites deux ; les inférieures bouclées trois corps et demi, les droites inférieures trois. Les majuscules ont cinq hauteurs de corps. La pente pour la grosse est une diagonale, et un sixième de plus pour la fine.

Fracture. Ce genre de caractère, que l'on confond souvent avec la gothique et que plusieurs nomment *gothique* anglaise, a été appelée fracture à cause des brisures qui entrent dans la structure de ces lettres ; il dérive évidemment de la gothique, que l'on fit revivre ainsi à l'aide d'ornements nouveaux, qui l'ont rendue plus gracieuse et plus légère.

Pour trouver les proportions des minuscules, on divise un carré en six parties, dont quatre donnent la largeur de l'*n* et de l'*o*. Les tiges supérieures dépassent de cinq parties de corps, et les inférieures de quatre parties seulement. Les majuscules ont deux hauteurs de corps. Ce genre d'écriture laisse toute liberté pour les ornements.

Gothique. Ce beau genre est très-ancien. Il date du quatrième siècle et on l'attribue à Ulphilas, évêque des Goths, qui le forma par une combinaison des caractères grecs et latins.

Ses proportions sont à peu près celles de la fracture ; la seule différence c'est que les minuscules à tige supérieure et les majuscules sont moins hautes que dans ce dernier genre. Les minuscules gothiques à tige supérieure ne dépassent le corps de la lettre que de quatre parties ; celles inférieures de trois. Les majuscules et les chiffres ont la hauteur des minuscules à tige supérieure.

Nous ne donnons pas les proportions ni de la *chancelière ornée*, ni de la *gothique hollandaise*, ni de la *gothique d'impression*, qui sont à peu près les mêmes. Nous ne nous occuperons pas non plus des caractères typographiques, dont les formes ont été si admirablement perfectionnées depuis quelques années. Il est trop facile de se procurer d'excellents modèles en tous genres soit dans les specimens de MM. les fondeurs, soit même sur les charmants prospectus que fait distribuer la librairie, et sur lesquels on peut broder les plus riches compositions.

Sur la planche V, nous avons dessiné quelques signes topographiques, si nécessaires pour l'exécution des plans et des cartes, et cependant si peu connus de la plupart des écrivains lithographes.

De la composition.

Le journal le *Lithographe* a dit dans un de ses numéros que l'écriture sur pierre était une affaire de bon goût ; nous irons plus loin, et nous ajouterons que celui qui n'a pas de goût ferait beaucoup mieux de choisir une autre carrière, car il ne fera jamais qu'un écrivain médiocre. Mais comme les circonstances placent souvent beaucoup de jeunes gens dans une position qu'il ne leur est pas possible de changer, nous dirons à ces jeunes gens : avec du travail, vous acquerrez un goût de convention qui suppléera dans beaucoup de cas au goût naturel.

Nous allons donc tâcher de faire connaître les principales règles, non pas du goût mais de la composition des travaux de l'écrivain, c'est-à-dire les principes qu'on doit observer dans la disposition des lignes, dans l'arrangement des mots, le choix des caractères et la combinaison de leurs couleurs respectives.

La plupart des travaux lithographiques sont des ouvrages pour le commerce. Si l'on en excepte les *circulaires* et les registres, presque tous ces ouvrages sont des titres sous la forme de *mandats, adresses, factures,* etc., dont il importe de rompre l'uniformité, c'est-à-dire qu'il faut donner à chaque ligne, à chaque mot une expression individuelle et unique par son étendue, et la forme du caractère ; bien au contraire en cela à une page de texte suivi, dont chaque mot, chaque ligne, chaque aliéna, chaque blanc entre les lignes est soumis à une dimension uniforme.

De là, la nécessité indispensable d'apprécier jusque dans les plus petits détails toute l'énonciation d'un titre, de démêler les termes qui expriment véritablement le sujet ; si ces termes ne peuvent être contenus dans une ligne, savoir reconnaître celui ou ceux d'entre eux dont la valeur l'emporte, et saisir ensuite les phrases qu'on peut grouper.

Il y a bien souvent quelque difficulté à faire cette analyse préalable. Dans le titre : *Manuel du Lithographe,* par exemple, on reconnaît facilement que *Manuel* étant le mot qui convient à tous les livres qui renferment l'abrégé d'une science ou d'un art, que c'est *Lithographe* qui est le sujet, et qui, par conséquent, doit dominer ; mais dans celui-ci : *Nouvelle méthode pour enseigner l'art de peindre les fleurs,* il faut une petite étude pour s'assurer que les mots *l'art de peindre les fleurs* sont les expressions essentielles qui doivent ressortir par la force des caractères ; conséquemment, selon la place que l'on a à remplir, il faut faire de cette partie de phrase deux ou même trois lignes. Ainsi, *fleurs* devra dominer *art de peindre,* et ces derniers mots devront l'emporter à leur tour sur *nouvelle méthode.*

Les mots *le, la, les, de, de la, des, au, par, sur,* etc., peuvent faire ou ne pas faire une ligne isolée, selon le besoin qu'on en a pour diminuer la longueur des lignes, ou jeter un peu d'espace entre des lignes pleines trop fortement groupées.

Sur une *adresse* pour faire connaître une marchandise courante, à coup sûr cette marchandise est le véritable sujet de l'*adresse* ; mais, si le prix auquel le marchand ou le fabricant la livre aux consommateurs est excessivement modéré et au-dessous du cours ordinaire, ce sera très-logique de faire ressortir le prix plus gros que le sujet.

Dans le prospectus d'une maison d'éducation, le sujet principal est, sans contredit, *éducation ;* mais comme il importe généralement de connaître le nom du chef ou du directeur de l'établissement, parce que le succès des études et les garanties d'une bonne éducation dépendent essentiellement des qualités morales et des talents de ce chef, ce sera donc son nom qui devra dominer sur le reste du titre.

Celui qui annonce de l'eau de Seltz à un sou la bouteille, veut que le mot *un sou* soit bien plus visible que eau de Seltz ; car on pourrait confondre avec les annonces d'autres fabricants, et celui-ci tient à attirer l'attention du public par l'excessive modicité de ses prix.

Le parfumeur qui publie la découverte d'une *pommade de lion,* tiendra que *lion* domine le mot pommade, qui est cependant le mot principal.

Dans une annonce de changement de domicile, sans aucun doute l'indication de la nouvelle demeure doit frapper les regards et se graver dans la mémoire, etc., etc.

Les billets de faire part, les circulaires mêmes méritent quelque attention, quelque raisonnement. Si, par exemple, c'est un billet de faire part, on doit allonger davantage les caractères, leur donner un peu plus de force, espacer les lignes plus que dans une circulaire ou tout autre travail qui demande à être resserré.

Lorsqu'on est obligé de faire ressortir dans une circulaire quelques mots ou une phrase, il ne faut pas entremêler de la ronde avec l'anglaise, cela est dur et fait paraître irrégulières de pente les lignes d'anglaise qui avoisinent la ronde ; on évite ce défaut en se servant pour les mots plus saillants d'une anglaise plus grande et plus forte.

Ce serait manquer de tact que de suivre toujours scrupuleusement les modèles ; s'ils sont vicieux, il faut les modifier quant à la forme ; ainsi, supposons que la copie suivante ait été donnée : *M . le Mis M^l de Montbar a l'honneur,* etc. Ce serait très-disgracieux d'aligner à la suite quatre superbes *M .* Il faudrait donc mettre, pour rompre la monotonie, *Monsieur* le marquis M^l de Montbar, etc.

Autant que le texte le permettra, il convient que les premières lignes ne soient pas pleines ; que la principale le soit toujours ; qu'après elles toutes les autres soient assez rentrées sous cette ligne pour la laisser dominer et par la longueur et par la force du caractère. A cet égard, nous ferons remarquer que la lithographie a sur la typographie un immense avantage ; qu'elle peut varier à l'infini la forme de ses compositions, soit à l'aide de lignes courbes, soit en les ornant de traits de plume.

Lorsqu'on disposera dans un titre plusieurs lignes courbes, ces lignes ne doivent jamais se suivre immédiatement, ni avoir le même axe, ni le même rayon. On bannira des courbes les écritures anglaises, italiennes, et généralement toute écriture penchée, qui font un pitoyable effet.

Quant aux *traits*, il faut qu'il soient distribués avec modération, arrondis sans cassure, conduits avec fermeté, et éviter que les reprises de plume soient visibles. Leurs pleins placés avec entente ne doivent jamais se croiser, et l'écrivain s'appliquera surtout à la pureté et au modelé des traits exécutés à main-levée par un calligraphe habile. Il évitera encore tous ces petits traits de plume de remplissage, sans motif, qui dénotent chez l'artiste un manque de ressource d'imagination, et qui, loin d'embellir son travail, y jettent de la confusion.

Deux lignes de même longueur à la suite l'une de l'autre, ou trois lignes formant par leur longueur dégradée un cul-de-lampe, font un très-mauvais effet.

Les lettres blanches dans un médaillon ou fond noir font un effet dur ; il faut en être avare.

Les espaces entre les lignes doivent être en rapport avec la forme des caractères, de même que ceux entre les mots en harmonie avec la nuance des lettres et l'ensemble du titre : là est l'art. Nous nous arrêtons.

Avant tout, l'écrivain doit rester fidèle aux principes de l'écriture qu'il emploie ; c'est une règle dont on ne peut s'écarter que pour les lettres de fantaisie ou baroques.

Au résumé, il faut éviter dans toute composition l'entassement des lignes, la profusion des traits, qui surchargent le travail. Des caractères lourds à côté de l'anglaise, de l'italienne ou des types maigres détruisent l'harmonie de l'ensemble et fatiguent les yeux. Avant de viser à la grâce, il faut être clair et ne pas devenir ridicule en voulant être élégant, en surchargeant les compositions de lettres par trop de fantaisie. Les défauts dans lesquels on peut tomber en évitant celui que nous signalons, et qui ne sont pas moins contraires aux règles du bon goût, consistent à se montrer observateur trop sévère de la simplicité, ou de dégarnir l'ensemble en espaçant considérablement les lignes, et en employant des caractères maigres et de petite dimension. Ce système donne au travail un aspect inachevé.

Il faut à un écrivain lithographe un certain nombre d'instruments et de petits accessoires, dont nous allons donner la description.

INSTRUMENTS A L'USAGE DES ÉCRIVAINS.

Table.

Le travail sur pierre exige une table d'une grande solidité et d'une disposition particulière ; car nous avons vu qu'il fallait éviter tout frottement sur le travail, tout contact même des mains avec les pierres lithographiques.

Pour atteindre ce but, on se sert dans la plupart des ateliers d'une table ordinaire, aux extrémités de laquelle on place deux tasseaux en bois variant de hauteur suivant l'épaisseur de la pierre, et destinés à recevoir une planchette sur laquelle reposent les mains et les bras.

Nous nous sommes assurés que le plus grand nombre de lithographes n'ont d'autres appareils pour leurs travaux, et qu'avec cette simplicité on peut faire tous les ouvrages possibles ; néanmoins, comme il importe de faire connaître tout ce qui peut aider ou faciliter l'exécution lithographique, nous allons donner la description d'une table, qui par ses dispositions offre une grande commodité aux travailleurs.

La table représentée (*pl.* V, *fig.* 11) a un double dessus à charnière en forme de pupitre, qui reçoit l'inclinaison convenable au moyen de deux quarts de cercle A, maintenus à hauteur par des clavettes. Cette inclinaison, plus ou moins prononcée, rapproche sensiblement la pierre de l'artiste, et lui épargne une position fatigante dans les travaux de grande dimension.

Afin de faciliter le maniement des pierres sur cette table, et pour éviter aussi tout frottement sur celles dressées des deux côtés, on a disposé sur le milieu un plateau rond B, tournant sur un fort pivot en fer et soutenu sur ses bords par des galets.

Au lieu des modestes tasseaux dont nous avons parlé, on en dispose d'une forme toute particulière : ce sont deux planchettes en chêne C, sur l'inférieure desquelles sont fixées de petites crémaillères en fer DDDD, qui traversent la planchette supérieure maintenue à hauteur convenable par des clavettes qui traversent les crémaillères. Ces tasseaux sont retenus sur la table par des chevilles que l'on retire à volonté.

La planchette E a environ 1 mètre de longueur sur 23 millimètres dans sa plus grande largeur. Elle est taillée en biseau pour faciliter l'approche des mains sur la pierre. De ce côté elle n'a que 8 millimètres d'épaisseur, tandis que du côté du corps elle en a 18. Cette planchette a une échancrure au centre, afin que le travailleur puisse se rapprocher le plus possible de son ouvrage, tandis que ses coudes sont parfaitement soutenus sur la planchette.

A l'extrémité de la table est une tablette à tiroir F, sur laquelle on dépose l'encre et les divers accessoires du lithographe. Ces objets, ainsi que les modèles, prennent place dans les tiroirs pendant le repos.

M. Engelmann a donné dans son ouvrage la description d'une table pupitre à peu près semblable à celle-ci, à laquelle s'adapte un miroir destiné à rendre à l'inverse le modèle du dessinateur. Cette disposition est très-favorable pour le travail. Nous avons figuré ce miroir, auquel on donne l'inclinaison que l'on désire.

A côté de la table à pupitre est figuré un tabouret à vis, que nous voudrions voir introduire dans les ateliers de dessinateurs et d'écrivains lithographes.

Les pierres n'ayant ni la même épaisseur ni la même étendue, l'usage d'un siége ordinaire est fatigant et incommode. Pour s'élever à la hauteur de sa pierre ou pour atteindre les parties extrêmes de son dessin, le travailleur est souvent obligé de s'exhausser au moyen de quelques rames de papier placées sur sa chaise. Il en résulte un dérangement permanent et souvent du dommage au papier employé à cet usage. Le tabouret à vis, d'une construction sinon élégante, du moins solide, obvierait à tous ces inconvénients.

Compas.

Deux compas au moins sont nécessaires aux travaux de l'écrivain lithographe.

1° Le compas, dit à pointe de rechangé, sert à prendre toutes les distances, à tracer les cercles sur les pierres de grande dimension, soit avec sa pointe, soit avec son tireligne ou porte-crayon.

2° Le compas à pompe (*pl.* III, *fig.* 12) est destiné principalement à faire des cercles de très-petits rayons, qu'il est impossible d'obtenir avec le grand compas. Cet instrument est indispensable pour les plans, les ouvrages d'architecture, et tous les travaux qui exigent une grande précision.

Pour se servir avec facilité de ce compas, on place la pierre horizontalement ; cette position est nécessaire pour l'exécution des tout petits cercles. L'instrument doit être tenu verticalement avec l'index de la main gauche, tandis que la droite fait tourner la partie mobile du compas qui porte soit la pointe, soit le crayon, soit le tire-ligne. La moindre vascillation est un obstacle, surtout lorsqu'on veut doubler les cercles au tire-ligne.

Un troisième compas à ressort et à vis de rappel, pour régler l'écartement des lignes, est aussi très-utile ; mais on peut à la rigueur le remplacer par une bande de papier, sur laquelle on établit une petite échelle, et que l'on reporte successivement des deux côtés de la pierre.

De la plume.

Les plumes d'oie ni même celles de corbeau ne peuvent être employées sur la pierre que dans les travaux largement traités : ces plumes ne pouvant être taillées assez fines pour le travail délicat de la pierre, ne résistant pas d'ailleurs suffisamment à l'action de l'alcali contenu dans l'encre, on est obligé d'avoir recours à des plumes métalliques, que chaque écrivain est obligé de se faire lui-même pour les avoir à sa main.

La plume lithographique (*pl.* III, *fig.* 13) se fait avec des bandes d'acier laminées très-minces [1], que l'on coupe par morceaux de quatre centimètres environ de longueur sur cinq millimètres de largeur.

La taille de la plume est très-difficile, surtout pour les commençants ; et comme elle est de la plus grande importance pour l'exécution, nous entrerons dans les plus minutieux détails de sa confection.

En coupant les bandelettes d'acier, il faut avoir grand soin d'en suivre le fil, car de ce premier coup de ciseau dépend la possibilité de bien tailler la plume ; il serait même inutile d'essayer de faire une plume avec un morceau d'acier dont le fil serait mal suivi : on perdrait son temps.

Ainsi divisées, on cintrera ces bandelettes d'acier, soit à l'aide d'un petit marteau [2], soit avec l'anneau d'une clef, soit enfin avec le manche de la plume [3] disposé à cet effet en les plaçant dans une rainure pratiquée sur la table, ou sur la planchette qui sert d'appui à l'artiste, et en frottant le marteau, la clef ou le manche de la plume sur l'acier jusqu'à ce qu'il ait pris la courbure d'une portion de plume à écrire divisée sur la longueur, *pl.* III, *fig.* 15.

Cette opération terminée, on fixe ce morceau d'acier avec un tuyau de plume d'oie adapté au porte-plume, comme on fixerait

[1] L'acier laminé dont on se sert pour faire les plumes, nous vient de la Suisse; cet acier est cassant et très-sujet à la rouille. On évite ce dernier inconvénient en le graissant avec un peu de graisse de volaille ou du suif et en le mettant à l'abri de l'humidité ou bien encore en se contentant de l'envelopper dans un papier gras.

On peut encore faire des plumes avec des petits ressorts de montre que l'on réduit à la force convenable en les plongeant quelques instants dans l'acide nitrique presque pur, puis en les polissant avec la pierre ponce. Ces bandelettes d'acier ainsi traitées ne sont pas toujours d'une épaisseur uniforme et l'on perd souvent beaucoup de temps à cette opération à laquelle renoncent aujourd'hui tous les écrivains.

[2] Ce petit marteau (*fig.* 14) est à panne arrondie ; les uns s'en servent en frappant de petits coups au centre de la bandelette (dans sa longueur), les autres en plaçant cette bandelette dans une rainure et la cintrant par le frottement.

[3] Nous supposons que ce manche est en bois dur, quoique la plupart des écrivains fassent usage de porte-plumes de jonc préférables par leur légèreté; dans ce cas, l'emploi du petit marteau est indispensable.

Lithographie.   24

une plume de fer, puis ayant placé l'extrémité de la plume sur le
médius et la maintenant par l'index et le pouce, observant que la
convexité soit en dessus, on fait à la bandelette d'acier une fente
d'environ quatre millimètres de longueur. Cette fente qui sera faite
au moyen d'une paire de ciseaux fins [1], sera réduite par la taille à
peu près à 2 millimètres, *fig.* 17.

La fente de la plume est de la plus grande importance ; elle doit
être exactement au milieu de la bandelette et parfaitement sur le
fil droit de l'acier ; il faut la faire sans laisser retomber les lames
des ciseaux, car en se joignant, leurs extrémités feraient au bout
de la fente une espèce de déchirure très-nuisible. On évite ce rapprochement en entortillant un peu de gros fil autour d'un des anneaux des ciseaux, de manière à empêcher le rapprochement complet des lames.

Malgré tous ces soins, il existe une irrégularité entre les deux
becs ce qui les fait croiser ; on les remet facilement à leur place en
les frappant légèrement avec le marteau ou les anneaux des ciseaux
sur la pierre qui fait l'office d'enclume.

Cela fait, on évide l'acier à droite et à gauche de la fente par de
petits coups de ciseaux jusqu'à ce que l'on ait obtenu une pointe
d'une excessive ténuité. Pendant cette opération, on tient la plume
comme nous l'avons indiqué pour la fente. Si l'un des becs est plus
long que l'autre, ce dont on s'assure en posant verticalement la
plume sur l'ongle, on les égalise avec les ciseaux ou sur la pierre à
l'huile.

Tireligne.

Après la plume, le tireligne est sans contredit, l'instrument qui
joue le plus grand rôle dans le travail de l'écrivain lithographe ; et,
comme il faut certaines conditions pour l'employer avec avantage,
nous lui consacrons ici un paragraphe spécial.

Ce n'est qu'après une pratique soutenue que l'on parvient à manier avec quelque succès le tireligne ; encore faut-il que la qualité
de l'instrument réponde à la main qui le dirige ; aussi en recommandons-nous le choix tout particulièrement.

On introduit l'encre dans le tireligne avec la plume d'acier et
lorsqu'il est chargé, on essuie extérieurement les palettes. On nettoie l'intérieur presque à chaque renouvellement d'encre, surtout
lorsqu'on cesse de se servir de l'instrument même pour un instant.

[1] Le choix des ciseaux est très-important et leur forme est à peu près
celle de la *fig.* 16; ils seront de la meilleure qualité possible : les lames
aiguës, parfaitement droites, bien rapprochées et se fermant sans se
mordre; il ne faut pas négliger de les graisser de temps en temps.

Pendant le travail, cette opération peut être faite sans toucher à la vis, par conséquent sans changer l'écartement des palettes et la grosseur des lignes.

Lorsqu'on a commencé un ouvrage au tireligne, il faut le continuer pour ne pas laisser sécher l'encre, ce qui n'arrive que trop souvent. Si l'encre n'est figée qu'à la pointe de l'instrument, on se contente de passer entre les lames soit la pointe de la plume, soit une bandelette de papier végétal. Si ce moyen ne réussit pas, il faut essuyer complétement le tireligne.

S'il arrivait qu'après ce renouvellement de l'encre, l'instrument ne traçât pas de suite, on essaierait de faire une petite ligne ou sur le dessus des doigts, ou sur un morceau de drap, ou bien sur du papier. Ce moyen devenant insuffisant, il ne faut pas hésiter à délayer de l'encre nouvelle, qu'il faut tenir dans une juste proportion de liquidité ; mais plutôt épaisse que trop claire.

On aura des tirelignes de différentes grandeurs ; on se sert des gros pour les fortes lignes et l'on réserve les fins pour l'exécution des grisés de mandats et autres traits déliés. Pour qu'un grisé soit parfait, il faut faire des lignes fines, uniformes, parallèles dans toute leur longueur et espacées avec régularité. De tels résultats ne s'obtiennent que par la justesse du coup-d'œil, que par une longue habitude à faire porter simultanément les deux lames de l'instrument sur la pierre, en le faisant marcher dans cette position sans secousse et sans déviation.

Il est difficile de faire de grosses lignes d'un seul trait même avec les plus forts tirelignes. On se contente, en pareil cas, de faire deux lignes parallèles de moyenne grosseur, et de remplir d'encre l'intervalle pour une troisième ligne que l'on trace en tenant obliquement l'instrument de manière à balayer, qu'on nous pardonne la comparaison, les deux bords intérieurs des deux premières lignes pour en confondre l'encre. Il faut pour cela, profiter du moment où l'encre de ces premières lignes est encore à l'état de fluidité.

Comme les pointes du tireligne, quoique généralement en bon acier, s'émoussent assez promptement, il est bon que l'artiste s'habitue de bonne heure à les ajuster lui-même. Cette opération délicate demande de l'attention, et quoique la pratique seule doive servir de guide à cet égard, nous allons néanmoins indiquer en deux mots la manière de procéder.

On rapproche avec la vis et sans trop serrer les deux palettes : dans cet état, on tient le tireligne perpendiculaire et on en égalise les pointes sur une bonne pierre à rasoir pour les empêcher de boîter ; puis après avoir desserré la vis, on enlève les arêtes produites par le premier frottement. Il y a deux sortes de tirelignes ; les uns simples, *pl.* III, *fig.* 18, les autres à charnière, *fig.* 19. L'arête intérieure de ces derniers s'adoucit en frottant légèrement les palettes ouvertes ; on se contente de faire glisser entre les palettes des premiers une petite lime plate et très-douce.

Indépendamment des divers instruments dont nous venons de donner la description, l'écrivain doit avoir dans une boîte :

1° Plusieurs équerres ;

2° Un ou deux pistolets [1] ;

3° Une petite provision d'acier ;

4° Une pierre à aiguiser ;

5° Quelques fragments de papier sanguiné et du papier végétal ;

6° Quelques pointes pour faire les lignes grises, *fig.* 22 ;

7° Un petit instrument que nous appellerons trace-ligne, *pl.* III, *fig.* 23. C'est un morceau de laiton refendu en deux à l'extrémité et dont les pointes légèrement effilées avec une lime douce, et rapprochées l'une de l'autre avec quelques légers coups de marteau. Cet instrument est fort commode pour obtenir l'écartement uniforme des lignes d'une circulaire, mais il a l'inconvénient de ne pas tracer suffisamment noir.

L'écrivain doit avoir également à sa disposition :

1° Un petit flacon d'essence de térébenthine hermétiquement bouché ;

2° Un peu de préparation, pour aciduler avec un petit pinceau les corrections qu'il aura faites après épreuves ;

3° Un peu d'huile de lin, soit pour graisser les lignes dont nous parlerons ci-après, soit pour sa pierre à aiguiser ;

4° Enfin, quelques petits fragments de pierre-ponce pour effacer les corrections à faire ou nettoyer les marges de sa pierre.

EMPLOI DE L'ENCRE.

L'encre se délaie dans une soucoupe soit avec de l'eau distillée, ce qui est préférable, soit avec de l'eau de pluie, soit enfin avec de l'eau de rivière filtrée [2]. On procède de différentes manières, savoir :

[1] Petit instrument en bois (*pl.* III, *fig.* 20 et 21) propre à donner des courbes qu'on ne peut obtenir avec le compas.

[2] La qualité de l'eau est extrêmement importante ; on doit rejeter les eaux dures, c'est-à-dire celles qui ne dissolvent pas complétement le savon, telles que les eaux de puits (particulièrement de ceux de Paris) : l'eau de rivière est excellente, surtout lorsqu'on la filtre pour la dégager des matières terreuses.

Afin d'avoir toujours sous la main de l'eau propre, nous recommandons aux écrivains lithographes de se procurer un petit flacon dont le bouchon en liège sera traversé d'un tuyau de plume (*fig.* 24, *pl.* III). Il

1° En frottant à sec le bâton d'encre dans la soucoupe jusqu'à ce que le fond en soit suffisamment garni, puis en ajoutant la quantité d'eau suffisante et faisant le mélange soit avec le doigt, soit à l'aide d'un bouchon qui fait le service de molette;

2° En délayant tout simplement l'encre dans la soucoupe de la même manière que l'encre de Chine;

3° Enfin en s'aidant de la flamme d'une chandelle, au-dessus de laquelle on tient un instant la soucoupe où on a mis l'eau, et en frottant ensuite l'encre comme au mode qui précède. Ce dernier moyen n'est mis en usage qu'en hiver, pour les encres d'une dissolution difficile ou avec des eaux dures. Dans l'un comme dans l'autre cas, l'encre doit être réduite à la consistance d'huile d'olive épaisse.

Il est très important de ne pas employer l'encre trop liquide; lors de l'acidulation, les traits offrant peu de résistance seraient facilement altérés; d'ailleurs, avec l'encre épaisse, le travail est plus pur et plus brillant au tirage.

Cependant il résulte un défaut grave de l'excès de consistance donnée à l'encre; elle coule péniblement, ne pénètre pas suffisamment dans la pierre, par conséquent résiste peu aux acides et fournit un tirage maigre.

Il est important de tenir couverte l'encre que l'on vient de délayer afin de la préserver de toute poussière, ce qui occasionnerait l'empâtement de la plume au point qu'il n'est pas possible de faire un trait pur. Il est facile d'obvier à cet inconvénient en couvrant et découvrant chaque fois qu'on y puise de l'encre, soit avec un petit couvercle de la matière de l'encrier, soit avec un petit morceau de carton.

N'est-il pas à propos de dire ici un mot de l'encrier. Nous nous servons avec beaucoup d'avantage d'un dé à coudre enchâssé dans un morceau de bois, c'est comme on voit un encrier à fort bon marché.

Lorsqu'on voudra renouveler l'encre de la plume, on aura soin de l'essuyer complètement avec un chiffon de linge fin, ou mieux avec un morceau d'étoffe de soie, qui ne laisse pas de bourre à la plume.

Par la nature de sa composition, l'encre délayée se coagulant rapidement, il convient de ne tremper la plume dans l'encrier qu'au moment d'écrire. Comme il arrive très-souvent que l'encre se fige à l'extrémité du bec, pendant les intervalles indispensables à la ré-

suffit alors, pour se procurer une petite quantité d'eau, de donner quelques légères secousses au flacon pour la faire tomber goutte à goutte : ce moyen permet à l'écrivain de ne mettre d'eau que la quantité nécessaire pour donner plus de fluidité à son encre et de conserver l'eau constamment propre.

24.

flexion ou aux dispositions qu'un trait nécessitent, on la ravive en faisant ployer le bec de la plume sur les marges de la pierre où elle forme un pâté d'encre. Ceci ne peut se faire que deux ou trois fois, car l'encre que contient encore la plume et celle qui forme le pâté finissent par se figer.

Cette disposition de l'encre ne permet pas à l'écrivain de travailler devant une fenêtre ouverte ou dans un courant d'air, ni même dans un atelier où la température serait trop élevée. Un appartement où l'air serait froid et humide ne convient pas non plus, parce qu'alors la respiration se condense sur la pierre qui est avide d'humidité, et qui dans cet état ne reçoit que des traits lourds qui souvent s'extravasent, se lient entre eux et ne forment qu'une masse noire.

L'encre de la veille ne peut être utilisée que pour les ouvrages à gros traits, tels que fonds noirs, affiches, etc. Pour les autres travaux, on emploiera toujours de l'encre fraîchement délayée. En vieillissant, l'encre délayée perd non-seulement sa qualité, mais elle devient d'un emploi très-difficile. Nous insistons beaucoup sur cette observation, qui est souvent la cause de l'insuccès des écrivains.

Parmi les jeunes écrivains, il en est beaucoup qui, soit par paresse, soit par économie, ne renouvellent leur encre que tous les trois ou quatre jours, se contentent d'y ajouter quelques gouttes d'eau pour la maintenir à l'état de fluidité convenable. Qu'arrive-t-il de cette négligence ? Qu'ils éprouvent fort souvent des difficultés dont ils ne peuvent se rendre compte, difficultés qui amènent avec elles le découragement et l'abandon de la profession. Nous devons ajouter que chaque fois qu'on renouvelle l'encre, l'encrier doit être lavé avec soin.

LIGNES GRISES A LA POINTE.

On appelle lignes grises, des lignes fines que l'on trace ordinairement pour imiter le tracé au crayon dans les ouvrages de commerce tels que registres, factures, etc. Rien n'est plus simple que l'exécution de ce travail qu'on ne doit faire que sur une pierre acidulée. Après l'acidulation donc, après même un premier tirage s'il a été nécessaire, on gomme la pierre, on l'essuie presque immédiatement ; mais de manière à ne laisser qu'une imperceptible couche de gomme. Lorsque la pierre est complétement sèche, on prend au crayon toutes ses mesures, observant de n'employer à ce travail qu'un crayon tendre ; puis on trace au moyen d'une pointe d'acier très-fine toutes les lignes dont on a besoin. Pour les obtenir pures et régulières, il faut tenir la pointe presque perpendiculairement et solidement dans la main, et la faire mordre dans la pierre dont elle fait échapper une légère poussière autour du sillon qu'elle ouvre. Lorsque la pointe n'est pas suffisamment dure ou assez aiguë, elle glisse sur la pierre. Cet effet se reproduit également lorsque la couche de gomme est trop forte : dans le premier cas il faut rejeter la pointe, dans le second l'aiguiser fréquemment, et dans le troisième dégommer la pierre, si le tracé n'est pas commencé. La meilleure manière de tracer convenablement des lignes, c'est d'avoir une pointe en diamant qui fait régulièrement les lignes de la même grosseur, et qui entame franchement les pierres les plus dures. Quelques écrivains se servent également avec succès d'une simple aiguille à coudre, emmanchée dans un petit jonc.

Si en faisant ces lignes on outrepassait le cadre qu'on s'est tracé, il est facile de réparer cette faute ou toute autre erreur de cette nature, il suffit de couvrir le trait ou les traits d'un peu de gomme acidulée et de laisser sécher avant de procéder à l'encrage, dont voici le mode le plus généralement adopté.

On place la pierre sur la presse, on verse dessus quelques gouttes d'essence de térébenthine, que l'on étend avec les doigts ou avec la paume de la main, et que l'on essuie légèrement avec un linge, lequel linge ne doit point être mouillé. Sans attendre l'évaporation de l'essence, on roule lentement et sans serrer les poignées le rouleau sur la pierre, jusqu'à ce que la pierre soit complétement noire, au moins sur toutes les parties où il a été fait des lignes grises ; puis, toujours sans perdre de temps, on jette quelques gouttes d'eau avec les doigts, on les étend avec le torchon à dégommer, et l'on passe de nouveau le rouleau sur la pierre, qui cette fois se trouve déchargée de l'encre qui la couvrait. On répète cette opération jusqu'à ce que la surface soit entièrement propre, et l'on voit alors toutes les lignes grises devenues noires. On peut commencer immédiatement le tirage.

Dans quelques maisons, on se sert de la machine à guillocher pour faire sur les pierres acidulées des fonds moirés, guillochés, et que l'on encre de la même manière, seulement il ne faut presque pas laisser de gomme sur la pierre.

Grisés au tire-ligne.

La plupart des fonds gris, à moins que ce ne soit dans les villes du Nord et de l'Alsace, où les machines à guillocher sont fort répandues, se font au tire-ligne, soit simplement avec une règle ordinaire, soit en se servant de l'équerre, soit enfin en s'aidant de règles parallèles ou d'un appareil que M. Brisset a calqué sur la machine à griser.

Les grisés au tire-ligne sont fort difficiles à exécuter, à cause que leur perfection ne tient pas seulement au parallélisme des lignes et à leur espacement uniforme entre elles, mais à la grosseur de ces mêmes lignes.

Nous l'avons dit et nous le répétons, l'encre employée pour le tire-ligne doit être fraîchement délayée et tenue la plus épaisse possible, et l'instrument nettoyé chaque fois qu'on le charge d'encre.

Divers moyens sont employés pour obtenir le parallélisme des lignes :

Le premier consiste à établir de chaque côté de la pierre une série de points correspondants pour servir de guide à la règle. Ce moyen fatigue beaucoup la vue et n'offre que peu de garanties de réussite.

Le second se borne à faire glisser une équerre le long d'une règle. On obtient le parallélisme, mais non pas l'écartement égal et régulier.

Pour la troisième méthode, on se sert de deux petites équerres de 10 degrés environ d'ouverture ; on place l'une contre l'autre leur hypothénuse, de manière à faire un quadrilatère ; on fait ensuite glisser l'équerre supérieure sur l'inférieure tenue fixe sur la pierre. Ces deux équerres donnent un parallélisme parfait ; mais pour obtenir l'écartement régulier des lignes entre elles, il faudrait des équerres cotées comme elles le sont sur la *fig.* 25, *pl.* III.

Ce n'est que lorsqu'un fond gris est terminé qu'on s'occupe à régulariser les extrémités, comme aussi d'y faire les écritures qu'on aura eu soin d'esquisser auparavant.

RÉDUCTION DES DESSINS, CARTES, ETC.

L'exécution sur pierre nécessite fréquemment des réductions de dessins et de modèles en tous genres ; quelquefois aussi, mais plus rarement, il faut augmenter ces mêmes dessins pour les approprier au format du papier ou du livre auxquels ils sont destinés. Dans l'un comme dans l'autre cas, l'exactitude des proportions est une condition rigoureuse.

La réduction des dessins d'architecture, de topographie, des figures géométriques, travaux dont les formes réduites doivent être proportionnellement identiques dans toutes leurs parties avec le modèle, exige le secours de divers instruments de précision, car l'œil du dessinateur le plus exercé serait insuffisant.

Parmi ces instruments, le *diagraphe* est le plus admirable ; car il peut servir non-seulement aux plus petites comme aux plus grandes productions de la peinture, de la sculpture et de la gravure, mais encore son application est possible aux copies de la nature. Il est à regretter que ce précieux instrument ne soit pas à la portée de toutes les bourses, ni employé avec succès par toutes les mains.

Viennent ensuite les *pantographes*, dont les résultats remplissent toutes les exigences du dessin : il y en a de toutes dimensions ; les uns sont d'un mécanisme ingénieux, les autres sont d'une simplicité très-grande. Cependant, lorsque le dessin est peu compliqué, il ne convient pas de se servir de cet instrument, dont l'emploi exige généralement un espace considérable dans l'atelier. La description du pentographe est d'autant plus inutile ici qu'il est toujours accompagné d'une instruction pour s'en servir.

Le *compas de réduction* est un instrument très-commode ; on jugera de son utilité par la description que nous allons en donner.

Le compas de réduction (*fig.* 26, *pl*. III) est armé de pointes aiguës en acier ; la vis A sert à tenir serrées les deux branches de l'instrument et à faire jouer la coulisse B, qui sert à déterminer les différents degrés de réduction. Cette coulisse porte une ligne horizontale C, qui sert de repère aux divisions indiquées à droite et à gauche de la coulisse.

Ainsi, si le repère C a été fixé sur la division 1,2, les pointes D, D donneront exactement la moitié de l'ouverture des grandes pointes E, E. Il en est de même des autres divisions marquées à l'échelle. Ce compas devrait se trouver dans les mains de tous les écrivains dessinateurs.

Réduction aux carreaux.

Privés des instruments dont nous venons de parler, les dessinateurs ont ordinairement recours à la réduction par le moyen des carreaux. Ce mode se pratique de deux manières, soit en traçant sur le dessin, même des lignes à écartement, soit en disposant sur un châssis que l'on place devant le dessin au tableau, des fils à distances égales croisés par d'autres fils ouvrant avec les premiers des angles perpendiculaires. Au lieu d'un châssis on peut assujettir le dessin sur une planchette autour de laquelle on tend les fils de la même manière.

L'espace dans lequel doit être dessinée la réduction est aussi divisé par des lignes horizontales et par des lignes perpendiculaires, en nombre égal à celles de l'original. Pour trouver plus facilement le rapport des sections des lignes du dessin avec celles de la réduction, on les numérote sur les marges ; cette précaution est surtout utile pour trouver les premiers points quand le dessin a une certaine étendue. Ainsi dans l'exemple que nous avons choisi, *pl*. V, *fig*. 27, on dira : les angles supérieurs des créneaux de la tour de droite correspondent aux lignes 5 et 2, 3 et 2 ; la jonction du parapet du pont à cette tour a lieu sur la ligne 3 au-dessous de l'horizontale 5, etc., etc.

Ces points principaux indiqués sur la figure, on comprend qu'il est facile, quand on a quelques connaissances du dessin, de terminer le travail sans avoir besoin de consulter les numéros. L'exiguité de la figure ne permet pas de donner des explications plus étendues sur ce sujet; nous pensons néanmoins que celles que nous consignons ici seront suffisantes. Il va sans dire que les carreaux doivent être proportionnellement plus petits suivant les difficultés, ou les détails de l'image et l'étendue dans laquelle on se propose de la renfermer.

Réduction à l'échelle de proportion.

Un moyen non moins infaillible que celui qui précède consiste à opérer la réduction à l'aide d'une *échelle de proportion*.

Supposons que l'on ait à réduire le petit intérieur renfermé dans le cadre *A, B, C, D, fig.* 28, *pl.* V, et que la longueur donnée pour la réduction, soit *b, b, fig.* 29. On trace sur une feuille de papier et seulement au crayon la figure 30. Pour cela on trace la ligne horizontale *A, B*, on enlève la perpendiculaire ponctuée *C, D*, on prend la moitié de ligne A, C, *fig.* 28; on porte une des pointes du compas au point *D, fig.* 30, tandis que l'autre pointe détermine les points *E, F* d'où s'élèvent les deux obliques convergentes au point *C*. La longueur de la ligne *A B* et la hauteur du point *C* sont insignifiantes et ne changent rien à la précision de l'échelle.

On porte ensuite sur la ligne *E F* la longueur de la réduction *b, b, fig.* 29, et du point *G* obtenu par cette longueur s'élève une ligne convergente à *C*. C'est sur cette ligne *C, G* que se base toute la réduction. Des lignes horizontales à écartement indéterminé, mais, autant que possible, graduées entre elles, servent de guide pour conserver l'horizontalité des pointes du compas lorsqu'on les porte sur l'échelle de proportion.

L'échelle ainsi établie, on procède de la manière suivante pour compléter le cadre de la figure 4. On prend avec un compas la distance de *A, B, fig.* 28 : on cherche avec l'ouverture du compas le point précis où les les lignes *E, C, F, E* présentent le même écartement, c'est-à-dire au point *H, I*. Sans déplacer la pointe qui repose sur le point *I*, on fait avancer l'autre jusqu'à la ligne convergente *C, G*, et l'on a ainsi les lignes *b, c* et *b, d* qui complètent le cadre de la figure 29.

Il ne faut ensuite qu'un peu de raisonnement pour trouver par le même moyen et sur la même figure le point *E* correspondant à *F, G*. Ces distances étant réduites, le point *a, fig.* 29. Il en est de même de toutes les autres parties du dessin qu'il serait fastidieux pour nos lecteurs de détailler une à une.

Pour augmenter les proportions d'un dessin, l'opération est la même, avec la seule différence que la base de la ligne *C, G* est portée en dehors de *E*, comme par exemple à *K* dont nous ponctuons la convergente. Nous prenons pour point de départ et de comparaison la figure 28, augmentée de quelques millimètres.

En divisant la ligne *E*, *F* en 1[2, 1]4, etc., en élevant de ces points de division des lignes à *C*, on obtiendra des réductions de la moitié, du quart du dessin ou de la carte.

ÉCRITURE ET DESSIN AU PINCEAU.

L'emploi du pinceau dans l'exécution des dessins à l'encre et des écritures est presque banni aujourd'hui des ateliers lithographiques de Paris, où l'on compte encore néanmoins quelques écrivains qui s'en servent. La plume, on le sait, remplace avec avantage cet instrument, qui paraît plus commode à ceux qui n'ont pas une grande habitude du travail sur pierre.

La plume, en effet, est difficile à tailler, difficile à conduire, et dans les hachures croisées elle entraîne presque toujours avec elle les traits sur lesquels elle passe. Il n'en est pas de même du pinceau, qui, dans ce dernier cas, a un grand avantage, puisque sa flexibilité permet de croiser les hachures les plus serrées et les plus compliquées. A côté de cette supériorité apparente, le pinceau présente plusieurs désavantages dont le plus grand sans contredit est la lenteur d'exécution ; sa pointe n'est pas toujours disposée à déposer l'encre sur la pierre ; le mouvement du pinceau exige une main sûre et légère pour produire des traits d'égale force; enfin il est reconnu par tous les imprimeurs que les travaux ainsi exécutés ont peu de solidité au tirage : ce défaut doit être attribué au peu d'encre que lache le pinceau. Toutes ces considérations ont déterminé la plupart des écrivains à abondonner cet instrument et à adopter la plume.

Si nous n'avions craint que de paraître incomplet, nous serions nous peut-être dispensé de parler du pinceau ; mais une autre considération a dicté notre détermination. Nous nous sommes imposé la règle de signaler toutes les ressources comme tous les moyens mis en usage dans la lithographie ; nous publions donc aujourd'hui les notions que nous avons recueillies sur le travail au pinceau, travail que depuis plus d'une année nous voyons exécuter sous nos yeux.

Le choix des pinceaux n'est pas sans importance; ils doivent être de martre brune semblable à ceux qui servent à peindre en miniature ; ceux qui ont 10 à 12 millimètres de poil sont préférables. On s'assure que la pointe est faite en la mouillant et l'appuyant sur un ongle sans forcer. Si le faisceau ne se sépare pas en deux pointes on peut en conclure que le pinceau est bon. Ces pinceaux ont besoin d'être ébarbés par l'écrivain qui doit couper un ou deux poils qui dépassent la pointe, ce qui lui laisserait trop de ténuité. Un pinceau neuf n'est pas immédiatement propre au travail, il n'a de qualité qu'après le service, et lorsque les poils sont collés par l'encre lithographique. La première préparation consiste à les imprégner d'encre lithographique, de les disposer convenablement en pointes et de les laisser sécher en cet état. L'encre qui se ramollit vers la pointe lorsque l'écrivain s'en sert donne de la fermeté au pinceau, qui, s'il était tenu dans un état constant de propreté se diviserait en 2 becs et il serait impossible de s'en servir.

Les pierres destinées au travail du pinceau doivent être poncées, mais un polissage parfait n'est pas de rigueur, puisque on peut également écrire sur une pierre grenée légèrement. Il n'est pas nécessaire de faire subir à la pierre une préparation d'essence ou d'eau de savon.

Il y a quelques années, on fesait une encre spéciale pour le travail au pinceau, cette encre était plus grasse; elle contenait beaucoup de suif; on s'en servait en la délayant avec de l'essence de térébenthine ou de lavande. Aujourd'hui que l'on a tout employé, on se sert de l'encre lithographique ordinaire, seulement on doit la tenir très-épaisse.

Lorsqu'on vient de prendre de l'encre et que le pinceau refuse de tracer, on l'appuie fortement sur un morceau de papier que l'écrivain ou le dessinateur tient toujours devant lui sur une planchette de manière à faire un pâté, et c'est dans ce pâté qu'il vient ensuite puiser l'encre jusqu'à ce qu'il soit desséché.

Après un service très-prolongé, s'il arrivait que le pinceau fût encrassé, on le laverait avec de l'essence de térébenthine, on l'essuierait bien et on l'enduirait de nouveau d'encre comme s'il était neuf.

Il n'est pas rare de voir un pinceau dont on s'est servi être préférable à un neuf. On ajuste ce petit instrument sur un manche de bois très-dur et on l'asssujettit avec du fil.

En somme, le pinceau peut être préférable à la plume lorsqu'on mêle l'encre aux crayons, aux hachures croisées dans les vignettes, dans les dessins d'ornement ou d'architecture. Avec le pinceau on peut faire les traits les plus fins comme les plus compliqués, on peut aussi faire l'anglaise d'un seul trait sans reprise; et si nous ne recommandons pas aux écrivains l'emploi de cet instrument à l'exclusion de la plume, nous leur conseillons au moins d'en faire usage concurremment avec celle-ci, dans le cas où il y aurait avantage de s'en servir.

⊶❀⊶

TROISIÈME PARTIE.

Cette division du livre renferme les plus importantes fonctions de l'imprimeur, qui consistent à multiplier les œuvres du dessinateur et de l'écrivain par les divers modes d'impression que nous allons décrire dans les chapitres XII, XIII et XIV.

CHAPITRE XII.

ACIDULATION OU PRÉPARATION DES PIERRES AVANT LE TIRAGE.

Lorsque le travail du dessinateur ou de l'écrivain est terminé, dès que le décalque d'une autographie est opéré, la pierre doit subir avant le tirage une préparation qui fixe les encres ou le crayon de manière à pouvoir résister aux lavages réitérés de ce tirage.

Cette opération, que le plus grand nombre des lithographes fait sans raisonnement et sans précautions, est fort importante, puisque le succès de l'impression en dépend toujours.

Un dessin, en passant des mains de l'artiste dans celles de l'imprimeur, même expérimenté, subit nécessairement un changement qui ne lui est jamais bien avantageux. Combien donc est dangereux le défaut de soins et d'inexpérience.

Pénétré de cette vérité incontestable, que les épreuves d'un dessin ne sont jamais parfaitement semblables au travail sorti des mains du dessinateur ; que beaucoup de demi-teintes disparaissent ; que certains tons augmentent de valeur ; que quelque soin qu'on ait pris d'ailleurs, quelle que soit l'habileté de l'ouvrier, il existe toujours une différence notable entre les épreuves d'un même tirage ; pénétré, disons-nous, que les épreuves n'en sont pas moins autographes et ne peuvent être méconnues par l'auteur, quoique de valeur dif-

Lithographie. 25

férente, le chef d'un établissement lithographique doit faire un examen sérieux des dessins qui lui sont confiés, et avant de les soumettre à l'acidulation, acidulation qu'il faut modifier selon les circonstances, et se rendre bien compte :

1° De la nature de la pierre (pierres dures ou grises, pierres blanches ou tendres) ;

2° De la saison et du degré de température dans l'atelier ;

3°. De la qualité des crayons ou des encres dont s'est servi le dessinateur ou l'écrivain ;

4° De la manière de faire de l'artiste ;

5° Enfin, du temps qu'a duré l'exécution du travail.

Avant de décrire les diverses manières de préparer les pierres pour le tirage, il est nécessaire d'en faire connaître le but ; le voici :

1° D'enlever la poussière que le grenage et le polissage ont pu laisser sur la surface de la pierre, et celle qui est tombée pendant le travail du dessinateur ou de l'écrivain ;

2° De la décaper des parties graisseuses imperceptibles provenant soit du contact de corps gras, soit de la préparation des écrivains avant leur travail ; ces parties graisseuses pouvant empêcher la pierre de recevoir complétement la mouillure ;

3° D'assurer la pureté des traits en circonscrivant leur contour par un léger relief ;

4° D'augmenter la porosité de la pierre afin d'en faciliter la mouillure ;

5° Enfin, de rendre le crayon et l'encre insolubles à l'eau, en leur enlevant par l'acide l'alcali, qui est une des bases de leur composition.

Cette préparation consiste à soumettre la pierre écrite ou préparée à l'action d'un acide, dont l'expérience a déterminé et la qualité et le degré de concentration. Voici quels sont les acides les plus actifs qui ont été mis en usage :

L'acide sulfurique, même étendu d'une très-grande quantité d'eau, agit avec une activité trop grande ; il attaque inégalement la pierre, change sa superficie en sulfate de plâtre, et ne pouvant à cause de cette circonstance pénétrer plus avant dans la pierre, s'attaque au trait graisseux, qu'il ne tarde pas à endommager, si l'on n'y prend garde. Employé pendant le tirage pour nettoyer les marges de la pierre, il ne décape pas toujours complétement la pierre ; il ne faut donc pas hésiter à en proscrire l'usage.

L'acide hydrochlorique acidule bien ; son action est active, égale et facile à diriger. Le prix en est peu élevé, et c'est peut-être à cette circonstance qu'il est adopté dans les ateliers [1].

[1] Cet acide, connu sous le nom d'*acide muriatique* ou *esprit de sel,* est

L'expérience a prouvé toutefois qu'on devait donner la préférence à l'*acide nitrique* [1], non-seulement à cause de la médiocrité de son prix, mais parce que son action est modérée et régulière, et qu'il décape parfaitement bien.

L'acide seul cependant est insuffisant pour préparer la pierre, pour la disposer à retenir le dessin ou les écritures, et pour préserver du contact du rouleau les parties qui doivent rester blanches. Quelques substances végétales, notamment la gomme arabique dissoute dans l'eau et appliquée sur la pierre en même temps ou immédiatement après l'acide, sont indispensables pour compléter l'acidulation [2].

Senefelder, et après lui G. Engelmann, ont répété plusieurs expériences pour démontrer que la gomme seule pourrait, à la rigueur, suffire à la préparation d'un dessin, et que l'acide n'est dans cette opération que l'agent secondaire. Ces expériences, en effet, ont prouvé que dans certains cas la gomme suffisait, mais que l'acide favorisait non-seulement l'intromission de la gomme dans les vacuoles de la pierre, mais qu'il donnait aux dessins soumis à son action plus de vigueur, plus de netteté dans leurs contours, et facilitait leur encrage.

Engelmann qui est une autorité en lithographie, a appuyé cette théorie de plusieurs faits qui, quoique vrais en apparence, ne sauraient nous convaincre complétement, et auxquels nous répondons par cette objection : puisque l'acide n'est qu'agent secondaire,

---

d'une couleur plus ou moins jaune, d'une densité de 22° à 23° à l'aréomètre de Baumé, d'une odeur piquante, d'un saveur caustique, répandant des vapeurs épaisses dans l'air surtout quand il est chargé d'humidité.

[1] L'*acide nitrique*, vulgairement appelé *eau forte, esprit de nitre*, est un liquide blanc, tirant sur le jaune, d'une odeur forte, d'une saveur extrêmement caustique, agissant avec une grande énergie sur les matières organiques qu'il colore en jaune, particulièrement les substances animales qu'il détruit complétement lorsqu'il est concentré. L'acide nitrique du commerce porte ordinairement 36° à l'aréomètre de Baumé; mais cette densité peut aller jusqu'à 52° lorsqu'il est concentré. Dans le commerce on le trouve rarement pur; il contient de l'acide hydrochlorique ou de l'acide sulfurique qui provient des substances employées à sa fabrication et de l'acide nitreux qui résulte de sa décomposition par la chaleur, la lumière ou quelques corps étrangers.

[2] Parmi ces substances, nous citerons la *gomme adragant*, la *colle forte*, la *colle d'empois*, la *décoction de noix de galle*, le *sucre de lait*, etc.

comment expliquer la difficulté qu'on éprouve pendant le tirage
d'une pierre qui n'a été que *peu acidulée?* Pourquoi aussi ne peut-
on obtenir d'épreuves pures d'un report qu'autant qu'il a été dû-
ment acidulé ?

Quant à la gómme, qui joue un si grand rôle dans l'acidulation
des pierres, nous lui devons un article spécial, que nous donnerons
à la suite de ce chapitre.

Quoiqu'on soit aujourd'hui d'accord sur le choix des substances
qui constituent la préparation des pierres, il est nécessaire, pour en
déterminer les proportions, de se pénétrer des observations suivantes :

Tous les lithographes n'emploient pas dans les mêmes proportions
les matières qui composent leurs crayons ou leurs encres. Or, ceux
qui contiennent une plus grande dose de savon, doivent être aci-
dulés avec plus de force.

Parmi les pierres, il en est de dures et de tendres ; les pierres
blanches, à l'exception de celles de Châteauroux, sont généralement tendres et facilement attaquables pour les acides.

Si le dessin est fait légèrement, c'est-à-dire exécuté par une
main habile, l'acidulation pourra être faible, quoique le dessin ait
des parties colorées. Les dessins, au contraire, faits péniblement
par une main peu exercée et timide, ont besoin d'une préparation
plus énergique.

De même, la surface d'une pierre restée longtemps entre les
mains de l'artiste qui, par conséquent, aura reçu une plus grande
quantité de poussière, de petits contacts, devra, pour être décapée
convenablement, subir l'action d'une plus forte dose d'acide que
celle qui n'aura été exposée que quelques heures.

Enfin, la température doit être prise en considération :

Lorsqu'elle est haute, l'acide doit être employé à un degré moins
fort. Une température humide, surtout en été, absorbant moins
avidement, la préparation est préférable à une température sèche,
sous l'influence de laquelle les parties ombrées d'un dessin sont
moins attaquées.

Or, il existe dans le concours de toutes ces conditions réunies et
de ces substances disposées pour produire de bons résultats, une
combinaison, une manière d'agir les unes sur les autres, une certaine corrélation que nous ne pouvons mieux comparer qu'à un
système de forces en équilibre où dès qu'on altère une des forces,
il faut pour maintenir cet équilibre que la relation entre les autres
forces change. Il en est de même ici : à l'instant où l'on change de
nature de pierre, d'agents chimiques, au moment où la température
varie, etc., etc., il faut que tout soit modifié : voilà pourquoi nous
ne pourrons donner que des à peu près, et que nous répéterons jusqu'à satiété qu'il y a dans la pratique de l'art lithographique une

foule de tours de mains, une quantité de petits détails, de petits riens en apparence, importants au fond et dont la description sera omise indubitablement, quel que soit notre désir de les faire connaître.

On acidule les pierres de trois manières différentes, savoir : par *immersion*, par *ablution* et au *pinceau*.

Acidulation par ablution.

L'acide, nous l'avons dit, n'est employé pour la préparation des pierres qu'à un degré de concentration très-peu considérable. Ce degré, qui répond au 20e environ de la force ordinaire, est déterminé au moyen d'instruments ou par une appréciation que l'expérience apprend à connaître. Dans le premier cas on se sert de l'aréomètre, connu vulgairement sous le nom de *pèse-sels* ou pèse-acides (*pl.* V, *fig.* 31).

A défaut de cet instrument, l'expérience suffit pour déterminer le degré de concentration nécessaire pour aciduler. Une goutte d'eau acidulée jetée sur une des marges de la pierre indique ce degré par les bulles d'air qui s'en dégagent. Si l'effervescence est instantanée et considérable, on ajoute de l'eau dans le mélange ; c'est au contraire de l'acide qu'on y met, si les bulles de la goutte d'eau sont rares et lentes à crever. Pour la force moyenne de la préparation, le dégagement des bulles doit avoir lieu deux ou trois secondes après la chute d'eau sur la pierre.

Pour déterminer avec plus de célérité le degré d'acidité de la préparation, Engelmann a imaginé un petit instrument que chacun peut faire, et dont voici la description. On prend un tube de verre (éprouvette) de 4 centimètres de diamètre intérieur et d'environ 20 centimètres de hauteur (*pl.* V, *fig.* 32). Après avoir exactement mesuré la quantité d'acide nécessaire pour porter à un degré de l'aréomètre un demi-kilogramme d'eau, environ six grammes d'acide nitrique à 34 degrés, on la verse dans le tube, et, avec une pointe en diamant, on indique par le n° 1 la hauteur qu'a atteint le liquide dans le tube. On en verse une seconde, une troisième quantité pour marquer les divisions 2 et 3, qu'on divise ensuite en 1|2, en 1|4. De cette manière on peut mesurer, à peu de chose près, aussi exactement qu'avec l'aréomètre, la quantité d'acide qu'il faut employer, à la condition toutefois que l'acide aura toujours le même degré.

Voici maintenant comment nous opérons l'acidulation par ablution. Nous mettons de l'eau dans un vase de terre d'une capacité proportionnée à la quantité et aux dimensions des pierres à préparer. On verse dans cette eau une certaine quantité d'acide nitrique, on agite le mélange et on y plonge l'aréomètre, qui indique à l'ins-

25.

tant le degré de concentration. On ajoute alors de l'eau ou de l'acide suivant le besoin, jusqu'à ce que l'instrument marque le degré nécessaire.

Pour les cas ordinaires d'acidulation, un degré ou un degré et demi doit suffire.

On place la pierre horizontalement sur la table à aciduler. Avec une petite pierre-ponce on débarrasse les marges de tous les essais de plume ou de crayon. Puis avec une petite éponge on passe plusieurs fois de l'acide ; enfin on verse abondamment la préparation de façon que, dès les premiers instants, toute la surface de la pierre en soit couverte. Il s'élève presque aussitôt de tous les points de petites bulles d'air qui viennent crever à la surface du liquide, accompagnées d'un petit frémissement et d'une faible odeur d'acide carbonique. Si ces bulles s'élevaient très-nombreuses et avec beaucoup de vivacité au point de blanchir la surface, si le frémissement s'entendait sans prêter l'oreille, il faudrait atténuer la force de la préparation par une addition d'eau ; de même que si aucun bouillonnement n'avait lieu ou qu'il se fît attendre plus de quatre ou cinq secondes, il faudrait ajouter de l'acide.

Dès que l'on s'aperçoit que l'eau acidulée s'écarte de certaines parties de la pierre qui semblent la repousser, on jette une seconde lame du liquide, une troisième et plus s'il est nécessaire. Puis on verse de l'eau en assez grande quantité pour laver ; on relève la pierre d'un côté pour la faire égoutter quelques instants, et sans attendre qu'elle soit sèche, on la couvre de gomme soit avec une petite éponge, soit avec un pinceau en blaireau ; puis avec la paume de la main on l'étend d'abord légèrement en décrivant de petits cercles, jusqu'à ce que la gomme soit presque sèche. On n'a pas à craindre d'endommager le dessin, puisque la gomme est entre la pierre et la main ; et encore moins de voir disparaître quelques parties colorées de l'encre ou du crayon, car tout reparaît au tirage. Cette précaution fait pénétrer plus intimement la gomme dans la pierre, fait circonscrire beaucoup mieux les traits du dessin ou de l'écriture, et en même temps elle est le plus sûr moyen d'empêcher les taches de gomme dont nous aurons à parler.

La position inclinée de la pierre pendant l'acidulation présente les inconvénients suivants :

1° L'acide s'écoule trop rapidement et n'a pas le temps d'agir ;

2° Les fortes traces graisseuses retiennent au-dessus d'elles une plus grande quantité d'acide, ce qui parfois peut produire des accidents ;

3° Enfin, dès que l'on cesse de verser, il reste sur la pierre une petite couche d'acide qui, retenue par agrégation et tendant toujours à s'écouler, le haut de la pierre sèche bientôt, tandis que la partie inférieure est encore pendant plusieurs secondes soumise à l'action de l'acide. Il est vrai que pour éviter cet inconvénient on peut retourner la pierre du haut en bas ; mais lorsqu'on opère sur une pierre d'un grand format, il s'écoule un certain laps de temps pendant lequel l'acide agit toujours.

L'opération que nous venons de décrire exige des soins et de la vivacité. Jeter l'acide sur la pierre, attendre quelques secondes pour qu'il ait le temps d'agir, en verser une seconde fois, une troisième fois s'il est nécessaire, inonder toute la pierre d'eau propre, la gommer, tout cela ne demande pas un temps bien long.

C'est à tort qu'on recueille, pour en faire usage une seconde fois, l'eau acidulée qui a été versée sur la pierre ; cette préparation s'est en partie saturée de chaux, et ce n'est qu'en ajoutant une nouvelle quantité d'acide qu'elle pourrait servir à une seconde acidulation.

Acidulation par immersion.

On acidule par immersion en plongeant la pierre tout entière dans un bain d'eau acidulée. Ce mode, s'il n'était fort coûteux à cause de la déperdition de l'acide et de la presque impossibilité de le pratiquer sur les pierres de grand format, nous paraît fort bon, attendu que l'acide agit en même temps sur tous les points de la pierre et qu'il ne peut y avoir aucun frottement sur les parties dessinées.

Acidulation au pinceau.

Ce mode d'acidulation employé dans plusieurs grands établissements a un avantage sur ceux que nous venons de décrire, en ce sens qu'il n'entraîne avec lui aucun embarras, et qu'on peut opérer en quelque sorte sur son bureau. Pour les écritures surtout, nous recommandons l'acidulation au pinceau dont voici la composition :

Eau commune.	500 grammes.	
Gomme arabique.	125	»
Acide nitrique.	15	»

On fait fondre la gomme arabique dans l'eau ; lorsqu'elle est entièrement fondue, on ajoute l'acide, on fait le mélange et on conserve dans un flacon bouché. Cette mixtion ne se conserve pas très-longtemps sans altération, elle gagne en acidité. On peut, pour éviter cette altération, se servir d'acide hydrochlorique, qui ne fait pas le même effet ; mais dans ce cas il faut porter la quantité à vingt grammes.

La pierre étant placée horizontalement sur une table, et les marges nettoyées, on étend le plus également possible la préparation à l'aide d'un pinceau dit *queue de morue* (*pl.* V, *fig.* 4). On laisse la pierre dans cet état au moins un quart-d'heure, et l'on peut commencer le tirage.

Cette manière d'aciduler dont nous faisons de préférence usage, ne nous paraît pas cependant présenter toute la sécurité désirable attendu que quelque léger que soit le contact du pinceau sur la pierre, il y a frottement ; puis n'y a-t-il pas toujours quelque irrégularité dans la distribution de l'acide, car au moment où commence l'opération, le pinceau est chargé de beaucoup de préparation, le premier contact agit donc avec force, le second un peu moins ; au troisième l'action de l'acide est faible et lorsqu'on opère sur une très-grande pierre, lorsqu'on est obligé de retremper le pinceau dans la préparation, il y a un temps d'arrêt inévitable, pendant lequel l'acide déjà étendu agit toujours. Bien plus, c'est qu'il y a surcroît d'acidulation là où se croisent, là où se rencontrent deux coups de pinceau, et l'on comprend combien cette addition d'acide peut être préjudiciable dans les grandes teintes légères, telles que les ciels.

On nous objectera peut-être qu'avec le pinceau on peut préparer plus vigoureusement certaines parties du dessin, mais c'est justement là une grande erreur. Comment en effet tracer d'une manière très-précise, en quelques secondes, surtout avec un instrument tel qu'un large pinceau, tracer disons-nous, une ligne de démarcation entre les parties claires et les parties foncées d'un dessin ? les premières sont d'autant plus exposées à l'action de l'acide qu'elles sont plus rapprochées des ombres, qui repoussent la préparation lorsque celle-ci ne l'inonde pas entièrement. En agir ainsi dans la préparation d'un dessin au crayon, c'est empiéter sur les attributions du dessinateur.

Toute simple qu'elle paraisse, l'acidulation des pierres n'est pas moins une opération capitale, puisque de la réussite dépend presque toujours la beauté de l'impression, c'est-à-dire la vigueur et la transparence des tons obscurs et la délicatesse des demi-teintes. En acidulant on est placé entre deux écueils que l'expérience seule apprend à éviter : l'excès d'acidulation, en effet, en décomposant la pierre détruit une partie du travail du dessinateur, tandis que la pierre tend à s'empâter et prend un ton lourd, lorsque la préparation est insuffisante. Ce serait une erreur de compter sur la possibilité d'une réacidulation après le tirage des premières épreuves.

Ajoutons que les travaux à l'encre peuvent et doivent recevoir une quantité plus grande de préparation ; 1° parce que la pierre polie offre moins de prise à l'action de l'acide ; 2° parce que les traits à l'encre sont mieux nourris et qu'ils contiennent une quantité plus grande d'alcali.

Gommage.

Dans tous les modes d'acidulation, comme dans le plus grand nombre des opérations de la lithographie, la gomme joue le rôle le plus important, car cette substance n'est pas destinée seulement comme on l'a cru long-temps, à servir de préservatif à la pierre, mais plutôt à se combiner avec elle et lui donner cette propriété qu'elle acquiert à un si haut degré, de repousser le corps gras tant que par le frottement ou par quelque agent chimique la couche légère n'a pas été détruite; de là vient qu'il convient à chaque fin de tirage ou à chaque interruption de mettre la pierre sous la gomme.

De la gomme arabique.

La gomme arabique est produite par plusieurs espèces de *mimosa*, qui croissent dans l'Égypte et l'Arabie. Elle a été long-temps la seule employée dans les arts et dans la médecine ; mais depuis un grand nombre d'années elle a été remplacée dans tous ses usages par la gomme du Sénégal.

La gomme du Sénégal jouit absolument des mêmes caractères et des mêmes propriétés que la gomme arabique; elle est ordinairement en morceaux de grosseur variable, arrondis, rugueux à leur surface, très-durs, d'une cassure vitreuse, souvent transparents, d'une couleur qui varie entre le blanc et le jaune rougeâtre et recouverts d'une petite quantité de sable, dont on les débarrasse en les lavant et les faisant sécher aussitôt. La gomme est presque toujours mélangée d'une certaine quantité de *bdellium* (gomme résine), que l'on peut facilement reconnaître aux caractères suivants : il est en larmes beaucoup moins transparentes que la gomme, d'un gris verdâtre, recouvertes d'une poudre blanche, d'une cassure terne et cireuse, d'une saveur âcre et amère, adhérant fortement aux dents et insoluble à l'eau.

La gomme arabique et celle du Sénégal sont entièrement solubles dans l'eau, et donnent à ce véhicule une consistance mucilagineuse et la propriété de mousser beaucoup par l'agitation.

Il n'est aucun lithographe qui n'ait remarqué dans la gomme certains morceaux irréguliers, très-colorés et peu friables qui se tuméfient dans l'eau, s'y divisent sans s'y dissoudre et donnent lieu à un mucilage fort épais et qui ne peut en aucun cas servir pour gommer les pierres. Cette gomme découle dans nos pays, des pruniers, des cérisiers, etc.

On fait dissoudre la gomme dans l'eau froide avec laquelle elle forme bientôt une dissolution mucilagineuse que l'on emploie à la consistance seulement d'une huile épaisse, pour gommer les pierres; mais beaucoup plus forte lorsqu'elle est destinée à être employée dans la composition de l'encre pour l'impression de la gravure.

Dans les fortes chaleurs, la dissolution de gomme entre en fermentation et commence à s'aigrir au bout d'une dizaine de jours. On s'aperçoit facilement de ce changement à l'odeur et surtout à la saveur. Cet état d'acidité doit la faire rejeter, à moins de la réserver pour la mélanger à l'acide lors de l'acidulation ; car on conçoit le danger qu'il y aurait à en faire usage dans le lavage des pierres à l'essence. Pour ramener cette gomme à son état naturel, nous conseillons d'y ajouter quelques morceaux de chaux ou de pierre lithographique, qui s'emparent de l'acide acétique qui s'y est formé. Il est nécessaire de passer cette gomme à travers un linge fin.

Après l'acidulation, quand on emploie l'acide sans addition de gomme, après l'encrage et même avec l'encre de conservation qui est beaucoup plus vigoureuse, il n'y a aucun inconvénient de frotter immédiatement la pierre avec la main par dessus la gomme, surtout lorsque cette substance a été mise en quantité suffisante pour s'interposer entre le trait graisseux et le contact immédiat de la main. Dans ce cas, on n'a nullement à craindre l'estampe parce que les molécules d'encre qui se détachent du trait, ne rencontrant partout que de la gomme ne peuvent s'y fixer. Nous engageons même nos lecteurs à frotter jusqu'à siccité, c'est une précaution dont nous nous sommes toujours bien trouvés.

Une précaution sur laquelle on n'insiste pas assez, c'est de ne quitter les pierres après le tirage, que dans un état complet de propreté et de ne pas les exposer après le gommement soit au soleil, soit devant un feu ardent. La chaleur fait lever la gomme en écailles qui entraînent bien souvent avec elles de petits éclats de pierre.

Il faut tenir les pierres dans un endroit sec sans être trop chaud; mais les lieux humides sont aussi préjudiciables, car la gomme s'y noircit, ce qui forme des taches très-difficiles à réparer.

CHAPITRE XIII.

DE L'IMPRESSION EN GÉNÉRAL.

Observations sur les ouvriers.

Abstraction faite d'une conduite régulière qui doit être, quelque soit d'ailleurs sa profession, la première garantie d'un bon ouvrier, l'imprimeur lithographe doit avoir, plus que tout autre, des connaissances étendues dans l'art qu'il exerce, parce que l'ouvrage qui lui est confié est ordinairement d'un prix élevé et susceptible d'être compromis par la moindre maladresse, par la plus légère imprudence. Ainsi, l'ouvrier imprimeur ne doit pas être étranger aux manipulations chimiques si souvent nécessaires en lithographie, et des notions de dessin sont indispensables à celui qui imprime les ouvrages au crayon. Le goût ne peut suppléer à cette dernière condition que chez quelques sujets d'élite.

Nous ne parlerons pas d'une première instruction nécessaire, même pour tirer des factures ; n'est-il pas en effet ridicule de voir des imprimeurs ne savoir pas lire, confondre les signes de la ponctuation et de l'accentuation avec les petites taches qui surviennent pendant le tirage, et effacer les uns et les autres. Ce n'est pas cependant sur ces hommes illettrés que nous voulons déverser le blâme ; nous les plaignons au contraire ; mais que dire de leur maître d'apprentissage, si toutefois ils en ont eu ?

Depuis long-temps il existe entre les écrivains et les imprimeurs une ligne de démarcation bien distincte. Cette ligne qui place les premiers dans une sorte de supériorité, n'est basée ni sur la justice, ni sur le degré d'importance des services que rendent les uns et les autres. Nous croyons, au contraire, que cette différence toute en faveur des premiers, repose entièrement sur le choix inconsidéré qu'on a fait d'apprentis imprimeurs, sans instruction ainsi que sur le laisser-aller et le plus que sans façon d'un grand nombre d'ouvriers ; tandis que les écrivains, pris parmi les jeunes gens qui ont au moins appris à lire, conservent des manières plus convenables à des artistes.

Le travail de l'imprimeur exige une attention continuelle ; chaque jour voit naître une nouvelle difficulté ; chaque épreuve tirée peut donner lieu à une observation ; chaque climat, chaque saison apportent quelques modifications à ses travaux et au mode d'impression. Ici la qualité de l'eau, là celle des papiers, ailleurs la nature des pierres, des matières premières qui sont un obstacle ; l'imprimeur enfin, passe sa vie à apprendre, et la preuve la plus irrécusable que nous ayons à fournir, c'est que les plus anciens praticiens ont tous les jours de nouvelles difficultés à vaincre.

On ne manquera pas d'observer que nous exagérons l'importance des ouvriers, qu'ils ne sont pas rares, puisqu'on peut les former en peu de temps; que pour tirer des travaux à l'encre, il ne faut ni connaissance de dessin, ni une grande dose d'intelligence. Au moins reconnaîtra-t-on que l'artiste le plus habile n'obtiendra aucun bon résultat, que l'écriture la plus belle ne sera qu'un affreux gribouillage sans le concours d'un bon ouvrier, et que dans mille circonstances, l'homme qu'on aura formé dans un mois sera incapable de lever une difficulté imprévue, quelque légère qu'elle soit.

L'impression est de toutes les parties de la lithographie, la plus difficile, la plus importante, la moins comprise et peut-être aussi la moins avancée, parce qu'on n'en a pas apprécié toute la valeur. Cette branche de l'art renferme à elle seule une foule de détails, une foule de procédés dont un seul peut fournir la matière d'un chapitre.

Mouiller la pierre avec une éponge, et rouler sur sa surface un cylindre noirci d'encre, semble, au premier coup-d'œil, chose facile ; c'est cette simplicité apparente qui frappe les personnes qui voient imprimer pour la première fois et qui fait illusion même aux nouveaux lithographes. C'est cette illusion sans doute qui est la cause première du peu de soins qu'ils apportent dans le choix de leurs ouvriers, c'est pour cela aussi que quelques typographes devenus tout-à-coup lithographes, confient le tirage des pierres à leurs pressiers qu'ils enlèvent momentanément à leurs travaux.

Mais la pratique fait bien vite reconnaître leur erreur ; car il ne s'agit plus alors comme on le croyait, d'établir un simple contact entre la pierre et le rouleau et d'imprimer un mouvement de va et vient, il faut au pressier lithographe d'autres connaissances, qui ne s'acquièrent que par une pratique soutenue ; il faut qu'il étudie la nature des encres dont il fait usage, les modifications qu'elles doivent subir suivant le genre de travail, et porter en outre toute son attention au maniement du rouleau.

La célérité du tirage doit être considérée sous deux points de vue différents, car ce n'est pas seulement une question d'économie, mais une condition de bien faire. Quel est l'imprimeur qui n'ait pas remarqué qu'une pierre menée avec une rapidité raisonnée produisait un plus grand nombre d'épreuves, et que ces épreuves étaient comparativement préférables à celles obtenues par un tirage fait avec lenteur. Les premières ont généralement un coloris plus frais, plus vif; les traits sont plus purs, les tons plus francs ; tandis que la lenteur du tirage en laissant un intervalle de temps plus long entre la mouillure de la pierre et l'encrage, l'expose aux empâtements. Dans ces épreuves les tons sont mous, les noirs sont sans vigueur ; les caractères d'écriture perdent leur pureté, les dessins s'alourdissent insensiblement et l'effet général est bientôt détruit. Les ouvrages à la plume qui semblent, par leur nature, être hors d'atteinte de ces accidents, ne se ressentent pas moins de ce défaut.

Toutefois, la célérité que nous recommandons n'est pas ce travail outré qui ne permet pas à l'ouvrier d'y donner des soins et qui épuise en même temps les forces dont il a besoin dans certains moments.

La propreté est une condition indispensable ; l'ouvrier doit la maintenir sur sa presse, sur ses garde-main et maculatures, dans ses éponges surtout, etc.

Ajoutons que le mérite de l'imprimeur ne réside pas tout entier dans la possibilité de faire un grand nombre de bonnes épreuves, mais à connaître encore les différentes préparations d'encres et de vernis. Dans ce cas seulement, il pourra travailler avec espoir de succès au perfectionnement de l'art. Que l'on ne s'y méprenne pas, la prospérité d'un établissement lithographique ne dépend pas exclusivement du talent et de l'activité du chef qui le dirige, mais fort souvent du choix qu'il fait de ses collaborateurs. Il importe donc pour l'avenir de la profession que chaque lithographe contribue de tout son pouvoir à relever le personnel qui en fait la force, soit par des encouragements donnés à ceux qui se distinguent, soit en éloignant de leurs ateliers les hommes qui ne s'y font remarquer que par l'irrégularité de leur conduite.

Le salaire des ouvriers imprimeurs est assez élevé pour qu'on soit autorisé à se montrer exigeant à leur égard. Nous ne parlerons pas de quelques exceptions qui touchent 10, 12 et 15 fr. par jour : à Paris, le prix de la journée pour ceux qui tirent le crayon ou la couleur, et de 5 à 7 fr. par jour ; la moyenne de la journée des ouvriers en écritures est de 4 fr. Ordinairement, ceux-ci sont payés *aux pièces* d'après un tarif presque généralement adopté, qui a été publié dans le journal le *Lithographe*. D'après ce tarif, un ouvrier un peu habile peut se faire 5 fr. par jour. Dans les départements, le taux de la journée est inférieur, il est vrai, à celui de Paris ; mais comme il est généralement en rapport avec les besoins de la localité il en résulte que c'est une profession qui peut faire vivre honorablement celui qui l'exerce.

DES USTENSILES NÉCESSAIRES A L'IMPRIMEUR.

Rouleaux.

Pour procéder par ordre et afin de ne pas être arrêté dans les explications que nous aurons à donner sur l'impression lithographique, nous allons décrire les divers objets qui, conjointement avec la presse, concourent au tirage des pierres : le plus important est le *rouleau*.

Depuis l'invention de la lithographie, le rouleau n'a presque pas changé de forme, c'est toujours un cylindre en bois (*Pl.* VI, *fig.* 34.) de 0,20 à 0,35 de longueur sur 0,8 à 0,12 de diamètre, terminé par deux axes ou manches que l'on fait ordinairement en bois plus dur que celui du cylindre, ces manches appelés poignées ont environ 0,12 de longueur sur 0,25 de diamètre. Proportionnellement à la grosseur du rouleau, ces manches doivent être les plus forts possibles ; ils sont recouverts de gaines mobiles en cuir ou forte peau que l'on nomme également poignées. Ces gaines servent à garantir les mains du frottement du bois en même temps qu'elles aident à modifier le mouvement du rouleau.

Les rouleaux sont garnis d'abord d'une ou deux flanelles (de molleton) et recouverts d'une peau de veau dont le côté de la chair est en dehors pour l'impression en noir, des ouvrages au crayon et à l'encre, et en dedans pour le tirage des couleurs. Cette peau cousue en manière de manchon par une couture en dedans, est arrêtée aux extrémités du rouleau par un coulisseau.

Les peaux employées pour cet usage sont de premier choix, exemptes d'entailles et parées avec soin dans toute leur étendue, encore ne peut-on prendre sur une peau entière que cinq rouleaux de grandeur ordinaire, dont le cinquième même est de qualité ordinaire, parce qu'il est pris sur le collet où se dessinent presque toujours les raies ou plis du cou de l'animal. Quant aux extrémités ou ventre, elles sont ordinairement minces, molles et très-peluchées. Ce n'est donc que sur le dos que le grain du cuir est égal, fin et d'un tissu serré, conditions indispensables pour la peau d'un beau rouleau.

Ces instruments ont différentes périodes ou âges, et de la manière de les mettre en train, dépend quelquefois leur bonne ou mauvaise qualité. Avant qu'il soit possible de se servir d'un rouleau, il faut le *faire* ; on entend par cette expression, l'imbiber suffisamment de corps gras, afin qu'au tirage il puisse repousser l'humidité ; cette opération a encore pour but de faire disparaître les peluchures de la peau. On n'arrive au degré convenable qu'après l'avoir roulé pendant plusieurs jours sur la table au noir et l'avoir préalablement enduit de vernis ; en le râclant souvent avec le couteau dont le tranchant est émoussé, et en renouvelant plusieurs fois l'encre et le vernis. Ce travail est la besogne des apprentis et se fait à plusieurs reprises à quelques jours d'intervalle.

Dans ce premier état, le rouleau ne peut encore servir qu'à des tirages très-ordinaires en écritures et comme auxiliaire d'un bon rouleau, c'est-à-dire sans continuité de service. Ce n'est qu'après avoir servi quelque temps aux écritures qu'on peut l'utiliser au tirage des travaux au crayon. Il y a même des rouleaux qui ne peuvent jamais être employés à cet usage : dans ce cas, après les avoir fait garnir d'une seconde flanelle, on les destine aux écritures ; on agit de même à l'égard de ceux qui, après un long usage au crayon ont perdu le grain de la peau et ne tirant pas suffisamment estompent la pierre.

Le choix d'un rouleau ne peut être explicitement indiqué dans un traité, nous nous bornons à dire quels sont les effets des rouleaux en général.

Le rouleau dur, c'est-à-dire celui qui est garni d'une seule flanelle, a la propriété lorsqu'il n'a pas encore beaucoup de service, de retirer l'encre plutôt que de la donner ; ce rouleau devra être réservé pour les dessins qui tendent à s'estomper.

Le même rouleau déjà fait (nous avons défini ce mot), servira pour l'encrage des dessins au crayon, pour lesquels ce n'est pas une teinte qu'il faut poser sur la pierre ; mais un contact à établir entre les parties de la pierre dessinées et l'encre dont le rouleau est enduit.

Dès que la peau est vieille, dès qu'on s'aperçoit qu'elle a perdu la faculté de reprendre l'excès d'encre mis sur la pierre dessinée, le rouleau doit être abandonné aux ouvrages à la plume où son action se borne à colorer d'une manière uniforme, sans les salir ni les empâter, les traits dont la pierre est couverte.

Le rouleau mou, c'est-à-dire garni de deux flanelles au moins et de trois au plus, doit être réservé pour les ouvrages soignés à la plume, tant que sa peau n'a pas perdu sa faculté attractive. Lorsqu'elle est devenue lisse on s'en servira pour les pierres épuisées ou les travaux très-communs, tels qu'affiches, etc.

L'ouvrier doit se pénétrer de ce fait, que moins le rouleau a de disposition à lâcher l'encre, plus les épreuves ont de pureté et de fraîcheur. L'imprimeur intelligent pourra, en outre, pallier l'action de son rouleau par la disposition de son encre. Avec un rouleau dur ou neuf, la quantité d'encre sera plus considérable qu'avec un vieux rouleau, tandis qu'avec celui-ci il faudra moins de vernis. C'est ainsi qu'en tenant compte de l'effet des instruments qu'il emploie le lithographe peut, avec des éléments différents, obtenir les mêmes résultats ; là est le talent. Des autographies dont le décalque aurait été imparfait, des pierres apauvries par de fréquentes ou trop fortes acidulations pourront être tirées avec quelque avantage en se servant d'un rouleau vieux garni de plusieurs flanelles.

Il est d'une bonne administration que chaque presse ait au moins deux bons rouleaux, afin que leur service puisse alterner, et que, pendant vingt-quatre heures, ils aient le temps de perdre l'humidité qu'ils ont contractée par leur contact continuel avec la pierre humide.

A la fin de la journée, comme aussi lorsqu'on change de rouleau, il faut enlever entièrement l'encre qui est dessus, en se servant d'un couteau peu affilé. On racle en conséquence de bas en haut, en appuyant une des poignées du rouleau sur la table au noir ou contre la presse et tenant l'autre de la main gauche ; on promène la lame du couteau en la tirant à soi fortement inclinée et de biais.

Cette opération a pour but de prévenir que l'encre en durcissant sur le rouleau n'y fasse croûte, et que l'humidité puisse s'évaporer plus facilement. Cette précaution est bien autrement importante pour les rouleaux destinés à l'impression des couleurs, qui sont ordinairement très-siccatives et dont le séjour sur la peau serait des plus préjudiciables. Dans ce cas, on ne se borne pas à enlever la couleur, il faut laver le rouleau à l'essence et l'enduire d'une très-légère couche de suif lorsqu'on ne doit le reprendre que quelques jours après. On retire facilement le suif soit avec le couteau, soit avec un peu d'essence : n'oublions pas de rappeler que les rouleaux destinés aux couleurs ont le côté de la chair en dedans.

Une détérioration survenue à un rouleau doit être promptement réparée : une flanelle décousue ou déchirée doit être remplacée ou fixée de nouveau, il en est de même de la peau ; si cette dernière n'est que détendue on la resserre à l'aide des coulissaux. Enfin, lorsqu'on s'aperçoit que le bois a perdu sa forme cylindrique on le fera mettre sur le tour.

A Paris, beaucoup d'ouvriers ont des rouleaux à eux, c'est une dépense une fois faite, car les réparations sont aux frais de l'établissement où ils travaillent. De cette manière ils ne perdent jamais la main pour encrer, ce qui arrive au contraire lorsqu'ils changent de rouleau en changeant de maison.

Nous conseillons aux chefs d'établissement qui tiennent à la conservation de leur matériel ainsi qu'au bon ordre de leur atelier, d'y faire établir dans une place aérée, une petite armoire de la forme dont nous donnons le dessin, *pl.* VI, *fig.* 35. Les rouleaux s'y conservent à l'abri de tout choc et de la poussière.

Table au noir.

La table au noir, *pl.* VI, *fig.* 36, est un petit buffet placé à côté de la presse, à la gauche de l'ouvrier. Sur le dessus est fixée avec de petits liteaux, une tablette de marbre poli, ou une pierre lithographique poncée, d'environ 0,30 sur 0,40 de surface. Si la pierre est neuve, il faut avoir soin d'y passer à plusieurs reprises de l'huile de lin, sans cela on prendrait trop d'encre avant que cette pierre soit imbibée de corps gras.

Sur les bords supérieurs conservés libres pour se préserver du contact du noir, on cloue deux petits tasseaux pour supporter d'un côté le râcloir, de l'autre le couteau ; à l'un des angles est un trou destiné à tenir verticalement par la poignée le rouleau pendant qu'on dégage le marbre de l'encre.

L'armoire que forme cette table sert à renfermer les pots d'encre, de vernis, etc., pour le service de la presse ; dans le tiroir sont les épreuves ou notes relatives au tirage. Puis dans une petite division de ce tiroir, on met un ou plusieurs pinceaux à aciduler partiellement, une plume peu fendue pour enlever les taches, un grattoir, etc.

On ne saurait donner trop d'assiette à ce petit meuble que le mouvement de va et vient du rouleau ébranle à chaque instant ; d'ailleurs la vacillation fatigue beaucoup le bras de l'ouvrier et gêne pour la prise de l'encre : il faut donc le fixer dans le parquet, à l'aide de crampons ou clous à pattes.

Racloir et couteau.

Les racloirs vulgairement appelés *raclettes* dans les ateliers sont de deux formes, *pl.* VI, *fig.* 37 et 38 ; nous préférons de beaucoup celui *fig.* 38, que les peintres vitriers appellent *couteau à reboucher*. Ce dernier en acier flexible se prête mieux à l'enlèvement de la couleur. Quelle que soit la forme adoptée, il est important que la lame soit suffisamment affilée et droite sur le tranchant. Le couteau pour le rouleau est un couteau ordinaire de table ; mais peu tranchant.

Éponges et tampons.

L'ouvrier imprimeur doit avoir à sa disposition plusieurs éponges : une petite pour mouiller et dégommer la pierre, une autre plus grande pour l'humecter à chaque épreuve, enfin deux plus petites, dont une est exclusivement affectée à la gomme et l'autre à l'acide.

Le choix de ces éponges n'est pas sans importance. Les éponges fines dites *de toilette*, absorbent une quantité considérable d'eau et en retiennent beaucoup trop lorsqu'on les lave ; si on néglige de les nettoyer elles s'encrassent, salissent la pierre et sont quelquefois gênantes dans la main, lorsqu'elles ne sont pas dans un degré suffisant d'humidité. Les éponges très-communes mouillent mal : Nous préférons donc celles qui sont vendues dans le commerce sous le nom d'*éponges de Venise,* au prix de 14 à 20 fr. le kilog., et ont la forme arrondie d'un champignon. Il vaut mieux les choisir d'une grosseur facile à tenir à la main que d'être obligé de les diviser, ce qui les fait user très-vite.

Quoique les éponges aient déjà été soumises à un premier lavage, il ne serait pas prudent de s'en contenter et de les mettre de suite à l'œuvre. Elles contiennent encore une certaine quantité de sable fin, de petits coquillages et même de petits coraux dont il faut les débarrasser avec soin si l'on ne veut pas s'exposer à rayer la pierre en l'humectant. En conséquence, on les bat avec un morceau de bois sur une pierre ou un billot quelconque, on les secoue à plusieurs reprises, puis on les lave jusqu'à ce que l'eau sorte incolore et sans saveur.

Pour être sûr qu'il ne reste dans les éponges aucun vestige de coquillage ou de corail, il faut faire tremper les éponges dans un bain d'acide hydrochlorique pendant vingt-quatre heures, et les laver ensuite avec soin.

Dans les ateliers où il y a beaucoup d'ordre, les éponges sont lavées chaque soir et pressées de manière à les laisser le moins humides possible.

L'éponge à humecter est remplacée dans quelques établissements par un tampon fait avec de la toile de serpillière, ou bien avec de la filasse de chanvre. Parmi les ouvriers qui ont adopté ce système d'origine allemande, les uns prétendent que c'est par économie, les autres disent que le tampon conserve aux traits toute leur délicatesse et toute leur vigueur, tandis que le frottement de l'éponge les altère.

Pour nous, qui n'avons travaillé avec ces tampons qu'afin de pouvoir constater les résultats par expérience, nous ne saurions nous prononcer sur leur prétendue propriété de conserver les traits sur la pierre, puisque nous n'avons jamais pu reconnaître le préjudice que le frottement de l'éponge pouvait y porter. Mais ce que nous pouvons assurer, c'est que la prétendue économie se trouve bien au-delà balancée par la perte d'encre que l'emploi du tampon occasionne. En effet, la pierre après la mouillure du tampon, conserve une humidité visqueuse et des parcelles filamenteuses qui s'attachent au rouleau pendant l'encrage et qui font ensuite corps avec l'encre. On comprend, sans peine, que cet amalgame ne tarde pas à la détériorer et qu'il faut par conséquent la renouveler plus souvent. D'ailleurs le tampon d'étoupe ne peut être lavé, de sorte qu'après quelques jours de service, surtout s'il y a des jours de repos, il s'établit dans le tampon **une fermentation putride qui répand une odeur infecte.**

Malgré tous nos motifs de répulsion, nous allons faire connaître en quelques mots la manière de faire ces tampons, afin que nos lecteurs puissent s'ils le désirent en faire l'essai. On prend de l'étoupe de chanvre de bonne qualité, on la froise entre les mains, ou on la bat avec un bâton pour la débarrasser de toutes les parties ligneuses qu'elle peut contenir ; on l'étend ensuite dans sa longueur de manière à en former un coussinet ou bande, d'environ 0,18 de largeur, (*pl.* VI, *fig.* 39.) En ramassant à l'intérieur les filaments des bords, on roule cette bande sur elle-même jusqu'à ce qu'elle ait atteint une grosseur convenable pour être tenue avec facilité dans la main. L'extrémité de la bande se terminant naturellement en pointe, sert de lien à ce tampon que l'on applatit d'un côté en le frappant sur la pierre et en l'humectant en même temps.

Râteaux.

Quoique les râteaux et le châssis dont nous nous proposons de faire un article à part, soient parties intégrantes de la presse, ces parties sont tellement importantes qu'il convient de leur consacrer ici quelques lignes, qui, dans la description qui a été faite de la presse, y eussent jeté de la confusion.

Dans presque toutes les presses, la pression s'exerce sur la pierre par une pièce de bois dressée en double biseau et généralement connue sous le nom de râcle ou râteau. Cette pièce a ordinairement 0,07 à 0,08 de hauteur, sur environ 0,025 d'épaisseur ; l'arête ou la partie qui est en contact avec le cuir a 0,002 ; la longueur est celle des divers formats de papiers ou division de formats. Le bois le meilleur pour cet usage est incontestablement celui de poirier, qui joint à une résistance et à une élasticité convenable une grande finesse de grain ; encore faut-il que ce bois soit choisi sans nœuds, ni gerçures au moins du côté destiné au biseau.

Avant d'adapter le râteau à la presse, il convient de s'assurer s'il est droit, ou, pour mieux dire s'il s'ajuste bien à la pierre à imprimer. On pose en conséquence le biseau du râteau sur la pierre, et si l'on aperçoit du jour entre, il faut le dresser soit au moyen de la varloppe, soit à l'aide d'un morceau de verre ou un peu de papier verré, ou mieux encore de peau de chien de mer que l'on frotte sur les parties du râteau qui portent.

Lorsqu'on vient de dresser un râteau à la varloppe, il faut bien se garder si l'on veut prévenir la déchirure du cuir, de s'en servir avant d'avoir arrondi les parties anguleuses de l'arête, soit en les usant avec un morceau de papier verré fin, soit en les affaissant par le frottement d'un corps dur. La même précaution doit être prise à l'égard des bouts du râteau qui portent

sur le cuir ; on les aplatit par quelques coups de clef : on suife
après.

Pour diminuer le frottement du bois sur le châssis et les garantir
l'un et l'autre, on fixe sur l'arête du râteau clouée par les deux
bouts, une bandelette de vieux cuir de châssis, large d'envion 0,04,
(*pl.* VI, *fig.* 40.)

Les râteaux qui n'ont d'autre soutien dans le porte-râteau que le
boulon du milieu, doivent ne pas être complétement ajustés sur la
pierre, mais dressés de manière que les extrémités seulement portent. Le degré de concavité à laisser à l'arête est variable selon la
longueur. La pression rétablit nécessairement la ligne droite ; sans
cette disposition, le centre seul de la pierre aurait une pression suffisante.

La longueur du râteau, avons-nous dit, est subordonnée au format
du papier. Beaucoup d'ouvriers, pour s'épargner un peu de pression, ne prennent des râteaux que de la grandeur de la composition,
laissant ainsi libres les marges du papier. Il résulte de cette disposition que les épreuves, si ce sont des dessins, ne sont jamais parfaitement satinées et qu'il est difficile de bien les rogner lorsque ce
sont des écritures, parce que les marges du papier ayant conservé
toute leur force, sont plus épaisses que l'intérieur de la feuille,
amincie par la pression.

On peut dans certains cas négliger un râteau qui ne porterait pas
complétement sur l'une de ses extrémités, en plaçant derrière, sur
la gorge, une hausse, c'est-à-dire un morceau de papier fort coupé
diagonalement et plié comme il est représenté (*pl.* VI, *fig.* 41). Ce
moyen est encore excellent lorsqu'une différence d'épaisseur dans
le cuir exige une pression considérable.

Il arrive quelquefois qu'un corps dur placé entre la pierre et le
râteau occasionne à celui-ci une dépression considérable, qui nécessite le redressement général du râteau ; s'il n'y a pas enlèvement du
bois, il est facile de réparer cet accident : il suffit de débarrasser du
suif la partie déprimée, d'y déposer quelques gouttes d'eau et d'en
approcher la flamme d'une chandelle ou un petit charbon embrasé,
pour que la dépression disparaisse, si ce n'est à la première c'est à
la seconde opération.

Châssis.

Le châssis est ordinairement une peau de veau lisse préparée et
laminée pour cet usage. Le côté de la chair est placé du côté où le
râteau appuie, et ce côté doit être fréquemment enduit de suif ou de
saindoux : 1° pour en prévenir l'usure ; 2° pour diminuer le frottement. Quelques lithographes se servent de mine de plomb, moyen
qui cause souvent des taches aux épreuves et qui prive en même

temps le cuir de cet état de souplesse qu'il est bon d'entretenir par un corps gras.

Il serait imprudent de se servir d'un cuir neuf avant de lui avoir fait subir la petite opération que nous allons décrire, et qui a pour but de l'étendre d'une manière uniforme et de le prédisposer à la pression.

On cale une pierre de la grandeur au moins du châssis, on la couvre d'un bon garde-main, on ajuste un râteau de la même dimension ; puis par des pressions graduelles et successives on étend le cuir, en s'aidant au fur et à mesure de son rallongement des écrous de tension. Pendant les premières pressions le cuir est avide de suif ; il ne faut pas l'épargner.

Lorsque le châssis est abaissé sur la pierre, le cuir ne doit point la toucher, mais en être éloigné d'environ 8 millimètres : cette distance est nécessaire pour permettre au cuir de s'étendre sans frotter le dessin de la pierre, ce qui occasionnerait des bavochures.

Lorsqu'on s'est servi pour châssis d'un cuir épais, qu'on l'a laissé vieillir dans l'atelier sans en faire un fréquent emploi, il se raccornit et présente souvent malgré la tension des ondulations qui font bavocher les épreuves. Il faut, en pareil cas, faire en sorte d'utiliser pour un plus petit châssis ce qu'il peut y avoir de bon dans ce cuir.

Nous désapprouvons les hausses de papier que quelques ouvriers ont l'habitude de coller sur le cuir, sous prétexte de corriger les défauts d'épaisseur. Ce moyen ne pallie qu'un instant le défaut, tandis qu'au contraire un surcroit de pression refoulerait des parties latérales ce qui manque aux places faibles, qui ne tardent pas à n'être plus autant sensibles. Cependant, le moyen des hausses peut être mis en pratique dans quelques rares exceptions, notamment lorsque le cuir porte des traces d'éraflures faites par le râteau. Dans ce cas, on ne se servira pas de papier trop fort, mais au contraire de feuilles minces, déchirées avec les doigts, afin que la hausse aille en dégradant d'épaisseur.

S'il est soigneux, l ouvrier qui imprime des papiers communs jettera de temps en temps un coup-d'œil sur la face intérieure de son châssis pour en extraire avec une pointe ou un grattoir les corps étrangers qui s'y sont fixés, tels que grains de sable, etc. La négligence de ce soin est souvent cause d'encochures au râteau, et même de la déchirure du cuir.

Accessoires.

L'imprimeur doit avoir constamment à sa disposition dans le tiroir ou dans l'armoire de la table à encrer :

Un crayon en plomb ou en étain pour faire les repères aux pierres ;

Une règle, une équerre et un petit compas à cet usage ;

De l'huile de pied de bœuf ou de l'huile d'olive dans une burette en fer-blanc, pour tenir constamment huilés les tourillons du cylindre [1], les boulons et vis de rappel du porte-râteau, enfin toutes les ferrures de la presse exposées au frottement ;

Du suif ou du saindoux pour graisser le châssis ;

Deux torchons en toile : l'un destiné à essuyer la pierre après le dégommement, l'autre pour l'essence. Les torchons trop vieux ne valent rien ; ils laissent des peluches sur la pierre qui forment taches.

Sur la tablette de la presse à côté du porte-râteau :

Plusieurs éponges : une petite pour dégommer et mouiller la pierre ; la seconde pour l'essuyer ; une troisième pour les acidulations partielles ; enfin une quatrième pour gommer ;

Une sébille en bois ou un bol en faïence toujours empli d'eau propre ;

Un petit pot contenant de la gomme ;

Un second petit pot ou mieux un verre, pour qu'il n'y ait pas confusion, avec de l'acide nitrique ou acide hydrochlorique étendu d'eau pour nettoyer les angles ou les marges de la pierre, pour enlever les petites taches qui surviennent pendant le tirage et faire de légères acidulations ;

Une petite pierre-ponce pour arrondir les angles et nettoyer les

---

[1] Nous nous sommes très-bien trouvés du moyen suivant pour diminuer le frottement et l'usure du coussinet : nous plaçons sur ceux-ci un petit morceau de cuir mince bien suifé. Le déplacement de ce cuir n'a lieu que très rarement et l'on évite la diminution des coussinets qui devient ainsi impossible. On nous a proposé des coussinets entièrement faits avec du cuir mis de champ ; s'ils ne s'affaissent pas, cela doit être très-bon.

Voici la recette d'une graisse propre à diminuer le frottement et pouvant remplacer l'emploi de l'huile ; prenez :

Plombagine pulvérisée. . . 500 grammes.
Saindoux. . . . . . . 500 »
Savon vert. . . . . . 500 »
Mercure (vif-argent). . . 50 »

Amalgamez d'abord ensemble le saindoux et le mercure ; ajoutez, toujours en mêlant, la plombagine. Enfin, introduisez le savon vert et tâchez de faire du tout un mélange parfait.

Mise entre deux corps, cette composition les empêche pour ainsi dire de se toucher, et par conséquent de s'user, et elle ne change pas d'état par la chaleur, ce qui l'empêche de se liquéfier et de sortir des places où elle est introduite. Son prix, du reste, n'est pas comparativement plus élevé que celui des substances employées jusqu'à ce jour.

marges des essais de plume qu'y laissent fort souvent les écrivains ;

Enfin, un petit tampon (*pl.* VI, *fig.* 42) en drap ou lisière, ayant la forme d'un bouchon, fortement serré au milieu par une ficelle ou cousu avec du fil de cordonnier. Ce petit tampon, trempé par un bout dans l'acide, sert à nettoyer les bords de la pierre.

MACULATURES.

Pour garantir l'épreuve du contact du cuir ; pour préserver celui-ci des grains de sable que recèle quelquefois le papier commun, ainsi que de l'humidité ; pour donner enfin plus d'élasticité à la pression, on couvre la feuille au moment du tirage d'une forte feuille de papier vélin ou d'un carton mince. Dans un grand nombre d'ateliers, cette feuille ou ce carton est improprement appelé *garde-main*.

Ordinairement on se sert de mauvaises épreuves tirées sur du papier vélin ; mais il y a avantage de préparer une espèce de carton fait de ces mêmes épreuves, et dont la solidité est très-grande ; voici comment nous opérons : nous faisons étendre par un apprenti une bonne couche de colle de pâte sur les feuilles que nous destinons aux maculatures, et nous les laissons sécher à loisir. Plus tard nous les intercalons dans du papier mouillé, jusqu'à ce qu'elles aient acquis un degré d'humidité suffisant pour raviver la mucosité de la colle, puis nous plaçons deux de ces feuilles, colle contre colle, sur une pierre poncée, et lui faisons subir deux ou trois pressions dans des sens différents. Il est important dans cette opération que le râteau à chaque pression déborde le papier. Si, au lieu d'attendre la siccité de la colle, on joignait immédiatement les deux feuilles après l'encollage, la pression chasserait la colle et pourrait même occasionner des déchirures.

Ces maculatures, que l'on peut en quelque sorte faire aussi fortes que l'on veut, en les composant de plusieurs feuilles, sont très-durables. Il convient d en préparer de plusieurs formats.

Quelques ouvriers, surtout ceux qui impriment le crayon, placent et déplacent leur maculature à chaque épreuve ; mais lorsqu'il s'agit du tirage des écritures qu'il faut accélérer, on la fixe au châssis au moyen d'une ficelle, telle que nous la représentons (*pl.* VI, *fig.* 43) après lui avoir donné quelques coups de ciseaux dans la marge libre, c est-à dire en dehors de l'action du râteau.

Se servir pour cet usage de papiers bouchonneux, tels que les papiers d'enveloppes de rame, c'est s'exposer à perdre le cuir et à cribler le râteau de dépressions ou de crans.

Les maculatures plissées ou déchirées doivent être mises immédiatement aux vieux papiers. Ces plis, qui se reproduisent d'une manière désagréable sur épreuve, proviennent de plusieurs causes :

1° Lorsqu'on s'est servi de papier déjà imprimé, et dont la pression n'avait eu lieu qu'au milieu de la feuille, alors qu'elle était très-humide ;

2° Lorsque le cuir n'est pas suffisamment tendu ou qu'il est inégal d'épaisseur ;

3° Lorsque le râteau est mal ajusté et qu'il ne porte qu'aux deux bouts ;

4° Si la feuille est plus petite que la maculature, si le papier est fortement mouillé, etc.

Il est une autre sorte de maculature fréquemment employée dans les ateliers où se font les registres ou autres ouvrages en retiration. Lorsqu'on ne peut attendre que l'encre soit sèche, il faut pour garantir le garde-main mettre une nouvelle feuille de papier sur l'épreuve. Cette feuille s'appelle maculature.

Dans quelques ateliers on se sert, à tort, de papier de soie, ce qui constitue une véritable dépense pour l'établissement, en raison du peu de solidité de ce papier, de la facilité avec laquelle il se plisse, de la difficulté de le séparer sans déchirure des épreuves, auxquelles il se colle pour ainsi dire, surtout lorsque le papier est très-humide, parce que, aussi l'eau ou la gomme le détruisent entièrement ; d'un autre côté enfin, parce que les ouvriers ne se font aucun scrupule de s'en servir pour essuyer leurs pierres ou leurs mains. Ce papier a encore le désavantage de n'être pas du format exact du carré, de sorte que pour imprimer une demi-feuille de ce papier on emploiera une feuille entière de maculature, et qu'il faudra en mettre deux pour la feuille.

D'autres imprimeurs se servent de papiers-bulles ou de pliage ; ces papiers sont ordinairement remplis d'inégalités et de défauts, tels que bouchons, plis, etc., qui communiquent leurs empreintes aux épreuves.

Nous avons lieu de nous féliciter de nous être constamment servi pour maculatures de vieilles impressions en caractères tirées sur de bon papier sans colle. Le prix en est peu élevé ; et ce papier, après avoir été employé un grand nombre de fois à maculer, si l'on a eu soin de le faire sécher préalablement après chaque tirage, peut encore servir à faire des enveloppes. Nous donnons la préférence au format cavalier, qui suffit pour le tirage du grand-raisin. Si l'on tient à avoir de bonnes maculatures et à les conserver longtemps, il faut recommander aux imprimeurs de les poser sur la pierre de manière à ce que les bords soient débordés et satinés par le râteau. Cette précaution est surtout utile pour les premières fois que l'on se sert d'une maculature, prévient les plis qui ne manquent jamais de se former, lorsqu'après s'être servi d'une maculature sur un petit format on l'emploie à un plus grand.

Ce n'est pas dans le seul but de l'économie que nous insistons sur ce point ; mais tous les imprimeurs savent fort bien qu'une vieille maculature sans défaut est préférable à une neuve, parce qu'elle enlève moins d'encre de l'épreuve, et qu'étant déjà satinée elle lui laisse davantage de lustre. Une maculature plissée doit être rejetée, à cause de l'aspect désagréable qu'elle donne aux épreuves.

Pendant le tirage, les ouvriers ont l'habitude de jeter les maculatures sous la presse, d'où elles s'échappent pour traîner sous les pieds, se chiffonner ou se salir dans la poussière, l'huile des coussinets de la presse et les parcelles de suif ou de plombagine du châssis. Nous avons adopté la mesure de les laisser dans les épreuves, d'où les apprentis les retirent, soit avant, soit après le séchage, et les étendent sur les cordes disposées à cet effet dans l'atelier ; de cette manière, on évite une perte considérable de papier, et l'on conserve dans l'établissement une apparence d'ordre et de propreté sous les presses.

Voici maintenant un moyen économique qui, dans un grand nombre de cas, peut suppléer aux maculatures. Ce moyen consiste à enduire de colle de pâte deux feuilles de papier vélin, à les placer l'une contre l'autre sur une pierre poncée, et à leur faire subir une légère pression pour les coller parfaitement ensemble. Lorsque cette feuille est sèche, on l'imbibe d'huile siccative (huile de peintre), on la laisse sécher pendant quelques jours, et après l'avoir convenablement satinée, on peut en faire usage. On pourrait, pour éviter le collage du papier, se servir d'une feuille de carton vélin.

La première fois qu'on fait usage de ces maculatures, il faut garantir les épreuves par quelques feuilles sèches, dans la crainte que l'huile n'ait pas atteint le degré de siccité convenable.

Une telle maculature peut être fixée au châssis comme un gardemain; elle ne retient presqu'aucune tache d'encre. De temps en temps on la retourne, ou bien on interpose entre celle-ci et l'épreuve une maculature ordinaire pour deux ou trois tirages; ou bien encore on la frotte avec un peu de blanc de Meudon en poudre, que l'on essuie convenablement aussitôt après.

Un lithographe nous a affirmé que depuis quelque temps il se servait au lieu de maculatures d'une feuille de zinc très-mince, poncée avec soin, qu'il fixe au châssis comme le garde-main, et qu'il se contente de laver avec quelques gouttes d'essence, lorsqu'il commence à maculer les épreuves. Jusqu'à ce que nous en ayons fait l'essai, il nous sera permis de craindre qu'un semblable garde-main ne fasse bavocher.

REPÈRES.

Les repères sont les points ou traits qui déterminent la marge qu'on doit donner à l'épreuve, et qui indiquent la place que doit occuper la feuille sur la pierre. Pour la commodité de l'ouvrier, les

Lithographie. 27

repères sont placés à droite, et lorsqu'il y a retiration, consultez ce que nous avons déjà dit.

Quoiqu'il fut plus rationnel de laisser à l'écrivain le soin de faire les repères, il est d'usage de le confier à l'imprimeur, qui ne prend pas toujours ses précautions pour les faire justes. Ordinairement on fait les repères en traçant deux petits traits sur la pierre avec un morceau d'étain ou de plomb taillé en forme de crayon, ou bien en les gravant à la pointe et en les acidulant sans les encrer. Ces deux moyens, quoique généralement suivis, présentent des inconvénients : le premier c'est que le trait prend quelquefois l'encre du rouleau ; le second endommage les pierres, puisqu'il faut graver profondément les traits pour les distinguer sans hésitation.

Voici un moyen peu connu et que nous recommandons : mettez dans un flacon bouché à l'émeri un peu de carmin, que vous recouvrez d'alcali volatil. Dès le lendemain la dissolution est complète ; vous ajoutez alors trois ou quatre fois autant d'eau, ce qui empêche la volatilisation de l'alcali. Lorsqu'on veut faire usage de cette liqueur pour les repères, on les grave légèrement sur la pierre et on les colore au moyen d'une plume ordinaire, ce qui est très-facile. Cette couleur une fois sèche résiste aux lavages successifs de l'impression, à l'essence, aux acides, et ne disparaît au grenage qu'avec le trait qui lui sert de lit.

On peut avec cette couleur écrire sur la pierre des notes relatives au sujet du dessin ou du tirage, le nom du propriétaire, etc., sans crainte de les reproduire par l'impression.

Nous parlerons encore des repères et du repérage lorsque nous traiterons l'impression à teinte ou en plusieurs couleurs.

TIRAGE.

Pour mener à bonne fin l'impression d'une pierre dessinée au crayon, exécutée à la plume, autographie ou transport, c'est-à-dire pour obtenir le plus possible de bonnes épreuves, il faut de toute nécessité que tous les éléments d'une bonne exécution, les précautions et les soins dont nous allons donner les détails, viennent en aide au talent de l'imprimeur.

Ces éléments, ces précautions et ces soins se résument ainsi : 1° dans l'emploi d'encres et de vernis de bonne qualité ; 2° de papiers mouillés à point ; 3° de bons rouleaux, éponges ou étoupes propres, d'une pression suffisante, de râteaux et châssis convenables ; 4° d'*eau douce* [1] fraîche, et souvent renouvelée en été ; 5° enfin, dans une température modérée en toute saison.

---

[1] C'est à tort qu'on n'attache généralement qu'une médiocre importance aux choix de l'eau destinée aux divers services de la lithographie.

Nous ne parlons que pour mémoire des conditions exigées de l'artiste et de l'écrivain ; du choix des crayons et des encres d'une résistance suffisante ; d'une bonne pierre et d'une acidulation convenable. Car il est évident que le talent de l'imprimeur ne pourra que pallier les accidents résultant de la négligence de ces conditions et n'obtenir qu'un tirage médiocre.

En effet, une pierre trop dure ou trop tendre se charge plus ou moins facilement, selon l'acidulation qu'elle a subie, d'encre d'impression, et fournit de bonnes épreuves.

Si l'acidulation a été trop forte, on aura dès les premières épreuves un dessin sec, des écritures maigres ; si au contraire elle a été trop faible, les résultats de l'impression sont flous, lourds, très-souvent empâtés. Dans ces deux cas l'ouvrier peut, raviver dans le premier, épurer dans le second, le dessin ou les écritures par la modification de l'encre. C'est dans l'emploi de l'encre appropriée aux besoins des pierres, dans la mouillure de la pierre dans le plus ou moins d'humidité donnée au papier, qu'est l'art de l'imprimeur : car cet art ne consiste pas seulement à réparer les accidents ou avaries survenus au travail, mais à les prévenir ; toute la science est là.

Ajoutons que c'est non-seulement par le concours de toutes ces précautions, par le choix des matériaux et des substances employés, mais encore par une attention de tous les instants, par le bon goût, et surtout par le raisonnement basé sur l'expérience, que l'imprimeur obtient un tirage régulier et la conservation des pierres.

Il est vrai que pour la mouillure des papiers, le grainage et le ponçage des pierres ; que pour l'acidulation même, toutes les eaux sont bonnes quand elles sont propres ; mais pour délayer les encres lithographique ou autographique et pour humecter la pierre pendant le tirage, il faut absolument une eau capable de dissoudre le savon, c'est-à-dire de l'eau de rivière, de pluie ou à défaut de l'eau distillée.

L'eau de la plupart des puits et toutes les eaux *dures* détruisent après le tirage d'un certain nombre d'épreuves la couche de gomme combinée avec la pierre qui, dès-lors, commence à se couvrir d'une teinte grisâtre de plus en plus intense. Cette teinte qu'on attribue ordinairement à un défaut d'humidité, provoque chez l'imprimeur une augmentation de mouillure et par conséquent aggrave la cause du mal qui détruit bientôt tout le travail.

On s'assure de la pureté de l'eau en faisant une eau laiteuse avec du savon. C'est la meilleure et la plus convaincante preuve de la qualité des eaux.

Quoique bonne, l'eau exposée au soleil, pendant l'été, comme l'eau très-froide en hiver, cause également un préjudice au dessin.

Essayons maintenant de décrire la manière de tirer des épreuves, et pour procéder méthodiquement, supposons pour un instant que nous écrivons pour une personne absolument étrangère à la lithographie. Pour le plus grand nombre des lecteurs nos détails seront bien fastidieux, sans doute, mais s'ils sont utiles à quelques-uns nous aurons atteint notre but.

La pierre étant acidulée et gommée comme nous l'avons décrit dans le précédent chapitre, est placée dans le charriot de la presse où sont disposés, suivant le besoin, un ou plusieurs cartons épais pour paralyser la raideur de la pression et la dureté du bois. Elle est maintenue en place par la tringle qui traverse le charriot, et quelques cales à biseau qu'il faut serrer modérément.

Le châssis est ensuite élevé suivant les indications que nous avons données, puis, sont déterminées la longueur de la course du charriot, ainsi que la pression à l'aide de la crémaillère et de l'écrou du porte-râteau. Avec un peu d'habitude on sait bien vite apprécier le degré de pression qu'exigent, soit la dimension de la pierre, la qualité du papier, et surtout la nature du travail. Du reste, les épreuves d'essai sont là pour venir en aide, comme avertissement.

La pierre ainsi disposée, la table au noir et le rouleau nettoyés, on mouille la pierre avec une éponge. Pendant que l'eau détrempe la gomme, on prépare l'encre, c'est-à-dire qu'on en prend de la grosseur d'une noisette environ ; on y ajoute à peu près la moitié de cette quantité de vernis faible ou fort, suivant la saison et le genre de travail. On opère le mélange de cette encre et de ce vernis sur le bord de la tablette au noir ou sur le rouleau, à l'aide du couteau ; puis on les distribue sur toute la table, en y promenant le rouleau dans tous les sens et à plusieurs reprises.

Avec l'éponge qui a servi à dégommer, on enlève la plus grande partie de l'eau. On répand sur la pierre une petite quantité d'essence de térébenthine, que l'on étend légèrement sur tout le dessin, soit avec la paume de la main, soit avec une petite éponge ou un torchon exclusivement réservés pour cet usage, de manière à effacer complétement toute trace de dessin ou d'écriture. Dans cette opération, qui est quelquefois longue lorsque le travail est chargé en couleur, ou lorsque la pierre n'a pas été imprimée de longtemps, il faut éviter de laisser évaporer l'eau ; on essuie ensuite le tout, mais non pas à siccité [1].

---

[1] Quelques lithographes prétendent qu'il y a danger de perdre les parties fines d'un dessin en les lavant à l'essence avant de les avoir préalablement encrées et avoir tiré quelques épreuves. C'est une erreur qui fait perdre inutilement de l'encre, du temps et du papier. Voici à cet égard l'opinion d'Engelmann à laquelle nous nous associons complétement :

Pour que l'action du rouleau soit plus prompte, pour que l'adhérence de l'encre qui le couvre soit plus immédiate avec les traits du dessin, nous faisons usage depuis long-temps d'un moyen qui nous a sauvé un grand nombre de déliés et de demi-teintes. Ce moyen consiste à faire en quelque sorte le premier encrage au chiffon. Pour cela, nous versons quelques gouttes d'essence sur un des angles de la table au noir, de manière à pouvoir délayer quelques parcelles d'encre avec le chiffon disposé en forme de tampon, et c'est avec ce tampon que l'on frictionne légèrement la pierre tenue constamment mouillée pendant l'opération. Les traits ne tardent pas à se colorer et même à se charger d'une petite couche d'encre, avec laquelle l'encre du rouleau a beaucoup d'affinité [1]. Il arrive quel-

« Souvent l'acide faible, dit-il, qu'on passe sur les pierres dessinées n'a pas décomposé en entier le crayon dans les parties très-vigoureuses et il reste dans les plus fortes épaisseurs, des noyaux qui se trouvent en état de savon alcalin. Ces noyaux s'étalent peu à peu par la pression, et, remplissant les intervalles du grain, se fixent sur les parties qui devraient rester blanches; car, rien n'attire mieux le noir d'impression sur les pierres, que les traces de savon non décomposé. Ainsi se forment des empâtements qu'il n'est pas possible de faire disparaître.

« On évite cet inconvénient en lavant la pierre à l'essence immédiatement après l'acidulation. La crainte d'enlever par là les parties faibles est mal fondée. C'est la partie du crayon qui a pénétré dans la pierre, et formé avec elle un savon calcaire qui attire la couleur d'impression. Or, ce savon calcaire est insoluble et ne peut être enlevé par l'essence. En effet, si celle-ci avait une action sur les parties adhérentes à la pierre, elle les enlèverait encore aussi bien après vingt épreuves qu'immédiatement après l'acidulation. Une expérience de plus de quinze années confirme cette théorie [*].

[1] Au lieu de se servir de noir ordinaire, on peut ici et surtout dans le cas où on aurait à craindre un excès d'acidulation, employer de l'encre de conservation dont l'action est bien plus énergique, et faire usage d'un morceau de flanelle. Citons encore le livre d'Engelmann :

« La théorie de cette opération, dit-il, est facile à saisir. D'abord l'essence étant très-volatile, s'évapore assez promptement pendant le frottement, et alors les substances graisseuses et résineuses que contient

[*] Les pierres se graissent quelquefois par le lavage à l'essence :
1° S'il a été fait plusieurs retouches en essuyant ou en lavant à l'essence les endroits manqués ou bien si l'on a passé avant l'exécution de l'eau trop chargée de savon;
2° Si la pierre n'a pas été suffisamment acidulée et gommée;
3° Si l'essence de térébenthine est vieille, ou grasse, ou impure.
(Note des auteurs.)

27.

quefois, si on n'a pas soin de maintenir beaucoup d'humidité, que
la couleur se fixe sur les parties blanches de la pierre. Cela est sans
conséquence ; car en mouillant ensuite la pierre, cette teinte sale
disparaît aux premiers coups de rouleau.

On essuie avec l'éponge à mouiller et l'on commence l'encrage
dont nous allons donner la description autant qu'il nous sera possible de le faire.

De quels termes, en effet, nous servirons-nous pour faire comprendre à celui qui n'a aucune notion pratique de la lithographie,
l'action des bras, celle des mains surtout, dans le maniement du
rouleau qui, nous l'avons dit, se meut sur deux axes dans des
gaînes de cuir ou poignées, dont le rôle est tout à la fois de garantir la main du frottement, et d'aider à modérer ou retenir suivant
le besoin le mouvement du rouleau. C'est dans l'emploi de ce moyen
d'enrayer le mouvement que gît la difficulté ; car si la pression des
mains est trop grande comparativement à l'impulsion donnée par
les bras, l'instrument glisse sur la pierre sans rouler, et emporte
infailliblement par le frottement quelques parties du dessin, quelques déliés. La répétition de ce frottement détruit en peu de temps
le travail, sans qu'il soit possible de le restaurer autrement que
par des retouches toujours difficiles, souvent incertaines.

C'est donc au maniement du rouleau que doivent s'appliquer les
jeunes gens qui se destinent à l'impression : car telle personne
douée d'infiniment d'intelligence et de cet esprit d'observation qui
font les bons lithographes, ne fera jamais un imprimeur habile si
elle n'a un bon coup de rouleau.

L'encrage consiste à humecter préalablement la pierre avec beaucoup d'uniformité, et de telle sorte qu'on ne puisse jamais apercevoir, même en se baissant, aucune trace de goutte d'eau : ce point
est très-important. Ensuite à rouler lentement sur la pierre deux
ou trois fois en serrant les poignées, en appuyant dessus, puis
lorsqu'on sent s'établir une sorte d'attraction entre le rouleau et
la pierre, attraction indiquée d'ailleurs par un petit bruissement,
on diminue la pression des mains, on précipite le mouvement de
va et vient, absolument comme si on voulait retirer l'encre qu'on
a déjà déposée. Ce mouvement rapide, quelquefois saccadé, a pour
double but de retirer le trop plein d'encre du tracé lithographique
et d'établir l'uniformité de couleur. Disons une fois pour toutes,

l'encre de conservation s'épaissississent par degrés et se fixent partout où
il y a seulement la moindre trace graisseuse sur la pierre. Peut-être
aussi que, dans quelques cas, la couche gommeuse insoluble pourrait recouvrir certains petits points du dessin, et que la flanelle enlève par le
frottement cette petite couche et dépose alors la graisse dont elle est
chargée, sur les points qui avaient été ainsi recouverts. »

qu'à chaque allée et venue du rouleau, soit sur la pierre, soit sur la table au noir, il faut le relever un peu, le tourner légèrement dans les mains, pour qu'en le déposant de nouveau la couture ne se trouve plus en contact avec la place du dessin qu'elle a déjà touchée. Sans cette précaution, la couture reviendrait toujours au même point et ferait un défaut.

Le premier encrage d'une pierre exige que cet encrage soit répété plusieurs fois, c'est-à-dire que chaque fois que la pierre sèche sous le rouleau, on l'humecte de nouveau, on ravive l'encre en roulant sur la table au noir jusqu'à ce qu'on sente qu'il *mord*. Cette précaution est très utile pour faire disparaître la petite couche d'eau dont le rouleau s'est imprégné pendant son contact avec la pierre, contact qui lui donne une sorte de *brillant* et qui empêche de charger la planche.

L'action du rouleau peut se résumer ainsi : passé lentement sur la pierre avec pression et serrement des mains, il dépose une grande quantité d'encre ; passé rapidement, au contraire, il reprend une partie de la couleur et *purge* le dessin, surtout si l'on continue jusqu'à la presque siccité de la pierre.

On ne saurait trop se pénétrer de ce principe, qu'avec le même rouleau on peut à volonté tirer des épreuves plus ou moins colorées en s'aidant à propos de plus ou moins d'humidité; qu'on peut aussi par la même raison, et dans un cas donné, augmenter la vigueur de ton de telle ou telle partie du dessin.

La pierre étant encrée, on prend une feuille de papier, ordinairement une vieille épreuve, on la pose sans frottement sur la pierre, en la tenant par les deux angles diamétralement opposés sur les points de repères déjà tracés, on place par-dessus une maculature et l'on fait la pression.

Cette première épreuve, à moins que ce ne soit entre les mains d'un ouvrier habile et sur une pierre à l'encre, est tout au plus bonne pour faire apprécier la justesse de la pression ; car si c'est un dessin au crayon, on ne saurait juger la valeur des tons sur un encrage si souvent répété et encore tout imprégné d'essence. Nous ne sommes plus, néanmoins, au temps où l'on n'obtenait de bonnes épreuves qu'après la vingt-cinquième. La troisième, quelquefois même la seconde aujourd'hui est bonne si l'on veut prendre la précaution de s'assurer dès la première de la régularité de la pression. La seconde sert de base ou mieux d'étude pour l'encrage. Que l'on ne néglige pas, après le tirage des premières épreuves, de faire une inspection minutieuse de l'état de la pierre, de poncer les marges, les angles, d'effacer par tous les moyens possibles les petites taches et imperfections résultant de grattages d'écrivain, et de réparer les taches de salive et autres dont il sera question à la suite de ce chapitre.

TIRAGE DES OUVRAGES AU CRAYON.

Tout ce qui précède est applicable à l'impression lithographique en général ; mais plus particulièrement aux travaux à la plume, reports et autographies. Le tirage des dessins au crayon exige quelques soins particuliers que nous allons faire connaître.

Il a été dit, quelque part, que pour imprimer le crayon il fallait savoir dessiner. Nous ne partageons pas tout-à-fait cette opinion ; mais nous admettons que des connaissances sinon pratiques, du moins théoriques du dessin, sont nécessaires lorsqu'il s'agit surtout de tirages de quelque importance.

En é é nous conseillons, avant de caler la pierre, si elle est d'une dimension maniable, de la faire rafraîchir pendant quelques minutes dans l'eau. Dans le cas contraire, il faut l'humecter pour la dégommer convenablement, puis on la lave à l'essence comme la pierre d'écriture.

L'encre d'impression pour le crayon étant plus compacte, le premier encrage est quelquefois difficile, et il arrive même souvent que toutes les parties du dessin ne s'encrent pas complétement ; nous conseillons de ne pas hésiter à frictionner la pierre, comme nous l'avons indiqué pour les écritures.

On passe d'abord lentement le rouleau pour que l'encre prenne plus facilement. Le premier effet de cet encrage est d'enlever presque en entier la couleur ; mais bientôt l'adhérence s'établit, et le dessin reparaît plus pur et plus en harmonie qu'auparavant. Si ce moyen était insuffisant, au lieu de noir ordinaire on pourrait faire usage d'encre de conservation, qui agit d'une manière beaucoup plus énergique.

Ces opérations peuvent se répéter chaque fois que cela est nécessaire sans danger, pourvu qu'on ne laisse pas sécher la pierre. Cependant, il faut réserver l'emploi de l'encre de conservation pour les grandes occasions, car il pourrait arriver que cette encre prédisposât le dessin à l'estompe.

La pierre doit être placée sur la presse de manière que la partie la plus vigoureuse du dessin se trouve la plus rapprochée de l'imprimeur ou à sa droite ; parce que, quelque soin qu'il prenne pour l'encrer dans tous les sens, la partie placée sous sa main droite ou la plus rapprochée de lui, recevra une somme plus grande de la pression du corps, partant un encrage plus vigoureux.

C'est une erreur de croire que pour obtenir d'un dessin un plus grand nombre d'épreuves, on doive laisser reposer de temps en temps la pierre, la remettre à l'encre de conservation, pour la reprendre plus tard. Lorsque les tons d'une pierre tendent à gagner, et que les moyens ordinaires pour les ramener à leur état primitif sont impuissants, on peut, sans doute, laver la pierre à l'essence, la mettre à l'encre de conservation, la gommer et la laisser ainsi au repos : mais loin d'en faire une règle générale, il faut regarder cette ressource comme une exception. Tant que le tirage se fait sans encombre, nous sommes d'avis de le continuer, en recommandant toutefois de veiller attentivement à maintenir la pierre entre le double écueil de l'empâtement et du dépouillement.

Répétons-le pour qu'on ne le perde pas de vue, pour tirer un dessin avec succès, il faut disposer son encre suivant le genre de dessin, la nature de la pierre et la température de l'atelier, mouiller très-peu, encrer dans tous les sens, jusqu'à ce que la pierre soit sèche sous le rouleau, et se pénétrer de ce mot plein de vérité qu'a dit un lithographe célèbre : « Les pierres ne se détériorent pas en raison des épreuves tirées ; mais plutôt en raison du temps qu'elles passent sur la presse. »

Veut-on éprouver moins de difficultés, ménager également les vigueurs et les demi-teintes, mettez peu de noir à la fois sur le rouleau, du noir peu compacte, n'attendez pas que les épreuves pâlissent pour en remettre de nouveau, et pour ne pas encombrer la tablette au noir et avoir toujours de l'encre fraîche, ayez soin d'enlever des bords de cette tablette la vieille encre usée, et qui n'est là que pour faire obstacle et détériorer la nouvelle.

Il est bien rare qu'on puisse tirer un dessin sans encrer chaque épreuve deux fois. Pour la première on encre lentement, en serrant les poignées et en appuyant dessus ; la seconde, après avoir ravivé le rouleau, sert à régulariser l'encrage et à épurer le dessin.

ACCIDENTS DE L'IMPRESSION.

Après l'exposé succinct que nous avons fait de l'impression, rien ne paraît plus simple que le tirage ; c'est en effet l'opinion de toutes les personnes qui visitent nos ateliers pour la première fois. Mais que l'imprimeur s'écarte un instant des principes sur lesquels est fondée la lithographie, il survient une foule d'accidents qui viennent interrompre son travail et le jeter souvent dans une très-grande perplexité.

Ces accidents ne sont rien dès leur début, surtout quand on en connaît la cause ; mais si l'on néglige d'y porter remède, si l'imprimeur n'est pas suffisamment expérimenté pour réparer le dommage, on est exposé non pas seulement à perdre des épreuves, mais le dessin même. Traités à part dans ce chapitre, il nous sera plus facile de signaler les principaux caractères de ces accidents et de donner les moyens d'y remédier.

Bavochures.

Le premier, le plus fréquent des accidents de l'impression, comme aussi quelquefois le plus difficile à combattre, c'est, sans contredit, la bavochure, c'est-à-dire le cas où l'encre d'impression s'étend hors des limites du trait que l'artiste a tracé. La bavochure détruit l'harmonie du dessin, salit les écritures et se révèle sous mille formes, tantôt sur un point, tantôt sur un autre, particulièrement dans les grands formats, notamment sur les registres et travaux à la plume à lignes noires verticales. Quelquefois aussi l'emploi des grands formats de papier de Chine donne lieu à cet accident, à cause de l'extension considérable que ce papier éprouve sous la pression, et de la difficulté qu'il a de s'alonger librement dans ce mouvement, arrêté qu'il est par la viscosité de la colle qui le recouvre et qui tend à adhérer au vélin, auquel le papier de Chine est destiné à s'attacher.

Les bavochures ont un grand nombre de causes ; quelques-unes même échappent à la perspicacité de l'ouvrier. Les principales sont : la dureté et le défaut de tension du cuir du châssis, son rapprochement trop grand de la pierre : ce dernier cas empêche la libre extension de la feuille ; l'emploi d'encre trop liquide, cas où la bavochure dégénère souvent en empâtement ; l'emploi d'un papier trop sec, inégalement mouillé, ou dont les bords sont moins humides que le centre de la feuille ; l'inhabileté de l'ouvrier à marger, surtout lorsque la pose a lieu sur une pierre encore très-humide ; un garde-main dur, inégal ou plissé ; un défaut de construction de la presse, des pierres d'épaisseur inégale, etc., etc.

Dans tous les cas de bavochure, c'est à l'imprimeur à en rechercher la cause pour en faire cesser les effets soit par la substitution d'une encre plus compacte, par une plus grande tension du cuir, son élévation au-dessus de la pierre, par du papier mouillé plus également, moins d'eau sur la pierre, plus de soins dans la pose de la feuille ; par le lavage à l'essence, lorsque la pierre étant vieille n'a pas été complétement lavée ou moment de la mise en train ; ce dernier fait donne aux traits une sorte de relief fort préjudiciable au bon tirage.

Estompe.

On appelle ainsi toute teinte grise dont se couvre insensiblement un dessin. L'estompe éteint les lumières, allourdit les tons, leur enlève toute vigueur, en détruit l'harmonie par la confusion que cet accident jette dans les plans.

Les principales causes de l'estompe sont le défaut d'acidulation, l'excès de mouillure du papier et de la pierre, une température trop basse ou trop élevée ; l'emploi d'eau dure, d'un noir incomplétement broyé ou trop additionné de vernis, d'un vernis insuffisamment dégraissé, d'éponges malpropres ou lavées au savon sans avoir été bien rincées ; d'un rouleau trop mou ou trop neuf ; d'une pierre de mauvaise qualité, et de mille autres causes dont l'appréciation est laissée au jugement de l'imprimeur.

On peut faire disparaître facilement l'estompe, avant qu'elle ait pris un caractère trop prononcé. Il suffit d'enlever le dessin à l'essence, de l'encrer avec une encre plus compacte, et lorsque le dessin est bien chargé, de passer dessus, avec une éponge, un peu de vin blanc [1] ou de cidre.

Nous n'avons pas besoin d'ajouter qu'indépendamment de ce petit remède, il faut faire cesser à l'instant les causes qui ont produit l'estompe, autrement ce serait à recommencer toutes les dix épreuves.

Empâtements.

Après l'estompe vient l'empâtement, qui en est ordinairement la conséquence. L'empâtement est l'effet des mêmes causes qui produisent l'estompe ; mais il est plus dangereux, en ce sens que dans un grand nombre de cas, cet accident entraîne la perte entière de la pierre, surtout lorsqu'il est précédé d'empâtements partiels et de taches qu'on a négligé de faire disparaître.

Ici encore notre même raisonnement : faire cesser la cause. Ainsi, dans le cas où l'empâtement provient d'un défaut d'acidulation, enlevez la pierre à l'essence, mettez-la à l'encre de conservation sans trop la charger, et au bout de quelques instants soumettez-la à une légère acidulation ; gommez et ne reprenez le tirage qu'au bout de quelques heures, avec la précaution à la reprise du tirage d'employer une encre un peu serrée.

Si l'empâtement est produit par l'emploi d'encre trop additionnée de vernis ou par un rouleau neuf, si cet empâtement n'est pas de longue date, lavez à l'essence, servez-vous d'un autre rouleau, prenez une encre plus compacte.

---

[1] Le vin blanc est une espèce d'acide très-peu énergique dans d'autres circonstances. L'emploi du vin blanc, très-usité dans certains ateliers, n'a aucun des inconvénients des acidulations ordinaires. Le vin blanc dont on se sert doit être renouvelé avant qu'il aigrisse et être tenu bouché dans un petit flacon.

De la noix de galle blonde cuite dans l'eau filtrée, employée à froid est un remède efficace.

Lorsque la pierre est mouillée avec excès, indépendamment du préjudice que cela cause à l'encre et au rouleau, il reste après l'encrage une certaine quantité d'eau. Cette eau donne d'abord de la lourdeur aux épreuves ; bientôt après, il se détache du rouleau des molécules d'encre que la pression exercée par l'encrage, fait loger dans les interstices du grain de la pierre, ou dans les traits de plumes où ils forment bientôt des taches multipliées qui dégénèrent bientôt en empâtement. Cet empâtement est le pire de tous.

L'empâtement peut avoir également pour cause l'effaçage incomplet de la pierre, une correction mal faite, le contact d'un corps gras, un frottement quelconque avant et même après l'acidulation, l'omission de gomme pendant un certain laps de temps, etc.

Mais il ne faut pas considérer comme empâtée, une pierre dont une partie prend le noir du rouleau lorsque cette partie n'a pas été mouillée ou parce qu'on a encré trop long-temps ; il suffit en pareil cas de mouiller de nouveau la pierre, de raviver l'encre sur la table au noir, et d'encrer de nouveau en donnant au besoin un petit coup vif sur la partie noircie. Si l'encre n'a pas disparu au premier encrage on en tente un second, un troisième et on arrive à ses fins.

Des taches en général.

Les taches sont de deux natures : les taches de corps gras et les taches de substances acides ou mucilagineuses. Les premières se montrent par des empreintes noires, tandis que l'absence d'une partie du dessin atteste l'origine des dernières.

Les taches comme toutes les imperfections de l'impression lithographique détruisent l'harmonie de tout travail quel qu'il soit. On doit donc veiller à ce qu'elles ne se multiplient pas, et se hâter de les faire disparaître aussitôt qu'on s'en aperçoit. C'est surtout dès les épreuves d'essai que l'imprimeur doit apporter la plus scrupuleuse attention à les enlever ainsi qu'il va être dit ci-après. D'abord en procédant par les moyens les moins énergiques, c'est-à-dire par le lavage à l'essence et à la gomme. Dans ce cas, on encre la pierre plusieurs fois de suite, et si la tache n'est plus apparente, on acidule la place avec un peu d'acide léger et on gomme avec le doigt. Si, au contraire, elle reparaît, on l'enlève avec une pointe, un grattoir, ou bien avec une plume d'oie peu fendue et trempée dans de l'acide. N'oublions pas, chaque fois qu'on se servira d'un moyen d'effaçage mécanique par burin, pointe ou pierre ponce, de passer sur la partie grattée ou poncée un peu d'acide et de gomme, ou mieux de gomme acidulée.

Lorsque la tache se trouve dans un ciel, dans une figure ou autre

endroit dont il est essentiel de conserver l'harmonie, on s'exposerait peut-être à détruire cette harmonie par l'emploi d'acide même
très-mitigé : on pourrait faire d'un point noir une tache blanche.
En pareil cas voici comme nous procédons. Mettez cinq ou six
gouttes d'acide dans un verre d'eau, jetez-y quelques petits éclats
de pierre lithographique, l'acide agira sur ces éclats, une mousse
montera sur l'eau jusqu'à ce que l'effervescence soit passée, ajoutez
un peu de gomme et servez-vous de cette eau pour toucher les endroits grattés sans danger d'endommager le reste. Quelques lithographes se sont servis d'une préparation analogue pour aciduler
leurs dessins.

Taches de salive. Nous avons vu au chapitre dessin au crayon,
les différents accidents dont ce genre de travail peut être endom-
magé. De ce nombre sont les taches de salive qu'il faut classer en
deux genres : celles faites avant le dessin qui marquent en blanc,
et celles faites après qu'on peut assimiler aux taches grasses ; en
effet, la salive tombant sur le crayon le dissout la plupart du
temps et fait une tache noire, très-difficile à faire disparaître. Les
fumeurs et priseurs font ordinairement des taches blanches également difficiles à corriger.

Nous ne connaissons pas d'autres moyens de réparer les taches
faites avant le dessin, c'est-à-dire les taches blanches d'un dessin,
que de les retoucher, et la retouche ne réussit pas toujours complètement, parce que la pierre a été en quelque sorte préparée par la
matière mucilagineuse qui s'oppose à l'adhérence du corps gras.
Voici comment nous procédons. Après avoir encré convenablement
la pierre on la laisse sécher, puis on retouche avec un crayon bien
effilé. A moins qu'il s'agisse d'une très-grande tache qu'il faut faire
réparer par l'artiste même, un ouvrier intelligent peut faire les
autres retouches. La correction faite, on respire sur les points re-
touchés jusqu'à ce que la pierre devienne humide. Cette humidité
permet à l'alcali du crayon de traverser la couche gommée et de
pénétrer dans la pierre. On fait sécher de nouveau, on gomme, et
si l'on est pressé du tirage on peut le commencer immédiatement ;
mais en évitant de frotter trop fort en mouillant les retouches, se
contentant de tamponner dessus pour les deux premières épreuves.
Lorsque la tache devra être retouchée par l'artiste, on pourra se
servir de l'acide acétique, moyen indiqué dans l'article retouche,
c'est-à-dire disposer l'endroit à recevoir la retouche.

Taches d'acide. Il arrive assez fréquemment à l'imprimeur de
laisser cheoir pendant le tirage quelques gouttes d'acide qui détruisent infailliblement le dessin ou l'écriture qu'elles touchent surtout avant l'encrage. Dans ce cas, il est presque impossible de rappeler la vigueur par le simple contact du rouleau.

Parmi les mille moyens mis en usage pour faire revenir les par-

Lithographie. **28**

ties disparues, nous n'en citerons que deux à peu près infaillibles dans les cas ordinaires. Hors ces circonstances, il vaut beaucoup mieux poncer ou gratter le dommage, et réparer à la plume que de perdre son temps en essais infructueux. Quand le trait gras n'est qu'à moitié enlevé on prend une petite éponge propre, on l'humecte d'un peu d'eau, on la frotte sur un morceau de savon blanc qu'on fait mousser entre les doigts dans l'éponge dont on frictionne légèrement la partie endommagée après l'avoir préalablement mouillée ; on lave avec une autre éponge propre, on essuie et on encre lentement.

Il se forme le plus souvent une teinte grisâtre sur la partie savonnée ; mais si l'on n'a pas laissé sécher trop long-temps le savon sur la pierre, cette teinte disparaît sous le frottement léger du doigt trempé dans de l'eau gommée, ou par l'encrage avec un rouleau plus dur et peu chargé.

Ce moyen peut s'employer sur une pierre qui serait généralement affaiblie par une acidulation trop vigoureuse ou qui s'encrerait difficilement après un lavage à l'essence et à la gomme.

Le second moyen consiste à frotter la tache avec un morceau de drap ou de flanelle noirci d'un peu d'encre de conservation, délayée dans quelques gouttes d'essence ou mieux d'huile de lin. En ce cas il faut mouiller beaucoup la pierre, essuyer et encrer.

Taches de sueur. La sueur agit sur les pierres dessinées au crayon à la manière des acides, et lorsque pendant le travail il en tombe quelques gouttes sur le dessin, il faut opérer comme pour les taches d'acides. Quelques dessins sont si impressionnables que de simples gouttes d'eau jetées sur les demi-teintes et y séjournant produisent des effets analogues.

Taches de gomme. Ces taches sont de deux sortes. Les unes agissent à la manière des acides, c'est lorsqu'on s'est servi d'une dissolution de gomme passée à l'état d'acide par la fermentation et qui n'a pas été étendue convenablement ; les autres sont irréparables : ce sont celles provenant de l'effet que produit la gomme en trop grande quantité, exposée au soleil ou dans un lieu excessivement chaud. La gomme, dans ce cas, se fendille ou s'enlève par éclat entraînant avec elle une partie de la pierre. D'autrefois enfin la gomme se détachant par la même cause, laisse à nu le dessin et l'on a alors, si l'on n'y prend garde, des taches noires et souvent des empâtements.

Aussi recommandons-nous, pour éviter ces derniers accidents, lorsqu'on reprend une pierre conservée dans les casiers et qui n'a pas été tirée de long-temps, de la laver à l'eau fraîche, de la gommer de nouveau et de la laisser ainsi sous sa nouvelle gomme pendant quelques heures avant de l'encrer. S'il n'y a pas eu frottement dans les casiers et si le dessin a été mis à l'encre de conservation on fera bien après le lavage à l'eau, de passer un peu de vin blanc ou de décoction de noix de galle.

Affaiblissement de teintes.

Quelquefois après un long tirage ou à la suite d'une acidulation intempestive, la pierre se fatigue, le dessin ou les écritures deviennent faibles, les demi-teintes, les déliés ou les traits disparaissent ou ne fournissent plus qu'une empreinte étiolée ; enfin l'imprimeur éprouve la plus grande difficulté à les rappeler à leur vigueur primitive par les moyens d'encrage ordinaire. En pareil cas, point de retard pour réparer le dommage. D'abord en essayant de le ramener au ton par l'usage d'un rouleau plus tendre, d'un vernis faible, au pis-aller par l'addition d'une petite quantité de suif dans l'encre.

Si ces moyens sont insuffisants, on peut avec succès faire usage des frictions à l'encre de conservation que nous avons décrites page 185, ou se contenter de frotter fortement la pierre avec un chiffon de laine sur lequel on a mis quelques gouttes d'huile de lin. Cette huile enlève l'encre comme l'essence, facilite beaucoup l'encrage et fait revivre les teintes affaiblies. Quand on emploie ce moyen, il faut avoir la précaution de tenir la pierre mouillée pendant l'opération.

S'il s'agit d'un travail à l'encre, qu'on y ait déjà épuisé toutes les ressources sans succès, on peut, en désespoir de cause, tenter le moyen suivant qui nous a toujours réussi lorsque nous avons opéré sur un travail serré et qui avait déjà atteint un certain relief.

On met aussi complétement que possible la pierre à l'encre de conservation, on en enlève avec soin toutes les taches, toutes les imperfections ; on lui fait subir une acidulation énergique et générale, puis on gomme en frottant avec la paume de la main jusqu'à siccité, et on laisse sécher pendant quelques heures.

On prend ensuite une pierre ponce douce, d'une surface bien plane et d'un grain serré ; on la frotte d'abord sur un coin de la table au noir ou d'une autre pierre avec un peu d'huile de lin, puis on ponce le dessin avec cette huile en évitant d'atteindre l'intervalle du trait.

Lorsqu'on présume que les sommités des traits sont dégagées de la gomme qui les recouvrait et qui repoussait l'encre, on essuie avec un linge propre, puis on passe le rouleau à l'encre de conservation jusqu'à ce que toute la pierre en soit noircie. Ensuite on jette quelques gouttes d'eau et on procède comme pour l'encrage des lignes grises. Il reste bien, par-ci par-là, dans les intervalles des traits quelques petites raies provenant de la pierre-ponce, mais il est facile de les faire disparaître, parce qu'elles ne se montrent que dans les blancs assez espacés, à moins toutefois qu'on n'ait opéré sur une pierre tendre et qu'on ait poncé trop long-temps.

Cette opération, appelée par Senefelder *Aufschleiffen*, conduite avec adresse, restaure complètement le dessin dont on peut tirer ensuite tel nombre d'épreuves qu'on désire.

Observations générales.

Dans tous les cas d'estompe, d'empâtement, de bavochure, de taches, etc., il faut avant tout rechercher la cause première, et procéder d'abord suivant le besoin par un surcroît de propreté dans les éponges, par l'emploi d'encres plus serrées, de vernis plus fort, par une mouillure plus modérée. Ce sont les premiers moyens à employer, les plus prudents et aussi les plus efficaces. Bien que nous les indiquions, nous sommes peu partisans de ces petites ressources ou *secrets*, dont le moindre inconvénient est de faire perdre beaucoup de temps, et qui ne valent pas tous ensemble la simple méthode d'agir avec discernement.

On fera bien aussi, lorsqu'on reconnaîtra que la pierre, s'il s'agit de travaux à l'encre, conserve des tendances à s'empâter ou à se couvrir de taches, d'en faire des reports. On économise ainsi du temps et de l'argent.

RETOUCHES APRÈS ACIDULATION.

A l'article impression se rattache encore la question retouche que nous n'avons pas épuisée. En effet, après les épreuves d'essai comme aussi après un certain nombre d'un tirage mal dirigé, ou bien encore comme conséquence d'un des accidents que nous venons de signaler, il arrive que le dessin a besoin d'être retouché ou ravivé dans quelques parties que nos moyens ordinaires n'ont pu ramener à la vigueur; il faut alors avoir recours à la *retouche*.

Le moyen dont nous nous servons ordinairement est de faire tirer deux épreuves sur papier humide, et sans encrer la pierre que nous laissons sécher; puis nous faisons la retouche au crayon ou à l'encre, nous gommons, et nous tirons les épreuves sans laver à l'essence. Si, ce qui arrive quelquefois, le crayon ne tient pas, nous recommençons, et dans ce cas nous tirons les épreuves qui servent à décharger la pierre sur du papier mouillé avec de l'eau légèrement alunée.

CORRECTIONS OU CHANGEMENTS.

Pour les travaux à l'encre nous avons le grattoir, et la pierre-ponce pour supprimer la partie qu'on veut remplacer; mais pour le crayon, le moyen de grenage avec une petite molette est très-difficile : nous lui préférons un des moyens suivants, qui n'altèrent en aucune façon le grain de la pierre, et qui réussissent toujours quand on procède avec adresse.

On fait mettre la pierre à l'encre de conservation d'abord ; on enlève ensuite avec précaution les parties à changer, en se servant d'un petit tampon de linge ou d'un pinceau trempé dans l'essence ; on lave. On passe ensuite sur la partie effacée un mélange d'acide acétique (vinaigre de bois) et d'eau, ou laisse agir un instant, on lave encore, et la pierre étant sèche on fait la retouche. On prépare avec la gomme acidulée.

Malgré les soins et l'adresse qu'on apporte dans ce procédé, il arrive assez fréquemment d'avoir une sorte d'auréole en blanc lorsque l'acide a touché les parties environnantes de la correction, et en noir lorsque c'est l'essence qui a un peu débordé. Comme résultat, nous préférons de beaucoup le procédé de M. Chevalier, dont voici la description :

On fait fondre dans deux fois son volume d'eau 30 ou 40 grammes de *potasse caustique* ; puis à l'aide d'un peu de charpie fixée au bout d'un morceau de bois, sous la forme d'un pinceau, on étend la liqueur sur la partie du dessin à effacer, en prenant bien garde de ne pas déborder. Une heure après, on enlève la potasse avec une éponge humide. Si le dessin est fortement coloré, on fera bien de répéter l'opération, quoiqu'on n'aperçoive plus aucune trace ; cette fois on lave à grande eau et on laisse sécher. Dans un grand nombre de cas, on accélère l'effaçage en frottant le dessin avec le petit pinceau ou une petite spatule en bois ; mais qu'on se garde bien d'y toucher avec les doigts ou les ongles, si l'on ne veut pas se faire d'horribles brûlures.

La pierre ayant repris son état primitif, car la potasse n'a d'action que sur le corps gras, on fait le dessin ou les écritures que l'on désire, et l'on prépare comme une pierre neuve. Le tirage des épreuves ne présente pas plus de difficultés que celui des autres pierres.

On a prétendu à tort que la potasse détruisait le grain de la pierre, qu'elle l'aplatissait ; nous nous sommes assurés du contraire en lavant à l'essence toute la pierre. Scrupuleusement comparées à la loupe, la partie conservée et celle qui a été effacée ont été parfaitement identiques. Ce qui aura pu donner lieu à supposer à la potasse une action destructive sur la pierre, c'est l'affaissement ou plutôt l'usure du grain après un certain nombre d'épreuves, usure variable suivant la qualité de la pierre, la nature du travail et l'habileté de l'imprimeur. Il est facile de se convaincre de ce fait en examinant avec attention l'état général d'une pierre grenée qui a supporté un long tirage, on remarquera que le grain n'est plus aussi serré, que les arêtes sont émoussées ; ce qui nous fait supposer que cette usure peut bien être la cause de la perte de cette fraîcheur des dessins, que l'on ne trouve guère que dans le commencement du tirage.

TIRAGE DES CARTONS ET PAPIERS PORCELAINE.

L'impression des papiers et cartons porcelaine, des papiers glacés ou satinés exige quelques soins spéciaux qu'il convient de classer dans un article à part.

Le carton porcelaine est d'origine allemande ; il se fabrique aujourd'hui en France avec un grand succès, et si nos fabricants n'ont pu encore surpasser nos voisins d'outre-Rhin par la beauté de leurs produits, ils leur font une rude concurrence sous le rapport des prix.

Ce carton est recouvert de plusieurs couches de blanc d'argent et de colle auxquelles on donne un aspect brillant par un moyen mécanique. Cette composition le rend extrêmement sensible à l'humidité à laquelle il faut éviter de l'exposer sous peine de le voir se piquer en très-peu de temps.

Pour diviser les feuilles de carton on les coupe à l'aide d'une règle et d'un canif ou avec une forte paire de ciseaux, car on ne peut plier les feuilles sans écailler la couche blanche qui les recouvre.

La plupart des cartons porcelaine ne peuvent supporter la mouillure que l'on donne ordinairement aux papiers avant l'impression, parce que souvent, dans ce cas, le blanc du carton reste adhérent sur la pierre. On est donc obligé de les imprimer à sec, ce qui est encore un autre inconvénient, puisque dans cet état il faut employer une très-grande pression et n'obtenir encore que des épreuves imparfaites. Il est donc de toute nécessité de faire un bon choix et de prendre un carton qui puisse sans danger être intercalé dans du papier humide, y rester tout au plus une dixaine de minutes pour être tiré comme le carton ordinaire.

Au fur et à mesure de l'impression, il faut étendre les épreuves ou les intercaler dans du papier de soie, et éviter tout frottement des unes contre les autres.

Le carton porcelaine est ou mat, c'est-à-dire simplement revêtu de couches de blanc, ou brillant. Les imprimeurs en taille-douce préfèrent le premier, comme se prêtant beaucoup mieux à l'impression, le poli du cuivre d'ailleurs lui donne déjà un certain éclat en sortant de la presse ; mais les lithographes doivent prendre celui qui est brillant comme étant plus facile à traiter.

Après le tirage, le carton a perdu une partie de son éclat que l'on cherche à lui rendre par des modes différents. Celui qui est le plus généralement adopté, parce qu'il n'exige aucun matériel, consiste à frotter les cartes une à une, bien entendu, lorsque l'encre est séche, avec la paume de la main, si la peau en est fine et séche, ou bien avec un tampon de vieille mousseline ou de vieux foulard. On peut, pour faciliter le glissement du tampon et hâter le brillant, saupoudrer le carton avec un peu de talc en poudre [1].

Mais ce qui est incontestablement préférable, c'est une presse ou laminoir composée de deux petits cylindres en acier, mis en mouvement par une forte manivelle ou un volant, et entre lesquels on fait passer sur une planche d'acier poli [2], les cartes imprimées et parfaitement séches à une ou deux fortes pressions.

A défaut de cette presse, on peut se servir de la presse lithographique ordinaire, sur laquelle on cale une pierre pour servir de support à la planche d'acier. Dans ce cas, pour ne pas s'exposer à crever un châssis, on se sert d'un morceau de vieux châssis que l'on pose sur la carte en guise de maculature. Si l'encre d'impression n'était pas complétement sèche et qu'elle décalquât sur l'acier, il faudrait ne pas négliger de faire disparaître ce décalque, soit avec un chiffon imbibé d'essence, soit avec un peu de blanc d'Espagne ou du rouge d'Angleterre réduits en poudre, ce qui augmente encore le poli de l'acier.

Comme les cartons, les papiers de même genre et les papiers glacés exigent les mêmes soins ; ils ne peuvent être tirés qu'à l'état de siccité complète et n'être margés sur la pierre que lorsqu'elle a perdu par l'action du rouleau ou par un moyen de ventilation quelconque, toute apparence d'humidité. Quelques sortes des papiers dont nous parlons, fabriqués avec de mauvaises colles ou pour être destinés à d'autres usages que la lithographie, s'arrachent au tirage, c'est-à-dire que la couche glacée ou brillante reste adhérente sur la pierre ou sur les traits. L'humidité de la saison ou du lieu où sont renfermés ces papiers peuvent être cause de cet accident : c'est à l'imprimeur à le prévenir.

[1] Le *talc* est une sorte de pierre luisante, écailleuse, transparente. Le talc paraît graisseux au toucher, quoiqu'il soit sec, de couleur argentine, tirant sur le verdâtre. Cette pierre est connue dans le commerce sous le nom de *craie de Briançon* et sert à favoriser l'entrée du pied dans les bottes.

[2] Ces planches d'acier sont planées, trempées et brunies avec soin. Lorsqu'on cesse de s'en servir, il faut les essuyer avec précaution et les couvrir d'une couche mince de suif, ou mieux de cire que l'on étend en faisant chauffer légèrement la planche. Le suif ne préserve pas toujours de l'oxidation qui détruit complétement le poli de l'acier.

IMPRESSIONS AU MOYEN DE FEUILLES D'OR.

Tout le monde connaît ces feuilles de métal, si minces, d'un éclat si brillant, dont on fait un usage si fréquent aujourd'hui pour dorer nos appartements et nos meubles. Ces feuilles, répandues dans les arts et l'industrie sous le nom de *feuilles d'or*, n'ont d'autre analogie avec ce métal que la couleur. C'est simplement une combinaison de cuivre, laminé avec beaucoup de perfection et amené sous le marteau à un tel état de ténuité, que le souffle le plus léger suffit pour les faire voltiger. Ces feuilles se vendent par petits cahiers ou livrets de quelques centimètres carrés, et dont le prix varie à l'infini suivant le degré de pureté de l'alliage.

L'emploi de ces feuilles de métal est aujourd'hui fort en vogue ; quelques maisons à Paris font une spécialité des impressions dorées, qu'elles exécutent pour les éventaillistes, les marchands de vin de Champagne, les articles d'imagerie et de confiseurs. Grâce à la concurrence, le prix de ce genre d'impression n'est guère plus élevé que celui du tirage en noir, malgré les soins qu'exige ce travail, abstraction faite du coût de la main-d'œuvre.

L'impression au moyen de feuilles d'or exige une encre particulière, d'une couleur analogue à la dorure qui doit la recouvrir, et en même temps d'une adhérence suffisante pour la retenir. Cette encre se nomme *mordant ;* nous en avons donné la composition page 180.

Le mordant ne doit être employé qu'en petite quantité à la fois sur le rouleau ; le défaut de cette précaution expose à des empâtements auxquels il faut apporter un prompt remède. Chaque fois qu'il suspend son tirage, l'ouvrier aura soin de laver sa pierre et de l'encrer au noir.

Lorsque l'épreuve destinée à être dorée est relevée de la pierre, on la pose sur une table placée à côté de la presse et on la couvre de feuilles d'or, en s'aidant pour mettre ces feuilles d'un petit pinceau à l'usage des doreurs, fait avec quelques poils de blaireau serrés entre deux cartes. Ces poils, passés légèrement sur les cheveux ou sur la joue de la personne qui *couche* les feuilles de métal, acquièrent assez d'attraction pour les retenir dans un degré de tension convenable et les porter sur l'impression. Cette opération exige une grande habitude, car le moindre souffle enlève l'or ; d'ailleurs, il s'attache si facilement aux doigts, qu'il est presque impossible de le manier sans briser les feuilles. Ce n'est pas que cette disposition à se déchirer soit un obstacle à l'impression dorée, puisque les trouées de ces feuilles peuvent être bouchées par de petits fragments de métal ; mais il en résulte une perte considérable de temps et de matière. Le chevauchement d'une feuille ou d'une partie de feuille sur l'autre ne nuit nullement à la beauté de l'impression, car le mordant ne peut atteindre qu'une seule feuille.

L'or étant étendu sur l'épreuve, on le couvre d'une feuille de papier propre, sur laquelle on presse la main pour faire adhérer l'or au mordant. Dans quelques cas on fait subir une pression à ces deux feuilles, en les plaçant sur l'épreuve suivante en guise de maculature. Ce n'est que le lendemain ou le surlendemain, si la livraison de l'ouvrage peut être différée, qu'on dégage l'épreuve du superflu de métal, en la frottant légèrement avec un morceau de mousseline fine ou plutôt de flanelle.

Pour donner plus d'éclat à la dorure, on peut glacer les épreuves comme nous l'avons recommandé pour les cartes porcelaines; mais ce moyen n'est praticable que pour les petits formats.

Ce genre d'impression demande un dessin largement traité. Des détails minutieux viennent presque toujours mal, et pour ressortir avec quelque valeur, le papier destiné au tirage doit être porcelaine ou tout au moins du papier glacé.

IMPRESSION AVEC LE BRONZE [1].

Les ressources de l'impression en or ne se bornent pas au seul procédé que nous venons de décrire. L'emploi des poudres dorées permet d'appliquer ce genre de tirage à un très-grand nombre de travaux.

[1] Avant de passer outre, disons un mot sur la nature de ces poudres et sur leur fabrication. Dans les pays ou se préparent les *feuilles d'or*, particulièrement à Furth et à Nuremberg, on utilise les débris de ces feuilles en les réduisant en une poudre presque impalpable, qui se vend dans le commerce sous le nom d'*or en poudre* ou de *bronze*. Les débris dont nous parlons sont mêlés avec une certaine quantité de sirop ou de mélasse étendue d'eau, broyés avec soin sur un marbre et réduits en pâte comme les couleurs, cette pâte est ensuite jetée dans un grand vase rempli d'eau, délayée par agitation et que l'on vide dans une longue caisse inclinée et divisée par compartiments. Les parties les plus grossières du métal se déposent dans les premières divisions de la caisse, tandis que les plus légères, restant plus long-temps suspendues dans l'eau, vont prendre place suivant leur degré de ténuité dans les compartiments les plus éloignés. Cette opération que l'on répète pour les bronze les plus fins, a aussi pour but de les dégager des substances visqueuses dont on s'est aidé pour les broyer.

Ce genre de fabrication ne se fait avec quelque économie qu'en Allemagne, car les bronzes de Paris, quoique peu supérieurs à ceux-ci, sont extrêmement chers.

Il y a des bronzes de différentes nuances : *or orangé* ou *jaune, citron,*

L'impression dorée avec le bronze n'offre pour ainsi dire aucune difficulté, soit qu'on tire les épreuves avec de l'encre ordinaire, soit qu'on se serve de mordant coloré, ce qui est mieux ; l'application de la poudre est toujours la même. Dès que l'épreuve est tirée, on la place sur une surface plane et on la frotte bien légèrement avec une petite pelotte de coton cardé imprégnée de bronze, ou bien avec un petit pinceau de blaireau, si la place qu'on veut dorer se trouve trop circonscrite. A moins que le papier ne soit très-humide et d'un grain grossier, l'encre seule reçoit le bronze. Pour compléter l'opé- ration, on essuie l'épreuve avec un autre flocon de coton, ce qui la débarrasse des molécules inutiles de métal.

A moins que ce ne soit pour des ouvrages excessivement com- muns, il n'y a pas d'économie à employer du bronze à bas prix, parce que les parties fines seules de ces poudres s'attachent à l'im- pression, et il ne reste ensuite qu'un résidu grossier dont on ne peut tirer aucun profit.

La variété des couleurs du bronze, sa disposition à se fixer sur les épreuves nouvellement tirées, même avec les encres ordinaires d'impression, soit noires, soit de couleurs, permettent de varier à l'infini ses applications et de donner aux épreuves plusieurs cou- leurs d'un seul tirage. Ce travail, que nous pouvons appeler une récréation est très-simple ; il consiste à distribuer la poudre métal- lique à l'aide de petits pinceaux ou de petits tampons de coton pro- portionnés aux parties de l'épreuve que l'on veut enluminer ainsi. Aucunes règles précises ne peuvent être données sur les divers cas où l'on peut faire usage de cette ressource ; le goût du lithographe est le seul guide compétent sur cette matière.

Ainsi que pour les épreuves dorées avec l'or en feuilles, on aug- mente le brillant de celles-ci en les passant sur une planche d'acier poli, et les résultats ne sont véritablement satisfaisants que lors- qu'on emploie pour ces impressions des papiers porcelaines ou glacés.

L'emploi des matières métalliques exige de la part des ouvriers lithographes quelques précautions hygiéniques. L'aspiration répétée des parcelles de métal dont la base principale est le cuivre, et par conséquent son absorption dans les intestins, sont un poison dan-

vert anglais ou pâle, rouge dit feu, et enfin le blanc en argent ou imita- tion.

Le bronze est vendu par petits paquets de 30 grammes et son prix varie suivant la qualité, depuis 5 francs jusqu'à 350 francs le demi-kilog. Ceux qui remplissent le mieux tout à la fois les meilleures conditions d'économie et de qualité, sont dans les prix de 30 à 80 francs; pour l'argent, cependant, il y a peu d'infériorité possible, il vaut 190 francs le demi-kilog.

gereux ; aussi les personnes long-temps exposées à cette poussière éprouvent-elles de fréquentes coliques, et trop souvent des vomissements douloureux. Or, pour ne pas provoquer la poussière du bronze, il faut prendre quelques précautions, soit en l'étendant sur les épreuves, soit en l'essuyant. Nous engageons donc les personnes qui *couchent* les feuilles ou qui *bronzent* à tenir devant la bouche et le nez un léger mouchoir en forme de bâillon, de ne reprendre haleine, autant que possible, que hors de portée de la poussière qu'elles font en travaillant, et de faire un fréquent usage de lait.

IMPRESSION DE LA GRAVURE.

Le tirage des pierres gravées ne présente pas de difficultés sérieuses dès qu'on a acquis une certaine pratique, alors surtout que le travail du graveur a été fait avec pureté et dans les conditions que nous avons indiquées.

Avant d'encrer la pierre pour la première fois, l'imprimeur doit s'assurer si les effaçages sont secs et si la pierre n'est pas humide. Pendant l'hiver et les temps humides, il convient de l'approcher quelques instants du feu. On la place ensuite sur une table ou sur une presse, et on la couvre entièrement d'huile de lin, en s'aidant de la paume de la main ou d'un petit tampon de vieux linge fin.

On laisse l'huile pénétrer dans les tailles pendant une demi-heure dans les conditions ordinaires, et jusqu'à ce que la pierre soit complétement refroidie lorsqu'elle a été chauffée. Cette précaution est excessivement importante, car on s'exposerait à salir le dessin.

On lave ensuite la pierre avec un linge mouillé, puis on étend l'encre avec un tampon formé d'une tablette de bois, dressée convenablement d'un côté, ayant la forme et les dimensions d'un serre-papier ordinaire. Le dessous est recouvert de deux morceaux de vieux drap fixés sur l'épaisseur du bois, soit avec de petits clous ou avec une ficelle qui s'enchâsse dans une rainure pratiquée à cet effet autour de la tablette.

L'encre dont il est question ici consiste en encre ordinaire d'impression, à laquelle on ajoute au moment de s'en servir un peu d'essence de térébenthine, très-peu de gomme arabique (épaisse et passée préalablement dans un linge fin), et un peu d'huile lorsqu'il s'agit d'imprimer des choses fines, telles que de l'anglaise et des lignes ou dessins faits par la machine à guillocher. Les quantités d'encre, de gomme, d'essence et d'huile, ne peuvent se déterminer dans un livre ; elles sont subordonnées au genre de travail, à la température, à l'état même de la pierre. Eviter surtout d'employer de la gomme qui serait aigrie.

L'encrage du premier tampon laisse le plus souvent une certaine quantité d'encre sur la pierre, que l'on essuie légèrement avec un second tampon plus propre, de même nature que le premier, et qu'il est essentiel de nettoyer une ou deux fois par jour, en raison de la quantité de noir qui a pu s'y attacher.

L'impression avec des couleurs se fait de même en broyant le bleu, le rose, le vert, etc.; avec le vernis faible, en ajoutant au moment du tirage très-peu de gomme, très-peu d'huile, et encore moins d'essence que pour le noir. Si la pierre n'a pas été parfaitement polie, il arrive souvent qu'en imprimant en bleu, la couleur adhère tellement à la pierre qu'on est obligé d'y renoncer.

Un grand nombre d'ouvriers remplacent avec avantage le premier tampon par une brosse douce, dont on obtient de très-bons résultats [1].

D'autres se servent d'un rouleau au lieu d'un second tampon, et quelques-uns enfin d'un simple rouleau, comme pour la lithographie en relief; mais ce moyen n'est possible que pour une gravure peu profonde et peu colorée. Dans ce dernier cas, on choisit un bon rouleau bien garni de flanelle et d'encre ordinaire d'impression. Nous avons vu également imprimer les pierres incisées avec une série de tampons en toile usée, selon la méthode des imprimeurs en taille-douce. Ce système est long et nous ne le conseillons pas, malgré que nous en ayons obtenu de bons résultats, surtout pour les ouvrages qui exigent beaucoup de vigueur.

Le tirage de la gravure exige une très-grande propreté, par cela même qu'il est plus salissant que les autres genres d'impression. Il faut laver souvent les éponges, prendre garde qu'aucun corps dur ne s'attache au tampon, et renouveler entièrement l'encre chaque jour.

Il est important que le papier soit trempé à point, c'est-à-dire longtemps à l'avance, et un peu plus humide que pour le tirage des ouvrages à la plume ou au crayon. Une forte pression, un garde-main moëlleux, sont encore des conditions nécessaires pour un bon tirage.

Nous allons maintenant indiquer quelques accidents qui ne se présentent que trop fréquemment, ainsi que les moyens pour les réparer.

---

[1] L'ouvrage intitulé *Flora fluminensis*, composé de 1,700 planches tirées à 3,150 exemplaires chacune, fut tirée à la brosse. Plusieurs ouvriers avaient acquis une telle habileté dans ce genre de tirage, moitié mécanique, moitié chimique, qu'ils tiraient plus de 6,000 épreuves par semaine, format demi-jésus.

Plusieurs titres et enveloppes ont été tirés à plus de 33,000 épreuves sans avoir été sensiblement altérés.

Empâtement et lourdeur des épreuves.

L'empâtement ne doit pas être confondu avec la lourdeur des épreuves, qui n'en est souvent que le précurseur.

La lourdeur donne un aspect mat aux épreuves ; elle a pour cause une mouillure trop considérable, l'emploi d'une couleur trop liquide ou en trop grande quantité dans le tampon. On remédie à la lourdeur en diminuant la quantité d'encre, en la rendant plus compacte, et en essuyant chaque fois la pierre avec soin. En persistant au contraire avec les mêmes éléments défectueux on arrive à l'empâtement, qui a pour résultat la perte totale du travail, s'il n'y est apporté un prompt remède.

Lorsque l'empâtement n'a pour cause qu'un excès de liquidité de l'encre, il cède facilement au lavage de la pierre à l'essence et à la gomme, et à l'encrage d'une couleur plus dense. Lorsqu'on l'a ainsi nettoyée et tiré quelques bonnes épreuves, il est prudent de la laisser un peu reposer sous gomme.

Mais si l'empâtement a été négligé, qu'on ait abandonné la pierre alors qu'elle était dans cet état, cela présente plus de difficultés, et l'expérience doit venir en aide. Le premier soin est de la laver à l'essence et à la gomme, d'en tirer quelques épreuves sur du papier peu humide, pour qu'il n'enlève pas toute l'encre du fond des tailles, d'employer pendant quelque temps de l'encre très-serrée ; le second, si l'on ne voit pas d'amélioration, consiste à mettre la pierre à l'encre grasse d'une manière bien complète, puis de frictionner sa surface avec un morceau de drap propre, imprégné autant que possible de gomme, observant de biaiser le mouvement de la main sur les lignes droites, et avec la précaution de ne pas dépouiller les tailles. Puis, en se baissant, on s'assure si l'eau prend bien autour des tailles, on tire quelques épreuves pour juger de l'amélioration, et dans le cas contraire on joindrait à la gomme du drap un acide très-léger, tel que du vin blanc, et même une très-petite quantité d'acide largement étendu d'eau. Le repos de la pierre sous gomme est toujours nécessaire après ces opérations.

Ce repos est dans quelques cas considéré comme un troisième moyen de désempâtement, surtout quand on a la précaution d'employer la gomme assez épaisse et de l'étendre avec la paume de la main. Il est peu de lithographes qui n'aient reconnu que la pierre se fatigue, qu'en la laissant une ou plusieurs journées sans la tirer, elle acquiert une nouvelle vigueur, due soit à l'action de la gomme, ce qui est probable pour nous, soit aux changements de mains de l'ouvrier, soit enfin à la différence qui peut exister dans la manutention de la veille au lendemain.

Lithographie. 29

Dépouillement.

Il arrive quelquefois qu'une imprudence dans l'emploi de l'acide ou d'une encre trop compacte fait disparaître tout ou partie de l'écriture ou du dessin sur les pierres incisées. L'usage de la gomme aigrie, une quantité considérable d'essence dans l'encre, la mouillure exagérée, trop peu d'encre sur le tampon, etc., amènent une pâleur considérable dans les épreuves, et a pour conséquence le dépouillement des traits. Lorsque cet accident est le résultat d'une ou de plusieurs de ces causes, il suffit de les faire cesser pour les réparer ; mais lorsque le dommage provient de l'acide, il faut essayer d'abord, s'il est partiel, d'introduire dans les tailles de l'encre de conservation avec un peu de drap que l'on refoule à l'aide d'un petit morceau de bois. Ce moyen doit être employé avec précaution pour ne pas empâter la pierre ou la rayer. Lorsque les tailles sont remplies de cette encre, si la surface de la pierre est malpropre, on la nettoie en la frottant avec le même drap imbibé de gomme ou seulement d'eau. Dans la saison froide on peut approcher un instant la pierre du feu pour la disposer à recevoir l'encre.

On peut encore, pour faire revenir la gravure dépouillée, mouiller la pierre avec de l'eau légèrement savonneuse. Bientôt après la pierre prend un ton sale et voilé, et les tailles se dégarnissent surtout quand on diminue dans l'encre la dose de gomme et qu'on ajoute quelques gouttes d'huile. L'emploi de ces deux moyens, surtout de l'eau savonneuse, doit cesser dès que le résultat désiré est obtenu, et nous conseillons particulièrement de laisser en repos la pierre, aussitôt qu'on sera parvenu à tirer quelques bonnes épreuves.

CHAPITRE XIV.

IMPRESSION EN COULEURS OU CHROMOLITHOGRAPHIE.

Considérations générales.

L'impression lithographique en couleurs, encore presque ignorée aujourd'hui, quoiqu'elle ait déjà produit des résultats fort remarquables, acquerra à notre avis une telle importance, qu'elle deviendra peut-être un jour un art distinct de la lithographie.

L'impression en couleurs, proprement dite, n'est pas une invention aussi moderne qu'on le croit généralement. Les premières éditions typographiques avaient des titres ornés de lettres bleues ou rouges, et si à cette époque les imprimeurs n'avaient pas comme aujourd'hui un repérage aussi parfait, c'est qu'ils n'y attachaient pas probablement la même importance; car nous n'avons presque rien changé à leur système, si ce n'est beaucoup plus de précision.

En 1722, J.-Ch. Leblon publia une méthode d'imprimer en couleur, qu'il qualifia du titre de : *Nouveau genre de peinture*. Cette méthode consistait à représenter un sujet quelconque avec trois couleurs, quelquefois quatre, avec un égal nombre de planches gravées et repérées avec assez d'adresse pour qu'on ne s'aperçût pas après l'impression de la manière dont le travail était fait.

Avant Leblon, on connaissait, en taille-douce, le procédé, dont on se sert encore aujourd'hui, d'imprimer en couleur au moyen de petits tampons ou de petits pinceaux pour encrer la planche.

La lithographie ayant paru au commencement de ce siècle, Senefelder, qui en avait prévu toutes les ressources et fait toutes les applications, s'occupa aussitôt d'impression en couleurs avec plusieurs pierres qu'il appela *Farbendruck*. Nous en trouvons la première preuve dans un mémoire de M. Marcel de Serres, publié dans les *Annales des arts et manufactures* en 1814. Dans son *Traité de lithographie* publié en 1819, l'inventeur entre dans certains détails, et quoique sa description ne soit pas très-précise, on peut reconnaître les procédés dont nous nous servons aujourd'hui. Déjà, en 1817, il avait été publié à Vienne les costumes des armées impériales; plus une lithographie formée de trois pierres comportant ensemble un développement de 1,50 c. de large sur 1,00 c. de haut tirée avec onze teintes, ce qui faisait trente-trois pierres à repérer. Cette planche, qui eut un grand succès, représentait la foire de Bulgarie. Deux exemplaires apportés à Paris par Senefelder et M. Knecht furent offerts l'un au comte Siméon, l'autre au duc d'Hauterive.

En 1828, la société d'encouragement ouvrit un concours pour résoudre cette question, et proposa un prix de 2,000 fr. En 1830, trois concurrents se présentaient : c'étaient MM. Quinet, Desportes, Knecht et Roissy. Ils n'avaient pas vidé la question [1] qui resta au concours. Ceux qui s en étaient occupés luttèrent vainement contre les difficultés, tandis que G. Engelmann perfectionnait le système de Senefelder : il évitait l'allongement des épreuves par l'emploi du pa-

---

[1] La description de leurs procédés a été publiée dans le *Lithographe*, tom. II, pages 22, 57 et suiv.

pier sec ; il confectionnait un nouveau châssis à repérer, et le 31 juillet 1837, il prit un brevet d'invention de dix ans. Il présenta la même année à la société d'encouragement des épreuves de dessin au crayon, coloriées par impression, dans lesquelles le repérage comme la fraîcheur des couleurs étaient parfaits. Le prix lui fut décerné.

Engelmann nomma son procédé *chromo-lithographie,* c'est le nom que nous lui conserverons ; ayant trouvé beaucoup de difficultés dans la recherche d'artistes disposés à étudier ce genre de travail, dans celle encore plus grande de tirer du crayon sur du papier sec, satiné et durci par des tirages successifs, Engelmann renonça aux ouvrages d'art, proprement dits, pour ne s'occuper que de ceux qu'on pourrait exécuter au moyen de teintes et du travail à l'encre.

C'est sur ce terrain, à quelques rares exceptions près, qu'est placée aujourd'hui la chromo-lithographie (par abréviation, on dit généralement dans les ateliers *chromos*. Nous bornerons là l'historique de cet art nouveau, car nous aurions trop de noms honorables à citer, et nous ne nous occuperons que de la description des procédés, dont les détails seront sans doute bien succincts, à notre gré et peut-être même au désir de nos lecteurs ; mais cette méthode d'impression, nous le répétons, a un tel avenir que nous ne devons pas anticiper, et mettre un frein à une impatience commune.

Pour la clarté de la démonstration, nous avons divisé cet article en trois parties :

1° Travail du dessinateur et de l'écrivain ;
2° Confection des encres d'impression ;
3° Tirage.

Exécution des dessins ou écritures.

A moins d'avoir acquis par l'expérience la connaissance exacte des effets de la superposition des couleurs et des combinaisons dont on peut tirer parti par l'ordre suivi dans le tirage des pierres, il faut, avant tout travail sur la pierre, exécuter une aquarelle assez achevée du dessin qu'on veut reproduire, et faire sur ce premier travail les changements ou additions dont il est susceptible.

On fait ensuite sur une pierre poncée et à l'encre, un trait bien arrêté de cette aquarelle. Quoiqu'il ne soit pas nécessaire que ce travail ait beaucoup de perfection, il faut néanmoins que les contours soient bien indiqués, que tous les détails qui peuvent donner lieu à un changement de couleur ou même de nuance soient accusés, sans omettre ni les écritures, si elles doivent être en plusieurs couleurs, ni les repères surtout, c'est-à-dire deux lignes se coupant à angles droits et passant par le centre de la composition.

Sur les pierres partielles de chaque couleur, on ne conserve que les extrémités ou simplement un point de ces lignes.

Lorsque les épreuves ont été corrigées, on en tire sur du papier sec et laminé autant d'exemplaires qu'on se propose d'employer de tirages différents ; ce nombre peut varier de trois à dix, vingt, etc.

Ces épreuves sont immédiatement décalquées sur autant de pierres poncées et préparées pour le dessin à l'encre, et autant que possible de dimension et d'épaisseur uniformes. Le décalque doit être fait d'une seule pression et sans mouiller le papier. Il faut qu'il soit assez complet pour qu'il ne puisse y avoir d'équivoque ni de tâtonnement de la part du dessinateur. Nous avons oublié la recommandation de ne tirer ces épreuves qu'avec une encre très-peu adhérente pour ne pas être exposé à voir reparaître au tirage comme report le trait décalqué.

L'art du dessinateur chromographe ne se borne pas seulement à l'exécution matérielle, mais il s'étend à la connaissance des effets que doit produire l'impression par les superpositions des couleurs et des ressources qu'offre la combinaison de telle couleur avec telle et telle autre, à savoir enfin produire le plus de tons et de nuances avec le moins de pierres possible.

Quoique, à notre avis, l'expérience soit sur cette matière le meilleur guide, nous n'hésiterons pas, néanmoins, à tenter de mettre sous les yeux de nos lecteurs quelques indications qui pourront être utiles à ceux qui n'auraient jamais fait d'impression en couleur.

Lorsque par la pratique on a acquis la certitude de ne pas douter des résultats qu'on veut obtenir, on peut sans doute faire, sans conserver d'ordre, toutes les pierres et en confier même l'exécution à plusieurs dessinateurs. Mais, dans le cas contraire, on fera bien de colorier les épreuves qui ont servi au décalque, en indiquant seulement sur chacune d'elles une seule couleur, et de faire ensuite les pierres dans l'ordre qui doit être suivi pour le tirage. Cet ordre qu'on ne peut intervertir sans inconvénient, inconvénient que nous signalons à l'article impression, est adopté de la manière suivante : nous le donnons dans sa plus grande extension, puisqu'on peut faire des impressions en couleurs assez passables avec cinq ou six pierres.

1° Bleu foncé poudré ;

2° Bleu clair poudré ;

3° Bronze or ;

4° Bronze feu ou argent ;

5° Bleu moyen imprimé ;

6° Jaune ; cette couleur peut être nécessaire deux fois, l'une pour donner des effets de lumière à l'or : dans ce cas on la tire avant le bronze ; l'autre, d'une nuance différente, pour servir aux divers jeux des couleurs ;

     7° Vert ;

     8° Chair ;

     9° Rose ;

     10° Rouge ;

     11° Teinte neutre ;

     12° Brun ;

     13° Noir.

Dans quelques cas il peut devenir nécessaire de multiplier certaines couleurs, notamment le vert, le rouge et la teinte ; mais dans les impressions ordinaires du commerce et de l'imagerie, on se borne aux couleurs de bleu en poudre , bronze or ou argent, vert, rouge et noir.

Nous conseillons de faire tirer au fur et à mesure de la confection des planches des épreuves en couleur, afin de voir les omissions qu'on a pu faire et pouvoir réparer par les pierres suivantes les effets incomplets. On fera bien aussi de garder une épreuve en noir pour se rendre compte de l'effet de la couleur sur les compositions, et pouvoir réparer les avaries au besoin.

On peut quelquefois, mais seulement lorsqu'on a l'expérience pour soi, appliquer à la chromolithographie le procédé des impressions à *deux teintes,* décrit à la suite de ce chapitre. C'est une ressource immense dont nous conseillons d'user en temps et lieu ; elle est bien préférable à l'emploi des pierres dessinées au crayon, dont l'effet est toujours incomplet par plusieurs raisons : la première, parce que le tirage avec des encres de couleurs souvent très-adhérentes, tend à faire estomper le dessin, assez disposé qu'il est déjà ; la seconde, c'est que l'emploi de papier sec et satiné est peu propre à recevoir l'impression. De là empâtement ou écrasement des ombres, et bientôt absence de demi-teintes.

Avant de parler du tirage, faisons connaître les combinaisons des couleurs que nous traiterons aussi brièvement que possible.

Des couleurs.

Le choix des matières colorantes est de la plus grande importance, et l'on serait dans une grande erreur de penser que toutes les substances sont bonnes dès qu'elles se montrent sous l'aspect désiré ; mises en comparaison ou en opposition avec d'autres, on reconnaît bien vite le défaut d'harmonie qui existe entre elles.

Afin d'épargner à nos lecteurs des tâtonnements et des déceptions, nous donnerons quelques détails sur leur composition.

Bleu.

Il est tellement difficile d'obtenir à l'impression le bleu d'une couleur franche, verdit qu'il est par l'addition du vernis, qu'on est obligé, pour avoir des couleurs brillantes, de tourner la question et de le saupoudrer comme les bronzes. En effet, les bleus les plus riches, dits de Prusse, verdissent à l'impression lorsqu'ils sont mis en opposition avec d'autres couleurs, surtout avec le rouge, et quoique mêlés avec du blanc d'argent qui éteint l'effet du vernis et avec une pointe de laque rouge ou de vermillon, ils ne peuvent pas supporter la comparaison avec les outre-mer les plus communs.

De là l'obligation pour la chromos d'avoir recours à deux, quelquefois à trois tirages de bleu, savoir : Un bleu foncé poudré; un bleu clair ou cendré[1], également poudré ; et enfin un bleu moyen imprimé au rouleau. C'est sur ce dernier bleu plus solide que les autres, qu'on fait ordinairement les combinaisons de couleurs superposées.

Comme toutes les couleurs en général, on broie le bleu que nous avons appelé moyen, avec du vernis faible, jusqu'à ce qu'on n'aperçoive pas la plus légère trace de grain. On y ajoute une certaine quantité de blanc pour deux motifs : le premier pour rendre la couleur moins transparente, ce qui est un grand inconvénient dans plusieurs cas, et pour pouvoir l'amener à la nuance nécessaire. On ajoutera, comme nous l'avons dit il y a un instant, une pointe de rouge pour violacer la couleur. Etant bien broyé dans ces conditions, le bleu est une couleur qui se prête assez bien au tirage.

Quant au bleu poudré, non-seulement il y en a du *foncé* et du *clair*, mais de dix nuances différentes ; pour le choix de la teinte, on consultera le dessin à imprimer : mais pour la qualité il ne faut s'en rapporter qu'à des essais préalables. En effet, parmi les outre-mers, il y en est qui bleuissent le papier le mieux satiné, et avec lesquels, par ce motif, il n'est pas possible de faire un travail un peu propre.

L'emploi de l'outre-mer est facile ; on imprime avec du blanc d'argent auquel on ajoute un tiers de mordant et un peu de bleu céleste, dit anglais, dont il faut être avare, car plus cette encre sera

[1] Ces bleus en poudre sont connus dans le commerce sous le nom d'*outre-mer* d'Allemagne, car les plus propres à la lithographie nous viennent en effet de cette contrée. L'*outre-mer* Guimet fabriqué en France, bien supérieur pour des usages dans les arts, se prête mal à l'impression.

colorée par l'outre-mer plus elle aura de transparence. L'épreuve faite, on la saupoudre avec un petit tampon d'ouate de coton saucé dans le bleu, ayant soin de passer partout. Un second tampon de même nature, passé plus légèrement, enlève l'excès de bleu.

Indépendamment de ce premier *essuyage*, on en fait un second avec plus de soin lorsque, quelques jours après, on veut faire le tirage du bronze ou celui du bleu clair quand on en tire.

Blanc.

C'est une chose précieuse en chromos que du blanc de bonne qualité, car on emploie souvent cette substance soit pour tempérer la vivacité des couleurs, soit pour leur donner plus de corps, soit aussi pour leur donner une opacité convenable. Le blanc, le meilleur, et encore faut-il en faire un choix, c'est le plus léger et celui qu'on vend sous le titre de blanc d'argent en grains ou en trochis. Le blanc se broie très-facilement, mais ce n'est pas une raison pour en négliger l'amalgame complet avec le vernis ; nous recommandons au contraire un broiement consciencieux pour cette matière dont l'emploi est si fréquent.

Bronzes.

On a lu à l'article impression avec le bronze, page 309, des détails qu'il est inutile de répéter ici.

Jaunes.

Les jaunes les meilleurs et les plus faciles à broyer, ceux dont le ton est le plus frais, en même temps que le prix en est peu élevé ce sont les jaunes de chrôme. Il y en a de toutes les nuances et de tous les tons, il est donc inutile de les modifier avec du blanc à moins que ce ne soit pour leur ôter un reste de transparence que l'on peut du reste éteindre en les tenant serrés en couleur. Le jaune est employé pour les verts et la couleur de chair : il s'imprime facilement.

Verts.

Le vert est une couleur composée ; on l'obtient de différentes manières selon le ton qu'on veut obtenir, et l'on sait sous combien d'aspects cette couleur se présente dans la nature. Rien de plus simple que de faire du vert, rien cependant n'est plus difficile que d'en obtenir d'une grande fraîcheur. On imprime le vert directement, c'est-à-dire au ton voulu : et pour cela nous n'aurons qu'à indiquer les matières colorantes qui le constitue ; mais on en fait beaucoup aussi par superposition de couleurs et cela exige quelques indications qui du reste ne peuvent être que générales, car le goût et l'intelligence de l'imprimeur viennent mettre leur véto à notre plume.

Nous dirons donc sommairement : on a des verts de différents tons en imprimant le jaune sur les divers bleus ; on en a encore par le même jaune sur lequel vient plus tard le brun ou le noir. Ces derniers verts sont *sales* et ne peuvent guère servir que comme ombre, enfin les verts précités et obtenus par les combinaisons du jaune sur les bleus, du noir et du brun sur les jaunes peuvent encore être modifiés par la superposition du vert au rouleau. Aussi combien de nuances sans multiplier les tirages, que de ressources dans toutes les modifications qui permettent, suivant les lois de l'harmonie des couleurs, de donner des reflets infiniment variés par le contact des autres couleurs.

Entrer dans des détails et donner des règles sur ce sujet serait exposer les lecteurs à de fausses interprétations ou applications, attendu que les circonstances mêmes, ou plutôt les conditions de l'impression viendraient donner parfois un démenti à ces détails et à ces règles. Ainsi, pour en citer un exemple qui peut s'appliquer à tous les cas de couleurs superposées, et à cet égard nous prions nos lecteurs de bien se pénétrer de la simple observation que nous allons faire, bien que notre intention soit de revenir sur ce sujet dans une autre occasion. Supposons donc un vert, composé d'un tirage de jaune sur le bleu que nous avons appelé moyen : ce sera un vert assez peu frais, mais enfin il aura un ton déterminé dans la gamme des couleurs du dessin en général, s'il est imprimé dans les conditions d'un bon tirage et en harmonie avec les autres pierres. Eh bien, que plus tard, ou immédiatement, peu importe, on confie ce tirage en des mains inhabiles, avec les mêmes couleurs et le même papier dont s'est servi le premier ouvrier. Que l'on tire la pierre de bleu très-chargée, lourde, qu'au contraire le tirage du jaune soit tenu léger, maigre, qu'obtiendra-t-on ? un vert-bleu, hurlant de se trouver en désaccord avec les couleurs qui l'accompagnent. Ce qui arrive pour un tirage peut arriver pour une épreuve, pour dix épreuves, et toujours avec les mêmes éléments. On obtiendra donc, à côté de ce vert insupportable, un jaune pâle venant se heurter à côté d'un rose trop vif, d'une rouge passé, et pour compléter le tableau, la pierre de noir tirée peut-être très-lourde sinon empâtée, viendra changer en horrible barbouillage un dessin dont toutes les couleurs avaient été savamment calculées et qui avaient donné de beaux résultats entre les mains d'un habile ouvrier. Voilà pourquoi nous recommandons de bons ouvriers, une surveillance active et intelligente ; voilà pourquoi la chromolithographie, qui semble au premier aspect un passe-temps agréable, n'est en réalité qu'une difficulté permanente. Revenons à notre vert.

On fait du vert avec une couleur toute préparée qu'on vend en grains sous le nom de vert anglais. On en fait également avec du jaune de chrôme pâle et différents tons de bleu, préférablement avec du bleu céleste. On en fait aussi avec de la laque jaune et du bleu avec ou sans addition de blanc. Recommandation est faite de broyer complétement ces matières.

Chair.

Cette couleur est aisée à obtenir. Elle n'est pas d'une importance bien grande, car on s'en dispense facilement pour l'imagerie et l'étiquette ; mais on l'emploie avec avantage, comme fond, pour donner de la valeur aux autres couleurs, pour éteindre la crudité du papier. On la compose de blanc, de jaune, de vermillon ou de laque carminée suivant le cas.

Rose.

On fait cette couleur sans autres mélanges que celui de différentes laques plus ou moins riches, plus ou moins carminées. Le prix qu'on voudra dépenser pour cette couleur en fera la beauté. Broiement complet.

Rouge.

Couleur la plus difficile à obtenir, la plus indispensable, car sans elle un dessin est toujours sans éclat. C'est aussi la couleur la plus chère, quoiqu'elle ne puisse se faire que de deux manières : avec du vermillon seul, ce qui ne donne qu'un ton de brique et commun, ou bien avec du vermillon et de la laque carminée, quand on veut aborder la couleur ponceau. Nous recommandons le vermillon français comme bien supérieur à celui de Chine que quelques-uns préfèrent. Quant à la laque, qu'on ne craigne pas de prendre ce qu'il y a de mieux, si l'on veut un beau rouge. Le carmin, quelle que soit sa qualité ne peut être employé ; quoique bien broyé avec ou sans vermillon, on l'enlève avec l'éponge lorsqu'on mouille la pierre ; on le laverait même dans le vernis tellement il est miscible à l'eau.

Lorsqu'on veut avoir un ton rouge chaud, on tire du rose sous le rouge dont, dans un autre cas, on éteint la vivacité par un dessous de jaune ou d'or au besoin.

Teinte neutre.

Indépendamment de cette teinte, la plus vulgairement employée,

on peut en faire d'une infinité de nuances qui devront nécessairement se trouver en harmonie avec le sujet, pour lequel elles sont
destinées.

La teinte sert quelquefois de fond, d'auxiliaire à une autre couleur
dont elle change la nuance ; elle est particulièrement destinée aux
ombres. Elle se compose de blanc, de bleu et de noir, quelquefois
d'une pointe de rouge, lorsque cette couleur domine dans le
sujet.

Brun.

Le brun peut avoir différents tons, suivant l'occurence ; on peut
employer la terre de Sienne en trochis, la terre de Sienne brûlée,
le rouge anglais pur ou avec une pointe de noir. L'une ou l'autre
des substances que nous avons indiquées avec plus ou moins de
noir, un peu de bleu au besoin, si cette couleur brune est destinée
à remplacer la pierre de noir que l'on supprime fort souvent.

Observations générales.

Les couleurs en général doivent être broyées avec du vernis
faible, sans pourtant les tenir trop compactes, puisque dans
ce cas on serait obligé d'y ajouter du vernis. Pour les conserver
fraîches, on devra, lorsqu'on cesse de s'en servir pour quelques
jours, les couvrir de quelques centimètres d'eau et d'une feuille de
papier ou de carton, afin de les garantir de la sécheresse et de la
poussière qui règnent dans les ateliers de chromolithographie.

Tirage.

Si la tâche du dessinateur chromographe est difficile, celle de
l'imprimeur n'exige ni moins d'intelligence ni moins de savoir. Tel
dessin, bien conçu, bien exécuté, ne sera qu'une image informe
entre les mains d'un ouvrier ignorant. Le choix et le broiement
des couleurs, le repérage, etc., doivent concourir à un tout parfait.
Pour procéder par ordre, parlons des rouleaux, puis de la machine
à repérer.

Rouleaux.

La chromolithographie ne peut être imprimée convenablement
qu'avec des rouleaux dont la peau est tournée de manière que le
côté de la chair soit en dedans ; nous en avons déjà expliqué les
motifs à l'article *rouleaux*. Cette disposition de la peau permet aux
rouleaux d'être lavés avec facilité et de pouvoir étendre uniformé-

ment la couleur sur les grands à plat du dessin qui sont ordinairement le caractère distinctif de ce genre d'impression.

Le rouleau, la table à l'encre, le couteau et la raclette doivent
être l'objet de beaucoup de soins et de propreté. En conséquence,
quand il cesse le tirage, l'ouvrier enlève avec le couteau et la raclette tout ce qu'il peut de couleur, soit sur le rouleau, soit sur
le marbre de la table; il verse une petite quantité d'essence sur le
marbre, il roule dans tous les sens pour délayer l'encre restée adhérente; puis, tenant de la main gauche le rouleau debout sur le
marbre, il le racle avec le dos de la lame du couteau pour en faire
tomber la couleur liquéfiée : enfin, il essuie avec un linge destiné
à cet usage, rouleau, marbre, couteau et raclette. Quand une teinte
colorée restée sur ces objets l'avertit qu'ils ne sont pas parfaitement
nets, il ne doit pas hésiter à les laver de nouveau, surtout s'ils doivent servir à une couleur différente. Il suffit quelquefois d'un
vestige de la couleur précédente pour changer la nuance de la couleur suivante, et conséquemment causer la perte d'un grand
nombre d'épreuves.

Malgré qu'il soit possible de laver complétement les rouleaux,
nous conseillons d'en avoir de spécialement affectés :

1° Au blanc pour le tirage des bleus poudrés ;
2° Au bleu d'impression ;
3° Au jaune et mordant pour bronze or ;
4° Au vert ;
5° Au rose et couleur de chair ;
6° Au rouge ;
7° Aux teintes ;
8° Au brun foncé ou noir.

Machine à repérer.

Depuis qu'on s'est occupé sérieusement d'impression en couleur,
on a inventé plusieurs machines à repérer. La première que fit
Engelmann fut simplifiée par Brisset, et nous devons le dire, c'est
ce modèle qui est le plus généralement employé aujourd'hui.
Cependant, nous ne pouvons passer sous silence les noms de
MM. Gavard, Quinet, Bréval et Verronnais, dont chaque système
de châssis à repérer possède séparément des éléments incontestables de succès, mais que l'expérience n'a pas encore consacré.

Voici la description du châssis Brisset :

Cet appareil *pl.* VI, *fig.* 44, consiste en un cadre de fer forgé *A*,
percé verticalement de quatre trous, jusqu'à moitié épaisseur *N*.
Les boulons *b, b, b, b,* qui se vissent dans ces trous portent sur
deux plates bandes *B, B*, et servent à mettre l'appareil au niveau
de la pierre. Ce cadre est percé en outre horizontalement de huit

trous *a, a, a, a*, dans lesquels sont vissés autant de boulons à tête qui soutiennent et serrent quatre réglettes *H, H, H. H.*

A ce cadre est fixé par des charnières *c, c*, ajustées de manière à ne permettre aucune oscillation au châssis *C*, qui, fermé, repose sur deux tenons *D, D*, dont les extrémités s'introduisent d'environ 3 millimètres dans les cavités *d, d*, pratiquées au châssis.

E,E sont deux bandes de cuivre fort minces, armées de coulisses *e, e, e, e*, qui leur permettent d'être rapprochées ou éloignées selon la dimension du papier. On les rend fixes en serrant le petites vis *i, i, i, i*, avec la clé *F*.

Ces bandes de cuivre sont armées de pointures ou aiguilles *G*, que recouvrent après la pose du papier deux plaques aussi en cuivre *G, G,* lesquelles maintiennent la feuille dans sa position et garantissent les aiguilles de tout choc.

I, I, I, I, sont des tasseaux en bois destinés à remplir l'espace compris entre les pierres et les réglettes *H, H, H, H.* Il y a de ces tasseaux de toute épaisseur, depuis 5 millimètres jusqu'à 6 centimètres ainsi que de plusieurs longueurs.

K, pierre dessinée.

L, clé pour les boulons *b.*

M, clé pour les boulons à tête qui serrent les réglettes *H.*

Fig. 44, Vue perspective de la machine placée sur la presse.

Fig. 45, Plan avec la pierre calée.

Fig. 46, Coupe.

La machine à repérer se place dans le charriot de la presse dont on retire ordinairement les bandes à crémaillères ; on l'assujettit solidement au moyen de cales le plus près possible du châssis.

A l'aide de cartons placés comme d'usage sous la pierre et les boulons *b, b*, on l'élève au niveau des bandes de cuivre, que l'on fait même porter sur la pierre, lorsque la dimension du papier est uniforme à celle de la pierre. Dans ce cas, il faut bien prendre garde que la marge soit suffisante pour que le râteau ne puisse porter sur les bandes; non seulement au moment du départ et du point d'arrêt, mais encore sur la composition. L'exiguité des marges ou la trop grande élévation des bandes, par conséquent des aiguilles, occasionnent le déchirement du papier ou l'agrandissement des trous de pointure.

Dès que cette première disposition de la pierre est prise, on amène sur l'axe des pointures la ligne des repères, observant de mettre le centre du dessin autant que possible à distance égale de ces pointures. Les bandes de cuivre sont alors fixées pour ne plus être dérangées pendant tout le cours du tirage de toutes les pierres. Les cales *I, I*, sont placées autour de la pierre et les réglettes serrées. Pendant cette dernière opération, on s'assure si la position de la pierre est toujours la même par rapport aux repères. Les dévia-

Lithographie. 30

tions que cette position a pu éprouver sont facilement rectifiées par le serrement ou le desserrement de boulons *a, a, a, a*.

Lorsqu'il s'agit du tirage d'une seconde ou troisième couleur, il faut s'aider d'une épreuve que l'on place dans les pointures ; puis en relevant alternativement les angles de cette feuille, on cherche à mettre en rapport les traits des repères qui sont imprimés avec ceux de la pierre. Les boulons *a, a, a, a*, ne se serrent définitivement que lorsqu'on s'est assuré par le tirage d'une épreuve, que la pierre est parfaitement en place.

Pour ne pas s'exposer à endommager la machine à repérer, on est presque constamment obligé de se servir du grand châssis dont le cuir se trouve naturellement plus élevé au-dessus de la pierre que dans les tirages ordinaires. Dans aucun cas, ni les boulons, ni les tringles du châssis ne doivent porter sur la machine.

On ne doit jamais transiger avec l'à peu près d'exactitude du repérage. Les points ou lignes de repère doivent être tellement bien superposés qu'ils se trouvent confondus, Quelque minime que soit l'inexactitude, il faut la rectifier sous peine de s'exposer à la faire augmenter par chaque tirage postérieur. La perfection du repérage et l'harmonie des couleurs sont les deux conditions les plus importantes de la chromolithographie.

Les premières pierres tirées avons-nous dit, sont celles des deux bleus en poudre dont l'impression, comme du reste toutes celles qui suivent, ne doit se faire qu'à quelques jours d'intervalle, pour leur laisser le temps de sécher. Chacun de ces tirages de bleu doit être suivi d'un époussetage complet, si l'on tient à un travail propre. Nous ferons remarquer que quelquefois le bleu salit le papier, avant de le rejeter, il convient de s'assurer si cela ne provient pas de la mauvaise qualité du papier ou de l'insuffisance de satinage ou enfin de l'humidité.

Pour parer à ce dernier cas, et pour conserver dans un état constant de propreté les épreuves, nous conseillons de remettre à l'ouvrier autant de maculatures sans colle qu'on lui donne de feuilles de papier à imprimer pour qu'il puisse les intercaler au fur et à mesure du tirage.

Au nombre des planches qui terminent le volume, est un petit dessin sorti des ateliers de MM. Engelmann et Graf. Pour faire connaître la combinaison et donner des détails sur les couleurs employées, il eut fallu un nombre considérable de planches, appuyées par des explications trop étendues pour le cadre de ce manuel. M. Desportes se propose d'écrire prochainement un livre à part sur la CHROMOLITHOGRAPHIE.

Nous ne reviendrons pas sur l'impression des bronzes dont nous avons fait un article spécial, page 309.

IMPRESSION MULTICOLORE.

Il a été dit qu'on ne pourrait tirer qu'une couleur à la fois et en effet cela est vrai. Cependant par un petit tour de main que nous allons expliquer on peut obtenir plusieurs couleurs, même plusieurs dégradations de couleurs d'un seul coup de rouleau. Toutefois ces couleurs devront être disposées dans certaines conditions, dont on ne peut s'écarter et affecter toujours le parallélisme entre elles.

Avec ce moyen, néanmoins on obtient quelques titres d'écriture en plusieurs couleurs, des fonds arc-en-ciels en autant de nuances qu'on pourra le désirer, mais surtout *comme art* des ciels bleus avec teintes jaune ou pourprée à l'horizon. La planche *arc-en-ciel* à la fin du volume, donnera une idée des résultats et servira en même temps à l'intelligence de nos explications.

Nous avons calé la pierre de manière à prendre l'arc-en-ciel en long, c'est-à-dire à encrer par le travers de la planche. Nous avons pris un rouleau de la largeur de la pierre et nous avons distribué nos couleurs dessus en prenant pour guide une épreuve en noir que nous avions sous la main. Cette épreuve n'était pas autre chose qu'un simple carré noir.

Nous avons placé sur un rouleau très propre et destiné à la couleur, un peu de bleu au point extrême indiqué par la hauteur de l'épreuve, un peu de jaune au centre et enfin un peu de rose à l'autre extrémité. Ces couleurs ont été distribuées par le seul mouvement de va-et-vient et étendues jusqu'à leur rapprochement complet par la simple oscillation involontaire des bras qui ne peuvent suivre continuellement la ligne droite. L'encrage s'est fait de la même manière en se servant pour repère des deux côtés latéraux de la pierre. Au bout de quelques épreuves, la fusion des deux couleurs est telle, qu'il est prudent de renouveler l'encre et de laver entièrement, rouleaux, marbre et pierre.

Ce que nous avons fait avec trois couleurs, on peut le faire avec 4 ou 5 si la dimension du dessin le permet. On peut le faire aussi pour un titre et pour une foule d'applications.

Recommandons, dans tous les cas, aux chefs d'atelier de veiller à la densité du mordant lorsqu'on tire le bronze et les bleus, car un mordant faible absorbe une quantité considérable de ces matières en même temps qu'il en dénature le ton. Recommandons aussi de ne jamais tenter à remédier à son empâtement, à une tache quelconque, sans avoir mis préalablement au noir la pierre de couleur. On fera de même lorsqu'on la quittera seulement pour une heure, à plus forte raison à la fin du tirage.

TIRAGE A DEUX TEINTES.

Sous le titre : *Dessin aux deux crayons,* nous avons décrit, page 229, la manière de faire des teintes dégradées ; il nous reste à faire connaître le moyen de faire les teintes unies qui sont du ressort de l'imprimeur.

Quand on destine un tirage à recevoir une teinte, si ce tirage est un dessin qui exige une grande précision de repérage, on fait sur la pierre deux points à l'encre diamétralement opposés. Ces points, ou repères, servent plus tard à recevoir la piqûre d'une aiguille pour le repérage de la teinte. Si, au contraire, il ne s'agit que d'un travail ordinaire, on se contente de marger avec soin et d'employer du papier rogné.

Pour faire le fond, on fixe, par les marges, avec des pains à cacheter, sur une pierre bien poncée, une épreuve nouvellement tirée ; on fait une bonne pression pour en avoir la contre-épreuve. Avant de détacher l'épreuve, on fait à la pierre, sur les points décalqués, de petits trous aussi profonds que le permet la pointe dont on se sert, à la manière d'un foret.

L'épreuve enlevée, si le dessin n'a pas d'encadrement, on trace au crayon, sur la pierre, le cadre que doit occuper la teinte. En dehors de ce cadre, et sur les lumières que l'on voudrait réserver, on étend de la gomme arabique fortement acidulée, et au besoin colorée en rouge ou noir, tant sur les marges que sur les lumières. On fait aujourd'hui une foule de mandats à teintes d'un très-bel effet, sans doute, pour les lettres et vignettes imitant le filigrane des papiers ; mais ces mandats ont le défaut d'être gras et de mal recevoir l'écriture qu'on y trace péniblement [1].

Lorsque la gomme est complètement sèche, on verse dans l'intérieur du cadre quelques gouttes d'essence de térébenthine, qu'on y laisse cinq minutes. On l'essuie ensuite, et on roule sur la pierre le rouleau à l'encre de report ou à l'encre de conservation jusqu'à ce que la pierre n'offre plus qu'une surface noire.

Quelques gouttes d'eau jetées sur cette surface noire suffisent, par leur humidité, à dissolver la gomme qui entraîne avec elle l'encre, et que reprend le rouleau. On sait qu'on en use comme pour l'ouvrage des lignes grises.

La pierre de teinte se trouve ainsi terminée. Il convient néanmoins de la laisser reposer quelques heures sous gomme avant de commencer le tirage ; cela lui donne plus de solidité.

[1] Nous donnons dans les articles du relief et des papiers de sûreté les moyens de faire des fonds délébiles, qui offriront au commerce une garantie contre les falsifications.

Il serait difficile, ainsi que nous l'avons dit au chapitre : *Impressions en couleurs,* de déterminer au juste la proportion des couleurs pour faire une teinte déterminée. La pratique et le goût doivent suppléer à l'absence de nos renseignements. Nous ferons remarquer toutefois, et comme règle générale, que le vernis faible est préférable pour ce genre d'impression, et que dans certains cas on peut même ajouter quelques gouttes d'huile.

Lorsque le repérage exige une certaine précision, on prépare, avant de commencer le tirage, un petit instrument servant à marger qui se compose d'une réglette en bois tendre de la longueur de l'épreuve, large de 2 ou 3 centimètres et de 3 à 4 millimètres d'épaisseur. Cette réglette ou tringle est traversée de deux fortes aiguilles à coudre piquées juste à la distance des trous de repères. Leur saillie en dehors de la pointe peut être environ d'un centimètre.

Pendant l'encrage, un élève introduit par derrière l'épreuve les pointes des aiguilles, de sorte que l'imprimeur n'a qu'à chercher avec une des aiguilles l'un des trous pratiqués dans la pierre, car l'autre se trouvera bientôt sous la seconde aiguille si l'on fait avec la réglette un petit mouvement de compas. Il n'aura plus ensuite qu'à retenir d'une main l'épreuve dans sa position sur la pierre, tandis qu'il enlèvera la réglette de l'autre. (*Pl.* VI, *fig.* 47.)

Le tirage des teintes, comme celui de toutes les couleurs à fonds, se fait avec les rouleaux dont le cuir est posé en sens inverse des autres, nous avons dit pour quel motif. La couleur sera toujours employée en très-petite quantité à la fois, et sera relevée aussitôt qu'on la verra se former en bourre sur le marbre de la table. Nous recommandons aussi la plus grande propreté dans tous les détails du tirage, rouleaux, table à encrer, éponges, surtout, etc.; d'éviter, autant que faire se peut, de laisser marquer la couture du rouleau sur la pierre et de traîner l'épreuve en margeant, ce qui est très-disgracieux.

CHAPITRE XV.

CONSERVATION DES PIERRES.

Nos lecteurs ont pu voir, page 110 du *Manuel,* la nécessité de remplacer par une encre susceptible de conserver la faculté de se délayer en tout temps et d'être un préservatif. Nous avons aussi donné notre recette, chacun fera son choix. L'emploi de cette encre se présente trop fréquemment dans le cours de cet ouvrage pour que nous n'ajoutions pas quelques mots sur ce sujet.

Pour se servir de l'encre dont nous avons donné les recettes, on verse quelques gouttes d'essence sur le marbre à l'encre de conservation, on frotte dessus le rouleau destiné à cet usage, jusqu'à ce que l'excès d'essence soit évaporé, et que l'encre délayée ait acquis une certaine consistance. La pierre étant lavée à l'essence, on l'encre d'abord légèrement en soutenant le rouleau, de manière à ne lui faire pour ainsi dire que toucher la pierre, jusqu'à ce que le dessin soit convenablement chargé ; savoir d'une manière très-légère, et après l'avoir lavé à l'essence et à la gomme, si la pierre tend à l'estompe et à l'empâtement ; mais au contraire avec vigueur, et après l'avoir frictionné à l'huile, si le dessin se montre disposé à perdre ses demi-teintes ou ses déliés.

Les premiers coups de rouleau déposent ordinairement beaucoup de couleur ; mais il ne faut pas s'en effrayer, car en s'évaporant l'essence rend l'encre à son état de compacité habituelle, et le rouleau reprend ce qu'il avait déjà déposé, à tel point que si l'on continuait on finirait par tout dépouiller. C'est à l'imprimeur à juger le degré où il doit s'arrêter.

Le gommement ne doit avoir lieu qu'une heure ou deux après l'encrage.

La conservation des pierres est un point important dans un établissement. Nous avons dit qu'il fallait éviter l'humidité et la trop grande sécheresse. On s'est ensuite occupé de les mettre à l'abri du contact de corps malpropres et du frottement. Depuis quelques années nous nous sommes très-bien trouvés d'un moyen très-simple : c'est de coller dessus une feuille de papier fort et collé, enduit de gomme. Ordinairement cette feuille est une mauvaise épreuve de la composition qu'elle recouvre.

Il y a une vingtaine d'années que M. Lemercier enduisait sa pierre déjà gommée d'une couche mince de la composition suivante ; mais il reconnut bientôt que l'on pouvait entièrement supprimer la gomme, et que dans ce cas même l'enduit offrait plus de sécurité.

Blanc de baleine.	25	grammes.
Poix de Bourgogne.	20	»
Huile d'olive.	15	»
Cire blanche.	10	»
Térébenthine de Venise. . . .	5	»

On fait fondre le tout sur un feu doux et on le conserve fort longtemps.

L'expérience a prouvé que des pierres ainsi enduites ont pu être exposées impunément pendant plusieurs mois, soit dans une cour sans abri, soit dans une cave humide et non aérée, ainsi qu'il fut constaté par un rapport fait à la Société d'encouragement. Quoiqu'il en soit, nous préférons notre moyen et surtout l'usage de la gomme ; nous nous en trouvons bien.

La négligence ou un oubli peut faire mettre de côté une pierre dessinée sans avoir été encrée à l'encre de conservation. Après quelques semaines dans cet état, il est presque impossible d'enlever à l'essence l'encre d'impression. Comme il serait très-difficile de tirer de bonnes épreuves d'une telle pierre, il faut la dégommer, la frictionner d'essence et d'eau, la charger d'encre de conservation et la gommer ainsi qu'il a été dit. Vingt-quatre heures après, l'essence de térébenthine contenue dans l'encre aura pénétré l'encre d'impression, qui se dissolvera alors plus facilement. Si une première opération ne suffit pas, on recommencera jusqu'à ce qu'on puisse laver à l'essence sans trop de frottement.

QUATRIÈME PARTIE.

CHAPITRE XVI.

IMPRESSION SUR PIERRES ARTIFICIELLES ET PLANCHES DE MÉTAL.

ZINCOGRAPHIE.

L'impression lithographique, à l'aide de pierres factices, occupa long-temps l'esprit inventif de Senefelder. Au moyen de diverses combinaisons dont la base de toutes était la craie, l'argile, le plâtre, l'huile et l'essence de térébentine, il composait une pâte dont il faisait des blocs ou dont il étendait une couche sur des plaques de zinc, sur de la toile et même sur du fort papier.

Comme essai, ce procédé était fort ingénieux et donnait des résultats fort curieux; mais employé à des travaux soutenus, les feuilles de papier ou de toile cédaient à la pression et les plaques de métal s'écaillaient. Ces obstacles insurmontables en empêchèrent l'introduction dans les ateliers, et l'inventeur se borna à en faire l'application avec ses presses portatives.

Ces presses eurent un grand succès dans les administrations, et surtout dans l'usage privé; c'est ce qui détermina, sans doute, M. Pierron à faire une nouvelle presse pour imprimer seulement sur des planches de métal.

Voici comment s'exprime M. Pierron dans le mémoire descriptif de son brevet obtenu en 1827 :

« M. Knecht a essayé pendant long-temps à imprimer sur métal : la noix de galle et le sulfate de fer qu'il employait pour fixer l'écriture sur la planche de métal, ne lui réussissant pas toujours, il a fini par y renoncer. Après lui, j'ai fait de nombreuses expériences qui m'ont donné la certitude que le sulfate de zinc, le sucre et une grande partie des bois donnaient un acide végétal qui ne laisse rien à désirer.

« On écrit sur une feuille de papier, préparée ou non préparée, avec de l'encre lithographique ; lorsque cette feuille est sèche, on la transporte, au moyen de la pression, sur une planche de métal quelconque, telle que cuivre, étain, ferblanc, zinc, etc. On passe sur l'écriture une couche de l'une des substances désignées ; on encre avec un petit tampon de chiffon, ou plus simplement avec un rouleau d'impression.

« J'ai tiré, de cette manière, jusqu'à trois cents épreuves d'une écriture ; lorsque la planche est usée, chaque épreuve tirée peut fournir une nouvelle planche. A chaque épreuve que l'on tire, on mouille la planche avec un chiffon de mousseline, qui, préalablement, a été trempé dans la liqueur suivante :

« Dans un verre d'eau on met une petite cuillère à café de sel de cuisine, à quoi on ajoute un peu de gomme arabique ; le sel de cuisine peut être remplacé par une dissolution de noix de galle ou autre acide végétal.

« Pour effacer l'écriture de dessus la planche, on n'a rien trouvé de préférable à la cendre passée au tamis de soie. Les autres procédés sont les mêmes que ceux en usage en lithographie. »

En 1828, M. Brugnot voulait faire imprimer de grandes cartes géographiques, dont quelques-unes n'avaient pas moins de 1, 60 sur 1, 30. Les pierres les plus grandes étaient insuffisantes. Il tourna donc ses vues sur les planches de métal, et il se fixa bientôt sur le zinc comme le plus économique. Des essais répétés, avec le concours de plusieurs lithographes, l'amenèrent à des résultats si satisfaisants, qu'à l'exposition de l'industrie de 1834 il obtint une médaille de bronze pour ses ouvrages exécutés tant au crayon qu'à la plume.

A cette même époque, il prit sous le titre de *Zincographie* un brevet d'invention de quinze ans qu'il exploita d'abord seul, puis concurremment avec M. Carcenac. Plus tard, ce brevet est passé entre les mains de M. Kaeppelin, qui donna aux procédés Brugnot une plus grande extension, extension toutefois qui eut peu de durée, car M. Kaeppelin rencontra un obstacle insurmontable devant lequel viennent se briser souvent les plus ingénieuses découvertes, l'antipathie naturelle des ouvriers pour les choses nouvelles, surtout quand les choses ne leur offrent pas un intérêt direct et immédiat.

M. Kaeppelin renonça donc à ce nouveau mode d'impression qui pouvait ouvrir à la lithographie plusieurs genres d'application. M. Rouget de l'Isle et M. Guérin, deux concurrents qui s'étaient élevés à côté de lui, imitèrent son exemple.

Pour les lithographes qui voudraient ne pas laisser tomber dans l'oubli la zincographie, voici des détails succincts au moyen desquels ils ne peuvent manquer de réussir.

Prenez du zinc laminé d'une épaisseur proportionnée à la dimension de la planche ; faites-le ébarber et limer aux angles pour qu'il ne déchire ni l'éponge ni le rouleau.

Grenez cette planche, non pas avec une seconde ainsi qu'on le pratique pour les pierres ; mais avec une molette de marbre ou de verre et du sable tamisé, suivant le degré de finesse à donner au grain.

On reconnaît facilement lorsque le zinc est assez grené au ton blanc et uniforme qu'il prend. Lorsque c'est pour l'emploi de la plume, on continue d'user le sable jusqu'à ce qu'on ne le sente plus sous la mollette. Le zinc poli à la pierre ponce ne convient pas, l'encre n y coule qu'avec difficulté, par saccades et s'étend souvent au-delà du trait fixé.

Après avoir lavé le métal avec soin, on le dispose à recevoir l'encre ou le crayon par une solution alcaline de soude ou de potasse.

Le travail du dessinateur ou de l'écrivain s'exécute comme sur pierre, avec la différence qu'il faut être avare du tracé à la mine de plomb, qui quelquefois ne disparaît pas entièrement à l acidulation.

L'acidulation du zinc diffère essentiellement de celle de la pierre. On fait bouillir jusqu'à réduction des deux tiers dans deux litres d'eau 40 grammes noix de galle grossièrement cassées. On passe à travers un linge, on ajoute 10 grammes acide nitrique et 4 ou 5 gouttes acide hydrochlorique. Ces doses d'acide varient selon la nature du travail.

La liqueur acide est étendue sur la planche avec un blaireau ou avec une éponge. On la laisse agir plus ou moins long-temps suivant le genre et la force du dessin ou des écritures ; quelques minutes suffisent ordinairement ; puis on lave à l'eau pure et on gomme.

Quand on en a l'habitude, le tirage ne présente pas de grandes difficultés, excepté toutefois celle qui résulte du peu de stabilité de la planche pendant l'encrage, parce qu'on n'a pas encore trouvé un bon moyen de la fixer.

Lorsque la planche commence à se salir ou à s'empâter, il faut s'empresser de la laver à l'essence et à la gomme. Cette opération peut toujours se faire sans inconvénient, pourvu qu'on ait soin de tenir le métal constamment mouillé. On remarquera pendant ce lavage que les traits d'encre ou de crayon apparaissent sous une belle couleur blanche, et qu'ils repoussent énergiquement l'eau.

Pour nettoyer les bords des planches de métal en général, on ne se sert pas, comme pour la pierre, du petit tampon imbibé d'acide mais d'un peu de sous-carbonate de potasse dissous dans l'eau, ou simplement d'un peu de cendre de bois frottée avec un chiffon de toile ou de laine.

Il est à remarquer que le zinc a un avantage prononcé sur l

pierre, dans le cas d'oubli ou de négligence de le gommer ; l'abandon même de la planche dans cet état ne semble pas causer un grand préjudice au travail, car l'oxidation n'a lieu que sur les parties non couvertes d'encre ou de crayon où elle agit comme acide. Dans les cas qui précèdent, on doit cependant laver avec soin les planches et les mettre sous gomme pendant quelques heures.

Comparé dans son ensemble avec la pierre, nous n'hésitons pas à préférer celle-ci ; mais voici quelques avantages qui pourraient militer en faveur du métal : dimension bien supérieure ; on a des feuilles de zinc de 1,30 de large sur une longueur de plusieurs mètres ; ces planches, par leur poids et leur volume sont faciles à transporter et à emmagasiner, on connaît l'inconvénient des pierres sous ces rapports ; économie du matériel qui représente en tout temps une valeur intrinsèque ; résistance aux chocs ; rupture nulle ; enfin impossibilité de faire simultanément un tirage *recto et verso* ce dont nous parlerons dans un instant.

Pour être dans le vrai nous devons opposer à ces avantages quelques inconvénients. L'acidulation du zinc n'atteint pas toujours le but qu'on s'en propose ; le tirage exige des soins et une pratique intelligente et soutenue. On a prétendu encore que la couleur du métal était un obstacle pour l'exécution du dessin. Cette objection n'a-t-elle pas été faite pour les premières pierres grises ? d'ailleurs, il ne faut qu'un peu d'habitude pour se rendre compte de la valeur des tons, et si c'est un défaut, il est amplement racheté par l'avantage que les artistes apprécieront de pouvoir emporter dans leurs excursions des feuilles de zinc, d'exécuter sur les lieux mêmes leurs sujets ; enfin de n'avoir jamais à redouter la perte des teintes les plus légères.

IMPRESSION SIMULTANÉE DU RECTO ET VERSO.

L'impression simultanée du recto et du verso que nous venons d'annoncer, paraîtra chose facile après les détails que nous allons donner.

On fait joindre par une double charnière en cuivre ou en fer blanc, deux feuilles de zinc de même dimension. Les charnières sont soudées extérieurement et leur goupille est mobile, ce qui permet en toute occasion de séparer les deux planches, soit pour les grener, soit pour les dessiner ou les écrire isolément. Etant grenées et fermées les deux faces en dedans, on pratique dans un des angles extérieurs un petit trou qui traverse les deux planches. Après les avoir ouvertes à plat on tire une ligne d'un trou à l'autre, et sur les trous même des perpendiculaires qui ne peuvent être que parfaitement parallèles entr'elles lorsqu'on ferme les planches, *pl.* VI, *fig.* 48.

Le travail du dessinateur ou de l'écrivain étant terminé, l'acidulation faite, on cale deux pierres pour le tirage ou deux plateaux en bois dur et bien dressés. L'une de ces pierres doit être placée comme si elle était destinée au tirage, et l'autre à la gauche de l'imprimeur en dehors de la traverse d'arrêt du charriot, ne sert qu'à soutenir pendant l'encrage une des deux planches qui se replie ensuite sur l'autre au moment de la pression. L'intervalle produit par la traverse d'arrêt sert à loger les charnières.

Après l'encrage, on pose le papier sur la planche de droite, on rabat dessus la planche gauche, puis le châssis et la pression faite, on trouve l'épreuve imprimée des deux côtés.

Ce moyen nous a toujours réussi, quand nous avons eu soin de n'employer que du zinc mince et dressé avec soin.

Les décalques d'authographie ou de reports réussissent également bien, et le tirage, comme sur les planches simples, peut se faire avec des presses en taille-douce, qui sont préférables surtout pour les grands formats.

IMPRESSION SUR CUIVRE GALVANISÉ.

Au lieu de zinc, on peut encore se servir d'étain et de cuivre. M. Legey nous a communiqué sur l'emploi de ce métal le moyen suivant, qui lui a constamment réussi.

M. Legey fesait usage d'une presse de M. Pierron. Ayant épuisé sa planche, il essaya à tout hasard de la remplacer par une planche de cuivre, sur laquelle il obtint de bons résultats ; mais il reconnut que le cuivre s'oxidait promptement, et qu'il ne lui serait pas possible, à cause de cette circonstance, de conserver la composition et même d'en faire un long tirage. Pour obvier à cet obstacle, il eut recours au galvanisme, en doublant son cuivre d'une feuille mince de zinc, qu'il fixa ensemble sans les souder, afin de laisser aux métaux la faculté de se dilater sous la pression, ou selon l'influence de la température.

La planche de cuivre doublée et polie est décapée avec de la cendre de bois et de l'eau. Etant bien essuyée, on fait le décalque, et pour toute préparation on se contente de la gommer. L'effaçage se fait aussi avec de la cendre.

Pour clore ce chapitre, et afin d'être conséquents avec son titre, ajoutons un mot sur les pierres artificielles.

PIERRES ARTIFICIELLES.

Il y a quelques années un chimiste distingué présentait à l'Académie des sciences divers procédés pour la fabrication de *pierres artificielles* propres à la lithographie.

Les procédés de M. Kuhlmann consistaient à faire bouillir, pendant deux heures, des tables de craie, taillées de dimension des pierres lithographiques, dans une dissolution de silicate de potasse. La quantité de silice absorbée dans cette opération est, suivant M. Kuhlmann, celle qui se trouve dans le calcaire siliceux qui constitue la pierre lithographique naturelle, c'est-à-dire 5 à 6 pour 100 du poids de la pierre.

A la sortie du bain, la pierre n'a pas augmenté sensiblement de dureté, mais par son séjour à l'air elle acquiert en quinze ou vingt jours une dureté telle que les parties superficielles ont pu rayer les calcaires compacts. Ce durcissement, toutefois, pénètre lentement dans l'intérieur ; mais lorsqu'on enlève cette première couche par le grenage, ou la ponce, il se forme au bout d'un certain temps une nouvelle couche dure. Ces pierres ont bien le caractère des pierres lithographiques, et reçoivent parfaitement et dessins et écritures ; mais leur défaut de dureté a été jusqu'à présent un obstacle au tirage, car presque toujours elles se sont brisées sous la pression.

Le principe étant trouvé, il est probable que des essais répétés par des lithographes et un long séjour à l'air, donneraient à cette invention des résultats dont l'art lithographique ne manquerait pas de profiter.

Nos lecteurs qui voudraient avoir des détails plus étendus sur les pierres artificielles et l'impression des planches de métal, pourront consulter la collection du journal le *Lithographe,* où nous avons nous-mêmes puisé cet extrait ; mais pour ceux qui veulent tout mettre en pratique ou faire des essais, nous allons donner la description des procédés que l'un de nous a longtemps pratiqués en collaboration de l'illustre inventeur de la lithographie.

Il y a environ trente ans, il était difficile de se procurer de bonnes pierres : elles étaient chères, on les trouvait lourdes, et en raison de l'imperfection des presses, on en cassait souvent.

La Société d'encouragement ouvrit à cette époque son premier concours pour la découverte des pierres artificielles. Senefelder seul présenta des échantillons d'une masse pierreuse, de cartons et de toile enduits d'une couche analogue, et pour lesquels il prit en même temps un brevet d'invention. Les diverses compositions de ces pierres et cartons sont consignées dans l'ouvrage que nous venons de citer.

Plus tard, l'expérience fit apporter de grandes modifications à ce procédé, qu'il avait qualifié du titre de *papyrographie,* et le dernier terme de perfection où on s'est arrêté est celui-ci : la composition consiste dans un mélange de blanc d'argent ou blanc de plomb pur, une faible quantité de chaux hydraulique épurée et sèche, puis du caséum séché et rendu sirupeux comme du vernis par de la potasse caustique.

Pour donner à la composition la teinte de la pierre, on se sert d'ocre jaune et de noir de charbon. Senefelder cependant préférait donner une teinte azurée à ses planches, parce qu'alors le dessin paraissait plus dur à l'œil et devenait plus doux tiré sur du papier blanc, c'est-à-dire qu'il obtenait ainsi le contraire de ce qui arrive avec les pierres naturelles à teinte jaune grisâtre, qui flattent beaucoup l'œil et qui ne rendent jamais ce qu'elles semblent promettre.

Nous ne suivrons pas les phases que subit en succès et en désappointement la papyrographie, qui devint par le fait zincographie ; disons seulement qu'au moment où Senefelder quitta Paris pour n'y plus revenir, il avait remplacé le carton de très-peu de durée par des feuilles de zinc, qui avaient beaucoup plus de consistance.

M. Knecht continua l'œuvre de Senefelder, et ce sont ses recettes que nous publions. On se sert, selon la dimension qu'on entend donner aux planches, du zinc n° 9 à 12. On le décape avec de l'acide hydrochlorique, on le ponce, on le nettoie pour le rendre complétement propre. On prépare une première couche, composée de cinq parties de craie et d'une de caséum desséché, et préparé comme nous l'avons dit ci-dessus. Ce mélange est passé au tamis de fil de laiton n° 50. Le zinc enduit de cette première couche est sec le lendemain ; on le polit avec du papier verré n° 0, puis on plonge la plaque dans un baquet d'eau de rivière ou d'eau potable.

La seconde couche est composée de quatre parties blanc d'argent en grains, une partie de chaux en poudre évaporée, et une partie de caséum avec la quantité de potasse caustique nécessaire pour réduire le caséum à l'état de sirop. Pour rendre le mélange suffisamment liquide, on ajoute de l'eau en poids égal à celui de la craie ou du blanc d'argent.

Lorsque le mélange est prêt et qu'il est à la consistance de la mélasse, on retire les plaques de l'eau, on les éponge, on les essuie jusqu'à ce qu'elles ne soient qu'humides, et l'on passe avec la main la deuxième couche le plus lestement possible. Dès qu'elle est sèche, on les ponce au papier de verre comme la première fois, on les replonge dans l'eau, et l'on donne la troisième et dernière couche avec la même composition beaucoup plus délayée dans l'eau ; on l'étend avec un pinceau, afin de boucher tous les petits trous, raies et imperfections.

Le ponçage au papier verré terminé, on passe rapidement avec une éponge la liqueur dont la recette suit, et qui a pour but de donner une teinte azurée aux plaques.

Sulfate de cuivre.	50 grammes.
Alun de roche.	60 »
Acide sulfurique.	20 »
Eau dure.	1,000 »

Les plaques sont essuyées immédiatement ; elles sont séchées le lendemain. On peut alors les polir en les frottant avec une flanelle bien propre. Le grain se donne avec une petite molette en acier trempé, à laquelle on a donné un grain fin par l'action de l'acide nitrique.

Pour donner aux plaques le ton de la pierre, on supprime dans le mélange ci-dessus le sulfate de cuivre.

L'acidulation des pierres factices se compose d'eau commune, dans laquelle on aura fait dissoudre une très-minime quantité d'acide gallique, de la gomme arabique, et suffisamment d'acide nitrique pour porter le liquide à 1 degré 1|2.

CHAPITRE XVII.

DES REPORTS EN GÉNÉRAL.

On appelle *reports* ou *transports* les résultats du décalque d'une ou de plusieurs épreuves d'un dessin ou de caractères quelconques tirées sur un papier et avec une encre préparés, soit d'une planche de cuivre ou d'acier, soit d'une pierre, soit enfin d'une forme typographique, et rendant ainsi possible la reproduction à l'infini de ce dessin ou de ces écritures.

Cette méthode, dont l'invention date du berceau de la lithographie [1], ne s'est répandue dans l'industrie que depuis une quinzaine d'années. Il est vrai que les procédés ont reçu depuis d'immenses modifications, et qu'aujourd'hui on a atteint une perfection remar-

---

[1] « Le *transport*, dit Senefelder dans l'*Art de la lithographie*, s'étend, outre ces deux manières (le dessin au crayon et le dessin à la plume), à tous les genres d'imprimeries, tant en lettres qu'en taille-douce et en bois. On peut donner de suite à la pierre l'empreinte d'une feuille qui vient d'être imprimée, surtout lorsque le lithographe au lieu de se servir

quable. Cependant, en présence des abus en tous genres que quelques lithographes ont introduits pour ruiner l'industrie, nous hésitons à nous prononcer sur la question de savoir si ce progrès a été plus utile que préjudiciable à l'art. Que d'autres le jugent; bornons-nous à décrire les procédés qui nous ont paru réunir le plus d'avantages.

C'est encore dans le *Lithographe* que nous puisons nos matériaux pour entrer en matière.

La théorie des transports repose entièrement sur les principes mêmes de la lithographie, c'est-à-dire que tout l'art consiste à fixer sur la pierre un corps gras, capable de résister au tirage, qu'il importe peu que cette substance soit appliquée sur la pierre de telle ou telle manière, et que les traits à reproduire soient dessin ou écritures.

Les premiers essais tentés pour les reports furent faits avec l'encre ordinaire d'impression ; rarement ils avaient de bons résultats, parce que le corps gras qui en est la base, trop amalgamé avec le noir de fumée, n'avait plus la force nécessaire pour pénétrer la pierre. On essaya ensuite d'ajouter à l'encre d'impression de l'encre à écrire sur pierre, du suif, etc. Ces additions furent un progrès ; mais cette fois encore la matière colorante fut un obstacle. On finit par comprendre qu'avec une encre destinée seulement à rendre les con-

de son noir ordinaire, a employé la couleur opposante [*]. Pour obtenir un transport bien correct, il faut faire attention à ce que la presse n'ait pas trop de surcharge, ce qui imprimerait les lettres sur le papier d'une manière trop forte. Puis il faut, avant de faire le transport, que la feuille qui vient d'être imprimée soit passée doucement à la presse, afin qu'elle soit délivrée de toute impression et unie partout. Pour que cela se fasse sans craindre que la couleur ne s'en aille trop, et ensuite ne s'imprime pas assez, il faut mouiller entièrement la feuille imprimée, la mettre sur une pierre aussi mouillée qu'on a préparée d'avance, afin qu'elle ait moins de penchant à attirer la couleur. De cette manière on peut faire une impression légère, et pour laquelle la presse ne doit presque point être tendue. La feuille imprimée devient alors très-unie et donne sur la pierre préparée avec la ponce sèche un transport parfait. »

* *Couleur contre les corrosifs* (dite opposante).

« Vernis épais à l'huile de lin. . .   2 parties.
« Suif.   1   »
« Térébenthine de Venise. . . .   1   »
« Cire   1   »

« On fond le tout et on mêle bien avec quatre parties de noir de fumée qu'on remue ensemble. On le conserve ensuite dans un vase de fer-blanc bien fermé. »

lours du dessin, la couleur importait peu ; on fit de l'encre de report.

Dès ce jour les reports, qui jusque-là n'avaient été tentés que par les amateurs et pour l'art seulement, se répandirent avec une effrayante rapidité ; la lithographie du commerce s'en empara, et depuis cette époque il n'est pas un atelier où il n'ait été fait des reports, pas un ouvrier lithographe qui n'ait voulu faire ses preuves et ajouter un perfectionnement au procédé en vogue. Si du moins les lithographes eussent fait leur profit de cette ressource ; dans beaucoup de cas les bénéfices les eussent récompensés de leurs soins et de leurs recherches ; mais la concurrence a tout sacrifié, les intérêts présents et les intérêts futurs ! Et les effets de cette concurrence, toujours aveugle, sont d'autant plus fâcheux qu'on n'a pas calculé qu'en principe tout n'est pas profit dans les reports. En voici le décompte consciencieusement fait :

1° Nécessité de soigner davantage la composition, parce qu'il y a toujours, quoiqu'on fasse, une différence au préjudice de la belle exécution ;

2° Le tirage des épreuves sur la *pierre-matrice* exige des soins et du temps ;

3° Coût du papier de transport ;

4° Ponçage d'une seconde pierre ;

5° Découpure des épreuves, disposition sur la pierre, décalque ;

6° Encrage, mise en train, reprise de la pierre ;

7° Insuccès totaux ou particls qui nécessitent une nouvelle exécution, quelquefois aussi imparfaite que la première ;

8° Retouches quelquefois ; grattages souvent, nécessairement indispensables sur une pierre où les épreuves se trouvent plus nombreuses, et en fin de compte dépréciation de la valeur du travail. Nous n'avons pas dit que dans le plus grand nombre des maisons, à Paris, le prix du tirage des pierres reportées est payé environ 12 pour 100 en plus.

Loin de nous la pensée de vouloir contester les avantages du procédé, qui est à nos yeux d'une grande portée. Nous n'avons voulu que mettre en garde nos lecteurs contre l'opinion trop avantageuse qu'on s'en était faite tout d'abord. Nous ajouterons que par les moyens de report on peut associer la lithographie à la typographie et à la taille-douce ; enlever à ces deux industries beaucoup de travaux, surtout si la mécanique parvient à nous donner des moyens rapides de tirage. Revenons au procédé.

Il y a plusieurs sortes de report : 1° reports d'épreuves en taille-douce ; 2° d'épreuves typographiques ; 3° reports d'épreuves lithographiques dont nous allons parler ; 4° enfin, reports de vieilles impressions et plusieurs autres applications.

Les pierres destinées aux reports, en général, doivent être parfaitement effacées et poncées, sans raies autant que possible. Cette condition de l'effaçage complet est indispensable, pour éviter le repoussement des compositions précédentes que ne saurait empêcher la légère acidulation donnée aux reports. La négligence d'effaçage entraîne infailliblement la perte du report, par la difficulté de le nettoyer sans endommager le dessin.

Il faut chauffer en hiver légèrement les pierres, soit pour en chasser l'humidité, soit pour les prédisposer à recevoir le corps gras et lui donner beaucoup plus d'adhérence. Au lieu de présenter les pierres devant le feu, souvent trop vif, ce qui ne chauffe qu'irrégulièrement la surface, lorsque la pierre est d'une assez grande dimension ; au lieu de les placer dans une étuve, ce qui a l'inconvénient de les pénétrer intérieurement, au point qu'on est obligé d'attendre quelquefois plusieurs heures pour pouvoir les encrer, nous conseillons le moyen à l'eau bouillante que nous avons donné au chapitre Autographie, page 201.

La recommandation que nous faisons de communiquer à la pierre un certain degré de calorique, n'est rigoureuse que pendant la saison froide ou humide, et surtout lorsque les pierres ne sont pas poncées depuis long-temps, et au moment seulement où tout est disposé pour le décalque, c'est- dire lorsque la pierre est calée, la pression réglée, la longueur de la course déterminée, enfin lorsqu'il n'y a plus qu'à disposer les épreuves à décalquer. Si l'on n'avait fait d'avance toutes ces petites dispositions, la pierre se refroidirait et l'on n'aurait pris qu'une précaution inutile.

Nous ne saurions préciser les cas où il faut user ou se dispenser de cette précaution ; la sagacité de l'opérateur doit suppléer à l'insuffisance de nos indications. Lui seul peut juger, d'une manière exacte, l'opportunité de cette mesure ; il ne doit cependant jamais oublier de consulter la température de l'atmosphère et celui de l'atelier qui influent si puissamment sur le système des affinités.

A ceux qui ne veulent rien négliger pour atteindre la perfection des reports, nous recommanderons un moyen trop peu connu et que nous avons toujours employé avec succès. Ce moyen consiste à répandre sur la pierre, quelques instants avant de faire le décalque et à l'essuyer ensuite, de l'eau saturée d'alun. La préparation de cette eau se borne à mettre dans un flacon un demi-litre d'eau avec environ 20u grammes d'*alun*, sel fort répandu dans le commerce. En quelques heures, si l'on a soin d'agiter le flacon, l'eau se sature d'alun. L'alun que l'eau ne peut absorber reste au fond du flacon pour une nouvelle addition d'eau.

L'alun agit sur la pierre à la manière des acides, il la décape parfaitement, lui donne une sorte de rudesse qui facilite l'adhérence de l'encre et le premier encrage surtout.

Le ponçage à sec, ainsi que nous l'avons décrit à l'article Autographie, est également un excellent moyen de réussite.

Il est très-important que le tirage des exemplaires destinés à être reportés soit précédé de la mise en train de la pierre par l'impression de quelques épreuves sur papier ordinaire, afin de s'assurer de l'uniformité du ton de l'épreuve, de l'exactitude de la pression, des corrections, etc. Il est également nécessaire de déterminer par un encadrement fait sur la pierre-matrice, en lignes grises, la dimension, afin que la découpure soit facile et régulière ; de nettoyer avec soin toute la pierre ; d'en faire disparaître les imperfections, telles que petits points noirs, essais de plume, taches corrections mal préparées, etc. L'omission de ces soins entraîne une perte considérable de temps, puisqu'elle oblige d'effacer sur la pierre, après le décalque, ces imperfections, multipliées autant de fois que l'épreuve est répétée.

Nous recommandons encore de ne faire les filets et lignes grises des factures ou des travaux analogues, que sur la pierre du report, parce qu'il est rare de réussir à les décalquer d'une manière bien correcte, et qu'il est au contraire très-facile de les faire après. Quant aux lignes grises en particulier, on comprendra aisément qu'il ne faut les faire qu'après l'encrage, si l'on songe que, tirées d'abord d'après la gravure, elles sont reproduites en relief, par conséquent beaucoup plus noires que ne le comporte le but de leur destination, et en voici la cause : Quelle que soit l'habileté avec laquelle sont faites les lignes grises, elles sont presque toujours irrégulières, sinon en largeur apparente, du moins en profondeur dans la pierre. La quantité plus grande d'encre contenue dans certaines parties de la ligne et formant relief sur l'épreuve, s'écrase sous la pression du décalque, s'élargit au report et produit un effet désagréable.

Papier de report.

Quelques lithographes préparent, pour les reports, un papier particulier qui n'est autre chose qu'une variété du papier autographique. D'autres se servent tout simplement du papier de Chine non encollé, qui par cette raison ne peut s'attacher à la pierre, et par conséquent recevoir plus d'une pression. Nous employons indistinctement le papier autographique et le papier de Chine encollé. Nous mettons humecter l'un ou l'autre de ces papiers dans du papier mouillé une demi-heure avant de nous en servir.

Tirage des épreuves et décalque.

On se sert, pour tirer les épreuves sur la pierre-matrice, de l'encre dont nous avons donné la recette page 183. Il faut, autant que possible, affecter à cet usage une table au noir et un rouleau que l'on nettoie à chaque reprise de travail.

On n'emploie l'encre de report qu'en petite quantité, sans addition de vernis ; car il est à remarquer qu'une encre dure fournit des épreuves plus nettes, que le décalque résiste mieux à la pression, que la pierre se charge également mieux pour résister à l'acidulation, et que les traits enfin ont une adhérence plus prononcée pour l'encre d'impression.

Après avoir, dans tous les cas, lavé la pierre à l'essence pour la débarrasser soit de l'encre d'écriture, soit de l'encre du précédent tirage, l'encrage et l'impression se pratiquent comme pour l'impression ordinaire, sans autre différence que d'attendre que la pierre ait perdu une partie de son humidité pour poser la feuille préparée ; car si la pierre était par trop humide, le papier s'y attacherait au point de ne pouvoir l'en retirer. On enlève l'épreuve avec précaution de ne pas la déchirer, on la découpe, s'il y a lieu, et on la place dans le papier humide pour ne pas lui laisser perdre sa moiteur.

Le tirage fait, il n'est pas nécessaire de remettre la pierre à l'encre d'impression, ni à l'encre de conservation, puisque l'encre de report est excellente pour ce dernier usage ; on se contente de l'encrer et de la gommer légèrement en la frottant aussitôt avec la paume de la main jusqu'à ce que la pierre soit presque sèche.

La pierre étant convenablement disposée sur la presse et dans les conditions de siccité que nous avons recommandées, on mouille légèrement les épreuves par derrière, ainsi qu'il a été dit pour les décalques d'autographie ; on les arrange sur la pierre suivant le tracé au crayon indiquant la place de chacune, on les recouvre d'une bonne maculature et l'on donne une forte pression. Sans relever le châssis, on fait une seconde pression, mais en retournant le râteau. Ce revirement de râteau a pour but de régulariser la pression, parce qu'il est bien rare que cette partie de la presse présente une ligne parfaitement droite. On relève le châssis ; si les feuilles sont bien adhérentes, on retourne la pierre, on remouille un peu le papier, on renouvelle les maculatures et l'on donne deux nouvelles pressions, en changeant le râteau comme aux premières. Enfin, on mouille beaucoup pour détremper la préparation du papier ; et si les pressions ont été suffisantes, si le papier a été humecté à point, il ne doit conserver en le relevant qu'une très-légère empreinte de l'épreuve.

Lorsque les épreuves ont été tirées sur du papier de Chine, au lieu de les mouiller comme le papier autographique, on se contente de leur communiquer la moiteur nécessaire en les intercalant entre des feuilles de papier sans colle bien mouillées, et de les couvrir sur la pierre avec ces mêmes maculatures. Après les deux premières

pressions, on renouvelle la maculature mouillée. Même manutention que pour le papier autographique.

Immédiatement après avoir enlevé le papier, on lave la pierre pour
en faire disparaître la colle qui s'y est attachée ; c'est à ce moment
et lorsqu'elle est sèche qu'on fait toutes les additions à l'encre, recti-
fications ou suppressions. Puis on acidule les parties blanches et
celles où on aura tracé soit des caractères ou des lignes, ainsi que
les marges, et on gomme le tout.

Encrage.

Après un repos d'une demi-heure au moins, et de beaucoup plus
si le besoin du travail le permet, on procède à l'encrage en se servant de noir ordinaire d'impression, suffisamment additionné de
vernis faible et nouvellement distribué sur le rouleau, qui n'en
doit être que peu chargé, pour ne pas alourdir trop vite les reports.

Il ne faut pas s'effrayer de la teinte nuageuse, générale ou partielle, dont se couvre assez souvent la pierre au premier encrage,
et qui cède presque toujours à l'action du vin blanc ou du vinaigre,
et d'un peu de gomme étendus sur la pierre avec un petit pinceau
ou une éponge. Ce voile graisseux provient tantôt du peu de soin
apporté au ponçage et de la malpropreté de l'eau, tantôt du contact
des mains sur la pierre avant le décalque, ou bien encore du papier
autographique lui-même, dans la préparation duquel la colle de
Flandre dominerait.

Dès qu'on reconnaît que les traits sont passablement chargés
d'encre, on passe sur les marges un peu d'acide, que l'on étend rapidement par toute la pierre avec l'éponge à mouiller. En répétant
quelquefois cette petite manœuvre, on fait subir une acidulation
générale au report ; en même temps que cet encrage a lieu, on
fait disparaître soit avec le doigt et un peu d'acide, soit avec le
grattoir et encore de l'acide, les taches, bavures, points et autres
imperfections ; on gomme, et dix minutes après on peut en faire le
tirage.

Lorsqu'il y a des parties faibles, qui ne prennent qu'imparfaitement l'encre, ou bien d'autres qui ont totalement manqué au décalque, on peut faire les retouches avant de gommer ; mais, à moins
que ces retouches ne soient que de peu d'importance, il vaut mieux
recommencer le report.

Le tirage d'un report bien réussi est au moins aussi facile que
celui de la pierre-matrice ; l'encrage est même plus aisé lorsque la
pierre est mise en train par une main exercée. Nous avons vu des
reports supporter des tirages considérables sans altération sensible;
et nous pouvons affirmer, d'accord avec les praticiens, qu'entre les

mains d'un bon imprimeur les reports s'allègent et acquièrent promptement du relief.

Ce qui précède s'applique aux reports en général, mais plus particulièrement à ceux des ouvrages à l'encre. Nous aurons donc peu à dire sur les autres méthodes.

Nous ferons observer cependant que le procédé qui vient d'être décrit présente des chances défavorables de réussite appliqué aux pierres incisées, à cause de la présence de la gomme dans l'encre d'impression, qui fait naturellement obstacle à l'adhérence du corps gras. D'un autre côté, les déliés et traits fins de la gravure étant ordinairement peu profonds, ne contiennent qu'une quantité souvent insuffisante d'encre. Enfin, et pour troisième difficulté, quelques précautions qu'on prenne pour essuyer la pierre, il reste toujours sur le fond un léger voile gras imperceptible, qu'il est difficile de détruire sur le report, sans acidulation.

Quant aux reports de dessins au crayon, ils exigent l'emploi de pierres grenées. On comprend dès lors qu'une partie du travail se perd dans les interstices du grain, et qu'on n'obtient plus qu'un dessin dépouillé de tout ce que la pierre n'a pu retenir, et alourdi par l'écrasement de la pression. En ce genre, on ne réussit complétement que par des tours de force.

CHAPITRE XVIII.

REPORT DE VIEILLES IMPRESSIONS.

Ce n'est pas exagérer vraiment de dire qu'il a été écrit au moins un gros volume sur ce sujet. Pour notre part, nous avons été un des plus prolixes narrateurs des efforts tentés ou des succès obtenus. Les lecteurs qui voudraient s'édifier complétement sur cette matière pourront consulter la collection du *Lithographe*.

La reproduction par report des vieilles gravures et des vieux livres est-elle utile ou préjudiciable à l'art? Telle est la question qu'on a posée vingt fois et qu'on a torturée de tant de manières différentes, que nous ne tenterons pas aujourd'hui de la résoudre autrement que par ces mots:

Avec des moyens de tirage plus expéditifs, avec des procédés certains de report, les lithographes trouveraient dans la réimpression des anciennes éditions une mine inépuisable de travaux ; la librairie une économie considérable dans ses mises de fonds et l'inutilité d'une nouvelle composition ; la science obtiendrait le précieux avantage d'une correction parfaite, puisque le report ne peut être que la reproduction fidèle et invariable de l'édition première.

Mais les machines nous manquent ; mais l'incertitude du décalque est encore si grande, qu'il y aurait témérité à affirmer que les procédés que nous allons décrire, que ceux mêmes que leurs auteurs tiennent le plus secrets à cause de l'importance qu'ils y attachent, ont une portée autre que celle de satisfaire la curiosité. Que par une application large et soutenue on nous prouve que nous avons été sévères : nous ne demandons pas mieux.

La question de priorité d'invention et celle de supériorité de procédés, si souvent contestées et jamais résolues, serait un sujet interminable, dans lequel nous n'entrerons pas.

Quelques lithographes font remonter l'application des transports de vieilles impressions bien antérieurement à la découverte de la lithographie!.. Plus modestes, nous nous bornons à lui assigner cette dernière époque ; en effet, le principe sur lequel est basé la lithographie est celui de l'attraction des corps gras et de leur répulsion de l'eau ; or, ce principe entraîne avec lui, dans la pratique, le transport sur pierre de tout corps gras détaché par un moyen quelconque d'une surface souple. Le transport serait donc aussi vieux que l'art dont il est une des conséquences ; et nous en trouvons une preuve dans le décalque que fit Senefelder d'une page de musique qu'il avait tracée sur du papier gommé.

Dans une annonce qu'il fit de ses procédés en 1809, l'inventeur de la lithographie cite le transport de feuilles de vieux livres, mais il se tait sur ses moyens, donnant pour motif de sa réserve le danger des abus qu'on pourrait faire de ce mode de reproduction, danger dont il reconnut l'exagération dix ans plus tard.

« Je remarquai, dit-il, dans son *Traité de Lithographie*, qu'un papier, écrit avec de l'encre lithographique, qui avait bien séché, trempé dans de l'eau où il y avait quelques gouttes d'une huile quelconque, prenait cette huile sur toutes les parties écrites, et que le reste du papier, surtout lorsqu'il avait été trempé dans de l'eau gommée ou dans de la colle d'amidon très-déliée, ne prenait pas l'huile ; cela me fit penser à essayer quel résultat donnerait un papier imprimé avec l'encre ordinaire d'imprimerie. J'en pris une feuille que j'arrachai d'un vieux livre ; je la passai à une dissolution de gomme très-claire, ensuite je la mis sur la pierre, et prenant une éponge trempée dans une couleur huileuse et claire, je la passai partout sur le papier.

« Les caractères imprimés prirent bien la couleur, et le papier resta blanc ; alors j'y appliquai un autre papier blanc, je les mis

tous deux sous la presse et tirai une très-belle copie de la feuille
imprimée, quoique à contre-sens. J'aurais pu de cette manière, et
en prenant les précautions convenables, tirer plus de cinquante
exemplaires de la même feuille. Je pensais qu'en laissant bien sécher une de ces copies et en la préparant comme l'original, je pourrais en tirer des exemplaires conformes. L'essai que j'en fis me
prouva que mon idée n'était pas erronée. Il me fallut, seulement
pour la première impression, rendre la couleur un peu plus solide
et plus sèche avec de la litharge, et laisser sécher la réimpression
de 4 à 6 jours. »

Le peu de solidité du papier, qui se déchirait après un certain
nombre d'épreuves, et le raisonnement, l'amenèrent à essayer un
décalque d'une épreuve sur la pierre ; ce qui lui fit découvrir l'impression chimique.

Plus loin, à l'article *Transport,* Senefelder s'exprime en ces
termes :

« De vieux caractères d'imprimerie peuvent être rafraîchis et
transportés sur la pierre ; il faut s'y prendre de la manière suivante :

« On fait un mélange de craie fine et d'amidon ; on l'éclaircit
avec de l'eau, et on le passe de toutes parts sur la page imprimée ;
ensuite on trempe un petit morceau de toile dans une couleur faite
avec du cinabre, du vernis très-faible et du suif. On frotte le papier
avec ce morceau de toile qui s'est teint en rouge, jusqu'à ce que
toutes les lettres aient pris la couleur, quoique d'une manière inégale et épaisse ; on jette de l'eau propre par-dessus le tout, et on
passe une balle, recouverte de drap fin et bourrée de crin, sur le
papier ; ce qui enlève le superflu de la couleur qui se trouve sur les
lettres. Il faut continuer à passer la balle jusqu'à ce que les lettres
paraissent rougeâtres ; puis on verse souvent de l'eau propre sur ce
papier, qu'on met entre des maculatures pour lui faire perdre son
trop d'humidité. On suit alors les procédés déjà indiqués pour l'imprimer sur la pierre. »

Dans un ouvrage publié antérieurement à celui de Senefelder
(*les Annales des arts et manufactures,* tom. LII), est un mémoire fort remarquable sur la lithographie écrit en 1814 par Marcel
de Serres. La question du transport est traitée dans ce mémoire
d'une manière assez complète et mérite de trouver place ici.

« Il ne paraît pas impossible, y est-il dit, de transporter d'anciennes gravures devenues rares et qu'on serait charmé de multiplier. Quoique les traces sèches des anciennes gravures ne semblent guère propres à donner une nouvelle impression, on peut
cependant les en rendre susceptibles en les humectant de nouveau.
Ainsi, quelques essais nous ont prouvé qu'il n'était pas impossible
de rendre ces traces susceptibles d'en produire de nouvelles, en les

colorant de nouveau avec une encre typographique ordinaire ou résineuse.

« Il faut d'abord humecter le papier avec des acides étendus d'eau, qui, attaquant la colle du papier, le rendent plus perméable à ce dernier liquide, et l'empêchent en même temps de recevoir le noir du tampon. Mais, pour que l'encre du tampon ne se mêle pas avec les acides, on passe sur la planche une légère couche de gomme arabique. Le noir de la gravure devient ainsi plus susceptible de recevoir la couleur du tampon, et par conséquent de pouvoir donner plus facilement une contre-épreuve. L'estampe étant suffisamment noircie, on transporte la gravure sur pierre. Si toutes les opérations ont été bien conduites, le plus souvent la gravure se trouve transportée sur la pierre avec assez de netteté pour donner une contre-épreuve exacte.

« On peut encore obtenir des contre-épreuves par un procédé peu différent, et cela en recouvrant la gravure avec de l'amidon cuit dans l'eau seulement. Avant de faire usage de l'amidon, il faut, lorsqu'il est coagulé, le mêler avec de l'acide sulfurique ; puis on tamponne avec de l'encre typographique ordinaire. Alors le blanc du papier défendu par l'amidon ne reçoit point le noir de l'encre, tandis que les traits de la gravure s'en colorent. On enlève ensuite avec soin et avec une éponge l'amidon qui avait collé la gravure. Cette opération terminée, on porte la gravure sur la pierre et l'on opère la pression.

« Les deux opérations qui précèdent réussissent le plus ordinairement ; mais elles sont très-difficiles à exécuter. »

Les procédés que nous venons de décrire reposent sur le même principe et présentent les mêmes difficultés, c'est-à-dire d'éviter de pouvoir charger également toutes les parties de l'épreuve sans s'exposer au bavochage des traits sous la pression. Aussi verrions-nous avec satisfaction qu'il fut possible de raviver suffisamment l'encre de l'épreuve pour qu'elle suffise à sa reproduction. Mais la plupart des agents chimiques que l'on a employés, notamment le sous-carbonate de soude caustique ou l'essence de lavande [1], n'opère que la

---

[1] Voici en pareil cas comment on opère : On fait tremper l'épreuve à décalquer dans une légère solution de soude caustique, en l'abandonnant deux ou trois jours dans la solution ; après ce temps on laisse sécher, et lorsqu'on veut transporter sur la pierre, on humecte le papier, puis on donne un coup de presse, l'écriture reste sur la pierre ; mais il faut aciduler très-légèrement, attendu qu'il faut peu de chose pour enlever cette encre, encore faut-il aciduler à travers le papier.

Lorsqu'on opère avec l'essence de lavande, on prépare la feuille comme nous l'avons indiqué pour le transport au tamponnage, puis on verse sur l'épreuve une quantité d'essence suffisante pour en humecter les carac-

Lithographie.   32

décoloration d'une partie de l'encre qui disparaît ordinairement au rouleau sans laisser d'empreinte sur la pierre.

L'exécution des divers procédés que nous venons de décrire exige des soins, des tâtonnements et une perte de temps immense, et ce n'est véritablement que pour tenir nos lecteurs à la hauteur de l'art que nous sommes entrés dans ces détails.

Pour les précautions à prendre avant et pendant le décalque, et les soins à donner au premier encrage, suivre les instructions sur les reports en général.

Tout ce qui précède n'est applicable qu'aux épreuves typographiques; car pour la lithographie les résultats sont plus qu'incertains. Quant à la taille-douce (vieilles épreuves), nous ne connaissons encore personne qui ait pu renouveler un premier succès.

CHAPITRE XIX.

REPORTS DE PLANCHES DE CUIVRE OU D'ACIER.

Il n'est pas permis aujourd'hui aux lithographes d'être étrangers aux manipulations de l'impression en taille-douce, ne fut-ce que pour tirer des épreuves pour les transports. Nous croyons donc ne pas nous écarter de notre cadre en donnant quelques détails sur ce genre de tirage. Ces détails ne seraient peut-être pas, rigoureusement parlant, avoués par un imprimeur en taille-douce; mais nous les empruntons à notre expérience, nous les donnons tels que nous les pratiquons, persuadé qu'en d'autres mains notre méthode donnera les mêmes résultats.

Pour tirer quelques épreuves, la presse en taille-douce devient complètement inutile, nous nous servons de la presse lithographique sans autre inconvénient que le danger de crever un châssis, danger que nous prévenons en substituant au châssis des fragments de cuirs de la grandeur de la planche.

tères. Pour retirer l'essence il ne faut pas attendre qu'elle ait tellement détrempé l'impression, qu'elle en dénature les contours. Pour s'en assurer, on essuie avec le doigt sur une petite partie de la feuille. On laisse ensuite ressuyer la feuille sur des maculatures et l'on fait le décalque aussitôt qu'on ne voit plus briller l'eau à la surface.

Comme nous l'avons fait pour les procédés lithographiques, nous divisons nos indications par petits articles.

Nettoyage des planches de cuivre.

Avant de commencer l'encrage, il est utile de s'assurer si la planche est en bon état de propreté, c'est à dire si les tailles sont dégagées d'encre et si la surface du cuivre n'es pas rayée. Par la simple inspection on peut voir si, en quittant le dernier tirage, l'ouvrier a eu soin de la laver. Les traits, dans ce cas, sont de la même couleur que la surface du cuivre et on distingue leurs cavités; dans le cas contraire, ils sont noirs et bouchés. Il faut alors les laver à l'essence de térébenthine, s'il n'y a pas longtemps que le tirage a été fait; mais si l'essence est insuffisante, il faut avoir recours au moyen suivant.

On range les cuivres à plat dans une bassine, en les séparant les uns des autres par de petits morceaux de bois qui leur servent de supports; on les recouvre ensuite d'eau à laquelle on ajoute de la potasse dans la proportion de un kilogramme par six litres d'eau. On fait bouillir tout ensemble jusqu'à ce que l'on s'aperçoive que les tailles de la gravure sont parfaitement propres. On lave ensuite les planches à l'eau pure, on les essuie, et, si on n'en doit pas faire immédiatement le tirage, on les enduit d'huile de pied de bœuf qui, lorsqu'elle est bien pure, a la précieuse qualité de ne pas sécher.

Si la planche était d'une dimension trop grande pour être contenue dans un vase, on pourrait se contenter de la mettre à plat sur une table, la couvrir d'une forte lessive de potasse [1]; la laisser ainsi pendant une heure, aidant encore l'action de la lessive par le frottement d'une brosse douce; puis on lave à l'eau et on essuie avec un chiffon.

Les planches d'acier ne doivent pas être traitées par la potasse qui attaque ce métal; on se contente donc de les laver à l'essence, en les frottant avec une brosse douce jusqu'à ce que les tailles soient propres.

Cette dernière opération doit être faite aux planches de cuivre comme aux planches d'acier, lorsque le tirage est terminé; mais ici l'emploi de la brosse est inutile: un chiffon suffit. Après ce lavage, les premières seront recouvertes de suif que l'on étend

[1] Cette lessive se compose de 500 grammes de potasse rouge d'Amérique, bouillie dans un litre d'eau, puis tirée au clair et conservée dans une bouteille.

en faisant chauffer la planche ; les dernières seront enduites d'huile de pied de bœuf.

L'effaçage des raies sur les planches de métal exige plus d'adresse. Ces raies ont deux origines : les unes proviennent du fait même du graveur qui a oublié de faire disparaître son tracé; les autres sont le résultat du frottement des planches entre elles ou contre quelque corps dur. Il est très-important d'en dégager la planche, surtout lorsqu'elles se rencontrent au milieu du travail, où il serait impossible de gratter convenablement après le transport sur la pierre.

Les imprimeurs en taille-douce ont deux moyens pour opérer cet effaçage : l'un qui consiste à se servir d'un *brunissoir* [1], système que nous ne conseillons pas à nos lecteurs ; l'autre mode, plus facile, est l'emploi du charbon.

On prend en conséquence un morceau de charbon de bois blanc, s'il est possible, bien cuit. On essaie sur les marges de la planche l'action que peut avoir ce charbon ; s'il mord trop, il serait imprudent de l'employer, car il exposerait à faire d'autres raies ou à effacer la gravure elle-même ; tandis que s'il ne mord pas assez, il ferait perdre trop de temps : c'est pourquoi il importe d'en faire un bon choix. On trempe le morceau choisi dans de l'eau, ou on en répand sur toute la planche et on s'en sert comme d'une pierre ponce, en observant qu'il faut tenir le charbon debout et incliné, en le dirigeant toujours dans le même sens et non en lignes croisées. Si la gravure est légère ou usée, il faut agir avec précaution, employer au lieu d'eau un peu d'huile de pied de bœuf pour diminuer le frottement. Cela fait, on essuie convenablement, ou on lave la planche à l'essence si l'on s'est servi d'huile, et on peut procéder à l'encrage.

Encres d'impression et de report.

En écrivant cette notice sur l'impression en taille-douce, nous supposons nous adresser à des personnes entièrement étrangères à cet art, et nous entrons dans des détails minutieux que l'on voudra bien nous pardonner. Nous parlerons de deux encres, l'une pour servir aux transports de taille-douce sur pierre, notre principal but,

[1] Le *brunissoir* est un instrument en acier très-dur et parfaitement poli; pour la forme et les proportions, il ne ressemble pas trop mal aux fers dont se servent les repasseuses pour relever les cannelures des bonnets. Les imprimeurs calcographes se servent du brunissoir en frottant fortement les parties rayées et en s'aidant de quelques gouttes d'eau. Cette opération faite par une main inhabile est parfois dangereuse pour la gravure, dont elle peut boucher une infinité de traits.

l'autre pour faire le tirage des planches de métal. S'il prenait envie à quelques lecteurs de pratiquer ce genre d'impression, ils trouveraient peut-être dans ces quelques lignes des indications suffisantes, que l'expérience leur apprendrait bientôt à modifier suivant les divers genres de travaux. Commençons par l'encre ordinaire des calcographes.

A part la différence de matière, l'encre des imprimeurs en taille-douce a la plus grande analogie avec celle des lithographes, soit par la nature des vernis, soit par le mode de fabrication.

Le vernis qu'emploient les imprimeurs en taille-douce pour la composition de leurs encres, porte le nom d'*huile claire*, d'*huile forte* ou d'*huile grasse,* selon le degré de consistance auquel il est réduit. La préparation de ces vernis diffère peu de celle des nôtres.

On se sert, pour la taille-douce, préférablement d'huile de noix que l'on fait chauffer vigoureusement dans une marmite et que l'on enflamme pendant un quart-d'heure ; cette seule opération constitue *l'huile claire* [1].

Pour *l'huile forte*, on continue la cuisson et l'inflammation pendant une heure environ, selon la disposition de l'huile à prendre la consistance du vernis faible de la lithographie.

Au lieu de noir de fumée, les imprimeurs en taille-douce se servent pour matière colorante d'un mélange de noir d'os (charbon animal) et de noir de lie de vin brûlée. Ils ne broient d'abord avec l'huile claire que juste la quantité nécessaire pour faire avec le noir une pâte non homogène, mais grumeleuse, c'est-à-dire assez sèche pour se séparer en petits grains arrondis, même après avoir été broyée assez long-temps. Après s'être assuré, par le frottement du doigt sur le marbre à broyer, que l'encre ne contient plus aucun grain dur, on ajoute l'*huile forte* en quantité suffisante pour rendre cette encre assez coulante et maniable au tampon, et l'on continue à broyer avec la molette, jusqu'à ce qu'elle soit d'une consistance égale.

Comme en lithographie, les calcographes ont deux encres d'impression, l'une *faible* pour les travaux ordinaires que l'on imprime au tampon, l'autre *forte* pour les estampes que l'on encre à la main ; dans cette dernière, on introduit de l'*huile grasse*, c'est-à-dire le vernis le plus fort. La couleur jaunâtre que prennent les impressions de taille-douce après un certain temps, provient du

---

[1] Il serait imprudent de vouloir faire cette opération sans autres données que celles-ci. La fabrication des vernis demande des précautions que nous ne pouvons décrire dans cet aperçu général. Nous renvoyons ceux de nos lecteurs qui ne seraient pas encore initiés à ce genre de manipulation, au chapitre *Vernis d'encrage*, page 177.

peu de dégraissage de l'huile claire; les estampes dans le noir desquelles il entre une plus grande quantité de vernis fort, conservent bien plus long-temps la couleur noire.

De même que l'encre ordinaire d'impression lithographique, celle dont nous venons de parler serait insuffisante pour les transports. Il est donc indispensable d'avoir une encre pour cet usage exclusif. Après plusieurs essais infructueux, la composition suivante, que nous employons aujourd'hui avec succès, nous semble réunir tous les éléments favorables en la modifiant, toutefois, suivant les circonstances :

Encre d'impression lithographique.	4 parties.
Encre de transport.	6 »
Suif.	1 »
Huile de lin.	2 »
Vernis faible.	2 »

On broie le tout sous la molette, en commençant par le mélange des deux encres et du suif; puis on ajoute le vernis et enfin l'huile.

La quantité d'huile et de vernis devra varier selon la circonstance; ainsi, sur une planche usée ou à traits extrêmement déliés, cette quantité sera très-réduite.

Encrage au chiffon.

On nous pardonnera quelques détails fastidieux, mais que nous croyons nécessaires aux personnes tout-à-fait étrangères à l'impression en taille-douce.

L'encrage des planches de cuivre ou d'acier ne se fait pas sur la presse, parce que : 1° on barbouillerait d'encre tout ce qui entoure la planche; 2° parce que cette opération exige une chaleur soutenue. On est donc obligé, à chaque épreuve, de déplacer la planche et de la reporter sur un petit établi disposé à cet effet.

Les imprimeurs en taille-douce ont, en conséquence, une sorte de gril en fer élevé, sous lequel est entretenu dans un petit réchaud du poussier de charbon embrasé. Pour simplifier encore notre matériel, nous avons remplacé cet appareil en nous servant d'un poêle dont le dessus de marbre nous servait de gril et d'établi, en même temps que sa chaleur tempérée faisait l'office de réchaud. La chaleur doit être modifiée en été, et on doit bien se garder dans aucune saison de la tenir trop élevée dans la crainte de décomposer l'encre.

Lorsque tout est ainsi préparé, on prend une certaine quantité de chiffons de vieille toile de coton, blanche ou de couleur, de toile

fine de lin ou de mousseline; mais il faut rejeter celles qui, par la
nature du tissu ou de la matière, ne s'imbibent pas facilement
d'eau, et enfin les mousselines brodées, à raies ou à carreaux. Tous
ces chiffons devront être blancs de lessive et n'avoir servi, depuis
le lavage, à aucun usage du corps.

On fera avec ces chiffons quatre petits lots que nous désignerons
par numéros, afin d'être plus succinctement rappelés. Le premier
nous remplacera encore un instrument du calcographe, le tampon [1];

[1] Le tampon des imprimeurs en taille-douce est fait de vieux linge, et
ce sont ordinairement les ouvriers qui les confectionnent eux-mêmes. Le
tampon est à peu près de la forme d'une molette à broyer les couleurs;
sa grandeur est subordonnée à la commodité du travailleur; néanmoins,
le terme moyen est 20 centimètres de hauteur sur 12 de diamètre dans
sa plus grande grosseur. Voici comment on procède :

On choisit de la bonne toile à demi usée, on la découpe en bandes de 20
centimètres de largeur, en évitant autant que possible les coutures; on
coud ces bandes les unes aux autres, on les roule sur elles-mêmes, aussi serrées que possible, et, afin de leur conserver la forme cylindrique qu'on leur
donne, et pour plus de solidité, on fait des faufilures de temps en temps de
bas en haut.

Lorsque le rouleau a atteint environ 35 millimètres de grosseur, celle
qui est nécessaire pour former la poignée du tampon, on se sert de
bandes de 11 centimètres de largeur, que l'on continue à rouler comme
les précédentes, en les assujettissant aussi par des coutures répétées.

Le tampon ayant la grosseur convenable, on coud les derniers tours de
toile avec plus de solidité, et on s'occupe de lui donner la dernière main
en le débarrassant de toutes les effilures qui l'entourent; enfin on le tranche.
Cette opération consiste à égaliser sa base en en coupant une tranche
assez épaisse pour atteindre toutes les bandes. Ce n'est qu'en se servant
d'un couteau parfaitement tranchant, et en appuyant le tampon sur une
table, que l'on parvient à le trancher convenablement.

On allume ensuite quelques rognures ou morceaux de papier, sur la
flamme desquels on passe et repasse à plusieurs reprises le tampon pour
le flamber, afin d'enlever le duvet de la toile, les petites parties que le
couteau n'a pu couper assez franchement, les bouts de fil, etc.

Il en est du tampon des calcographes comme du rouleau lithographique;
il faut qu'il soit fait pour être employé avec avantage; en conséquence,
on étend sur la face que l'on vient de trancher une bonne couche d'encre
d'impression, on l'égalise le mieux possible, on la couvre d'une toile pour
la maintenir et l'on fixe cette toile avec une ficelle à la naissance de la
poignée. Cette méthode est la plus sûre et la plus expéditive pour faire le
tampon.

Après avoir fait usage de ce tampon pendant trois ou quatre jours,
on peut retirer l'enveloppe et l'employer sans interruption un temps

roulé ou ramassé en une sorte de tampon, ce chiffon servira à encrer, c'est-à-dire à mettre l'encre dans les tailles de la planche. En conséquence, on prend avec ce tampon improvisé un peu d'encre, on le promène sur le cuivre, que l'on tient de la main gauche, sur le gril ou sur le poêle en appuyant assez fortement le tampon, et en le balançant de droite à gauche et de gauche à droite ; on garnit ensuite, spécialement, les parties de la planche où le travail est large et profond, surtout les cadres, les parties colorées du dessin, les caractères noirs ou en relief, etc., en se servant du doigt ou d'un petit tampon garni de noir. Cette opération, qui est longue, n'a lieu que pour la première et quelquefois pour la seconde épreuve dans le cas où la première ne serait pas satisfaisante. Enfin, on tamponne une seconde fois, et l'on procède au nettoiement de la planche.

Laissant toujours la planche sur le gril ou le poêle, on la frotte légèrement avec un second chiffon que nous désignerons par le nº 2, et que l'on ramasse dans la main sous forme de tampon. La plus grande partie de l'encre qui recouvrait la planche doit disparaître par ce frottement, que l'on doit rendre plus sensible sur les marges.

Après cela, la planche est placée sur une table ou une pierre lithographique non échauffée, près de laquelle on a disposé une terrine contenant de l'urine, et deux autres chiffons (nᵒˢ 3 et 4) déjà humectés d'urine. Avec le bout des doigts de la main gauche, on prend quelques gouttes d'urine que l'on laisse tomber sur la planche, tandis que de la main droite on frotte légèrement le cuivre avec le nº 3, et on enlève la presque totalité du noir. On fait disparaître le surplus en essuyant encore plus légèrement avec le nº 4, qui rend la planche tout-à-fait claire.

Si la gravure avait les teintes unies exécutées soit à la *pointe sèche,* soit *à la machine,* il ne faudrait pas jeter l'urine sur le cuivre, mais bien sur le chiffon, parce que cette aspersion seule dépouillerait ces sortes de tailles et ferait des taches blanches.

Une observation importante doit être faite ici, c'est de ne jamais essuyer les planches dans la direction des tailles du burin, c'est-à-dire en suivant leur sens, ce qui les viderait complètement de couleur. Il faut, au contraire, les prendre en travers ; et si la disposition du travail, en tailles croisées perpendiculairement, rendait ce sens impossible, on essuierait le plus diagonalement possible, toutefois en évitant de vider les tailles.

Quant à la quantité d'urine, elle ne peut autrement se déterminer

infini sans détérioration sensible; mais si l'on interrompt son service pendant une quinzaine de jours seulement, l'encre dont il est pénétré sèche, se durcit, et il devient impossible de s'en servir avant de l'avoir *tranché* une seconde fois et de l'avoir traité comme un instrument neuf.

qu'en disant qu'après avoir entièrement essuyé la planche, elle ne doit conserver aucune humidité apparente ; que, si on remarquait sur sa surface de très-petites gouttelettes de liquide, ce serait une preuve évidente que le chiffon serait trop humide, et on devrait pendant quelques épreuves s'abstenir de le mouiller.

Nous avons indiqué l'urine comme le moyen le plus certain de réussite, quoiqu'il soit le moins agréable à employer ; mais, dans l'impression en taille-douce, il faut faire abnégation de soi-même. Néanmoins, beaucoup d'imprimeurs se servent d'une légère lessive de potasse. Comme nous ne saurions en déterminer le degré, nous nous bornons au premier moyen.

Les chiffons étant propres, il a dû paraître étrange de leur avoir donné un numéro d'ordre ; en voici l'explication : Lorsqu'on se sera servi pendant un certain temps du chiffon n° 3, on le fera sécher et il sera employé à enlever le premier noir. Le n° 3 sera remplacé par le n° 4 qui sera alors un chiffon propre. Cette série de chiffons est d'autant plus importante, qu'on essuie mal en premier avec un linge blanc qui n'est ni imbibé de sels ni disposé à aucune affinité avec les corps gras.

Encrage à la main.

Ce mode d'encrage, dans les ateliers en taille-douce, qui se pratique spécialement pour les estampes et sur les planches en acier, exige plus de soins et présente plus de difficultés ; mais ses résultats sont préférables et plus certains, particulièrement avec des planches usées ou d'une gravure très-légère.

Voici en quoi consiste l'encrage à la main. Lorsque la planche est convenablement encrée, c'est-à-dire qu'avec le tampon on l'a garnie complètement d'encre, qu'il ne faut pas oublier de tenir plus forte dans cette circonstance, on fait usage du chiffon n° 2 pour étendre et enlever en même temps l'excédant du noir, puis on dégrossit la planche avec le n° 3, en dégageant avec soin les blancs et les marges ; le reste du nettoyage se fait *à la main* de la manière suivante :

On noircit d'encre la partie de la paume de la main comprise entre le petit doigt et le poignet, puis on passe cette main sur un pain de blanc de Meudon, afin de la dégraisser, et on l'essuie sur un chiffon sec pour enlever l'excédant. Cette première opération a pour but de dégager la main de toute transpiration, qui est un véritable acide. Cette précaution prise, on frotte à plusieurs reprises, et par un mouvement saccadé, toutes les parties de la planche. Pour que la main offre plus de surface, il faut la tenir ouverte et presque à plat, sans cependant la toucher avec une autre partie que celle que nous avons désignée.

La plus grande partie de l'encre étant enlevée, on essuie la main sur le chiffon destiné à cet usage, on la garnit de nouveau d'un peu de blanc, et on termine l'*essurement*. Enfin avec un petit chiffon sec, parfaitement propre, un peu frotté sur le pain de blanc, on finit de dégager la planche, qui, après cette dernière opération, bien légèrement faite, est aussi brillante qu'une glace.

On voit, par toutes ces opérations multipliées, que l'impression en taille-douce est longue et désagréable à exécuter; mais, au demeurant, il y a un côté rassurant : on peut gâter du papier, de l'encre, perdre du temps, la planche n'éprouve aucune altération sensible; en est-il de même en lithographie?

Tirage.

Que la planche soit encrée par l'un ou l'autre système, le tirage est le même. On cale une pierre un peu plus grande que la planche, on règle la course et la pression qui doit être légère. On calcule la course de manière que le râteau prenne sur la planche, et ne tombe pas à la fin. On conçoit que cette chute ferait sur la pierre une secousse capable de la faire rompre. On couvre la pierre de cinq à six bonnes maculatures, et l'on en dispose à côté du châssis une égale quantité, à moins que l'on préfère se servir d'un blanchet ou drap sans pli ni couture, qui fait l'office de garde-main.

Lorsqu'il s'agit d'épreuves destinées à être transportées, on doit d'abord tirer des épreuves d'essai sur du papier ordinaire, mais beaucoup plus mouillé que pour l'impression lithographique. Le papier de Chine collé, dont il faut se servir exclusivement pour les épreuves de transport, est intercalé dans du papier humide cinq minutes avant le tirage. Avant de le placer sur la planche, on s'assure si la colle n'est pas trop détrempée ou n'a pas trop de tendance à s'attacher au cuivre; dans ce cas, on agiterait un instant la feuille pour la faire sécher un peu, puis on tire l'épreuve du côté de la colle.

Pour être bonne à transporter, l'épreuve doit être d'une pureté parfaite, légèrement colorée, et égale de ton dans toutes les parties. Si elle était trop chargée d'encre, les traits s'écraseraient sous la pression du décalque, et l'on n'obtiendrait qu'un barbouillage. Il est une précaution que nous prenons, et que nous n'osons conseiller, tant elle est délicate : elle consiste à placer l'épreuve, immédiatement après l'avoir tirée, dans du papier de soie humide que l'on met entre deux ais. Cette seule pression suffit pour dégager les traits d'une partie de l'encre qui s'attache au papier de soie; ce qui permet de faire le décalque avec plus d'assurance; car les larges tailles de la taille-douce fournissent quelquefois une grande quantité d'encre qui s'écrase au transport.

Après avoir retranché les marges de l'épreuve, on la met dans du papier humide, et l'on procède au transport. Quoique nous ayons déjà décrit ce procédé pour les épreuves de lithographie et celles de typographie, opérations à peu près identiques, nous en développerons tous les détails pour la commodité des lecteurs.

Report.

On cale une pierre parfaitement poncée, propre, et bien sèche. En hiver, on la fait légèrement chauffer pour faire disparaître toute l'humidité qu'elle pourrait contenir. A ce sujet, nous nous permettrons une courte digression qui doit fixer l'attention des praticiens. On sait que les corps compacts, passant d'un lieu froid dans un autre lieu où la température est plus élevée, absorbent l'humidité ; que si ce corps est poli, il se charge instantanément d'un voile humide qui ne tarde pas à se changer en une infinité de gouttelettes d'eau. Ainsi les marbres, les vases de verre, sortis de la cave, portés dans un appartement chaud, présentent ce phénomène. Il n'est personne qui n'ait remarqué les marbres et les glaces suant, lorsqu'il y a transition subite de température.

Ce qui arrive ici est l'image exacte de ce qui se passe à l'égard des pierres lithographiques transportées de l'atelier de ponçage dans celui des écrivains ou dans l'imprimerie. Cet effet, quoique moins apparent à cause de la porosité des pierres, n'en est pas moins réel ; et la condensation de la vapeur a lieu intérieurement. Presque toujours l'atelier de ponçage est au rez-de-chaussée, froid et humide, à cause de la quantité d'eau qu'on y emploie. Il n'est donc pas étonnant qu'une pierre sèche, transportée de ce lieu dans l'imprimerie, où une réunion plus considérable de personnes, une exposition plus favorable, souvent une chaleur artificielle, entretiennent une température élevée ; il n'est pas étonnant, disons-nous, que cette pierre s'y imprègne d'humidité ; et nous n'en voulons pour preuve que la circonstance suivante : Tous les lithographes ont dû remarquer que, lorsque pour faire un report on veut poncer à sec avant le décalque, généralement la pierre ponce ne mord pas de suite, qu'elle glisse, pour ainsi dire, à la surface, et que ce n'est qu'après quelques instants que l'on obtient par le frottement cette poussière fine et déliée qui d'abord se formait en agglomération autour de la pierre ponce.

Combien de fois n'a-t-on pas échoué dans les transports par cette seule cause que l'on n'avait pas prévue, ou à laquelle on n'avait pas prêté attention ; parce qu'enfin il restait de l'humidité dans la pierre, ou bien que la transition d'un lieu à un autre lui en avait procuré ?

Pendant qu'on calait la pierre, les épreuves de taille-douce, mises dans le papier humide, ont pris un degré convenable de moiteur ; on les retire donc pour les reporter immédiatement sur la pierre qui a été préalablement poncée à sec, et parfaitement essuyée avec un linge propre ; on la couvre d'une feuille de papier vélin sans colle et mouillée, puis de deux ou trois maculatures sèches, et l'on fait une première pression d'une force moyenne. On relève le châssis ; on tourne la pierre dans un autre sens, ou seulement le râteau ; on fait une seconde, une troisième pression, en les augmentant graduellement.

Chaque fois que la pression est faite, on relève le châssis, et on s'assure que les maculatures ne sont pas plissées ; dans ce cas, il faudrait les remplacer.

Le degré d'humidité à donner à la feuille de papier sans colle, qui doit la communiquer à son tour au papier de transport, ne peut se déterminer que par cette remarque : moins il y a d'humidité dans la feuille, plus la pureté du décalque est grande.

Le décalque achevé, on relève les maculatures et on mouille l'épreuve, soit en répandant de l'eau dessus, soit avec une éponge, mais toujours de manière qu'elle soit complètement submergée. On n'arrache pas le papier de Chine, on attend qu'il se détache de lui-même de la pierre, ce qui ne tarde pas d'avoir lieu, puis avec la même éponge abondamment imbibée d'eau que l'on renouvelle plusieurs fois pendant le même décalque, on lave la pierre, non par frottement, mais par absorption, enlevant ainsi la colle du papier de Chine ou autographique ; on laisse sécher ensuite la pierre, en hâtant l'évaporation de l'eau par le feu pendant l'hiver. On acidule les marges, on gomme et l'on procède à l'encrage une heure après.

Encrage du report.

On se sert pour encrer les transports de taille-douce d'encre faible, mais en petite quantité sur le rouleau. Après avoir dégommé convenablement, on encre sans précipitation, sans s'effrayer de la teinte noire que prend ordinairement la pierre pendant cette opération. Cette teinte sale ne résiste pas à une faible acidulation pratiquée avec un petit pinceau ; mais il faut attendre pour cela que les traits soient convenablement chargés.

CHAPITRE XX.

EFFETS NOIRS REPRODUITS EN BLANC.

Senefelder, et après lui plusieurs lithographes, ont tenté à diverses époques, et avec plus ou moins de succès, à reproduire par le transport des *effets en blanc sur un fond noir,* en d'autres termes, à rendre *blancs* sur le transport les dessins ou écritures qui étaient *noirs* sur la pierre-matrice.

Voici le détail d'un des procédés les plus usités :

Les épreuves que l'on destine à être reproduites en blanc doivent être tirées sur du papier de Chine, couvert d'une couche de colle de pâte ou d'empois ou sur du papier autographique, non pas avec l'encre de report, mais avec de l'encre d'impression la plus mauvaise possible, la moins grasse, la moins adhérente ; celle qui aurait déjà été relevée de la table au noir serait préférable, s'il était possible d'en tirer des épreuves assez pures.

Il faut que l'épreuve soit nette et très-colorée ; pour cela on tire plusieurs autres épreuves pour mettre la pierre en train. On place les épreuves dans du papier humide jusqu'au moment du décalque.

On cale sur la presse une pierre parfaitement poncée, d'une dimension convenable; on l'acidule, en se contentant de la frotter avec une éponge humide d'acide très-faible, et on la gomme. Quinze minutes après on la dégomme à plusieurs eaux, le plus complètement possible, et l'on passe et repasse plusieurs fois le rouleau comme pour l'encrage. Si cette opération la salissait, on la nettoierait avec un peu d'acide et on encrerait jusqu'à ce qu'elle fût à peu près sèche ; du reste, on opère comme si la pierre était couverte d'écriture. Cela fait, et sans attendre plus long-temps, on fait le décalque comme nous l'avons précédemment décrit : seulement, au lieu d'enlever le papier après l'avoir humecté, on attend qu'il se détache lui-même de la pierre pour que le décalque soit complet.

Immédiatement après, on porte la pierre sur la table à grener, et là, sans toucher le décalque, sans le moindre frottement, on la lave complètement en versant de l'eau dessus. Ce lavage n'a d'autre but que d'enlever la colle du papier dont on s'est servi pour le décalque ; de mettre à nu les parties de la pierre que ne couvre pas

Lithographie.   33

la composition, et de les préparer à recevoir l'encre lithographique dont nous allons parler. Par un excès de précaution, on pourrait faire un dernier lavage avec de l'acide acétique (vinaigre de bois) qui a la propriété, comme nous l'avons déjà dit, de *dépréparer* la pierre. Il est important, avant de passer outre, de s'assurer si le décalque est bien complet et les traits bien purs : sans ces deux conditions il faudrait faire un nouveau transport, car ce procédé ne souffre pas la médiocrité.

On laisse sécher la pierre, sans l'essuyer d'aucune manière et sans autre chaleur que celle de l'atelier ; puis on trace au tire-ligne et à l'encre un cadre autour de la composition décalquée, on en remplit l'intérieur avec un pinceau, sans toucher néanmoins le transport que l'on recouvre aussi d'encre, mais seulement en l'étendant par insufflation ou par l'inclinaison de la pierre en tous sens, jusqu'à ce que l'intérieur du cadre tracé soit garni entièrement.

La pierre peut être laissée dans cet état environ dix minutes. Ce laps de temps est encore subordonné à la température de l'atelier, à la qualité de la pierre, à la nature du travail décalqué et à la force de l'épreuve. Il faut observer encore qu'il serait imprudent de laisser trop long temps l'encre lithographique sur la pierre, parce que, contenant des principes alcalins, elle saponifierait l'encre d'impression qu'elle dénaturerait ainsi en s'y substituant en quelque sorte, et l'on n'obtiendrait plus du transport qu'une masse noire.

Il est donc très-important de ne pas perdre un instant dans le cours de l'opération, et de ne pas laisser séjourner l'encre plus de dix minutes, à moins qu'elle ne fût de mauvaise qualité ou que l'épreuve décalquée ne fût un travail large et vigoureux, et qu'elle fût très-chargée.

Les dix minutes expirées (nous le répétons, ce terme ne peut être rigoureusement déterminé), on place la pierre sur la table à poncer, et l'on verse dessus une quantité suffisante d'eau qui entraîne la majeure partie de l'encre lithographique ; puis, sans désemparer, on lave la pierre à l'essence et à la gomme pendant quelques instants, on l'arrose encore d'eau, on l'essuie avec un linge propre et on la porte sur la presse.

L'encrage doit se faire avec de l'encre forte et sans précipitation. Si la pierre se couvrait de noir dans quelques parties du décalque, on essaierait d'abord de la nettoyer en la lavant avec un mélange d'essence et de gomme ; si ce moyen était insuffisant, on emploierait un léger acide à l'aide d'un pinceau, mais toujours en procédant graduellement et en tirant de temps en temps une épreuve. Lorsque la pierre est complètement encrée, que le décalque ressort nettement en blanc, il faut donner une légère acidulation à la pierre, la gommer et la laisser au repos pendant quelques heures avant le tirage.

Pour rendre les traits du dessin avec pureté et d'un beau noir, l'impression de ces transports exige beaucoup de soins. La pression doit avoir beaucoup de justesse, le cuir du châssis et le rateau parfaitement dressés. L'emploi de l'encre de dessin est indispensable, à moins que ce ne soient des ouvrages très-communs, parce qu'elle est d'un plus beau noir ; parce qu'aussi, étant broyée avec du vernis plus fort, elle se conserve mieux à la surface du papier et ne s'extravase pas dans les traits du dessin comme il arrive avec les encres dans lesquelles l'ouvrier introduit quelques gouttes d'huile, ce qu'il faut proscrire dans ces tirages.

Voici quelques observations que l'expérience nous a révélées :

1° Une pierre mal poncée, avec des raies de ponce, des trous de sable, produit généralement un fâcheux effet ;

2° Une acidulation trop forte avant le décalque, est un obstacle à l'action de l'encre lithographique, en même temps qu'elle expose à faire disparaître le décalque pendant le premier lavage ;

3° Un lavage incomplet après le décalque, en laissant des parcelles de la colle du papier, fait souvent manquer l'opération ;

4° L'humidité trop considérable de la pierre avant de noircir avec l'encre lithographique, l'empêche d'être suffisamment pénétrée, et produit un effet analogue au cas précédent ;

5° Enfin, on peut essayer une encre dans laquelle on aura introduit un dixième de gomme épaisse et autant de soude en poudre bien broyé ensemble, cette encre s'attache moins sur la pierre que l'encre ordinaire. On peut encore aciduler avec de l'acide phosphorique très-étendu d'eau, après que l'encre s'est détachée.

Ce procédé est d'une grande utilité pour la reproduction des écritures ou vignettes blanches sur fond noir, dont l'exécution présente tant de difficultés et demande une si grande patience de la part des écrivains. Il a encore un autre avantage ; a-t-on besoin d'une impression bleue, jaune, rose, etc., sur fond noir, il suffit de tirer la pierre transportée avec du noir sur un papier de la couleur que doit avoir l'impression. La nature du travail exige-t-elle une impression de couleur sur du papier de telle ou telle nuance ? on imprime avec l'encre de cette nuance sur du papier de la couleur que doit avoir l'impression. Mais cet avantage est plus grand encore s'il fallait que l'impression, nous voulons dire le dessin ou les écritures dans le sens usuel, fût brillante, effet impossible, à moins d'employer le bronze dont il n'existe que très-peu de nuances. Par le procédé qui vient d'être décrit, on tirera sur des papiers glacés ou porcelaine qui, on le comprend, produiront tout l'effet désiré.

En tirant préalablement un fond à plusieurs couleurs sur du

papier blanc, en réservant sur ce papier certaines places, on peut, par un second tirage, calculé sur le premier par ses formes et ses nuances, obtenir les résultats les plus piquants. Ici s'arrête notre tâche, le goût de nos lecteurs doit seul leur servir de guide.

RENVERSEMENT DES DESSINS ET ÉCRITURES DU NOIR AU BLANC et vice versâ.

L'ouvrage de Senefelder, Munich, 1818, pages 340, 357, 358. et 359, traite assez longuement cette question. Ce n'est donc pas en qualité d'inventeur, mais comme praticien que nous communiquons cette note, qui ne sera peut-être pas sans intérêt.

Pour faire ressortir un dessin en blanc.

Préparez une pierre parfaitement dressée et polie, avec un mélange d'acide nitrique, noix de galle et eau (les proportions se trouvent indiquées dans la recette ci-après n° 1). Lavez la pierre à l'eau. Quand elle sera complètement sèche, dessinez-y ce que vous voudrez, soit au pinceau, soit à la plume, avec une espèce d'encre de Chine composée d'un mélange de gomme arabique et de noir de fumée. Laissez sécher, puis chargez la pierre avec un rouleau garni d'encre d'impression légère, jusqu'à ce que toute la pierre devienne noire.

Ayez soin de ne pas prendre un rouleau qui ait servi dans la journée, car la moindre parcelle d'eau ou d'humidité gâterait tout le travail.

La pierre étant entièrement couverte d'encre, on y jette quelques gouttes d'eau, en continuant de promener le rouleau sur la pierre; le dessin fait avec la gomme ressortira peu à peu en blanc.

Laissez reposer un instant, acidulez une seconde fois la pierre avec le mélange n° 1, puis tirez des copies.

S'il s'agit d'un long tirage, on charge la pierre d'encre grasse, on acidule comme un dessin à la plume, on la laisse sous gomme pendant quelques heures avant de la soumettre au tirage.

Veut-on renverser ce dessin blanc en noir, il suffira de nettoyer d'abord la pierre à l'eau, d'y verser à plusieurs reprises, et très-lentement, une eau savonneuse dont la proportion est indiquée n° 2; et, lorsque la pierre est redevenue sèche, d'y frotter, dans les parties qui ont été creusées plus ou moins, selon la dose de préparation donnée, une encre grasse mêlée d'un peu d'encre ou de crayon chimique; cette encre grasse, dont on garnit un morceau de flanelle, finit par s'attacher à la pierre et s'accumuler dans les cavités.

Ainsi, la pierre redevient une seconde fois entièrement noire. On la laisse reposer 24 heures dans cette position, afin que le corps gras ait le temps de pénétrer ; puis on enlève à l'essence toute l'encre. On recharge la pierre avec le morceau de flanelle et la susdite encre grasse, mais en ayant soin d'humecter faiblement cette flanelle dans un mélange d'eau et d'acide phosphorique (*Voyez* n° 3). En continuant à frotter, le fond se regarnira, la surface se nettoiera, il ne restera plus qu'une teinte grise qui disparaîtra peu à peu, soit en la frottant avec un morceau de drap fin, propre et humecté seulement d'eau phosphorique, soit en la faisant disparaître par le rouleau, soit par l'attouchement des doigts.

Il ne faut pas se dissimuler que ce travail exige un peu de pratique, et du raisonnement, mais le résultat est positif : surtout si, au lieu de préparer d'abord la pierre avec de l'acide nitrique indiqué dans la recette n° 1, on a eu soin de se servir de celle n° 3.

L'acide phosphorique ne laisse pas pénétrer les corps gras dans la pierre, à moins d'avoir neutralisé son action par un alcali.

La surface se nettoie plus aisément. On peut s'en convaincre en préparant une pierre par moitié, l'une par l'acide nitrique, l'autre par l'acide phosphorique (1 et 3). La manipulation sur cette dernière moitié ne prendra pas le tiers du temps. Mais comme il arrive fort souvent que l'on n'a pas prévu d'avance ce que l'on veut faire, il suffit de savoir qu'un procédé est exécutable pour y arriver avec un peu de persévérance.

RENVERSEMENT DE TOUTE ESPÈCE DE REPORT, AUTOGRAPHIE, TYPOGRAPHIE, GRAVURE, ETC.

On prépare la pierre avec l'acide 3. On lave cette préparation, on laisse sécher même au feu ou au soleil pendant le temps humide ; on transporte l'épreuve fraîche, puis on y passe une dissolution de gomme, on encre avec un rouleau bien fait et une encre légère, ayant soin de ne pas glisser ; on tire une ou deux épreuves puis on encre ; on verse l'eau de savon (2) ; on laisse sécher, et le reste de l'opération se fait absolument comme nous l'avons déjà dit au commencement. Le dessin ou l'écriture qui a donné des épreuves en noir finira par ressortir et les donner en blanc.

Il est naturel de conclure de ce qui précède, qu'on pourra, au lieu de transport, dessiner, soit à l'encre, soit au crayon, directement sur la pierre et renverser ensuite ces dessins en blanc.

Mais pour ne pas rencontrer trop de difficultés, nous indiquerons sous le n° 4 et 5 une encre, un crayon spécial.

On peut faire des choses fort originales en préparant un papier à décalquer le crayon (*voyez* recette 6). On aura, par ce procédé, l'a-

33.

vantage de tirer les dessins de deux manières différentes, sans donner aucun embarras à l'artiste.

Il est urgent d'employer, dans tous ces travaux, des pierres parfaitement dressées, grainées et polies, sans vermicelle, grains de sables et autres défauts.

Lorsqu'on veut renverser un dessin noir en blanc, qui a déjà donné beaucoup de tirage et qui n'a pas été préparé d'avance pour cette opération, la manipulation devient assez difficile; on aura plutôt fait d'opérer un transport.

Cependant, en suivant exactement ce que nous avons dit à ce sujet dans le premier paragraphe, on y arrivera.

Les dessins gravés sur pierre se renversent aisément.

On enlève d'abord le dessin à l'essence, puis on y passe un lait de chaux en frottant avec une brosse douce et propre les endroits creusés. On lave à l'eau, on fait sécher, ensuite on encre la pierre en se servant d'un excellent rouleau, très-dur, ayant peu d'encre grasse, mais bien broyée : on le promène très légèrement et très-longuement jusqu'à ce que la surface de la pierre se garnisse complètement d'encre grasse ; ensuite on verse sur la pierre la préparation 1 ou 3, puis on peut opérer le tirage après avoir enlevé l'encre grasse à l'essence ; les endroits creusés ne reprennent plus le gras.

On rétablira la pierre dans son état primitif en recommençant cette opération, mais après avoir enlevé à la chaux on y verse de l'eau de savon, puis on encre au chiffon de flanelle.

Quant au renversement des dessins qui ont assez de relief pour pouvoir être chargés mécaniquement comme la typographie, sans eau, sans humecter, on broie ensemble un peu de gomme arabique très-épaisse, du blanc d'œuf et une partie colorante quelconque, soit noir, rouge ou blanc.

On tire une épreuve bien égale de ton, sans foulage, puis on la pose sur la pierre préparée à l'acide phosphorique ; après le décalque et la dessiccation de la pierre, on la garnit d'encre grasse, on enlève à l'eau le transport, on prépare avec l'acide n° 1 et l'on peut tirer.

Il ne faut pas de grands frais d'imagination pour conclure d'après ce qui précède que l'on peut également transporter une écriture à l'encre usuelle aqueuse, certaines publications emphatiques sur ce procédé me conduisent à en dire un mot.

Depuis bon nombre d'années, on copie les lettres écrites à l'encre usuelle dans laquelle il suffit d'ajouter un peu de sucre ou de candi, ou même de la gomme arabique. La pression rend l'écriture sur une autre feuille mince et humide. Il n'y a pas de doute que l'on pourrait aussi bien faire ce décalque sur un autre objet que sur la feuille humide. Ainsi il est vrai de dire que l'écriture se reproduit par le transport ; mais en conclure que l'on peut prendre la première lettre, le premier acte venu, pour le reproduire sans calque, sans repasser le trait, c'est ce que je nie formellement. Lorsqu'on emploie une encre coulante, ou qu'on jette du sable, de la poudre sur l'écriture qui ne sèche pas promptement, soit à cause que l'encre est trop épaisse ou qu'elle contient trop de gomme, il n'y a pas de danger pour la reproduction sans secours manuel. Le papier rude, comme celui du timbre, encollé à la gélatine, s'y prête encore moins que le papier glacé où l'écriture se conserve à la surface.

Quand on veut transporter l'écriture à l'encre usuelle, il faut avoir préparé d'avance du papier et de l'encre, sans cela on ne fera rien de bon.

Une petite digression historique dont j'ai été témoin trouve ici naturellement sa place.

En 1816 et 18.7, l'inventeur de la lithographie faisait, à Vienne, des expériences sur une presse portative montée pour le prince Léopold. Ce prince est devenu grand-duc de Toscane.

Quoique à cette époque Senefelder eût déjà pressenti et prédit que le transport deviendrait la branche la plus importante de la lithographie, l'autographie était encore dans l'enfance, l'encre coulait difficilement, les épreuves devenaient lourdes, empâtées. Le prince lui dit : « Senefelder, ton invention serait complète si l'on pouvait écrire avec de l'encre ordinaire, car je n'ai pas pu faire une ligne de bien avec la tienne. »

Le lendemain, Senefelder apporta au prince du papier, il mit un peu de sucre et de gomme dans l'encrier, le prince traça quelques lignes ; deux à trois heures après on lui remit une douzaine de copies qui firent merveille à la cour d'Autriche.

Recettes.

No 1. Faites bouillir pendant 5 minutes dans un litre d'eau, 10 centigrammes de noix de galle blonde en poudre ; décantez.

Mettez à 40 parties d'eau, 5 parties de cette décoction et une partie d'acide nitrique.

No 2. Faites dissoudre dans un litre d'eau 4 centigrammes de savon de Marseille. Il faut prendre de l'eau potable ; sans cela, on ajoutera encore 2 grammes de soude.

No 3. Sur un litre d'eau, versez 2 centigrammes d'acide phosphorique.

No 4.
Cire vierge.	4 parties
Sel de tartre.	»
Suif.	»
Noir.	»

N° 5. Faites fondre dans 25 parties d'eau 4 parties de gomme laque et une partie de borax. Ajoutez un peu de noir de fumée pour colorer. Si cette encre était devenue trop épaisse, on y ajoute de l'eau. On peut la mêler aussi avec une partie d'encre chimique.

N° 6. Prenez du papier sans colle, passez-y une légère couche d'amidon ; lorsqu'elle sera sèche, pressez la feuille 2 ou 3 fois sur une pierre finement grainée, mais d'un grain aigu. — On y dessine comme sur du vélin. Pour décalquer, on fait comme avec le papier pour l'autographie.

CHAPITRE XXI.

REPORTS ÉQUILATÉRAUX.

Les lithographes ont fréquemment à reproduire des vignettes ou des encadrements dont les côtés parallèles doivent être identiques. Dans ce cas le dessinateur a un double dessin à exécuter, travail long et surtout très-fastidieux. Dans les règles ordinaires du report, la reproduction n'est pas possible ; nous avons cherché un moyen qui, regardé impraticable par quelques-uns, n'en a pas moins la sanction de l'expérience.

On tire sur du papier de Chine ou sur du papier autographique, avec de l'encre de report, le nombre d'épreuves nécessaires pour faire une ou deux compositions. Ces épreuves doivent être uniformément et suffisamment encrées, et le papier à transport avoir juste assez d'humidité pour perdre sa raideur.

Les épreuves tirées sont placées immédiatement sur autant de morceaux de même papier faisant face à la préparation et intercalées dans du papier humide.

Quelques instants après, c'est-à-dire lorsque l'épreuve et le papier de transport ont acquis le même degré d'humidité, on les place ensemble sur une pierre et on leur fait subir une bonne pression. Puis, sans les disjoindre, on coupe avec un canif et une règle, l'excédant du papier et de l'épreuve aux points du dessin où doit se faire la jonction des deux ou des quatre parties lorsqu'il s'agit d'un encadrement. On fait, en outre, de petits crans pour servir de repères, ou déterminer la pose des feuilles sur la pierre.

La séparation des feuilles, qui doit ensuite avoir lieu, est souvent ce qu'il y a de plus difficile dans le procédé. Lorsque l'humidité a détrempé la colle du papier, l'adhérence est telle, qu'il est impossible de les séparer. Il nous est arrivé souvent, dans ce cas, de mouiller une des deux feuilles, ordinairement l'épreuve, et d'opérer ainsi un véritable décalque. Nous complétions alors le dessin avec une nouvelle épreuve.

Les détails et les soins à donner à ces petites opérations n'exigent qu'un peu d'adresse, de l'intelligence et une certaine pratique.

On comprend qu'il ne s'agit plus ensuite que de faire le transport sur une pierre bien poncée, bien propre, et avec toutes les précautions que nous avons décrites pour les transports en général.

On peut reprocher sans doute, à ce procédé, de reproduire des deux côtés les ombres en sens inverses, ce qui est contraire aux règles de l'art; mais est-on bien scrupuleux sur ce point dans les travaux destinés au commerce? Et personne n'a la prétention de faire des ouvrages d'art au moyen du report. Pour pallier un peu ce défaut, on pourrait recommander au dessinateur de faire moins sentir ses ombres. Soyons donc indulgents pour un procédé qui abrége essentiellement la besogne, et qui peut être utilisé dans un grand nombre d'applications.

De ce qui précède, nous déduisons que ce n'est pas la quantité d'encre de l'épreuve qui est la condition la plus importante pour la réussite d'un report, puisque ici nous la *dédoublons ;* mais l'uniformité de cette encre sur toutes les parties de l'épreuve.

CHAPITRE XXII.

IMITATION DE LA DENTELLE ET DU TULLE.

On a fréquemment besoin d'imiter des dessins de dentelles, soit pour couvertures de livres, soit pour différents genres d'ornements ou d'étiquettes de commerce. Ces imitations exigeraient beaucoup de temps et de patience, si l'on n'avait un procédé simple pour les obtenir à peu de frais.

Nous divisons notre procédé en quatre opérations.

Préparation de la dentelle.

Il faut éviter, dans le choix des dentelles que l'on veut reproduire, celles dont les broderies sont trop saillantes ; ces broderies nuisent souvent au décalque. On peut sans inconvénient réunir plusieurs morceaux de tulle ou de dentelle, pourvu que la couture soit légère et faite avec du fil très-fin. La dentelle ou les dentelles étant disposées telles qu'on veut les reproduire, on leur donne un apprêt qui les maintient tendues. En conséquence, on les humecte avec une eau légèrement gommée, puis on les tend avec des épingles, à la manière des blanchisseuses de dentelles, soit sur une table de jeu, soit sur un siége rembourré où on les laisse sécher dans cet état.

Écritures ou dessins.

À moins de faire un tirage sur plusieurs pierres et avec des encres de couleur, toutes les écritures que l'on désire sur un fond de dentelle doivent ressortir en blanc, être largement dessinées. Pour cela on prend une pierre grenée et poncée comme pour le transport ; on trace d'abord au crayon, et ensuite avec une plume ou un pinceau les vignettes ou écritures, en se servant d'une sorte d'encre faite avec de la gomme arabique dissoute dans de l'eau, à la consistance de l'encre lithographique ; cette gomme doit être colorée soit avec de l'encre de Chine ou du vermillon, et légèrement acidulée : on peut également se servir d'encre de Chine acidulée. Dans ce travail, il faut éviter tout grattage, ratures et taches de quelque nature qu'elles soient. Lorsque ce travail est terminé, on trace au crayon autour de la composition, et on couvre au-delà jusqu'aux bords de la pierre toutes les marges ; cela évite des effaçages sans fin.

Préparation du papier.

On prend deux feuilles de papier autographique d'un format un peu plus grand que le fond noir dans lequel doit figurer la dentelle. On noircit ces feuilles avec l'encre de transport, en les appliquant du côté de la préparation sur un rouleau enduit de cette encre, ce que l'on fait en les pressant légèrement avec la main, à plusieurs reprises dans des sens différents. On place ensuite les deux feuilles face à face sur une pierre, et on leur fait subir une ou deux pressions. Pour obtenir plus d'uniformité de couleur, on peut, si on le juge nécessaire, dédoubler les feuilles et les replacer l'une contre l'autre ; mais alors du haut en bas. Pour être bon, le papier doit être préparé le jour même et tenu à l'abri de la poussière.

Décalque.

Quelques instants avant le décalque, on met une de ces feuilles dans du papier suffisamment humide pour pouvoir lui communiquer la moiteur nécessaire au transport. Cela fait, on nettoie avec soin la pierre, on l'essuie, on dispose la dentelle sur la composition, et cela avec d'autant plus de facilité que la nature du tissu ou de la broderie est plus légère ; on place par-dessus et avec précaution le papier noirci, auquel on joint une feuille de papier vélin, sans colle, mouillée, une bonne maculature, et on donne une forte pression. Il est inutile de faire remarquer qu'avant de donner cette pression, toutes précautions ont dû être prises pour la justesse, comme aussi pour les points de départ et d'arrêt du charriot.

Si cette première pression, ainsi que cela arrive fréquemment, n'a pas fait adhérer complétement le papier authographique à la pierre, il ne faut pas s'exposer à en donner une seconde, car on courrait risque de faire doubler ou du moins de faire embrouiller les traits. Dans tous les cas, il faut se contenter de mouiller le derrière du papier comme pour tous les transports et d'attendre quelques secondes, au bout desquelles on l'enlève, on gomme, et on procède comme pour les transports que nous avons déjà décrit.

Lorsqu'au moment de l'encrage on dégomme la pierre, les écritures ou dessins faits en blanc ne se détachent souvent pas tout d'abord, mais il ne faut pas s'en inquiéter, ils ne tardent pas à paraître dans toute leur pureté.

La dentelle qui vient de servir à l'opération qui précède, peut produire la contre-épreuve parfaite, c'est-à-dire donner en noir son *fac-similé*, attendu qu'elle est chargée de l'autre côté d'encre de report. Il suffit donc pour cela de la placer sur une pierre propre et de donner une bonne pression.

La planche nº 11 donnera au lecteur de cet ouvrage une idée exacte se ce procédé. On y remarquera de petits détails, de petits accidents que la main la plus exercée ne saurait reproduire avec autant de servilité.

FONDS DE MANDATS EN IMPRESSION DÉLÉBILE.

Avec le procédé suivant, on pourra former des dessins très variés pour fonds de mandats.

On trempe dans de l'encre autographique des morceaux de tulle de soie ronds ou carrés ; on le laisse sécher après l'avoir tendu convenablement avec des épingles. On en met un, deux morceaux l'un sur l'autre, sur une pierre poncée et on en fait le décalque, on acidule et on encre comme les autographies ordinaires.

Après les épreuves d'essai, on le met en relief suivant les indications que nous avons déjà données, et on compose une encre dont voici la recette :

Cire vierge. . . . .   50 grammes.
Térébenthine de Venise. . . .   50   »
Essence de térébenthine. . . .   50   »
Vernis faible décoloré.   100   »

On prend une petite quantité de ce mélange qu'on broie avec du carbonate de zinc, ou du talc, ou du kaolin, ou de la magnésie ou bien encore de la craie bien lavée.

On donne une teinte à cette encre au moyen d'une addition de carbonate de zinc que l'on a fait sécher après l'avoir arrosée de bonne encre à écrire. Cette composition donne à l'impression une teinte légère d'un gris bleuâtre fort agréable, ainsi qu'on peut s'en convaincre par le spécimen. Cette teinte est délébile, elle est altérable pour tous les acides.

CHAPITRE XXIII.

CLICHÉS LITHOGRAPHIQUES.

« Pourquoi, nous disait dernièrement un lithographe des départements, ne pas donner le moyen de conserver les épreuves à transporter du moins pour un an ? Dans nos petites villes on commande quatre cents, quelquefois mille mandats, voilà tout : dans six mois, ce tirage étant consommé, on commande de nouveau la même quantité. Conserver la pierre est pour le lithographe l'occasion d'une grande dépense de matériel, l'effacer, il y a à composer continuellement. »

Nous répondrons qu'en effet, ce serait une véritable source de richesse pour la lithographie de pouvoir posséder en portefeuille les compositions de tous ses clients, même de ceux dont le retour est tout-à-fait problématique. Pour notre part, nous l'avons compris et nous avons fait un très-grand nombre d'essais. Nous allons en faire connaître quelques-uns, puissent-ils servir de point de départ, si non de règle aux recherches qui seront faites à l'avenir.

Voici notre premier moyen : prenez de bon et véritable papier de Chine ; épluchez-le avec soin ; couvrez-le d'une couche légère et uniforme d'une colle composée en partie égale d'empois et de gomme adragant.

Faites tirer sur cette feuille une bonne épreuve de lithographie, de typographie ou de taille-douce, avec une encre composée de :

Cire blanche.	2 parties.
Gomme laque.	1 »
Colophane.	2 »
Suif épuré.	1 »
Huile verte.	1 »
Térébenthine de Venise.	1[2 »

Conservez cette feuille en évitant les frottements et la poussière.

Lorsque, long-temps après vous voudrez la reproduire, faites-là chauffer au soleil ou à une chaleur douce ; prenez-une pierre tiède, décalquez et vous obtiendrez presque toujours un bon résultat.

Second moyen, plus certain, mais plus difficile : Au lieu de vous servir de papier de Chine, tirez vos épreuves sur des carrés de taffetas, cirés au besoin, tendus sur de petits châssis, comme nous l'avons indiqué, soit avec l'encre que nous venons de décrire, soit avec l'encre de report ordinaire. La difficulté du procédé est de tirer avec netteté sur le taffetas.

Une heure après le tirage, couvrez cette épreuve d'une couche d'une forte dissolution de gomme arabique, à laquelle vous aurez ajouté un peu de mélasse, pour enlever la raideur de la gomme quand elle est séche.

Conservez ces épreuves à l'abri de la poussière. Lorsque vous voudrez vous en servir, lavez la gomme avec soin, et décalquez comme l'autographie, sur taffetas. Nous avons parfaitement réussi après plusieurs années. Ce qui nous a dégoûté du procédé, c'est l'embarras de tendre le taffetas, qui, sans cette précaution, vous expose à d'atroces bavochures.

Pour le premier comme pour le second moyen, il est important de tirer les épreuves bien chargées d'encre et les plus pures possibles.

Le titre de ce chapitre nous amène à placer ici la manière de tirer sur la presse lithographique les épreuves de clichés ou de gravures sur bois dont les lithographes ont l'occasion de faire usage pour les reports ; mais en s'adressant à un typographe.

La forme, le cliché ou la gravure est placée sur une planchette à laquelle sont fixés des rebords en bois de la hauteur exacte des caractères : si la forme est divisée en pages considérablement espacées, il faudrait placer dans ces espaces des réglettes de même hauteur pour soutenir l'effet de la pression. On encre avec le rouleau et l'encre de report ordinaire, en se servant bien entendu de papier de Chine ou autographique. Au lieu de macwatures, on emploie

Lithographie. 34

une seconde planchette recouverte de peau tendue et collée sur le bois, et l'on fait une ou deux pressions, comme s'il s'agissait d'une pierre.

CHAPITRE XXIII.

CONCLUSION.

Papier de sûreté.

Long-temps nous avons hésité à écrire ce chapitre, obligés que nous étions, à mettre continuellement en scène l'un de nous. Craignant qu'on pût mal interpréter nos intentions, en froissant peut-être quelque amour propre, en dévoilant des intrigues bureaucratiques que nous nous abstiendrons de qualifier, nous nous sommes demandés si tout cela ne serait pas déplacé dans le Manuel que nous écrivons.

La réponse n'a pas été douteuse, lorsque nous avons reconnu que, plus tard, on viendrait revendiquer nos droits si nous nous taisions; que la recherche d'un papier de sûreté avait donné la première impulsion au tirage mécanique, qu'elle avait provoqué le perfectionnement des reports sur pierre, des améliorations dans la machine à guillocher, dans la mise des pierres en relief, et que peut-être un jour, cette question prendrait pour la lithographie des proportions colossales, lorsque moins aveugles que l'administration, les particuliers rechercheront, pour leur usage particulier, un papier qui pourra les mettre sérieusement à l'abri contre les faussaires dont le commerce est si souvent victime.

Venons aux faits que nous pouvons appuyer d'irrécusables documents.

En mars 1835, MM. de Colmont et Cordier firent connaître au ministre des finances, dans un mémoire précis, que le lavage du papier timbré dans les seuls départements de la Seine, Seine-et-Oise et Seine-et-Marne, faisait perdre annuellement au trésor une somme de 500,000 fr.

Ce travail valut à M. Cordier la direction du timbre. *Satisfait,* M. Cordier fit, au même ministre, un contre-rapport qui modifiait singulièrement le mémoire de mars. *Non satisfait,* M. de Colmont persista non-seulement dans ses premiers dires, mais ajouta que le lavage en 1836 avait augmenté d'une nouvelle perte de 100,000 fr. pour lesdits départements.

Ces divers rapports engagèrent M. Lacave-Laplagne, alors ministre des finances, à nommer une commission chargée de rechercher les moyens d'empêcher une fraude aussi préjudiciable à l'Etat.

En 1838, cette commission fit publier le programme suivant :

Exposé.

« Le gouvernement, dans le but de prévenir le blanchiment frauduleux du papier timbré, et les falsifications criminelles des écritures publiques ou privées, a, depuis plusieurs années, engagé l'Académie des sciences à rechercher s'il n'existait pas des moyens de donner à l'encre, ou au papier, la propriété d'empêcher complètement l'altération générale ou partielle des écritures.

« L'Académie des sciences a consigné les résultats des travaux auxquels elle s'est livrée à ce sujet dans deux rapports, des 6 juin 1831 et 6 février 1837, qui ont été imprimés, tant dans les comptes-rendus de ses séances que dans un recueil de pièces relatives à cette question, et réunies par l'ordre de M. le ministre des finances. Après avoir montré, par ces rapports que, dans l'état actuel de la science, il est possible d'effacer, sans qu'on le puisse constater, tout ou partie de l'écriture tracée sur le papier ordinaire avec l'encre usuelle, l'Académie fait connaître que les particuliers peuvent mettre le texte des actes qu'ils écrivent à l'abri de toute altération en employant pour écrire de l'encre de Chine délayée dans de l'eau acidulée par l'acide hydrochlorique marquant 1° 1\2 à l'aréomètre de Beaumé.

« Mais comme il arrive le plus communément que les engagements commerciaux et les actes civils ne sont point écrits dans leur contexte par ceux-là même qui les signent, et que dès lors la garantie résultant de la nature de l'encre ne pourrait point mettre tous les intérêts privés à l'abri du danger qui résulte de la possibilité d'altérer les écritures, l'Académie avait proposé de substituer au papier timbré actuel, sur lequel, aux termes des lois, doit être rédigée la presque universalité des actes publics ou privés, un papier revêtu d'une vignette composée de figures régulières et microscopiques imprimée avec une encre aussi délébile que l'encre usuelle.

« Dans cet état de choses, M. le ministre des finances a formé, par un arrêté du 20 mai 1837, sous la présidence de M. Gautier, pair de France, une commission chargée de donner son avis sur le mode *qui lui semblerait offrir le plus de garantie contre le lavage frauduleux du papier timbré, et contre l'altération générale ou partielle des actes publics ou privés.*

« Cette commission a présenté à M. le ministre des finances les résultats de ses recherches, dans un rapport du 11 octobre 1837.

« *Elle conclut à l'adoption d'un nouveau système de fabrica-*
tion du papier timbré.

« Ce système consisterait à imprimer sur le papier destiné à la
« perception de l'impôt du timbre, et au moyen de deux encres,
« l'une délébile comme l'encre usuelle, l'autre indélibile comme
« l'encre typographique, une vignette composée en partie d'un
« dessin disposé en cartouche et représentant une figure suscep-
« tible de donner au papier un caractère public et légal, et en partie
« de figures microscopiques formées de lignes se coupant sous
« des angles déterminés et parfaitement identiques entre elles : ces
« deux sortes de dessin seraient unis et pour ainsi dire mariés en-
« semble par un procédé mécanique, de manière à offrir des points
« de vérification aussi certains que faciles à reconnaître.

« Le papier serait d'une fabrication uniforme, plus parfaite que
« celle du papier actuellement en usage ; il devrait porter dans l'in-
« térieur de la pâte, et dans toutes les parties de la feuille, un fili-
« grane très-délié, propre à le distinguer de tout papier d'une
« autre fabrication.

« L'impression de la vignette, partie délébile, partie indélébile,
« aurait lieu au moyen de cylindres, par un procédé analogue à
« celui qui est mis en usage dans la fabrication des toiles ou des
« papiers peints. »

« Dans ce système, il paraîtrait impossible d'altérer une partie de
l'écriture sans faire disparaître la portion de la vignette microscopique délébile, sur laquelle aurait porté la partie de l'écriture que
l'on voudrait effacer.

« Il serait également impossible de rétablir, après l'avoir détruite, une portion de la vignette microscopique, à cause de la difficulté de rattacher la portion qu'il faudrait reproduire à celle que
l'on n'aurait pas effacée.

« Si l'on faisait disparaître en totalité la vignette microscopique
délébile, il serait impossible de la rétablir ensuite en son entier,
parce qu'on ne pourrait la marier sur le papier avec la vignette artistique imprimée en encre indélébile, de la même manière qu'elle
le serait sur la gravure.

« Enfin, si dans le but de commettre un faux général, on essayait de réduire le papier à l'état de papier libre ordinaire, en en
retranchant la vignette artistique indélibile, et en faisant disparaître la vignette microscopique délébile, il resterait dans la pâte le
filigrane indestructible, qui manifesterait toujours la fraude que
l'on aurait tentée [1].

---

[1] Il suffit que les dessins tracés par le filigrane ne s'écartent point l'un
de l'autre de plus de 5 à 6 centimètres.

« Le papier fabriqué dans ce système doit, pour remplir le but que l'on se propose, être d'un emploi aussi facile que le papier timbré actuel : il est nécessaire, en outre, qu'il présente les mêmes conditions de durée, et qu'il ne soit ni plus hygrométrique ni plus combustible que le papier actuellement en usage.

« Il doit être aussi susceptible que le papier ordinaire collé de recevoir l'impression typographique, et celle obtenue par la taille-douce ou par la lithographie, sans que la vignette délébile dont il sera revêtu éprouve aucune altération.

De toutes les conditions à observer, la principale est que l'encre délébile destinée à imprimer la vignette pénètre dans le papier au moment de l'impression comme l'encre usuelle au moment où l'on écrit, *de telle sorte que l'écriture tracée par la plume et le dessin de la vignette délébile offrent une résistance égale à l'action de l'eau, et s'effacent de la même manière sous l'influence des réactifs,*

« *M. le ministre des finances, voulant faire opérer un essai en grand d'un papier propre à empêcher le lavage frauduleux du papier timbré et les falsifications dans les écritures publiques ou privées, propose une récompense de 36,000 francs, qui sera acquise à la personne qui livrera au secrétariat général de son ministère,* dans les délais ci-après fixés, *la quantité de 500 rames,* format dit écu, d'un papier *qui sera jugé propre à remplir* LE MIEUX *les conditions du programme.*

Mode et conditions du concours.

« Les papiers qui seront présentés au concours pourront être fabriqués, *soit d'après les indications données dans l'exposé ci-dessus, soit dans tout autre système* ; mais dans tous les cas ils devront, par les propriétés qui leur seront inhérentes, empêcher le lavage partiel *ou* total des écritures dans toutes les parties de l'un et de l'autre côté, recto et verso, de chaque feuille ; il devront porter ou au moins être susceptibles de recevoir une marque qui leur donne un caractère public et légal. Dans le cas où ces papiers seront fabriqués d'après le système indiqué dans l'exposé qui précède, la gravure artistique imprimée en encre indélébile devra occuper la partie latérale gauche de chaque demi-feuille de papier dans sa plus grande dimension, et représenter un sujet analogue à ceux des timbres noirs actuels du papier timbré.

« Le papier qui sera employé, quelque soit le procédé que l'on adopte, devra être d'une qualité égale à celle des papiers qui se payent ordinairement dans le commerce, 10 *à* 11 *francs la rame.* Il pourra indifféremment être fabriqué à la forme où à la mécanique ; les 500 rames devront être livrées en cahiers de 25 demi-feuilles non pliées, et qui devront avoir chacune la dimension de 0m,25 sur 0m,3,536.

« Le jugement du concours aura lieu par une commission spéciale qui sera nommée par M. le ministre des finances, et dans aucun cas les concurrents ne pourront prétendre à aucune récompense ni indemnité, de quelque nature qu'elle soit au-delà des décisions qui seront prises par la commission,

« Afin d'éviter les dépenses de la fabrication des 500 rames de papier à ceux des concurrents qui ne paraîtraient par devoir atteindre le but proposé, la commission rendra deux jugements, l'un préparatoire, l'autre définitif, sur les papiers qui seront soumis à son examen.

« Les concurrents devront déposer, sous cachet, des échantillons des papiers qu'ils se proposeront de fabriquer avant le 1er octobre 1839, pour tout délai ; ces échantillons ne pourront être moindres de 25 feuilles, format écu : la commission décidera, d'après l'examen de ces échantillons, quels seront ceux qui présenteront assez de perfection pour qu'il soit nécessaire que les personnes qui les auront déposés se livrent à la fabrication des 500 rames demandées par M. le ministre des finances.

« Ces 500 rames devront être livrées au secrétariat du ministère des finances, trois mois au plus tard après la notification aux parties du jugement préparatoire dont il vient d'être question. Si ces papiers sont fabriqués dans un système qui comporte l'impression d'une vignette, les concurrents seront tenus, avant de procéder à cette impression, de soumettre les 500 rames de papier qu'ils se proposeront d'imprimer, ou au maximum 550 rames, à l'application d'un timbre spécial qui sera apposé, sans frais par l'administration des domaines.

« *D'après l'examen définitif que la commission fera des 500 rames livrées par chaque concurrent, elle adjugera, à titre de récompense à celui qui aura livré le papier qui remplira le mieux le but proposé, la somme de 36,000 fr., fixée par le présent concours.*

« *La commission accordera, à titre d'indemnité, à chacun des autres concurrents une somme qu'elle déterminera en ayant égard, tant aux dépenses qu'ils auront faites, qu'au plus ou moins de perfection qui présentera le papier qu'ils auront fabriqué.* Ces décisions de la commission approuvées par M. le ministre des finances seront définitives, et ne pourront donner ouverture à aucune réclamation pour quelque cause que ce soit.

« Les cinq cents rames de papier déposées par la personne à laquelle la somme de 36,000 fr. sera attribuée par la commission, appartiendront au ministère des finances, qui en fera tel emploi qu'il jugera convenable.

« *Quant aux cinq cents rames déposées par chacun des autres concurrents, elles leur seront restituées sur leur récépissé, sauf le cas où la commission déciderait qu'elles seraient acquises au ministère des finances, moyennant l'indemnité allouée par la commission à ceux qui en auraient fait le dépôt;* dans ce cas, les concurrents auront l'option de renoncer à l'indemnité prononcée, ou, en la recevant, d'abandonner au ministère des finances pour en faire tel emploi qui serait jugé convenable, les cinq cents rames de papier qu'ils auraient déposées.

« Les personnes qui se proposeront de prendre part au présent concours pourront obtenir communication, au secrétariat général du ministère des finances, de tous les renseignements réunis par l'ordre du ministre sur l'objet dont il est question.

« Paris, le 18 juin 1838.

> « Signé *le président et les membres de la commission,* GAUTIER, *pair de France;* baron THÉNARD, *pair de France, membre de l'Académie des sciences;* J. LEFÈVRE, *député;* RIELLE, *directeur du mouvement général des fonds;* DUMAS, PONCELET, GAMBEY, POUILLET, *membres de l'Académie des sciences;* PHILIPPON, *sous-directeur au ministère des finances;* CHARDON, *sous-directeur à l'administration de l'enregistrement;* DE COLMONT, *inspecteur des finances;* CORDIER, *directeur des domaines et du timbre à Paris.*

« Approuvé sur la proposition de M. le directeur général de l'enregistrement et des domaines, en date du 14 juillet 1838, la publication du présent programme.

« Paris, le 12 septembre 1838. »

> *Le ministre-secrétaire d'état des finances,*
> Signé LAPLAGNE.

Après avoir étudié attentivement le programme, nous adressâmes à la commission, avant l'époque expirée, sept à huit mains de divers spécimens accompagnées d'observations sur les filigranes transparents, dont la garantie nous semblait tout-à-fait problématique, en présence de nombreuses contrefaçons dont elles ont été l'objet. En même temps nous déclinions l'honneur de nous poser en concurrents, nous fondant sur le prix élevé du tirage lithographique et notre retraite des affaires.

La commission nous fit appeler dans son sein et insista pour que nous prissions connaissance de la nouvelle presse mécanique de l'invention de M. Perrot. L'extrait du rapport suivant édifiera nos lecteurs à cet égard.

« M. Knecht-Senefelder, imprimeur lithographe à Paris, a présenté des échantillons exécutés au moyen de la lithographie, qui paraissent mériter toute votre attention. Les motifs qui, dans vos délibérations précédentes avaient fait considérer la lithographie comme un moyen d'impression de la vignette délébile inapplicable dans le but proposé, tenaient surtout à la dépense trop considérable que paraissait devoir occasionner l'impression faite par ce procédé. Il paraît que des perfectionnements mécaniques permettent aujourd'hui d'imprimer lithographiquement à très-bon marché, lorsque la composition du dessin reste la même, et c'est ce qui avait lieu pour la vignette du timbre.

« Les moyens de transport sur pierre que la lithographie emploie permettraient de se servir, pour la création du type primitif de la vignette, du tour à guillocher dont l'académie des sciences avait indiqué l'emploi dans son premier rapport. Enfin, *les encres grasses débiles ont, dès l'origine de vos travaux, paru à plusieurs membres de la commission offrir aux réactifs une résistance égale à celle de l'encre usuelle.* Il ne semble donc pas du tout impossible que M. Knecht-Senefelder, qui a montré dans les essais qu'il a produits et dans les expériences qu'il a faites, une remarquable sagacité, réalise, au moyen de la lithographie, l'espérance que vous avez conçue de rendre au moyen du papier destiné au timbre, les falsifications des écritures désormais impossibles.

« Votre sous-commission, en mettant sous vos yeux les nombreux échantillons produits par M. Knecht, conclut à ce qu'il soit admis à imprimer et à fournir au ministre des finances les cinq cents rames de papier demandées par le programme du concours.

« Paris, 29 mai 1840.

« Signé DUMAS, CORDIER, DE COLMONT.

« D.-E. GAUTIER.

« La commission adopte à l'unanimité. »

Nous acceptâmes la position qu'on nous faisait. En conséquence, nous fîmes plusieurs voyages à Rouen auprès de M. Perrot, mécanicien distingué. Il nous confia son petit modèle de presse pour tirer les cent premières rames. Ce premier essai de presse mécanique nous coûta un bon nombre de pierres brisées sur le charriot, ce qui nous détermina à faire ce premier tirage sur des presses ordinaires.

Mais toute la difficulté n'était pas dans le tirage, elle était grande aussi pour les reports des dessins microscopiques *formant teinte unie,* qu'il fallait obtenir d'abord d'une égalité parfaite de ton, et décalquer avec une précision toute mathématique. On peut bien dire ici sans jactance, que celui qui peut reproduire un dessin microscopique dans certaines dimensions avec le degré de perfection qu'il exige, c'est-à-dire sans taches, sans nuages, aura atteint le *nec plus ultrà* des reports.

Sur une quinzaine de concurrents qui s'étaient présentés, trois seulement furent admis au concours définitif : ce furent M. Zuber, fabricant de papiers peints, à Rixheim ; M. Debeurges, successeur de M. Mozard, et M. Knecht-Senefelder, ancien lithographe.

Les trois concurrents exécutèrent, pour le terme fixé, un premier à-compte de cent rames chaque. Les trois cents rames furent reçues par la commission, mais aucun n'avait cependant encore atteint le but.

Les feuilles de papier de M. Zuber avaient l inconvénient de se coller ensemble lorsqu'on voulut imprimer les formules. L'amidon qui avait servi de véhicule à la couleur, produisait ce défaut, en se détrempant, défaut qui devenait encore bien plus grave dans le cas de faux par l'effaçage, car il suffisait de soumettre le papier à une préparation d'iodure pour raviver le dessin *effacé*.

M. Knecht avait employé du blanc d'argent broyé avec de l'encre usuelle desséchée, et du vernis blanc fait avec l'huile de ricin. La craie, que les marchands de couleurs ont la funeste habitude d'introduire dans le blanc, eut une action délétère sur la matière colorante, de sorte que la teinte gris-bleue avait en quelque sorte disparue au bout de quelques jours.

Le blanc d'argent et la céruse ont, en outre, la propriété de revivre sous l'action des sulfures et de l'hydrogène ; de sorte que le papier Knecht avait le même inconvénient que celui de Zuber, puisque on pourrait, par les réactifs, faire revivre les dessins effacés.

Le papier de M. Debeurges était mal collé, et le dessin était d'un vague désespérant. Nous signalerons un peu plus tard un autre défaut beaucoup plus notable.

La commission se montra fort bienveillante à notre égard ; elle signala les défauts de nos papiers, et nous aida de ses lumières pour vaincre les obstacles contre lesquels nous avions à lutter.

Le tirage de ces cent rames avait nécessité un si grand nombre de reports, que nous nous efforçâmes en dernier lieu de leur donner beaucoup de relief, pour pouvoir au besoin les faire revivre par le ponçage à l'huile (procédé décrit précédemment). Ceci nous amena à profiter des offres de M. Tissier, alors en vogue ; mais la machine Perrot se prêtant mal à ce genre de travail, nous fîmes tirer sur la presse à bras une de ces pierres de 0 m. 54 sur 0 m. 72, qui nous fournit 115,000 épreuves de bon aloi. Les deux ouvriers occupés à ce travail, n'ayant pas besoin de mouiller, tiraient jusqu'à 1,200 exemplaires par jour.

La lecture du rapport suivant fera connaître à nos lecteurs le degré de satisfaction de la commission, sur la machine à guillocher et la machine à imprimer.

« M. Knecht, dit le rapporteur, continue à mériter toute la bienveillance de la commission par les efforts consciencieux qu'il a dû faire pour arriver au résultat auquel il est parvenu aujourd'hui.

« Il peut, en effet, exécuter sur pierre, à l'aide d'une machine particulière, des dessins tellement variés, tellement délicats et purs, qu'on peut affirmer sans crainte qu'ils seraient inimitables à la main. Une machine analogue pourrait bien, à la rigueur, produire des dessins analogues pour l'effet général; mais l'identité ne s'obtiendrait probablement jamais. (Cette machine est confectionnée par M. Neuber, ingénieur-mécanicien.)

« C'est par le concours de M. Knecht et de M. Perrot, de Rouen, qu'une machine très-remarquable à tous égards a été installée à Paris et mise en jeu sous les yeux de votre sous-commission.

« Cette machine fournit cinq épreuves par minute, etc., etc.

« Nul doute qu'à d'autres titres cette machine n'amène une véritable révolution industrielle, et qu'elle ne porte de nouvelles conditions fort imprévues dans l'art de l'imprimeur considéré dans son ensemble, mais en ce qui concerne plus particulièrement l'objet de ce concours, nous ne pouvons encore nous prononcer. »

Une lettre du ministre des finances, en date du 8 mai, nous enjoignit de livrer nos 400 rames avant le 1er août. Nous n'avions plus que deux mois et demi. Pour arriver, la machine aurait dû fournir 400 épreuves à l'heure, nous n'en espérions que 300, c'est-à-dire 3,000 feuilles, ou 1,500, recto et verso, dans une journée de dix heures. Cela nous donniat néanmoins 180 ramettes par mois, en travaillant fêtes et dimanches. Nous pouvions arriver.

On prépara d'avance un grand nombre de reports; le sublimé ou le carbonate de zinc fut substitué au blanc d'argent. Trois hommes robustes furent chargés de mettre en mouvement la machine sous la surveillance continuelle du contremaître de M. Perrot. Sous la surveillance d'un premier ouvrier imprimeur, deux personnes étaient chargées de poser et de lever la feuille; enfin tout avait été prévu, tout préparé pour un travail continu dont la mise à l'œuvre était fixée au 15 mai.

Mais le résultat fut loin de répondre à notre attente; nous eûmes beau payer de notre présence à toutes les opérations, tantôt les mouilleurs donnaient trop d'eau, tantôt ils rayaient les dessins; l'encre venait quelquefois avec trop d'abondance, ou bien les diviseurs ne marchaient plus. Voulant nous rendre un compte exact de ce qu'on pouvait espérer, nous fîmes marcher pendant dix heures consécutives, et des 1,500 épreuves obtenues mille étaient bonnes à jeter au pilon ! Pour tout dire enfin, nous essayâmes (avec nos ouvriers après avoir donné un congé d'un mois au contremaître de M. Perrot, et nous dépensâmes 1,600 fr. pour imprimer *trente-une rames passables*, qui ne nous auraient coûtées que 93 fr. par les moyens ordinaires.

Ne pouvant nous décider à abandonner la partie à cause de cette presse qui, du reste, aurait bien pu être perfectionnée ou disposée pour tirer typographiquement, nous eûmes recours aux clichés en régule qu'on nous prit sur nos dessins en relief, et qu'on tira en typographie. Ce mode ne nous offrit aucun avantage, nos dessins microscopiques ne ressortaient ni purs ni suffisamment légers, et le cliché ne pouvait donner au-delà de 15 à 20,000 épreuves. Il fallut donc revenir aux pierres et essayer nous-mêmes d'une presse de notre invention avec pierres cylindriques en relief.

La livraison de nos quatre cents rames eut lieu le 31 juillet ; nous avions multiplié les dessins et varié nos procédés. Plusieurs dessins avaient un tirage superposé de manière qu'un second dessin devenait visible lorsqu'on tentait d'enlever celui qui était apparent.

Nous avions déjà désiré que la commission fît son choix, mais elle nous obligea de déterminer nous-mêmes le genre que nous préférions.

Six mois s'écoulèrent sans entendre parler de papier de sûreté et il nous parut que la commission avait opté pour le procédé Debeurges.

Ce concurrent nous avait proposé, ainsi qu'à M. Zuber, de ne point chercher à nous contrefaire entre nous ; aussi fûmes-nous bien étonnés lorsque son chargé d'affaires présenta des feuilles de notre papier falsifiées et retouchées à la main par un enfant de 15 ans qu'on avait eu le temps d'exercer à ce travail.

Connaissant le défaut du papier de ce concurrent, nous proposâmes à la commission de prouver, non pas en six mois, mais en six jours, que le papier de M. Debeurges était le moins bon des trois. L'offre fut acceptée avec empressement, et une cinquantaine de feuilles écrites et signées par les membres de la commission nous furent remises. A la séance suivante, nous présentâmes quarante de ces feuilles falsifiées de toutes manières et tellement réussies, que le représentant de M. Debeurges soutint que c'était son papier jusqu'à ce qu'on eût opéré devant lui.

Nous comptions sur ce succès, car nous savions qu'il est impossible de coller assez solidement deux feuilles ensemble pour ne pouvoir plus les séparer. C'est qu'en effet tout le procédé Debeurges est là. Il imprime sur une feuille un dessin qu'une pression vient couvrir d'une seconde feuille. En les déjoignant, on a une feuille blanche et une feuille imprimée en tulle. Si l'écriture est tracée du côté de la feuille blanche, le faux n'offre aucune difficulté ; si elle est au contraire du côté de la feuille imprimée, il suffira de passer du crayon ou de l'encre chimique sur le dessin de tulle pour le rendre indélébile. On pose ensuite les feuilles falsifiées entre des maculatures humides, et d'un coup de pression sur une pierre on les colle aussi solidement qu'auparavant. Le filigrane de ce papier obtenu par compression ne s'oppose pas au dédoublage.

Toutes ces opérations faites en présence de la commission et des intéressés, la convainquirent que le procédé était inadmissible.

A cette occasion nous demandâmes pour quelles raisons notre procédé avait été rejeté ; il nous fut répondu que l'emploi d'un corps gras était un obstacle, nous opposâmes les termes du programme qui en faisait une condition. On voulut l'encre usuelle sans mélange, et le lendemain nous fournissions à quelques membres la preuve d'un tirage sur pierre en relief à l'encre usuelle. Nous fûmes invités à nous rendre aux finances pour opérer en présence de toute la commission. On nous félicita d'avoir résolu le problème et le rapport de la commission, tout en notre faveur concluait en ces termes : M. Knecht-Senefelder est aujourd'hui assez avancé pour que l'administration puisse traiter immédiatement avec lui. Plusieurs pourparlers, en effet, eurent lieu à la suite entre la direction du timbre et nous.

Veut-on une preuve de plus, la voici : M. Lacave-Laplagne s'exprime ainsi à la chambre des députés dans la séance du 31 mars 1843, en réponse d'une interpellation faite par M. Vuitrey, à propos des frais de concours pour la fabrication du papier timbré :

« Je demande à la chambre la permission d'entrer dans quelques détails sur cette affaire.

« Il y a quelques années déjà que l'administration avait cru s'apercevoir qu'il y avait une fraude assez considérable, provenant du lavage du lavage du papier timbré employé dans les procédures, dont on faisait disparaître par un procédé chimique l'écriture, que l'on remplaçait par une écriture nouvelle.

« L'administration a dû chercher les moyens de réprimer cette fraude. Elle s'adressa à l'académie des sciences, à qui naturellement elle devait accorder sa confiance pour une pareille question.

« L'académie a répondu pleinement à l'attente de l'administration.

« On avait d'abord pensé à des encres indélébiles ; mais on reconnut bientôt qu'on n'aurait aucune garantie, que ceux qui voudraient frauder emploieraient ces encres indélébiles pour écrire sur papier timbré.

« C'est donc dans la composition du papier qu'on a dû chercher un remède. Dans les recherches que fit l'académie des sciences, on reconnut bientôt qu'il pourrait se produire telle combinaison qui, non-seulement mettrait des obstacles au lavage du papier timbré et à la fraude dont le trésor est la victime ; mais, ce qui est plus important encore, mettrait des obstacles très-grands à toute espèce de falsification d'écriture.

« La solution de ce problème offrait beaucoup d'importance, et le ministre qui est à cette tribune forma en 1838 une commission dans laquelle il appela les sommités de la science et de l'administration, afin de s'occuper d'une manière plus particulière de cette question.

« Cette commission proposa au ministre d'ouvrir un concours. Ce concours a été ouvert, et, sur la certitude qu'un grand nombre de personnes s'occupaient sérieusement de l'étude de la question, l'époque de sa clôture a été ajournée. Mais au moment où le concours a été fermé, il s'est produit plusieurs procédés, et la commission chargée de les examiner a signalé plus particulièrement comme ayant atteint de très-près le but qu'on se proposait, trois concurrents, entre lesquels elle a partagé dans des proportions diverses, le prix de 60,000 frans institué par elle.

« Postérieurement à la clôture du concours, un de ces concurrents a ajouté à son procédé des perfectionnements tels, que la commission dans son rapport, a pensé que le problème pouvait être considéré comme complètement résolu. Elle déclare, qu'avec ce procédé, l'administration sera en possession d'un papier qui ne pourra pas être lavé en entier, et qui, par conséquent, en ce qui concerne les droits du timbre, préviendra les fraudes. Ce papier offre encore cet avantage qu'il ne peut être commis par un procédé chimique, d'altération quelque minime qu'elle soit, sans qu'on ne la reconnaisse. C'est là un grand résultat obtenu, et ce sera pour la société un juste motif de sécurité.

« M. Durand (de Romorantin) : M. le ministre a dit avec raison qu'il s'était adressé à l'académie des sciences, qui avait nommé une commission chargée d'examiner les projets qui lui seraient soumis. Je connais un des auteurs de ces projets (M. Knecht), et je crois que c'est celui même dont M. le ministre a parlé en dernier lieu ; il a été, en effet, l'objet des éloges les plus flatteurs de la part de l'académie des sciences. Comment se fait il que ce soit l'autorité compétente qui, ayant reconnu l'efficacité des moyens présentés, apporte maintenant du retard à leur exécution ? d'où vient ce retard ? de l'administration de l'enregistrement du timbre. Il est évident qu'il n'y a plus d'étude à faire ; il n'y a qu'à suivre l'avis donné par l'académie des sciences, qu'à rendre pratique la solution donnée au problème si difficile, mis au concours. »

M. le ministre répond qu'on est sur le point de traiter du brevet, qu'il faut appliquer le travail du cabinet sur une grande échelle et que l'administration s'en occupe sérieusement, etc., etc.

Notre procédé consistait à faire graver sur acier, sur cuivre ou

Lithographie. 35

sur pierre un dessin microscopique ; à en opérer le report sur pierre ce qui le rendait toujours invariable; par le relief qu'on donnait à la pierre on obtenait un tirage indéfini. Les presses à cylindre de pierre lithographique ou les machines suivant le système typographique complétaient ce procédé.

Déjà deux presses étaient en chantier, une machine à dresser et à tourner les pierres était achevée ; le ministre pressait la direction du timbre de hâter la mise à l'œuvre. La direction n'était pas de cet avis, et comme en France les ministres passent et que les bureaux restent, le directeur du timbre, l'antagoniste le plus prononcé du papier de sûreté, faisait de son côté tout ses efforts pour entraver la conclusion ; il y réussit.

Le dessin que nous avions fait confectionner à la hâte pour nos essais d'impression à l'encre usuelle était fort simple ; il consistait en lignes gravées dans tous les sens. Ce dessin fut contrefait par l'ordre du directeur. On nous opposa alors M. Grimpré qui avait reprit à M. Mazart le brevet qu'il lui avait vendu, M. Grimpré sur lequel la commission s'exprimait ainsi dans un rapport du mois de février 1837 : « La vignette de l'administration, les vignettes de « M. Grimpré, tout cela n'oppose pas plus de résistance aux faux « en général que le papier blanc ordinaire. »

L'administration voulait encore nous rendre responsable de la contrefaçon de nos dessins. Nous ne pouvions accepter une telle condition, parce que nous avions la conviction intime que tout dessin extérieur est assez imitable pour *pouvoir tromper l'œil du vulgaire*. Lassé du mauvais vouloir des bureaux, nous cherchâmes à appliquer le procédé Debeurges sur une unique feuille, c'est-à-dire d'obtenir dans la pâte même du papier un dessin microscopique. Puisque on aurait adopté le procédé tel qu'il était si nous n'eussions pas dédoublé le papier, nous étions fondé à croire que nous serions accueilli dès que nous aurions fait disparaître le défaut qui l'avait fait rejeter.

Après une année de recherches et d'essais coûteux, nous étions en mesure de présenter nos premiers spécimens. On les accueillit avec froideur et réserve, on se montra étonné de notre abandon des dessins extérieurs. Notre déclaration fut précise : « *Il est impossible de produire un dessin visible à l'œil nu incontrefaisable ou infalsifiable*. Cela est vrai.

La commission demanda alors de visiter nos ateliers et de prendre communication de nos procédés (le dessin dans la pâte). Nous déclinions cet honneur, car lorsqu'une commission scientifique a pris connaissance d'une invention, il n'est plus permis de la faire breveter et nous avions eu déjà à regretter d'avoir, pendant cinq ans, joué cartes sur table.

Ce refus de notre part fut notre condamnation. La commission ne voulant pas engager l'administration à traiter sur échantillons comme nous l'avions offert avec dépôt d'un cautionnement suffisant pour répondre de notre bonne et loyale exécution, elle conclut, après quatre années de tergiversations, en faveur de M. Grimpré ainsi qu'il appert d'un rapport du 4 décembre 1848.

Nous avons lieu de penser que de guerre lasse, la commission a voulu en finir. Nous aussi, nous voulons en finir sur ce sujet en recommandant toutefois à nos lecteurs l'article de M. Knecht, inséré dans le *Technologiste* (juin 1849).

Quoiqu'il en soit, et comme nous l'avons dit au commencement de ce chapitre, la recherche du papier de sûreté a fait faire un grand pas à la lithographie. De l'état de problème, l'impression en relief avec des encres non grasses est passé à l'état pratique. Les négociants pourront, dès aujourd'hui, faire confectionner leurs vignettes à l'encre délébile. Les artistes ont devant eux un jalon de planté ; qu'ils lisent l'excellente brochure sur ce sujet de notre ami M. Th. Delarue [1].

En attendant la découverte ou l'adoption d'un papier sensible, nous recommanderons à ceux qui veulent éviter l'altération de leurs écritures, l'emploi d'encres indélébiles dont voici quelques recettes [2].

RECETTES D'ENCRES INDÉLÉBILES.

1° Prenez de la bonne encre de Chine, délayez-la avec votre encre ordinaire jusqu'à ce qu'elle soit très-épaisse, ajoutez encore un peu d'encre. Chaque fois que vous vous servirez de ce mélange ayez soin de l'agiter, car l'encre de Chine tend à se déposer au fond.

2° Brûlez du papier sur une assiette. Broyez le noir qui en provient avec un peu de lait écrémé ou du lait coupé de moitié d'eau, jusqu'à ce que vous ayez le ton convenable.

3° Prenez de l'encre ramassée sur la table des imprimeurs lithographes ou typographes, détrempez-là dans une assiette avec un peu d'essence de térébenthine et laissez sécher. Délayez ensuite le tout à l'aide d'un bouchon de liége avec de l'eau alcalisée par de la soude, de la potasse ou du savon. Cette encre est très-bonne.

4° Enfin, faites fondre dans l'eau bouillante : 4 grammes de gomme laque ; 1 gram. de borax dans 40 parties d'eau.

[1] Chez tous les libraires et chez l'auteur, 16, rue Notre-Dame-des-Victoires.

[2] Nous venons d'apprendre que par un mot longuement motivé, l'administration du timbre vient de repousser le système Grimpé. Déjà le conseil de la Banque de France en avait fait autant, joignant une contrefaçon identique à son rapport.

Faites dissoudre dans cette eau résineuse une pierre de bleu qui sert au linge et un peu de noir de fumée ou d'encre de Chine.

Ces quatre recettes fournissent chacune séparément une encre résistant à tous les agens du lavage des papiers.

Quand aux lithographes qui veulent imprimer une vignette en encre délébile ou usuelle sur les formules du commerce, ils trouveront dans l'article relief sur pierre, la description et les recettes nécessaires.

Terminons cet article déjà trop long, par quelques réflexions sur la composition des commissions en général. Lorsqu'il s'agit d'art ou d'une œuvre industrielle, on en choisit ordinairement les membres parmi les sommités de l'Académie ou de l'administration, éloignant systématiquement tous les praticiens compétents qui pourraient éclairer la question. Ces commissions se divisent quelquefois en sous-commissions, dirigées ordinairement par un ou deux membres influents qui entraînent dans leur opinion la commission entière.

Les fonctions étant gratuites, on n'a pas de fonds pour se livrer à des expériences pratiques et par conséquent sans une entière connaissance de cause. C'est ce qui est arrivé dans la question du papier sûreté. Nous aurions désiré qu'aux chimistes et aux mécaniciens distingués qui faisaient partie de la commission, on eut adjoint des graveurs, des dessinateurs, quelque imprimeur, un fabricant de papier ; ou mieux qu'on eut ouvert un concours de contrefaçon avec prime par chaque contrefaçon ; cette prime fut-elle de mille écus, le gouvernement ne la paierait pas trop cher, puisque cette dépense en eut épargné une de 300,000 fr. dépensés en pure perte.

Nous aurions voulu que le programme eut désigné explicitement ce que l'on voulait et ce que l'on ne voulait pas ; que chaque concurrent eût été autorisé à prendre connaissance, au ministère, des documents existants, afin qu'il ne s'engageât pas dans des voies déjà parcourues ; que la quantité du papier à fournir, le genre du dessin, le mode de tirage eussent été déterminés ; que le maximum connu du prix de fabrication mit un terme aux idées extravagantes.

Si la commission avait dit dans son programme du 12 septembre : on n'acceptera que des dessins visibles à l'œil nu, mais incontrefaisables ; le tirage de ces empreintes doit pouvoir s'appliquer au papier timbré actuellement en usage ; le papier ne sera accepté qu'autant que l'impression en aura été faite avec de l'encre usuelle ; chaque feuille devra avoir un cartouche, partie délébile, partie indélébile ; le prix de la rame ne devra pas dépasser la somme de.....; tout papier sensible ou filagrané sera rejeté du concours, tout dessin numismatique, moiré, etc., sera refusé, la question cût été bientôt vidée. Mais rien de tout cela : on a marché dans le vague, pour ainsi dire à tâtons et on a laissé aux concurrents les coudées franches. Or qu'est-il arrivé ? des rapports contradictoires de la commission ; une dépense de 100,000 francs pour le Trésor : pour les concurrents, ruine de quelques-uns, perte de temps et déception pour tous, enfin un problème irrésolu !

FIN.

AVIS.

MM. les Lithographes qui trouveraient quelques parties de cet ouvrage obscures ou incomplètes, pourront s'adresser à M. JULES DESPORTES, rue Saint-Jacques, 150, qui s'empressera de répondre non seulement aux demandes faites au point de vue de l'art, mais encore relatives aux questions de jurisprudence en matière d'imprimerie.

Dans le but de faciliter les transactions entre les personnes qu'intéresse la Lithographie, soit pour demandes d'ouvriers, soit pour cession d'établissements ou de brevets, soit enfin pour expertises, arbitrages, inventaires, etc., M. Desportes a créé depuis deux ans un BUREAU DE CORRESPONDANCE auquel s'est associée une Maison de commission pour tous les articles de matériel et de fournitures de lithographie.

Écrire *franco*, rue Saint-Jacques, 150, ou à l'Institut national des Sourds-Muets.

35.

TABLE DES MATIÈRES.

DEUXIÈME DIVISION.

TROISIÈME PARTIE.

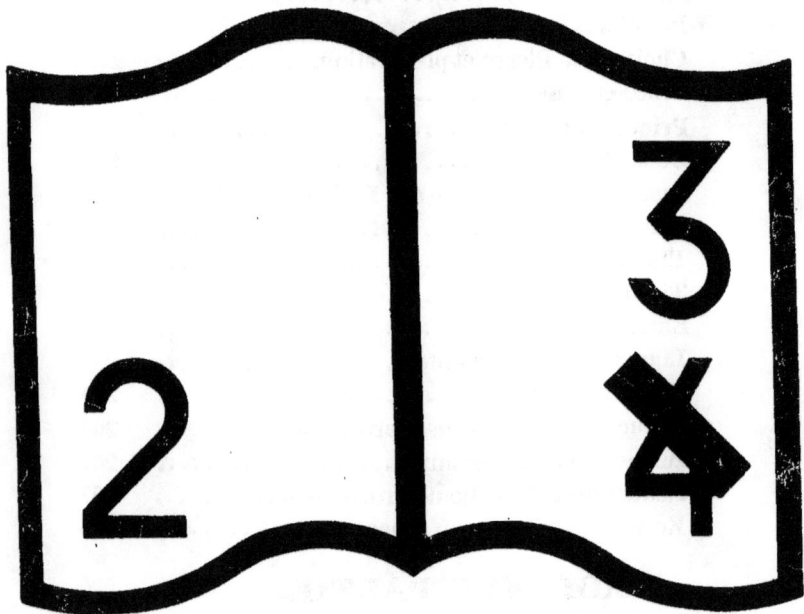

Pagination incorrecte — date incorrecte

NF Z 43-120-12

QUATRIÈME PARTIE.

FIN DE LA TABLE.

Troyes. — Imprimerie de Cardon.

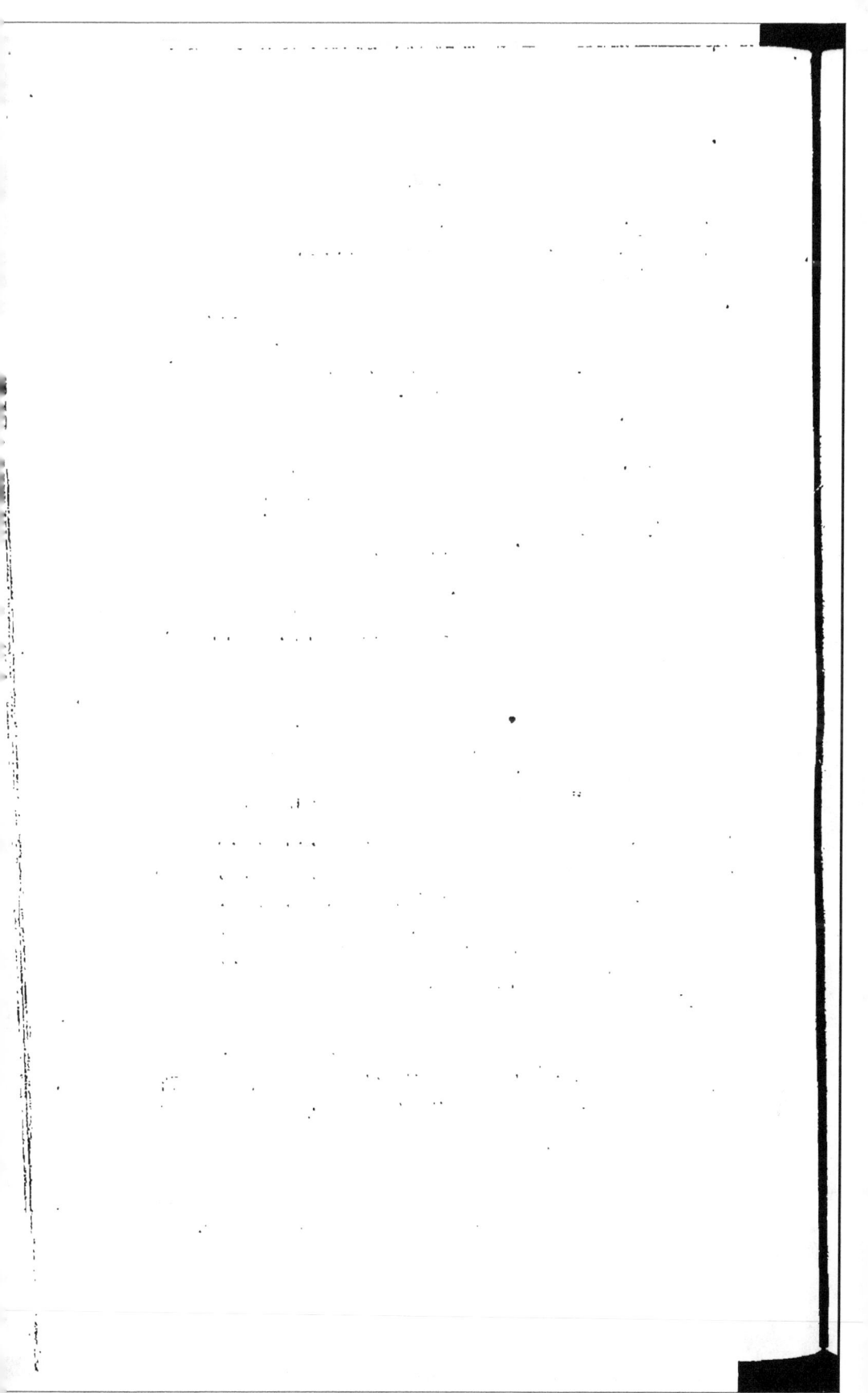

— FÉVRIER 1850. —

N. B. *Comme il existe à Paris deux libraires du nom de* ROROT, *l'on est prié de bien indiquer l'adresse.*

LIBRAIRIE ENCYCLOPÉDIQUE

DE

RORET,

RUE HAUTEFEUILLE, 12,

AU COIN DE LA RUE DU BATTOIR,

A PARIS.

—

Cette Librairie, entièrement consacrée aux Sciences et à l'Industrie, fournira aux amateurs tous les ouvrages anciens et modernes en ce genre, publiés en France, et fera venir de l'Étranger tous ceux que l'on pourrait désirer.

—

DIVISION DU CATALOGUE.

Publications annuelles à la LIBRAIRIE ENCYCLOPÉDIQUE DE RORET, *rue Hautefeuille, n° 12.*

LE TECHNOLOGISTE, ou *Archives des Progrès de l'Industrie* FRANÇAISE ET ÉTRANGÈRE, publié par une Société de savants et de praticiens, sous la direction de M. MALEPEYRE. Ouvrage utile aux manufacturiers, aux

1

fabricants, aux chefs d'ateliers, aux ingénieurs, aux mécaniciens, aux artistes, etc., etc., et à toutes les personnes qui s'occupent d'arts industriels. 11° année. Prix : 18 fr. par an pour Paris, 21 fr. pour la province, et 24 fr. pour l'Etranger.

Chaque mois il paraît un cahier de 48 pages in-8°, grand format, renfermant des figures en grande quantité, gravées sur bois et sur acier.

Ce recueil a commencé à paraître le 1er octobre 1839. Le prix des 10 années est de 18 fr. chacune.

L'AGRICULTEUR-PRATICIEN, REVUE D'AGRICULTURE, DE JARDINAGE, et d'Economie rurale et domestique sous la direction de MM. Bossin, Malepeyre, G. Heuzé, etc. 11e année. Prix : 6 f. par an.

Tous les mois il paraît un cahier de 30 pag. in-8, grand format, renfermant des gravur. sur bois intercalées dans le texte.

Il a paru 9 années de ce Journal, qui a commencé le 1er octobre 1839. Prix de chaque année, 6 fr.

ALMANACH ENCYCLOPÉDIQUE RÉCRÉATIF ET POPULAIRE pour 1850, d'après les travaux de savants et de praticiens célèbres. 1 vol. in-16, grand raisin, orné de jolies gravures. . . . . 50 c.

Il a paru 10 années de cet Annuaire, à 50 c. chaque.

BULLETIN DE LA SOCIÉTÉ INDUSTRIELLE DE MULHOUSE. Le prix de souscription est de 12 fr. par volume in-8°, composé de 5 cahiers, et de 15 fr. franc de port. Chaque cahier, séparément, 3 fr. . . . .

Ce recueil a commencé en 1836. Il a paru 65 cahiers, ou vol. 1 à 13 jusqu'en 1840; prix : 9 fr. le vol. . . . 117 fr.

De 1841 à 1848, il a paru les cahiers nos 66 à 106, ou vol. 14 à 21; prix : 12 fr. le volume. . . .

ANNALES de la Société Royale d'Agriculture et de Botanique de Gand, rédigées par M. Ch. Morren. Par an, 30 fr. — Commencé en 1845.

LE GARDE-MEUBLES, Journal d'Ameublement; 54 planches par an. Prix des 3 catégories, fig. noires, 22 fr. 50 ; pour 2 catégories, 15 fr., et pour une catégorie, 7 fr. 50. En couleur, prix des 3 catégories, 36 fr.; pour 2 catégories, 24 fr., et pour une catégorie, 12 fr. — *Chaque feuille se vend séparément : en noir, 50 centimes, et en couleur, 60 centimes.*

ENCYCLOPÉDIE-RORET.

COLLECTION
DES
MANUELS-RORET

FORMANT
UNE ENCYCLOPÉDIE DES SCIENCES ET DES ARTS,
FORMAT IN-18;
PAR UNE RÉUNION DE SAVANTS ET DE PRATICIENS,

Messieurs

AMOROS, ARSENNE, BEAUVALET, BIOT, BIRET, BISTON, BOISDUVAL, BOITARD, BOSC, BOUTEREAU, BOYARD, CAHEN, CHAUSSIER, CHEVRIER, CHORON, CONSTANTIN, DE GAYFFIER, DE LAFAGE, DE LÉPINOIS, DE VALICOURT, Paulin DÉSORMEAUX, DUBOIS, DUJARDIN, FRANCŒUR, GIQUEL, HAMEL, HERVÉ, JANVIER, JULIA-FONTENELLE, JULIEN, HUOT, LACROIX, LANDRIN, LAUNAY, LED'HUY, Sébastien LENORMAND, LESSON, LORIOL, MALEPEYRE, MARCEL DE SERRES, MATTER, MINE, MULLER, NICARD, NOEL, PAULIN, Jules PAUTET, PEDRONI, RANG, RENDU, RICHARD, RIFFAULT, SCHMIT, SCRIBE, TARBÉ, TERQUEM, THIÉBAUT DE BERNEAUD, THILLAYE, TOUSSAINT, TRÉMERY, TRUX, VALÉRIO, VASSEROT, VAUQUELIN, VERDIER, VERGNAUD, YVART, etc., etc.

Les personnes qui auraient quelque chose à faire parvenir dans l'intérêt des sciences et des arts, sont priées de l'envoyer franc de port à l'adresse de M. le *Directeur de l'Encyclopédie-Roret*, rue Hautefeuille, n. 12, à Paris.

Tous les Traités se vendent séparément. Les ouvrages indiqués *sous presse* paraîtront successivement. Pour recevoir chaque volume franc de port, l'on ajoutera 50 c. La plupart des volumes sont de 3 à 400 pages, renfermant des planches parfaitement dessinées et gravées.

MANUEL POUR GOUVERNER LES ABEILLES et en retirer un grand profit, par M. RADOUAN. 2 vol. 6 fr.
— **ACCORDEUR DE PIANOS**, par M. GIORGIO DI ROMA. 1 vol. 1 fr. 25.
— **ACIDES GRAS CONCRETS**, voyez *Bougies stéariques*.

**MANUEL DES ACTES SOUS SIGNATURES PRI-
VÉES** en matières civiles, commerciales, criminelles, etc.,
par M. BIRET, ancien magistrat. 1 vol.   2 fr. 50

— AEROSTATION ou Guide pour servir à l'histoire
ainsi qu'à la pratique des *Ballons*, par M. DUPUIS-DELCOURT.
1 vol. orné de figures.   3 fr.

— AGENTS-VOYERS, voyez *Constructeur en général*.

— AGRICULTURE ÉLÉMENTAIRE, à l'usage des
écoles primaires et des écoles d'agriculture, par V. RENDU.
(*Autorisé par l'Université.*)   1 fr. 25

— ALGÈBRE, *ou* Exposition élémentaire des principes
de cette science, par M. TERQUEM. (*Ouvrage approuvé par
l'Université.*) 1 gros vol.   3 fr. 50

— ALLIAGES MÉTALLIQUES, par M. HERVÉ, offi-
cier supérieur d'artillerie, ancien élève de l'Ecole polytechnique. 1 vol.   3 fr. 50

Ouvrage *approuvé par le Comité d'artillerie*, qui en a
fait prendre un nombre pour les écoles, les forges et les
fonderies.

— ALLUMETTES CHIMIQUES, COTON et PAPIER-
POUDRE, POUDRES et AMORCES FULMINANTES;
dangers, accidents et maladies qu'elles produisent; par le
docteur ROUSSEL. 1 vol. orné de figures.   1 fr.

— AMIDONNIER et VERMICELLIER, par M. le
docteur MORIN. 1 vol. avec figures.   3 fr.

— AMORCES FULMINANTES, voyez *Allumettes chimiques*.

— ANATOMIE COMPARÉE, par MM. de SIEBOLD et
STANNIUS; traduit de l'allemand par MM. SPRING et LA-
CORDAIRE, professeurs à l'Université de Liége. 3 vol. en-
semble de plus de 1200 pages, prix   10 fr. 50

— ANECDOTIQUE, *ou* Choix d'Anecdotes anciennes
et modernes, par madame CELNART. 4 vol. in-18.   7 fr.

— ANIMAUX NUISIBLES (Destructeur des) à l'agriculture, au jardinage, etc., par M. VERARDI. 1 vol. orné
de planches.   3 fr.

— 2e *Partie*, contenant les HYLOPHTHIRES ET
LEURS ENNEMIS, ou Description et Iconographie des
Insectes les plus nuisibles aux forêts, avec une méthode pour
apprendre à les détruire et à ménager ceux qui leur font la
guerre, à l'usage des forestiers, des jardiniers, etc.; par
MM. RATZEBURG DE CORBERON et BOISDUVAL. 1 vol.
orné de 8 planches : prix   2 fr. 50

MANUEL D'ARCHÉOLOGIE, par M. NICARD. 3 vol. avec Atlas. Prix des 3 vol., 10 fr. 50 ; de l'Atlas, 12 fr., et de l'ouvrage complet :   22 fr. 50

  — ARCHITECTE DES JARDINS, ou l'Art de les composer et de les décorer, par M. BOITARD. 1 vol. avec Atlas de 132 planches.   15 fr.

  — ARCHITECTE DES MONUMENTS RELI - GIEUX, ou Traité d'Archéologie pratique, applicable à la restauration et à la construction des Eglises, par M. SCHMIT. 1 gros volume avec Atlas contenant 20 planches.   7 fr.

  — ARCHITECTURE, ou Traité de l'Art de bâtir, par M. TOUSSAINT, architecte. 2 vol. ornés de planches. 7 fr.

  — D'ARITHMÉTIQUE DÉMONTRÉE, par MM. COLLIN et TREMERY. 1 vol.   2 fr. 50

  — ARITHMÉTIQUE COMPLÉMENTAIRE, ou Recueil de Problèmes nouveaux, par M. TREMERY. 1 vol.
    1 fr. 75

  — ARMURIER, Fourbisseur et Arquebusier, par M. Paulin DÉSORMEAUX. 1 vol. avec figures.   3 fr.

  — ARPENTAGE, ou Instruction élémentaire sur cet art et sur celui de lever les plans, par M. LACROIX, de l'Institut. 1 vol. avec figures. (Autorisé par l'Université.)   2 fr. 50.

  — ARPENTAGE SUPPLÉMENTAIRE, ou Recueil d'exemples pratiques sur les différentes opérations d'arpentage et de levée des plans, par MM. HOGARD, avec des Modèles de Topographie, par M. CHARTIER, dessinateur au dépôt de la guerre. 1 vol. avec figures.   2 fr. 50

  — ART MILITAIRE, par M. VERGNAUD. 1 vol. avec figures.   3 fr.

  — ARTIFICIER, Poudrier et Salpêtrier, par M. VERGNAUD, capitaine d'artillerie. 1 vol. orné de planches. 3 fr.

  — ASSOLEMENTS, JACHÈRE et SUCCESSION DES CULTURES, par M. Victor YVART, de l'Institut, avec des notes par M. Victor RENDU, inspecteur de l'agriculture. 3 vol.   10 fr. 50

  — ASTRONOMIE, ou Traité élémentaire de cette science, de W. HERSCHEL, par M. VERGNAUD. 1 vol. orné de planches.   2 fr. 50

  — ASTRONOMIE AMUSANTE, traduit de l'anglais, par A. D. VERGNAUD. In-18, figures.   3 fr. 50

  — BALLONS, voyez Aérostation.

  — BANQUIER, Agent de change et Courtier, par MM. PEUCHET et TREMERY. 1 vol.   2 fr. 50

MANUEL DU BARÊME COMPLET DES POIDS ET MESURES, par M. BAGILET. In-18. 3 fr.

— BIBLIOGRAPHIE et Amateur de livres, par M. F. DENIS. (*Sous presse.*)

— BIBLIOTHÉCONOMIE, Arrangement, Conservation et Administration des bibliothèques, par L.-A. CONSTANTIN. 1 vol. orné de figures. 3 fr.

— BIJOUTIER, Joaillier, Orfèvre, Graveur sur métaux et Changeur, par M. JULIA DE FONTENELLE. 2 vol. 7 fr.

— BIOGRAPHIE, u Dictionnaire historique abrégé des grands hommes, par M. NOEL, inspecteur-général des études. 2 vol. 6 fr

— BLANCHIMENT ET BLANCHISSAGE, Nettoyage et Dégraissage des fil, lin, coton, laine, soie, etc., par M. JULIA DE FONTENELLE. 2 vol. ornés de pl. 5 fr.

— BLASON, *ou* Traité de cet art sous le rapport archéologique et héraldique, par M. Jules PAUTET, bibliothécaire de la ville de Beaune. 1 vol. orné de planches. 3 fr. 50

— BOIS (Marchands de) et de Charbons, *ou* Traité de ce commerce en général, par M. MARIÉ DE LISLE. 1 volume avec figures. 3 fr.

— BOIS (Manuel-Tarif métrique pour la conversion et la réduction des), d'après le système métrique, par M. LOMBARD. 1 vol. 2 fr. 50

— BONNETIER ET FABRICANT DE BAS, par MM. LEBLANC et PREAUX-CALTOT. 1 vol. avec fig. 3 fr.

— BOTANIQUE, Partie élémentaire, par M. BOITARD. 1 vol. avec planches. 3 fr. 50

— BOTANIQUE, 2e partie, FLORE FRANÇAISE, *ou* Description synoptique des plantes qui croissent naturellement sur le sol français, par M. le docteur BOISDUVAL. 3 gros volumes. 10 fr. 50

ATLAS DE BOTANIQUE, composé de 120 planches, représentant la plupart des plantes décrites dans l'ouvrage ci-dessus. Prix : Fig. noires, 18 fr.

Figures coloriées. 36 fr.

— BOTTIER ET CORDONNIER, par M. MORIN. 1 vol. avec figures. 3 fr.

— BOUGIES STÉARIQUES, et fabrication des acides gras concrets, etc., etc., par M. MALEPEYRE, un vol. orné de planches. 3 fr.

— BOULANGER, Négociant en grains, Meunier et

Constructeur de Moulins, par MM. BENOIT et JULIA DE FONTENELLE. 2 vol. avec figures. 5 fr.

MANUEL DU BOURRELIER ET SELLIER, par M. LEBRUN. 1 volume orné de figures. 3 fr.

— BOUVIER ET ZOOPHILE, *ou* l'Art d'élever et de soigner les animaux domestiques, par M. BOYARD. 1 volume. 2 fr. 50

— BRASSEUR, *ou* l'Art de faire toutes sortes de Bières, par M. VERGNAUD. 1 vol. 2 fr. 50

— BRODEUR, *ou* Traité complet de cet Art, par madame CELNART. 1 vol. avec un Atlas de 40 pl. 7 fr.

— CALENDRIER (Théorie du) et Collection de tous les calendriers des années passées et futures, par M. FRANCOEUR, professeur à la Faculté des sciences. 1 vol. 3 fr.

— CALLIGRAPHIE, *ou* l'Art d'écrire en peu de leçons, par M. TREMERY. 1 vol. avec Atlas. 3 fr.

— CARTES GEOGRAPHIQUES (Construction et Dessin des), par M. PERROT. 1 vol. orné de pl. 2 fr. 50

— CARTONNIER, Cartier et Fabricant de Cartonnage, par M. LEBRUN. 1 vol. orné de figures. 3 fr.

— CHAMOISEUR, Pelletier-Fourreur, Maroquinier, Mégissier et Parcheminier, par M. JULIA DE FONTENELLE. 1 vol. orné de planches. 3 fr.

— CHANDELIER, Cirier et Fabricant de Cire à cacheter, par M. LENORMAND. 1 gros vol. orné de pl. 3 fr.

— CHAPEAUX (Fabricant de), par MM. CLUZ, F. et JULIA DE FONTENELLE. 1 vol. orné de planches. 3 fr.

— CHARCUTIER, *ou* l'Art de préparer et de conserver les différentes parties du cochon, par M. LEBRUN. 1 volume avec figures. 2 fr. 50

— CHARPENTIER, *ou* Traité simplifié de cet Art, par MM. HANUS et BISTON. 1 vol. orné de 14 pl. 3 fr. 50

— CHARRON ET CARROSSIER, *ou* l'Art de fabriquer toutes sortes de Voitures, par M. LEBRUN. 2 volumes ornés de planches. 6 fr.

— CHASSELAS, sa culture à Fontainebleau, par un vigneron des environs. 1 vol. avec figures. 1 fr. 75

— CHASSEUR, contenant un Traité sur toute espèce de chasse, par MM. BOYARD et DE MERSAN. 1 vol. avec figures et musique. 3 fr.

— CHAUDRONNIER, Description complète et détaillée de toutes les opérations de cet Art, tant pour la fabrication des appareils en cuivre que pour ceux en fer, etc.; par MM. JULLIEN et VALERIO. 1 vol. avec 16 planches.   3 fr. 50

MANUEL DU CHAUFOURNIER, contenant l'Art de calciner la Pierre à chaux et à plâtre, de composer les Mortiers, les Ciments, etc., par M. BISTON. 1 v. avec fig. 3 fr.

— CHEMINS DE FER, ou Principes généraux de l'Art de les construire, par M. BIOT, l'un des gérants des travaux d'exécution du chemin de fer de Saint-Etienne. 1 volume orné de figures.   3 fr.

— CHIMIE AGRICOLE, par MM. DAVY et VERGNAUD. 1 vol. orné de figures.   3 fr. 50

— CHIMIE AMUSANTE, ou Nouvelles Récréations chimiques, par M. VERGNAUD. 1 vol. orné de figures. 3 fr.

— CHIMIE INORGANIQUE ET ORGANIQUE dans l'état actuel de la science, par M. VERGNAUD. 1 gros volume orné de figures.   3 fr. 50

— CIDRE ET POIRÉ (Fabricant de), avec les moyens d'imiter, avec le suc de pomme ou de poire, le Vin de raisin, l'Eau-de-Vie et le Vinaigre de vin, par M. DUBIEF. 1 volume avec figures.   2 fr. 50

— COIFFEUR, précédé de l'Art de se coiffer soi-même, par M. VILLARET. 1 joli vol. orné de figures.   2 fr. 50

— COLORISTE, contenant le mélange et l'emploi des Couleurs, ainsi que les différents travaux de l'Enluminure, par MM. PERROT, BLANCHARD et THILLAYE. 1 v. 2 fr. 50

— COMPAGNIE (Bonne), ou Guide de la Politesse et de la Bienséance, par madame CELNART. 1 vol.   2 fr. 50.

— COMPTES-FAITS, ou Barème général des poids et mesures, par M. ACHILLE NOUHEN. (Voir Poids et Mesures.)

— CONSTRUCTEUR en GÉNÉRAL et AGENTS-VOYERS, ouvrage utile aux ingénieurs des ponts et chaussées, aux officiers du génie militaire, aux architectes, aux conducteurs des ponts et chaussées, par M. LAGARDE, ingénieur civil. 1 vol. orné de figures.   3 fr.

— CONSTRUCTIONS RUSTIQUES, ou Guide pour les Constructions rurales, par M. DE FONTENAY (Ouvrage couronné par la Société royale et centrale d'Agriculture). 1 volume orné de figures.   3 fr.

— CONTRE-POISONS, ou Traitement des Individus empoisonnés, asphyxiés, noyés ou mordus, par M. H. CHAUSSIER, D.-M. 1 vol.   2 fr. 50

— CONTRIBUTIONS DIRECTES, Guide des Contribuables et des Comptables de toutes les classes, dépendant de la Direction générale des Contributions directes, etc.; par M. BOYARD. 1 vol. 2 fr. 50

MANUEL DU CORDIER, contenant la culture des Plantes textiles, l'extraction de la Filasse, et la fabrication de toutes sortes de cordes, par M. BOITARD. 1 vol. orné de fig. 2 fr. 50

— CORRESPONDANCE COMMERCIALE, contenant les Termes de commerce, les Modèles et Formules épistolaires et de comptabilité, etc., par MM. REES-LESTIENNE et TREMERY. 1 vol. 2 fr. 50

— CORPS GRAS CONCRETS. Voyez *Bougies stéariques*.

— COTON et PAPIER-POUDRE, voyez *Allumettes chimiques*.

— COUPE DES PIERRES, par M. TOUSSAINT, architecte. 1 vol. avec Atlas. 5 fr.

— COUTELIER, ou l'Art de faire tous les Ouvrages de Coutellerie, par M. LANDRIN, ingénieur civil. 1 vol. 3 fr. 50

— CRUSTACÉS (Histoire naturelle des), comprenant leur Description et leurs Mœurs, par MM. BOSC et DESMAREST, de l'Institut, prof., etc. 2 v. ornés de pl. 6 fr.

ATLAS POUR LES CRUSTACÉS, 18 planches. Figures noires. 3 fr.; — figures coloriées. 6 fr.

— CUISINIER ET CUISINIÈRE, à l'usage de la ville et de la campagne, par M. CARDELLI. 1 gros volume de 464 pages, orné de figures. 2 fr. 50

— CULTIVATEUR FORESTIER, contenant l'Art de cultiver en forêts tous les Arbres indigènes et exotiques, par M. BOITARD. 2 volumes. 5 fr.

— CULTIVATEUR FRANÇAIS, ou l'Art de bien cultiver les Terres et d'en retirer un grand profit, par M. THIBAUT de BERNEAUD. 2 volumes ornés de figures. 5 fr.

— DAGUERRÉOTYPIE, par M. de VALICOURT. 1 vol. orné de figures. 3 fr. 50

— DAMES, ou l'Art de l'Élégance, par madame CELNART. 1 vol. 3 fr.

— DANSE, comprenant la théorie, la pratique et l'histoire de cet art, par MM. BLASIS et VERGNAUD. 1 gros volume orné de planches. 3 fr. 50

— DÉCORATEUR-ORNEMENTISTE, du Graveur et du Peintre en Lettres, par M. SCHMIT, un vol. avec Atlas in-4° de 30 planches. 7 fr.

— DEMOISELLES, ou Arts et métiers qui leur convien-

nent, tels que Couture, Broderie, etc., par madame CEL-
NART. 1 vol. orné de planches. 3 fr.

MANUEL DU DESSINATEUR, ou Traité complet du
Dessin, par M. BOUTEREAU. 1 v. avec At. de 20 pl. 3 fr. 50

— DISTILLATEUR ET LIQUORISTE, par M. LE-
BEAU et M. JULIA DE FONTENELLE. 1 vol. de 558 pages,
orné de figures. 3 fr. 50

— DOMESTIQUES, ou l'Art de former de bons Servi-
teurs, par madame CELNART. 1 vol. 2 fr. 50

— DORURE ET ARGENTURE Electro-chimiques,
par M. DE VALICOURT. 1 vol. 1 fr. 75

— ÉCOLES PRIMAIRES, MOYENNES ET NOR-
MALES, ou Guide des Instituteurs et Institutrices (Ouvrage
autorisé par l'Université), par M. MATTER, Inspecteur
général de l'Université. 1 vol. 2 fr. 50

— ÉCONOMIE DOMESTIQUE, contenant toutes les
recettes les plus simples et les plus efficaces, par madame
CELNART. 1 vol. 2 fr. 50

— ÉCONOMIE POLITIQUE, par M. J. PAUTET.
1 vol. 2 fr. 50

— ÉLECTRICITÉ, contenant les Instruc. pour établir
les Paraton. et les Paragrèles, par M. RIFFAULT. 1 v. 2 fr. 50

— ENREGISTREMENT ET DU TIMBRE, par M.
BIRET. 1 vol. 3 fr. 50

— D'ENTOMOLOGIE, ou Hist. nat. des Insectes et
des Myriapodes, par M. BOITARD. 3 vol. in-18. 10 fr. 50
ATLAS D'ENTOMOLOGIE, composé de 110 planches représentant les Insectes décrits dans l'ouvrage ci-dessus. Figures
noires, 17 fr. — Figures coloriées. 34 fr.

— EPISTOLAIRE (Style), par M. BISCARRAT et madame la comtesse d'HAUTPOUL. 1 vol. 2 fr. 50

— EQUITATION, à l'usage des deux sexes, par
M. VERGNAUD. 1 vol. orné de figures. 3 fr.

— ESCALIERS EN BOIS (Construction des), ou manipulation et posage des Escaliers ayant une ou plusieurs
rampes, par C. BOUTEREAU. 1 vol. et Atlas. 5 fr.

— ESCRIME, ou Traité de l'Art de faire des armes,
par M. LAFAUGÈRE, maréchal-des-logis. 1 vol. 3 fr. 50

— ESSAYEUR, par MM. VAUQUELIN, GAY-LUSSAC
et D'ARCET, publié par M. VERGNAUD. 1 vol. 3 fr.

— ÉTAT CIVIL (Officier de l'), pour la Tenue des Registres et la Rédaction des Actes, etc., etc., par M. LE-
MOLT, ancien magistrat. 2 fr. 50

— ETOFFES IMPRIMÉES (Fabricant d') et Fabricant de Papiers peints, par M. Seb. LENORMAND. 1 vol. 3 f.

— FABRICANT (du) DE PRODUITS CHIMIQUES ou Formules et Procédés usuels relatifs aux matières que la chimie fournit aux arts industriels et à la médecine, par M. THILLAYE, ex-chef des travaux chimiques de l'ancienne fabrique Vauquelin. 3 volumes ornés de planches. 10 fr. 50

— FALSIFICATIONS DES DROGUES simples et composées, par M. PÉDRONI, professeur, un vol. orné de figures. 2 fr. 50

— FERBLANTIER ET LAMPISTE, ou l'Art de confectionner en fer-blanc tous les Ustensiles, par MM. LEBRUN et MALEPEYRE. 1 vol. orné de figures. 3 fr. 50

— FERMIER (du), ou l'Agriculture simplifiée et mise à la portée de tout le monde, par M. DE LÉPINOIS. 1 vol. 2 fr. 50

— FILATEUR, ou Description des Méthodes anciennes et nouvelles employées pour filer le Coton, le Lin, le Chanvre, la Laine et la Soie, par MM. G.-E. JULLIEN et E. LORENTZ. 1 vol. in-18, avec 8 pl. 3 fr. 50

— FLEURISTE ARTIFICIEL, ou l'Art d'imiter, d'après nature, toute espèce de Fleurs, suivi de l'Art du Plumassier, par madame CELNART. 1 vol. orné de fig. 2 fr. 50

— FLEURS (des) EMBLÉMATIQUES, où leur Histoire, leur Symbole, leur Langage, etc., etc., par madame LENEVEUX. 1 vol. Fig. noires. 3 fr.
Figures coloriées. 6 fr.

— FONDEUR SUR TOUS MÉTAUX, par M. LAUNAY, fondeur de la colonne de la place Vendôme (Ouvrage faisant suite au travail des Métaux). 2 vol. ornés d'un grand nombre de planches. 7 fr.

— FORGES (Maître de), ou l'Art de travailler le fer, par M. LANDRIN. 2 vol. ornés de planches. 6 fr.

— GALVANOPLASTIE, ou Traité complet de cet Art, contenant tous les procédés les plus récents, par MM. SMÉE, JACOBI, DE VALICOURT, etc., etc. 1 vol. orné de fig. 3 fr. 50

— GANTS (Fabricant de) dans ses rapports avec la Mégisserie et la Chamoiserie, par VALLET D'ARTOIS, ancien fabricant. 1 vol. 3 fr. 50

— GARANTIE DES MATIÈRES D'OR ET D'ARGENT, par M. LACHÈZE, contrôleur à Paris. 1 v. 1 fr. 75

— GARDES-CHAMPÊTRES, FORESTIERS ET GARDES-PÊCHE, par M. BOYARD, président à la cour royale d'Orléans. 1 vol. 2 fr. 50

MANUEL DES GARDES-MALADES, et personnes qui veulent se soigner elles-mêmes, ou l'Ami de la santé, par M. le docteur MORIN. 1 vol.　　　　　　2 fr. 50

— **GARDES NATIONAUX DE FRANCE**, contenant l'Ecole du soldat et de peloton, les Ordonnances, Règlements, etc., etc., par M. R. L. 33e édit. 1 vol.　　1 fr. 25

— **GAZ** (Fabrication du) ou Traité de l'Eclairage à l'usage des Ingénieurs, etc.; d'Usines à gaz, par M. MAGNIER. 1 vol. orné de figures.　　　　3 fr. 50 c.

—**GÉOGRAPHIE DE LA FRANCE**, divisée par bassins, par M. LORIOL (Autorisé par l'Université). 1 vol. 2 fr. 50

— **GÉOGRAPHIE GÉNÉRALE**, par M. DEVILLIERS. 1 gros vol. de plus de 400 p., orné de 7 jolies cartes. 3 fr. 50

— **GÉOGRAPHIE PHYSIQUE**, ou Introduction à l'étude de la Géologie, par M. HUOT. 1 vol.　　　3 fr.

— **GÉOLOGIE**, ou Traité élémentaire de cette science, par M. HUOT. 1 vol. orné de planches.　　2 fr. 50

— **GÉOMÉTRIE**, ou Exposition élémentaire des principes de cette science, par M. TERQUEM (Ouvrage autorisé par l'Université). 1 gros vol.　　　　3 fr. 50

— **GNOMONIQUE**, ou l'Art de tracer les cadrans, par M. BOUTEREAU. 1 vol. orné de figures.　　3 fr.

— **GOURMANDS** (des), ou l'Art de faire les honneurs de sa table, par CARDELLI. 1 vol.　　　3 fr.

— **GRAVEUR** (du), ou Traité complet de l'Art de la Gravure en tous genres, par MM. PERROT et MALEPEYRE. 1 vol. orné de planches.　　　　3 fr.

— **GRÈCE** (Histoire de la), depuis les premiers siècles jusqu'à l'établissement de la domination romaine, par M. MATTER, inspecteur-général de l'Université. 1 v. 3 fr.

— **GYMNASTIQUE** (de la), par le colonel AMOROS (Ouvrage couronné par l'Institut, admis par l'Université, etc.). 2 vol. et Atlas.　　　　　10 fr. 50

— **HABITANTS DE LA CAMPAGNE** et Bonne Fermière, contenant tous les moyens de faire valoir, de la manière la plus profitable, les terres, le bétail, les récoltes, etc., par madame CELNART. 1 vol.　　　2 fr. 50

— **HÉRALDIQUE**. Voyez BLASON.

— **HERBORISTE**, Épicier-Droguiste, Grainier-Pépiniériste et Horticulteur, par MM. TOLLARD et JULIA DE FONTENELLE. 2 gros vol.　　　　7 fr.

— **HISTOIRE NATURELLE**, ou Genera complet des Animaux, des Végétaux et des Minéraux, 2 gros vol. 7 fr.

ATLAS pour la Botanique, composé de 120 planches. Figures noires, 18 fr. — figures coloriées, 36 fr.

— pour les Mollusques, représentant les Mollusques nu. et les Coquilles. 51 planches. Figures noires; 7 fr. figures coloriées. 14 fr.

— Pour les Crustacés, 18 planches, figures noires 3 fr.; figures coloriées. 6 fr.

— Pour les Insectes, 110 planches, figures noires, 17 fr.; figures coloriées. 34 fr.

— Pour les Mammifères, 80 planches, fig. noires, 12 fr.; figures coloriées. 24 fr.

— Pour les Minéraux, 40 planches, figures noires, 6 fr.; figures coloriées. 12 fr.

— Pour les Oiseaux, 129 planches, figures noires, 20 fr.; figures coloriées. 40 fr.

— Pour les Poissons, 155 planches, fig. noires, 24 fr.; figures coloriées. 48 fr.

— Pour les Reptiles, 54 planches, fig. noires, 9 fr.; figures coloriées. 18 fr.

— Pour les Zoophytes, représentant la plupart des Vers et des Animaux-Plantes, 25 pl., figures noires, 6 fr. figures coloriées. 12 fr.

— HISTOIRE NATURELLE MÉDICALE ET DE PHARMACOGRAPHIE, ou Tableau des Produits que la Médecine et les Arts empruntent à l'Histoire naturelle, par M. LESSON, pharmacien en chef de la Marine à Rochefort. 2 vol. 5 fr.

— DE L'HISTOIRE UNIVERSELLE, depuis le commencement du monde jusqu'en 1836, par M. CAHEN, traducteur de la Bible. 1 vol. 2 fr. 50

— HORLOGER (de l'), ou Guide des Ouvriers qui s'occupent de la constru. des Machines propres à mesurer le temps, par MM. LENORMAND et JANVIER. 1 v. f. 3 fr. 50

— HORLOGES (Régulateur des), Montres et Pendules, par MM. BERTHOUD et JANVIER. 1 vol. orné de fig. 1 fr. 50

— HUILES (Fabricant et Épurateur d'), par M. JULIA DE FONTENELLE. 1 vol. orné de figures. 3 fr.

— HYGIÈNE, ou l'Art de conserver sa santé, par le docteur MORIN. 1 vol. 3 fr.

— INDIENNES (Fabricant d'), renfermant les Impressions des Laines, des Chalis et des Soies, par M. THILLAYE. 1 vol. 3 fr. 50

2

MANUEL DE L'INGÉNIEUR CIVIL, par MM. JUL-
LIEN, LORENTZ et SCHMITZ, Ingénieurs Civils. 2 gros vol.
avec un Atlas renfermant beaucoup de planches. 10 fr. 50

— INSTRUMENTS DE CHIRURGIE. *(Sous presse.)*

— JARDINAGE (PRATIQUE SIMPLIFIÉE) à l'usage des
personnes qui cultivent elles-mêmes un petit domaine, contenant un Potager, une Pépinière, un Verger, des Espaliers,
un Jardin paysager, des Serres, des Orangeries, et un Parterre, etc., par M. LOUIS DUBOIS. 1 vol. orné de fig. 2 fr. 50

— JARDINIER, *ou* l'Art de cultiver et de composer
toutes sortes de Jardins, par M. BAILLY. 2 gros vol. ornés
de planches. 5 fr.

— JARDINIER DES PRIMEURS, *ou* l'Art de forcer
les Plantes à donner leurs fruits dans toutes les saisons,
par MM. NOISETTE et BOITARD. 1 vol. orné de fig. 3 fr.

— JARDINIERS, OU L'ART DE CULTIVER LES JAR-
DINS, renfermant un Calendrier indiquant mois par mois
tous les travaux à faire en Jardinage, les principes d'Hor-
ticulture, etc., par *un Jardinier agronome*. 1 gros volume
de 556 pages, orné de figures. 3 fr. 50

— JAUGEAGE ET DÉBITANTS DE BOISSONS.
1 volume orné de figures (*Voyez* Vins). 3 fr.

— DES JEUNES GENS, *ou* Sciences, Arts et
Récréations qui leur conviennent, et dont ils peuvent
s'occuper avec agrément et utilité, par M. VERGNAUD.
2 volumes ornés de figures. 6 fr.

— DE JEUX DE CALCUL ET DE HASARD, *ou*
nouvelle Académie des Jeux, par M. LEBRUN. 1 v. 3 fr.

— JEUX ENSEIGNANT LA SCIENCE, *ou* Intro-
duction à l'étude de la Mécanique, de la Physique, etc., par
M. RICHARD. 2 vol. 6 fr.

— JEUX DE SOCIÉTÉ, renfermant tous ceux qui conviennent aux deux sexes, par madame CELNART. 1 g. v. 3 fr.

— JUSTICES DE PAIX, *ou* Traité des Compétences et
Attributions tant anciennes que nouvelles, en toutes matières, par M. BIRET, ancien magistrat. 1 vol. 3 fr. 50

— LAITERIE, *ou* Traité de toutes les méthodes pour
la Laiterie, l'Art de faire le Beurre, de confectionner les
Fromages, etc., par THIEBAUD DE BERNEAUD. 1 vol. orné
de figures. 2 fr. 50

— LANGAGE (Pureté du), par MM. BISCARRAT et
BONIFACE. 1 vol. 2 fr. 50

— LANGAGE (Pureté du), par M. BLONDIN. 1 volume.   1 fr. 50

— LATIN (Classes élémentaires de), *ou* Thêmes pour es Huitième et Septième, par M. AMÉDÉE SCRIBE, ancien instituteur. 1 vol.   2 fr. 50

— LIMONADIER, Glacier, Chocolatier et Confiseur, par MM. CARDELLI, LIONNET-CLÉMANDOT et JULIA DE FONTENELLE. 1 gros vol. de 458 pages.   2 fr. 50

— LITHOGRAPHE (Dessinateur et Imprimeur), par M. BREGEAUT. 1 vol.   3 fr.

— LITTÉRATURE à l'usage des deux sexes, par madame D'HAUTPOUL.   1 fr. 75

— LUTHIER, contenant la Construction intérieure et extérieure des instruments à archets, par M. MAUGIN. 1 volume.   2 fr. 50

— MACHINES LOCOMOTIVES (Constructeur de), par M. JULLIEN, Ingénieur civil, etc. 1 gros vol. avec Atlas. 5 fr.

— MACHINES A VAPEUR *appliquées à la Marine*, par M. JANVIER, officier de marine et ingénieur civil. 1 volume avec figures.   3 fr. 50

— MACHINES A VAPEUR *appliquées à l'Industrie*, par M. JANVIER. 2 volumes avec figures.   7 fr.

— MAÇON, PLATRIER, PAVEUR. CARRELEUR, COUVREUR, par M. TOUSSAINT, architecte. 1 vol. 3 fr.

— MAGIE NATURELLE ET AMUSANTE, par M. VERGNAUD. 1 vol. avec figures.   3 fr.

— MAITRE D'HOTEL, ou Traité complet des menus, mis à la portée de tout le monde, par M. CHEVRIER. 1 vol. orné de figures.   3 fr.

— MAITRESSE DE MAISON ET MÉNAGÈRE PARFAITE, par madame CELNART. 1 vol.   2 fr. 50

— MAMMALOGIE, *ou* Histoire naturelle des Mammifères, par M. LESSON, corresp. de l'Institut. 1 gros vol. 3 f. 50

ATLAS DE MAMMALOGIE, composé de 80 planches représentant la plupart des animaux décrits dans l'ouvrage ci-dessus; figures noires.   12 fr.

Figures coloriées.   24 fr.

— MARINE, *Gréement, manœuvre du Navire et de l'Artillerie*, par M. VERDIER, capitaine de corvette. 2 volumes ornés de figures.   5 fr.

— MATHÉMATIQUES (Applications usuelles et amusantes), par M. RICHARD. 1 gros vol. avec figures.   3 fr.

MANUEL DU MÉCANICIEN-FONTAINIER, POMPIER ET PLOMBIER, par MM. JANVIER et BISTON. 1 vol. orné de planches.   3 fr.

— MÉCANIQUE, *ou* Exposition élémentaire des lois de 'Équilibre et du Mouvement des Corps solides, par M. TERQUEM, officier de l'Université, professeur aux Ecoles royales d'Artillerie. 1 gros vol. orné de planches. 3 fr. 50

— MÉCANIQUE APPLIQUÉE A L'INDUSTRIE. Première partie. STATIQUE et HYDROSTATIQUE, par M. VERGNAUD, 1 vol. avec figures.   3 fr. 50

— Deuxième partie, HYDRAULIQUE, par M. JANVIER. 1 volume avec figures.   3 fr.

— MÉCANIQUE PRATIQUE, à l'usage des directeurs et contre-maîtres, par BERNOUILLI, trad. par VALÉRIUS, un vol.   2 fr.

— MÉDECINE ET CHIRURGIE DOMESTIQUES, par M. le docteur MORIN. 1 vol.   3 f. 50

— MÉNAGÈRE PARFAITE. (*V.* Maîtresse de maison.)

— MENUISIER, Ébéniste et Layetier, par M. NOSBAN, 2 vol. avec planches.   6 fr.

— MÉTAUX (Travail des), *Fer et Acier manufacturés*, par M. VERGNAUD. 2 vol.   6 fr.

— MÉTÉOROLOGIE, par M. FELLENS. 1 vol. 3 fr. 50

— MICROSCOPE (Observateur au), par F. DUJARDIN, 1 vol. avec Atlas de 30 planches.   10 fr. 50

MANUEL SUR L'EXPLOITATION DES MINES. Première partie, HOUILLE (ou charbon de terre), par J.-F. BLANC. 1 vol. in-18, figures.   3 fr 50

— *Idem*, deuxième partie, FER, PLOMB, CUIVRE, ETAIN, ARGENT, OR, ZINC, DIAMANT, etc. 1 v. in-18, avec fig.   3 fr. 50

— MILITAIRE (De l'Art), à l'usage des Militaires de toutes les armes, par M. VERGNAUD. 1 vol. orné de fig. 3 fr.

— MINÉRALOGIE, ou Tableau des Substances minérales, par M. HUOT. 2 vol. ornés de figures.   6 fr.

ATLAS DE MINÉRALOGIE, composé de 50 planches représentant la plupart des Minéraux décrits dans l'ouvrage ci-dessus ; figures noires.   6 fr.

Figures coloriées.   12 fr.

— MINIATURE, Gouache, Lavis à la Sépia et Aquarelle, par MM. CONSTANT VIGUIER et LANGLOIS DE LONGUEVILLE. 1 gros vol. orné de planches.   3 fr.

— MOLLUSQUES (Histoire naturelle des) et de leurs

coquilles, par M. SANDER-RANG, officier de marine. 1 gros vol. orné de planches. 3 fr. 50

ATLAS POUR LES MOLLUSQUES, représentant les Mollusques nus et les Coquilles. 51 planches, fig. noires. 7 fr. Fig. coloriées. 14 fr.

MANUEL DU MORALISTE, ou Pensées et Maximes instructives pour tous les âges de la vie, par M. TREMBLAY. 2 vol. 5 fr.

— MOULEUR, ou l'Art de mouler en plâtre, carton, carton-pierre, carton-cuir, cire, plomb, argile, bois, écaille, corne, etc., par M. LEBRUN. 1 vol. orné de fig. 2 fr. 50

— MOULEUR EN MÉDAILLES, etc., par M. ROBERT, 1 vol. avec figures. 1 fr. 50

— MUNICIPAUX (Officiers), ou Nouveau Guide des Maires, Adjoints et Conseillers municipaux, par M. BOYARD, président à la Cour royale d'Orléans. 1 gros vol. 3 fr.

— MUSIQUE, ou Grammaire contenant les principes de cet art, par M. LED'HUY. 1 v. avec 48 pages de musique. 1 f. 50

— MUSIQUE VOCALE ET INSTRUMENTALE, ou Encyclopédie musicale, par M. CHORON, ancien directeur de l'Opéra, fondateur du Conservatoire de Musique classique et religieuse, et M. DE LAFAGE, professeur de chant et de composition.

DIVISION DE L'OUVRAGE.

Ire PARTIE. — EXÉCUTION.

LIVRE I. Connaissances élémentaires.
　Sect. 1. Sons, Notations. } 1 volume } 5 fr. »
　— 2. Instruments, exécution. } avec Atlas.

IIe PARTIE. — COMPOSITION.

— 2. De la composition en général, et en particulier de la Mélodie.
— 3. De l'Harmonie.
— 4. Du Contre-Point.
— 5. Imitation.
— 6. Instrumentation.
— 7. Union de la Musique avec la Parole. } 5 volumes avec Atlas. } 20
— 8. Genres.
　Sect. 1. Vocale. { Eglise. Chambre ou Concert. Théâtre.
　— 2. Instrumentale { particulière. générale.

IIIᵉ PARTIE. — COMPLÉMENT OU ACCESSOIRE.

— 9. Théorie physico-mathématique.
— 10. Institutions.
— 11. Histoire de la musique.
— 12. Bibliographie.
Résumé général.

⎫ 2 volumes
⎬ avec Atlas. 10 50
⎭

SOLFÉGES, MÉTHODE.

Solfège d'Italie.	12 f. »		Méthode de Cor.		50
— de Rodolphe.	4 »		— de Basson.	»	75
Méthode de Violon.	3 »		— de Serpent.	1	50
— d'Alto.	1 »		— de Trompette et		
— de Violoncelle.	4 50		Trombone.	»	75
— de Contre-basse.	1 25		— d'Orgue.	3	50
— de Flûte.	5 »		— de Piano.	4	50
— de Hautbois.	⎫ 1 75		— de Harpe.	3	50
— de Cor anglais.	⎬		— de Guitare.	3	»
— de Clarinette.	2 »		— de Flageolet.	2	»

MANUEL DES MYTHOLOGIES grecque, romaine, égyptienne, syrienne, africaine, etc., par M. DUBOIS. (*Ouvrage autorisé par l'Université.*) 2 fr. 50

— NAGEURS, Baigneurs, Fabricants d'eaux minérales et des Pédicures, par M. JULIA DE FONTENELLE. 1 vol. 3 fr.

— NATURALISTE PRÉPARATEUR, ou l'Art d'empailler les animaux, de conserver les Végétaux et les Minéraux, de préparer les pièces d'Anatomie et d'embaumer; par M. BOITARD. 1 vol. avec figures. 3 fr.

— SUR LA NAVIGATION, contenant la manière de se servir de l'Octant et du Sextant, de rectifier ces instruments et de s'assurer de leur bonté; l'exposé des méthodes les plus usuelles d'astronomie nautique, pour déterminer l'instant de la pleine mer, etc., etc., et les tables nécessaires pour effectuer ces différents calculs, par M. GIQUEL, professeur d'hydrographie. 1 volume orné de figures. 2 fr. 50

—NAVIGATION INTÉRIEURE, à l'usage des Pilotes, Mariniers et Agents, ou Instructions relatives aux devoirs des mariniers et agents employés au service de la navigation intérieure, par M. BEAUVALET, inspecteur de la navigation de la Basse-Seine. 1 v. 2 fr. 50

— NÉGOCIANT ET MANUFACTURIER, contenant les lois et règlements, les usages dans les ventes et achats, les douanes, etc., par M. PRUCHET, 1 vol. 2 fr. 50

— OCTROIS et autres impositions indirectes, par M. BIRET. 1 vol. 3 fr. 50

— ONANISME (dangers de l'), par M. DOUSSIN-DUBREUIL. 1 vol. 1 fr. 25

MANUEL D'OPTIQUE, ou Traité complet de cette science, par BREWSTER et VERGNAUD. 2 v. avec fig 6 fr.

— ORGANISTE, ou Nouvelle Méthode pour exécuter sur l'orgue tous les offices de l'année, etc., par M. MINÉ, organiste à Saint-Roch. 1 vol. oblong.   3 fr. 50

— ORGUES (Facteur d'), contenant le travail de DOM BÉDOS, etc., etc., par M. HAMEL, juge à Beauvais, 3 vol. avec un grand atlas.   18 fr.

— ORNEMENTISTE. Voyez *Décorateur*.

— ORNITHOLOGIE, ou Description des genres et des principales espèces d'oiseaux, par M. LESSON, correspondant de l'Institut. 2 gros vol.   7 fr.

ATLAS D'ORNITHOLOGIE, composé de 129 planches représentant les oiseaux décrits dans l'ouvrage ci-dessus; figures noires.   20 fr.

Figures coloriées.   40 fr.

— ORNITHOLOGIE DOMESTIQUE, ou Guide de l'Amateur des oiseaux de volière, par M. LESSON, correspondant de l'Institut. 1 vol.   2 fr. 50

— ORTHOGRAPHISTE, ou Cours théorique et pratique d'Orthographe, par M. TREMERY. 1 vol. 2 fr. 50

— PALÉONTOLOGIE, ou des Lois de l'organisation des êtres vivants comparées à celles qu'ont suivies les Espèces fossiles et humatiles dans leur apparition successive; par M. MARCEL DE SERRES, professeur à la Faculté des Sciences de Montpellier. 2 vol., avec Atlas.   7 fr.

— PAPETIER ET RÉGLEUR (Marchand), par MM. JULIA DE FONTENELLE et POISSON. 1 gros vol. avec planches.   3 fr.

— PAPIERS (Fabricant de), Carton et Art du Formaire, par M. LENORMAND. 2 vol. et Atlas.   10 fr. 50

— PARFUMEUR, par Mme CELNART. 1 vol. 2 fr. 50

— PARIS (Voyageur dans), ou Guide dans cette capitale, par M. LEBRUN. 1 gros vol. orné de fig. 3 fr. 50

— PARIS (Voyageur aux environs de), par M. DEPATY. 1 vol. avec figures.   3 fr.

— PATISSIER ET PATISSIÈRE, ou Traité complet et simplifié de Pâtisserie de ménage, de boutique et d'hôtel, par M. LEBLANC. 1 vol.   2 fr. 50

— PÊCHEUR, ou Traité général de toutes sortes de pêches, par M. PESSON-MAISONNEUVE. 1 vol. orné de planches   3 f.

— PÊCHEUR-PRATICIEN, ou les Secrets et Mystires de la Pêche dévoilés, par M. LAMBERT, amateur; suivi de l'Art de faire des filets. 1 joli vol. orné de fig. 1 fr. 75

— PEINTRE D'HISTOIRE ET SCULPTEUR, ouvrage dans lequel on traite de la philosophie de l'Art et des moyens pratiques, par M. ARSENNE, peintre. 2 vol. 6 fr.

— PEINTURE A L'AQUARELLE (Cours de), par M. P. D., un vol. orné de planches coloriées. 1 fr. 75

— PEINTRE EN BATIMENTS, Fabricant de Couleurs, Vitrier, Doreur et Vernisseur, par M. VERGNAUD. 1 vol. de 528 pages, orné de figures. 3 fr.

— PEINTURE SUR VERRE, SUR PORCELAINE ET SUR ÉMAIL, contenant la Théorie des émaux, etc., par M. REBOULLEAU. 1 vol. in-18 avec figures. 2 fr. 50

— PERSPECTIVE, Dessinateur et Peintre, par M. VERGNAUD, chef d'escadron d'artillerie. 1 vol. orné d'un grand nombre de planches. 3 fr.

— PHARMACIE POPULAIRE, simplifiée et mise à la portée de toutes les classes de la société, par M. JULIA DE FONTENELLE. 2 vol. 6 fr.

— PHILOSOPHIE EXPÉRIMENTALE, à l'usage des collèges et des gens du monde, par M. AMICE, régent dans l'Académie de Paris. 1 gros vol. 3 fr. 50

— PHYSIOLOGIE VÉGÉTALE, Physique, Chimie et Minéralogie appliquées à la culture, par M. BOITARD. 1 vol. orné de planches. 3 fr.

MANUEL DU PHYSIONOMISTE ET PHRÉNOLOGISTE, ou les Caractères dévoilés par les signes extérieurs, d'après Lavater, par MM. H. CHAUSSIER fils et le docteur MORIN. 1 vol. avec figures. 3 fr.

— PHYSIONOMISTE DES DAMES, d'après Lavater, par un Amateur, 1 vol. avec figures 3 fr.

— PHYSIQUE, ou Eléments abrégés de cette Science mise à la portée des gens du monde et des étudiants, par M. BAILLY, 1 vol. avec figures. 2 fr. 50

— PHYSIQUE AMUSANTE, ou Nouvelles Récréations physiques, par M. JULIA DE FONTENELLE. 1 vol. orné de planches. 3 fr. 50

— PLAIN-CHANT ECCLÉSIASTIQUE, romain et français, par M. MINÉ, organiste à St-Roch. 1 vol. 2 fr. 50

— POÊLIER-FUMISTE, indiquant les moyens d'empêcher les cheminées de fumer, de chauffer économiquement et d'aérer les habitations, les ateliers, etc., par MM. ARDENNI et JULIA DE FONTENELLE. 1 vol. 3 fr. 50

MANUEL DES POIDS ET MESURES, Monnaies, Calcul décimal et Vérification, par M. TARBÉ, conseiller à la Cour de Cassation; *approuvé par le Ministre du Commerce, l'Université, la Société d'Encouragement, etc.* 1 vol. 3 fr.

— POIDS ET MESURES (Fabrication des), contenant en général tout ce qui concerne les Arts du Balancier et du Potier d'étain, et seulement ce qui est relatif à la Fabrication des Poids et Mesures dans les Arts du Fondeur, du Ferblantier, du Boisselier, par M. RAVON, vérificateur au bureau central des Poids et Mesures. 1 vol. orné de fig. 3 fr.

PETIT MANUEL à l'usage des Ouvriers et des Écoles, *avec Tables de conversions*, par M. TARBÉ. 25 c.

PETIT MANUEL classique pour l'enseignement élémentaire, *sans Tables de conversions*, par M. TARBÉ. (*Autorisé par l'Université.*) 25 c.

PETIT MANUEL à l'usage des Agents Forestiers, des Propriétaires et Marchands de bois, par M. TARBÉ. 75 c.

POIDS ET MESURES à l'usage des Médecins, etc., par M. TARBÉ. 25 c.

TABLEAU SYNOPTIQUE DES POIDS ET MESURES, par M. TARBÉ. 75 c.

TABLEAU FIGURATIF des Poids et Mesures, par M. TARBÉ. 75 c.

— POIDS ET MESURES, *Manuel Compte-faits,* ou Barême général des Poids et Mesures, par M. ACHILLE NOUHEN. *Ouvrage divisé en cinq parties qui se vendent toutes séparément.*

1re partie : Mesures de LONGUEUR.		60 c.
2e partie, — de SURFACE.		60 c.
3e partie, — de SOLIDITÉ.		60 c.
4e partie, POIDS.		60 c.
5e partie : Mesures de CAPACITÉ.		60 c.

— POLICE DE LA FRANCE, par M. TRUY, commissaire de police à Paris. 1 vol. 2 fr. 50

— PONTS ET CHAUSSÉES : *première partie*, ROUTES et CHEMINS, par M. DE GAYFFIER, ingénieur des Ponts et Chaussées. 1 vol. avec fig. 3 fr. 50

— *Seconde partie*, contenant les PONTS, AQUEDUCS, etc. 1 volume avec figures. 3 fr. 50

— PORCELAINIER, Faïencier, Potier de terre, Briquetier et Tuilier, contenant des notions pratiques sur la fabrication des Porcelaines, des Faïences, des Pipes, Poêles, des

Briques, Tuiles et Carreaux, par M. BOYER. Nouv. édit. très-augmentée, par M. B..... 2 vol. ornés de pl.   6 fr.

MANUEL DU PRATICIEN, ou Traité de la Science du Droit, mise à la portée de tout le monde, par MM. D..... et RONDONNEAU. 1 gros vol.   3 fr. 50

— PRATIQUE SIMPLIFIÉE DU JARDINAGE (Voyez Jardinage.

— PROPRIÉTAIRE ET LOCATAIRE, ou Sous-Locataire, tant des biens de ville que des biens ruraux, par M. SERGENT. 1 vol.   2 fr. 50

— RELIEUR dans toutes ses parties, contenant les Arts d'assembler, de satiner, de brocher et de dorer, par M. Seb. LENORMAND et M. R. 1 gros vol. orné de pl.   3 fr.

— ROSES (l'Amateur de), leur Monographie, leur Histoire et leur Culture, par M. BOITARD. 1 vol. fig. noires, 3 fr. 50 c., — et fig. coloriées.   7 fr.

— SAPEUR-POMPIER, ou Théorie sur l'extinction des Incendies, par M. PAULIN, commandant les Sapeurs-Pompiers de Paris. 1 vol.   1 fr. 50

ATLAS composé de 50 planches, faisant connaître les machines que l'on emploie dans ce service, la disposition pour attaquer les feux, les positions des Sapeurs dans toutes les manœuvres, etc.   6 fr.

— SAVONNIER, ou l'Art de faire toutes sortes de Savons, par M. THILLAYE, professeur de Chimie industrielle. 1 vol. orné de fig.   3 fr.

— SERRURIER, ou Traité complet et simplifié de cet Art, par MM. B. et G., serruriers, et TOUSSAINT, architecte. 1 volume orné de planches.   3 fr.

— SOIERIE, contenant l'Art d'élever les Vers à soie et de cultiver le Mûrier; l'Histoire, la Géographie et la Fabrication des Soieries, à Lyon, ainsi que dans les autres localités nationales et étrangères, par M. DEVILLIERS. 2 volumes et Atlas.   10 fr. 50

— SOMMELIER, ou la Manière de soigner les Vins, par M. JULIEN. 1 vol. avec figures.   3 fr.

— SORCIERS, ou la Magie blanche dévoilée par les découvertes de la Chimie, de la Physique et de la Mécanique, par MM. COMTE et JULIA DE FONTENELLE. 1 gros vol. orné de planches.   3 fr.

— SOUFFLEUR A LA LAMPE ET AU CHALU-

MEAU (Art du), par M. Pédroni, professeur de chimie, un vol. orné de figures. 2 fr. 50

— SUCRE ET RAFFINEUR (Fabricant de), par MM. Blachette, Zoéga et Julia de Fontenelle. 1 vol. orné de figures. 3 fr. 50

— STENOGRAPHIE, ou l'Art de suivre la parole en écrivant, par M. H. Prévost. 1 volume. 1 fr. 75

— TABAC (Fabricant et Amateur de), contenant son Histoire, sa Culture et sa Fabrication, par P. Ch. Joubert. 1 vol. 2 fr. 50

— TAILLE-DOUCE (Imprimeur en), par MM. Berthiaud et Boitard. 1 vol. avec figures. 3 fr.

— TAILLEUR D'HABITS, contenant la manière de tracer, couper et confectionner les Vêtements, par M. Vandael, tailleur. 1 vol. orné de pl. 2 fr. 50

— TANNEUR, Corroyeur, Hongroyeur et Boyaudier, par M. Julia de Fontenelle. 1 vol. avec fig. 3 fr. 50

— TAPISSIER, Décorateur et marchand de Meubles, par M. Garnier Audiger, ancien vérificateur du Garde-Meuble de la Couronne. 1 vol. orné de fig. 2 fr. 50

— TEINTURIER, contenant l'Art de Teindre en Laine, Soie, Coton, Fil, etc., par M. Vergnaud. 1 gros vol. avec figures. 3 fr.

— TENEUR DE LIVRES, renfermant un Cours de tenue de Livres à partie simple et à partie double, par M. Tremery. (*Autorisé par l'Université.*) 1 vol. 3 fr.

MANUEL DU TERRASSIER, par MM. Etienne et Masson, un vol. orné de 20 planches. 3 fr. 50

— TISSERAND, ou description des procédés et machines employés pour les divers tissages, par MM. Lorentz et Jullien. 1 vol. orné de fig. 3 fr. 50

—TOISEUR EN BATIMENT; *première partie :* Terrasse et Maçonnerie, par M. Lebossu, architecte-expert. 1 vol. avec figures. 2 fr. 50

— *Deuxième partie :* Menuiserie, Peinture, Tenture, Vitrerie, Dorure, Charpente, Serrurerie, Couverture, Plomberie, Marbrerie, Carrelage, Pavage, Poêlerie, Fumisterie, etc., par M. Lebossu. 1 vol. 2 fr. 50

— TONNELIER ET BOISSELIER, suivi de l'Art de faire les Cribles, Tamis, Soufflets, Formes et Sabots, par M. Désormeaux. 1 vol. avec figures. 3 fr.

— TOURNEUR, ou Traité complet et simplifié de cet

Art, d'après les renseignements de plusieurs Tourneurs de la capitale, par M. DE VALICOURT. 2 vol. avec pl. 6 fr.

— SUPPLÉMENT à cet ouvrage (tome 3e), un joli volume avec Atlas. 3 fr. 50

MANUEL DU TREILLAGEUR ET MENUISIER DES JARDINS, par M. DESORMEAUX. 1 vol. avec planches. 3 fr.

— TYPOGRAPHIE, FONDERIE. (*Sous presse.*)

— TYPOGRAPHIE, IMPRIMERIE, par M. FREY, ancien prote. 2 vol. avec planches. 5 fr.

— VERRIER ET FABRICANT DE GLACES, Cristaux, Pierres précieuses factices, Verres coloriés, Yeux artificiels, par M. JULIA DE FONTENELLE. 1 gros vol. orné de planches. 3 fr.

— VÉTÉRINAIRE, contenant la connaissance des chevaux, la manière de les élever, les dresser et les conduire; la Description de leurs maladies, les meilleurs modes de traitement, etc., par M. LEBEAU et un ancien professeur d'Alfort. 1 vol. avec planches. 3 fr.

— VIGNERON FRANÇAIS, ou l'Art de cultiver la Vigne, de faire les Vins, les Eaux-de-Vie et Vinaigres, par M. THIÉBAUT DE BERNEAUD. 1 vol. avec Atlas. 3 fr. 50

— VINAIGRIER ET MOUTARDIER, par M. JULIA DE FONTENELLE. 1 vol. avec planches. 3 fr.

— VINS (Marchand de), débitants de Boissons et Jaugeage, par M. LAUDIER. 1 vol avec planches. 3 fr.

— ZOOPHILE, ou l'Art d'élever et de soigner les animaux domestiques (*voyez* Bouvier). 1 vol. 2 fr. 50

BELLE ÉDITION, FORMAT IN-OCTAVO.

SUITES A BUFFON

FORMANT,

AVEC LES OEUVRES DE CET AUTEUR,

UN COURS COMPLET

D'HISTOIRE NATURELLE

embrassant

LES TROIS RÈGNES DE LA NATURE.

Les possesseurs des OEuvres de BUFFON pourront, avec ces suites, compléter toutes les parties qui leur manquent, chaque ouvrage se vendant séparément, et formant, tous réunis, avec les travaux de cet homme illustre, un ouvrage général sur l'histoire naturelle.

Cette publication scientifique, du plus haut intérêt, préparée en silence depuis plusieurs années, et confiée à ce que l'Institut et le haut enseignement possèdent de plus célèbres naturalistes et de plus habiles écrivains, est appelée à faire époque dans les annales du monde savant.

Les noms des Auteurs indiqués ci-après, sont, pour le public, une garantie certaine de la conscience et du talent apportés à la rédaction des différents traités.

ZOOLOGIE GÉNÉRALE (Supplément à Buffon), ou Mémoires et notices sur la zoologie, l'anthropologie et l'histoire de la science, par M. ISIDORE GEOFFROY-SAINT-HILAIRE. 1 volume avec Atlas. Prix : fig. noires. 9 fr. 50
Figures coloriées. 12 fr.
CÉTACÉS (BALEINES, DAU-PHINS, etc.), ou Recueil et examen des faits dont se compose l'histoire de ces animaux, par M. F. CUVIER, membre de l'Institut, professeur au Muséum d'Histoire naturelle, etc. 1 vol. in-8 avec 22 planches (*Ouvrage terminé*), figures noires. 12 fr. 50
Fig. coloriées. 18 fr. 50

3

REPTILES (Serpents, Lézards, Grenouilles, Tortues, etc.), par M. DUMÉRIL, membre de l'Institut, professeur à la faculté de Médecine et au Muséum d'Histoire naturelle, et M. BIBRON, professeur d'Histoire naturelle, 9 vol. et 9 livraisons de planches, fig. noires. 85 fr. 50
Fig. coloriées. 112 fr. 50
— *Les tomes 1 à 6 et 8 sont en vente; les tomes 7 et 9 paraîtront incessamment.*

POISSONS, par M.

ENTOMOLOGIE (Introduction à l'), comprenant les principes généraux de l'Anatomie et de la Physiologie des Insectes, des détails sur leurs mœurs, et un résumé des principaux systèmes de classification, etc., par M. LACORDAIRE, doyen de la faculté des sciences à Liège (*Ouvrage terminé, adopté et recommandé par l'Université pour être placé dans les bibliothèques des Facultés et des Collèges, et donné en prix aux élèves*). 2 vol. in-8 et 24 planches, fig. noires. 19 fr.
Fig. coloriées. 2 fr.

INSECTES COLÉOPTÈRES (Cantharides, Charançons, Hannetons, Scarabées, etc.), par M. LACORDAIRE, doyen à l'Université de Liège.

ORTHOPTÈRES (Grillons, Criquets, Sauterelles), par M. SERVILLE, ex-président de la Société entomologique de France. 1 vol. et 14 pl. (*Ouvrage terminé*). fig. noires. 9 fr. 50 c., et fig. coloriées. 12 fr. 50 c.

— **HÉMIPTÈRES** (Cigales, Punaises, Cochenilles, etc.), par MM. AMYOT et SERVILLE. 1 vol. et une livraison de pl. (*Ouv. terminé.*)
Fig. noires. 9 fr. 50 c.
Et fig. coloriées. 12 fr. 50 c.

— **LÉPIDOPTÈRES** (Papillons), par MM. BOISDUVAL et GUÉNÉE : tome 1er, avec 2 livraisons de pl.
Fig. noires. 12 fr. 50
Fig. coloriées. 18 fr. 50

— **NÉVROPTÈRES** (Demoiselles, Éphémères, etc.), par M. le docteur RAMBUR, 1 vol. avec une livraison de planches. (*Ouvrage terminé*). fig. noires 9 fr. 50 c., et fig. coloriées 12 fr. 50 c.

— **HYMÉNOPTÈRES** (Abeilles, Guêpes, Fourmis, etc.), par M. le comte LEPELETIER DE SAINT-FARGEAU et M. BRULLÉ; 4 vol. avec 4 livraisons de planches. (*Ouv. terminé.*)
Fig. noires. 38 fr.
Fig. coloriées. 50 fr.

— **DIPTÈRES** (Mouches, Cousins, etc.), par M. MACQUART, directeur du Muséum d'Histoire naturelle

de Lille; 2 vol. in-8 et 24 planches. (*Ouv. terminé.*)
Fig. noires. 19 fr.
Fig. coloriées. 25 fr.
— APTÈRES (Araignées, Scorpions, etc.), par M. WALCKENAER et le docteur GERVAIS ; 4 vol. avec 5 cahiers de pl. (*Ouv. term.*) Fig. noires. 41 fr.
Fig. coloriées. 56 fr.
CRUSTACÉS (Écrevisses, Homards, Crabes, etc.), comprenant l'Anatomie, la Physiologie et la Classification de ces animaux, par M. MILNE-EDWARDS, membre de l'Institut, etc. (*Ouvrage terminé*), 3 vol. avec 4 livraisons de pl. fig. noires. 31 fr. 50
Fig. coloriées. 43 fr. 50
MOLLUSQUES (Moules, Huîtres, Escargots, Limaces, Coquilles, etc.), par M. DE BLAINVILLE, membre de l'Institut, professeur au Muséum d'Histoire naturelle, etc.
HELMINTHES, ou Vers intestinaux, par M. DUJARDIN, de la Faculté des Sciences de Rennes. 1 vol. avec une livraison de pl. (*Ouvrage terminé*). Prix : fig. noires, 9 fr. 50, et fig. coloriées, 12 fr. 50.
ANNÉLIDES (Sangsues, etc.), par M.
ZOOPHYTES ACALÈPHES (Physale, Béroé, Angèle, etc.) par M. LES-son, correspondant de l'Institut, pharmacien en chef de la Marine, à Rochefort, 1 vol. avec 1 livraison de pl. (*Ouvrage terminé.*) fig. noires. 9 fr. 50
Fig. coloriées. 12 fr. 50
— ÉCHINODERMES (Oursins, Palmettes, etc.), par M.
— POLYPIERS (Coraux, Gorgones, Éponges, etc.), par M. MILNE-EDWARDS, membre de l'Institut, prof. d'Histoire naturelle, etc.
— INFUSOIRES (Animalcules microscopiques), par M. DUJARDIN, doyen de la Faculté des Sciences, à Rennes ; 1 vol. avec deux livraisons de pl. (*Ouvrage terminé.*) fig. noires. 12 fr. 50 c., et fig. coloriées, 18 fr. 50 c.
BOTANIQUE (Introduction à l'étude de la), ou Traité élémentaire de cette science, contenant l'Organographie, la Physiologie, etc., par ALPH. DE CANDOLLE, professeur d'Histoire naturelle à Genève (*Ouvrage terminé, autorisé par l'Université pour les collèges royaux et communaux*). 2 vol. et 8 pl. 16 fr.
VÉGÉTAUX PHANÉROGAMES (Organes sexuels apparents, Arbres, Arbrisseaux, Plantes d'agrément, etc.), par M. SPACH, aide-naturaliste au Muséum

d'Histoire naturelle, 14 v. et 15 livr. de pl., (*ouvrage termine*) fig. noires 156 fr. Fig. coloriées. 181 fr.

— CRYPTOGAMES, à Organes sexuels peu apparents ou cachés, Mousses, Fougères, Lichens, Champignons, Truffes, etc., par M. BRÉBISSON, de Falaise.

GÉOLOGIE (Histoire, Formation et Disposition des Matériaux qui composent l'écorce du Globe terrestre), par M. HUOT, membre de plusieurs Sociétés savantes. 2 vol. ensemble de plus de 1500 pages, avec un atlas de 24 pl. (*Ouv. terminé.*) 19 fr.

MINÉRALOGIE (Pierres, Sels, Métaux, etc.) par M. ALEX. BRONGNIART, membre de l'Institut, professeur au Muséum d'Histoire naturelle, etc., et M. DELAFOSSE, maître des conférences à l'École Normale, aide-naturaliste, etc., au Muséum d'Histoire naturelle.

CONDITIONS DE LA SOUSCRIPTION.

Les SUITES à BUFFON formeront soixante-cinq volumes in-8 environ, imprimés avec le plus grand soin et sur beau papier ; ce nombre paraît suffisant pour donner à cet ensemble toute l'étendue convenable. Ainsi qu'il a été dit précédemment, chaque auteur s'occupant depuis longtemps de la partie qui lui est confiée, l'Éditeur sera à même de publier en peu de temps la totalité des traités dont se composera cette utile collection.

En novembre 1849, 49 volumes sont en vente, avec 55 livraisons de planches.

Les personnes qui voudront souscrire pour toute la Collection auront la liberté de prendre par portion jusqu'à ce qu'elles soient au courant de tout ce qui a paru.

POUR LES SOUSCRIPTEURS A TOUTE LA COLLECTION :

Prix du texte, chaque volume (1) d'environ 500 à 700 pages. 5 fr. 50

Prix de chaque livraison d'environ 10 pl. noires. 3 fr.
— coloriées. 6 fr.

Nota. les personnes qui souscriront pour des parties séparées, paieront chaque volume 6 fr. 50. Le prix des volumes papier vélin sera double du papier ordinaire.

(1) L'Éditeur ayant à payer pour cette collection des honoraires aux auteurs, le prix des volumes ne peut être comparé à celui des réimpressions d'ouvrages appartenant au domaine public et exempts de droits d'auteurs, tels que Buffon, Voltaire, etc.

ANCIENNE COLLECTION

DES

SUITES A BUFFON,

FORMAT IN-18;

Formant avec les OEuvres de cet Auteur

UN COURS COMPLET D'HISTOIRE NATURELLE,

CONTENANT

LES TROIS RÈGNES DE LA NATURE;

Par Messieurs

BOSC, BRONGNIART, BLOCH, CASTEL, GUÉRIN, DE LAMARCK, LATREILLE, DE MIRBEL, PATRIN, SONNINI et DE TIGNY ;

La plupart Membres de l'Institut et professeurs au Jardin-du-Roi.

Cette Collection, primitivement publiée par les soins de M. Déterville, et qui est devenue la propriété de M. Rotel, ne peut être donnée par d'autres éditeurs, n'étant pas, comme les OEuvres de Buffon, dans le domaine-public.

Les personnes qui auraient les suites de Lacépède, contenant seulement les Poissons et les Reptiles, auront la liberté de ne pas les prendre dans cette collection.

Cette Collection forme 54 volumes, ornés d'environ 600 planches, dessinées d'après nature par Desève, et précieusement terminées au burin. Elle se compose des ouvrages suivants:

HISTOIRE NATURELLE DES INSECTES, composée d'après Réaumur, Geoffroy, Degeer, Roesel, Linné, Fabricius, et les meilleurs ouvrages qui ont paru sur cette partie, rédigée suivant les méthodes d'Olivier, de Latreille, avec des notes, plusieurs observations nouvelles et des figures dessinées d'après nature : par F.-M.-G. DE TIGNY et BRONGNIART, pour les généralités. Edition ornée de beaucoup de figures, augmentée et mise au niveau des connaissances actuelles, par M. GUÉRIN. 10 vol. ornés de planches, figures noires. 23 fr. 40

Le même ouvrage, figures coloriées. 39 fr.

— NATURELLE DES VÉGÉTAUX classés par familles, avec la citation de la classe et de l'ordre de Linné, et l'indication de l'usage qu'on peut faire des plantes dans

les arts, le commerce, l'agriculture, le jardinage, la médecine, etc.; des figures dessinées d'après nature, et un GENERA
complet, selon le système de Linné, avec des renvois aux
familles naturelles de Jussieu; par J.-B. LAMARCK, membre de l'Institut, professeur au Muséum d'Histoire naturelle, et par C.-F.-B. MIRBEL, membre de l'Académie des
Sciences, professeur de botanique. Edition ornée de 120 planches représentant plus de 1600 sujets. 15 volumes ornés de
planches, figures noires. . . . . 30 fr. 90
    Le même ouvrage, figures coloriées.   46 fr. 50
HISTOIRE NATURELLE DES COQUILLES, conte-
nant leur description, leurs mœurs et leurs usages, par
M. Bosc, membre de l'Institut. 5 vol. ornés de planches,
figures noires. . . . . 10 fr 65
    Le même ouvrage, figures coloriées.   16 fr. 50
  — NATURELLE DES VERS, contenant leur description, leurs mœurs et leurs usages, par M. Bosc. 3 vol. ornés
de planches, figures noires. . . . . 6 fr. 50
    Le même ouvrage, figures coloriées.   10 fr. 50
  — NATURELLE DES CRUSTACÉS, contenant eur
description, leurs mœurs et leurs usages, par M. Bosc.
2 vol. ornés de planches, figures noires. . . . 4 fr. 75
    Le même ouvrage, figures coloriées.   8 fr.
  — NATURELLE DES MINÉRAUX, par M. E.-M.
PATRIN, membre de l'Institut. Ouvrage orné de 40 planches, représentant un grand nombre de sujets dessinés d'a-
près nature. 5 volumes ornés de planches, figures noires.
. . . . 10 fr. 30
    Le même ouvrage, figures coloriées.   16 fr. 50
  — NATURELLE DES POISSONS, avec des figures
dessinées d'après nature, par BLOCH. Ouvrage classé par
ordres, genres et espèces, d'après le système de Linné, avec
les caractères génériques, par RENÉ RICHARD CASTEL.
Edition ornée de 160 planches représentant 600 espèces de
poissons, 10 volumes. . . . . 26 fr. 20
    Avec figures coloriées.   47 fr.
  — NATURELLE DES REPTILES, avec des figures
dessinées d'après nature, par SONNINI, homme de lettres et
naturaliste, et LATREILLE, membre de l'Institut. Edition
ornée de 54 planches, représentant environ 150 espèces différentes de serpents, vipères, couleuvres, lézards, grenouilles,
tortues, etc. 4 vol. avec planches, figures noires. 9 fr. 85
    Le même ouvrage, figures coloriées.   17 fr.

Cette collection de 54 volumes a été annoncée en 108 demi-volumes; on les enverra brochés de cette manière aux per-sonnes qui en feront la demande.
Tous les ouvrages ci-dessus sont en vente.

BOTANIQUE ET HISTOIRE NATURELLE.

(Voir aussi la Collection de Manuels, page 3.)

ANNALES (NOUVELLES) DU MUSÉUM D'HIS-TOIRE NATURELLE, recueil de mémoires de MM. les professeurs administrateurs de cet établissement, et autres naturalistes célèbres, sur les branches des sciences naturelles et chimiques qui y sont enseignées. Années 1832 à 1835, 4 vol. in-4. Prix : 30 fr. chaque volume.

ARCHIVES DE LA FLORE DE FRANCE et D'AL-LEMAGNE, par Schultz. 1842. In-8.

Il paraîtra plusieurs feuilles par an. Prix : 50 c. par feuille.

ARCHIVES DU MUSÉUM D'HISTOIRE NATU-RELLE, publiées par les professeurs administrateurs de cet établissement.

Cet ouvrage fait suite aux *Annales*, aux *Mémoires* et aux *Nouvelles Annales du Muséum*.

Il paraît par volumes in-4, sur papier grand-raisin, d'en-viron 60 feuilles d'impression, et orné de 30 à 40 planches gravées par les meilleurs artistes, et dont 15 à 20 sont colo-riées avec le plus grand soin.

Il en paraît un volume par an, divisé en quatre livrai-sons.

Prix de chaque volume	Papier ordinaire.	40 fr.
	Papier vélin.	80

Les tomes 1 à 4 sont en vente.

BOTANIQUE (la), de J.-J. Rousseau, contenant tout ce qu'il a écrit sur cette science, augmentée de l'exposition de la méthode de Tournefort et de Linné, suivie d'un Diction-naire de botanique et de notes historiques; par M. De-ville. 2e édition, 1 gros volume in-12, orné de 8 plan-ches. 4 fr.

Figures coloriées 5 fr.

BOTANOGRAPHIE BELGIQUE, ou Flore du nord de la France et de la Belgique proprement dite, par Th. Les-tiboudois. 2 vol. in-8. 14 fr.

BOTANOGRAPHIE ÉLÉMENTAIRE, ou Principes

de Botanique, d'Anatomie et de Physiologie végétale, par Th. LESTIBOUDOIS. in-8. 7 fr.

CALENDRIER DE FLORE, ou Etudes de Fleurs d'après nature. 3 vol. in-8. 10 fr.

CATALOGUE DE LA FAUNE DE L'AUBE, ou Liste méthodique des animaux de cette partie de la Champagne, par J. RAY. In-12. 2 fr. 50

— DES COLÉOPTÈRES de la Collection de M. le comte DEJEAN. 3e édition, in-8. 15 fr.

— DES LÉPIDOPTÈRES, ou Papillons de la Belgique, précédé du tableau des Libellulines de ce pays, par M. DE SÉLIS-LONGCHAMPS. In-8. 2 fr.

CAVERNES (des), de leur origine et de leur mode de formation, par Th. VIRLET. In-8. 1 fr.

COLLECTION ICONOGRAPHIQUE ET HISTORIQUE DES CHENILLES, ou Description et figures des chenilles d'Europe, avec l'histoire de leurs métamorphoses, et des applications à l'agriculture, par MM. BOISDUVAL, RAMBUR et GRASLIN.

Cette collection se composera d'environ 70 livraisons, format grand in-8, et chaque livraison comprendra *trois planches coloriées* et le texte correspondant.

Le prix de chaque livraison est de 3 fr. sur papier vélin, et franche de port 3 fr. 25 c. — *42 livraisons ont déjà paru.*

Les dessins des espèces qui habitent les environs de Paris, comme aussi ceux des chenilles que l'on a envoyées vivantes à l'auteur, ont été exécutés avec autant de précision que de talent. L'on continuera à dessiner toutes celles que l'on pourra se procurer en nature. Quant aux espèces propres à l'Allemagne, la Russie, la Hongrie, etc., elles seront peintes par les artistes les plus distingués de ces pays.

Le texte est imprimé sans pagination; chaque espèce aura une page séparée, que l'on pourra classer comme on voudra. Au commencement de chaque page se trouvera le même numéro qu'à la figure qui s'y rapportera, et en titre le nom de la tribu, comme en tête de la planche.

Cet ouvrage, avec l'Icones des Lépidoptères de M. Boisduval, de beaucoup supérieurs à tout ce qui a paru jusqu'à présent, formeront un supplément et une suite indispensable aux ouvrages de Hubner, de Godart, etc. Tout ce que nous pouvons dire en faveur de ces deux ouvrages remarquables peut se réduire à cette expression employée par M. Dejean dans le cinquième volume de son Species : *M. Boisduval est de tous nos entomologistes celui qui connaît le mieux les lépidoptères.*

CONFÉRENCES SUR LES APPLICATIONS DE L'ENTOMOLOGIE A L'AGRICULTURE, précédées d'un discours, par M. MACQUART. (Extrait des publications agricoles de la Société des sciences, de l'agriculture et des arts de Lille), br. in-8o. 75 c.

CONNAISSANCES (Des) CONSIGNÉES DANS LA BIBLE, mises en parallèle avec les découvertes des sciences modernes, par M. MARCEL DE SERRES. In-8. 1 fr. 50

COUPE THÉORIQUE DES DIVERS TERRAINS, ROCHES ET MINÉRAUX qui entrent dans la composition du sol du Bassin de Paris, par MM. CUVIER et ALEXANDRE BRONGNIART. Une feuille in-fol. 2 fr. 50

COURS D'ENTOMOLOGIE, ou de l'Histoire naturelle des crustacés, des arachnides, des myriapodes et des insectes, à l'usage des élèves de l'Ecole du Muséum d'Histoire naturelle, par M. LATREILLE, professeur, membre de l'Institut, etc., contenant le discours d'ouverture du cours. — Tableau de l'histoire de l'entomologie. — Généralités de la classe des crustacés et de celle des arachnides, des myriapodes et des insectes. — Exposition méthodique des ordres, des familles, et des genres des trois premières classes. 1 gros vol. in-8, et un Atlas composé de 24 planches. 15 fr.

COURS D'HISTOIRE NATURELLE conforme au nouveau programme de l'Université, par M. FOURNEL. 1re partie. — *Règne animal*. In-8. 6 fr.

DESCRIPTION DES FOSSILES DES TERRAINS MIOCÈNES DE L'ITALIE SEPTENTRIONALE, par MICHELOTTI. 1 v. in-4 cart. et 17 pl. noires. Leyde, 1847. 40 f.

DESCRIPTION ET FIGURES DES PLANTES NOUVELLES *et rares du jardin botanique de Leyde*, etc., par H. de VRIESE. 1 vol en 5 liv. in-folio de 5 pl. et 3 à 5 feuilles de texte. La 1re liv. a paru. Prix 15 fr.

DESCRIPTION GÉOLOGIQUE DE LA PARTIE MÉRIDIONALE DE LA CHAINE DES VOSGES, par M. ROZET, capitaine au corps royal d'état-major. In-8 orné de planches et d'une jolie carte. 10 fr.

* — GÉOLOGIQUE DES ENVIRONS DE PARIS, par MM. G. CUVIER et A. BRONGNIART. In-4, figures. 40 fr.

DESCRIPTION DES MOLLUSQUES FLUVIATILES ET TERRESTRES DE LA FRANCE, et plus particulièrement du département de l'Isère, ouvrage orné de planches représentant plus de 140 espèces, par M. ALBIN GRAS. In-8. 5 fr.

DICTIONNAIRE DE BOTANIQUE MÉDICALE ET PHARMACEUTIQUE, contenant les principales propriétés des minéraux, des végétaux et des animaux, avec les préparations de pharmacie, internes et externes, les plus usitées en médecine et en chirurgie, etc., par une Société de médecins, de pharmaciens et de naturalistes. Ouvrage utile à toutes les classes de la société, orné de 17 grandes planches représentant 278 figures de plantes gravées avec le plus grand soin, 3e *édition*, revue, corrigée et augmentée de beaucoup de préparations pharmaceutiques et de recettes nouvelles, par M. JULIA DE FONTENELLE et BARTHEZ. 2 gros vol. in-8, figures noires. 18 fr.

Le même, figures coloriées d'après nature. 25 fr.
Cet ouvrage est spécialement destiné aux personnes qui, sans s'occuper de la médecine, aiment à secourir les malheureux.

*DICTIONNAIRE (nouveau) D'HISTOIRE NATU-RELLE appliquée aux arts, à l'agriculture, à l'économie rurale et domestique, à la médecine, etc., par une Société de naturalistes et d'agriculteurs. 36 vol. in-8, fig. noires. 120fr.

Idem, figures coloriées. 250 fr.

* DICTIONNAIRE RAISONNÉ ET UNIVERSEL D'HISTOIRE NATURELLE, contenant l'histoire des animaux, des végétaux et des minéraux, par VALMONT BO-MARE. 15 volumes in-8. 35 fr.

DILUVIUM (du). Recherches sur les dépôts auxquels on doit donner ce nom et sur les causes qui les ont produits, par M. MELLEVILLE; in-8. 2 fr. 50.

DIPTÈRES DU NORD DE LA FRANCE. Par M. J. MACQUART. 2 volumes in-8. 30 fr.

DIPTÈRES EXOTIQUES NOUVEAUX OU PEU CONNUS, par M. J. MACQUART, membre de plusieurs sociétés savantes; t. 1 et 2, et supplém., 6 livraisons in-8; prix, figures noires. 42 fr.

Le même ouvrage, fig. coloriées. 72 fr.
— Le Supplément 1846-1847-1848. 1 vol, in-8. 7 fr.
— *Idem*, figures coloriées. 12 fr.

DISCOURS SUR L'AVENIR PHYSIQUE DE LA TERRE, par MARCEL DE SERRES, professeur de minéralogie et de géologie à la Faculté des Sciences de Montpellier, in-8; prix 2 fr. 50.

ÉLÉMENTS DE MINÉRALOGIE appliquée aux sciences chimiques, d'après Berzélius, par MM. GIRARDIN et LECOCQ, 2 volumes in-8. 14 fr.

NOTA. Tous les articles portant cette marque * varient de prix selon la beauté de l'exemplaire, la reliure, etc.

ÉLÉMENTS DES SCIENCES NATURELLES, par A.-M. Constant-Duméril. 5e édition, 1846, 2 vol. in 12, fig. 8 fr.

ÉNUMÉRATION DES ENTOMOLOGISTES VIVANTS, suivie de notes sur les colleciins entomologistes des musées d'Europe, etc., avec une table des résidences des entomologistes. Par Silbermann, in-8. 3 fr.

ESQUISSES ORNITHOLOGIQUES, descriptions et figures d'oiseaux nouveaux ou peu connus, par le vicomte Bernard Du Bus. 1re livraison. Bruxelles, 1845, in-4.
Il paraîtra 20 livraisons, de 5 pl. col. à 12 fr. la liv.

ESSAI MONOGRAPHIQUE sur les Campagnols des environs de Liège, par M. de Sélis-Longchamps, in-8, figures. 3 fr.

ESSAI SUR L'HISTOIRE NATURELLE DES SERPENTS de la Suisse, par J. F. Wyder. in-8, fig. 2 fr. 50

ESSAI SUR LES BASES ONTOLOGIQUES de la Science de l'Homme, par P.-E. Garreau 1846, in-8. 5 fr.

ESSAIS DE ZOOLOGIE GÉNÉRALE, ou Mémoires et notices sur la Zoologie générale, l'anthropologie et l'histoire de la science, par M. Isidore Geoffroy Saint-Hilaire. 1 volume in-8, orné de planches noires. 8 fr. 50.
Figures coloriées. 12 fr.

ÉTAT (De l') DES MASSES MINÉRALES au moment de leur soulèvement, par M. Marcel De Serres. In-8, fig. 2 fr. 50

ÉTUDES DE MICROMAMMALOGIE, revue des sorex, mus et arvicola d'Europe, suivies d'un index méthodique des mammifères européens, par M. Edm. de Selys Longchamps. 1 volume in-8. 5 fr.

ÉTUDES PROGRESSIVES D'UN NATURALISTE, pendant les années 1834 et 1835, par M. E. Geoffroy Saint-Hilaire. Paris, 1835, in-4. 15 fr.

ÉTUDES SUR L'ANATOMIE et la Physiologie des Végétaux, par Them. Lestiboudois. in-8, fig. 6 fr.

EUROPEORUM MICROLEPIDOPTERORUM Index methodicus, sive Spirales, Tortrices, Tineæ et Alucitæ Linnæi. Auct. A. Guénée. Pars prima, in-8. 3 fr. 75

FAUNA JAPONICA, sive descriptio animalium quæ in itinere per Japoniam jussu et auspiciis superiorum, qui summum in India Batava imperium tenent, suscepto annis 1823-1830, collegit, notis, observationibus et adumbrationibus illustravit PH. FR. DE SIEBOLD. Prix de chaque livraison : 26 fr. L'ouvrage aura 25 livraisons.

Cet ouvrage, auquel participent pour sa rédaction MM. Temminck, Schlegel et Dehaan, se continue avec activité. 17 livraisons sont en vente; savoir : Mammalogie, 5 liv.; Reptiles, 3 liv.; Crustacés, 5 liv.; Poissons, 6 liv.; Oiseaux, 8 livr.

FAUNE BELGE, 1re partie, indication méthodique des mammifères, oiseaux, reptiles et poissons observés jusqu'ici en Belgique, par ED. DE SELYS-LONGCHAMPS. in-8. 7 fr.

FAUNE ENTOMOLOGIQUE DES ENVIRONS DE PARIS, par MM. BOISDUVAL et LACORDAIRE, tome Ier (le seul qui soit paru), 1 vol. in-18 de 696 pages. 8 fr. 50.

FAUNE DE L'OCÉANIE, par le docteur BOISDUVAL. Un gros vol. in-8, imprimé sur grand papier vélin. 10 fr.

FAUNE ENTOMOLOGIQUE DE MADAGASCAR, BOURBON ET MAURICE. — Lépidoptères, par le docteur BOISDUVAL; avec des notes sur les métamorphoses, par M. SGANZIN.

Huit livraisons, renfermant chacune 2 pl. coloriées, avec le texte correspondant, sur papier vélin. 32 fr.

FAUNE PARISIENNE, ou Histoire abrégée des Insectes des environs de Paris, par C. A. WALKENAER. 2 volumes in-8, fig. 10 fr.

FILLE BICORPS de Prunay (sous Abli), connue dans la science sous le nom de Ischiopage de Prunay, par M. GEOFFROY SAINT-HILAIRE. In-4. Figures. 3 fr.

FLORA JAPONICA, sive Plantæ quas in imperio Japonico collegit, descripsit, ex parte in ipsis locis pigendas curavit, D. PH.-FR. DE SIEBOLD. Prix de chaque livraison 15 fr. coloriée, et 8 fr. noire. Il en paraît 23 livraisons.

FLORA JAVÆ nec non insularum adjacentium, auctore BLUME. In-folio. Bruxelles. Livraisons 1 à 35. 15 fr. chacune.

FLORE DU CENTRE DE LA FRANCE et du bassin de la Loire, par M. A. BOREAU, directeur du Jardin des Plantes d'Angers, etc. 2e édition. 2 vol. in-8; prix : 13 fr.

FLORE DES JARDINS ET DES GRANDES CULTURES, etc., par SEBINGE. 3 vol. in-8o. 27 fr.

FRAGMENTS BIOGRAPHIQUES, précédés d'études sur la vie, les ouvrages et les doctrines de Buffon, par M. GEOFFROY SAINT-HILAIRE. In-8. 9 fr.

GENERA ET INDEX METHODICUS Europæorum Lepidopterorum, pars prima sistens Papiliones sphinges, Bombyces noctuas, auctore BOISDUVAL. 1 vol. in-8. 5 fr.

HERBARII TIMORENSIS DESCRIPTIS, cum tabulis 6 æneis; auctore J. DECAISNE. 1 vol. in-4. 15 fr.

HERBIER GÉNÉRAL DES PLANTES DE FRANCE ET D'ALLEMAGNE, par M. SCHULTZ. In-folio, livraisons 1 à 4. 20 fr. chacune.

*HISTOIRE ABRÉGÉE DES INSECTES, nouvelle édition. Par M. GEOFFROY. 2 vol. in-4, figures. 25 fr.

HISTOIRE DES MOEURS ET DE L'INSTINCT DES ANIMAUX; distributions naturelles de toutes leurs classes, par J. J. VIREY. 2 vol. in-8. 12 fr.

HISTOIRE DES PROGRÈS DES SCIENCES NATURELLES, depuis 1789 jusqu'en 1831, par M. le baron G. CUVIER. 5 vol. in-8. 22 fr. 50.
Le tome 5 séparément. 7 fr.

Le Conseil royal de l'Université a décidé que cet ouvrage serait placé dans les bibliothèques des collèges et donné en prix aux élèves.

HISTOIRE D'UN PETIT CRUSTACÉ (*Artemia salina*, LEACH.), auquel on a faussement attribué la coloration en rouge des marais salants méditerranéens, etc., par N. JOLY. In-4, fig. 5 fr.

HISTOIRE NATURELLE DES LÉPIDOPTÈRES, RHOPALOCÈRES, ou Papillons diurnes des départements des Haut et Bas-Rhin, de la Moselle, de la Meurthe et des Vosges, publiée par L. P. CANTENER. 13 livraisons in-8, fig. col. 26 fr.

HISTOIRE NATURELLE ET MYTHOLOGIQUE DE L'IBIS, par J.-C. SAVIGNY. In-8, avec 6 pl. 4 fr.

*HISTOIRE NATURELLE GÉNÉRALE ET PARTICULIÈRE, par M. le comte de BUFFON; nouvelle édition accompagnée de notes, etc.; rédigée par M. SONNINI. Paris, Dufart, 127 vol. in-8. 300 fr.

HISTOIRE NATURELLE, ou Éléments de la Faune française, par MM. BRAGUIER et MAURETTE. In-12, cahiers 1 à 5, à 2 francs chaque. 10 fr.

ICONES HISTORIQUES DES LÉPIDOPTÈRES NOUVEAUX OU PEU CONNUS, collection, avec figures coloriées, des papillons d'Europe nouvellement découverts; ouvrage formant le complément de tous les auteurs iconographes; par le docteur BOISDUVAL.
Cet ouvrage se composera d'environ 50 livraisons grand in-8, comprenant chacune deux planches coloriées et le texte

correspondant; prix, 3 francs la livraison sur papier vélin,
et franche de port,   3 fr. 25.

*Comme il est probable que l'on découvrira encore des es-
pèces nouvelles dans les contrées de l'Europe qui n'ont pas été
bien explorées, l'on aura soin de publier, chaque année, une ou
deux livraisons pour tenir les souscripteurs au courant des
nouvelles découvertes. Ce sera en même temps un moyen très-
avantageux et très-prompt pour MM. les entomologistes, qui
auront trouvé un lépidoptère nouveau, de pouvoir les publier
les premiers. C'est-à-dire que, si, après avoir subi un examen
nécessaire, leur espèce est réellement nouvelle, leur description
sera imprimée textuellement; ils pourront même en faire tirer
quelques exemplaires à part. — 42* livraisons ont déjà paru.

ICONOGRAPHIA DELLA FAUNA ITALICA; di CARLO-LUCIANO BONAPARTE, principe di Musignano,

30 livraisons in-folio à 21 fr. 60 chaque.

ICONOGRAPHIE ET HISTOIRE DES LÉPIDOP-TÈRES ET DES CHENILLES DE L'AMÉRIQUE SEPTENTRIONALE, par le docteur BOISDUVAL, et par

le major JOHN LECONTE, de New-York.

Cet ouvrage, dont il n'avait paru que huit livraisons, et
interrompu par suite de la révolution de 1830, va être continué avec rapidité. Les livraisons 1 à 26 sont en vente, et
les suivantes paraîtront à des intervalles très-rapprochés.

*L'ouvrage comprendra environ 50 livraisons. Chaque livrai-
son contient 5 planches coloriées, et le texte correspondant.
Prix pour les souscripteurs, 3 fr. la livraison.

ICONOGRAPHIE ET HISTOIRE NATURELLE DES COLÉOPTÈRES D'EUROPE, famille des *Carabi-

ques, par M. le comte DEJEAN et M. le docteur BOISDUVAL.
46 livraisons gr. in-8, fig. col. A 6 fr. la liv.   276 fr.

ILLUSTRATIONES PLANTARUM ORIENTALIUM,

ou Choix de Plantes nouvelles ou peu connues de l'Asie oc-
cidentale, par M. le comte JAUBERT et M. SPACH. Cet ouvrage formera 5 vol. grand in-4, composés chacun de 100
planches et d'environ 50 feuilles de texte; il paraît par
livraisons de 10 planches. Le prix de chacune est de 15 fr.
Il en a paru 26 livraisons.

INSECTA SUECICA, descripta a Leonardo GYLLEN-

HAL. Scaris, 1808 à 1827. 4 vol. in-8.   48 fr.

INTRODUCTION A L'ÉTUDE DE LA BOTANIQUE

par PHILIBERT. 3 vol. in-8°; fig. col.   18 fr.

ITER HISPANIENSE or a synopsis of plants collected

in the Southern provinces of Spain and in Portugal, by
P. B. WEBB. In-8°. 3 fr.

MÉMOIRES DE L'ACADÉMIE DES SCIENCES
ET LETTRES DE MONTPELLIER. — Mémoire de la
section des sciences, 1847—1848. 2 forts vol. in-4° avec
fig. Chaque. 6 fr.

MÉMOIRE SUR LA FAMILLE DES COMBRÉTA-
CÉES, par M. DE CANDOLLE. In-4°; fig. 3 fr.

MÉMOIRE SUR LES TERMITES observés à Roche-
fort et dans divers autres lieux du département de la Cha-
rente-Inférieure, par M. BOBE-MOREAU. In-8°. 3 fr.

MÉMOIRE DE LA SOCIÉTÉ DE PHYSIQUE DE
GENÈVE, in-4°. — Divers Mémoires séparés sur les
Selaginées, les *Lythraires*, les *Dypsacées*, le *Mont-Somma*, etc.

— DE LA SOCIÉTÉ D'HISTOIRE NATURELLE
de Paris. 5 vol. in-4° avec planches. Prix: 20 fr. chaque
volume. Prix total. 100 fr.

MÉMOIRES DE LA SOCIÉTÉ ROYALE DES
SCIENCES DE LIÉGE. Tome 1, 1843, in-8°. 8 frs
— Tome 2, 1845. 10 fr.
— Tome 3, 1845 (contenant la Monog. des Coléoptère.
subpentamères-phytophages, par LACORDAIRE, t. 1). 12 fr.
— Tome 4, 2e partie, in-8° et atlas. 10 fr.
— Tome 5, 1848. Monog. des Coléoptères subpentamères-
phytophages, par M. LACORDAIRE, tome 2. 12 fr.

* MÉMOIRES pour servir à l'Histoire des Insectes, par DE
RÉAUMUR. 6 vol. in-4°. 50 fr.

MÉMOIRES SUR LES ANIMAUX SANS VERTÈ-
BRES, par J. C. SAVIGNY. Paris, 1816, 1re partie, pre-
mier fascicule, avec 12 pl. 6 fr.
— 2e partie, premier fascicule, avec 24 pl. col. 24 fr.
— SUR LES MÉTAMORPHOSES DES COLÉOP-
TÈRES, par DE HAAN. In-4°; fig. 10 fr.

MONITEUR (Le) DES INDES orientales et occiden-
tales, Recueil de Mémoires et de Notices scientifiques et
industrielles, etc.; publié par F. DE SIÉBOLD et P. MEL-
VILL DE CARNBÉE. 1846, nos 1, 2, 3, un cahier in-4.

MONOGRAPHIE DES ÉROTYLIENS, famille de l'ordre des Coléoptères, par M. Th. LACORDAIRE. In-8. 9 fr.
— DES LIBELLULIDÉES D'EUROPE, par Edm. DE
SELYS-LONGCHAMPS. 1 vol. gr. in-8, avec quatre planches
représentant 44 figures. Prix: 5 fr.

NATURE (La) CONSIDÉRÉE comme force instinctive des organes, par J. GUISLAIN. In-8. 2 fr. 50

NOTES GÉOLOGIQUES sur la Provence, par M. MARCEL DE SERRES. In-8, fig. 3 fr.

NOTICE GÉOLOGIQUE sur le Département de l'Aveyron, par M. MARCEL DE SERRES. In-8. 3 fr. 50

NOTICE SUR LES DIFFÉRENCES SEXUELLES des Diptères du genre Dolichopus, tirées des nervures des ailes; par M. MACQUART. 1844, in-8. 1 fr.

NOTICE SUR L'HISTOIRE, les Mœurs et l'Organisation de la Girafe, par M. JOLY. In-8. 1 fr.

NOTICES SUR LES LIBELLULIDÉES, extraites des Bulletins de l'Académie de Bruxelles, par Edm. DE SÉLYS-LONGCHAMPS. In-8, fig. 2 fr.

OBSERVATIONS BOTANIQUES, par B.-C. DUMORTIER. In-8. 4 fr.

* PAPILLONS D'EUROPE peints d'après nature, par ERNST. 8 tomes en 4 vol. in-4, avec 342 pl. col. 200 fr.

*PAPILLONS EXOTIQUES DES TROIS PARTIES DU MONDE, l'Asie, l'Afrique et l'Amérique, par P. CRAMER. 4 vol. in-4, rel., avec 400 planches coloriées. 400 fr.

PLANTES (les), Poème, par R. R. CASTEL; nouvelle édition, ornée de 5 figures en taille douce. In-18. 3 fr.

PLANTES RARES DU JARDIN DE GENÈVE, par A. P. DE CANDOLLE; livraisons 1 à 4, in-4, fig. col., à 15 fr. la livraison. Prix total. 60 fr.

RECHERCHES HISTORIQUES, ZOOLOGIQUES, ANATOMIQUES ET PALÉONTOLOGIQUES sur la Girafe, par MM. N. JOLY et A. LAVOCAT. In-4, fig. 10 fr.

RECHERCHES SUR LE DÉVELOPPEMENT et les Métamorphoses d'une petite Salicoque d'eau douce, par M. JOLY. In-8. 2 fr.

RÈGNE ANIMAL, d'après M. DE BLAINVILLE, disposé en séries, en procédant de l'homme jusqu'à l'éponge, et divisé en trois sous-règnes; tableau supérieurement gravé. Prix: 3 fr. 50
Et collé sur toile, avec gorge et rouleau. 8 fr.

REVUE ENTOMOLOGIQUE, publiée par G. SILBERMANN. Strasbourg, 1833 à 1837; 5 vol. in-8. 36 fr. par an. (2 vol.)

*RUMPHIUS (G. Ev.); Cabinet des raretés de l'île d'Amboine (en hollandais). Amsterdam, 1705; in-folio, fig. 50 fr.

*RUMPHII (G. Ev.) Herbarium Amboinense, Belgice et

Lat., cura et studio J. BURMANNI. Amstelod., 1750; 7 vol. in-folio   200 fr.

RUMPHIA, sive Commentationes botanicæ imprimis de plantis Indiæ Orientalis, tum penitus incognitis, tum quæ in libris Rheedii, Rumphii, Roxburghii, Gallichii, aliorum recensentur, auctore C.-L. BLUME, cognomine RUMPHIO. Le prix de chaque livraison est fixé, pour les souscripteurs, à 15 fr. Il en paraît 30 livraisons.

SINGULORUM GENERUM CURCULIONIDUM unam alteramve speciem, additis Iconibus a David LABRAM, illustravit L. IMHOF. Fascic. 1 à 7, in-12.   à 2 fr. chaque.

— SPECIES GENERAL DES COLEOPTERES, de M. DEJEAN, avec les Hydrocanthares de M. AUBÉ. 7 vol. in-8°.   100 fr.

L'on vend séparément le tome V en deux parties (ce volume a été détruit dans un incendie).   35 fr.

SYNONYMIA INSECTORUM.—GENERA ET SPECIES CURCULIONIDUM (ouvrage comprenant la synonymie et la description de tous les Curculionites connus), par M. SCHOENHER. 8 tomes en 16 parties. (Ouvrage terminé.) Prix :   144 fr.

CURCULIONIDUM DISPOSITIO methodica cum generum characteribus, descriptionibus atque observationibus variis, seu Prodromus ad Synonymiæ insectorum partem IV, auctore C.-J. SCHOENHERR. 1 vol. in-8. Lipsiæ, 1826.
                                                                                      7 fr.

L'éditeur vient de recevoir de Suède et de mettre en vente le petit nombre d'exemplaires restant de la Synonymia insectorum du même auteur. Chaque volume qui compose ce dernier ouvrage est accompagné de planches coloriées, dans lesquelles l'auteur a fait représenter des espèces nouvelles.

SYNONYMIA INSECTORUM. Oder Versuch, etc. SCHOENHERR. Skara et Upsaliæ, 1817. 4 vol. in-8.   50 fr.

* SPECTACLE (le) DE LA NATURE, ou Entretiens sur l'Histoire naturelle, suivi de l'Histoire du Ciel, par PLUCHE. 11 vol. in-12.   20 fr.

STATISTIQUE GÉOLOGIQUE ET MINÉRALOGIQUE du Département de l'Aube, par A. LEYMERIE. Troyes, 1846, 1 vol. in-8 et Atlas in-4. Prix   15 fr.

TABLEAU DE LA DISTRIBUTION MÉTHODIQUE DES ESPÈCES MINÉRALES, suivie dans le cours de minéralogie fait au Muséum d'Histoire naturelle en 1855,

par **M.** Alexandre **BRONGNIART**, professeur. Brochure
in-8. 2 fr.

TABLEAU DU RÈGNE VÉGÉTAL, d'après la méthode
de **A.-L.** DE JUSSIEU, modifiée par M. A. RICHARD, comprenant toutes les familles naturelles; par M. Ch. D'ORBI-
GNY. 2e édition; 1 feuille et quart in-plano. 2 fr.
  Idem, coloriée. 3 fr.

TAILLE DU POIRIER ET DU POMMIER en fuseau.
par CHOPPIN. 1 vol. in-8°, fig. 2me éd. 3 fr.

THÉORIE ÉLÉMENTAIRE DE LA BOTANIQUE,
ou Exposition des Principes de la Classification naturelle et
de l'Art de décrire et d'étudier les végétaux, par M. DE
CANDOLLE. 3e édition; 1 vol. in-8. 8 fr.

**THÉORIE POSITIVE DE LA FÉCONDATION DES
MAMMIFÈRES**, basée sur l'observation de toute la série
animale, par F.-A. POUCHET. In-8. 4 fr.

* **TRAITÉ ANATOMIQUE** de la Chenille qui ronge le
bois de saule, par LIONNET. In-4. figures. 36 fr.

TRAITÉ DE L'INTÉRIEUR DU CHEVAL et des
principaux animaux domestiques, par LECOQ. 1 vol. in-8°,
2me édit., fig. 10 fr.

— **ÉLÉMENTAIRE DE MINÉRALOGIE**, par F.-S.
BEUDANT, de l'Académie royale des Sciences, nouvelle édition considérablement augmentée. 2 vol. in-8, accompagnés
de 24 planches. 21 fr.

TROIS CENTS ANIMALCULES INFUSOIRES dessinés à l'aide du microscope, par M. PRITCHARD, et publié
par CH. CHEVALIER. In-8, figures. 3 fr.

ZEITSCHRIFT FUR DIE ENTOMOLOGIE herausge-
geben von ERNST FRIEDRICH GERMAR. Leipzig, 1839 à
1844. 5 vol. in-8. 52 fr.

ZOOLOGIE CLASSIQUE, ou Histoire naturelle du
Règne animal, par M. F.-A. POUCHET, professeur de zoologie au Muséum d'Histoire naturelle de Rouen, etc.: seconde édition, considérablement augmentée. 2 vol. in-8,
contenant ensemble plus de 1,300 pages, et accompagnés
d'un Atlas de 44 planches et de 5 grands tableaux gravés
sur acier. Prix des 2 vol. 16 fr.
  Prix de l'Atlas, figures noires. 10 fr.
  — figures coloriées. 30 fr.

NOTA. *Le Conseil royal de l'Université a décidé que cet ouvrage serait placé dans les bibliothèques des collèges.*

AGRICULTURE,

ÉCONOMIE RURALE ET JARDINAGE.

(Voir aussi la Collection de Manuels , page 3.)

ABRÉGÉ DE L'ART VÉTÉRINAIRE, ou Description raisonnée des Maladies du Cheval et de leur Traitement ; suivi de l'anatomie et de la physiologie du pied et des principes de ferrure, avec des observations sur le régime et 'exercice du cheval, etc., par WHITE ; traduit de l'anglais et annoté par M. V. DELAGUETTE, vétérinaire. 2ᵉ édition, in-12.   3 fr. 50

AGRICULTURE FRANÇAISE, par MM. les Inspecteurs de l'agriculture, publiée d'après les ordres de M. le Ministre de l'Agriculture et du Commerce, contenant la description géographique, le sol, le climat, la population, les exploitations rurales ; instruments aratoires, engrais, assolements, etc., de chaque département. 5 vol., accompagnés chacun d'une belle carte, sont en vente, savoir :

Département de l'Isère. 1 vol. in-8.   **5 fr.**
—   du Nord. In-8.   **5**
—   des Hautes-Pyrénées. In-8.   **5**
—   de la Haute-Garonne. In-8.   **5**
—   des Côtes-du-Nord. In-8.   **5**
—   du Tarn.   **5**

AGRICULTURE DES ANCIENS, par DICKSON ; traduit de l'anglais. 2 vol. in-8.   **10 fr.**
— PRATIQUE des différentes parties de l'Angleterre, par MARSCHAL. 5 vol. in-8 et Atlas.   **20 fr.**
ALMANACH DU CULTIVATEUR pour l'année 1856. 8ᵉ année.   **25**
Le Calendrier seul.   **10**
AMATEUR DES FRUITS (l'), ou l'Art de les choisir, de les conserver, de les employer, principalement pour faire es compotes, gelées, marmelades, confitures, etc., par M. L. DUBOIS. in-12   **2 fr 50**
ANATOMIE DE LA VIGNE, par W. CAPPER, traduit de l'anglais par V. DE MOLÉON. In-8.   **3 fr.**
ANIMAUX (les) CÉLÈBRES, anecdotes historiques

sur les traits d'intelligence, d'adresse, de courage, de bonté, d'attachement, de reconnaissance, etc., des animaux de toute espèce, ornés de gravures, par A. ANTOINE. 2 vol. in-12. 2e édition. 5 fr.

MM. Lebigre frères et Béchet, rue de la Harpe, *ont été condamnés* pour avoir vendu une *contrefaçon* de cet ouvrage.

ANNALES AGRICOLES DE ROVILLE, ou Mélanges d'Agriculture, d'Economie rurale et de Législation agricole, par M. C.-J.-A. MATHIEU DE DOMBASLE. 9 vol. in-8, figures. 64 fr. 50

Les volumes se vendent séparément, savoir :
Les tomes 1, 2, 3, 4, chacun 7 fr. 50
Et 5, 6, 8 et supplément, chacun 6 fr.

ANNUAIRE DU BON JARDINIER ET DE L'AGRONOME, renfermant la description et la culture de toutes les plantes utiles ou d'agrément qui ont paru pour la première fois.

Les années 1826, 27, 28, chacune 1 fr. 50
Les années 1829 et 1830, *idem* 3 fr.
Les années 1831 à 1842, *idem* 3 fr. 50

APPLICATION (De l') **DE LA NOUVELLE LOI SUR LA POLICE DE LA CHASSE**, en ce qui regarde l'agriculture et la reproduction des animaux; par L.-L. GADEBLED. In-8. 3 fr. 50

ART (l') DE COMPOSER ET DÉCORER LES JARDINS, par M. BOITARD ; ouvrage entièrement neuf, orné de 152 planches gravées sur acier. Prix de l'ouvrage complet, texte et planches. 15 fr.

Cette publication n'a rien de commun avec les autres ouvrages du même genre, portant même le nom de l'auteur. Le traité que nous annonçons est un travail tout neuf que M. Boitard vient de terminer après des travaux immenses; il est très-complet et à très-bas prix, quoiqu'il soit orné de 152 planches gravées sur acier. L'auteur et l'éditeur ont donc rendu un grand service aux amateurs de jardins en les mettant à même de tirer de leurs propriétés le meilleur parti possible.

ART (l') DE CRÉER LES JARDINS, contenant les préceptes généraux de cet art, leur application développée sur des vues perspectives, coupe et élévations, par des exemples choisis dans les jardins les plus célèbres de France et d'Angleterre; et le tracé pratique de toutes espèces de jardins; par M. N. VERGNAUD, architecte à Paris. Ouvrage

Imprimé sur format in-fol., et orné de lithographies dessinées par nos meilleurs artistes.

Prix : rel. sur papier blanc.   45 fr.
—   sur papier chine.   56
—   colorié.   80

ART DE CULTIVER LES JARDINS, ou Annuaire du bon Jardinier et de l'Agronome, renfermant un calendrier indiquant, mois par mois, tous les travaux à faire tant en jardinage qu'en agriculture : les principes généraux du jardinage ; la culture et la description de toutes les espèces et variétés de plantes potagères, ainsi que toutes les espèces et variétés de plantes utiles ou d'agrément ; par *un Jardinier agronome.* 1 gros vol. in-18. 1843. Orné de figures. 3 fr. 50

ART (l') DE FAIRE LES VINS DE FRUITS, précédé d'une Esquisse historique de l'Art de faire le Vin de Raisin, de la manière de soigner une cave ; suivi de l'Art de faire le Cidre, le Poiré, les Aromes, le Sirop et le Sucre de Pommes de terre, etc. ; traduit de l'anglais, de Accum, par MM. G*** et Ol***. un vol. avec planches.   1 fr. 80

ASSOLEMENTS, JACHÈRES ET SUCCESSION DES CULTURES, par feu V. Yvart, annoté par M. V. Rendu, inspecteur de l'agriculture. 3 vol. in-18. 10 fr. 50
Idem. Édition en 1 vol. in-4.   12 fr.
Ouvrage contenant les méthodes usitées en Angleterre, en Allemagne, en Italie, en Suisse et en France.

BOUVIER (le nouveau), ou Traité des Maladies des Bestiaux, Description raisonnée de leurs maladies et de leur traitement, par M. Delaguette, médecin-vétérinaire. 1 vol. in-12.   3 fr. 50

CALENDRIER DU BON CULTIVATEUR, ou Manuel de l'Agriculteur-Praticien, par C.-J.-A. Mathieu de Dombasle. 8e édition. In-12, figures.   4 fr. 50

CHASSEUR-TAUPIER (le), ou l'Art de prendre les taupes par des moyens sûrs et faciles, précédé de leur histoire naturelle, par M. Rédarès. in-12, fig.   1 fr. 25

CODE FORESTIER, conféré et mis en rapport avec la législation qui régit les différents propriétaires et usagers dans les bois, par M. Curasson. 2 vol. in-8.   12 fr.

*COLLECTION DE NOUVEAUX BATIMENTS pour la décoration des grands jardins, avec 44 pl. in-fol.   50 fr.

CORRESPONDANCE RURALE, contenant des observations critiques et utiles, par De la Bretonnerie. 3 vol. in-12.   7 fr. 50

CORDON BLEU (le), nouvelle Cuisinière bourgeoise, rédigée et mise par ordre alphabétique, par mademoiselle MARGUERITE, 12e édition, considérablement augmentée. 1 vol. in-18. 1 fr.

COURS COMPLET D'AGRICULTURE (nouveau), du 19e siècle, contenant la grande et la petite culture, l'économie rurale domestique, la médecine vétérinaire, etc., par les Membres de la section d'Agriculture de l'Institut royal de France, etc. Nouvelle édition revue, corrigée et augmentée. Paris, Deterville. 16 vol. in-8, de près de 600 pages chacun, ornés de planches en taille-douce. 56 fr.

— D'AGRICULTURE (petit), ou Encyclopédie agricole, par M. MAUNY DE MORNAY, contenant les livres du Cultivateur, du Jardinier, du Forestier, du Vigneron, de l'Economie et Administration rurales, du Propriétaire et de l'Eleveur d'animaux domestiques. 7 volumes grand in-18, avec figures. 15 fr. 50

COURS COMPLET D'AGRICULTURE PRATIQUE, par BURGER, PFEIL, ROHLWES et RUFFINY; trad. de l'all. par N. NOIROT; suivi d'un Traité sur les Vers à Soie et la Culture du Murier, par M. BONAFOUS, etc. In-4. 10 fr.

— D'HIPPIATRIQUE, ou Traité complet de la Médecine des Chevaux, par LAFOSSE. Paris, 1772. Grand in-fol. Figures noires. 60 fr.

— SIMPLIFIÉ D'AGRICULTURE, par L. DUBOIS (Voyez Encyclopédie du Cultivateur). 9 vol. in-12. 20 fr.

* CULTIVATEUR (le) ANGLAIS, ou OEuvres choisies d'Agriculture et d'Economie rurale et politique, par ARTHUR YOUNG. 18 vol. in-8. 50 fr.

CULTURE DE LA VIGNE dans le Calvados et autres pays qui ne sont pas trop froids pour la végétation de cet intéressant arbrisseau, et pour que ses fruits y mûrissent, par M. JEAN-FRANÇOIS NOGET. In-8. 75 c.

DICTIONNAIRE D'AGRICULTURE PRATIQUE, contenant la grande et la petite culture, par M. le comte FRANÇOIS DE NEUFCHATEAU. 2 vol. in-8. 12 fr.

*DICTIONNAIRE DES JARDINIERS, ouvrage traduit de l'anglais de MILLER. 10 vol. in-4. 50 fr.

ÉCOLE DU JARDIN POTAGER, suivie du Traité de la Culture des Pêchers, par M. DE COMBLES, 6e édition, revue par M. LOUIS DUBOIS. 3 vol. in-12. 4 fr. 50

ÉCONOMIE AGRICOLE, lait obtenu sans le secours de la main, Trayons artificiels; par M. PARISOT. 75 c.

ÉCUSSON-GREFFE, ou nouvelle manière d'écussonner les ligneux, par VERGNAUD ROMAGNÉSI. 1830. in-12. 1 fr.

ÉLÉMENTS D'AGRICULTURE, ou Leçons d'Agriculture appliquées au département d'Ille-et-Vilaine, et à quelques départements voisins, par J. BODIN. 2ᵉ édition, in-12 figures. 1 fr. 60

ÉLOGE HISTORIQUE de l'Abbé FRANÇOIS ROZIER, restaurateur de l'Agriculture française, par A. THIÉBAUT DE BERNEAUD. in-8. 1 fr. 50

ENCYCLOPÉDIE DU CULTIVATEUR, ou Cours complet et simplifié d'agriculture, d'économie rurale et domestique, par M. LOUIS DUBOIS. 2ᵉ édition, 9 vol. in-12 ornés de gravures. 20 fr.

Le vol. 9 se vend séparément 4 fr.

Cet ouvrage, très-simplifié, est indispensable aux personnes qui ne voudraient pas acquérir le grand ouvrage intitulé : Cours d'agriculture au XIXᵉ siècle.

ESSAI SUR L'ÉDUCATION DES ANIMAUX, le Chien pris pour type, par AD. LÉONARD. in-8. 5 fr.

FABRICATION DU FROMAGE, par le Dʳ F. GERA, traduit de l'italien par V. RENDU. in-8, fig. (Couronné par la Société royale et centrale d'agriculture.) 5 fr.

GREFFES (Des) ET DES BOUTURES FORCÉES pour la rapide Multiplication des Roses rares et nouvelles, par M. LOISELEUR DESLONGCHAMPS. In-8. (Extrait de *l'Agriculteur praticien*.) 50 c.

HISTOIRE DU POIRIER (Pyrus sylvestris), par DUVAL. Br. in-8º (extrait de l'Agriculteur praticien). 1 fr. 50

HOMME (l') RIVAL DE LA NATURE, ou l'Art de donner l'existence aux oiseaux et principalement à la volaille, d'après RÉAUMUR. in-8, figures. 4 fr. 50

INSTRUCTION SUR LA CULTURE NATURELLE ET FORCÉE DE L'ASPERGE, par ROUSSELON. In-8. 50 c.

JOURNAL D'AGRICULTURE, d'Économie rurale et des Manufactures du royaume des Pays-Bas. La collection complète, jusqu'à la fin de 1823, se compose de 16 vol. in-8. Prix, à Paris. 75 fr.

JOURNAL DE MÉDECINE VÉTÉRINAIRE théorique et pratique, et Analyse raisonnée de tous les ouvrages français et étrangers qui ont du rapport avec la médecine animaux domestiques; recueil publié par MM. BRACY-

CLARK, CRÉPIN, CRUZEL, DELAGUETTE, DUPUY, GODINE jeune, LEBAS, PRINCE, RODET, médecins vétérinaires. 6 vol. in-8. (1830 à 1835.) 60 fr.

Chaque année séparée. 12 fr.

LAIT (Du) ET DE SES EMPLOIS en Bretagne, par GUSTAVE HEUZÉ. In-8. 1 fr. 50

LOIS RURALES DE LA FRANCE, rangées dans leur ordre naturel, par FOURNEL. 2 vol. in-12. 8 fr.

*MAISON RUSTIQUE (la nouvelle), ou Économie rurale-pratique des biens de campagne. 5 vol. in-4. fig. 24 fr.

MANUEL POPULAIRE D'AGRICULTURE, d'après l'état actuel des progrès dans la culture des champs, des prairies, de la vigne, des arbres fruitiers; dans l'éducation du gros bétail, etc., par J. A. SCHLIPF; trad. de l'All. par NAPOLÉON NICKLÈS. 1844. In-8. 4 fr.

MANUEL DES INSTRUMENTS D'AGRICULTURE ET DE JARDINAGE les plus modernes, contenant la gravure et la description détaillée des Instruments nouvellement inventés ou perfectionnés, la plupart dessinés dans les meilleurs Ateliers de la capitale. Ouvrage orné de 121 planches et de gravures sur bois intercalés dans le texte, par M. BOITARD. 1 vol. grand in-8°. 12 fr.

MANUEL COMPLET DU JARDINIER, Maraîcher, Pépiniériste, Botaniste, Fleuriste et Paysagiste, par M. NOISETTE. 2e édition. 5 vol. in-8. 30 fr.

MANUEL DU FABRICANT D'ENGRAIS, ou de l'Influence du noir animal sur la végétation, par M. B. \TIN. 1 vol. in-18. 2 fr. 50

MANUEL DU PLANTEUR. Du Reboissement, de sa nécessité et des méthodes pour l'opérer, par DE BAZELAIRE. In-12. 1 fr. 25

MÉMOIRE SUR L'ALTERNANCE DES ESSENCES FORESTIÈRES, par GUSTAVE GAND. In-8. 1 fr. 50

MÉMOIRE SUR LES DAHLIAS, leur culture, leurs propriétés économiques et leurs usages comme plantes d'ornement, par ARSÈNE THIÉBAUT DE BERNEAUD. Brochure in-8, 2e édition. 75 c.

MÉTHODE DE LA CULTURE DU MELON en pleine terre, par M. J.-F. NOGET. In-8. 1 fr. 25

NOTICE SUR LA PLEUROPNEUMONIE ÉPIZOOTIQUE DE L'ESPÈCE BOVINE, régnant dans le département du Nord, par A. B. LOISET, 1 vol. in-8°. 2 fr.

OBSERVATIONS GÉNÉRALES sur les Plantes qui

peuvent fournir des Couleurs Bleues à la Teinture, suivies de Recherches sur le Polygonum Tinctorium, etc. ; par N. Joly. In-4, fig.   5 fr.

ORDONNANCE DE LOUIS XIV, roi de France et de Navarre, indispensable à tous les marchands de bois flottés, de charbon, à tous autres marchands et à tous les propriétaires de biens situés près des rivières navigables. in-18. 2 fr·

PATHOLOGIE CANINE, ou Traité des Maladies des Chiens, contenant aussi une dissertation très-détaillée sur la rage, la manière d'élever et de soigner les chiens ; par M. Delabère-Blaine, traduit de l'anglais et annoté par M. V. Delaguette, vétérinaire. Avec 2 planches représentant 18 espèces de chiens. 1 vol. in-8.   6 fr.

PHARMACOPÉE VÉTÉRINAIRE, ou Nouvelle Pharmacie hippiatrique, contenant une classification des médicaments, les moyens de les préparer et l'indication de leur emploi, etc., par M. Bracy-Clark. 1 vol. in-12, planches. 2 fr.

PRATIQUE DU JARDINAGE, par Roger Schabol. 2 vol. in-12, fig.   7 fr. 50

PRATIQUE RAISONNÉE de la taille du pêcher en espalier carré, par Lepère. In-8. Figures.   4 fr.

PRATIQUE SIMPLIFIÉE DU JARDINAGE, à l'usage des personnes qui cultivent elles-mêmes un petit domaine, contenant un potager, une pépinière, un verger, des espaliers, un jardin paysager, des serres, des orangeries et un parterre, etc. ; 6e édition ; par M. L. Dubois. 1 vol. in-18, orné de planches.   2 fr. 50

PRINCIPES D'AGRICULTURE et d'Hygiène-Vétérinaire, par Maene. 1 vol. in-8.   10 fr.

QUATRE (les) JARDINS ROYAUX DE PARIS, ou Descriptions de ces quatre jardins. 3e édition, in-18. 1 fr. 50

RECUEIL DE MÉMOIRES, notices et procédés choisis sur l'agriculture, l'industrie, l'économie domestique, le mûrier multicaule, etc. (ou l'Omnibus journal, année 1834.) 1 vol. in-8.   3 fr.

SECRETS DE LA CHASSE AUX OISEAUX, contenant la manière de fabriquer les filets, les divers pièges, appeaux, etc. ; l'art de les élever, de les soigner, de les guérir, etc. ; par M. G..., amateur. 1 vol. in-12 avec figures. 3 fr. 50

SERRES CHAUDES, Galerie de Minéralogie et de Géologie, ou Notice sur les constructions du Muséum d'Histoire Naturelle, par M. Rohault (architecte). In-folio. 50 fr.

5

* SYSTEM OF AGRICULTURE, from the Encyclopedia britannica, seventh edition, by JAMES CLEGHORN. Edinburgh, 1831, in-4, fig. 15 fr. 50

TABLEAUX DE LA VIE RURALE, ou l'Agriculture enseignée d'une manière dramatique, par M. DESORMEAUX. 3 vol. in-8. 18 fr.

TARIF POUR CUBER LES BOIS en grume et équarris, par E. PRUGNEAUX. in-12. 2 fr. 50

* THÉATRE D'AGRICULTURE et ménage des champs, d'OLIVIER DE SERRES, nouv. édition. 2 vol. in-4. 25 fr.

— Idem, revue par GISORS, 4 vol. in-8. 10 fr.

TRAITÉ DES ARBRES ET ARBUSTES que l'on cultive en pleine terre en Europe et particulièrement en France, par *Duhamel du Monceau*, rédigé par MM. *Veillard, Jaume Saint-Hilaire, Mirbel, Poiret*, et continué par M. *Loiseleur-Deslonchamps*; ouvrage enrichi de 500 planches gravées par les plus habiles artistes, d'après les dessins de *Redouté et Bessa*, peintres du muséum d'histoire naturelle; 7 vol. in-fol., papier jésus vélin, figures coloriées. Au lieu de 5,300 francs, 450 fr.

— Le même, papier carré vélin, figures coloriées. Au lieu de 2,100 francs, 350 fr.

— Le même, papier carré fin, figures noires. Au lieu de 775 francs. 200 fr.

TRAITÉ DE CULTURE FORESTIÈRE, par HENRI COTTA, traduit de l'allemand par GUSTAVE GAND, garde général des forêts. 1 vol. in-8. 7 fr.

* TRAITÉ PARFAIT DES MOULINS, ou Recherches exactes de toutes sortes de moulins connus jusqu'à présent, par L.-V. NATERUS, J. POLLY et C.-V. VUNREN. Amsterdam, 1734 (en hollandais), grand in-folio, fig. 75 fr.

TRAITÉ DE LA COMPTABILITÉ AGRICOLE, par l'application du système complet des écritures en parties doubles, par MM. PERRAULT DE JOTEMPS père et fils. 4 cahiers in-folio. 12 fr.

TRAITÉ DE LA FABRICATION ET DU RAFFINAGE DES SUCRES, par M. PAYEN. In-8, fig. 4 fr.

TRAITÉ DE L'AMÉNAGEMENT DES FORÉTS, enseigné à l'école royale forestière, par M. DE SALOMON. 2 vol. in-8 et Atlas in-4. 20 fr.

TRAITÉ DES MALADIES DES BESTIAUX, ou Description raisonnée de leurs maladies et de leur traitement; suivi d'un aperçu sur les moyens de tirer des bestiaux les

produits les plus avantageux, par M. V. DELAGUETTE, vé-
térinaire. In-12.   3 fr. 50
TRAITÉ DU CHANVRE DU PIÉMONT, DE LA
GRANDE ESPÈCE, sa culture, son rouissage et ses pro-
duits, par REY, in-12.   1 fr. 50
TRAITÉ RAISONNÉ SUR L'ÉDUCATION DU CHAT
DOMESTIQUE, et du Traitement de ses Maladies, par
M. R***. In-12.   1 fr. 50
TRAITÉ THÉORIQUE ET PRATIQUE sur la Cul-
ture des Grains, suivi de l'Art de faire le pain, par PAR-
MENTIER, etc. 2 vol. in-8, fig.   12 fr.
TRÉSOR DU CULTIVATEUR, par LEMERCIER. Pa-
ris, 1819, in-12.   1 fr. 25

ÉDUCATION, MORALE, PIÉTÉ.

ABRÉGÉ CHRONOLOGIQUE DE L'HISTOIRE DE
FRANCE, depuis les temps les plus anciens jusqu'à nos
jours, par H. EUGELHARD. In-18, broché.   75 c.
   Idem, cartonné.   90 c.
ABRÉGÉ DE LA FABLE ou de l'Histoire poétique,
par le P. JOUVENCY, in-18.   1 fr. 50
ABRÉGÉ DE LA GRAMMAIRE ALLEMANDE,
pour les élèves des cinquième et quatrième classes des col-
lèges de France, par M. MARCUS. In-12, broché. 1 fr. 50
ABRÉGÉ DE LA GRAMMAIRE LATINE (ou Mé-
thode brévidoctive de prompt enseignement), par B. JUL-
LIEN. 1841, in-12.   2 fr.
ABRÉGÉ DE LA GRAMMAIRE DE WAILLY,
in-12.   75 c.
ABRÉGÉ DE LA GRAMMAIRE DU NOUVEAU
MONDE, par F. MOINE, in-12.   1 fr.
ABRÉGÉ DE L'HISTOIRE SAINTE, avec des preu-
ves de la religion, par demandes et par réponses, in-12. 60 c.
ABRÉGÉ D'HISTOIRE UNIVERSELLE; *première
partie*, comprenant l'histoire des Juifs, des Assyriens, des
Perses, des Égyptiens et des Grecs, jusqu'à la mort d'Alexan-
dre-le-Grand, avec des tableaux de synchronismes, par M.
BOURGON, professeur de l'Académie de Besançon. 2e édi-
tion. In-12.   2 fr.
— *Deuxième partie*, comprenant l'histoire des Romains,

depuis la fondation de Rome, et celle de tous les peuples principaux, depuis la mort d'Alexandre-le-Grand jusqu'à l'avènement d'Auguste à l'empire, par M. BOURGON, etc. In-12. 3 fr. 50

— *Troisième partie*, comprenant un ABRÉGÉ DE L'HISTOIRE DE L'EMPIRE ROMAIN, depuis sa fondation jusqu'à la prise de Constantinople, par M. BOURGON. In-12. 2 fr. 50

Quatrième partie, comprenant l'histoire des Gaulois, les Gallo-Romains, les Francs et les Français jusqu'à nos jours, avec des tableaux de synchronismes, par M. J.-J. BOURGON. 2 vol. in-12. 6 fr.

ABRÉGÉ DU COURS DE LITTÉRATURE de DE LA HARPE, publié par RÉNÉ PÉRIN. 2 vol. in-12. 7 fr.

ALPHABET CHRÉTIEN, ou Règlement pour les enfants qui fréquentent les écoles chrétiennes. Paris, in-18.

ALPHABET COMPLET, composé de 5 feuilles. 50 c.

ALPHABET ENCYCLOPÉDIQUE DU XIXᵉ SIÈCLE, ou Résumé élémentaire des connaissances humaines, par VANDEREST. In-12. 3 fr. 75

ALPHABET INSTRUCTIF pour apprendre facilement à lire à la jeunesse. In-12. 30 c.

ANALYSE DES SERMONS du P. GUYON, précédée de l'Histoire de la mission du Mans, par GUYARD. 1 vol. in-12, 3ᵉ édition, au Mans, 1853. 2 fr.

ANALYSE DES TRADITIONS RELIGIEUSES des peuples indigènes de l'Amérique, in-8. 3 fr.

ANNÉE AFFECTIVE (l'), ou Sentiments sur l'amour de Dieu, tirés du Cantique des Cantiques, pour chaque jour de l'année, par le Père AVRILLON, in-12. 2 fr. 50

ARITHMÉTIQUE DES DEMOISELLES, ou Cours élément. d'arithm. en 12 leç., par M. VENTENAC. In-12. 1 fr. 50

Cahier de questions pour le même ouvrage. 50 c.

ARITHMÉTIQUE DES ÉCOLES PRIMAIRES, en 22 leçons, par L.-J. GEORGE, In-8. 1 fr.

ARITHMÉTIQUE ÉLÉMENTAIRE, théorique et pratique, par M. JOUANNO. In-8. 3 fr. 50

ARITHMÉTIQUE MÉTHODIQUE des Écoles primaires, par F. MOINE. In-12. 2 fr.

ARITHMÉTIQUE (l') PRATIQUE, mise à la portée des enfants, par A. JEANNIN. In-8. 3 fr. 50

ART DE BRODER, ou Recueil de modèles coloriés, analogues aux différentes parties de cet art, à l'usage des demoiselles, par AUGUSTIN LEGRAND. 1 vol. oblong. 7 fr.

ART (l') D'ÉCRIRE DE LA MAIN GAUCHE enseigné, en quelques leçons, à toutes les personnes qui écrivent
selon l'usage, comme ressource en cas de perte ou d'infirmité
du bras droit ou de la main droite, par M. PILLON. 1 vol.
oblong avec une planche lithographiée. 1 fr.

— MODÈLES DE MINUSCULES ANGLAISES, 1 cahier 1 fr.
— *Idem*, RONDES. 50 s.
— *Idem*, GOTHIQUE ALLEMANDE. 50 c.
— Taille de la plume, 1 cahier. 1 fr. 50

ART (l') DE PEINTURE de C.-A. DU FRESNOY,
traduit par DE PILES. in-12. 2 fr 50

ASTRONOMIE DES DEMOISELLES, ou Entretiens,
entre un frère et sa sœur, sur la Mécanique céleste, démontrée et rendue sensible sans le secours des mathématiques,
suivie de problèmes dont la solution est aisée, par JAMES
FERGUSSON et M. QUÉTRIN. 1 vol. in-12. 3 fr. 50

ASTRONOMIE à la portée des enfants, suivie de quelques Eléments de Géologie, d'Hydrographie, d'Aérograpie et
de Météorologie, par Mlle H. ROBILLARD. In-12. 2 fr. 50

ATLAS (NOUVEL) NATIONAL DE LA FRANCE,
par départements, divisés en arrondissements et cantons, avec
le tracé des routes royales et départementales, des canaux,
rivières, cours d'eau navigables, des chemins de fer construits et projetés, etc.. dressé à l'échelle de 11,350,000, par
CHARLES, géographe, avec des augmentations, par DARMET,
chargé des travaux topographiques au ministère des affaires
étrangères. In-folio, grand-raisin des Vosges.

L'Atlas complet, avec titre et table, noir. 40 fr.
Idem, colorié, cartonné. 56 fr.
Le *Nouvel Atlas national* se compose de 80 planches (à
cause de l'uniformité des échelles ; sept feuilles contiennent
deux départements).

Chaque carte séparée, en noir. 40 c.
Idem, coloriée. 60 c.

AVENTURES DE ROBINSON CRUSOÉ, par DANIEL
DE FOÉ, édition mignonne, 4 vol. in-32. 5 fr.

— DE TÉLÉMAQUE, fils d'Ulysse, par FÉNÉLON, in-12,
figures. 2 fr. 50

AVIS AUX PARENTS sur la nouvelle méthode de
l'enseignement mutuel, par G. G. HERPIN. In-12. 2 fr. 50

BEAUTÉS (les) DE LA NATURE, ou Description des
arbres, plantes, cataractes, fontaines, volcans, montagnes,
mines, etc., les plus extraordinaires et les plus admirables

qui se trouvent dans les quatre parties du monde; par M. ANTOINE. In-12, orné de 6 grav. 2ᵉ édition.   2 fr. 50

BEAUX TRAITS DU JEUNE AGE, par A.-F.-J. FRÉVILLE. In-12.   3 fr.

CAHIERS DE CHIMIE, à l'usage des Écoles et des Gens du monde, par M. BURNOUF. Prix, l'ouvrage complet, 4 cahiers in-12.   5 fr.

CATÉCHISME du diocèse de Toul, qui doit être enseigné dans toutes les écoles. In-12.   1 fr. 25

— HISTORIQUE, par FLEURY. 1822; in-18.   50 c.

— HISTORIQUE (Petit), contenant, en abrégé, l'Histoire sainte, par M. FLEURY, in-18. Au Mans, 1838. 50 c.

— ou Abrégé de la Foi. In-18.   50 c.

CHIENS (les) CÉLÈBRES, par M. FRÉVILLE. 1 vol. in-12.   3 fr.

CHOIX (Nouveau) D'ANECDOTES ANCIENNES ET MODERNES, tirées des meilleurs auteurs, contenant les faits les plus intéressants de l'histoire en général; les exploits des héros, traits d'esprit, saillies ingénieuses, bons mots, etc., etc. 5ᵉ édition, par Mᵐᵉ CELNART. 4 vol. in-18, ornés de jolies vignettes. (Même ouvrage que le *Manuel anecdotique*.).   7 fr.

CICERONIS (M. T.) ORATOR. Nova editio, ad usum bolarum Tulli-Leucorum, 1823; in-18.   75 c.

COLLECTION DE MODELES pour le Dessin linéaire, par M. BOUTEREAU. 40 tableaux in-4.   4 fr.

Cet ouv. est extrait de la Géométrie usuelle du même auteur.

COMMENTAIRES DE CÉSAR. Nouvelle édition, par M. DE WAILLY. 2 vol. in-12.   6 fr.

COURS COMPLET, THÉORIQUE ET PRATIQUE, D'ARITHMÉTIQUE, par RIVAIL. 3ᵉ éd., in-12. 2 fr. 25

— Solutions. In-12.   80 c.

COURS D'ARITHMÉTIQUE ET D'ALGÈBRE, par P.-F. JOUANNO. In-8.   6 fr.

COURS D'ARITHMÉTIQUE PRATIQUE, à l'usage des écoles primaires des deux séxes et des pères de famille, par J. MOLLET. In-18. 1ᵉʳ cahier, Connaissance des chiffres.   40 c.

2ᵉ cahier, Multiplication, Division, etc.   40 c.

3ᵉ cahier, Fractions, Nombres, etc.   40 c.

Livret des solutions.   1 fr.

COURS DE CHIMIE ÉLÉMENTAIRE ET INDUS-

TRIELLE, à l'usage des gens du monde, par M. PAYEN. 2 vol. in-8. 14 fr.

NOUVEAU COURS RAISONNÉ DE DESSIN INDUSTRIEL appliqué principalement à la mécanique et à l'architecture, etc., par ARMENGAUD aîné, ARMENGAUD jeune et AMOUROUX. 1 vol. grand in-8° et un atlas de 45 planches in-folio. 25 fr.

— DE THÈMES, pour l'enseignement de la traduction du français en allemand dans les collèges de France, renfermant un Guide de conversation, un Guide de correspondance, et des Thèmes pour les élèves des classes élémentaires supérieures. 1 vol. in-12 broché. 4 fr.

COURS DE THÈMES pour les sixième, cinquième, quatrième, troisième et deuxième classes, à l'usage des collèges, par M. PLANCHE, professeur de rhétorique au collège royal de Bourbon, et M. CARPENTIER. *Ouvrage recommandé pour les collèges par le Conseil royal de l'Université.* 2e éd., entièrement refondue et augmentée. 5 vol. in-12. 10 fr.

Avec les corrigés à l'usage des maîtres. 10 vol. 22 fr. 50

On vend séparément :

Cours de sixième à l'usage des élèves.	**2 fr.**
Le corrigé à l'usage des maîtres.	**2 fr. 50.**
Cours de 5e à l'usage des élèves. 2 fr. Le corrigé.	**2 fr. 50**
Cours de 4e à l'usage des élèves. 2 fr. Le corrigé.	**2 fr. 50**
Cours de 3e à l'usage des élèves. 2 fr. Le corrigé.	**2 fr. 50**
Cours de 2e à l'usage des élèves. 2 fr. Le corrigé.	**2 fr. 50**

COURS ÉLÉMENTAIRE DE DESSIN LINÉAIRE appliqué aux ornements, à l'usage des écoles d'arts et métiers, par M. A. GUETTIER. In-fol. obl. 6 fr.

DÉVOTION PRATIQUE aux sept principaux mystères douloureux de la très-sainte Vierge, mère de Dieu. In-12. 2 fr.

DIALOGUES MORAUX, instructifs et amusants, à l'usage de la jeunesse chrétienne. In-18. 1 fr.

DICTIONNAIRE (Nouveau) DE POCHE français-anglais et anglais-français, par NUGENT ; revu par L.-F. FAIN. 2 vol. in-12 carré. 4 fr.

ÉDUCATION (De l') DES JEUNES PERSONNES, ou Indication de quelques améliorations importantes à introduire dans les pensionnats, par Mlle FAURE. In-12. 1 fr. 50

ÉLÉMENTS (Premiers) D'ARITHMÉTIQUE, suivis d'exemples raisonnés en forme d'anecdotes, à l'usage de la jeunesse, par un membre de l'Université. In-18. 1 fr. 50

ÉLÉMENTS DE LA GRAMMAIRE FRANÇAISE p. Lhomond. Ed. ref., p. L. Gilbert; 2° éd. in-12. 75 c.

— **DE LA GRAMMAIRE LATINE**, à l'usage des collèges, par Lhomond. Paris, 1838; in-12. 75 c.

— (Nouveaux) **DE LA GRAMMAIRE FRANÇAISE**, par M. Fellens. 1 vol. in-12. 1 fr. 25

ENSEIGNEMENT (l'), par MM. Bernard-Jullien, docteur ès-lettres, licencié ès-sciences, et C. Hippeau, docteur ès-lettres, bachelier ès-sciences. 1 gros vol. in-8 de 500 pages. 6 fr.

Cet ouvrage est indispensable à tous ceux qui veulent s'occuper avec intelligence des questions d'éducation, traiter à fond les points les plus difficiles et les moins connus de cette science difficile.

ÉPITRES et ÉVANGILES des dimanches et fêtes de l'année. In-12. 2 fr. 50

ESSAIS DE GÉOMÉTRIE APPLIQUÉE, par P. Le-pelletier. In-8. 4 fr.

ESSAI D'UNITÉ LINGUISTIQUE, par Jos. Bouze-ran. In-8. 1 fr. 50

ÉTRENNES (Mes) **A LA JEUNESSE**, par Mlle Emilie B**. In-12. 1 fr. 50

ÉTUDES ANALYTIQUES SUR LES DIVERSES AC-CEPTIONS DES MOTS FRANÇAIS, par Mlle Faure. 1 vol. in-12. 2 fr. 50

EXERCICES SUR LES HOMONYMES FRANÇAIS, par A. Champalbert. 2° édition, in-12. 4 fr.

EXERCICES SUR L'ORTHOGRAPHE ET LA SYNTAXE, calqués sur toutes les règles de la grammaire classique, par Villeroy. In-12. 1 fr. 25

EXPLICATION DES ÉVANGILES DES DIMAN-CHES, par de la Luzerne. In-12, 5 vol. 6 fr.

FABLES DE FÉNÉLON. Nouv. édit. Clermont, 1859, in-18. 50 c.

FABLES DE LESSING, adaptées à l'étude de la langue allemande dans les cinquième et quatrième classes des collèges de France, moyennant un Vocabulaire allemand-français, une Liste des formes irrégulières, l'indication de la construction, et les règles principales de la succession des mots, par Marcus. 1 vol. in-12. 2 fr. 50

FLÉCHIER. Morceaux choisis. In-18, avec portrait. 1 f. 80

FLEURY. Morceaux choisis. In-18, avec portrait. 1 f. 80

GÉOGRAPHIE CLASSIQUE, suivie d'un Dictionnaire

explicatif des lieux principaux de la géographie ancienne, par VILLEROY. In-12. 1 fr. 25.

— DES ÉCOLES, par M. HUOT, continuateur de la Géographie de Malte-Brun et Guibal, ancien élève de l'Ecole polytechnique. 1 vol. 1 fr. 50

Atlas de la Géographie des Écoles. 2 fr. 50

GÉOMÉTRIE PERSPECTIVE, avec ses applications à la recherche des ombres, par G.-H. DUFOUR, colonel du génie. In-8., avec un Atlas de 22 planches in-4. 4 fr.

— USUELLE. Dessin géométrique et dessin linéaire, sans instruments, en 120 tableaux, par V. BOUTEREAU, professeur des Cours publics et gratuits de géométrie, de mécanique et de dessin linéaire, à Beauvais. In-4. 10 fr.

L'on vend séparément la Collection de modèles pour le Dessin linéaire, par M. BOUTEREAU. 40 tableaux. (*Extrait de l'ouvrage ci-dessus.*) 4 fr.

GRADUS AD PARNASSUM, ou Dictionnaire poétique latin-français. In-8. 7 fr.

GRAMMAIRE DE L'ENFANCE. Clermont-Ferrand, 1839, in-12, cart. 1 fr. 25

GRAMMAIRE, ou TRAITÉ COMPLET DE LA LANGUE ANGLAISE, par GIDOLPH. In-8. 5 fr.

GRAMMAIRE ABRÉGÉE de la Langue universelle, par A. GROSSELIN. In-8. 2 fr.

— CLASSIQUE, ou Cours complet et simplifié de langue française, par M. VILLEROY. In-12. 1 fr. 25

Idem, Exercices. 1 fr. 25

— COMPLÈTE DE LA LANGUE ALLEMANDE, pour les élèves des classes supérieures des collèges de France, renfermant, *de plus que les autres grammaires*, un Traité complet de la succession des mots; un autre sur l'influence qu'elle a exercée sur l'emploi de l'indicatif, du subjonctif, de l'infinitif et des participes; un Vocabulaire français-allemand des conjonctions et des locutions conjonctives; par MARCUS. 1 vol. in-12 broché. 3 fr. 50

GRAMMAIRE DU NOUVEAU MONDE, par F. MOINE. In-12. 2 fr.

— FRANÇAISE à l'usage des pensionnats de demoiselles, par Mme ROULLEAUX. In-12. 60 c.

GRAMMAIRE (Nouvelle) ITALIENNE, méthodique et raisonnée, par le comte DE FRANCOLINI. In-8. 7 fr. 50

— POLYGLOTTE, ou Tableaux synoptiques comparés

des langues française, allemande, anglaise, italienne, etc., par S. JOST. In-8.   3 fr. 50

   Thèmes anglais.   50 c.

    — allemands.   1 fr.

    — italiens.   1 fr.

    — espagnols.   1 fr.

GUIDE (Nouveau) DES MÈRES DE FAMILLE, ou Education physique, morale et intellectuelle de l'Enfance jusqu'à la 7e année, par le docteur MAIRE. In-8.   6 fr.

HISTOIRE ABRÉGÉE DU MOYEN-AGE, suivie d'un Tableau chronologique et ethnographique, par Henri ENGELHARDT. In-8.   5 fr.

HISTOIRE DE LA LANGUE ET DE LA LITTÉRATURE PROVENÇALES, par E. DE LAVELEYE. Gr. in-8.   6 fr.

HISTOIRE DE LA SAINTE BIBLE, contenant le Vieux et le Nouveau Testament, par DE ROYAUMONT. Au Mans, 1854; in-12.   1 fr.

— DES CHEVAUX CÉLÈBRES. 1 v. in-12, fig. 2 fr. 50

HISTOIRE DES FÊTES CIVILES ET RELIGIEUSES DE LA BELGIQUE MÉRIDIONALE, par Mme CLÉMENT, née HÉMERY. 1 vol. in-8, avec fig.   8 fr.

HISTOIRE DES VARIATIONS DES ÉGLISES PROTESTANTES, par BOSSUET. 4 vol. in-8.   18 fr.

IMITATION DE JÉSUS-CHRIST, avec une Pratique et une Prière à la fin de chaque chapitre; traduite par le P. GONNELIEU. In-18.   1 fr. 75

INSTRUCTION MATERNELLE, ou Direction morale de l'enfance, par mademoiselle A. FAURE. Paris, 1840, in-12.   3 fr.

INSTRUCTIONS POUR LA CONFIRMATION, à l'usage des jeunes gens qui se disposent à recevoir ce sacrement, par l'abbé REGNAULT. Toul, 1816, in-18.   75 c.

JARDIN (le) DES RACINES GRECQUES, recueillie par LANCELOT, et mis en vers par LE MAISTRE DE SACY, par C. BORET. In-8.   5 fr.

JEUX DE CARTES HISTORIQUES, par M. JOUY, au nombre de 15, sur la Mythologie, la Géographie, la Chronologie, l'Astronomie, l'Histoire Sainte, l'Histoire Romaine, l'Histoire de France, d'Angleterre, etc. — A 2 fr. chaque. — La Géographie seule à 2 fr. 50.

JUSTINI HISTORIARUM, ex Trogo Pompeio, libri

XLIV. Accedunt excerptiones chronologicæ ad usum scholarum. Tulli-Leucorum. 1823, in-18.   1 fr. 50

LEÇONS ÉLÉMENTAIRES de Philosophie, destinées aux élèves de l'Université de France qui aspirent au grade de bachelier-ès-lettres, par J.-S. FLOTTE. 5e édition. 3 v. in-12.   7 fr. 50

LEVÉS (des) A VUE, et du Dessin d'après nature, par M. LEBLANC. In-18, figures.   25 c.

MANUEL COMPLET ET MÉTHODIQUE D'ÉDUCATION. Livre de Lectures journalières à l'usage des Ecoles primaires, par A. DUCASTEL. In-12.   2 fr.

MANUEL DE L'HISTOIRE DE FRANCE, par ACHMET D'HÉRICOURT. 2 vol. in-8.   15 fr.

MANUEL DES INSTITUTEURS ET DES INSPECTEURS D'ÉCOLES PRIMAIRES, par ***. In-12. 4 fr.

— DU STYLE, en 40 leçons, à l'usage des Maisons d'éducation, des jeunes littérateurs et des gens du monde. Edition augmentée d'un résumé des études parlementaires sur les orateurs de la Chambre des députés, par M. CORMENIN, sous le pseudonyme de TIMON, par RAYNAUD. 1 vol. in-8.   3 fr. 50

MAPPEMONDE (la) de l'Atlas, de LESAGE.   2 fr.

MÉTHODE COMPLÈTE DE CARSTAIRS, dite AMÉRICAINE, ou l'Art d'écrire en peu de leçons par des moyens prompts et faciles; traduit de l'anglais, sur la dernière edition, par M. TREMERY, professeur. 1 vol. oblong, accompagné d'un grand nombre de modèles mis en français. 3 fr.

MÉTHODE DE LECTURE, de CHARPENTIER, de Cosny (Aisne). 4 feuilles.   1 fr. 50

MODÈLES DE L'ENFANCE, par l'abbé TH. PERRIN. In-32.   50 c.

MORALE DE L'ENFANCE, ou Quatrains moraux, à la portée des Enfants, et rangés par ordre méthodique, par M. le vicomte de MOREL-VINDE, pair de France et membre de l'Institut de France. 1 vol. in-16. (Adopté par la Société élémentaire, la Société des méthodes, etc.)   1 fr.

— Le même ouvrage, *papier vélin*, format in-12. 2 fr.

— Le même, *tout latin*, traduction faite par M. VICTOR LECLERC.   1 fr.

— Le même, *latin-français* en regard.   2 fr.

MORALE (la) EN ACTION, ou Choix de faits mémorables et Anecdotes instructives. In-12.   2 fr.

MUSIQUE DES CANTIQUES RELIGIEUX ET MO-
RAUX, pour le Cours d'éducation de M. Amoros. In-18. 2 fr.

PARAFARAGARAMUS, ou Croquignole et sa famille.
In-18.
1 fr. 25

PARFAIT MODÈLE (le), ou la Vie de Berchmans.
In-18.
1 fr. 25

PARTICIPES RENDUS FACILES, surtout pour les
jeunes intelligences, par M. Collin. In-12.
80 c.

PÉLERINAGE (le) DE DEUX SOEURS, COLOM-
BELLE et VOLONTAIRETTE, vers Jérusalem. In-12,
fig.
1 fr. 75

PENSÉES ET MAXIMES DE FÉNÉLON. 2 vol.
in-18, portrait.
3 fr.

— DE J.-J. ROUSSEAU. 2 vol. in-18, portrait.
3 fr.

— DE VOLTAIRE. 2 vol. in-18, portrait.
3 fr.

PETITS PROVERBES DRAMATIQUES, à l'usage
des jeunes gens, par Victor Cholet. In-12.
2 fr. 50

PHRÉNOLOGIE DES GENS DU MONDE. Leçons pu-
bliques données à Mulhouse, par le dr A. Pénot. In-8. 7 fr. 50

PHYSIQUE USUELLE, présentant les phénomènes de la
nature, etc., par G.-F. Olivier. 2e édition, in-12.
2 fr.

PREMIÈRES PAGES DE L'HISTOIRE DU MONDE.
Leçons publiques, données à Mulhouse, par A. Pénot.
In-8.
7 fr. 50

PRINCIPES DE LITTÉRATURE, mis en harmonie
avec la morale chrétienne, par J.-B. Pérennes. In-8. 5 fr.

PRINCIPES DE PONCTUATION, fondés sur la nature du langage écrit, par M. Frey. (Ouvrage approuvé
par l'Université.) 1 vol. in-12.
1 fr. 50

PRINCIPES GÉNÉRAUX ET RAISONNÉS DE
LA GRAMMAIRE FRANÇAISE, par de Restaut.
In-12.
2 fr. 50

PROGRAMME D'UN COURS ÉLÉMENTAIRE DE
GÉOMÉTRIE, par M. R... In-8.
1 fr. 50

RECHERCHES SUR LA CONFESSION AURICU-
LAIRE, par M. l'abbé Guillois. In-12.
1 fr. 75

RECUEIL DE MOTS FRANÇAIS, rangés par ordre
de matières, avec des notes sur les locutions vicieuses et des
règles d'orthographe, par B. Pautex. 6e éd. in-8. 1 fr. 50

— Abrégé de l'ouvrage ci-dessus.
30 c.

— Exercices sur l'Abrégé ci-dessus.
1 fr.

RHÉTORIQUE FRANÇAISE, composée pour l'instruction de la jeunesse, par M. Domairon. In-12.
3 fr.

RUDIMENTS DE LA LANGUE ALLEMANDE par FRIES. 1 vol. in-8°. 2 fr

SAINTE (la) BIBLE. Paris, 1819, 7 vol. in-18., sur papier coquille. 25 fr.

* SAINTE BIBLE en Latin et en Français, contenant l'Ancien et le Nouveau Testament, par DE CARRIÈRES. 10 vol. in-8. 45 fr.

SCIENCE (la) ENSEIGNÉE PAR LES JEUX, ou Théorie scientifique des jeux les plus usuels, accompagnée de recherches historiques sur leur origine, servant d'Introduction à l'étude de la mécanique, de la physique, etc. ; imitée de l'anglais, par M. RICHARD, professeur de mathématiques. Ouvrage orné d'un grand nombre de vignettes gravées sur bois par M. GODARD. 2 jolis vol. in-18. (Même ouvrage que le *Manuel des Jeux enseignant la science.*) 6 fr.

SELECTÆ E NOVO TESTAMENTO HISTORIÆ éx Erasmo desumptæ. Tulli-Leucorum, 1823, in-18. 1 fr. 40

SERMONS DU PÈRE LENFANT, Prédicateur du roi Louis XVI. 8 gros vol. in-12, ornés de son portrait. 2e édition. 20 fr.

SIX (les) PREMIERS LIVRES DES FABLES DE LA FONTAINE, par VANDEREST. In-18. 1 fr.

SUPPLÉMENT A L'ARITHMÉTIQUE ET A LA GÉOMÉTRIE USUELLES, par G.-F. OLIVIER. In-8. 4 fr.

SYNONYMES (Nouveaux) FRANÇAIS à l'usage des demoiselles, par mademoiselle FAURE. 1 vol. in-12. 3 fr.

SYSTÈME (Nouveau) D'ENSEIGNEMENT DU LATIN, par F.-G. POTTIER. In-8. 5 fr.

TABLEAU DE LA MISÉRICORDE DIVINE, tirée de l'Écriture-Sainte, par l'abbé BERGIER. In-12. 1 fr. *Id.* Édition in-8, papier fin. 3 fr.

TABLEAU SYNOPTIQUE DE LA CONJUGAISON DES VERBES, par MILLOT. Une feuille in-folio. 1 fr. 50

TABLEAUX (35) DE GRAMMAIRE FRANÇAISE, applicables à tous les modes d'enseignement, par M. J.-F. WALEFF. In-folio. 3 fr. 50

TABLE DES VERBES IRRÉGULIERS de la langue allemande. Tours, in-8. 1 fr. 50

THE ELEMENTS OF ENGLISH CONVERSATION, by J. PERRIN, in-12. 1 fr. 75

THE KEY, ou la traduction des thèmes de la grammaire anglaise de GIDOLPH. In-8. 1 fr. 50

6

TRAITÉ D'ARITHMÉTIQUE ET D'ALGÈBRE, par A. RÉVILLE. In-8. 3 fr.

TRAITÉ DE GÉOMÉTRIE, de Trigonométrie rectiligne, d'Arpentage et de Géodésie pratique, suivi de tables des Sinus et des Tangentes en nombres naturels, par M. JEANNET, considérablement augmenté par M. GIGAULT D'OLINCOURT, ingénieur civil et architecte. 2 vol. in-12. 7 fr.

TRAITÉ DE L'ORTHOGRAPHE des Verbes réguliers, irréguliers et défectueux, par V.-A. BOULENGER. Paris, 1831, in-18. 50 c.

TRAITÉ DES PARTICIPES, par E. SMITS. In-12. 30 c.

TRAITÉ DES VERTUS et des moyens de les acquérir, par DE PAZ, traduit du latin par BROUILLON. In-12. 1 fr. 50

USAGE DE LA RÈGLE LOGARITHMIQUE, ou Règle-calcul. In-18. 25 c.

VEILLÉES (les) **DE LA LORRAINE**, ou Lectures du soir, par F. D'OLINCOURT. 4 vol. in-12. 12 fr.

VÉRITABLE PERFECTION DU TRISOTAGE, br. in-12 par GAZYBOWSKA. 1 fr.

VOCABULAIRE USUEL DE LA LANGUE FRANÇAISE, par A. PETER. In-12. 2 fr. 50

VOYAGES DE GULLIVER. 4 vol. in-18, fig. 6 fr.

OUVRAGES DE MM. NOEL, CHAPSAL,
PLANCHE ET FELLENS.

GRAMMAIRE LATINE (nouvelle) sur un plan très-méthodique, par M. NOEL, inspecteur-général à l'Université, et M. FELLENS. Ouvrage adopté par l'Université. 1 fr. 80

EXERCICES (latins-français). 1 fr. 80
THÈMES pour 7e et 8e. 1 fr. 50
CORRIGÉS. 1 fr. 50
ABRÉGÉ DE LA GRAMMAIRE FRANÇAISE, par MM. NOEL et CHAPSAL. 1 vol. in-12. 90 c.

EXERCICES ÉLÉMENTAIRES, adaptés à l'abrégé de la Grammaire française de MM. NOEL et CHAPSAL. 1 fr.

GRAMMAIRE FRANÇAISE (nouvelle) sur un plan très-méthodique, par MM. NOEL et CHAPSAL. 3 vol. in-12 qui se vendent séparément, savoir :

LA GRAMMAIRE, 1 vol. 1 fr. 50

— LES EXERCICES. (*Première année.*) 1 vol. 1 fr. 50.
— LE CORRIGÉ DES EXERCICES. 2 fr.
EXERCICES FRANÇAIS SUPPLÉMENTAIRES, sur les difficultés qu'offre la syntaxe, par M. CHAPSAL. (*Seconde année.*) 1 fr. 50.
CORRIGÉ DES EXERCICES SUPPLÉMENTAIRES. 2 fr.
LEÇONS D'ANALYSE GRAMMATICALE, par MM. NOEL et CHAPSAL. 1 vol. in-12. 1 fr. 80.
LEÇONS D'ANALYSE LOGIQUE, par MM. NOEL et CHAPSAL. 1 vol. in-12. 1 fr. 80.
TRAITÉ (nouveau) DES PARTICIPES, suivi de dictées progressives, par MM. NOEL et CHAPSAL. 3 vol. in-12 qui se vendent séparément, savoir :
— THÉORIE DES PARTICIPES. 1 vol. 2 fr.
— EXERCICES SUR LES PARTICIPES. 1 vol. 2 fr.
— CORRIGÉ DES EXERCICES SUR LES PARTICIPES. 1 vol. 2 fr.
SYNTAXE FRANÇAISE, par M. CHAPSAL, à l'usage des classes supérieures. 1 vol. 2 fr. 75.
COURS DE MYTHOLOGIE. 1 vol. in-12. 2 fr.
DICTIONNAIRE (nouveau) DE LA LANGUE FRANÇAISE, 9e édition. 1 vol. in-8, grand papier. 8 fr.

OUVRAGES
DE M. ADRIEN DE LA FAGE.

HISTOIRE GENERALE DE LA MUSIQUE ET DE LA DANSE.
La première livraison forme deux volumes in-8°, imprimés en caractères neufs. 15 fr.
Les deux atlas in-folio, l'un de dessins, contenant 200 sujets gravés sur cuivre, et l'autre de musique, renfermant plus de 120 pièces de musique chinoise, indienne. 12 fr.
On peut retirer séparément chaque volume et chaque atlas.
La seconde livraison paraîtra incessamment.
— MISCILLANÉES MUSICALES. 1 vol. in-8° de 536 pages. 7 fr. 50
— ELOGE DE CHORON, lu à l'Académie de.. dans la séance du 7 février 1856. 1 v. in-8. gr.-raisin. (Rare) 2 fr. 50
— NOTICE SUR BOCQUILLON-WILHEM. in-8. 1 fr. 25

— MEMORIA INTORNO LA VITA ET LE OPERE DI STANISLAS MATTEI. in-8.　　　　　1 fr. 25
— SÉMIOLOGIE MUSICALE, ou Exposé succinct et rai-
sonné des principes élémentaires de la Musique, suivi d'un
vocabulaire des termes les plus usités. 1 v. in-8 jésus (Epuisé).
(Il y a une nouvelle édition sous presse.)
— LITTERA INTORNO all'intro tuzione del Metodo Wil-
hem nelle Scuolo di Torino, indizizzata al signor maestro
Luigi-Felicii Rossi. in-8.　　　　　　　1 fr.
— ORGUE DE L'ÉGLISE DE SAINT-DENIS, construit
par Cavaillé-Coll, père et fils; Rapport fait à la Société libre
des Beaux-Arts, avec gravure représentant cet orgue. Seconde édition. in-8.　　　　　　　　2 fr.
— ORGUE DE SAINT-EUSTACHE; sa reconstruction,
emploi des produits de la loterie tirée à cette occasion; lettre
adressée à M. E. Sue. br. in-8.　　　　　50 c.
— SOLFÈGES DE DIVERS AUTEURS célèbres, disposés à
trois parties très-égales; à l'usage des classes de musique;
1re série composée de 50 solfèges moins difficiles et moins
étendus que ceux de la seconde série. 1 vol. in-8. 7 fr 50.
Les mêmes solfèges, 2o série, composés de 40 solfèges
plus difficiles et plus étendus que ceux de la première. 1 vol.
in-8.　　　　　　　　　　　9 fr.
Ces solfèges ont été adoptés dans un grand nombre d'é-
coles publiques et particulières. Une troisième série paraîtra
bientôt.

OUVRAGES DE M. MORIN.

GÉOGRAPHIE ÉLÉMENTAIRE ancienne et moderne,
précédée d'un Abrégé d'astronomie. In-12, cart.　1 fr. 80.
OEUVRES DE VIRGILE, traduction nouvelle, avec
le texte en regard et des remarques. 5 vol. in-12. 7 fr. 50.
BUCOLIQUES ET GEORGIQUES. 1 vol. in-12. 2 fr. 50.
PRINCIPES RAISONNÉS DE LA LANGUE FRAN-
ÇAISE, à l'usage des collèges. Nouv. éd. In-12.　1 fr. 20
— DE LA LANGUE LATINE, suivant la méthode de
Port-Royal, à l'usage des collèges. 1 vol. in-12. 1 fr. 25.
NOUVEAU SYLLABAIRE, ou Principes de lecture.
Ouvrage adopté par l'Université, à l'usage des écoles pri-
maires.　　　　　　　　　　60 c.
TABLEAUX DE LECTURE destinés à l'enseignement
mutuel et simultané, 50 feuilles.　　　　4 fr.

OUVRAGES CLASSIQUES DES ÉCOLES CHRÉTIENNES.

PAR L. C. ET F. P. B.

TRAITÉ DES DEVOIRS DU CHRÉTIEN ENVERS DIEU. In-12. 1 fr. 50.

GRAMMAIRE FRANÇAISE ÉLÉMENTAIRE In-12. 1 fr. 40.

ABRÉGÉ DE GÉOGRAPHIE COMMERCIALE ET HISTORIQUE. In-12. 1 fr. 35

EXERCICES ORTHOGRAPHIQUES. In-12. 1 fr. 80

DICTÉES ET CORRIGÉ DES EXERCICES ORTHOGRAPHIQUES. 2 fr.

TRAITÉ D'ARITHMÉTIQUE DÉCIMALE. In-12. 2 fr.

SOLUTIONS DES PROBLÈMES DU TRAITÉ D'ARITHMÉTIQUE. 1 fr. 75

SYSTÈME MÉTRIQUE DÉCIMAL. In-12. 1 fr.

COURS D'HISTOIRE, contenant l'Histoire sainte et 'Histoire de France. In-12. 1 fr. 75

ABRÉGÉ DE GÉOMÉTRIE PRATIQUE. In-12. 2 fr. 50

OUVRAGES DIVERS.

ABUS (des) EN MATIÈRE ECCLÉSIASTIQUE, par M. BOYARD. 1 vol. in-8. 2 fr. 50

ALLÉGORIE (de l'), ou Traité sur cette matière, par WINCKELMANN, ADDISON, SULZER, etc. 2 vol. in-8. 6 fr.

ANIMAUX (les) PARLANTS, poème épique en 26 chants, de CASTI, traduit de l'italien par MARÉCHAL. 2 vol. in-8. 6 fr.

ANNALES DE L'INDUSTRIE NATIONALE ET ÉTRANGÈRE, par MM. LENORMAND et DE MOLÉON. 1820 à 1826. 24 vol. in-8, demi-rel. 190 fr.

— RECUEIL INDUSTRIEL, Manufacturier, Agricole et Commercial, par M. DE MOLÉON. 1827 à 1831. 20 vol. in-8, cartonnés. 150 fr.

* ANNALES DES ARTS ET MANUFACTURES, par MM. OREILLY et BARBIER-VEMARS. 23 vol. in-8. 35 fr.

ANNÉE (L') DE L'ANCIENNE BELGIQUE, Mémoire, etc., par le docteur COREMANS. Bruxelles, 1844 in-8.

ANNÉE FRANÇAISE, ou Mémorial des Sciences, des Arts et des Lettres. 1825, 1re année. 1 vol. in-8. 7 fr.
— 1826, 2e année. 2 vol. in-8. 14 fr.

ANNUAIRE ENCYCLOPÉDIQUE Récréatif et Populaire, pour 1850. 1 vol. in-16, grand-raisin, orné de jolies gravures. 50 c.
Les années 1840 à 1850 se vendent chacune 50 c.

APPLICATION DE L'APPAREIL PAULIN aux Arts industriels, du doreur sur métaux, du broyeur de couleurs, fabrication du minium, étamage, etc. In-4, fig. 3 fr.

AQUARELLE-MINIATURE PERFECTIONNÉE, reflets métalliques et chatoyants, et peinture à l'huile sur velours, par M. SAINT-VICTOR. 2 vol. grand in-8, orné de 8 planches. 8 fr.
Le même ouvrage, augmenté de 6 planches peintes à la main. 12 fr.

ARCHÉOLOGIE DU DÉPARTEMENT DU LOIRET, et de quelques Localités voisines, avec des lithographies et des plans, par C.-F. VERGNAUD-ROMAGNÉSI. In-8. 15 fr.

On vend séparément les Mémoires suivants :

Eglise de Sainte-Croix, d'Orléans.	1 f.	»
Instruments antiques.	1	»
Médailles romaines.	1	»
Porte Saint-Jean, d'Orléans.	1	»
Sculptures antiques.	1	50
Fort des Tourelles, à Orléans.	2	50
Idem, réponse à M. Jollois.	1	»
Eglise Saint-Pierre, en Pont.	1	50
Mosaïque et antiquités romaines.	2	»
Bannière d'Orléans.	1	50
Porte Saint-Laurent, à Orléans.	1	50
Butte (tumulus), de Mézières.	1	»
Abbaye de Saint-Mesmin-de-Micé.	2	50
Monastère de Fleury-Saint-Benoît.	1	50

ARCHIVES DES DÉCOUVERTES ET DES INVENTIONS NOUVELLES faites dans les Sciences, les Arts et les Manufactures, en France et à l'Étranger. Paris, 1808 à 1858. 50 vol. in-8, rel. 210 fr.

ARCHIVES (nouvelles) HISTORIQUES DES PAYS-BAS, ou Recueil pour la Géographie, la Statistique, l'His-

toire, etc., par le baron DE REIFFENBERG. Juillet 1829 à
mai 1831. 9 numéros in-8.   18 fr.

ART (l') DE CONSERVER ET D'AUGMENTER LA
BEAUTÉ, corriger et déguiser les imperfections de la nature, par LAMI. 2 jolis vol. in-18, ornés de gravures. 6 fr.

— DE LEVER LES PLANS, et nouveau Traité d'Arpentage et de Nivellement, par MASTAING. 1 vol. in-12.
Nouvelle édition.   4 fr.

ARTISTE (l') EN BATIMENTS. Ordres d'architecture,
consoles, cartouches, décors et attributs, etc.; par L. BER-
THAUX. In-4 oblong.   6 fr.

ATLAS DU MÉMORIAL DE SAINTE-HÉLÈNE.
In-4.   6 fr.

ATTENDS-MOI AU MONT-SAINT-MICHEL, par
ANNE BEAULÈS. Paris, 1840, 2e édition, in-8.   75 c.

BARBARIE (La) FRANKE et la Civilisation Romaine,
études historiques, par GÉRARD. In-18.   3 fr.

BARÊME DU LAYETIER, contenant le toisé par vo-
liges de toutes les mesures de caisses, depuis 12-6-6, jusqu'à 72-72-72, etc., par BIEN-AIMÉ. 1 vol. in-12. 1 fr. 25

BARÊME-MÉTRIQUE (Le nouveau), ou Guide complet
du Marchand de Bois, par MM. L.-N. DESPERROIS et
G.-F. FÉRON. In-12.   3 fr. 50

BESANÇON : DESCRIPTION HISTORIQUE des Monuments et Etablissements publics de cette ville, par
A. GUÉNARD. In-18.

BIBLIOGRAPHIE ACADÉMIQUE BELGE, ou Ré-
pertoire systématique et analytique des mémoires, disserta-
tions, etc., publiés jusqu'à ce jour par l'ancienne et la
nouvelle Académie de Bruxelles, par P. NAMUR. 1 vol.
in-8.   5 fr.

BIBLIOGRAPHIE-PALÉOGRAPHICO-DIPLOMA-
TICO-BIBLIOLOGIQUE générale, ou Répertoire systématique indiquant 1º tous les ouvrages relatifs à la Pa-
léographie, à la Diplomatie, à l'Histoire de l'Imprimerie
et de la Librairie, et suivi d'un Répertoire alphabétique
général, par M P. NAMUR. 2 vol. in-8.   15 fr.

BIBLIOTHÈQUE CHOISIE DES PÈRES DE L'É-
GLISE grecque et latine, ou Cours d'Eloquence sacrée,
par M.-N.-S. GUILLON. Paris, 1824 à 1828. 26 vol. in-8.
demi-rel.   80 fr.

BIBLIOTHÈQUE DES ARTS ET MÉTIERS,

Format in-18, grand papier.

LIVRE de l'ARPENTEUR-GÉOMÈTRE, par MM. PLACE et FOUCARD, 1 vol.   2 fr.

— du BRASSEUR, par M. DELESCHAMPS, 1 vol.   1 fr. 50

LIVRE de la COMPTABILITÉ DU BATIMENT, par M. DIGEON. 1 vol.   2 fr.

— du CULTIVATEUR, par M. MAUNY DE MORNAY. 1 vol.   2 fr. 50

— de l'ÉCONOMIE et de l'ADMINISTRATION RURALE, par M. DE MORNAY. 1 vol.   2 fr. 50

— du FORESTIER, par M. DE MORNAY. 1 vol.   2 fr.

— du JARDINIER, par M. DE MORNAY. 2 vol.   4 fr.

— des LOGEURS et TRAITEURS. 1 vol.   1 fr. 50

— du MEUNIER, par M. DE MORNAY. 1 vol. 2 fr. 50

— du PROPRIETAIRE et de l'ÉLEVEUR D'ANIMAUX DOMESTIQUES, par M. DE MORNAY. 1 vol.   2 fr. 50

— du FABRICANT DE SUCRE et du RAFFINEUR, par M. DE MORNAY. 1 vol.   2 fr. 50

— TAILLEUR, par M. AUGUSTIN CANEVA. 1 vol.   1 fr. 50

— du TOISEUR-VÉRIFICATEUR. — M. DIGEON. 1 vol.   2 fr.

— du VIGNERON et du FABRICANT DE CIDRE, par M. DE MORNAY. 1 vol.   2 fr.

Cette collection, publiée par les soins de M. *Pagnerre*, étant devenue la propriété de M. ROBET, c'est à ce dernier que MM. les libraires dépositaires de ces ouvrages devront rendre compte des exemplaires envoyés en commission par M. *Pagnerre*.

BILAN EN PERSPECTIVE DES CHEMINS DE FER en France; Envahissement du travail national par le mécanisme, par DAGNEAU-SYMONSEN. In-8.   2 fr. 25

BONNE (la) COUSINE, ou Conseils de l'Amitié; ouvrage destiné à la Jeunesse; par Mme EL. CELNART. 2e édition, in-12.   2 fr. 50

BRITISH (the) CYCLOPOEDIA, of Arts and Sciences, Manufactures, Commerce, Litterature, etc., by CHARLS F.

PARTINGTON. London, 1834-35. 8 vol. in-8 et Atlas, savoir:
— Littérature, Géographie, etc. 3 vol. et Atlas.
— Natural History. 3 vol et Atlas. } 225 fr.
— Sciences et Arts. 2 vol. in-8 et Atlas.

BULLETIN DE LA SOCIÉTÉ D'ENCOURAGE-
MENT pour l'industrie nationale, publié avec l'approbation
du Ministre de l'Intérieur. An XI à 1845. 44 vol. in-4,
avec beaucoup de gravures. Prix de la collection. 536 fr.
On vend séparément les années 1 à 28, 9 fr.; 29e à 45e,
15 fr.; table. 6 fr.; notice, 2 fr.

BULLETIN DU BIBLIOPHILE BELGE, sous la direction du baron DE REIFFENBERG. Tomes 1, 2 et 5,
1844-1846-1847. 36 fr.
Il paraît par livraisons qui forment un vol. in-8 de 500
pages par an. 12 fr.

CARACTÈRES POÉTIQUES, par ALLETS. In-8. 6 fr.

CARTE TOPOGRAPHIQUE DE L'ILE SAINTE-
HÉLÈNE, dressée pour le Mémorial de Sainte-Hélène. In-
plano. 1 fr. 50

CAUSES (des) DE LA DÉCADENCE DE LA PO-
LOGNE, par D'HERBELOT. In-8. 1 fr.

CHANTS (les) DU TOMBEAU. Poésies, par ED.
GRUET. In-18. 1 fr. 50

CHARTE (de la) D'UN PEUPLE LIBRE et digne de
la liberté, par A.-D. VERGNAUD. In-8. 1 fr. 50

CHRIST, ou l'Affranchissement des Esclaves, Drame hu-
manitaire en cinq actes, par M. H. CAVEL. In-8. 3 fr. 50

CHEMISE (la) SANGLANTE DE HENRY-LE-
GRAND. In-8. 75 c.

CHIMIE APPLIQUÉE AUX ARTS, par CHAPTAL,
membre de l'Institut. Nouvelle édition avec les additions de
M. GUILLERY. 5 livraisons formant un gros volume in-8,
grand papier. 20 fr.

CHINE (la), L'OPIUM ET LES ANGLAIS, contenant des documents historiques sur le commerce de la
Grande-Bretagne en Chine, etc., par M. SAURIN. 5 fr.

CHOLÉRA (le) A MARSEILLE, en 1834-1835. In-8.
Marseille, 1855. 4 fr.

CODE DES MAITRES DE POSTE, des Entrepre-
neurs de Diligences et de Roulage, et des Voitures en général par terre et par eau, ou Recueil général des Arrêts
du Conseil, Arrêts de règlement, Lois, Décrets, Arrêtés,
Ordonnances du roi et autres actes de l'autorité publique,

etc., par M. LANOE, avocat à la Cour Royale de Paris. 2 vol.
in-8. 12 fr.

COLLECTION DE MANUELS-RORET, *formant une Encyclopédie des* Sciences et des Arts. 295 vol. in-18, avec un grand nombre de planches gravées. (Voir le détail p. 3.)

COLLECTION UNIQUE de sujets peints à la main, à la manière dite aquarelle-miniature, par le chev. SAINT-VICTOR. 4 livraisons in-4. 40 fr.

COMPTES-FAITS des intérêts à 6 du cent par an, etc., par DUPONT aîné. In-12. 1 fr. 25

COMPTES-RENDUS HEBDOMADAIRES des séances de l'Académie des Sciences, par MM. les Secrétaires perpétuels. Paris, 1835 à 1842. 15 vol. in-4. 150 fr.

CONCORDANCE DE L'ÉCRITURE-SAINTE, avec les traditions de l'Inde, par AD. KARSTNER. In-8. 3 fr.

CONDUITE (la) **DE SAINT-IGNACE DE LOYOLA**, menant une âme à la perfection, par le P. ANT. VATIER. In-12. 1 fr. 75

CONGRÈS SCIENTIFIQUE de France. Première Session, tenue à Caen, en juillet 1833. In-8. 4 fr. 50

CONSEILS AUX ARTISTES et aux amateurs sur l'application de la Chambre claire à l'art du Dessin, par CH. CHEVALIER. In-8. 2 fr.

CONSIDÉRATIONS SUR LES TROIS SYSTÈMES DE COMMUNICATIONS INTÉRIEURES, au moyen des routes, des chemins de fer et des canaux, par M. NADAULT, ingénieur des Ponts-et-Chaussées. 1 vol. in-4. 6 fr.

CONSTRUCTION (de la) **DES ENGRENAGES**, et de la meilleure forme à donner à leur denture, par S. HAINDL. In-12. Fig. 4 fr. 50

CONSTRUCTION (De la) **ET DE L'EXPLOITATION DES CHEMINS DE FER** en France, par P. DENIEL. In-8. 4 fr.

COUP-D'OEIL GÉNÉRAL ET STATISTIQUE sur a Métallurgie considérée dans ses rapports avec l'Industrie et la richesse des peuples, etc., par TH. VIRLET. In-8. 3 fr.

COUP-D'OEIL GÉNÉRAL SUR LES POSSESSIONS NÉERLANDAISES dans l'Inde archipélagique, par C.-J. TEMMINCK. Tome 1, in-8. 12 fr.

COUR DE CASSATION, Lois et Réglements, par M. TARBÉ. 1 vol. in-8, grand format. 18 fr.

COURS COMPLET D'ÉCONOMIE POLITIQUE-PRATIQUE, par J.-B. SAY. 2 vol. grand in-8. 20 fr.

COURS DE PEINTURE A L'AQUARELLE, contenant des Notions générales sur le Dessin, les Couleurs, etc.; par DUMÉNIL. In-18. 1 fr. 50

COURS DE TENUE DE LIVRES en parties simple et double, par C.-F. REESS-LESTIENNE. 2 vol. in-8. 7 fr. 50

COUTUME DU BAILLAGE DE TROYES, avec es Commentaires de M. LOUIS-LE-GRAND. Paris, 1737, in-folio. Relié. 30 fr.

CULTE (du) MOSAIQUE au XIXe siècle, par P.-B. In-12. 2 fr.

DÉCOUVERTES DANS LA LUNE, au Cap de Bonne-Espérance, par sir JOHN HERSCHEL. In-8. 1 fr.

DERNIERS MOMENTS DE LA RÉVOLUTION DE POLOGNE, en 1831, par M. JANOWSKI. In-8. 3 fr.

*DESCRIPTION DES MACHINES et procédés spécifiés dans les BREVETS D'INVENTION, de perfectionnement et d'importation, dont la durée est expirée, publiée d'après les ordres du Ministre de l'Intérieur, par MM. MOLARD, CHRISTIAN, etc. 65 vol. in-4, avec un grand nombre de planches gravées. Paris, 1812 à 1847. Les 65 vol. 900 fr.

Chaque volume se vend séparément : 1er à 5e à 15 fr.; 6e à 20e à 12 fr.; 21e à 65e à 15 fr.

— Table générale des matières contenues dans les 40 premiers volumes. In-4. 5 fr.

DESCRIPTION GÉNÉRALE DE LA CHINE, par l'abbé GROSIER. 2 vol. in-8. 12 fr.

*DICTIONNAIRE DES DÉCOUVERTES, Inventions, Innovations, Perfectionnements, etc., en France, dans les Sciences, la Littérature et les Arts, de 1789 à 1820. 17 vol. in-8. Demi-rel. 50 fr.

DICTIONNAIRE DES GIROUETTES, ou nos Contemporains peints par eux-mêmes. Paris, 1815, in-8. 5 fr.

*DICTIONNAIRE TECHNOLOGIQUE, ou Nouveau Dictionnaire universel des Arts et Métiers, et de l'économie industrielle et commerciale, par une Société de savants et d'artistes. Paris, 1822. 22 vol. in-8, et Atlas. In-4. 222 fr.

DICTIONNAIRE UNIVERSEL géographique, statistique, historique et politique de la France. 5 vol. in-4. 40 fr.

DICTIONNAIRE UNIVERSEL de la Géographie commerçante, par J. PEUCHET. 5 vol. in-4 reliés. 40 fr.

DZIETA KRASICKIEGO, dziesiec Tomow W Jednym. Barbezata, in-8. (OEuvres poétiques de Krasicki.) 19 fr.

ÉCLECTISME (de l') EN LITTÉRATURE, Mémoire auquel la médaille d'or de 1re classe a été décernée par la Société royale des Sciences de Clermond-Ferrand, par Mme CELNART, in-8.   1 fr. 25

ÉLECTIONS (des) SELON LA CHARTE et les lois du royaume, par M. BOYARD. In-8.   6 fr.

ELEMENTS OF ANATOMY GENERAL, special, and comparative, by DAVID CRAIGIE. Edimburgh, 1831, in-4. figures.   15 fr.

ÉLÉONORE DE FIORETTI, ou Malheurs d'une jeune Romaine sous le pontificat de *** 2 vol. in-12.   3 fr.

ÉLOGE DE LA FOLIE, par ÉRASME, traduction nouvelle, par C. B. de PANALBE, in-8.   6 fr.

EMMELINE ET MARIE, suivies des Mémoires sur Madame BRUNTON; traduit de l'anglais, 4 vol. in-12. 6 fr.

EMPLOI (de l') DU REMÈDE CONTRE LES GLAIRES, et observations sur ses effets, in-8.   75 c.

EMPRISONNEMENT (de l') pour dettes. Considérations sur son origine, ses rapports avec la morale publique et les intérêts du commerce, des familles, de la société, suivies de la statistique générale de la contrainte par corps en France et en Angleterre, et de la statistique détaillée des prisons pour dettes de Paris et de Lyon, et de plusieurs autres grandes villes de France, par J.-B. BAYLE-MOUIL-LARD. Ouvrage couronné en 1835 par l'Institut. 1 vol. in-8.
                                                      7 fr. 50

ENCYCLOPEDIA BRITANNICA, or a Dictionnary of Arts, Sciences, and miscellaneous Litterature. Edimburgh, 1817, 20 vol. in-4, fig., cartonnés.   300 fr.

ÉPILEPSIE (de l') EN GÉNÉRAL, et particulièrement de celle qui est déterminée par des causes morales, par M. DOUSSIN-DUBREUIL. 1 vol. in-12, 2e édition. 3 fr.

ÉPITAPHE DES PARTIS; celui dit juste-milieu, son avenir; par H. CAVEL. in-8.   1 fr. 50

ESPAGNE (de l') ET DE SES RELATIONS COMMERCIALES, par F.-A. DE CH. in-8.   2 fr. 50

ESPRIT DE LA COMPTABILITÉ COMMERCIALE, ou Résumé des Principes généraux de Comptabilité, par VALENTIN MEYER-KOECHLIN. In-8.   2 fr. 50

ESPRIT DES LOIS, par MONTESQUIEU. 4 volumes in-12.   12 fr.

ESQUISSE D'UN TABLEAU HISTORIQUE des progrès de l'esprit humain, par CONDORCET. In-18.   3 fr.

ESSAI HISTORIQUE ET CRITIQUE SUR LES

JOURNAUX BELGES, par A. WARZÉE. 1re partie, *Journaux politiques*, in-8. 3 fr.

ESSAI SUR L'ADMINISTRATION, par le Sous-Préfet de Béthune. In-8. 3 fr.

ESSAI SUR LE COMMERCE et les intérêts de l'Espagne et de ses colonies, par F.-A. DE CHRISTOPHORO D'AVALOS. In-8. 2 fr. 50

ESSAI SUR LES ARTS et les Manufactures de l'empire d'Autriche, par MARCEL DE SERRES. 3 vol. in-8. 12 fr.

ESSAI SUR LES MALADIES qui attaquent les gens de mer. In-12. 2 fr.

ESSAI SUR L'HISTOIRE GÉNÉRALE DES MATHÉMATIQUES, par Ch. Bossut. 2 vol. in-8. 15 fr.

ÉVÉNEMENTS DE BRUXELLES ET DES AUTRES VILLES DU ROYAUME DES PAYS-BAS, depuis le 25 août 1830, précédés du Catéchisme du citoyen belge et de chants patriotiques. 1 vol. in-18. 1 fr. 25

EXAMEN DE CE QUE RENFERME LA BIBLIOTHÈQUE DU MUSÉE BRITANNIQUE, par OCT. DELEPIERRE. In-12. 1 fr. 50

EXAMEN DU SALON DE 1827, avec cette épigraphe : *Rien n'est beau que le vrai.* 2 brochures in-8. 3 fr.

— Idem de 1834, par VERGNAUD. 1 fr. 50

EXAMEN HISTORIQUE DE LA RÉVOLUTION ESPAGNOLE, suivi d'Observations sur l'esprit public, la religion, etc., par ED. BLAQUIÈRE ; traduit de l'anglais par J.-C. P***. 2 vol. in-8. 10 fr.

EXPÉDITIONS DE CONSTANTINE, accompagnées de réflexions sur nos possessions d'Afrique, par V. DEVOISINS. In-8, fig. 2 fr. 50

EXPLICATIONS DU MARÉCHAL CLAUZEL. In-8. 1837. 3 fr.

EXTRAIT D'UN DISCOURS sur l'Origine, les Progrès et la Décadence du Pouvoir temporel du Clergé, par S. E. Mgr l'ancien Archevêque de T., In-8. 2 fr.

EXTRAITS DES REGISTRES DES CONSAUX DE TOURNAY, 1472 à 1581 ; suivis de la Liste des Mayeurs de cette ville, depuis 1667 jusqu'en 1794 ; par M. GACHARD. In-8. 5 fr. 50

EXTRAITS TIRÉS D'UN JOURNAL ALLEMAND destiné à rendre compte de la législation et du droit, dans toutes les contrées civilisées, par M. J.-J. DE SELLON. In-8. 1 fr. 50

7

FASTES DE LA FRANCE, ou Tableaux chronologiques, synchroniques et géographiques de l'Histoire de France, par C. MULLIÉ. 1841, in-fol.   35 fr.

FILLE (la) D'UNE FEMME DE GÉNIE, traduit de l'anglais de madame HOFLAND. 2 vol. in-12.   4 fr.

FLEURS DE BRUYÈRE, par Mlle M. F. SÉGUIN. dédiées à M. A. DE LAMARTINE. in-8.   6 fr.

FLEURS DE L'ARRIÈRE-SAISON (Poésies). In-8. Genève, 1840.   2 fr. 50

FONCTIONS (des) DE LA PEAU, et des maladies graves qui résultent de leur dérangement, par J.-L DOUSSIN-DUBREUIL. Paris, 1827. In-12.   2 fr. 50

FRANCE (la) CONSTITUTIONNELLE, ou la Liberté reconquise; poème national, par M. BOYARD. In-8. 6 fr.

FRANCE (la) MOURANTE, consultation historique à trois personnages. 1829. In-8.   2 fr.

GÉNIE (Le) DE L'ORIENT, commenté par ses monuments monétaires, études historiques, numismatiques, etc.; par SAWASZKIEWICZ. In-12, fig.   7 fr.

GÉOGRAPHIE ANCIENNE DES ÉTATS BARBARESQUES, d'après l'allemand de MANNERT, par MM. MARCUS et DUESBERG. In-8.   10 fr.

GLAIRES (des), DE LEURS CAUSES, de leurs effets, et des indications à remplir pour les combattre. 8e édition, par DOUSSIN-DUBREUIL. Paris, in-8.   4 fr.

GLOSSAIRE ROMAN-LATIN du xv° siècle, extrait de la bibliothèque de la ville de Lille, par E. GACHET. In 8. 1 f. 50

GRAISSINET (M.), ou Qu'est-il donc? Histoire comique, satirique et véridique, publiée par Duval. 4 v. in-12. 10 fr

Ce roman, écrit dans le genre de ceux de Pigault, est un des plus amusants que nous ayons.

GUIDE DES ARCHITECTES, Vérificateurs, Entrepreneurs et de toutes les personnes qui font bâtir, par L. LEJUSTE. 1 vol. in-4°.   12 fr.

GUIDE DE L'INVENTEUR dans les principaux États de l'Europe, ou Précis des lois sur les brevets d'invention, par CH. ARMENGAUD jeune. In-8.   2 fr. 50

GUIDE DES MAIRES (nouveau), ou Manuel des Officiers municipaux, dans leurs rapports avec l'ordre administratif et l'ordre judiciaire, les collèges électoraux, la garde nationale, l'armée, l'administration forestière, l'instruction publique et le clergé; par M. BOYARD, président à la Cour royale d'Orléans, etc. 1 gros vol. in-18 de 538 pages.   3 fr.

GUIDE DES MALADES, Manuel des personnes affectées de maladies chroniq., par le doct. BELLIOL. In-12. 6 fr.

GUIDE DU MÉCANICIEN, ou Principes fondamentaux de mécanique expérimentale et théorique, appliqués à la composition et à l'usage des machines, par M. SUZANNE, ancien professeur. 2e édition. 1 vol. in-8 orné d'un grand nombre de planches. 12 fr.

GUIDE (Nouveau) EN AFFAIRES, ou Recueil complet des Actes sous seing-privé, mis en modèles d'écritures, par GIGAULT D'OLINCOURT. 3 cahiers obl. 3 fr.

GUIDE GÉNÉRAL EN AFFAIRES, ou Recueil des modèles de tous les actes, par J.-B. NOELLAT. 4e édition. 1 vol. in-12. 4 fr.

HARPE HELVÉTIQUE, par CH.-M. DIDIER. In-8. 1 fr. 50

HISTÓIRE AUTHENTIQUE du prisonnier d'Etat connu sous le nom du Masque-de-Fer, extraite des documents trouvés aux archives des affaires étrangères du Royaume; trad. de l'anglais de GEORGE AGAR ELLIS. In-8. 5 fr.

HISTOIRE CONSTITUTIONNELLE DE LA VILLE DE GAND et de la Châtellenie du Vieux-Bourg, jusqu'à l'année 1305, par WARNKOENIG, trad. de l'all. par CHELDOLF. In-8. 5 fr.

HISTOIRE D'ANGLETERRE, de DAVID HUME. 20 vol. in-12.
— Plantagenet. 6 vol. 18 fr.
— Tudor. 6 vol. 18 fr.
— Stuart. 8 vol. 24 fr.

HISTOIRE DE LA LÉGISLATION NOBILIAIRE DE BELGIQUE, par P.-A.-F. GÉRARD. In-8. t. 1. 7 fr. (L'ouvrage aura 2 vol.)

HISTOIRE DE LA MAISON DE SAXE-COBOURG-GOTHA, par A. SCHELER. Gr. in-8, fig. 7 fr.

HISTOIRE DE LA PEINTURE FLAMANDE ET HOLLANDAISE, par ALFRED MICHIELS. In-8, t. 1 et 2, chaque vol 8 fr. (L'ouvrage aura 4 vol.)

HISTOIRE DE JEAN BART, chef d'escadre sous Louis XIV, par VANDEREST. In-8. 3 fr. 75
— Deuxième édition, 1844, in-18. 1 fr. 50

HISTOIRE DE LA VILLE D'ORLÉANS, de ses édifices, monuments, etc., par VERGNAUD-ROMAGNÉSI. 2 vol. in-12. 7 fr.

HISTOIRE DE LA VILLE DE TOUL, et de ses évê-
ques, suivie d'une Notice sur la cathédrale, ornée de 16 lithographies, par A.-D. THIÉRY. 2 vol. in-8.   10 fr.

HISTOIRE DES BELGES à la fin du XVIII° siècle, par
A. BORGNET. 2 vol. in-8.   10 fr.

— DES BIBLIOTHÈQUES publiques de la Belgique,
par NAMUR. 3 vol. in-8.

     Tome 1er Bibl. de Bruxelles.   9 fr.
     — 2e Bibl. de Louvain.   6 fr. 50
     — 3e Bibl. de Liège.   6 fr. 50

— DES CAMPAGNES de 1814 et de 1815, par A. DE
BEAUCHAMP. 2 vol. in-8.   12 fr.

— DES DOUZE CÉSARS, trad. du latin de Suétone,
par DE LAHARPE, 3 vol. in-32.   6 fr. 50

— DES LÉGIONS POLONAISES EN ITALIE, sous
le commandement du général Dombrowski, par LÉONARD
CHODZKO. 2 vol. in-8.   17 fr.

— DES VANDALES, depuis leur première apparition
sur la scène historique jusqu'à la destruction de leur empire
en Afrique; accompagnée de recherches sur le commerce que
les Etats barbaresques firent avec l'Etranger dans les six premiers siècles de l'ère chrétienne. 2e éd. in-8.   7 fr. 50

HISTOIRE GÉNÉRALE DE POLOGNE, d'après les
historiens polonais Naruszewicz, Albertrandy, Czacki, Lelewel, Bandtkie, Niemcewicz, Zielinskis, Kollontay, Oginski,
Chodzko, Podzaszynski, Mochnacki, et autres écrivains nationaux. 2 vol. in-8.   7 fr.

— IMPARTIALE DE LA VACCINE, ou apprécia-
tion du bien qu'on lui attribue et du mal qu'on lui impute,
par C.-A. BARREY. In-8.   3 fr. 50

HISTOIRE NUMISMATIQUE DE LA RÉVOLU-
TION BELGE, par M. GUIOTH. In-4, liv. 1 à 10, à 2 fr. la
livraison (l'ouvrage en aura 15).

HOMME (l') AUX PORTIONS, ou Conversations phi-
losophiques et politiques, publiées par J.-J. EAZY. 1 vol.
in-12.   3 fr.

I BACI DI GIOVANI SECONDO volgarizzati da Ce-
sare L. Rixio. Parigi, 1834, in-12   1 fr. 50

INAUGURATION DU CANAL du duc d'Angoulême,
à Amiens, le 31 août 1825. In-folio.   1 fr. 50

INDICATEUR GÉNÉRAL du Haut-Rhin pour 1841.
In-12.   1 fr. 25

INFLUENCE (de l') DES ÉRUPTIONS ARTIFICIEL-

LES DANS CERTAINES MALADIES, par JENNER, auteur de la découverte de la vaccine. Brochure in-8. 2 fr. 50

INSTRUCTIONS (Nouvelles) sur l'usage du Daguerréotype. Description d'un nouveau photographe, etc., par CH. CHEVALIER. In-8. 2 fr.

INTRODUCTION A L'ÉTUDE DE L'HARMONIE, ou Exposition d'une nouvelle théorie de cette science, par V. DERODE. In-8. 9 fr.

INVASION DES ARMÉES ÉTRANGÈRES dans le département de l'Aube, en 1814 et 1815 ; par F.-E. POUGIAT. In-8. 6 fr.

JEANNE HACHETTE, ou le Siège de Beauvais, poème, par madame FANNY DENOIX. In-8. 1 fr.

JOURNAL DES CONNAISSANCES USUELLES et pratiques, par MM. GILLET DE GRANDMONT et DE LASTEYRIE, Paris, 1832 à 1837. 26 t. en 13 vol. in-8. 65 fr.

— DES VOYAGES, Découvertes et Navigations modernes, novembre 1818 à déc. 1829. 44 vol. in-8, cart. 176 fr.

JOURNAL DU PALAIS, présentant la Jurisprudence de la Cour de Cassation et des Cours royales. Nouvelle édition, par M. BOURJOIS. (1791 à 1828.) Paris, 1823 à 1828. 42 vol. in-8. 100 fr.

JOURNALISME (du), où Il est temps d'en finir avec la mauvaise presse, par D.-J. 1832. In-12. 50 c.

LANGUE (De la) ET DE LA POÉSIE PROVENÇALES, par le baron E. VAN BEMMEL. In-12. 3 fr. 50

LEÇONS D'ARCHITECTURE, par DURAND. 2 vol. in-4. 40 fr.

— La partie graphique, ou tome 3e du même ouv. 20 fr.

LEÇONS DE DROIT DE LA NATURE ET DES GENS, par DE FÉLICE. 4 vol. in-12. 6 fr.

LETTRES DE JEAN DE MULLER à ses amis MM. De Bonstettin et Gleim. In-8. 6 fr.

— DE MADEMOISELLE AISSÉ. In-12. 2 fr. 50

— DE MESDAMES DE COULANGES et de NINON DE L'ENCLOS. In-12. 2 fr. 50

— DE MESDAMES DE VILLARS, DE LAFAYETTE et DE TENCIN. In-12. 2 fr. 50

— INÉDITES de Buffon, J.-J. Rousseau, Voltaire, Piron, de Lalande, Larcher, etc., avec fac simile, publiées par C.-X. GIRAULT. In-8. 3 fr.

— Idem, in-12. 3 fr.

— PERSANNES, par MONTESQUIEU. In-12. 3 fr.

LEÇONS SUR LA MINIATURE, par M. MANSION.
1 vol. in-12, figures.   4 fr.
— SUR LA VALACHIE. 1 vol. in-12.   2 fr. 50
LIBERTÉS (des) GARANTIES PAR LA CHARTE,
ou de la Magistrature dans ses rapports avec la liberté des
cultes, de la presse, etc., par M. BOYARD. In-8.   6 fr.
LOI (Nouvelle) SUR LES BREVETS D'INVENTION,
du 5 juillet 1844. In-8.   60 c.
LOI SUR LES PATENTES, du 25 avril 1844,
In-12.   50 c.
LOI SUR L'EXPROPRIATION pour cause d'utilité
publique, du 3 mai 1841. In-12.   30 c.
LOI SUR L'ORGANISATION de la GARDE NATIO-
NALE de France. Mars 1831. Edition officielle, in-18. 50 c.
LOIS (les) DES BATIMENTS, ou le Nouveau Desgo-
dets, par LEPAGE. 2 vol. in-8.   10 fr.
— D'HOWEL-DDA mab Cadell, Brenin Cymru (fils de
Cadell, chef du pays des Kimris), par M. A. DUCHATELLIER.
In-8.   2 fr.
MACHINES ET INVENTIONS approuvées par l'Aca-
démie R. des Scien., par GALLON. 7 vol. in-4.   80 fr
MAGISTRATURE (de la) dans ses rapports avec la li-
berté des cultes, par M. BOYARD. In-8.   6 fr.
MANUEL (Nouveau) COMPLET DES EXPERTS,
Traité des matières civiles, commerciales et administratives
donnant lieu à des expertises, 7e édit., par CH. VASSEROT,
avocat à la Cour Royale de Paris.   6 fr.
MANUEL (Nouveau) COMPLET DES MAIRES, Ad-
joints, Conseils municipaux, des Préfets, Conseils de Préfecture et Conseils généraux, Juges de paix, Commissaires de
police, Prêtres, Instituteurs, et des Pères de famille, etc.,
par M. BOYARD, président à la Cour royale d'Orléans, 3e
édition, 2 vol. in-8.   12 fr.
— DE L'ÉCARTÉ, contenant des notions générales sur
ce jeu, 2e edition, Bordeaux. In-18.   1 fr.
MANUEL DE L'OCULISTE, ou Dictionnaire ophthal-
mologique, par DE WENZEL. 2 vol in-8, 24 planches. 12 fr
— DE PEINTURES ORIENTALES ET CHINOISES
en relief, par SAINT-VICTOR. In-18, fig. noires.   3 fr.
— DES ARBITRES, ou Traité des principales connaissances nécessaires pour instruire et juger les affaires soumises aux décisions arbitrales, soit en matières civiles ou
commerciales; contenant les principes, les lois nouvelles, les

............ation de nos Codes, et décisions intervenues depuis la publi........ par M. Ch., les formules qui concernent l'arbitrage, etc., ... ancien jurisconsulte. Nouvelle édition. 8 fr.

— DES BAINS DE MER, leurs avantages et leurs inconvénients, par M. Blot. 1 vol. in-18. 2 fr.

— DES CANDIDATS à l'emploi de Vérificateurs des poids et mesures, par P. Rayon. 2e édition, in-8. 5 fr.

— DES JUSTICES DE PAIX, ou Traité des fonctions et des attributions des Juges de Paix, des Greffiers et Huissiers attachés à leur tribunal, avec des formules et modèles de tous les actes qui dépendent de leur ministère, etc., par M. Levasseur, ancien jurisconsulte. Nouvelle édition, entièrement refondue, par M. Biret. 1 gros volume in-8. 1839. 6 fr.

— Idem, en 1 vol. in-18. 3 fr. 50

MANUEL DES MARINS, ou Dictionnaire des termes de marine, par Bourdé. 2 vol. in-8. 8 fr.

MANUEL DES MYOPES et des Presbytes, par Ch. Chevalier, in-8. 2 fr. 50

— DES NÉGOCIANTS, ou le Code commercial et maritime, commenté et démontré par principes, par P.-B. Boucher. 2 vol in-8. 10 fr.

— DES NOURRICES, par Mme El. Celnart. In-18. 1 fr. 50

— DU BOTTIER, par A. Mourey. In-12. 1 fr. 50

— DU CAPITALISTE, par M. Bonnet. 1 vol. in-8. 11e édition. 6 fr.

— DU FABRICANT DE ROUENNERIES, comprenant tout ce qui a rapport à la fabrication, par un Fabricant. 1 vol. in-18. 2 fr. 50

— DU FABRICANT DES BLEUS et Carmins d'indigo, par F. Capron. In-18. 2 fr.

— DU NÉGOCIANT, dans ses rapports avec la douane, par M. Bauzon-Magnier. In-12. 4 fr.

— DU PEINTRE A LA CIRE, application des divers procédés propres à la peinture artistique et autres, par A.-M. Durozier. In-8. 1 fr. 75

— DU POSEUR DE SONNETTES, Cordons de Portes cochères et Grilles, etc., par J. Clefr. In-4, fig. 3 fr.

— DU SAVONNIER, ou l'Art de fabriquer le Savon, vert ou noir, avec méthode, par G. de Croos. Paris, 1819. In-4. 12 fr.

— DU SYSTÈME MÉTRIQUE, ou Livre de Réduction de toutes les mesures et monnaies des quatre parties du monde, par P.-L. LIONET. 1 vol. in-8.   7 fr.

— DU TOURNEUR, ouvrage dans lequel on enseigne aux amateurs la manière d'exécuter tout ce que l'art peut produire d'utile et d'agréable, par M. HAMELIN-BERGE-RON. 2 vol. in-4, avec Atlas et le Supplément.   40 fr.

MANUEL DU VOILIER, ou Traité pratique du Tracé, de la Coupe et de la Confection des Voiles, par J.-F.-M. LELIÈVRE. In-12.   3 fr.

— MÉTRIQUE DU MARCHAND DE BOIS, par M. TREMBLAY. 1 vol. in-12. 1840.   1 fr. 50

MATÉRIAUX POUR L'HISTOIRE DE GENÈVE, recueillis et publiés par J.-A. GALIFFE. tome 1, in-8. 6 fr.

MÉDECINE DOMESTIQUE, ou Traité complet des moyens de se conserver en santé, et de guérir les maladies par le régime et les remèdes simples, par BUCHAN; traduit par DUPLANIL. 5 vol. in-8.   20 fr.

MÉDECINE (la) POPULAIRE, ou l'art de guérir, indiqué par la nature, par L. RIOND. 3e édition. in-8..   6 fr.

MÉDITATIONS LYRIQUES, par J.-J. GALLOIS. In-8.
                    1 fr. 50

MÉLANGES DE POÉSIE ET DE LITTÉRATURE, par FLORIAN. 3 vol. in-18.   4 fr. 50

MÉLANGES PHOTOGRAPHIQUES. Complément des nouvelles instructions sur l'usage du Daguerréotype, par CH. CHEVALIER. In-8.   2 fr.

MÉMOIRE SUR LA CONSTRUCTION DES IN-STRUMENTS A CORDES ET A ARCHET, par FÉLIX SAVART. In-8.   3 fr.

MÉMOIRE SUR LES INSTITUTIONS CONTRAC-TUELLES entre Epoux, par GÉRARD. In-8.   1 fr. 50

MÉMOIRES DU CARDINAL DE RETZ, DE GUY-JOLI ET DE LA DUCHESSE DE NEMOURS. 6 vol. in-8.   36 fr.

MÉMOIRES DU COMTE DE GRAMMONT, par HA-MILTON. 2 vol. in-32.   3 fr.

MÉMOIRES RÉCRÉATIFS, SCIENTIFIQUES ET ANECDOTIQUES, du physicien-aéronaute ROBERTSON. 2 vol. in-8, figures.   12 fr.

MÉMOIRES SUR LA GUERRE DE 1809 EN AL-LEMAGNE, avec les opérations particulières des corps d'Italie, de Pologne, de Saxe, de Naples et de Walcheren, par le général PELET, d'après son journal fort détaillé de la campagne d'Allemagne, ses reconnaissances et ses divers travaux; la correspondance de Napoléon avec le major-général, les maréchaux, etc. 4 vol. in-8. 28 fr.

L'Auteur fera paraître bientôt un Atlas pour cet ouvrage.

MÉMOIRE SUR LE PARTI AVANTAGEUX que l'on peut tirer des bulbes de safran, par M. VERGNAUD-ROMAGNÉSI. In-8. 1 fr.

MÉMOIRE SUR LES OPÉRATIONS de l'avant-garde du 8e Corps de la Grande Armée, formé de troupes polonaises en 1813. In-8. 1 fr. 50

MÉMOIRES TIRÉS DES ARCHIVES DE LA POLICE DE PARIS, par PEUCHET. 6 vol. in-8. 24 fr.

MÉNESTREL (le), poème en deux chants, par JAMES BEATTIE; traduit de l'anglais, avec le texte en regard, par M. LOUET. 2e édition, in-18. 3 fr.

MENUISERIE DESCRIPTIVE, nouveau Vignole des menuisiers, utile aux ouvriers, maîtres et entrepreneurs, par COULON. 2 vol. in-4, dont un de planches. 20 fr.

MICROSCOPES (des) et de leur usage, par CH. CHEVALIER. In-8. 9 fr.

MILVIA, ou l'Héroïne de la Catalogne, Nouvelle historique, par D. FRICK. 2e édition, in-12. 2 fr.

MINISTRE DE WAKEFIELD, traduit en français par M. AIGNAN, de l'Académie française. Nouvelle édition. 1841, 1 vol. in-12, fig. 1 fr. 50

MONITEUR DE L'EXPOSITION DE 1839, ou Archives des produits de l'industrie. In-8. 5 fr.

MONNAIES DES ÉVÊQUES DE TOURNAI, par J. LELEWEL. In-8. 1 fr. 50

MON ONCLE LE CRÉDULE, ou Recueil des prédictions les plus remarquables qui ont paru dans le monde, etc., par DÉODAT DE BOISPRÉAUX. 3 vol. in-12, fig. 4 fr. 50

MORALE DE L'ÉVANGILE, comparée à la morale des philosophes anciens et modernes, par madame E. CELNART. In-8. 75 c.

MULTIPLICATEURS DES INTÉRÊTS SIMPLES, établis sur les taux de 3, 4, et 5 pour cent, etc., par MOREAU, 1re partie, 1 vol. in-5e obl. 3 fr. 50

NÉCESSITÉ (de la) ET DE L'EXPÉRIENCE, considérées comme critérium de la vérité, par G. M***, in-8. 7 fr. 50

NOSOGRAPHIE GÉNÉRALE ÉLÉMENTAIRE, o Description et Traitement rationnel de toutes les maladies

par M. SEIGNEUR GENS, docteur de la Faculté de Paris.
Nouvelle édition, 4 vol. in-8. 20 fr.

NOTES SUR LES PRISONS DE LA SUISSE, et
sur quelques-unes du continent de l'Europe; moyen de les
améliorer, par M. Fr. CUNINGHAM; suivies de la description
des prisons améliorées de Gand, Philadelphie, Ilchestes et
Millbank, par M. BUXTON. In-8. 4 fr. 50

NOTICE DES ARCHIVES DE M. LE DUC DE
CARAMAN, précédée de Recherches historiques sur les
Princes de Chimay et les comtes de Beaumont, par GA-
CHARD. In-8. 3 fr. 50

NOTICE HISTORIQUE sur la Fête de Jeanne-d'Arc à
Orléans, par VERGNAUD-ROMAGNÉSI. In-4. 1 fr. 50

— HISTORIQUE sur la ville de Toul, ses antiquités et
ses célébrités, par C.-L. BATAILLE. In-8. 4 fr.

NOTICE SUR LA PROJECTION DES CARTES
GÉOGRAPHIQUES, par E.-A. LEYMONNERYE. In-18,
figures. 1 fr. 50

— SUR L'OEUVRE de François Girardon, de Troyes,
sculpteur, avec un précis sur sa vie. In-8. 1 fr. 50

NOTIONS SYNTHÉTIQUES, historiques et physiologiques de philosophie naturelle, par M. GEOFFROY-ST.-HI-
LAIRE. In-8. 6 fr.

NOVELLE ITALIANE DI GIOVANNI LA CECILIA.
In-8. 4 fr.

* OEUVRES CHOISIES de l'abbé PRÉVOST, avec fig.
39 vol. in-8, reliés. 100 fr.

OBSERVATIONS SUR LES PERTES DE SANG des
femmes en couche et sur les moyens de les guérir, par M.
LEROUX. 2e édition. In-8. 4 fr. 50

OBSERVATIONS SUR UN ARTICLE de la Revue
Encyclopédique relatif à la traduction du Talmud de Baby-
lone, et à la théorie du judaïsme, par l'abbé CHIARINI.
in-8. 2 fr.

OEUVRES COMPLÈTES DE CHAMFORT, recueillies
et publiées par P.-A. AUGUIS. 5 vol. in-8. 15 fr.

OEUVRES DE BALLANCHE, de l'Académie de Lyon.
4 vol. in-18. 15 fr.

OEUVRES DE BOILEAU, nouvelle édition, accompagnées de Notes faites sur Boileau par les commentateurs ou
littérateurs les plus distingués, par M. J. PLANCHE, professeur de rhétorique au collége royal de Bourbon, et M.
NOEL, inspecteur général de l'Université. In-12. 1 fr. 50

— DE BOILEAU. Paris, Didot. 2 vol. in-folio.   30 fr.

— DE SERVAN, nouvelle édition, avec une notice, par X. DE PORTETS. 5 vol. in-8.   18 fr.

— DE VOLTAIRE, avec Préfaces, Avertissements, Notes, etc.. par M. BEUCHOT, t. 71 et 72. TABLE ALPHA-BÉTIQUE ET ANALYTIQUE DES MATIÈRES, par MIGER. 2 vol. in-8.   24 fr.

Idem, papier vélin.   36 fr.

Idem, grand papier jésus.   48 fr.

OEUVRES D'ÉVARISTE PARNY. 5 vol. in-18.
                                            12 fr. 50

— DIVERSES DE LAHARPE, de l'Académie fran-çaise. 16 vol. in-8.   64 fr.

— DIVERSES. Économie politique; Instruction pu-blique; Haras et Remontes, par C.-J.-A. MATHIEU DE DOM-BASLE. In-8.   8 fr.

— DRAMATIQUES DE N. DESTOUCHES. Nouvelle édition. Paris. 6 vol. in-8.   24 fr.

— POÉTIQUES DE KRASICKI. 1 seul vol. in-8, à 2 col. grand papier vélin.   25 fr.

OPUSCULES FINANCIERS sur l'effet des privilèges, des emprunts publics et des conversions sur le crédit de l'industrie en France, par J.-J. FAZY. 1 vol. in-8   5 fr.

ORDONNANCE SUR L'EXERCICE ET LES MA-NOEUVRES D'INFANTERIE, du 4 mars 1831. (Ecole du soldat et de peloton). 1 vol. in-18, orné de fig.   75 c.

OUVRIER (l') MÉCANICIEN, Guide de mécanique pratique, précédé de notions élémentaires d'arithmétique dé-cimale, d'algèbre et de géométrie, par CH. ARMENGAUD jeune. 2e édition, in-12.   4 fr.

PARFAIT CHARRON – CARROSSIER, ou Traité complet des Ouvrages faits en Charronnage et Ferrure, par L. BERTHAUX. In-8.   10 fr.

— Le Parfait Charron, seul.   5 fr.

— Le Parfait Carrossier, seul.   5 fr.

PARFAIT (le) CUISINIER, ou le Bréviaire des Gourmands. 4e édition, par RAIMBAULT. In-12.   3 fr.

PARFAIT SERRURIER, ou Traité des ouvrages faits en fer; par LOUIS BERTHAUX. 1 vol. in-8, cartonné. 9 fr.

PASSÉ (DU), DU PRÉSENT ET DE L'AVENIR de l'Organisation municipale de la France, par E. CHAM-PAGNAC, tome 1er. In-8.   4 fr.

PEINTRES BRUGEOIS (Les), par ALFRED MICHIELS. In-12. 2 fr.

PETIT (le) BARÊME DES CAISSES D'ÉPARGNE, ou Méthode simple et facile pour calculer les intérêts depuis 1 jusqu'à 40 ans, par VAN-TENAC. In-32. 10 c.

PETIT PAMPHLET sur quelques tableaux du salon de 1835, par A.-D. VERGNAUD. In-8. 30 c.

PHILOSOPHIE ANTI-NEWTONIENNE, ou Essai sur une nouvelle physique de l'univers, par J. BAUTÉS. Paris, 1835, 2 livraisons in-8. 3 fr.

POÉSIES DE CHARLES FROMENT. 2 vol. in-18. 7 fr.

— GENEVOISES. 3 vol. in-32. 3 fr.

POÈTES (les) FRANÇAIS depuis le XIIᵉ siècle jusqu'à Malherbe, avec une Notice historique et littéraire sur chaque poète. Paris, 1824, 6 vol. in-8. 48 fr.

POEZYE ADAMA MICKIEWICZA, tomes 3 et 4. In-12. Prix, chacun 5 fr.

POLITIQUE POPULAIRE, ou Manuel des droits et des devoirs du citoyen. In-18 carré. 50 c.

PRÉCIS DE L'HISTOIRE DES TRIBUNAUX SECRETS DANS LE NORD DE L'ALLEMAGNE, par A. LOEVE VEIMARS. 1 vol. in-18. 1 fr. 25

— HISTORIQUE SUR LES RÉVOLUTIONS DES ROYAUMES DE NAPLES ET DU PIÉMONT, en 1820 et 1821, suivi de documents authentiques sur ces évènements, par M. le comte D..... 2e édition. In-8. 4 fr. 50

PROJET D'UN NOUVEAU SYSTÈME BIBLIOGRAPHIQUE des Connaissances humaines, par NAMUR. In-8. 4 fr.

QUELQUES MOTS SUR LA GRAVURE, au millésime de 1418, par C. D. B. In-4, avec 7 planches. 4 fr.

QUELQUES RÉFLEXIONS sur la Législation commerciale, par A.-J. MENOT. Paris, 1823. In-8. 2 fr. 50

QUESTION DE L'ORIENT sous ses rapports généraux et particuliers, par M. DE PRADT. In-8. 5 fr.

RAPPORT FAIT A LA CHAMBRE des Représentants et au Sénat, par le Ministre des affaires étrangères, sur l'état des négociations en 1831. Bruxelles, in-8. 6 fr.

RAPPORTS DES MONNAIES, POIDS ET MESURES des principaux Etats de l'Europe (ce tarif est collé sur bois). 3 fr.

RAYONS (les) DU MATIN, poésies par ELIE SAUVAGE. In-18. 2 fr. 50

RECHERCHES ANATOMIQUES, Physiologiques, Pathologiques et Séméïologiques, sur les glandes labiales, par A.-A. SEBASTIAN. In-4.   2 fr. 50

— SUR L'ANATOMIE et les Métamorphoses de différentes espèces d'insectes; ouvrage posthume, de PIERRE LYONNET, publié par M. W. DEHAAN; accompagnées de 54 planches. 1 vol. in-4.   40 fr.

— HISTORIQUES SUR LA VILLE DE SALINS, par M. BECHET. 2 vol. in-12.   5 fr.

RECHERCHES SUR LA VILLE DE MAESTRICHT et sur ses Monnaies, par A. PERREAU. In-8.   5 fr.

— (Nouvelles) sur les mouvements du camphre et de quelques autres corps placés à la surface de l'eau, par MM. JOLY et BOISGIRAUD aîné. In-8.   1 fr. 50

— SUR LE SYSTÈME LYMPHATICO-CHYLIFÈRE, par le docteur LIPPI; traduit de l'italien par JULIA DE FONTENELLE. In-8.   75 c.

RECUEIL D'ACTES DES 12e ET 13e SIÈCLES en langue romane vallonne du nord. 1 gros vol. in-8°, publié par la Société des sciences et arts du nord.   10 fr.

RECUEIL ET PARALLÈLES D'ARCHITECTURE, par M. DURAND. Grand in-fol.   180 fr.

— GÉNÉRAL ET RAISONNÉ DE LA JURISPRUDENCE et des attributions des justices de paix, en toutes matières, civiles, criminelles, de police, de commerce, d'octroi, de douanes, de brevets d'invention, contentieuses et non contentieuses, etc., par M. BIRET. 4e éd. in-8. 2 vol. 14 fr.

RÉFORME (de la) ANGLAISE et de ses suites probables, par M. DE PRADT. In-8.   5 fr.

RÈGLES DE POINTAGE à bord des vaisseaux, par MONTGÉRY. In-8.   4 fr.

RÉGNICIDE ET RÉGICIDE, par M. DE PRADT. In-8.   75 c.

RELATION (nouvelle) DE LA BATAILLE DE FRIEDLAND (14 juin 1807), par M. DERODE. In-8. 2 fr. 25
— Idem, Papier vélin.   3 fr.

— DES FAITS qui se sont passés lors de la descente de la statue de Napoléon, etc., par J.-B. LAUNAY. In-8. 75 c.

— DU CAPITAINE MAITLAND, ex-commandant du Bellérophon, concernant l'embarquement et le séjour de l'empereur Napoléon à bord de ce vaisseau. Traduit de l'anglais par PARISOT. In-8.   3 fr.

RELATION DU VOYAGE AU POLE SUD ET DANS L'OCÉANIE, sur les corvettes l'Astrolabe et la Zélée, exécuté par ordre du Roi pendant les années 1837, 1838, 1839 et 1840, sous le commandement de M. J. DUMONT-D'URVILLE, capitaine de vaisseau. 10 vol. in-8, avec cartes.　30 fr.

RELATIONS DE VOYAGES D'AUCHER-ÉLOY EN ORIENT, de 1830 à 1838, revues et annotées par M. le comte JAUBERT. 2 vol. in-8, avec carte.　12 fr.

RELIGION (de la), DU CLERGÉ ET DES JÉSUITES, par un Magistrat. 1844. In-8.　1 fr. 25

RENSEIGNEMENTS (nouveaux) SUR LA PHO-TOGRAPHIE SUR PAPIER, par de VALICOURT, d'a-près le procédé de M. Blanquard-Évrard. Br. in-8º.　1 fr.

RÉPERTOIRE ADMINISTRATIF DES PARQUETS, par L.-G. FAURE. 2 vol. in-8.　15 fr.

— (Nouveau) DE LA JURISPRUDENCE et de la Science du Notariat, par J.-J.-S. SERIEYS. In-8.　7 fr.

RÉPUBLIQUE (la) PARTHÉNOPÉENNE, épisode de l'histoire de la république française, par JEAN LA CÉCILIA. Traduit de l'italien par THIBAUD. In-8.　7 fr. 50

RÉSERVE (De la) LÉGALE en Matière de Succession, et de ses conséquences, par J.-B. KUHLMANN. In-8. 1 fr. 50

RODRIGUE ET EUDOXIE, dialogue en vers et en prose, par A.-F. GÉRARD. In-12.　1 fr

ROMAN COMIQUE, par SCARRON, nouvelle édition revue et augmentée. 4 vol. in-12.　8 fr.

RÉVOLUTIONS DE CONSTANTINOPLE en 1807-1808, précédées d'observations sur l'empire ottoman, par A. DE JUCHEREAU DE SAINT-DENIS. 2 vol. in-8.　9 fr.

— DE JUILLET 1830. Caractère légal et politique du nouvel établissement fondé par la Charte constitutionnelle. 1833. In-8.　1 fr. 50

SÉCRÉTISME (le) ANIMAL, nouvelle doctrine fondée sur la philosophie médicale, par A. CHRISTOPHE. In-8. 3 fr.

SIÈCLE (le), Revue critique de la littérature, des Scien-ces et des Arts. 2 vol. in-8.　20 fr.

SITES PITTORESQUES DU DAUPHINÉ, dessinés d'après nature et lithographiés, par DAGNAN. In-folio. 40 vues.　50 fr.

— Chaque vue séparément.　2 fr.

SOIRÉES DE MADRID, ou Recueil de nouvelles histo-riettes, etc., par Mme AMÉDÉE DE B***. 4 vol. in-12. 10 fr.

SOURCE (La) DE LA VIE, ou Choix d'Idées

Axiomes, Sentences, Maximes, etc., contenus dans le *Talmud*, trad. par SAMSON LÉVY. 2 parties, in-12. 2 fr.

SOUVENIRS DE MADAME DE CAYLUS, suivis de quelques-unes de ses lettres. Nouv. édit. in-12. 2. fr. 50

STATISTIQUE DE LA SUISSE, par M. PICOT, de Genève. 1 gros vol. in-12 de plus de 600 pages. 7 fr.

SUÈDE (la) SOUS CHARLES XIV JEAN, par FR. SCHMIDT. In-8. 6 fr.

SUITE AU MÉMORIAL DE SAINTE-HÉLÈNE, ou Observations critiques et anecdotes inédites pour servir de supplément et de correctif à cet ouvrage, contenant un manuscrit inédit de Napoléon, etc. Orné du portrait de M. Las-Case. 1 vol. in-8. 7 fr.

* SUITE DU RÉPERTOIRE DU THÉATRE FRAN-ÇAIS, par LEPEINTRE. Paris, Vᵉ Dabo. 81 vol. in-18. 60 fr.

TABLE ALPHABÉTIQUE ET CHRONOLOGIQUE des instructions et circulaires émanées du Ministère de la justice, depuis 1795 jusqu'au 1ᵉʳ janvier 1837, par M. MASSABIAU. 1 vol. in-4. 3 fr. 50

TABLEAU DES PRINCIPAUX ÉVÈNEMENTS QUI SE SONT PASSÉS A REIMS, depuis Jules-César jusqu'à Louis XVI inclusivement, par M. CAMUS-DARAS. 2ᵉ édition, revue et augmentée. 1 vol. in-8. 10 fr.

TABLEAU SYNOPTIQUE DU SYSTÈME LÉGAL des Poids et Mesures de M. F.-G. D'OLINCOURT. 1 feuille in-plano. 1 fr.

TABLETTES BRUXELLOISES, ou Usages, mœurs et coutumes de Bruxelles, par MM. IMBERT et BELLET. In-18. 2 fr. 50

TARIF (Nouveau) DES PRIX COMPARATIFS des anciennes et nouvelles mesures, suivi d'un abrégé de géométrie graphique, par ROUSSEAU. In-12. 2 fr. 50

TEMPÉRAMENT (du) PITUITEUX ou glaireux, et de l'identité des vices goutteux et hémorrhoïdal, par J.-L. DOUSSIN-DUBREUIL. In-8. 2 fr.

THÉORIE DE L'ART DU MINEUR, par GENSS. Traduit de l'all. par SMEETS. In-8. 4 fr.

THÉORIE DES SIGNES, ou Introduction à l'étude des langues, par l'abbé SICARD. 2 vol. in-8. 12 fr.

THÉORIE DU JUDAISME appliquée à la réforme des Israélites de toutes les parties de l'Europe, par l'abbé L.-A. CHIARINI. 2 vol. in-8. 10 fr.

THÉORIE MUSICALE, par V. Magnien. In-8, 1 fr. 25

TOISÉ THÉORIQUE ET PRATIQUE, où Art de mesurer les longueurs, les surfaces, etc., par G.-F. Olivier. 2e édition. in-8. 2 fr.

TOURNEUR (supplément à tous les ouvrages sur l'art du). Orné de planches. In-4. 5 fr.

TRAITÉ COMPLET DE LA FILATURE DU CHANVRE ET DU LIN, par MM. Coquelin et Decoster. 1 gros vol. avec un bel Atlas in-folio, renfermant 37 planches gravées avec beaucoup de soin. Paris, 1846. Prix, 36 fr.

TRAITÉ DE CHIMIE APPLIQUÉE AUX ARTS ET MÉTIERS, et principalement à la fabrication des acides sulfurique, nitrique, muriatique ou hydro-chlorique; de la soude, de l'ammoniac, du cinabre, minium, céruse, alun, couperose, vitriol, verdet, bleu de cobalt, bleu de Prusse, jaune de chrôme, jaune de Naples, stéarine et autres produits chimiques; des eaux minérales, de l'éther, du sublimé, du kermès, de la morphine, de la quinine, et autres préparations pharmaceutiques; du sel, de l'acier, du fer-blanc, de la poudre fulminante, etc., etc., par M. J.-J. Guilloud, professeur de chimie et de physique; avec planches, représentant près de 60 figures. 2 forts vol. in-12. 10 fr.

TRAITÉ DE LA COMPTABILITÉ DU MÉNUISIER, applicable à tous les états de la bâtisse, par D. Clousier. 1 vol. in-8. 2 fr. 50

TRAITÉ DES MANIPULATIONS ÉLECTRO-CHIMIQUES, appliquées aux arts et à l'industrie, par M. Brandely, ingénieur civil, in-8°, orné de 6 planches. 5 fr.

TRAITÉ DE LA MORT CIVILE en France, par A.-T. Desquiron. In-8. 7 fr.

TRAITÉ DE LA NATATION, d'après la découverte d'Oroncio Bernardi, napolitain. In-18. 1 fr. 50

— DE LA POUDRE LA PLUS CONVENABLE AUX ARMES A PISTON, par M. C.-F. Vergnaud aîné. 1 vol. in-18. 75 c.

— DE L'ART DE FAIRE DES ARMES, par La Bussière. In-8. 4 fr. 50

— DE PHYSIQUE APPLIQUÉE AUX ARTS ET MÉTIERS, et principalement à la construction des fourneaux, des calorifères à air et à vapeur, des machines à vapeur, des pompes; à l'art du fumiste, de l'opticien, du distillateur; aux sécheries, artillerie à vapeur, éclairage, bélier et presses hydrauliques, aréomètres, lampes à niveau constant, etc., par J.-J. GUILLOUD, professeur de chimie et de physique; avec planches représentant 160 fig. 1 fort volume in-12.   5 fr. 50

TRAITÉ D'ÉQUITATION sur des bases géométriques, contenant 74 figures, par A.-C.-M. PARISOT. In-8. 10 fr.

TRAITÉ DES ABSENTS, contenant des Lois, Arrêtés, Décrets, etc., par M. TALANDIER. In-8.   7 fr.

TRAITÉ DES MOYENS DE RECONNAITRE LES FALSIFICATIONS des Drogues simples et composées, et d'en constater la pureté, par A. BUSSY et A.-F. BOUTRON-CHARLARD. In-8.   7 fr.

— DES PARAFOUDRES ET DES PARAGRÊLES, en cordes de paille, 3e suppl., par LAPOSTOLE. In-8. 1 fr. 50

— ÉLÉMENTAIRE DE LA FILATURE DU COTON, par M. OGER, directeur de filature. 1 vol. in-8 et Atlas.   16 fr.

— ÉLÉMENTAIRE DES RÉACTIFS, leurs préparations, leurs emplois spéciaux et leur application à l'analyse, par A. PAYEN et A. CHEVALIER. 3e éd. 2 vol. in-8. 15 fr.

TRAITÉ ÉLÉMENTAIRE DU PARAGE ET DU TISSAGE MÉCANIQUE DU COTON, par L. BEDEL et E. BOURCART. In-8, fig.   10 fr.

— PRATIQUE DE CHIMIE appliquée aux arts et manufactures, à l'hygiène et à l'économie domestique, par GRAY. Traduit par RICHARD. 3 vol. in-8 et Atlas. 30 fr.

TRAITÉ PRATIQUE DES NOUVELLES MESURES, ou Nouveaux Comptes faits pour les Mètres superficiels et cubes, par LANCELOT aîné. 22e édit., in-8.   4 fr.

— SUR LA NATURE ET LA GUÉRISON DES MALADIES DE LA PEAU, par le Dr BELLIOL. In-8. 5 fr.

— SUR LA NOUVELLE DÉCOUVERTE DU LEVIER VOLUTE, dit LEVIER-VINET. In-18. 1 fr. 50

TROIS RÈGNES de l'Histoire d'Angleterre, par M. SAUQUAIRE SOULIGNÉ. 2 vol. in-8.   10 fr.

UNE ANNÉE, ou la France depuis le 27 juillet 1830, jusqu'au 27 juillet 1831, par M. DE JAILLY. In-8.   7 fr.

VACCINE (de la) et ses heureux résultats, par MM. BRUNET, DOUSSIN-DUBREUIL et CHARMONT. In-8. 4 fr.

VÉRITABLE (le) ESPRIT de J.-J. ROUSSEAU, par l'abbé SABATIER DE CASTRES. 3 vol. in-8.   15 fr.

9

VICTOIRES, Conquêtes, Désastres, Revers et Guerres civiles des Français. Paris, 1817 à 1825. 29 vol. in-8. 175 fr.

VIEUX (le) CÉVENOL, ou Anecdotes de la vie d'Ambroise Borély, par RABAUT-SAINT-ETIENNE. In-18. 1 fr. 75

VIRGINIE, ou l'Enthousiasme de l'Honneur, tiré de l'histoire romaine, par Mme ELISABETH C**. 4 vol. in-12. 10 fr.

VISITE DE MADAME DE SÉVIGNÉ, à l'occasion de la révocation de l'édit de Nantes, ou le Rubis du Père Lachaise. In-8. 1 fr.

VOCABULAIRE DU BERRY et de quelques cantons voisins, par un amateur du vieux langage. 1 vol. in-8. 3 fr.

VOYAGE DE DÉCOUVERTE AUTOUR DU MONDE, et à la recherche de La Pérouse, par M. J. DUMONT D'URVILLE, capitaine de vaisseau, exécuté sous son commandement et par ordre du gouvernement, sur la corvette l'Astrolabe, pendant les années 1826, 1827, 1828 et 1829. — Histoire du Voyage. 5 gros vol. in-8, avec des vignettes en bois, dessinées par MM. DE SAINSON et TONY JOHANNOT, gravées par PORRET, accompagnées d'un Atlas contenant 20 planches ou cartes grand in-fol. 60 fr.

Cet important ouvrage, *totalement terminé, qui a été exécuté par le gouvernement sous le commandement de M. Dumont d'Urville et rédigé par lui, n'a rien de commun avec le voyage pittoresque publié sous sa direction.*

VOYAGE HISTORIQUE dans le département de l'Aube, en vers. In-8. 1 fr. 50

— MÉDICAL AUTOUR DU MONDE, exécuté sur la corvette du roi *la Coquille*, commandée par le capitaine Duperrey, pendant les années 1822, 1823, 1824 et 1825, suivi d'un Mémoire sur les Races humaines répandues dans l'Océanie, la Malaisie et l'Australie, par M. LESSON. 1 vol. in-8. 4 fr. 50

VOYAGE EN ALSACE, par ROUVROIS. 1 vol. gr. in-8° illustré. 4 fr. 50

— AUX PRAIRIES OSAGES, Louisiane et Missouri, 1839-40, par VICTOR TIXIER. In-8. 3 fr.

— IMAGINAIRES, Songes, Visions et Romans cabalistiques, ornés de figures. 30 vol. in-8, rel 100 fr.

BAR-SUR-SEINE. — IMP. DE SAILLARD.

MANUELS-RORET.

NOUVEAU MANUEL COMPLET

DE

L'IMPRIMEUR

LITHOGRAPHE.

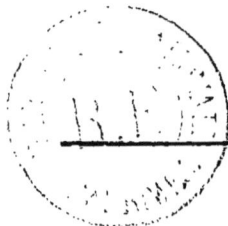

ATLAS.

PARIS,

LIBRAIRIE ENCYCLOPÉDIQUE DE RORET,

Rue Hautefeuille, 12.

1850

MANUELS-RORET.

NOUVEAU MANUEL COMPLET

DE

L'IMPRIMEUR

LITHOGRAPHE.

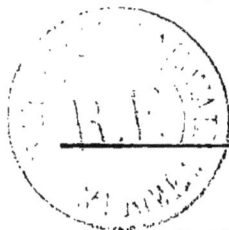

ATLAS.

PARIS,

LIBRAIRIE ENCYCLOPÉDIQUE DE RORET,

Rue Hautefeuille, 12.

1850

MANUEL

DE

L'IMPRIMEUR LITHOGRAPHE.

ORDRE DU PLACEMENT DES PLANCHES DE L'ATLAS.

TROYES. — IMPRIMERIE DE CARDON.

NAPOLÉON.

(1806.)

Manuel du Lithographe.

Bardel.

LE RETOUR AU CHATEAU.

Manuel du Lithographe.

A LA GARDE DE DIEU.

Bardel

Manuel du Lithographe

Bardel.

HISTOIRE NATURELLE.

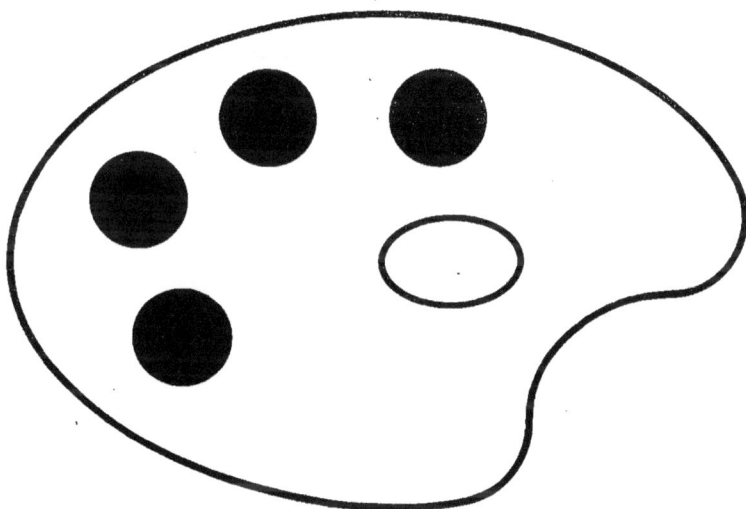

Original en couleur
NF Z 43-120-8

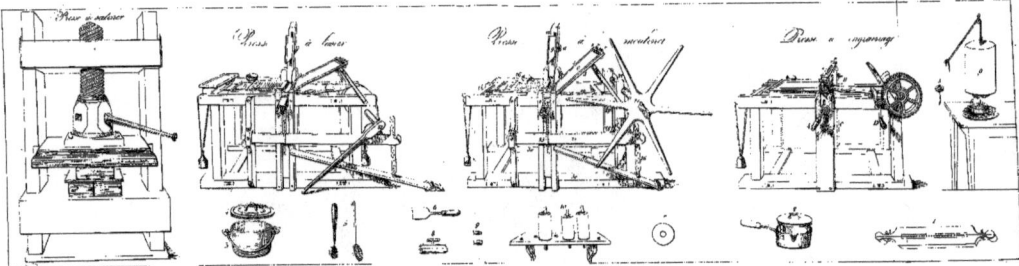

Manuel du lithographe Pl. 1

Manuel du Lithographe. Pl.

Presse perfectionnée par M. Brisset

Chinois

Anglaise courre-épreuvée

Arabe

Sanscrit

Persan

a b c d e f g h i j k l m n o p q r s t u v x y z.

MUSIQUE.

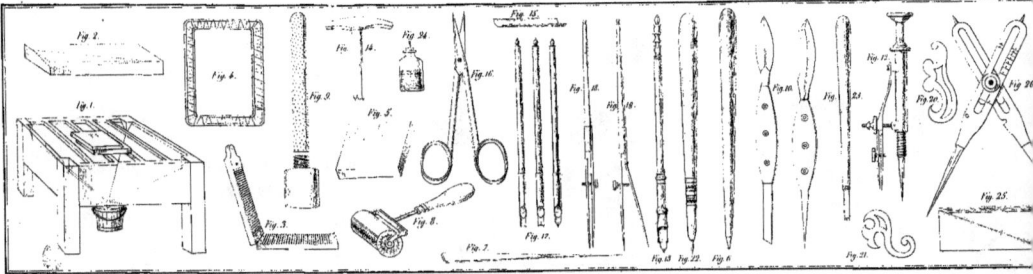

Pl. IV.

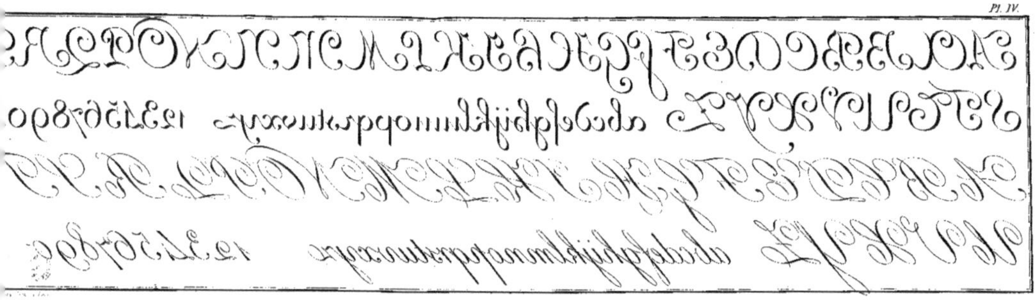

0 1 2 3 4 5 6 7 8 9 10

SIGNES TOPOGRAPHIQUES.

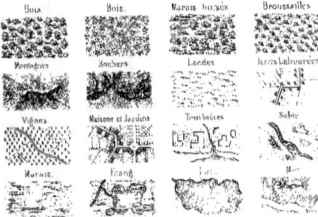

Fig. 31.

Fig. 32.

Fig. 30.

Fig. 27.

Fig. 24.

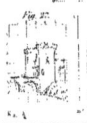
Fig. 27.

Fig. 28.

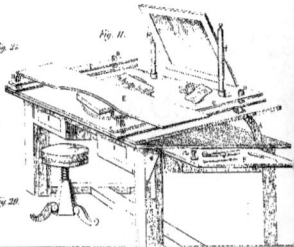
Fig. 11.

Imp. de Thierry frères, à Paris (rue Neuve-S.

0 1 2 3 4 5 6 7 8 9 10

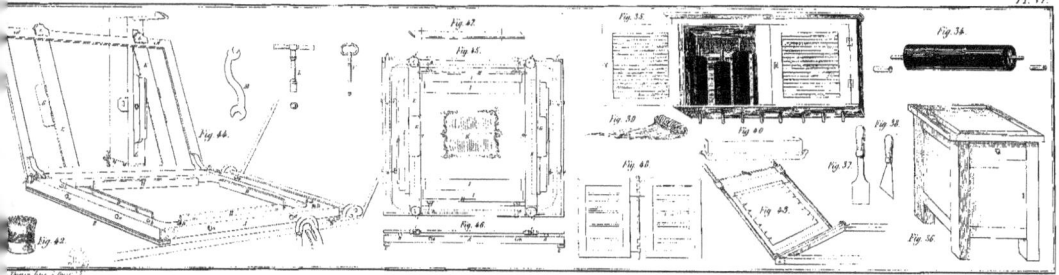

0 1 2 3 4 5 6 7 8 9 10

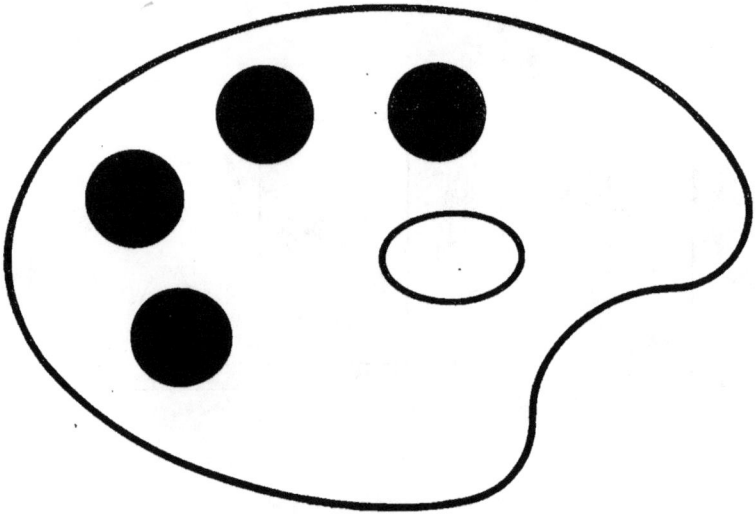

Original en couleur
NF Z 43-120-8

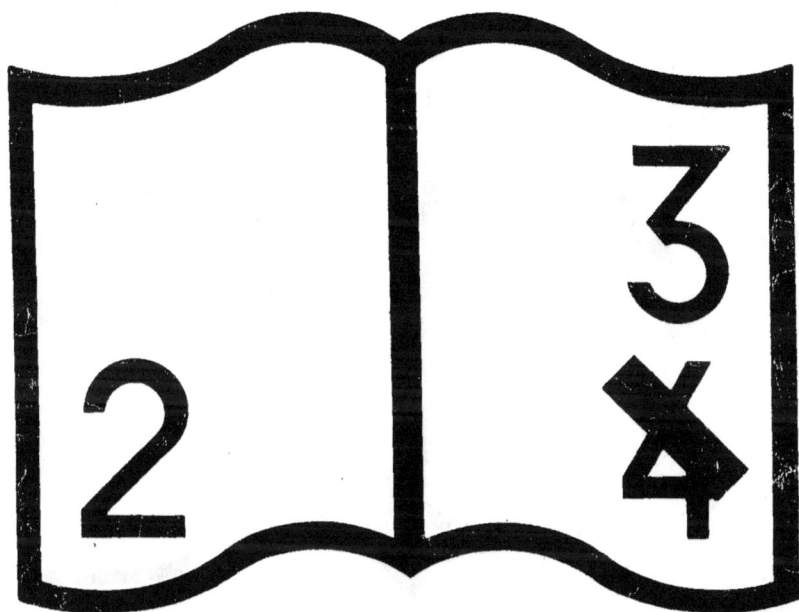

Pagination incorrecte — date incorrecte

NF Z 43-120-12

Contraste insuffisant

NF Z 43-120-14

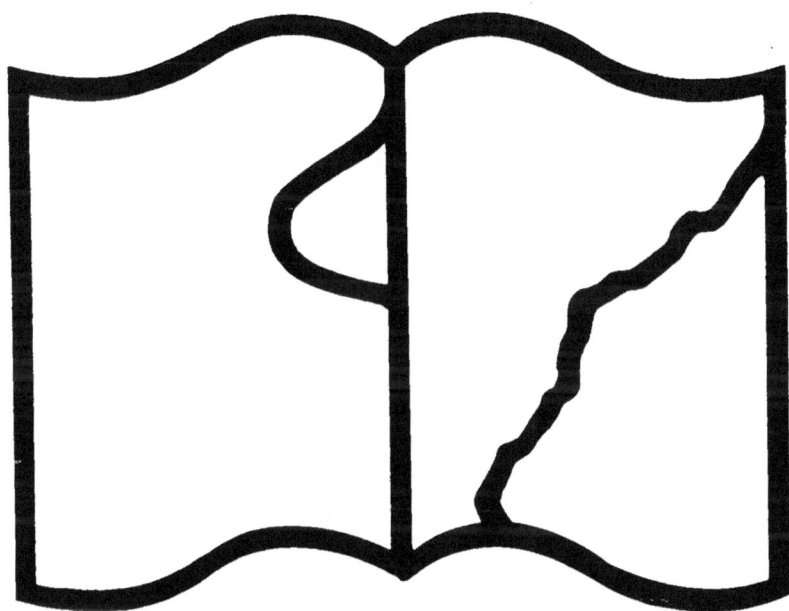

Texte détérioré — reliure défectueuse

NF Z 43-120-11